FASZINIERENDE FORSCHUNG

EIN
ADAC
BUCH

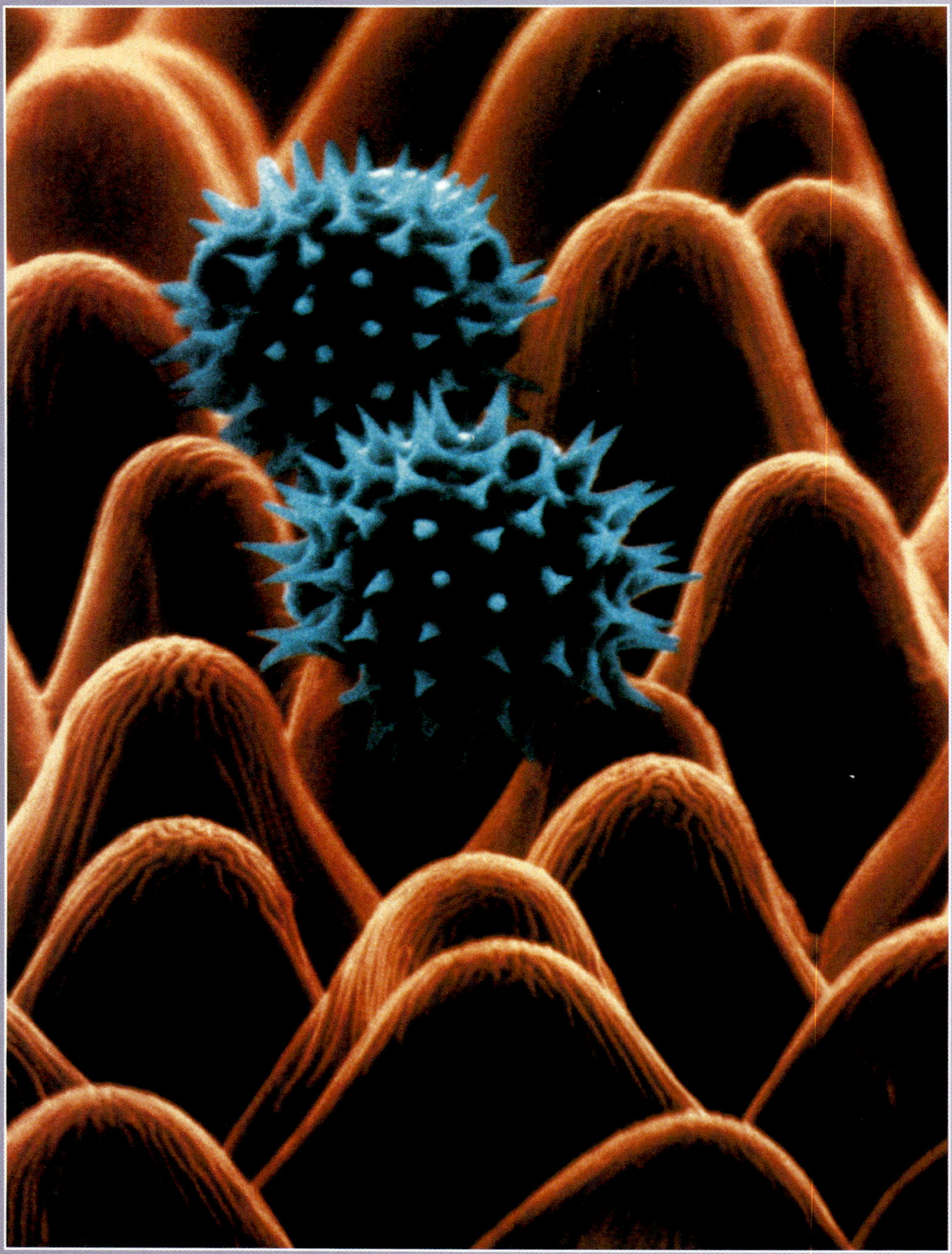

FASZINIERENDE FORSCHUNG

Aktualisierte Sonderausgabe für die ADAC Verlag GmbH, München, 2006

Projektleitung: Dr. Hans-Joachim Völse
Redaktion: Christian Berndt
Herstellung: John C. Bergener
Druck und Bindung: Stürtz GmbH, Würzburg

Die Autoren: Beate Bühl, Eva Kahl, Günter Köhler, Peter K. Köhler, Rolf H. Kramer, Andrea Leeb, Uwe Leiendecker, Jürgen Sorges, Dr. Herbert Speckner

Themenauswahl, Autorenbetreuung und Redaktion: Redaktionsbüro Kramer: Rolf H. Kramer
Bildredaktion: red.sign: Anja Knudsen, Ute Ostertag, Heike Schulz; Redaktionsbüro Kramer: Anja Kramer, Rolf H. Kramer
Grafik, Layout und Satz: red.sign: Susanne Richert, Anette Vogt; Redaktionsbüro Kramer: Anja Kramer
Reproduktion: Steffen Hahn GmbH Medienservice

Reader's Digest
Redaktion: Falko Spiller (Projektleitung)
Grafik: Cornelia Hammer
Bildredaktion: Christina Horut
Prepress: Andreas Engländer
Produktion: Andreas Schabert

Redaktionsdirektorin: Suzanne Koranyi-Esser
Redaktionsleiterin: Dr. Renate Mangold
Art Director: Susanne Hauser

Leitung Produktion Buch: Norbert Baier

Printed in Germany

ISBN 3-89905-378-8
ISBN 978-3-389905-378-4

Über dieses Buch

Das Wissen der Menschheit verdoppelt sich alle sieben Jahre, und dieses Tempo nimmt zu. Allein auf dem medizinischen Sektor werden jedes Jahr mehr als eine Million wissenschaftliche Artikel veröffentlicht. Kein Wunder, dass in dieser Informationsflut nicht nur Mediziner unterzugehen drohen.

„Wir ertrinken in Informationen und dürsten nach Wissen", hat der US-Zukunftsforscher John Naisbitt festgestellt und darauf hingewiesen, dass Wissen viel mehr ist als Information. Ebenso wie Erfahrungen sind Informationen Bausteine, die erst durch Forschung, also durch Auswahl, Beurteilung und Reflexion, zu Wissen verarbeitet werden. Und zur Forschung gehören Neugier und der intensive Wunsch, die Rätsel dieser Welt zu lösen.

„Faszinierende Forschung" zeigt Ihnen die letzten Geheimnisse unserer Zeit und macht Sie mit den neuesten wissenschaftlichen Erkenntnissen bekannt – das gesamte Spektrum der Forschung in einem Buch!

Die Redaktion

Auf zu den Sternen

Raketenbahnhof auf hoher See	12
War Phaeton die Erde, die vor uns war?	18
Aufbruch zum Mars	22
Hallo, ist da jemand?	26
Weltraummüll – Gefahr aus dem All	32
Woher stammt das Leben?	34
Ein Hochhaus im All	38

Faszination Blauer Planet

Die Wüste kommt	46
Die Lauscher in der Tiefsee	50
Alle Landkarten lügen	52
Tanzende Steine im Tal des Todes	56
Der weiße Albtraum	58
Im Bann der Unterwelt	64
Bermuda-Geheimnis endlich gelöst?	68
Die Macht des Windes	70
Leben in Extremen	74
Monsterwellen auf Landgang	80

Mensch und Medizin

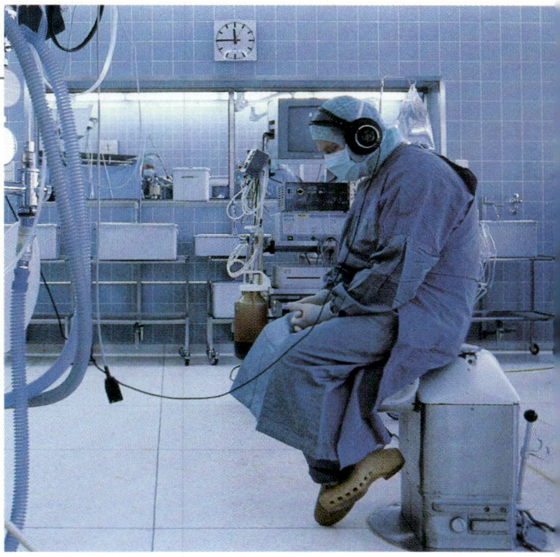

Der Einfluss des Mondes 86
Medizin aus Urwald und Meer 92
Wie alt wird der Mensch? 96
Die Abwehrfront im Körper 102
Mozart macht glücklich 106
Tote lügen nicht 108
Das Universum Mensch 112
Die innere Uhr, die uns regiert 114
Ersatzorgane aus der Gentechnik 118
Heilen mit Nadeln 120

Psychologie und Seele

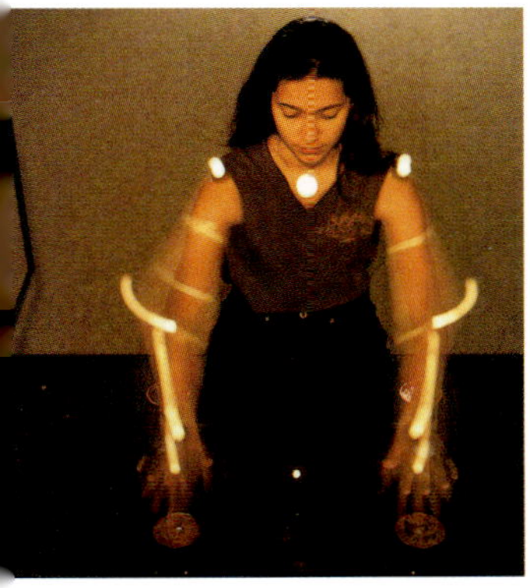

Machtlos gegenüber dem Schmerz? 126
Leben in Harmonie 132
Die magische Zahl 12 136
Die Sprache, die jeder Mensch versteht 138
Parapsychologie – Humbug oder mehr? 142
Neid hat zwei Gesichter 146
Die Magie kehrt zurück 148
Chronisch krank vor Angst 152
Luxusgut Zeit? 156
Was kommt nach dem Tod? 160

Geheimnisse der Physik

Neutrinos in der Falle 166
Wahn oder Wirklichkeit? 172
Edelsteine aus dem All 176
Beamen – Scotty muss noch warten 178
Kalt und voller Geheimnisse: Eis 182
Die Welt im Spiegelbild 186
Was Elektronen alles können 190
Das Geheimnis der Quarks 194
Wunderstoff Sand 196
Haftung unbegrenzt 200

Mysterien der Menschheit

Die Weltwunder von heute 206
Warum wir Japaner nicht verstehen 212
Das größte Loch von Menschenhand 216
Insekten als Leckerbissen 218
Weltsprachen, die sich nicht durchsetzten 222
Das seltsamste Land Europas 226
Was passiert an den verbotenen Orten? 228
Unausrottbar – die Blutrache 232

Der Atem der Geschichte

Die Sprache, die den Krieg gewann 238
Geheimnisse im Eis 242
Das Rom der Wikinger 248
Hunger, Hass und alter Brauch 252
Das wilde Leben der Amazonen 256
Das Rätsel der Mumien 258
Hatte Graf Dracula die Tollwut? 262
Wie aus Tieren Götter wurden 266
Fast Food im alten Pompeji 270
Die Suche nach Gottes Gesetzen 274
Als Nordafrika noch die Kornkammer Roms war 278
Herodes und der Mord von Bethlehem 282
Erleuchtung tut auch dem Westen gut 286

TIERE, PFLANZEN, SENSATIONEN

Auch Pflanzen haben Sinne	292
Haie – Fische mit dem sechsten Sinn	298
Ist Glück nur eine Frage der Chemie?	302
Die giftigsten Tiere der Welt	306
Die Blume, die sich nie schmutzig macht	308
Die geheimnisvollen Stars der Meere	312
Die Macht der Katze über den Menschen	314
Von der Natur geklaut	318
Der Tanz der Bienen	322
Bakterien, die in der Hölle leben	326
Überlebenskünstlerin Ratte	330

WAS BRINGT UNS DIE ZUKUNFT?

Wann stirbt unsere Erde?	336
Kernfusion – Energie der Zukunft	342
Unbekannte Kraft Magnetismus	344
Wie viele Sprachen hat Englisch?	348
Der total vernetzte Mensch	352
In 60 Minuten nach Amerika?	354
Technik von gestern – Leben von morgen	360
Die Computer ziehen in den Krieg	364
Riesen-Staudämme verändern die Welt	368

372	Register
383	Bildnachweis

Auf zu den Sternen

Die Sterne bestimmen unser Leben nicht nur in der Astrologie, sondern auch in der seriösen Wissenschaft. Im Universum liegen die Antworten auf alle Fragen nach unserer Entstehung und unserer Zukunft. Ob wir wollen oder nicht, der Mensch muss den Weltraum erobern.

Mit riesigen Teleskopen und Horchanlagen versuchen Wissenschaftler in aller Welt, unsere Milchstraße und weiter entfernte Galaxien zu erkunden.

Militär-Rakete im friedlichen Einsatz

Die Zenit 3SL wird bei einem Test an Land in Startposition gebracht. Die 60 m hohe Rakete kann über 5 t Nutzlast, meist Satelliten, in den Orbit befördern. Früher diente die Zenit dazu, sowjetische Spionage-Satelliten ins All zu schießen.

Raketenbahnhof auf hoher See

Eine ehemalige Ölplattform dient heute als hochmoderne Abschussrampe für Raketen, die Satelliten in ihre Umlaufbahn im All befördern – von einem Punkt, der mitten im Pazifischen Ozean liegt.

Ein verheerender Brand an Bord der Ölbohrinsel *Odyssey* vor einigen Jahren hätte fast ihr Ende bedeutet, doch jetzt hat sie eine neue Bestimmung gefunden – als erste schwimmende Raketenabschussbasis. Ihre Bewährungsprobe hat die *Odyssey* als zentraler Teil des Projektes *Sea Launch* (Meer-Start) bereits bestanden: Von ihrer Abschussposition, rund 2600 km südöstlich von Hawaii, starten russisch-ukrainische Zenit-3-Raketen mit tonnenschweren Satelliten ins All! 35 Raketen pro Jahr sollen künftig von der schwimmenden Plattform nahe den Weihnachtsinseln abheben und weltweit etwa 20 % aller Satelliten ins All bringen.

Hohe Investitionen

An der *Sea Launch* sind der US-Flugzeughersteller Boeing (40 %), der russische Konzern Energija (25 %), der norwegische Werftengigant Kvaerner (20 %) und der ukrainische Raketenbauer Juschmasch (15 %) beteiligt. Fast 80 Mio. Dollar investierte das internationale Firmenkonsortium in die aufwändige Umrüstung der Plattform, weitere 100 Mio. Dollar kostete die *Sea Launch Commander*, ein eigens konstruiertes Produktions- und Kommandoschiff mit bis zu 240 Mann Besatzung. Es übernimmt im Hafen von Long Beach in Kalifornien die in ihre einzelnen Stufen zerlegten Trägerraketen und deren Nutzlast, bringt sie zur Abschussbasis und leitet aus sicherer Entfernung die Vorbereitungen und Kontrolle des Starts.

Planspiele

Die ersten Planungen für *Sea Launch* begannen bereits im Jahr 1993. Damals suchten Militärs und Techniker nach leistungsfähigen und kostengünstigen Startmöglichkeiten für das amerikanische Star-Wars-Programm. Sie konzipierten die *Launch Platform* und die *Sea Launch Commander* samt Basisstation in Long Beach. Die Antwort Russlands waren die Zenit-Raketen, die jetzt ebenfalls nur noch friedlich genutzt werden.

Als das US-Projekt aus politischen und wirtschaftlichen Gründen auf Eis gelegt wurde, rüstete man die fast fertige Raketenplattform für das Ölbohrgeschäft um. Der Ausbruch des Feuers beendete diese Karriere abrupt, und die Plattform sollte eigentlich verschrottet werden, ehe sich die einstigen Konkurrenten im lukrativen Weltraumgeschäft – Amerikaner, Russen und Ukrainer – mit norwegischen Werftspezialisten zusammenschlossen und ein schlüssiges

Gigant der Meere

Die frühere Ölplattform Odyssey *verlässt ihren Heimathafen im kalifornischen Long Beach. In der Regel dauert die Fahrt zu ihrem Operationsgebiet im riesigen Pazifik 13 Tage.*

Konzept für die friedliche Nutzung aufstellten. In der russischen Hafenstadt Wyborg baute die Kvaerner Werft die Plattform erneut um und rüstete sie als Startrampe aus. Jetzt kann die riesige, 70 m hohe Plattform eine Traglast von 50 000 t bewältigen. Im Juni 1998 machte sie sich auf die weite Reise vom Atlantik zum Heimathafen im kalifornischen Long Beach und von dort aus erstmals in ihr Operationsgebiet in den Weiten des Pazifischen Ozeans.

Der Job auf einer Bohrinsel ist hart – daher wechseln meist zwei bis drei Wochen Arbeit mit zwei bis drei Wochen Urlaub.

Sterile Lagerung

Parallel dazu wurde im schottischen Glasgow das Kommandoschiff gebaut. Es übernimmt im Heimathafen die in drei Einzelsektionen zerlegten Raketen und die Satelliten. Sie werden noch vor dem Auslaufen an Bord zusammengesetzt.

Das Ende der Giganten – versenken oder verschrotten?

Für die einen sind Bohrinseln ein Paradies für harte Männer und eine Riesenchance, schnell viel Geld zu verdienen, für die anderen stellen sie die größte ökologische Bedrohung nach der Vernichtung der Regenwälder dar. Bis zu 15 000 Euro verdienen die Offshore-Arbeiter im Monat, bei zwei bis drei Wochen Arbeit und anschließendem genauso langem Urlaub.

Aber was passiert mit den ausgedienten Bohrinseln? Tausende müssen in den nächsten Jahren entsorgt werden, weil viele Ölfelder leer gepumpt sind. Versenken wäre die einfachste Lösung, aber der Fall der Shell-Plattform *Brent Spar* vor einigen Jahren zeigt, dass es so nicht geht. Ein Sturm der Entrüstung zwang den Konzern, von der Versenkung der mit Restöl und anderen giftigen Stoffen kontaminierten Plattform Abstand zu nehmen und sie stattdessen in Norwegen an Land zu zerlegen.

Die Amerikaner machen es sich da im flachen Golf von Mexiko leichter, sie fluten ihre alten Bohrinseln einfach. Schon nach kurzer Zeit werden sie von Organismen besiedelt, die den Fischen Nahrung bieten. Ein künstliches Riff entsteht, das einem natürlichen in nichts nachsteht. Nur – in der kalten Nordsee gedeihen diese Organismen nicht. Hier bleibt nur die Entsorgung an Land.

Die Raketenspitze, in der die Nutzlast eingebaut ist, wird erst kurz vor dem Entladen auf See montiert, um die empfindliche Fracht vor Gefahren zu schützen. Bis dahin werden die Satelliten zum Schutz vor Verunreinigung in speziell konstruierten, sterilen Räumen gelagert. Noch ist die Nutzlast auf 5,25 t beschränkt, doch bald sollen 6,1 t möglich sein – rund 15 % mehr, als die Raketen bei einem Start von der US-Basis Cape Canaveral ins All befördern könnten.

Ferngesteuerter Start

Gut 5 Stunden dauert es, bis die Kräne eine etwa 65 t schwere Rakete von dem 200 m langen Schiff auf die Plattform gehievt haben. Für den Start senkt sich die *Launch Platform* ungefähr 14 m tiefer ins Meer ab, ihre Beine ragen dann insgesamt 25 m tief ins Wasser – das ist die Höhe eines achtstöckigen Hoch-

hauses. Dann geht die Mannschaft von Bord und beobachtet den Start von der *Sea Launch Commander* aus etwa 5 km Entfernung. Dort kontrollieren Techniker den Countdown, den Start, den Flug der Rakete bis in die Umlaufbahn und das Aussetzen des Satelliten.

Dank einer ausgefeilten Konstruktion und aufwändigster Steuerungstechnik macht der 133 m langen und knapp 67 m breiten Plattform auch grobes Wetter nichts aus. Sie ist selbst bei einem Wellengang von 7 m noch einsatzfähig.

Doch was so einfach klingt, erfordert einen immensen technischen Aufwand. Die Plattform *Odyssey* wurde mit vier gewaltigen Dieselmotoren ausgerüstet und mit Hightech-Einrichtungen für

Vor dem Einsatz

Die Illustration zeigt die Abschussrampe Sea Launch *und das Transport- und Kommandoschiff* Sea Launch Commander *auf hoher See. Die Startplattform ist 133 m lang und 67 m breit, das Kommandoschiff 200 m lang und 32 m breit.*

Zusammenbau auf hoher See

In erster Linie werden Funk-, Fernseh- und Telefonsatelliten in den Orbit geschossen. Hier sieht man den Raketenkopf mit seiner schweren Nutzlast, der vor dem Start auf die dreistufige Zenit-3SL-Rakete montiert wird. Drei Raketen können auf dem 34 000-t-Kommandoschiff mitgeführt werden.

Steuerung, Navigation und Kontrolleinrichtungen ausgestattet. Sie kann jetzt mit einer Geschwindigkeit von 12 Knoten (etwa 22 km/h) von Long Beach in ungefähr 13 Tagen in die jeweils ideale Startposition fahren.

Hohe Kostenersparnis

Warum dieser enorme Aufwand, der sich inklusive der eigens errichteten Hafenbasis in Long Beach auf über eine halbe Milliarde Dollar summierte? Die Antwort ist einfach: Trotz dieser gewaltigen Kosten sind Starts von hoher See aus mit etwa 75 Mio. Dollar deutlich günstiger und bergen weit weniger Gefahren als der Abschuss von den herkömmlichen Weltraumbahnhöfen. Denn die *Launch Platform* liegt fast direkt auf dem Äquator, anders als die amerikanischen, russischen und europäischen Startrampen. Und das spart vor allem viel Treibstoff. Die landgestarteten Raketen müssen wesentlich größer gebaut werden, um ihre Nutzlasten in die Erdumlaufbahn befördern zu können.

Weil die Raketen von einem optimalen Standort in 154 Grad westlicher Länge abgeschossen werden, braucht die Flugbahn in aller Regel auch nicht korrigiert zu werden und die Umlaufbahnen werden exakter erreicht als bei Starts, die von ungünstigeren Startorten aus erfolgen.

Weitere Vorteile

In der Nähe des Äquators ist die Erdrotation mit 1700 km/h am höchsten. Das verleiht den Raketen zusätzlichen Schub. Sie werden sozusagen automatisch ins All geschleudert. Außerdem können die Satelliten im Orbit präziser platziert werden: der bordeigene Treibstoff muss nicht zum Manövrieren verwendet werden und kann später genutzt werden. Die Einsatzmöglichkeit des Satelliten verlängert sich um Jahre.

Ein weiterer großer Vorteil: Da die *Launch Platform* weitab von bewohntem Gebiet und viel befahrenen Schifffahrtsrouten positioniert wird, können die Raketen im idealen Winkel abgeschossen werden, und die abgestoßenen einzelnen Stufen fallen im Normalfall völlig gefahrlos ins Meer. Im Gegensatz dazu gibt es in der Umgebung der russischen Startbasis Baikonur immer wieder große Probleme mit der Bevölkerung, die nach den abgeworfenen Raketenteilen sucht und den Schrott für den privaten Gebrauch nutzt.

PENDELVERKEHR

Zunächst viermal pro Jahr werden Plattform und Begleitschiff zwischen dem Äquator und Long Beach hin- und herpendeln. Wenn alle drei mitgeführten Raketen abgeschossen sind, kehrt der Verband nach Kalifornien in den Heimathafen zurück.

Laut *Sea-Launch*-Management gehört ihr System zum Modernsten, was derzeit weltweit auf dem Hightech-Markt zu finden ist. Ziemlich archaisch und riskant mutet es dagegen an, dass im Kontrollraum für die Rakete fast nur Russisch gesprochen wird – im benachbarten, von Amerikanern betriebenen Kontrollraum für die Prozessabläufe dagegen nur Englisch.

ERSTE ERFOLGE

Doch die Verständigung klappt offensichtlich trotzdem sehr gut, schließlich sind die ersten kommerziellen Starts erfolgreich verlaufen, und die Liste der Buchungen wird ständig länger. Trotz eines Totalverlusts gleich zu Beginn gilt *Sea Launch* als ausgesprochen zuverlässig.

Das Gleiche trifft auch auf die ukrainisch-russische Rakete zu, daher haben sich die Amerikaner nicht für ein Projektil aus dem eigenen Land oder aus Europa entschieden. Die Auswirkungen sind bereits deutlich zu spüren: Da die Auftragsbücher für das europäische Ariane-Konsortium erhebliche Lücken haben, mussten hier bereits die ersten Techniker entlassen werden.

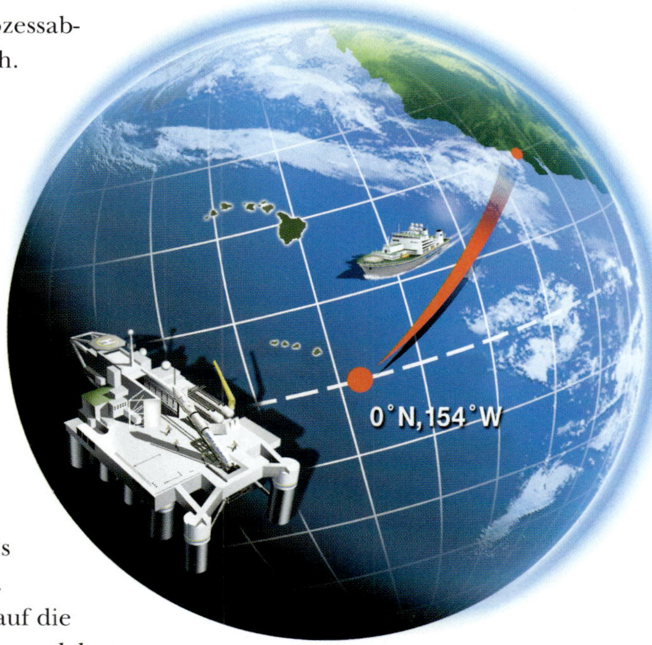

Cape Canaveral am Äquator

Wie von Geisterhand richtet sich die Startrampe auf, die Luft erbebt, und mit einer Stichflamme rast die Rakete von ihrem Startplatz am Äquator (siehe oben) in den Himmel. Die 68-Mann-Crew hat vorher die Startplattform verlassen und beobachtet vom Kommandoschiff den vollautomatischen Take-off.

So malte Rubens Phaetons tödlichen Sturz

Peter Paul Rubens (1577–1640) zeigt in seinem Ölgemälde Der Fall des Phaeton, *wie der Spross des Sonnengottes Helios die Kontrolle über den vom Vater geborgten Sonnenwagen verliert und in den Tod stürzt.*

War Phaeton die Erde, die vor uns war?

Einige Wissenschaftler glauben, dass in unserem Sonnensystem vor langer Zeit ein zehnter Planet namens Phaeton existierte. In ihrer These bestätigt sehen sie sich durch eine alte griechische Legende. Doch was geschah mit dem Planeten? Fiel er einer kosmischen Katastrophe zum Opfer? Oder gibt es ihn immer noch und er versteckt sich nur?

Der Ursprung der Legende um Phaeton und seine tödliche Spritztour dürfte in mythische Zeiten zurückreichen: Bereits in seiner Jugend übte sich Phaeton eifrig im Wagenlenken, wollte der Jüngling es doch seinem göttlichen Vater Helios gleichtun, der tagein, tagaus mit seinem Sonnenwagen über das Firmament zog und so für den gleichmäßigen Rhythmus der Zeit auf Erden sorgte.

Epaphos hingegen, ein Sohn des Jupiter, hänselte den Heranwachsenden und zweifelte dessen göttliche Herkunft an. Um allen Anfeindungen ein Ende zu setzen, verlangte Phaeton von seinem Vater, einen Tag lang den Sonnenwagen lenken zu dürfen. Es kam, wie es kommen musste: Sobald die Pferde merkten, dass nicht ihr eigentlicher Herr das Geschirr führte, verließen sie die wohlgeordneten himmlischen Bahnen von Zeit und Raum. Der Sonnenwagen kam verschiedensten Sternbildern wie Löwe, Krebs, Böotes und Skorpion zu nahe und erhitzte diese so stark, dass sie aus den Fugen ihrer angestammten Plätze im Universum gerieten.

CHAOS AUF DER ERDE

Phaeton suchte sein Heil in der Nähe zur Erde, was auf unserem Heimatplaneten eine große Hitze auslöste. Fauna und Flora verbrannten, die Erde ging in Flammen auf. Schließlich riefen die irdischen Götter Jupiter zu Hilfe, der seinen Blitz gegen den Sonnenwagen schleuderte. Phaeton verlor sein Gleichgewicht, stürzte und starb.

Nur mühsam erholte sich die Erde. Jupiter brachte schließlich Erde und Firmament in Ordnung, und der gramgebeugte Helios nahm seine Arbeit als Wagenlenker wieder auf.

GESTÖRTE HARMONIE

Am meisten Eindruck neben dieser Sage machte schon antiken Autoren die Theorie von einem Kometen, der auf die Erde gestürzt und die feurige Megakatastrophe verursacht haben könnte. Vielleicht, so argwöhnen Sternenforscher heute noch, könnte es sich dabei sogar um Reste eines Planeten gehandelt haben – möglicherweise jenes ominösen Planeten mit Namen Phaeton, den Astronomen und bibelfeste Astrologen über Jahrhunderte vermuteten, da ihnen das Sonnensystem in der ihnen bekannten Form nicht harmonisch und ausgewogen erschien. Der letzte, der diese göttlich vorgegebene Harmonia mundi postulierte, war kein Geringerer als der deutsche Astronom Johannes Kepler. Der hatte bereits am Anfang des 17. Jh. festgehalten, dass sich die Abstände der Planeten zueinander in mathematisch wie musikalisch harmonischen Verhältnissen darstellen ließen.

RÄTSELHAFTE LÜCKE

Was Kepler und allen anderen allerdings rätselhaft blieb, war eine große Lücke zwischen Mars und Jupiter – eine gähnende Leere, die nur von einem Schwarm von Planetoiden, dem heutigen Asteroidengürtel, gekreuzt wurde.

Konnte es nicht möglich sein, dass hier einst ein Planet seine Bahnen gezogen hatte, ehe er unter unklaren Umständen explodierte und diesen Trümmerhaufen an uralter Weltraummaterie hinterließ? Kepler und seine Vorläufer

Merkur, Venus, Mond und Erde, Mars, Jupiter, Saturn, Uranus, Neptun und Pluto (von links oben).

Und wo ist Nummer zehn?

Das sind die neun sichtbaren Planeten unseres Sonnensystems; die Größenverhältnisse der Fotos sind allerdings nicht korrekt. Existierte Phaeton zwischen Mars und Jupiter?

Name	Distanz zur Sonne (in Mio. km)	Ø in km	Umlaufzeit
Merkur	58	4840	88 Tage
Venus	108	12400	226 Tage
Erde	149	12757	1 Jahr
Mars	228	6790	1,88 Jahre
Jupiter	778	142800	11,86 Jahre
Saturn	1428	120800	29,46 Jahre
Uranus	2872	52400	84,02 Jahre
Neptun	4501	44600	164,79 Jahre
Pluto	5912	ca. 3000	249,17 Jahre

Johannes Kepler bei Kaiser Rudolph II.

Der berühmteste Astronom des letzten Jahrtausends war Johannes Kepler (1571–1630). Er stellte fest, dass sich die Planeten in harmonischen Abständen zueinander verhalten. Nur eine Lücke zwischen Mars und Jupiter störte ihn.

wurden schließlich insofern bestätigt, als heutige Forscher diesen immensen Fundus an zukünftigen Sternschnuppen durchaus als Planetenreste interpretieren wollen. Es existiert sogar eine astronomische Regel, die so genannte Titius-Bode'sche Reihe. Ihr zufolge gibt es eine Gesetzmäßigkeit, nach der alle Planeten in bestimmten Abständen um die Sonne kreisen. Doch der Abstand zwischen Mars und Jupiter ist doppelt so groß, wie er dieser Regel nach eigentlich sein dürfte. Also fehlt, wie schon bei Kepler, ein Planet Y. Handelt es sich hierbei um Phaeton?

Wo blieb der Planet?

Schauen wir uns die Gegend einmal etwas genauer an. Phaeton wäre an diesem Ort 350–400 Mio. km von der Sonne entfernt, also mehr als doppelt so weit wie die Erde (rund 150 Mio. km), genau an der Schnittstelle von kosmischem Leben und kosmischem Tod. Er hätte sich am Rand jener Ökosphäre befunden, die als Lebensgürtel in unserem Sonnensystem gilt. Nur innerhalb dieses Gürtels ist Evolution überhaupt möglich. Diese Ökosphäre erstreckt sich von der Bahn der Venus über die Erdbahn bis in den Raum zwischen Mars und Jupiter.

Aber wo ist bzw. wo blieb dieser rätselhafte Planet? Manche Forscher siedeln den nun schon so lange bekannten Unbekannten hinter der Sonne an. Da er derzeit und auch in naher Zukunft nicht aus dem Sonnenschatten heraustrete, könnten wir ihn auch nicht sehen. Selbst Raumsonden auf Sonnenmission hätten bisher keine Klärung liefern können, d. h., sie haben keinen hinter der Sonne versteckten Phaeton entdeckt.

Katastrophe im All

Andere, wie der amerikanische Astronom Charles Kowal, legen sich genau fest und vermuten das Ende dieses Planeten in der Zeit vor 175 Mio. Erdenjahren. Damals müsse es einen Zusammenprall Phaetons mit einem Planetoiden gegeben haben – eine Weltraumkatastrophe von gigantischem Ausmaß, die unser gesamtes Sonnensystem an den Rand des Untergangs brachte.

Gesteinsbrocken seien damals durch unser Sonnensystem gerast, hätten Planeten und Monde bombardiert und Krater bis zu 600 km Durchmesser und 25 km Tiefe geschaffen, z. B. auf dem Mars. Zudem seien größere Trümmerstücke von Mars, Jupiter, Saturn, Uranus und Neptun aufgefangen worden und zu deren Ringen und Monden geworden.

Leben auf Phaeton?

Auffällig ist jedenfalls, dass die Ringe nicht dieselbe Chemie besitzen wie die Planeten, um die sie kreisen. Auch bei den Monden gibt es Merkwürdigkeiten, etwa bei dem äußeren Marsmond Deimos; dieser besitzt eine so geringe Eigenmasse, dass manche Forscher meinen, er sei hohl. Einige versteigen sich sogar zu der abenteuerlichen Deutung, Deimos sei von früheren Bewohnern unseres Sonnensystems als Bergwerk ausgebeutet worden. Kamen diese Außerirdischen vielleicht von Phaeton? Nach Ansicht von überzeugten Phaeton-Anhängern soll der mysteriöse Planet bewohnt, möglicherweise sogar Heimstatt des sagenumwobenen Atlantis gewesen sein, von dem schon der griechische Philosoph Platon schwärmte.

> *„Man bemerke aber, dass ich nur dort, wo keine vollkommene Harmonie vorliegt, wie zwischen Jupiter und Mars, die Möglichkeit einer nahezu vollkommenen Einschaltung einer regulären Figur entdeckt habe ..."*
>
> J. KEPLER, HARMONIA MUNDI

VIELE OFFENE FRAGEN

Ob tatsächlich ein Zusammenhang zwischen dem Untergang von Atlantis und der Zerstörung des Planeten Phaeton besteht, ist eine Frage der Phantasie. Die moderne Wissenschaft hält zwar eine Reihe von Fragestellungen bereit – aber endgültige, zufrieden stellende Antworten konnten bis zum heutigen Tag nicht gefunden werden.

So ist unklar, wann und wo Taumel- und Kippbewegungen der Erde geohistorisch aufgetreten sind, wann sich die Erdachse verschoben hat und damit verheerende Naturkatastrophen auf unserem Planeten auslöste. Auch die immer wiederkehrende Umpolung des Erdmagnetfelds könnte außer irdischen auch galaktische Ursachen haben, also auf einem Zusammenprall mit Phaetontrümmern beruhen. Dass es Umpolungen gegeben hat, steht außer Zweifel, denn wie elektrische Fingerabdrücke haben sich die Kraftlinien des Erdmagnetfelds in erstarrter Magma verewigt.

Ob all die Naturkatastrophen durch Phaeton ausgelöst wurden oder nicht, eines steht fest: Unser Sonnensystem wurde durch Explosionen, Eruptionen und Krisen geschaffen und geprägt – und das noch bis vor wenigen 1000 Jahren.

URALTE DOKUMENTE

Zahlreiche archäologische Funde heizen die Phantasie namhafter Forscher an. Als eines der rätselhaftesten Dokumente gilt eine sumerische Tontafel, auf der unsere Planeten abgebildet sind – genau im richtigen Größenverhältnis und so, als hätte man sie durch ein Fernrohr betrachtet. Verwirrend ist jedoch die Tatsache, dass der unbekannte Astronom zehn Planeten verzeichnete und nicht neun. Außerdem fanden Archäologen uralte Kalender, die eine Verkürzung des Erdenjahres auf weit unter 365 Tage nahe legen – möglicherweise hervorgerufen durch die kosmischen Katastrophen.

Gab es intelligentes Leben auf Phaeton?

Gehen wir einfach einmal davon aus, dass die seit Beginn der Astronomie bis heute für viele Wissenschaftler unlogische Lücke auf der Perlenkette der Planeten zwischen Mars und Jupiter einst wirklich von einem zehnten Planeten, den man Phaeton nannte, gefüllt wurde. Theoretisch ist dies durchaus möglich, denn einige rein rechnerisch auf der Basis von astronomischen Erfahrungswerten plausible Phaeton-Theorien sind nicht von der Hand zu weisen – nur sind sie mit unserem aktuellen Wissensstand eben nicht zu beweisen – zumindest noch nicht.

Phaeton, 350–400 Mio. km von der Sonne entfernt und auch größenmäßig zwischen Mars und Jupiter anzusiedeln, wäre danach z. B. älter als die Erde; er läge noch innerhalb des so genannten Lebensgürtels unseres Sonnensystems, in dem – vergleichbar mit unserer Erde – Biosphäre herrscht, sich also Leben und Evolution entwickeln kann. Vorstellbar also, dass auf Phaeton bereits lange vor Entstehung der Erde hoch entwickeltes und intelligentes Leben herrschte, gesegnet mit mindestens allen uns bekannten Technologien bis hin zur Raumfahrt sowie eventuell einem höheren Wissen.

Die Sonne im Mittelpunkt mit ihren neun Planeten (von innen nach außen): Merkur, Venus, Erde, Mars, Jupiter, Saturn, Uranus, Neptun, Pluto.

Aufbruch zum Mars

Schon immer hat der Rote Planet die Phantasie der Menschen angeregt, aber er schien unerreichbar. Doch der Traum von einer Reise zum Mars könnte sich in absehbarer Zeit erfüllen – 2019 soll der Flug einer bemannten Mission zum erdnächsten Planeten Wirklichkeit werden.

In 230 Tagen zur Erde

Mehr als eine Zukunftsvision: Die von der Marsoberfläche gestartete Marskapsel dockt an das Mutterschiff an, die Astronauten steigen um und treten den langen Rückflug zur Erde an.

Dass diese jahrzehntelang konsequent vorangeführte Realisierung eines Menschheitstraums tatsächlich einmal als großer Schritt in die Geschichte eingehen wird, haben wir allerdings nicht nur der amerikanischen Raumfahrtbehörde NASA, sondern auch der europäischen Raumfahrtagentur ESA sowie Geldern, Know-how und Personal der Mitgliedsstaaten zu verdanken, die sich zur Verwirklichung der Internationalen Raumstation ISS (International Space Station) zusammengefunden haben. Denn mit dem Bau und der Inbetriebnahme der Station war auch die Grundlage für das Marsprojekt gelegt. Nur die ISS kann als erfolgreiche Startbasis für den mehrjährigen Flug zu unserem roten Nachbarplaneten genutzt werden. Dabei favorisieren Wissenschaftler momentan zwei Flugvarianten mit unterschiedlicher Dauer.

Eine lange Reise

Marsflug A würde für den Weg zum Mars etwa 230 Tage benötigen, 30 bis 40 Tage lang eine Mission auf der Marsoberfläche erfüllen und dann in weiteren 230 Tagen zurückkehren. Bedingung für diese Variante: kürzestmöglicher Abstand des Mars zur Erde. Bei Variante B dauert die Marsreise sogar 1000 Tage – 230 Tage Anreise, 500 Tage Marsaufenthalt inklusive Erforschung der zwei Marsmonde Furcht (Phobos) und Schrecken (Deimos), anschließend 230 Tage Rückreise. Startgewicht: 1000 t, davon mindestens 700 t Treibstoff. Ein anspruchsvolles logistisches Unternehmen – mehr als 50 Shuttle-Flüge werden nötig, um das ganze Raketenmaterial, das noch dazu vor Ort an der ISS installiert werden muss, von der Erde ins All zu bringen. Eine Odyssee durch den Weltraum, wie sie selbst kühnste Phantasten noch am Ende des 20. Jh. für technisch undurchführbar gehalten haben.

Nie an einer erfolgreichen Mars-Mission gezweifelt haben dagegen die etwa 5000 Mitglieder der Mars Society. Die

Geländegängig

1997 erkundete das sechsrädrige Marsmobil Sojourner *die Oberfläche des Roten Planeten.*

gemeinnützige internationale Organisation will 2019 ebenfalls mit Wissenschaftlern oder Mars-Astronauten beim Jahrhundertprojekt „Marslandung“ vertreten sein. Sie hat sich schon frühzeitig auf die Erkundung und Besiedelung des Planeten festgelegt.

Leben wie auf dem Mars

Mitglieder der internationalen Marsgesellschaft hatten im Jahr 2000 damit begonnen, künstliche Habitate zu errichten, um die Arbeits- und Lebensbedingungen auf dem Mars zu simulieren.

Zunächst einmal wurde auf der kanadischen Insel Devon Island ein Mars-Camp eingerichtet. Die Bedingungen auf der Insel sind ideal, denn dort sind arktische Temperaturen, Klimawechsel und geologische Formationen aus der Frühzeit der Erdgeschichte anzutreffen. Im weiteren Verlauf entstand auf Devon Island im Einschlagkrater eines Asteroiden die Forschungsstation *Flashline Mars Arctic Research Station (FMARS)*. Die Station bietet Platz für eine sechsköpfige Crew und ist durch zwei simulierte Luftschleusen mit der Außenwelt verbunden. Wissenschaftler aus allen Kontinenten forschen hier im Wechsel. Dazu gehören Mediziner und Psychologen, Astrobiologen, Geologen, Mechaniker, Ingenieure und Klimatologen.

Ende Januar 2002 folgte dann die Inbetriebnahme einer zweiten, doppelstöckigen Marsstation auf Erden, der *MDRS (Mars Desert Research Station)*. In der kargen Wüstenlandschaft des US-Bundesstaats Utah kümmern sich seither marsbegeisterte Menschen vornehmlich um so genannte EVAs.

Übungsspiele

Hinter diesem Kürzel verbergen sich Extra Vehicular Activities, also Außenbordtätigkeiten. Dabei kurven außerhalb dieser Marsstation vollkommen normale Menschen in Astronauten-Anzügen um ziemlich irdische Felsformationen. Bei ihren Ausflügen wirbeln sie mit ihren einst für das amerikanische Militär entwickelten Mini-Allrad-Buggys eine Menge Wüstenstaub auf und entnehmen Bodenproben. Diese Aktivitäten sollen zukünftige Tätigkeiten auf dem Mars vorwegnehmen und dabei helfen, dort dringend benötigte Werkzeuge und Gerätschaften zu entwickeln.

Wachsende Fangemeinde

Anfangs wurden diese Privatprojekte lediglich über das aus dem kanadischen Toronto berichtende „Radio Free Mars“ sowie die Internet-Website „www.marssociety.com“ bekannt. Die Fangemeinde

Nachschub für die Marsstation

Eine Raumkapsel schwebt an Fallschirmen zur Marsoberfläche hinab. Ab 2019 soll dieser Menschheitstraum in Erfüllung gehen. Die wichtigste Aufgabe besteht dann darin, eine menschengerechte Umgebung zu schaffen.

wuchs jedoch sehr rasch, auch in Europa.

Auf Initiative des europäischen Ablegers des Vereins kommt das Projekt Euro-Mars zur Realisierung, die *European Mars Analog Research Station.* Die Bauteile dieser dritten Marsstation sollen in Island zusammengesetzt werden, und zwar im seismisch stark aktiven Gebiet rings um den Vulkan Krafla im Nordosten der Atlantikinsel, um dann das Leben innerhalb eines Mars-Habitats zu erproben.

Marsstation zum Üben

Egal wo EuroMars installiert wird – der neu entwickelte Container mit drei Etagen wird in den nächsten Jahren eine bedeutende Forschungsstation sein, der NASA wie ESA im Jahre 2019 einiges zu danken haben könnten: Die in Deutschland, Frankreich, England, der Schweiz und den Niederlanden entwickelte Anlage ermöglicht erstmals analoge Simulationsmodelle für das Innere einer Marsstation.

Der Mars umkreist die Sonne in einer Entfernung von etwa anderthalb Erddistanzen auf einer ellipsoiden Bahn in einem Abstand von 207–249 Mill. km (Die Erde bewegt sich auf einer nahezu kreisförmigen Bahn mit etwa 150 Mill. km Abstand). Für eine Umrundung der Sonne benötigt er 686 Erdentage, also 1,88 Erdenjahre. Marstempo: 79 200–93 600 km/h; Erde: ungefähr 100 000 km/h. Der Mars besitzt einen kleineren Durchmesser, der etwa halb so groß ist wie die Erde, und dreht sich in 24 Stunden und 37 Minuten einmal um sich selbst. Ein günstiger Wert, da der Marstag so in etwa der Länge eines Erdentags entspricht.

Da auch der Mars wie die Erde über eine nicht senkrecht verlaufende Rotationsachse verfügt (Winkeldifferenz von Erd- und Marsachse: 2 Grad), gibt es auf dem erdnächsten Planeten auch Jahreszeiten. Im Norden des Mars-Äquators ist der Sommer länger als der Winter, auf der Mars-Südhalbkugel ist es umgekehrt. Dazu beeinflussen die beiden Monde Deimos und Phobos den Mars. Sie umkreisen ihn in 30 Std. 17 Min. bzw. 7 Std. 30 Min.

Grösstes Problem: Terraforming

Aufgabe schon der ersten Marslande-Crew wäre es, der Umgebung der 500-Tage-Marsstation ein erdähnliches Aussehen zu geben. Bei diesem überlebensnotwendigen Prozess des Terraforming – der Schaffung einer menschengerechten Umgebung – auf dem Mars sind einige wesentliche Dinge zu beachten.

Erste entscheidende Unterschiede zum Erdendasein bringt die Schwerkraft auf dem Mars mit sich. Sie beträgt mit 38 % nur etwas mehr als ein Drittel der irdischen Schwerkraft. Also können die um zwei Drittel Körpergewicht erleichterten Mars-Bewohner auf zahllose irdische Hilfsmittel wie Stühle, Sofas etc. von vornherein verzichten, da sie aufgrund der geringen Schwerkraft ja fast schweben. Ruhefunktionen, wie sie im

Üben fürs Überleben

In der Flashline Mars Arctic Research Station *auf Devon Island im Norden Kanadas üben die Mitglieder der Mars Society das Leben auf dem Mars. Oben ist das offizielle Emblem des* FMRS-*Programmes von 2002 dargestellt.*

Sonde auf Eissuche

So wie hier im Modell dargestellt, hat 2001 eine Sonde aus 400 km Höhe die Eisschichten in der Marsoberfläche vermessen.

Kommandosessel eines Captain Kirk vom Raumschiff Enterprise designtechnisch bereits in den 60er-Jahren des 20. Jh. integriert waren, dürften aber erhalten bleiben.

Sitzend muss auch eine andere Tätigkeit auf einer Marsstation ausgeübt werden. Und so haben sich die Planer von EuroMars für den Einbau einer Null- bzw. Niedrig-Schwerkraft-Toilette entschieden, wie sie bereits auf heutigen Raumflügen Verwendung findet.

Seife in Pulverform

Dass solche Versuche keine Spinnerei sind, beweist auch die neue, bereits entwickelte Marsseife: Sie kommt in pulverisierter Form zum Einsatz. Abwasser und Seifenschaum müssen biologisch vollständig abbaubar sein und gleichzeitig der Düngung und Pflege von Mars-Gewächshäusern dienen.

Abfall jedweder Art muss sowohl an Bord eines Raumschiffs als auch auf dem Mars selbst vermieden werden. Eine Kontaminierung des Mars etwa durch biologisches Material darf nicht passieren! Gleichzeitig müssen die Gewächshaus-Biotope zwei wichtigen Funktionen dienen: der Nahrungsmittelgewinnung, aber auch der Produktion des lebensnotwendigen Sauerstoffs!

Denn auch die Marsatmosphäre hat es in sich: Sie besteht zu 95 % aus Kohlendioxid (CO_2), zu 2,7 % aus Stickstoff und zu 1,6 % aus Argon. Nur 0,0006 % der Atmosphäre bestehen aus einem lebenswichtigen Element: Wasser, das in gefrorenem Zustand vor allem am Mars-Südpol vermutet wird. Die mittlere Durchschnittstemperatur auf dem Mars beträgt –53 °C, wobei am Mars-Äquator durchaus auch Temperaturen von +20 °C entstehen können.

Wettlauf zum Mars

Der Luftdruck beträgt nur 1 % des irdischen, Staubstürme wehen über die stark eisenoxidhaltige Oberfläche des Roten Planeten, der – im Gegensatz zur Erde – keine Plattentektonik kennt. Dadurch konnte auf dem Mars der höchste Berg unseres Sonnensystems, der Vulkan Mons Olympus entstehen. Seine Höhe beträgt über 27 000 m.

Die Sonden *MER-A* und *MER-B* haben im Jahr 2004 Hinweise geliefert, dass der Mars einst warm und feucht war. *Mars-Express* hat ein Eisfeld von 250 km Durchmesser gefunden. 2008 soll die Sonde *Phoenix* in der Nähe des Mars-Nordpols landen und in einem Meter Tiefe nach Wasser suchen. In den Jahren 2009/2011 könnten zwei große Missionen der NASA und der ESA gezielt nach Spuren von Leben forschen.

Jules Verne

Der Mann, der beinahe ein Hellseher war

Der Franzose Jules Verne (1828–1905) gilt als der Zukunftsschriftsteller schlechthin. Er schrieb zunächst Opernlibretti und Dramen, verlegte sich dann aber 1863 in einer Zeit ungebrochenen Glaubens an den technischen Fortschritt auf utopische Entdecker- und Abenteuerromane. Einige davon nahmen technische Entwicklungen des 20. Jh. fast hellseherisch vorweg. Seine berühmtesten Werke sind *20 000 Meilen unter dem Meer*, *Reise zum Mittelpunkt der Erde* und *In 80 Tagen um die Welt.*

Hallo, ist da jemand?

Die Menschheit hat den größten Lauschangriff aller Zeiten gestartet: Riesige Radioteleskope horchen Tag und Nacht ins All, ob sich vielleicht ein intelligentes Wesen in einigen hundert Millionen Kilometern Entfernung mit uns unterhalten möchte. Aber was geschieht, wenn wirklich eine Antwort kommt?

Als die Raumsonde *Voyager 1* am 14. Februar 1990 unser Sonnensystem verließ und ein letztes Mal zurückblickte, schoss sie eine ganz besondere Aufnahme von der Erde. Nie zuvor wurde unser Blauer Planet aus so großer Entfernung betrachtet und fotografiert. Zu einem winzigen Punkt im All geschrumpft, ist die Erde eher unscheinbar. Und doch ist es der einzige uns bekannte Ort im Universum, auf dem es Leben gibt. Alles, was dieses Wunder ausmacht, was uns wichtig und heilig ist, alles Wissen, alle Grausamkeiten, alle Liebe, spielt sich auf unserem Heimatplaneten ab. Da liegt die Frage nahe: Sind wir allein im Universum?

Geheimnisvolle Kanäle

Diese Diskussion wurde erstmals heftig geführt, als der italienische Astronom Giovanni Schiaparelli im Sommer 1877 auf dem Mars eine Reihe dunkler Linien beobachtete, hinter denen er Gräben oder rillenartige Strukturen vermutete. Sie lagen zwischen dunkleren Bereichen des Planeten, die er als Meere beschrieb. Die Gräben nannte er „canali“, was als Hinweis gedeutet wurde, dass es auf dem Mars menschenähnliches Leben geben müsste – man war überzeugt davon, dass diese Marskanäle künstlich angelegt worden seien.

Keine Marsmenschen

Zu Beginn des 20. Jh. glaubten die Astronomen zu wissen, dass zumindest Mond, Mars und Venus bewohnt seien, wahrscheinlich sogar von intelligenten Wesen. In der Sciencefiction-Literatur wurde besonders der Mars gern als Herberge außerirdischen Lebens beschrieben. Die Ernüchterung kam mit der modernen Weltraumforschung. Die auf dem Mars von Schiaparelli vermuteten Kanäle stellten sich nämlich als optische Täuschung heraus, und trotz der Hinweise, dass auf dem Mars vor Jahrmillionen Wasser geflossen sein kann und sich vielleicht sogar einfache Lebensformen geregt haben, kann man mit ziemlicher

Tag und Nacht wachsam

Dieses 15-m-Radioteleskop befindet sich bei La Silla in den chilenischen Anden. Radioteleskope stehen in dünn besiedelten Gebieten ohne Funk-, Fernseh- oder Radiosender, die die überaus schwachen Signale aus dem Universum verfälschen könnten.

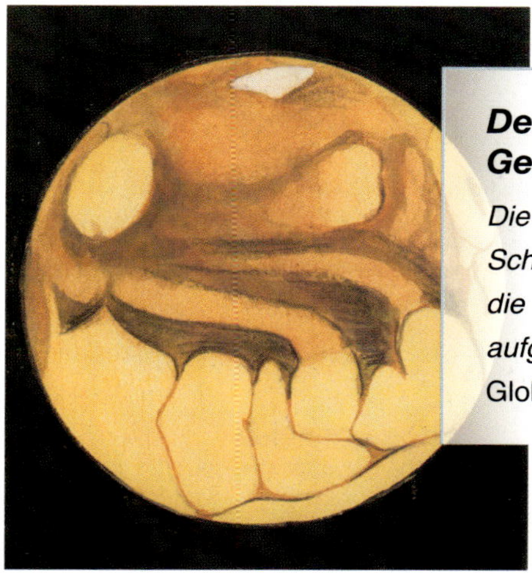

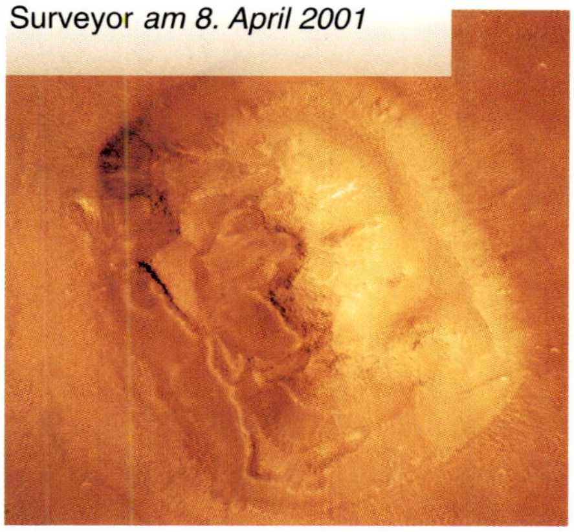

Der Mars gibt seine Geheimnisse preis

Die Marskanäle, wie sie Giovanni Schiaparelli zeichnete (links), und die Bergformation „Marsgesicht“ – aufgenommen von der Sonde Global Surveyor *am 8. April 2001*

Sicherheit davon ausgehen, dass dort nie Marsmenschen gewohnt haben.

Einige Voraussetzungen des Lebens sind zwingend erforderlich. So müssen sich komplizierte molekulare Verbindungen wie Eiweißmoleküle und Nukleinsäuren bilden können, da selbst bei primitiven Lebewesen einfache Moleküle oder sogar Einzelatome nicht in der Lage sind, biochemische Reaktionen und Vorgänge wie Nahrungsaufnahme, Stoffwechsel, Fortpflanzung und Vererbung zu steuern. Darüber hinaus ist aktives organisches Leben an eine relativ enge Temperaturgrenze gebunden.

MOLEKÜLE ZERFALLEN

Große organische Moleküle zerfallen über 100 °C in kleinere. Über einer Temperatur von einigen 1000 °C sind nur noch Einzelatome existenzfähig. Demgegenüber verlangsamen sich biochemische Reaktionen bei Temperaturen deutlich unter dem Gefrierpunkt so stark, dass aktives Leben nicht mehr möglich ist. Die günstigsten Temperaturen liegen zwischen 25 und 45 °C. Die Körpertemperatur der meisten bekannten hoch entwickelten Lebewesen liegt innerhalb dieser Temperaturspanne und wird durch komplizierte Regelungssysteme konstant gehalten.

Erstaunlicherweise gelten speziellere Umweltbedingungen wie eine sauerstoffreiche Atmosphäre oder viel Wasser nicht als unbedingte Voraussetzungen von Leben. Manche Kleinstlebewesen können auch bei widrigsten Umweltbedingungen überleben.

Was die Entstehung von Leben betrifft, verweist man gern auf die Experimente von Stanley L. Miller an der Universität von Chicago (Illinois) im Jahr 1953. Er hat im Labor nachgewiesen, dass in einer „Uratmosphäre“ aus Wasserstoff, Wasserdampf, Methan und Ammoniak durch elektrische Entladungen oder energiereiche Ultraviolettstrahlung Aminosäuren entstehen, die Bausteine der Eiweißmoleküle. Die Wissenschaftler sind sich darüber einig, dass der weitere Aufbau der Aminosäuren zu größeren Molekülen und lebenden Substanzen ein Vorgang ist, der auch auf anderen Planeten stattfinden kann.

Die beiden britischen Astrophysiker Barrie Jones und Nick Sleep von der Open University in Milton Keynes glauben auch, mit ihren Computerprogrammen bewohnbare Zonen im All gefunden zu haben. Das unserem Sonnensystem – bislang – am meisten ähnelnde System liegt bei dem „nur“ 46 Lichtjahre entfernten Stern 47 Ursa Majoris im Sternbild des Großen Bären.

ERDÄHNLICHE ÖKOSPHÄRE

Der Stern ist etwas heißer als die Sonne, entsprechend liegt seine Ökosphäre, in der es Wasser in flüssiger Form geben kann, weiter außen. Und in diesem Planetensystem sind stabile Umlaufformen möglich – Grundvoraussetzung für eine Evolution. „47 Ursa Majoris ist sicher ein System, in dem sich die Suche nach erdähnlichen Planeten und Leben lohnt“, erklärt Barrie Jones.

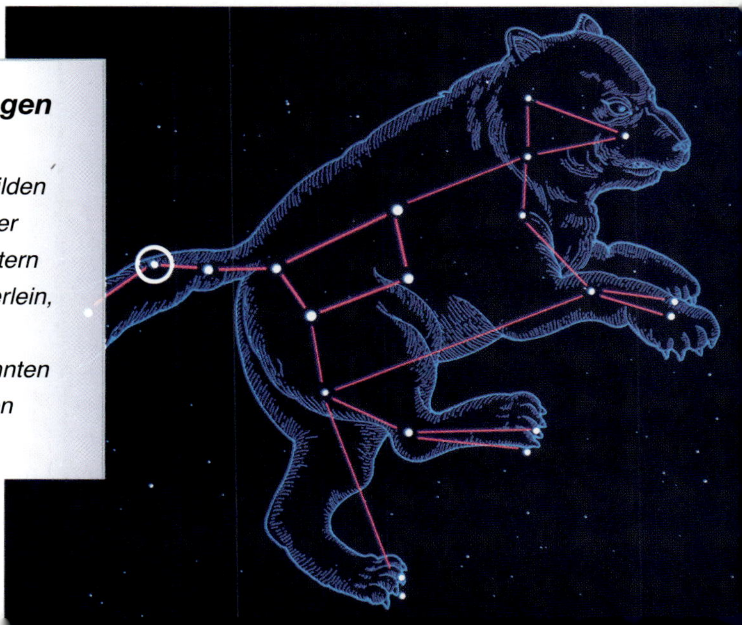

Großer Bär mit Wagen

Die hellsten Sterne des Sternbilds Großer Bär bilden den Großen Wagen. Über dem mittleren Deichselstern (s. Kreis) steht das Reiterlein, der Stern Alkor. In seiner Umgebung könnten erdähnliche Bedingungen herrschen.

Nehmen wir einmal an, es existieren tatsächlich „Etis“ – extraterrestrische intelligente Strukturen –, sie wären dann nach gleichen Grundprinzipien und in gleicher Evolution entstanden wie wir Menschen.

Problem Treibstoff

Es gibt je etwa 100 Mrd. Sterne in rund 100 Mrd. Galaxien. Eine Reise zum nächsten Stern dauert mehrere Jahre, selbst wenn wir Technologien entwickelt hätten, nahezu mit Lichtgeschwindigkeit zu reisen. 1 Mio. Erkundungsraumschiffe könnten in 10 000 Jahren also nur etwa ein Hundertstel aller Sonnensysteme ihrer Galaxie besuchen. Aber jedes der Raumschiffe braucht – selbst bei atomarem Antrieb – Millionen von Tonnen Treibstoff. Wie viel kostbare Energie müssten daher die „Etis“ in solch ein Vorhaben stecken! Aber vielleicht ist deren Planet viel, viel größer als unsere Erde, sodass sie über ungeheure Energievorräte verfügen?

> *„Wenn mich heute jemand fragt: Sind wir einzigartig?, würde meine Antwort lauten: höchstwahrscheinlich nicht! Werfe ich einen Blick auf das gesamte Universum, sage ich mir, dass die Erde nichts Besonderes ist.“*
>
> Prof. Klaus von Klitzing, Nobelpreisträger für Physik

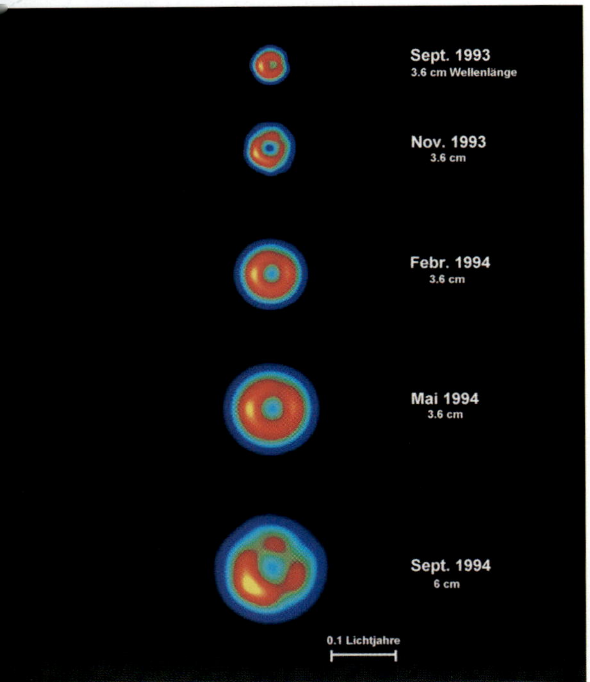

Radiosignale vom Tod eines Sterns

So zeigen sich die Radiowellen auf dem Computer, die sich nach der Explosion der Supernova 1993J im Weltall ausbreiten. 700 Supernovae sind bisher bekannt, aber nur drei aus unserem Milchstraßensystem.

Er ist es mit Sicherheit nicht. Ein Planet, der einige 1000-mal mehr Masse als unsere Erde hätte, also etwa nur einen 10- bis 20-mal größeren Durchmesser, würde schon sternartig sein; das bedeutet, er würde je nach Material entweder durch den Beginn von Kernreaktionen in seinem Innern sehr heiß werden oder sich wie ein weißer Zwerg auf einen sehr kleinen Durchmesser zusammenziehen. In beiden Fällen wäre kein Leben auf seiner Oberfläche möglich.

Zu wenig Anziehungskraft

Der Planet der Außerirdischen kann andererseits auch nicht viel kleiner sein als unsere Erde, sonst hätte er – weil seine Anziehungskraft zu gering wäre – von seiner Oberfläche alle Gase und vor allen Dingen alles Wasser verloren, das den Anfang des Lebens in einer Ursuppe überhaupt erst ermöglicht. Wenn also irgendwo im All eine fremde Zivilisation existieren sollte, dann lebt sie sehr wahrscheinlich auf einem Planeten von sehr ähnlicher Größe wie unsere Erde.

Die Größe solch eines Planeten hätte direkte Auswirkungen auf das Aussehen und die Körperbeschaffenheit seiner Bewohner. So würden auf einem großen Planeten nur kleine, flache Kreaturen lebensfähig sein, weil hoch gewachsene Lebewesen von der Schwerkraft zu Boden gezogen würden. Umgekehrt könnten sich auf einem kleinen Planeten grazile Wesen entwickeln, die auch ziemlich groß werden könnten.

Viele Wissenschaftler sind der Meinung, dass unsere Brüder im All – wenn sie denn eine hoch stehende Technologie besäßen, die ihnen lange Reisen, und sei es nur innerhalb einer Galaxie, ermöglichen würde – so viel Vernunft hätten, die Sinnlosigkeit einer Suchexpedition nach anderen Lebensformen einzusehen.

Kontakt aufnehmen?

Heißt das aber nun, dass man mit ihnen keinen Kontakt aufnehmen kann? Durchaus nicht. Das große Problem ist natürlich, wie man mit ihnen über eine Entfernung von Millionen Kilometern kommuniziert. Wie machen wir Menschen uns bemerkbar, und wie erkennen wir Signale anderer Zivilisationen?

Für einen Betrachter in weiter Ferne ist unser Heimatplanet bestenfalls ein kleiner blauer Punkt neben einer gleißend hellen Sonne. Keine Chance also, etwas über die Besonderheiten der Erde herauszufinden? Wissenschaftler der amerikanischen Princeton Universität hoffen auf eine neue Methode, wie man bewohnbare Planeten um andere Sonnen aufspüren kann. Etwas verrät unsere gute alte Erde nämlich als bewohn-

Tag und Nacht im Einsatz

Das Heinrich-Hertz-Radioteleskop auf dem 3186 m hohen Mount Graham in Arizona ist zehn Monate im Jahr im Einsatz, um das Entstehen und Verlöschen von Sternen zu registrieren und eventuelle Botschaften aufzufangen. Zwei Monate im Jahr wird die Anlage überholt.

bare Welt: ihr leicht flackerndes bläuliches Licht. Während beispielsweise Mars und Venus ziemlich gleichmäßig scheinen, ändert sich die Helligkeit der Erde ständig. Bedingt durch ihre Drehung, werden abwechselnd Wüsten, Wälder, Wolken und Ozeane beschienen, die alle unterschiedlich viel Sonnenlicht reflektieren. Diese Helligkeitsvariation ist überraschend deutlich und sagt einiges über unseren Planeten.

Falscher Alarm

Am meisten versprechen sich die Forscher aber von einer Kontaktaufnahme mit den „Etis" im All per Radio. Sie funken Botschaften ins All und hoffen, irgendwo gehört zu werden; gleichzeitig lauschen überall riesige Radioteleskope auf eine Nachricht von irgendwo. „Wir horchen nach Stimmen in den unendlichen Ozeanen des Weltalls", sagt der US-Astrophysiker Frank Drake, der Initiator des Projekts SETI (Search for Extraterrestrial Intelligence, Suche nach außerirdischer Intelligenz).

Bei diesem Lauschangriff haben sich die Forscher auf zwei Jagdgebiete konzentriert: In einem Schnelllauf soll der gesamte Himmel abgetastet werden. Außerdem will man im Umkreis von 82 Lichtjahren besonders ausgewählte Himmelskörper genauer unter die Lupe nehmen. Die Forscher haben auch bereits verdächtige Geräusche ausgemacht. Sie kamen aus der Milchstraße, unserer Galaxie mit 300 Mrd. Sonnen,

„Love me tender" für Außerirdische

So bleibt Elvis wirklich unsterblich: Die Radiowellen mit seiner Musik rasen seit Jahrzehnten mit Lichtgeschwindigkeit durch das All. Ein Hit aus dem Jahr 1956 erfreut Jahrzehnte später möglicherweise die Bewohner eines viele Lichtjahre von der Erde entfernten Planeten.

aber sie kamen nur einmal. Die Piepser sind kein zweites Mal aufgetaucht.

Womöglich wird unser Blauer Planet vom äußersten Rand der Milchstraße schon lange neugierig bestaunt. Denn jedes vernunftbegabte Wesen kann die elektromagnetischen Impulse registrieren, die seit dem Beginn des letzten Jahrhunderts von der Oberfläche der Erde aufsteigen, aus unzähligen Funkgeräten und tausenden von Radio- und Fernsehsendern. Mit Lichtgeschwindigkeit, also mit 300 000 km/s, breiten sie sich nach allen Seiten ins Weltall aus. Eine köstliche Vorstellung, dass sich ein Zuschauer auf dem 11,8 Lichtjahre entfernten Tau Centauri über einen Gottschalk-Modegag in einer Wetten-dass-Sendung des Jahres 1989 amüsiert. Und die SOS-Signale der sinkenden Titanic rasen schon weit jenseits der Sonne Capella durch das Weltall.

Keine Rückmeldung?

Stellt sich die Frage, warum die Extraterrestrier sich noch nicht bei uns gemeldet haben. Die Antwort ist einfach: Weil wir nicht richtig hingehört haben. Zwar wurde schon seit Jahrzehnten mit elektronischen Ohren ins All gehorcht, aber die früheren Geräte waren, verglichen mit den heutigen, geradezu Modelle aus der Steinzeit. Die gesamten Daten der letzten 30 Jahre können mit modernen Mitteln in einer millionstel Sekunde ausgewertet werden. Bei diesen astronomischen Lauschangriffen ist es wichtig, so viel Frequenzen wie möglich abzuhören, da die Pirsch auf die Außerirdischen der Suche nach der Stecknadel im Heuhaufen gleicht.

Das Gebrabbel elektromagnetischer Wellen, das den Kosmos durchflutet, setzt sich aus zahlreichen Stimmen zusammen: dem Zischen interstellarer Gaswolken, dem Brummen von Pulsaren und Quasaren und dem Dröhnen der kosmischen Hintergrundstrahlung, dem Dauerecho des Urknalls, mit dem sich das Universum vor 15–20 Mrd. Jahren auszudehnen begann.

Um all diese von Radioteleskopen aufgefangenen Funksignale auszuwerten, sind selbst Superrechner überfordert. Das brachte die Forscher der Universität in Berkley/Kalifornien und der Planetary Society auf eine geniale Idee: Warum soll man zur Auswertung von Daten nicht einfach Computer benutzen, die gerade nicht ausgelastet sind?

Sie entwickelten ein Programm, das im Hintergrund Daten auswertet, die der Computer über Internet empfangen hat. Die mit diesem Modul ausgerüsteten Computer stellen mittlerweile das weltgrößte Rechnernetz zur Auswertung wissenschaftlicher Daten dar. Fast 2 Mio. Computernutzer haben sich angeschlossen, dabei kamen bisher knapp 300 000 Jahre Rechenzeit zusammen.

Ein Tal als Reflektor

Die dafür benötigten Daten stammen vom größten Radioteleskop der Welt, dem *Arecibo Radio Teleskop* im Nordwesten von Puerto Rico. Es besteht aus einem nicht schwenkbaren Reflektor mit einem Durchmesser von 305 m, der in ein natürliches Tal eingelassen ist.

Was geschieht aber, wenn wir tatsächlich Kontakt aufnehmen mit einer weit entfernten fremden Zivilisation, die uns nach Meinung aller Wissenschaftler erheblich voraus sein müsste? Der amerikanische Psychologe Warren H. Jones warnt: „Die grundlegende menschliche Reaktion auf etwas dermaßen Schockierendes wären Furcht und Wut. Unsere menschlichen Werte wären unterhöhlt." Doch solange wir keine Antwort aus dem All erhalten, muss diese Vermutung Spekulation bleiben.

Weltraumbeobachtung mit Radioastronomie

Mithilfe riesiger Anlagen horchen die Wissenschaftler auf jedes Geräusch im All.

➤ **Radioteleskope** unterscheiden sich in ihrem prinzipiellen Aufbau im Allgemeinen nicht von optischen Spiegelteleskopen. Von einem meist parabolischen Reflektor wird die Strahlung gesammelt, gebündelt und auf eine im Brennpunkt des Systems befindliche Antenne gerichtet. Von dort geht es per Kabel zum Empfänger.

➤ **Radioastronomie** beobachtet den Himmel nicht mithilfe des sichtbaren Lichtes, sondern im Bereich der Radiowellen mit Wellenlängen von wenigen Zentimetern bis zu hunderten von Metern.

➤ **Entdeckt** wurden die Radiowellen kosmischen Ursprungs erstmals vom Radioingenieur Karl Jansky im Jahr 1931, das erste astronomische Radioteleskop baute der Radioingenieur Grote Reber im Jahr 1937. 1944 veröffentlichte er die erste radioastronomische Himmelskarte.

➤ **Radiowellen** aus dem All sind viele Milliarden Mal schwächer als die von irdischen Sendern abgestrahlten Signale. Radioteleskope stehen daher meist in dünn besiedelten und weitgehend störsenderfreien Regionen der Erde.

➤ **Kosmische Radioquellen** sind vor allem heiße Gaswolken, Supernovarelikte, Neutronensterne, Quasare (quasi stellare Objekte) und Pulsare. Die im sichtbaren Bereich hellen Sterne sind dagegen meist nur schwache Radioquellen.

➤ **Im Gegensatz** zu optischen Teleskopen können Radioteleskope auch am Tage arbeiten und durchdringen selbst dichte Gas- und Wolkenschichten. Daher sind sie auch für die Erkundung von Planeten, wie etwa der Venus, ein wichtiges Hilfsmittel.

➤ **Mehrere Radioteleskope** lassen sich mithilfe der Interferometrie so zusammenschalten, dass sie wie eine einzige große Antenne arbeiten. Dadurch können auch Radiowellen mit großer Wellenlänge und sehr weit entfernte Objekte beobachtet werden.

➤ **Für die Suche** nach extraterrestrischem intelligentem Leben im Universum spielt die Radioastronomie eine herausragende Rolle, da Radiowellen vermutlich die geeignetsten und damit die wahrscheinlichsten Trägerwellen für Informationsübertragungen im Kosmos sind.

➤ **Das Radioteleskop** im australischen Parkes mit einem Durchmesser von 64 m diente bei der Mondlandung der Apollo-11-Mission im Jahr 1969 als Hauptempfangsantenne für die Fernsehbilder vom Mond. Auch heute noch wird die Kommunikation mit Raumsonden über die Radioteleskope des Deep Space Network aufrechterhalten.

Buzz Aldrin 1969 auf dem Mond, fotografiert von Neil Armstrong. Die Bilder wurden vom *Parkes-Radioteleskop* in Australien empfangen und von dort ins Raumfahrtzentrum Houston (Texas) weitergeleitet.

WELTRAUMMÜLL – GEFAHR AUS DEM ALL

Der starke Weltraumverkehr hat zu einem Problem geführt, das die Pioniere der Raumfahrt so nicht vorgesehen hatten: Tausende von künstlichen Gegenständen kreisen in den Erdumlaufbahnen und gefährden sowohl das Leben der Raumfahrer als auch der Menschen auf der Erde.

Das Problem ist der internationalen Wissenschaftsgemeinde schon seit Jahrzehnten und der breiten Öffentlichkeit spätestens seit dem März 2001 bekannt: Damals sorgte der geplante kontrollierte Absturz der russischen Weltraumstation MIR für weltweites Medieninteresse.

Glücklicherweise ging alles gut. Nicht etwa Mitteleuropa oder Tokio, die beide auf dem vorhergesagten Weg der MIR durch die Erdatmosphäre lagen, wurden in Mitleidenschaft gezogen. Der einstige Technologie-Ruhm der Sowjetunion, durch tausende Pannen, Lecks und Beinahe-Katastrophen, aber auch durch erstaunlich flexibles Reparaturtalent der Kosmonauten bereits jahrelang im Gespräch, verglühte über dem Pazifik. Was blieb, war z. B. die Frage nach etwaigem radioaktivem Material an Bord der MIR, das noch Generationen, wenn nicht jahrtausendelang für eine

Zurück an den Absender

Dieser Treibstofftank einer US-Rakete wurde 1997 in Texas entdeckt. Die Rakete hatte neun Monate zuvor einen Satelliten in 910 km Höhe gebracht. Bis dahin glaubte man, dass solche Teile beim Absturz in der Atmosphäre verglühen.

Verstrahlung der Umwelt sorgen könnte. Solche und ähnliche Fragen stellen sich Experten in aller Welt. Sie sollen für die Zukunft Strategien zur Vermeidung von Weltraummüll ausarbeiten.

RUSHHOUR IM ALL

Denn schon mehrfach hat es Großalarm gegeben, etwa als Objekt Kosmos-1402 A und C im Januar/Februar 1983 auf die Erde zu stürzen drohte. An Bord: ein Atomreaktorkern. Oder die Saljut 7/ Kosmos-1686-Station im Februar 1991: eine 40-t-Raumstation. Schließlich folgten im März 1994 Progress M-17 und im Dezember 1995 Kosmos-398.

Das Problem „Müll im Weltraum“ steht schon seit Jahren auf der Tagesordnung. Die europäische Weltraumorganisation ESA – sie untersucht das All von ihrem Observatorium auf dem Vulkan Teide auf Teneriffa aus – nennt folgende Zahlen: mindestens 3750 Weltraumstarts seit 1961, seither 23 000 von der Erde aus sichtbare Objekte mit einer Größe von mehr als 10 cm, von denen noch rund 7500 umherschwirren; 70 000 – 120 000 Objekte mit einer Größe von 1 – 10 cm; unzählbare, auf jeden Fall in die Millionen gehende Objekte von 0,1 – 1 cm, da sich auch Meteoritenstaub unter den Partikeln befindet.

Gefahr für Satelliten

Zumindest herrscht Konsens darüber, dass Myriaden von Satelliten-Schrottteilen und -trümmern bis hin zu Schraube und Mutter, die ein US-Astronaut bei einem der zahlreichen Weltraumspaziergänge verloren haben mag, allerhand Gefahren mit sich bringen. Das betrifft nicht nur den Wiedereintritt solcher Teile in die Erdatmosphäre und damit mögliche Katastrophen. Vielmehr wird der Platz rings um die Erde eng. Umherschwirrender Weltraumschrott kann ein Milliarden Euro teures Satelliten-Unternehmen im Weltraum gefährden. Moderne Satelliten müssen daher gegen Partikel- und Teilcheneinschläge geschützt werden, sollen sie nicht selbst binnen kurzem zu Müll werden. Denn so ein Partikel rast in einem unvorstellbar hohen Tempo daher!

Schrotthagel im All

Das kostet – und wirft, da zu den staatlichen Agenturen mehr und mehr auch private Weltraumnutzer auf den Plan treten, viele rechtliche Fragen auf. Wer zahlt für solche potenziellen Ausfälle? Und wer zahlt etwa für körperliche Schäden von Astro- und Kosmonauten der internationalen Raumstation ISS, die künftig Monate, wenn nicht Jahre im All verbleiben und jederzeit von solch einem Geschosshagel bombardiert werden können? Die statistische Wahrscheinlichkeit beträgt 1:10!

Das Jahr 2001 brachte mit der Deklaration einer neuen Ethik im Weltraum, die gemeinsam von der ESA und der UNESCO veröffentlicht wurde, erste Antworten. Dieser Bericht fordert beispielsweise eine internationale rechtliche Ächtung des Weltraummülls. Tenor: Moral geht über Müll! Die zukünftige Weltraumfahrt soll daher auch dem Umweltschutz dienen. So soll ein Früherkennungssystem dabei helfen, Umweltschäden auf der Erde zu vermeiden.

Astro-Archäologen

Wissenschaftler in aller Welt arbeiten fieberhaft an neuen Erkennungssystemen speziell für Kleinstpartikel. Und eine neue Berufsspezies dürfte schon bald damit beginnen, den bisher nur grob geschätzten Weltraummüll unter die Lupe zu nehmen: die „Astro-Archäologen".

Kaum 60 Jahre nach Beginn der Weltraumfahrt müssen sie ans Werk, um mittels Lokalisieren und Identifizieren von Flugobjekten eine Zuordnung der Teile zu den Verursachern zu ermöglichen. Diese müssen sich auf hohe finanzielle Belastungen gefasst machen, denn der nächste Schritt, die Beseitigung des Schrotts, kostet viel Geld.

Kehrwochen im Weltraum: Laserbesen räumt auf

In naher Zukunft soll ORION gestartet werden, ein Gemeinschaftsprojekt von NASA und US-Luftwaffe. Die Idee: Von der Erde ausgesendete Laserstrahlen sollen gefährliche Müllobjekte im All unschädlich machen. Nach dem Prinzip eines Parfümzerstäubers könnten Laserstrahlen dann Objekte in Kleinstpartikel zerlegen und sie in die Tiefen des Weltraums zerstreuen. Zur Erprobung von ORION wird ein Space Shuttle ausgeschickt, der künstliche Müllobjekte im All aussetzt. Diese sind zur Positionsbestimmung mit GPS-Sendern ausgerüstet. Die von der Erde ausgeschickten Laserbesen sollen dann diese Objekte erst einmal nur anleuchten. Dann aber könnte die Weltall-Reinigung loslegen. Kostenpunkt für die Müllabfuhr aller Objekte von 1 – 10 cm: mindestens 200 Mio. Dollar.

Natürlich könnten solche Laser auch gegen feindliche Objekte eingesetzt werden oder zukünftig sogar den drohenden Einschlag eines Kometen verhindern.

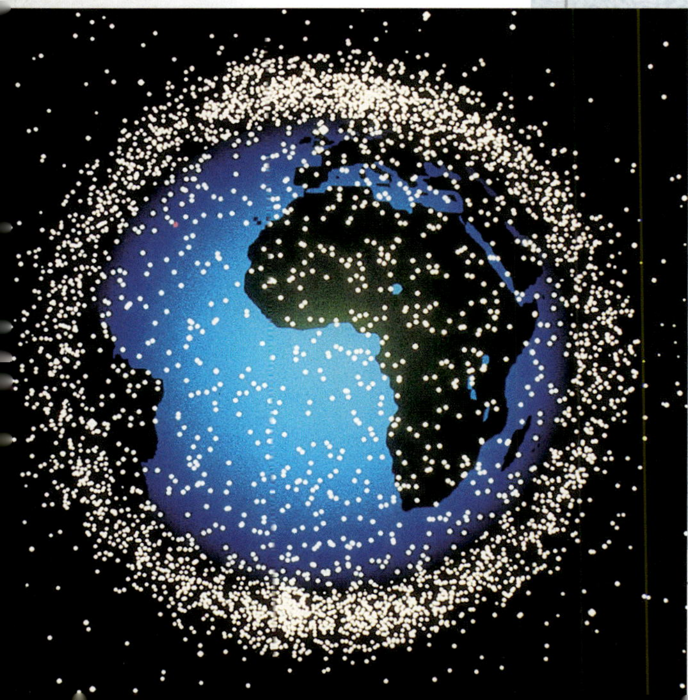

Diese ESA-Aufnahme zeigt nur die etwa 7000 Objekte in den erdnächsten Umlaufbahnen.

Woher stammt das Leben?

Was wäre wohl, wenn wir tatsächlich einmal Besuch aus dem All bekommen würden? Und gibt es überhaupt außerirdisches Leben? Diese Frage ist eng gekoppelt an die nicht minder spannende Frage nach der Herkunft des Lebens.

Das Leben als Exportschlager der Erde

Einer Theorie von US-Forschern zufolge ist das Leben in einer Art Ursuppe unter dem Einfluss von Hitze, UV-Licht und Blitzen entstanden und hat sich von der Erde aus ins Weltall ausgebreitet.

Freitagabends, 23.10 Uhr im Juni des Jahres 2017: Der Schreck lässt ihn erstarren, als Heinz Fischer über Friedberg ein leuchtendes Etwas entdeckt, das sich schnell in Richtung Osten bewegt. Zur gleichen Zeit gehen bei den Polizeidienststellen der näheren Umgebung weitere Meldungen über ein UFO ein. Auch die Besatzungen zweier Passagierflugzeuge, die sich dem Frankfurter Flughafen nähern, melden diese unerklärbare Erscheinung. In den folgenden Tagen wird das Objekt erneut am Nachthimmel beobachtet. Schließlich wird bekannt gegeben: Es war offenbar ein UFO, das nach sechs Tagen wieder spurlos verschwand.

Sciencefiction oder Realität? Manche Menschen glauben, dass wir eines Tages Besuch aus dem Weltall bekommen, und Geheimdienste nehmen Berichte über mögliche UFOs häufig sehr ernst. Schließlich könnten die Insassen solcher Fahrzeuge eine ernste Bedrohung für die Menschheit darstellen.

Ort der Entstehung

Doch bevor es eines Tages so weit sein wird, trägt die Frage nach außerirdischem Leben, besonders nach intelligenten Lebewesen, auch zu unserem Welt- und Selbstverständnis bei. Nicht umsonst drehen sich viele Mythen der

alten Völker um diese Rätsel, und nicht umsonst versucht auch die moderne Wissenschaft Licht ins Dunkel der Dinge zu bringen.

Wo aber kommt das Leben her und wie alt ist es? Auf Grund paläontologischer Funde geht man davon aus, dass auf der Erde seit etwa 3,5 Mrd. Jahren Lebewesen existieren. Einfache Stromatolithe (Cyanobakterien) nur – aber sie unterscheiden sich fundamental von der um sie herum existierenden unbelebten Materie. Und sie dürften wohl nicht die ersten, also ältesten Lebewesen gewesen sein. Was den Ort ihrer Entstehung betrifft, so sind zwei Möglichkeiten denkbar: Sie könnten auf der Erde entstanden oder aus dem Weltall hierher gelangt sein. Für die erste Annahme spricht zumindest die Tatsache, dass uns das Leben bisher nur von der Erde bekannt ist.

> *„... das Prinzip des Lebens wird eines Tages als Teil oder Folge eines allgemeinen Gesetzes erkannt werden."*
>
> CHARLES ROBERT DARWIN, NATURFORSCHER

LEBEN AUS URSUPPE?

Drei Hypothesen werden von der Wissenschaft diskutiert: Das Leben könnte, so die erste Hypothese, in einer Art Ursuppe entstanden sein. Diese Ursuppe (flache Urmeere) habe sich unter dem Einfluss von Hitze, UV-Licht und Blitzen zunächst aus einfachen und immer komplexer werdenden organischen Molekülen entwickelt und durch Autokatalyse allmählich zur Bildung von Biomolekülen (Nukleinsäuren, Aminosäuren, Eiweiße u.a.) geführt. Die US-Forscher Harold Urey und S. L. Miller konnten 1953 mit einem simplen Experiment zeigen, dass es tatsächlich möglich ist, unter entsprechenden Bedingungen im Reagenzglas Aminosäuren zu erzeugen. Diese Biomoleküle sollten sich zu größeren Aggregaten zusammengeschlossen haben, die schließlich zur Bildung von einfachen reproduktionsfähigen Zellen führten. Gegen diese lange favorisierte Hypothese wurden aber Einwände erhoben – insbesondere hätten die sich bildenden Aggregate und primitiven Zellen den damaligen rauen Umweltbedingungen nicht standhalten können, wird argumentiert.

SCHWARZE RAUCHER

Die zweite Hypothese aus dem Jahr 1970 geht deshalb davon aus, dass sich das Leben am Grund der Ozeane in so genannten hydrothermalen Spalten entwickelt hat. In solchen Spalten, auch Schwarze Raucher genannt, treten heiße Schwefeldämpfe aus dem Erdinnern aus und erhitzen das umgebende Wasser auf bis zu 300 °C. Die Entstehung einfacher Zellen wäre hier durchaus denkbar. Manche primitiven Lebewesen nämlich fühlen sich unter solchen Bedingungen recht wohl.

Begann alles in den Schwarzen Rauchern?

In solchen Spalten am Grund der Ozeane treten heiße Schwefeldämpfe aus und erhitzen das Wasser auf bis zu 300 °C. Die Entstehung einfacher Zellen ist denkbar.

Der spanische Bildteppich aus dem 12. Jh. zeigt Gott als Schöpfer bei der Erschaffung Evas, der Vögel und der Fische.

Die Entstehung des Lebens – ohne Gott?

Sehr vielen Menschen macht es Unbehagen, dass die Wissenschaft die Entstehung des Lebens auf physikalisch-chemischer Ebene als einen zwar hochkomplizierten, aber wahrscheinlich zwangsläufigen Prozess der Selbstorganisation der Materie betrachtet. Sie diskutiert die Lebensentstehung also ohne direkte Einflussnahme eines Gottes. Doch wird damit die Existenz eines Gottes mit keiner Silbe angetastet oder gar geleugnet, wie oft behauptet wurde.

Im Gegenteil: Je mehr die modernen Wissenschaften den Dingen auf den Grund gehen, je mehr sie die Gesetzmäßigkeiten der Natur zu begreifen beginnen, desto mehr offenbart sich die in der Natur liegende ungeheure Intelligenz – und desto mehr machen sie die Existenz eines Schöpfers wahrscheinlich und lassen damit das Leben und die in ihm liegenden Fähigkeiten als etwas wohl niemals erklärbares Wunderbares erscheinen.

Zudem wären sie hier in den Tiefen der Ozeane z. B. vor tödlichen UV-Strahlen und Meteoriteneinschlägen geschützt.

Aus Staub entstanden

Demgegenüber könnte das Leben auch gemäß der Panspermie-Hypothese von S. A. Arrhenius aus dem Jahr 1906, die später verändert wurde, in Staubwolken im All entstanden sein. Einfache, sehr widerstandsfähige Organismen könnten etwa mit kosmischem Staub oder Meteoriten auf die Erde gelangt sein und sich hier weiterentwickelt haben. Für diese Hypothese spricht, dass man im Weltall zwar noch kein Leben, aber in kosmischen Stäuben organische Moleküle, ja sogar noch komplizierter gebaute Biomoleküle gefunden hat.

Wie immer es auch gewesen sein mag, Tatsache ist zumindest, dass das Leben auf der Erde existiert und sich von den uns bekannten einfachen Formen über immer komplizierter werdende Organismen bis hin zum Menschen entwickelt hat. Es ist daher zumindest nahe liegend, dass es auch auf der Erde entstanden ist.

Und es ist sogar denkbar, dass das Leben von der Erde aus auf andere Planeten oder Monde gelangt sein könnte. Dieser Möglichkeit gehen viele Forscher heute intensiv nach. Und sie fanden Erstaunliches. So gibt es etwa einfache irdische Lebensformen, die sich in der Kälte der Antarktis ebenso wohl fühlen wie in kochendem Wasser.

Andere erwiesen sich in Experimenten als höchst druckunempfindlich und strahlenresistent. Ja, es gibt sogar höhere Organismen, die vorübergehend im Vakuum, in fast völliger Trockenheit oder auch unter extrem niedrigen Temperaturen ausharren. Alles Voraussetzungen, die man braucht, um eine gewisse Zeit im Weltall zu überdauern.

Irdische Bedingungen

Ob allerdings die heutigen, trotz ihrer äußerst verblüffenden Widerstandsfähigkeit hoch angepassten Organismen auf anderen Himmelskörpern geeignete Lebensbedingungen finden würden, ist eher fraglich. Denn diese Bedingungen müssten den irdischen schon recht ähnlich sein – und solche Planeten oder Monde haben wir bislang in den uns besser bekannten Bereichen des Universums noch nicht ausmachen können. Wenn es also eine Besiedlung anderer Himmelskörper durch irdische Orga-

Leben auf dem Mars?

Diese wurmähnliche Struktur fand sich auf dem Marsmeteoriten ALH 84001 – möglicherweise ein Fossil oder eine Kriechspur.

Lebenszeichen auf Titan

Die Sonde Cassini *(links) kreist seit 2004 um den Saturn und hat 2005 die Sonde* Huygens *(unten) auf dem Saturnmond Titan weich landen lassen. Dort sollen unter UV-Licht Aminosäuren entstehen.*

nismen gegeben haben sollte, dann müsste es sich wahrscheinlich um sehr unspezifische, noch wenig angepasste einzellige oder zumindest den Einzellern ähnliche Erdbewohner aus sehr frühen Zeiten der Evolution gehandelt haben.

Bleibt noch die Möglichkeit, dass das Leben nicht nur auf der Erde, sondern – vielleicht sogar gleichzeitig, aber unabhängig davon – auch auf anderen Planeten entstanden ist. Gegen diese Vorstellung sträuben sich viele Gemüter vor allem aus weltanschaulichen Gründen. Dahinter steckt oft die Angst, dass der Mensch etwas von seiner Einmaligkeitsstellung verlieren könnte – eine Stellung, die er sich aber selbst verliehen hat.

Mögen sich die Hypothesen zur Entstehung des Lebens auch in vielem unterscheiden, so ist ihnen doch eines gemeinsam: Sie diskutieren die Entstehung des Lebens auf physikalisch-chemischer Ebene durch einen unzweifelhaft sehr langen und hochkomplizierten, aber letzten Endes zwangsläufigen Prozess der Selbstorganisation der Materie.

DER LANGE WEG ZUM LEBEN

Dass es sich bei der Lebensentstehung mit einiger Wahrscheinlichkeit um einen solch zwangsläufigen Prozess gehandelt hat, geht auch aus dem Zeitpunkt beziehungsweise aus dem Zeitraum seiner irdischen Entwicklung hervor. Den nämlich kennen wir ungefähr: Vor rund 8 Mrd. Jahren hatte sich die seinerzeit noch sehr heiße Erde so weit abgekühlt, dass auf ihrer inzwischen festen Oberfläche Temperaturen herrschten, die eine Entstehung des Lebens möglich machten. Unmittelbar nach der Abkühlung, dürften dann auch schon die ersten Prozesse der Selbstorganisation eingesetzt haben, die spätestens vor 3,5 Mrd. Jahren zu den ersten lebenden Zellen geführt haben.

INTELLIGENTE WESEN

Dieser Zeitraum ist auch durchaus realistisch für die Dauer eines solch immensen Prozesses, wenn man bedenkt, dass es bereits vor 2 Mrd. Jahren Riffe gegeben hat, die zunächst von Bakterien und Algen, später dann von Schwämmen, Kalkalgen, Korallen und anderen Organismen gebildet und besiedelt wurden. Und dass es dann bis heute dauerte, bis im Rahmen einer sich rasant beschleunigenden Evolution – die wir zweifellos als gerichtet und zu einer stetigen Höherentwicklung führend bezeichnen können – der Mensch als geistiges Wesen entstanden war.

Da dies nun alles sehr nach Zwangsläufigkeit aussieht, ist anzunehmen, dass ähnliche Prozesse auch auf anderen erdähnlichen Planeten abgelaufen sind. Und derer gibt es im gesamten Universum viele tausend. Wenn nur auf einem Bruchteil Leben entstanden sein sollte, dann ist es nicht auszuschließen, dass dort ebenfalls intelligente, geistige Wesen entstanden sind.

Ein Hochhaus im All

Die Superlative, mit denen die fußballfeldgroße Weltraumstation ISS gefeiert wird, sind kaum ausreichend. Das gigantische Projekt lässt die Nationen zusammenrücken und soll bald als Plattform für Flüge zu anderen Planeten dienen.

ISS in Zahlen:

Länge: 80 m. Spannweite: 107 m. Höhe: 40 m. Masse: 500 t. Volumen: 1200 m^3, der Innenraum von 2 Jumbo-Jets. Forschungslabors: 6. Wohneinheiten: 2. Besatzung: 7. Kosten: 70 Mrd. Euro.

Steppe in Kasachstan, 25. April 2002: Vom einstigen sowjetischen und jetzigen russischen Raumfahrtzentrum Baikonur hebt um 8.26 Uhr mitteleuropäischer Zeit (MEZ) eine Sojusrakete mit der Kennung TM-34 ab. In ihr sitzt neben dem russischen Kommandanten Juri Gidsenko und dem Italiener Roberto Vittori von der europäischen Weltraumorganisation ESA auch der Südafrikaner Mark Shuttleworth.

Ein teures Vergnügen

Der 28-jährige, höchst erfolgreiche Internet-Unternehmer hat sich mit diesem Mitflug einen Lebenstraum erfüllt – und dabei weder Kosten noch Mühen gescheut. Über Monate hat er Russisch gelernt, um sich an Bord verständigen zu können, acht Monate lang hat er in der russischen Sternenstadt bei Moskau und in Baikonur trainiert, um die immensen Anforderungen an Kosmonauten zumindest körperlich erfüllen zu können. Und er hat umgerechnet rund 22,5 Mio. Euro an die russische Weltraumbehörde überwiesen, um nach dem US-Millionär Dennis Tito als zweiter Tourist ins All zu gelangen.

10 Tage im All, all inclusive: Macht 2,5 Mio. Euro pro 24 Stunden – eine stolze Summe für einen einmaligen Urlaub! „Jeder von uns hat einen Traum, eine Sekunde, etwas, was man verwirklichen will", hat Shuttleworth den Medienvertretern in Mikrofone und Kameras diktiert. Nun, um 8.36 Uhr MEZ, als die Sojus die letzten Raketenteile absprengt und in die vorgesehene Umlaufbahn um die Erde einschwenkt, um an die Internationale Raumstation ISS heranzukommen, hat er es geschafft: Der Mann vom Kap der Guten Hoffnung ist als erster Afrikaner im All!

Die Spannung steigt

„Erster Afronaut im All", werden die Medien schon wenig später melden. Und Shuttleworth sieht sich am Ende seiner Kindheitsphantasien: Mit 5 Jahren wollte er bereits in den Weltraum, später baute er Raketen – und fackelte dabei bei einer Gelegenheit versehentlich das Haus des Nachbarn ab.

Dann hat er mit Computern gespielt, Software entwickelt und ist schließlich mit Internet-Programmen Multimillionär geworden – eine steile Karriere. Nun, um 8.36 Uhr MEZ, sitzt er endlich relativ ruhig in der Kapsel: Gidsenko und Vittori hatten ihm beim Start die Hände gehalten; jetzt, auf der Umlaufbahn, fällt die erste Anspannung von ihm ab. Er spürt seine feuchten Handflächen in den überdimensionierten Weltraumhandschuhen – und denkt konsterniert: „Papiertaschentücher vergessen." Auch Mutter Roselle und Vater Rick, die den Start in Baikonur verfolgten, entspannen sich. Der Start sei ein „fürchterlicher Moment" gewesen, wird der stolze Rick Shuttleworth den Medien später mitteilen.

Freundlicher Empfang

Als Weltraum-Tourist Shuttleworth kurz darauf an der Internationalen Raumstation andockt, erwarten ihn dort bereits die ISS-Bewohner: der Kommandant Juri Onofrienko und die beiden US-Astronauten Dan Bursh und Carl Walz. Die Langzeit-Weltraumflieger sind

Der erste Afrikaner im All

Mark Shuttleworth in der Sojus-Kapsel nach seiner Rückkehr. Der Weltraum-Tourist habe sich bestens integriert, lobten ihn die russischen Raumfahrtexperten.

hocherfreut, denn TM-34 wird die alte Rettungskapsel TM-33 ersetzen, mit der Shuttleworth und Kollegen zur Erde zurückkehren werden. Keine Frage: Für das Team an Bord der ISS wird TM-34 mehr Sicherheit bringen, bis der endgültig fertig gestellte Rettungs-Shuttle zur Raumstation kommt.

Multitalent im All

An Bord der Raumstation herrscht ein nüchtern-sachlicher Ton. Wissenschaft, Forschung und natürlich der Aufbau der ISS haben Priorität. „Wir sind kein Hotel für All-Touristen", hatten Experten noch vor dem Abflug mitgeteilt. Doch das für die Organisation zuständige Unternehmen MirCorp, das dringend Geld benötigte, und die russische Raumfahrtbehörde hatten anders entschieden, und Shuttleworth durfte mit.

Ein Glücksfall: Denn anders als der ständig fotografierende und sich im Weg befindende Dennis Tito ließ sich Mark Shuttleworth voll in das stressige Arbeitsprogramm auf der ISS einbinden. Als Sojus TM-33 am 5. Mai 2002 um 5.51 Uhr mitteleuropäischer Sommerzeit wieder in Kasachstan landete, waren seine Kollegen voll des Lobes: Mark hatte bei verschiedensten Forschungen Hilfestellung geleistet, etwa der Erprobung neuer Aids-Medikamente und der Untersuchung von Allergie-Erregern. Aus dem belächelten Weltraum-Touristen wurde ein anerkannter Flugbegleiter.

Menschheitsträume

Der Traum einer von Menschen bewohnbaren „Insel im All" geht auf das 19. Jh. zurück. Damals entwickelte der Russe Konstantin Ziolkowski erste Ideen, die den Einsatz der Sonnenenergie und den Aufbau eines biologischen Gartens im All vorsahen. In den 1920er-Jahren beschäftigten sich deutsche Wissenschaftler wie Hermann Oberth sowie Sciencefiction-Autoren mit dieser Idee, ehe die Amerikaner weiter daran arbeiteten.

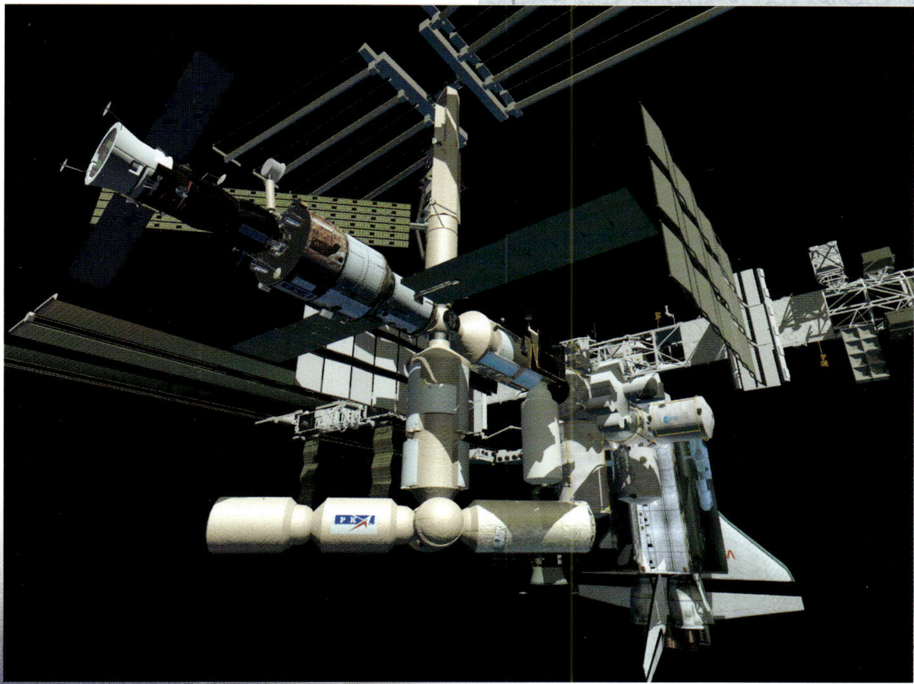

In 90 Minuten um die Welt

Die ISS fliegt in 400 km Höhe um die Erde, dabei beträgt ihre Geschwindigkeit 29 000 km/h. Dauer einer Erdumrundung: 90 Minuten. Viele Teile der ISS liefert Europa, demnächst auch ein Raumschiff zur Versorgung. Die Fertigstellung der ISS ist für 2010 vorgesehen. Wenn Sie wissen möchten, wann die ISS über Ihrem Wohnort zu sehen ist, wählen Sie im Internet die Website „www.heavens-above.com".

Das ist das russische Segment der ISS. Die Solarpaneele der gesamten ISS haben eine Fläche von 4500 m².

Auch Wernher von Braun soll über Weltraumstationen spekuliert haben. Erste Realisierungen gelangen 1973 mit dem SkyLab, ehe vor allem die sowjetische Raumfahrt mit dem MIR-Programm maßgeblicher Motor für die Entwicklung einer solchen Weltraumstation wurde. 1995–98 folgten dann die Shuttle-MIR-Missionen, erste erfolgreiche Weltraumkooperationen von Amerikanern und Russen und bereits eine Vorstufe zur Internationalen Raumstation ISS. In diesen Missionen erlangten die Russen dank insgesamt mehr als 31 000 Experimenten entscheidende Vorsprünge bei der Bewältigung von Lebensproblemen bei Langzeitaufenthalten im Weltraum.

Irdische Verhältnisse im rotierenden Ring

Die erdferneren Raumstationen der Zukunft werden sich von der ISS unterscheiden: Schon Wernher von Braun hatte vorgeschlagen, sie ringförmig zu bauen und rotieren zu lassen, um eine künstliche Schwerkraft zu erzeugen.

Improvisationskünste

Bereits legendär sind die Geschichten über zahllose Improvisationen, mit denen sich sowjetische Kosmonauten oft genug aus der Bedrängnis halfen. Kolportiert wird sogar, die Kosmonauten hätten ihre mit heißem Wasser erhitzten Tütengerichte im Fellstiefel warm gehalten, um ein allzu rasches Abkühlen zu verhindern.

Die Geschichte der ISS geht zurück bis auf den 24. Januar 1984, als der amerikanische Präsident Ronald Reagan den Aufbau einer Weltraumstation namens *Freedom* bekannt gab. Kostenpunkt des Projekts: 9 Mrd. Dollar. Doch der vereinbarte Zeitpunkt für die Inbetriebnahme 1992 konnte nie gehalten werden. Geldmangel, technologische Neuordnungen und die Kürzung der NASA-Budgets waren die Gründe dafür.

Astronautin schwebt im Weltall

Ein halbes Jahr nach der Montage der ersten beiden Module der ISS dockte im Mai 1999 erstmals der US-Shuttle Orbiter *an der Station an. Die amerikanische Astronautin Tamara Jernigan montierte einen russischen Kran.*

Nach dem Zusammenbruch des kommunistischen Systems in Osteuropa wollten Russland und die USA aus finanziellen Zwängen und nach dem Ende der Bedrohung auch aus nahe liegenden friedlichen Gründen der wissenschaftlich-technischen Zusammenarbeit ihre Aktivitäten in der Weltraumforschung bündeln und ihre Projekte MIR 2 und Alpha gemeinsam realisieren.

Nach vielen politischen Querelen um den ausschließlich friedlichen Charakter der Forschung an Bord der zuerst ISS Alpha genannten Station entschlossen sich auch Europa mit der Europäischen Raumfahrtbehörde ESA sowie Kanada, Japan und Brasilien zum Mitmachen. Am 29. Januar 1998 unterschrieben die 16 Teilnehmerstaaten in Washington den Vertrag. Geplant war eine 74 × 108 m große Anlage mit 415 t Masse und Forschungs- und Wohnmodulen für eine internationale Stammbesatzung von maximal sieben Astronauten.

Bereits 1996 konnte das Richtfest für die ersten Grundmodule gefeiert werden. Ab November 1997 begann dann der russisch-amerikanische Transport ins All. Vier Spaceshuttles wurden für das Programm abgestellt, die bis zu sechs Flüge jährlich absolvieren sollen, insgesamt 44. Nach der *Columbia*-Katastrophe vom 1. Februar 2003 wird sich das Programm mit jetzt nur noch drei Shuttles allerdings verlängern.

Zwei Grundmodule

Alles begann dann mit dem Transport der überlebenswichtigen, von Russland entwickelten Grundmodule Sarja und Swjesda, gefolgt vom US-Kommandomodul Unity und ersten Gittergerüsten zum Aufbau der Energieversorgung durch Sonnenenergie. Es folgten das Solarzellenmodul P6 PVM, das Labormodul Destiny, der Canadarm 2, die Ausstiegsmodule Quest und Pirs, weitere

Gittersegmente und Radiatoren, die Science Power Platform, Logistikmodule, die Labormodule Kibo und Columbus, Knoten- und Forschungsmodule sowie das Centrifuge Accomodation Module.

Recht häufig mussten und müssen die Raumfahrer der ISS aussteigen und selbst Hand anlegen, um die Module miteinander zu verbinden. Dabei entstehen spektakuläre Aufnahmen.

Begleiterscheinungen

Nicht selten kam es in der russisch-amerikanischen Zusammenarbeit zu kuriosen Situationen – beispielsweise, als sich einmal der US-Rechnungshof mahnend zu Wort meldete und nicht etwa die Finanzierung der ISS unter die Lupe nahm, sondern monierte, dass Moskau nicht nach US-Standards arbeite und künftige Besatzungen unter gesundheitsgefährdender Lärmbelästigung leiden müssten. Darüber hinaus bestünde ein permantes Risiko einer Dekompression der Station, weil die Russen ihre Module nicht genügend gegen den Einschlag von Weltraummüll und Mikrometeoriten gesichert hätten.

Wie nicht anders zu erwarten war, reagierten die russischen Weltraum-Spezialisten mit ihrer MIR-Langzeiterfahrung leicht gereizt und erklärten den Amerikanern, sie sollten sich doch bitte um das kümmern, wovon sie auch etwas verstünden: ums Geldzählen nämlich. Die amerikanische Weltraumbehörde NASA hielt sich vornehm zurück. Und im US-Rechnungshof herrschte fortan Stillschweigen …

18 Liter Wasser täglich

Auf Erden heiß diskutiert wird auch die Toilettenfrage: Auf einer Station wie der ISS benötigt man allein aus ernährungsphysiologischen Gründen täglich beinahe 18 l pures Wasser für die siebenköpfige Besatzung. Somit kam man nicht umhin, Wasser-Wiederaufbereitungsanlagen einzubauen und auch die Körperkondensation der Raumfahrer zu nutzen (täglich schwitzt ein Astronaut etwa 1 l Wasser über die Haut aus). Andere Lösungen hätten die Logistik des ISS-Konzepts überfordert. Die Toilettenfrage selbst ist wegen der Schwerelosigkeit mittels des Staubsaugerprinzips gelöst: Um Tröpfchenbildung zu vermeiden, sorgen Ansaugdüsen für das Entfernen und Einsammeln jeglicher Stoffe.

Schwebende Kekskrümel

Aber auch die Ernährung stellt ein Problem dar. Einerseits kursieren Geschichten über Haferflocken und Kekskrümel, die in der Schwerelosigkeit umherfliegen und die Station verunreinigen. Andererseits berichten Astronauten über manche Getränke, deren Konsistenz sich in der Schwerelosigkeit in Tropfen auflöst, die man mühelos zu fliegenden Trink-Kugeln zusammenballen und anschließend konsumieren kann.

Noch prekärer ist die Haltbarkeit von Nahrungsmitteln auf der ISS. Aufträge der NASA haben bereits dazu geführt, dass verschiedenste Firmen mittlerweile jahrelang haltbare Produkte anbieten. Ein neu kreierter, kosmischer Dauerkäse zeigt bereits Wirkung auf das irdische Lebensmittelangebot: In amerikanischen Supermärkten gehören solche Kunstprodukte bereits zum Angebot.

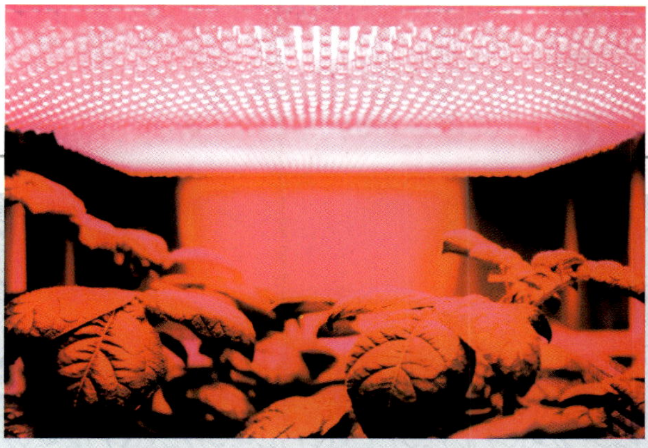

Kartoffelanbau im Weltraum: An der Universität von Wisconsin erforscht die NASA die Pflanzbedingungen für die ISS.

Bald gibt es im All frisches Gemüse aus dem Gewächshaus

Ein Problem im Weltraum-Hotel ist das Frühstücksei. Mangels lebender Tiere müssten Astronauten solche Leckereien ständig von der Erde mitbringen. Andererseits wird angesichts des stolzen Reisepreises von 22,5 Mio. Euro kein Weltraumtourist darauf verzichten wollen. Verschiedene Tiere wurden bereits auf ihr Verhalten in der Schwerelosigkeit untersucht. Und es wird der Tag kommen, an dem auch Hühner ins All fliegen werden.

Aber es geht nicht nur um die Hühner – künftige Raumstationen und Raumschiffe auf längeren Reisen müssen völlig autark sein. Alles, was die Besatzung zum Leben benötigt, muss an Bord erzeugt werden. Entsprechende Versuche laufen bei der NASA schon seit längerer Zeit. Dabei kann man auf Erfahrungen der Marine zurückgreifen. So gibt es an Bord der amerikanischen Atom-U-Boote schon lange „Gewächshäuser", in denen unter künstlichem Licht frisches Gemüse gedeiht.

FASZINATION

BLAUER PLANET

Unser Planet ist einzigartig unter den Himmelskörpern – das beweisen uns Aufnahmen von Weltraumsonden. Und er ist immer noch voller Geheimnisse, Überraschungen und atemberaubender Schönheit. Es gibt noch viel zu entdecken!

Unter der Erdoberfläche lauern gewaltige Kräfte, die sich immer wieder in Erdbeben und Vulkanausbrüchen in Erinnerung bringen. Der wassergefüllte Veidivotn-Krater auf Island hat gerade eine Ruhephase.

Die Wüste kommt

„Und die Erde war wüst und leer," heißt es in der Bibel. Diese Aussage trifft immerhin für ein Drittel der Landmasse unseres Planeten zu. Und die Wüste wächst weiter – unaufhaltsam, wenn die Menschheit nicht bald etwas Entscheidendes unternimmt.

Die meisten Touristen, die die malerische Region der Calanques zwischen Cassis und Marseille in Südfrankreich bewundern, glauben, in den karstigen Felshügeln der Calanques in einem Stück unberührter Natur zu sein. Tatsächlich liegt hier das Resultat einer ökologischen Katastrophe vor. Früher waren die Calanques mit einem dichten Wald von Steineichen bedeckt. Doch über 3000 Jahre haben die Menschen den Wald gerodet, um Holz und Weideland für Ziegen und Schafe zu gewinnen.

Ein See trocknet aus

Ein weiteres verheerendes Beispiel für eine von Menschen gemachte Wüste aus jüngster Vergangenheit ist der Aralsee in der ehemaligen UdSSR. 1960 war er mit 68 000 km^2 noch das viertgrößte Binnenmeer der Erde; in den letzten 40 Jahren ist er auf 40 % seiner ehemaligen Fläche und auf 20 % seines ehemaligen Volumens geschrumpft. Schuld ist die Wasserentnahme aus den Zuflüssen Amudarja und Syrdarja, mit der ein monokulturartiger Baumwollanbau gefördert wurde. Die Flüsse erreichen den See jetzt nur noch in feuchten Jahren. Die Folgen: Der Grundwasserspiegel sank ab, das Seewasser versalzte, die Fischerei wurde eingestellt und auf dem jetzt trockenen Seegrund rosten ganze Fischdampfer-Flotten vor sich hin. Feiner Sand vom ehemaligen Seegrund zusammen mit Salzstaub überweht weite landwirtschaftliche Flächen.

1984 beschloss man, zur Rettung des Sees einen 2600 km langen Kanal zu bauen, die sibirischen Flüsse Ob und Irtysch anzuzapfen und Wasser in

Amudarja und Syrdarja umzuleiten. 1986 wurde das Vorhaben aufgegeben, da man nun riesige Umweltkatastrophen in Westsibirien befürchtete.

FOLGEN DER VERWÜSTUNG

Auch in Europa müssen Bauern beobachten, dass eine rücksichtslose industrielle Landnutzung nahezu sterile Böden hinterlässt – eine Vorstufe der Verwüstung oder Desertifikation. Diese ist nicht mit der Ausbreitung der vorhandenen Wüsten gleichzusetzen: Desertifikation bedeutet die Ausbreitung wüstenähnlicher Verhältnisse in Gebiete hinein, in denen sie aufgrund des Klimas eigentlich gar nicht vorkommen sollten.

Desertifikation ist auch nicht nur Dürre, denn diese ist reversibel. Folgt auf eine Dürreperiode ein feuchtes Jahr, dann ergrünt die Wüste schnell wieder. Eine Verwüstung ist jedoch nur schwer, oft auch gar nicht mehr rückgängig zu machen, was sich besonders nach dem Abholzen der Regenwälder zeigt.

Lebensfeindlich

Abgestorbene Bäume in der Wüste Namib in Südwest-Afrika. Weite Teile der Namib sind fast vegetationslos, es fallen nur 10–20 mm Niederschlag im Jahr.

Verlandung des Aralsees

Die Grafik zeigt, wie der in den Wüsten Kasachstans und Usbekistans gelegene Aralsee seit 1960 immer weiter schrumpft. Es droht die Austrocknung zu einem Salzsumpf.

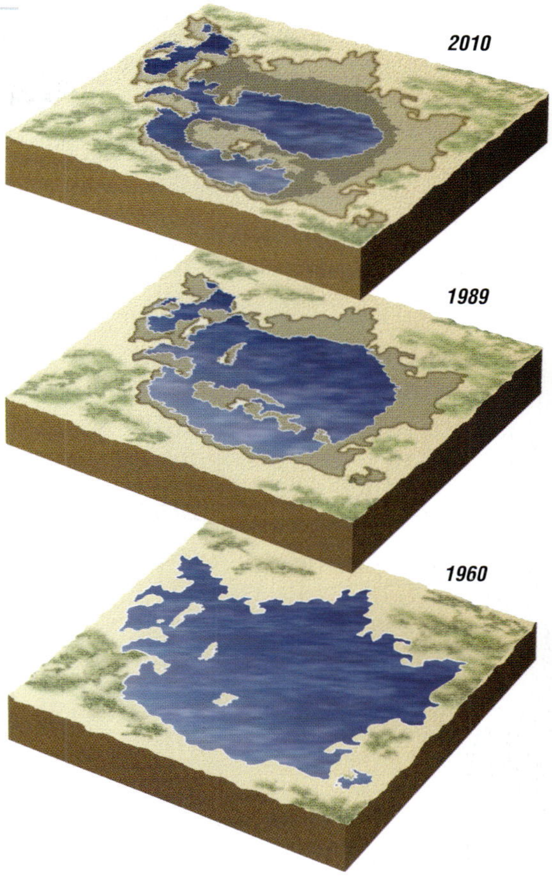

Wo durch Kahlschlag oder Brandrodung großflächig Bäume vernichtet wurden, verschwindet wenig später auch der übrige Bewuchs. Kommt es zu Regenfällen, dringt das Wasser kaum noch in den Boden ein, sondern fließt unter Mitnahme der Bodenkrume ungenutzt ab.

Aber auch die Wüsten selbst breiten sich immer mehr aus: Sanddünen bedrohen Städte und Dörfer an den Rändern der Sahara oder der Wüste Namib in Südafrika, und jährlich kommt ein Gebiet von der Größe der Schweiz hinzu.

NILPFERDE IN DER SAHARA

Dabei war gerade die Sahara nicht immer wüst und leer. Ganz Nordafrika war noch vor 10 000 Jahren ein Garten Eden, ein grünes Pflanzenparadies, in dem sich z. B. Elefanten, Giraffen, Krokodile und Nilpferde tummelten. Erst vor etwa 4000 Jahren kam es zum Klimakollaps.

Wissenschaftler erklären die Umweltkatastrophe mit astronomischen Ursachen. Die Neigung der Erdachse hat sich im Lauf der Jahrtausende von 24,14 auf 23,45 ° verringert und die Umlaufbahn unseres Planeten um die Sonne verkleinert – die Erde stand jetzt näher zur Sonne. Beides bewirkte eine Verschiebung der Klimazonen und ein Aus-

Öko-Katastrophe

Die Calanques in Südfrankreich gelten als traumhafte Natur, dabei sind sie die Folgen einer rücksichtslosen Abholzung.

Bäume stoppen die Dünen

Die Völker rings um die Sahara haben den Kampf gegen die Wüste aufgenommen. Hier pflanzen ehemalige Nomaden in Mauretanien Bäume, um die riesigen Dünen zu befestigen, die ganze Landstriche zu begraben drohen.

bleiben des Sommermonsuns. Dadurch verwandelten sich ehemals fruchtbare Gebiete in Trockenzonen.

Brunnen in der Wüste

Rings um die Sahara haben die Völker inzwischen begonnen, den Kampf gegen die Wüste aufzunehmen – auch wenn es dabei Irrwege gibt, wie das wohl bekannteste Projekt der Wüstenkultivierung zeigt, die „Grünen Kreise“ der Kufra-Oase in Libyen. Kufra liegt rund 750 km Luftlinie vom bewohnten Küstenstreifen am Meer entfernt, dazwischen ist mit Ausnahme einiger kleiner Oasen nichts als Wüste.

Hier lebten Bauern, die seit Jahrhunderten mit einfachsten Mitteln Datteln anbauten und mit künstlicher Bewässerung Weizen, Gemüse und Obst kultivierten. Das änderte sich, als bei Erdölbohrungen unter dem Wüstenboden Milliarden von Kubikmetern fossilen Wassers gefunden wurden. Dieses jahrtausendealte Wasser stammt aus den Zeiten, als die Sahara noch ein niederschlagreiches Paradies war und erneuert sich nicht, wenn es verbraucht wird.

50 000 ha Land sollten in Kufra ab 1973 mit Tiefbrunnen und rotierenden Sprinkleranlagen bewässert werden. Knapp 10 000 ha wurden auch tatsäch-

Grüne Sahara

In der Sahelzone hat es früher ergiebige Niederschläge gegeben, wie uns die berühmten Felsmalereien in der Sahara zeigen.

lich angelegt: In der Mitte ein Brunnen, um diesen herum die gewaltigen, sich drehenden Sprühanlagen, die Kreise mit einem Radius von 1120 m bewässerten. Das Projekt erwies sich in wirtschaftlicher Hinsicht aufgrund der hohen Kosten für die Bewässerung und den Transport des Getreides bis zu den großen Städten jedoch als unsinnig.

Sinkendes Grundwasser

Als nächste Lösung wurde eine intensive Viehzucht vorgeschlagen – Futterpflanzen sollten angebaut werden. Die meisten Kühe, Schafe und Hühner kamen aber schon beim Transport durch die Wüste um. Auch dieses Projekt scheiterte, also sollte wieder Weizen angebaut werden. Doch nach 12 Monaten Pumpen war der Grundwasserspiegel bereits um 15 m gefallen, in den 1980er-Jahren wurde die riesige Wüstenfarm dann endgültig gestoppt.

Jetzt soll über ein Leitungssystem mit 4 m dicken Rohren über 1860 km Entfernung Grundwasser aus den Wüstengebieten von Fezzar, Sarir, Tazerbo und eben auch Kufra zu den libyschen Küstengebieten gepumpt werden. 25 Mrd. Dollar wird das Projekt kosten – über den Grundwasserspiegel unter der Oase spricht man nicht mehr, da die Nachbarländer betroffen sein könnten.

Traditionelle Wege

Dass es auch anders geht, zeigen die klassischen Methoden, die Wüste einzudämmen. Um die Abtragung von Bodenmaterial durch abfließendes Oberflächenwasser zu verhindern, werden Stein- und Erdwälle parallel zum Hang angelegt. Erosionsrinnen und Talmulden werden mit Steinblöcken verbaut, die mit Drahtkörben befestigt werden. Im Staubereich dieser kleinen Dämme kann sich fruchtbareres feines Material ablagern, auf dem dann Futtergräser und Kulturpflanzen gedeihen. Außerdem wird das Versickern des Wassers erleichtert, sodass der Grundwasserspiegel wieder steigt. In einem weiteren Kreis wachsen Bäume, und der Dorfbrunnen spendet wieder Wasser.

Jeder Tropfen zählt

Ein guter Erosionsschutz sind auch Pflanzhügel und Pflanzdämme. Auf den Feldern werden bis zu 50 cm hohe Dämme angelegt. Diese bilden im flachen Gelände künstliche Mulden, in denen sich das Regenwasser staut und nur langsam in den Boden eindringt. Durch die Schattenwirkung der Dämme bei schräg stehender Sonne tritt eine Verringerung der Bodentemperatur ein, was sich auf das Wachstum der Hirse günstig auswirkt. Die Hügelchen enthalten auch viel organischen Kompost, da alle Unkräuter untergeharkt werden.

Zur Regeneration völlig vegetationsloser verhärteter Böden eignet sich die Methode der Pflanzlöcher. Dabei werden Löcher im Durchmesser von 30 cm im Abstand von 80 cm ausgehoben, der Aushub mit Mist und Kompost gemischt und wieder in die Löcher verfüllt. Mit der restlichen Erde werden hangabwärts halbmondförmige Wälle um die Pflanzlöcher gebildet, um den Wasserabfluss zu verringern. Das Regenwasser wird so auf die Löcher konzentriert und kommt voll der Pflanze zugute.

Man kann also doch einiges tun, um der Wüste Einhalt zu gebieten. Das Wichtigste ist aber, unsere Böden gar nicht erst verkommen zu lassen.

Der Lac Yoa im Tschad. Die Wüste dort speichert jährlich riesige Wassermengen.

Die größten Süßwasser-Meere liegen unter den Wüsten

Es ist kaum vorstellbar, aber unter den Wüsten lagern Wasserreservoirs, die zu den größten der Erde gehören. Für das große artesische Becken unter der Simpson-Wüste in Australien nennt Dr. A. M. Habermerl vom Landwirtschafts-Institut in Canberra die kaum vorstellbare Zahl von 87 Billionen m³ Frischwasser. Und die Wüste rings um den Tschad-See in Afrika speichert jährlich etwa 12 Mio. m³ Wasser. Allerdings bringt es nur vorübergehende Erfolge, wenn man diese Tanks leer pumpt, danach wird die Situation schlimmer als vorher.

Daher konzentrieren sich die Wissenschaftler darauf, einen Weg zu finden, durch das Hochpumpen des Wassers auch einen Niederschlagszyklus in Gang zu setzen, also durch die Verdunstung des Wassers auch für Regen zu sorgen.

DIE LAUSCHER IN DER TIEFSEE

Mit Schallwellen, Horchbojen und leistungsfähigen Computern kann die US-Navy jedes Schiff auf den Weltmeeren orten und identifizieren. Doch für die Wale könnte das Abwehrsystem fatale Folgen haben.

Rundum-Aufklärung mit Radar und Sonar

Leitstand eines Schiffes der US-Navy, der amerikanischen Seestreitkräfte. Mit Radar und Aufklärungs-Satelliten können US-Schiffe alles über Wasser und mit Sonar alle Bewegungen unter Wasser kontrollieren.

Die Marine der Vereinigten Staaten, davon sind Aufklärungsexperten überzeugt, weiß zu jeder Zeit genau, auf welcher Position sich jedes Schiff befindet, das gerade auf irgendeinem der Weltmeere unterwegs ist. Und sie kann es eindeutig identifizieren. Allerdings geht die Navy mit ihrem Wissen außerordentlich diskret um. So hat sie ihre Aufzeichnungen aus dem Dezember 1978 bis heute nicht freigegeben, die vermutlich dazu beitragen könnten, eines der spektakulärsten Schiffsunglücke aufzuklären: Das spurlose Verschwinden des Frachters *München* in der tobenden See des Atlantiks, einige hundert Seemeilen nördlich der Azoren, bei dem 28 Menschen den Tod fanden.

LEERE RETTUNGSBOOTE

Tagelang suchten Flugzeuge, Bergungsschiffe und Frachter, die in der Nähe der vermuteten Unglücksstelle unterwegs waren, vergebens nach der vermissten *München*. Das Einzige, was hunderte Kilometer vom ursprünglichen Suchgebiet entfernt aus dem Wasser gefischt wurde, waren einige leere Rettungsboote und Schwimmwesten, auch wenige Reste der Ladung wurden geborgen. Von Schiff und Mannschaft fehlt bis heute jede Spur.

Vielleicht hätten die Retter rechtzeitig eintreffen können, wenn die Amerikaner die genaue Position der *München* sofort weitergegeben hätten. Am nächsten an der Unfallstelle war allerdings ein sowjetisches Schiff und dem, so vermutet Helmut Hummel, Havarie-Experte der *München*-Reederei Hapag-Lloyd, wollten die Amerikaner in den Zeiten des Kalten Krieges nicht verraten, was sie wussten. Denn damit hätten sie eines ihrer bestgehüteten Geheimnisse preisgegeben: Dass sie damals bereits mit einem weltweiten Netz von

Schallwellen schädigen Nerven und Gehirne

Schallwellen können die Hörnerven und Gehirne von Walen schädigen. Dann verenden die Tiere oder verlieren die Orientierung und stranden, wie diese Pottwale an der Nordsee bei St. Peter-Ording.

Sonar-Bojen jedes Schiff exakt orten und identifizieren konnten.

Mit dem Sonar (**so**und **na**vigation and **r**anging, Schallortung und Entfernungsmessung) wird das Meer mit Mikrophonen abgehört, und die Geräusche der Schiffsschrauben und Dieselaggregate von Schiffen und U-Booten werden analysiert. Außerdem senden die Sonar-Bojen wie beim Radar Wellen aus, die von Schiffen oder anderen Gegenständen reflektiert werden.

Für diese Aufgabe kommt das normale Radar, mit dem sich der Luftraum nahezu lückenlos überwachen lässt, nicht infrage. Denn die Kurzwellen der Radaranlagen können sich im Wasser, das wesentlich dichter ist als Luft, kaum ausbreiten. Hier sind deutlich größere Wellenlängen nötig, die teilweise sogar im hörbaren Bereich liegen.

Computer analysieren den „Wellensalat“ mit derart hoher Präzision, dass jedes Schiff anhand seines Sonarechos und der Fahrgeräusche exakt identifiziert und geortet wird.

Verständlich, dass die Amerikaner im Kalten Krieg nicht ausgerechnet den Sowjets ihr Geheimnis verraten wollten. Ob die Navy die *München* tatsächlich orten konnte, wird sich allerdings erst klären lassen, wenn die Geheimhaltungsfrist für die im Jahr 1978 gewonnenen Daten abläuft.

Gefahr für Wale

Zunehmend zu schaffen macht den Militärs allerdings eine unerwünschte Nebenwirkung der Schallortung, die weltweit Tierschutz- und Umweltverbände auf den Plan gerufen hat. Heutige Höchstleistungs-Sonare arbeiten mit sehr niedrigen Frequenzen und hohen Lautstärken. Im Dezember 2001 musste die Navy erstmals zugeben, dass Sonarwellen Wale und Delphine schwer schädigen und sogar töten können.

Im März 2000 waren innerhalb eines Tages 16 Wale und ein Delphin an mehreren Bahamainseln gestrandet. Mindestens sechs von ihnen starben, die anderen konnten mühsam in die offene See zurückgeleitet werden. In dem Gebiet westlich der Inselgruppe hielt die amerikanische Marine zu jener Zeit ein großes Seemanöver ab, bei dem auch intensiv Sonare eingesetzt wurden.

Obduktionen der Tiere ergaben, dass vor allem Teile der Hörnerven sehr empfindlich auf die Sonarstrahlung reagieren. In einigen Befunden ist sogar von einer völligen Zerstörung der Nerven und bestimmter Gehirnregionen die Rede. Zudem fand man Blutungen im Innenohr einiger Tiere.

Walschützer fordern daher verstärkte Forschungen über die Gefahren des Sonars. So sollen die Bedingungen für die Ausbreitung der Schallwellen im Wasser genauer erkundet werden.

Satellitenfotos statt Karte

Im Militär ersetzen in weiten Bereichen schon Satellitenfotos das herkömmliche Kartenmaterial. Sie sind unbestechlich und genau, wie dieses Zoomfoto vom Vulkan Ätna aus Sizilien.

Alle Landkarten lügen

Karten sind ein beliebtes Mittel zur Manipulation: Seit den Babyloniern haben sich alle Völker ins Zentrum der Welt gerückt und alle anderen an den Rand gedrängt. Und wenn es militärisch nötig war, wurden bis in unsere Zeit Straßen, Berge, Wälder und Seen versetzt oder ganze Großstädte kartographisch ausradiert.

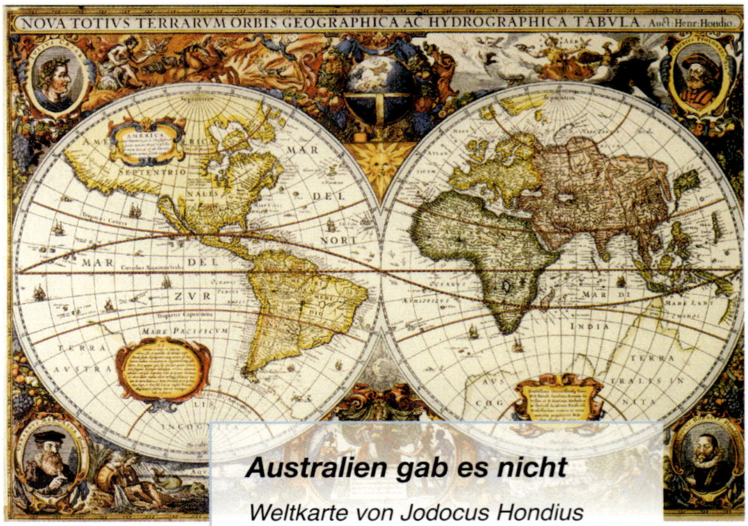

Australien gab es nicht

Weltkarte von Jodocus Hondius (1563–1611). Die Personen sollen die vier Weltteile darstellen.

Donnerstag, 9. November 1989: Der Fall der Berliner Mauer ist nicht nur als „Schicksalstag der Deutschen“, sondern auch als Tag der Offenbarung für die internationale Gilde der Kartographen in die Geschichte eingegangen. Eilig in die ostdeutschen Länder gereiste Westler mussten nämlich feststellen, dass sich die erworbenen Karten der DDR oft als ungenau oder falsch erwiesen.

Durch weiße Flecken, falsche Wegführungen, das Einfügen nicht vorhandener Kreuzungen oder einfach auch nur konsequentes Schummeln bei der Schummerung und bei den Höhenlinien hatten Kartographen der DDR dafür gesorgt, ihre eigenen Landsleute und dann natürlich auch ihre Besucher konsequent in die Irre zu führen. So wurden z.B. im Grenzbereich zur BRD liegende Wege nur ungenau eingezeichnet, um die Orientierung möglichst schwierig zu gestalten, und West-Berlin existierte in den Schulbüchern der DDR lediglich als weißer Fleck.

Der Grund für diese Täuschungsmanöver lag auf der Hand: Per Staatsauftrag oblag es den kartographischen Ämtern, militärische Objekte zu tarnen, potenzielle Spione zu täuschen und ganze Armeen samt ihrer Manövergelände von den Landkarten verschwinden zu lassen.

Darstellung der Umwelt

Dabei ist dieser Fall spektakulärer Kartenmanipulation eigentlich nichts Besonderes. Denn das Fälschen ist so alt wie die Geschichte der Menschheit selbst. Schon die Urvölker haben sich um die Darstellung ihrer Umwelt bemüht. Der Grund liegt auf der Hand. Nicht die Beschreibung der Zeit, sondern die des Raumes war das Problem der frühen Völker. Der regelmäßig wiederkehrende Lauf der die Zeit bestimmenden Himmelskörper am Firmament sorgte für Sicherheit. Anders der Raum: Die Lebenswelt war dank des menschlichen Auges nur bis zum Horizont sicher. Jenseits dieser Grenze blieb alles im Ungewissen.

Gleichzeitig mussten aber insbesondere wandernde Jägervölker, die riesigen Tierherden nachzogen, oftmals Entfernungen von über 1000 km zurücklegen, um ihr Ziel zu erreichen. Noch heute bewundern Wissenschaftler solche Orientierungsleistungen, wie sie etwa von nordamerikanischen Urvölkern am Missouri überliefert sind. Ebenso sicher gelangten schon vor tausenden von Jahren die großen Seefahrer der Südsee über tausende Seemeilen zu ihren Zielen.

Inselspringer im Pazifik

Dabei half ihnen neben der mündlichen Überlieferung ein ganzes Arsenal von Hilfsmitteln: Sternenhimmel, Jahreszeitenwechsel, Fährten, Gerüche und natürlich Karten bzw. kartenähnliche Orientierungsmittel. Im Fall der Inselspringer im Pazifik kam noch bis vor kurzem ein winklig ausgerichtetes Gesteck von Palmblattrippen und -fasern zum Einsatz. Mit Unterstützung dieses Instruments und der genauen Beobachtung des Ablaufs der Wellenkämme, der Wassertemperatur, der Strömungen, der Sonne und der Sterne gelangen unglaubliche Entdeckerfahrten von Tahiti bis nach Hawaii.

Diese außergewöhnliche Naturnähe besaßen und besitzen zum Teil heute noch die Ureinwohner Australiens: Legendär sind ihre „Traumpfade“ – unsichtbare und doch für Eingeweihte sichere, da mittels Imagination und Tradition erkennbare Pfade durch die unwirtliche Terra australis incognita. Das Anfertigen und Lesen der an speziellen sakralen Orten hinterlassenen, fast teppichartig ausgestalteten kartographischen Felsmalereien gehört zu den großen Kulturleistungen dieser Menschen.

Miniaturmodelle

Völlig vernunft-, weil zweckorientiert präsentierte sich hingegen die Kultur der Inuit Nordkanadas und Ostsibiriens. Captain F.W. Beechey berichtete nach einem Erstkontakt 1826 am Kotzebue Sund, dass die dort lebenden Eskimos am Strand genaue Reliefmodelle der Küstenlandschaften anfertigten. Sand- und Steinhaufen bildeten Hügelketten und Felsformationen nach, die Küste

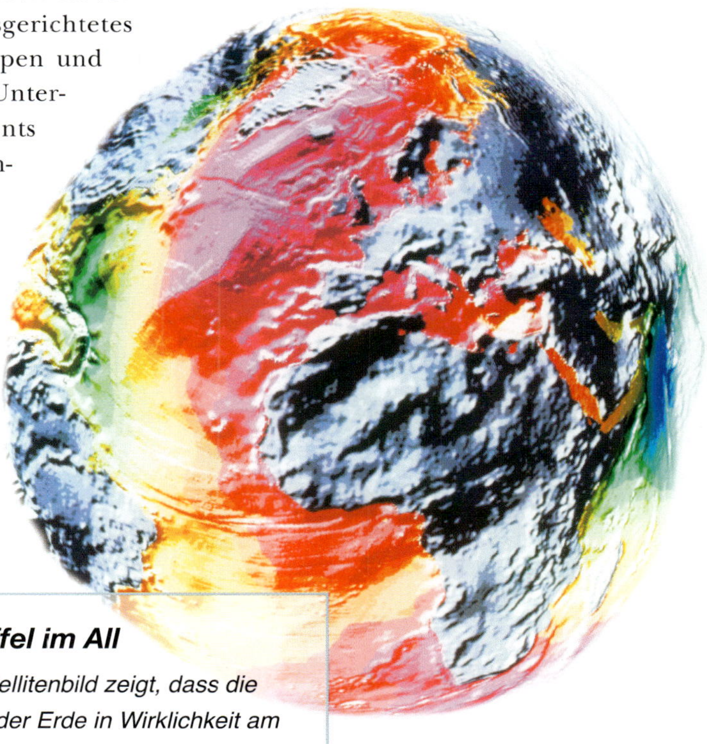

Kartoffel im All

Das Satellitenbild zeigt, dass die Gestalt der Erde in Wirklichkeit am ehesten einer Kartoffel gleicht.

wurde mit einem Stock gezogen und mit diesem trugen die Inuit auch die Entfernungen einer Tagesreise im Kajak ein. Selbst vorgelagerte Inseln wurden präzise dargestellt, sodass auf diese Weise eine dreidimensionale topographische Reliefkarte entstand.

MASSGESCHNEIDERTE KARTEN

Wie die meisten wohl in prähistorischer Zeit entstandenen Karten war auch die erste überlieferte Weltkarte in Stein geritzt. Es handelt sich um eine kleine Tafel aus Babylon, die im 6. Jh. v. Chr. entstanden ist und die Welt scheibenförmig und als eine Insel im Erdmeer schwimmend darstellt. Im Zentrum der damals bekannten Welt: Babylon selbst.

Damit haben die Babylonier das gemacht, was alle Völker getan haben: Sie hielten sich für den Nabel der Welt. Alles was außerhalb ihres Blickwinkels und ihres Einflussbereichs lag, war uninteressant, am Rand der Welt wohnten die Barbaren. Stets wurden die Karten der Welt so zurechtgeschneidert, wie es dem eigenen Weltbild entsprach – bis heute.

Wie gefährlich das für Fremde sein kann, musste der italienische Jesuitenpater Matteo Ricci 1601 erfahren. Als er nach Peking kam, hatte er eine Karte im Gepäck, die China als Randzone der zivilisierten Welt auswies – eine tödliche Beleidigung. Um seinen Kopf zu retten, kam Ricci auf einen simplen Trick. Er trennte seine Weltkarte von oben nach unten durch und setzte sie neu zusammen, die Außenteile jetzt nach innen, mit China im Mittelpunkt.

DIE MERCATORPROJEKTION

In der Renaissance versuchte man, statt der bisherigen allegorischen Bildwerke möglichst genaue Weltkarten zu entwickeln. In Duisburg zerbrach sich im 16. Jh. der Niederländer Gerhard Kremer, der unter dem Namen Mercator bekannt wurde, den Kopf, wie sich auf einem flachen Stück Papier die natürliche Krümmung der Erde darstellen ließ. 1569 präsentierte er die Lösung, seine Weltkarte mit der noch heute üblichen Gradeinteilung. Aber auch die nach ihm benannte Mercatorprojektion ist nicht naturgetreu, sondern verzerrt die Landmassen – so erscheint Grönland immer größer, als es in Wirklichkeit ist. Doch nun ließen sich Ort und Zeit bestimmen, eine exakte Navigation wurde möglich.

STÄDTE VERSCHWINDEN

Aufgrund ihrer großen Bedeutung sind Karten auch immer schon ein Anliegen der Militärs gewesen. Kartenfälschung beschäftigte riesige Behörden, die dann wie in der UdSSR ganze Geheimstädte

Kompass kam aus China

Mit Hilfsmitteln wie diesem alten Kompass konnten die chinesischen Seeleute schon vor 3000 Jahren sicher und genau navigieren.

verschwinden ließen oder Armeen in die Irre führten. So sollen die Engländer im Zweiten Weltkrieg dem deutschen Generalfeldmarschall Erwin Rommel falsche Karten zugespielt haben. Wo eine Steinwüste eingezeichnet war, gab es in Wirklichkeit nur tiefen Sand, und die deutschen Panzer blieben darin stecken.

Einfachere Orientierung

Es gibt jedoch auch Kartenfälschungen, denen ein positiver Aspekt zugrunde liegt. So haben Kartenhersteller zum Schutz der Natur auf Hinweise auf archäologische Fundstätten in amerikanischen Nationalparks verzichtet, da rücksichtslose Andenkenjäger an diesen Stellen teilweise erhebliche und irreversible Schäden anrichteten.

Darüber hinaus findet man in vielen Karten das Stadtzentrum größer dargestellt als seine Umgebung. Der Grund hierfür liegt auf der Hand: Da das Interesse an den Innenstädten im Allgemeinen größer ist als das an ihrer Umgebung, muss in der City alles deutlicher und besser zu erkennen sein. Zudem sind in manchen Stadtplänen Sehenswürdigkeiten vergrößert dargestellt, damit sich Touristen sowohl beim Studium der Karte als auch beim anschließenden Stadtbummel besser zurechtfinden.

Schwimmende Landkarten

Die grönländischen Inuit kerben den Küstenverlauf mit Bergen, Fjorden und Inseln in Holzstöcke, die sie auch als Werkzeug, etwa als Grabstock benutzen. Ihre „Landkarte“ kann schwimmen.

Die Erde – eine Kartoffel?

Bereits Aristoteles hatte im 4. Jh. v. Chr. die Meinung vertreten, dass die Erde eine Kugel sei. Bis zum Beginn der Neuzeit hatte sich diese These dann endgültig durchgesetzt. Doch selbst die Darstellung unserer Erde als Kugel ist nicht völlig korrekt. Durch ihre Rotation wird die „Kugel“ nämlich an den Polen leicht abgeflacht, am Äquator dagegen etwas gewölbt. Hinzu kommt, dass der Mond und die Sonne so stark an der Erde ziehen, dass etwa Europa im Rhythmus der Gezeiten jeweils um einige Zentimeter angehoben oder abgesenkt wird. Schließlich bewirkt auch die ungleichmäßige Massenverteilung in der Erde selbst eine erhebliche Deformation – die tatsächliche Form der Erde gleicht daher am ehesten der einer Kartoffel.

Gerhard Mercator

Der Mann, der den Atlas erfand

Mercator (1512–94) war Niederländer und lebte jahrzehntelang in Duisburg. Dem Zeitgeist entsprechend, latinisierte er seinen Nachnamen Kremer zu Mercator. Er erfand die Mercatorprojektion mit Längen- und Breitengraden, mit der man die Krümmung der Erde auf dem Papier berücksichtigen kann. Dem Sammelwerk seiner Karten gab er den Namen Atlas. Seitdem hat sich dieser Begriff eingebürgert.

Tanzende Steine im Tal des Todes

Niemand hat es bislang mit eigenen Augen beobachtet, aber Schleifspuren beweisen es: Schwere Gesteinsbrocken „tanzen“ mit hoher Geschwindigkeit über den Boden des amerikanischen Death Valley. Für dieses unglaubliche Phänomen gibt es unterschiedliche Erklärungsversuche.

Seinen Namen hat das Talsystem in Kalifornien im Jahr 1849 bekommen. Damals suchte sich eine Mormonengemeinschaft einen Weg zu den Goldfeldern bei Sacramento. Um sich die mühsame Tour durch das schroffe Gebirge – nicht weit entfernt liegt der zweithöchste Berg der USA, der 4418 m hohe Mount Whitney – zu ersparen, nahmen die Pioniere den scheinbar einfacheren Weg durch das trockene, heiße Tal. Doch schon bald verirrte sich die Gruppe hoffnungslos darin. Zwei Späher wurden losgeschickt, um einen Weg aus dem Tal zu suchen. Nach 25 langen Tagen konnten die beiden zwar die Gruppe retten, doch ein Teilnehmer überlebte das Abenteuer nicht. Ein Mormone drehte sich nach der Rettung noch einmal um und sagte: „Leb wohl, du Tal des Todes.“ Damit war der Name des Tales geboren.

Ausgetrocknetes Seebett

Vor etlichen Jahrtausenden bildete das 225 km lange und bis zu 26 km breite Death Valley den Boden eines riesigen

Steine auf Wanderschaft

Eine Theorie besagt, dass die mitunter über 300 kg schweren Felsbrocken (oben) ins Rutschen kommen, wenn sich im Winter an den Steinen Eisplatten bilden (Abb. rechts) und starke Winde über die Wüstenebene fegen. Dabei bilden sich charakteristische Schleifspuren.

Touristenmagnet Zabriskie Point

Monduntergang am Zabriskie Point, einem der berühmtesten Aussichtspunkte der USA. Das 760 km^2 große Death Valley ist das heißeste Gebiet Nordamerikas.

Sees. Hebungen und Senkungen des Bodens im Lauf der Zeit legten dann die unterschiedlichsten Gesteins- und Sedimentschichten frei.

Die seltenen, dafür aber meist extrem heftigen Unwetter spülen Felsen und Gesteinsbrocken aller erdgeschichtlichen Perioden von den nahen Bergen in das ausgetrocknete Seebett – und dort kommen sie an einigen Stellen bis heute nicht zur Ruhe. Sie tanzen, könnte man vermuten, wenn man die seltsamen Spurrillen verfolgt, die sie in dem hartgebackenen Boden hinterlassen. Sie verlaufen seltsam zickzackförmig – so, als ob sie von einer riesigen Hand auf dem Boden entlang gezogen worden wären. Die längste der Spuren ist immerhin fast 900 m lang.

Deutungsversuche gab und gibt es genug. So wurden u. a. bereits Besucher aus dem Weltall und magnetische Kräfte zur Erklärung des Phänomens bemüht. Doch welches Geheimnis verbirgt sich wirklich dahinter?

Auf Eis gebettet

Vor einigen Jahren legte der amerikanische Geologe John Reed eine plausibel klingende wissenschaftliche Theorie vor. Ihm war aufgefallen, dass das Geröll immer dann auf Wanderschaft geht, wenn es geregnet hat und die Temperaturen anschließend unter den Gefrierpunkt fallen. Dann gefriert das Wasser zu einer glatten Eisschicht, in der die Felsen eingefroren sind. Diese Eisplatten bieten den häufig vorkommenden Orkanen im Tal eine gute Angriffsfläche. Laut Reed fährt der starke Wind unter die Eisplatten, hebt sie leicht an und verschiebt sie mitsamt den Steinen auf dem lehmigen Untergrund. Dabei sollen die charakteristischen Zickzacklinien entstehen.

Antrieb durch den Wind

Die Theorie der Geologin Paula Messina von der Jose State Universität in Kalifornien unterscheidet sich ein wenig von der ihres Kollegen. Sie hat die Bewegungen der Felsbrocken mithilfe von Satellitenmessungen festgehalten und vertritt die Meinung, dass ein Zusammentreffen von unterschiedlichen Faktoren die Steine ins Rutschen bringt.

Gehen vor dem Auftreten des Phänomens kräftige Regengüsse nieder, wird Lehm von den Bergen geschwemmt, sodass der Wüstenboden von einer glitschigen Lehmschicht überzogen ist. Kommt kurz danach ein starker Wind auf – tatsächlich erreicht der Wind im Tal mitunter Geschwindigkeiten von deutlich über 100 km/h – so reicht dies nach Ansicht der Geologin aus, die Steine teilweise mit einer Geschwindigkeit von bis zu 2 m/s über den rutschigen Boden gleiten zu lassen.

Schutz der Steine

Zur genauen Überwachung der Steine wollten die Geologen ursprünglich auf jedem der „tanzenden“ Steine einen Peilsender anbringen und die Ortsveränderungen aufzeichnen, um aus den Daten Rückschlüsse auf die tatsächliche Ursache des Phänomens ziehen zu können.

Doch daraus wurde nichts. Das Death Valley ist 1994 zum Nationalpark erklärt worden, daher haben hier bei allen Projekten die Naturschützer das letzte Wort. Und die erlauben die „Vernetzung“ der Steine durch die Sender nicht. Es wird also vermutlich noch etwas dauern, ehe das Geheimnis der wandernden Steine endgültig gelöst ist.

Staublawine rast zu Tal

Staublawinen sind Lockerschneelawinen, die mit besonders hoher Geschwindigkeit abgehen. Sie entstehen als kleine Schneerutsche, die durch Druckwelle und Bodenerschütterung immer größer werden.

Der weisse Albtraum

Am 25. Februar 1999 um 9.15 Uhr erschüttert ein gewaltiger Knall das Vallée de la Sionne in den Schweizer Alpen. Sekunden später bebt der Boden, und ein immenses Donnergetöse erfüllt das Tal. 600 000 t Schnee stürzen mit einer Geschwindigkeit von 300 km/h von einem Berghang in die Tiefe und zum Teil den Gegenhang wieder hinauf.

Mitten in dem Lawinenhang sitzt eine Gruppe von Menschen in einem massiven Bunker und hält sich die schmerzenden Ohren zu. Der Bunker wird unter einer 5 m hohen, betonharten Schneeschicht verschüttet.

Doch den Menschen passiert nichts – es handelt sich um eine Gruppe von Forschern des Eidgenössischen Instituts für Schnee- und Lawinenforschung, die mit der bisher weltweit größten durch eine Sprengung künstlich ausgelösten Staublawine eine der bedrohlichsten Gewalten der Bergwelt erforschen will: Die Lawinen, die trotz enormer Investitionen in Schutz- und Rettungssysteme Jahr für Jahr allein in den europäischen Hochgebirgen zwischen 150 und 200 Menschen das Leben kosten.

Das blieb von Galtür

Eine 300 m breite Lawine donnerte 1999 vom Grieskopf herab und brachte Tod und Zerstörung.

Trügerisches Idyll

Allein 31 Menschen starben innerhalb weniger Minuten am 23. Februar 1999 im österreichischen Urlaubsparadies Galtür, mehrere tausend Gäste und die Bewohner waren mehrere Tage lang im Paznauntal eingeschlossen.

Nach tagelangen heftigen Schneefällen war schließlich wieder die Sonne hervorgekommen und hatte die West- und Südflanken der Berge erwärmt. Der Neuschnee hatte sich jedoch noch nicht gesetzt und geriet immer schneller ins Rutschen; schließlich stoben an diesem Tag zahlreiche kleinere und größere Lawinen zu Tal. Expertenschätzungen zufolge erreichten sie auf den steilen Hängen Geschwindigkeiten von rund 400 km/h, die den Schneemassen eine enorme Energie verliehen. Selbst massivste Schutzverbauungen und große Häuser wurden wie Spielzeug von den Lawinen mitgerissen.

Die Retter müssen warten

Bei der Rettung und Bergung von Verschütteten waren die Einheimischen und ihre Wintersportgäste zunächst auf sich selbst angewiesen, denn das Tal war vollkommen von der Außenwelt abgeschlossen: Über 10 m hohe Schneewände hatten die Straßen verschüttet. Und die Sicherheitsbehörden verboten den bereitstehenden Rettungskräften, sich auf dem Landweg zu den Eingeschlossenen durchzukämpfen, da weitere Lawinenabgänge drohten. Hilfe von außen konnte erst ab dem nächsten Tag mit Helikoptern der österreichischen Armee in das Katastrophengebiet gebracht werden.

Erste Erfolge

Um solche Katastrophen zu vermeiden, hat allein die Schweiz in den vergangenen 50 Jahren 1,5 Mrd. Franken für Lawinenverbauungen und eine weitere Milliarde für die Aufforstung von Lawinenschutzwäldern ausgegeben. Mit Erfolg: Starben 1951 noch 98 Menschen unter den Schneemassen, waren es zum Ende des Jahrtausends „nur“ noch 17. Und das, obwohl die Bergregionen

Die vier wichtigsten und gefährlichsten Lawinentypen

1 Staublawinen sind gefürchtete Lockerschneelawinen, weil sie mit extrem hoher Geschwindigkeit und einer enormen Druckwelle zu Tal donnern, die sogar massive Betonwände zerfetzen kann. Sie entstehen nach dem Schneeballprinzip.

2 Besonders gefährlich sind Eislawinen, wie sie z. B. beim Abbruch von Gletscherzungen entstehen. Sie erreichen bei extrem hohem Gewicht sehr hohe Geschwindigkeiten, bei denen Kräfte wirksam werden, die das Eis regelrecht zu Pulver zermahlen können. Sie haben zahlreiche gewaltige Katastrophen ausgelöst.

3 Mit Grund-, Boden- und Oberflächenlawine bezeichnet man die Höhe der Schneedecke, die mitgerissen wird: Grund- und Bodenlawinen gleiten direkt auf dem Hang nach unten und richten oft immense Erosionsschäden an, die nach der Schneeschmelze als Geröll im Tal liegen bleiben. Oberflächenlawinen rutschen dagegen auf tieferen, sehr stabilen Schneeschichten zu Tal.

4 Schneebretter brechen entlang einer mehr oder weniger langen Linie ab und rutschen auf ihrer gesamten Breite entweder direkt auf dem Boden oder auf einer labilen Schneeschicht zu Tal.

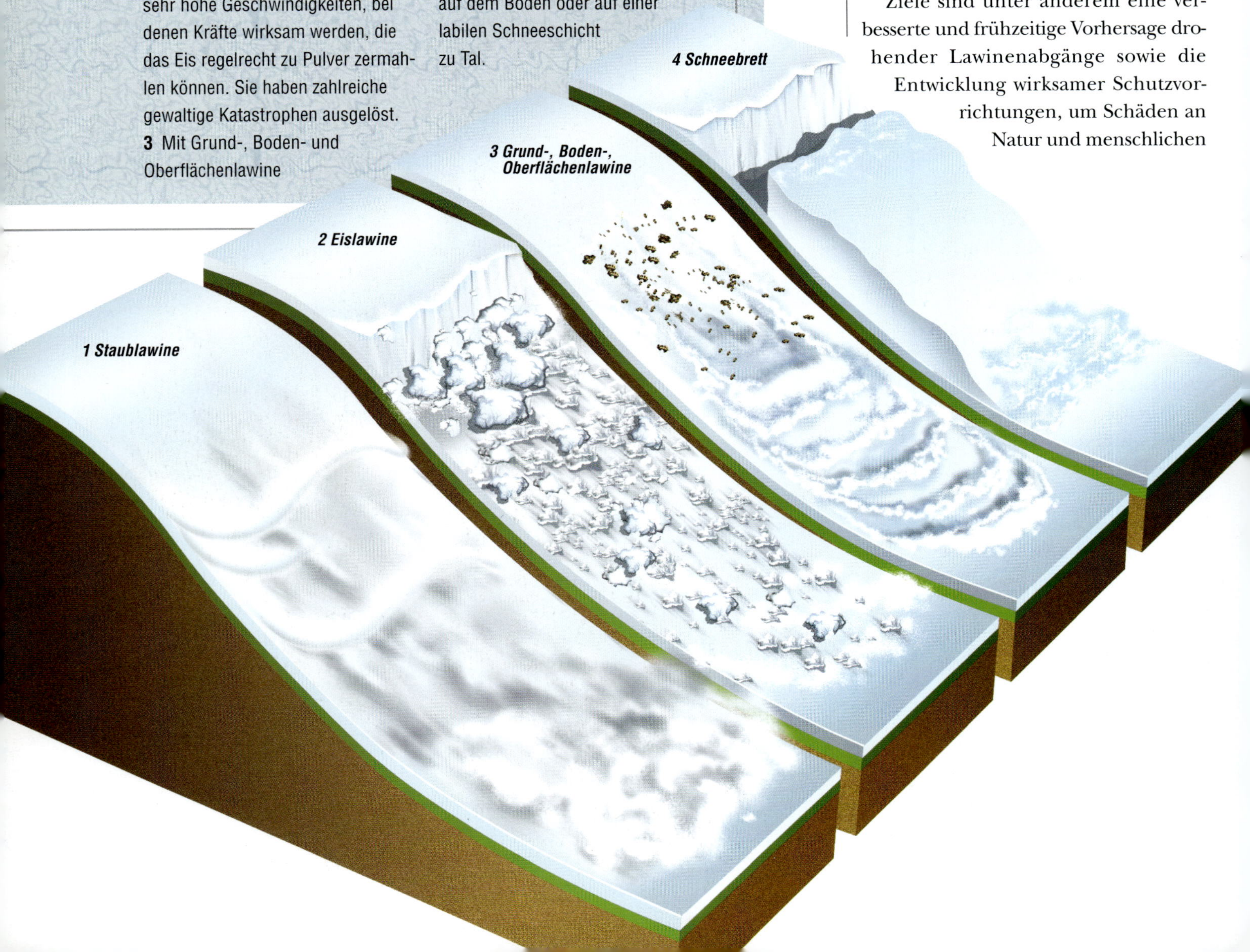

heute wesentlich dichter besiedelt sind als früher und auch der Fremdenverkehr massiv zugenommen hat.

Lawinenforschung

Dieser Erfolg kommt nicht von ungefähr. In der Alpenrepublik begann man bereits vor über 70 Jahren damit, die Gefahren des weißen Niederschlags systematisch zu ergründen. Die zentrale Forschungsstätte wurde auf dem 2662 m hohen Weißfluhjoch bei Davos errichtet. Seither befassen sich Wissenschaftler der unterschiedlichsten Fachrichtungen mit Themen wie „Entwicklung der Schneedecke“ oder „Schneemechanik und Lawinenbildung“.

Ziele sind unter anderem eine verbesserte und frühzeitige Vorhersage drohender Lawinenabgänge sowie die Entwicklung wirksamer Schutzvorrichtungen, um Schäden an Natur und menschlichen

Jede Minute zählt

Mit Sonden wird nach Verschütteten gestochert. Das muss schnell gehen, denn nach 20 Minuten ist von zehn Verschütteten die Hälfte tot. Die Rettungschance ist größer, wenn Helfer und Opfer „Verschütteten-Suchgeräte" tragen, die Signale senden und empfangen.

Einrichtungen möglichst gering zu halten. Bei seinen Vorhersagen arbeitet das Institut eng mit den Wetterdiensten zusammen. Denn die Lawinengefahr wächst umso stärker, je mehr frischer Schnee auf ältere Schneeschichten fällt.

Kein absoluter Schutz

Trotz aller Erfolge: Lawinen können nach wie vor unberechenbar sein. Sie gehen immer wieder in vermeintlich sicheren Regionen nieder. Und auch mit den aufwändigsten Schutzvorrichtungen werden sich Lawinenabgänge nicht verhindern lassen. Noch immer sind längst nicht alle Faktoren erforscht, die dazu führen, dass sich Schneemassen in immer schnellere Bewegung setzen, alles niederwalzen und mit sich in die Tiefe reißen, was ihnen im Weg steht.

Wie Lawinen entstehen, ist im Prinzip schnell gesagt: An steilen Hängen oder Bergflanken verlieren einzelne Schneeschichten oder der gesamte Schneebelag die Verbindung zum Untergrund. Durch ihr enormes Gewicht entstehen Spannungen innerhalb der Schneemassen, die schließlich zu Brüchen führen, von denen aus sie sich lösen und nach unten rutschen.

Im Detail ist die Lawinenkunde jedoch wesentlich komplizierter. Denn Schnee ist keine tote Masse, vielmehr verändert er sich ganz wesentlich, nach-

Wetterbeobachtung auf dem Gletscher

Der Lawinenwarndienst richtet in den Alpenländern zwar immer mehr automatische Wetterstationen ein, um rechtzeitig warnen zu können – eine exakte Lawinenvorhersage ist aber nach wie vor unmöglich. Gefordert ist dann die Vernunft der Skifahrer, gefährdete Gebiete zu meiden und auf den sicheren Pisten zu bleiben.

dem er gefallen ist. Er bildet, abhängig von der Temperatur und den Windverhältnissen, zunächst einen relativ leichten, lockeren Belag.

KRISTALLBILDUNG

Während des Tag-Nacht-Rhythmus mit seinen Temperaturschwankungen zerfallen die einzelnen Flocken und kleben zu Kristallen zusammen. Die unteren Schichten werden unter dem Gewicht der Schneedecke immer stärker zusammengepresst, die Oberfläche verharscht: Weil sie durch Sonnenstrahlung oder wärmere Luftströmungen antauen, verkleben die Flocken zu einer Eisschicht.

Fällt jetzt erneut Schnee, steigt die Lawinengefahr für einige Tage drastisch an, da die neue Schicht zunächst nur einen sehr geringen Halt auf dem Harsch (mancherorts auch Firn genannt) findet. Erst wenn sie sich gesetzt hat und fester mit dem Untergrund verbacken ist, wird die Schneedecke wieder stabiler.

Besonders gefährlich wird es immer, wenn sehr viel Neuschnee fällt oder sich die alte Schneedecke noch nicht richtig festigen konnte. Lawinenwarndienste entnehmen daher an besonders gefährdeten Stellen – hauptsächlich Steilhänge, Berggrate oder Flanken, die stark von Rinnen und Erhebungen durchzogen sind – Bohrproben und untersuchen die einzelnen Schichten sorgfältig. Auf diese Weise lässt sich erkennen, wie homogen und fest die gesamte Schneedecke ausgebildet ist.

Je weniger die einzelnen Schichten miteinander verbacken sind, desto höher ist die Gefahr eines Lawinenabgangs. Vor allem drei Faktoren sind es, die über die Lawinengefährdung entscheiden: Aufbau der Schneedecke, Wetterverhältnisse (Neuschneemengen, Windstärke und -richtung) sowie Geländeform (Steilheit, Form, Untergrund und Himmelsrichtung).

Lawinenauslöser

Auslöser der Lawinen können unter Umständen bereits sehr kleine Störungen im Aufbau einer Schneedecke sein. Schon eine geringe Erwärmung, wie sie ein sonniger Vormittag bringt, kann die Spannungen zwischen oberen und unteren Schneeschichten so erhöhen, dass sie zum Abbruch eines Schneebretts führen. Dies ist vermutlich die häufigste Ursache für Lawinenabgänge.

Immer öfter aber lösen rücksichtslose Ski- oder Snowboardfahrer Lawinen aus, wenn sie trotz Verbots abseits der gesicherten Pisten über labile Schneeschichten fahren und den besonderen Kick in unberührter Schneelandschaft suchen – damit gefährden sie ihr Leben und das Leben anderer Menschen.

Grösste Katastrophen

Die ersten historisch belegten Opfer von Lawinenkatastrophen waren Soldaten. Als Hannibal im Jahr 218 v. Chr. über die Alpen nach Norden zog, raubte ihm der weiße Tod ungefähr 18 000 Krieger, 2000 Pferde und einige seiner Elefanten.

Auch das größte bisher verzeichnete Unglück hatte einen militärischen Hintergrund. Im Dezember 1916 fanden innerhalb von nur zwei Tagen rund 10 000 Soldaten entlang der österreichisch-italienischen Front des Ersten Weltkriegs den Tod in Lawinen. Nach einer Woche ununterbrochenen Schneefalls richteten die Gegner ihre Artilleriegeschütze auf die noch sehr labilen Schneehänge oberhalb der feindlichen Stellungen. Mit ihren Geschossen lösten sie gewaltige Lawinenabgänge aus, die ganze Frontabschnitte mitsamt ihren Einheiten unter sich begruben.

Herabstürzende Felsen

Zu den Lawinen gehören aber auch niederstürzende Stein- und Felsmassen, also Steinschlag, Berg- oder Felssturz und Muren. Beim Steinschlag sind es wenige Steine oder Felsbrocken, die sich aus einer Felswand lösen, beim Berg- oder Felssturz kippt oder rollt eine größere Felsmasse aus der Wand. Muren sind Lawinen am Hang, die aus einem Gemisch von Gestein und Wasser bestehen.

Niederschläge oder schnelle Veränderungen im mitunter vorhandenen Eis können eine solche Gesteins-Wasser-Lawine mit zum Teil verheerenden Folgen auslösen. So kamen im Jahr 1938 in Los Angeles 200 Menschen ums Leben, als sich ein Murenstrom auf die Stadt ergoss.

Meterhoch und tonnenschwer lag der Schnee 1999 in Galtür, wo 31 Menschen den Tod fanden.

Die Opfer ersticken oder werden erdrückt

Die meisten Lawinenopfer sterben sehr schnell, weil die Druckwelle, die von einer mehrere 100 km/h schnellen Schneewand vor sich hergeschoben wird, Lungen und Luftwege mit Schnee vollstopft und das Atmen unmöglich macht.

Wer diesen Ansturm überstanden hat, wird inmitten einer Lawine häufig dadurch getötet, dass er mit rasender Geschwindigkeit auf Felsen, gegen Bäume oder gegen andere Hindernisse geschleudert wird.

Je tiefer ein Opfer nach dem Stillstand in der Lawine verschüttet wird, desto geringer ist die Chance, es lebend zu bergen. Denn während 1 m³ frisch gefallener Pulverschnee nur etwa 60–70 kg wiegt, lasten die hoch verdichteten Schneemassen einer Lawine tonnenschwer auf dem Körper, machen das Atmen unmöglich oder zerquetschen den Körper regelrecht.

Bereits in einer Tiefe von 1 m ersticken viele Lawinenopfer, weil sie ringsum von Schneemassen umgeben sind und keine Frischluft zu ihnen durchdringen kann. Daher empfehlen Bergretter, nach Möglichkeit die Arme vor das Gesicht zu nehmen, um wenigstens einen kleinen Hohlraum mit Luft zu schaffen, der mit viel Glück bis zur Rettung ausreicht.

Im Bann der Unterwelt

Schon immer haben Höhlen die Menschen fasziniert. Doch während der Gedanke an die verborgenen Welten früher Ängste auslöste, begeben sich Forscher und Abenteurer heutzutage freiwillig in den Untergrund, um den Höhlen ihre Geheimnisse zu entreißen.

Was manche Zeitgenossen aufgrund der mit der Höhlenforschung verbundenen Risiken als sehr gefährlich ansehen, treibt andere Menschen zu regelrechten Gefühlsausbrüchen – etwa den Amerikaner Bill Stone, der da sagt:

„Es gibt eine Belohnung, die man denjenigen, die noch nicht da waren, nur schwer erklären kann. Es ist das Gefühl, ein Territorium erforscht zu haben, das vorher noch kein Mensch gesehen hat. Es ist die Fähigkeit, durch einen scheinbar endlosen, luftleeren Raum fliegen zu können."

Dies ist umso bemerkenswerter, da sich noch vor gut 100 Jahren kein Mensch auf der Welt hinab in die Unterwelt traute. Der französische Schriftsteller Jules Verne verwob die ersten Berichte von Höhlenforschern mit seiner blühenden Phantasie und schrieb den Bestseller „Reise zum Mittelpunkt der Erde", in dem der Hamburger Professor Lidenbrock mit seinem Neffen und einem Assistenten in unterirdischen Ozeanen die abstrusesten Abenteuer zu bestehen hat und dabei völlig neue Welten entdeckt.

Urängste der Menschheit

So sehr die grenzenlose Phantasie des Jules Verne heute belächelt werden mag, in einem hatte er unzweifelhaft Recht: Die Urgewalt des Wassers hat einige der gewaltigsten Landschaften geschaffen, von denen bis heute erst ein kleiner Bruchteil überhaupt entdeckt ist. In der Tat galten in den Kalkalpen Frankreichs und Spaniens, in der Karstland-

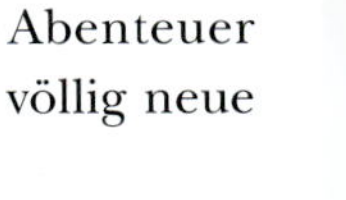

Kathedrale unter der Erde

Höhlen wie diese im Antelope Canyon in Arizona (USA) können gewaltige Ausmaße haben. Manche sind so groß, dass der Petersdom in Rom gleich mehrfach hineinpassen würde.

schaft des Balkans, auf Mallorca und Lanzarote wie an vielen anderen Orten der Welt Höhlen, plötzlich im Nichts verschwindende und kilometerweit entfernt wieder ans Licht der Welt tretende Flüsse oder scheinbar unendlich tiefe Löcher im Boden als etwas Ungeheuerliches.

Legenden von Drachen, Höllenorten und eines alles verschlingenden Molochs hielten die Menschen noch am Ende des 19. Jh. davon ab, sich in die unterirdischen Welten hineinzuwagen. Solche irrationalen, von Urängsten geprägten Vorstellungen wurden und werden auch in heutiger Zeit dadurch genährt, dass sich in Karstlandschaften ebenso wie in manchen Regionen der Alpen immer wieder einmal die Erde auftut: Unter gewaltigem Donnern senkt sich der Boden, die Grasnarbe, ja ganze Bäume versinken in der Erde. Wenn dieses Phänomen auftritt, ist wieder einmal das Dach einer unterirdischen Höhle in sich zusammengestürzt.

Doch wie kann es dazu kommen? Der Grund liegt in der chemischen Zusammensetzung des Felsgesteins, in dem die Höhlen entstehen. Es besteht aus verschiedenen Formen von Kalk, der sich meist im Lauf vieler Millionen Jahre auf den Böden urzeitlicher Meere abgesetzt hat und unter dem Druck des Wassers zusammengepresst wurde.

VOM RISS ZUR HÖHLE

Kalk ist spröde und bekommt daher schon durch geringfügige Hebungen und Senkungen des Untergrunds Risse, durch die sich das Wasser seinen Weg sucht. Dabei löst die in solchem Wasser häufig enthaltene Kohlensäure langsam immer mehr Kalk heraus und nimmt ihn mit. Aus den Rissen werden Spalten, aus den Spalten Stollen und schließlich entstehen in dem porösen Gestein durch die immerwährende Arbeit des Wassers Höhlen – diese können so groß sein,

Schätze aus der Tiefe

Höhlenforscher leben gefährlich, bringen aber oft Schätze ans Tageslicht – etwa diese 10 000 Jahre alten Pferderippen mit eingravierten Pferdemotiven aus der Höhle von Pekarna bei Brünn in Tschechien.

dass selbst riesige Bauwerke wie der Petersdom in Rom mehrfach darin Platz finden würden.

Anstoss durch Jules Verne

Den Ansporn zur Erkundung dieser unterirdischen Welten gab der Roman von Jules Verne. Zu seinen Lesern gehörte auch der Pariser Advokatensohn Alfred Martel (1859–1938). Als Schüler verschlang er das Buch und arbeitete sich fasziniert durch alle Bücher über Geographie und Geologie, deren er habhaft werden konnte. Jahre später wurde er der berühmteste Höhlenforscher seiner Zeit und ging als Begründer dieser Wissenschaft in die Geschichte ein.

Nach seiner Schulzeit studierte er zunächst Jura und ließ sich als Rechtsanwalt nieder. Doch die Faszination der Höhlenwelt ließ ihn nicht los. Als knapp 30-Jähriger nutzte er jeden freien Tag, um irgendwo in Frankreich in eine Höhle zu steigen. Dabei untersuchte er im Juni 1888 auch eine Höhle in den Cevennen, die das Plateau von Camprieu durchzieht. Dort, am Fuß des Mont Aigoual, hat der Fluss Bonheur ein riesiges Höhlensystem in den kalkigen Untergrund genagt, die Bramabiau.

Allein im Höllenschlund

Ausgerüstet mit einem Lederhelm, einem wasserdichten Mantel, festen Stiefeln und einer Unmenge an Seilen, Strickleitern, Winden, Kerzen und Karbidlampen, wollte Martel die unterirdische Spur des Flusses verfolgen. Zwei Tage benötigte er für die erste Durchquerung des Schlundes, in dem der gesamte Fluss dröhnend verschwand, bis zu seinem Wiederauftauchen in einem gewaltigen Wasserfall – die Geburtsstunde der Höhlenforschung. Moderne Höhlentouristen bewältigen die gut ausgebaute Strecke in dem riesigen Labyrinth, von dem bis heute gut 13 km erforscht sind, in etwa drei Stunden.

Doch Martel war keineswegs der Erste, der sich in die unheimliche Welt hineinwagte. Höhlen dienten bereits in prähistorischer Zeit den Jägern und Sammlern als Zuflucht und Kultstätte.

Ein Himmel voller Farben und Formen

Diese Pracht an der Decke der Höhle Cenote Xkeken bei Dzinup auf der mexikanischen Halbinsel Yucatán haben wahrscheinlich schon die Maya bewundert.

Luftzug verrät die Höhle

Immer wieder entdecken Forscher weitere Zeugnisse für die Nutzung von Höhlen durch Menschen, so auch im Dezember 1994: Jean-Marie Chauvet, Etiette Brunel-Deschamps und Christian Hillaire stießen an der Ardèche in Südfrankreich auf eine bis dahin unentdekkte Höhle, die sie später nach Chauvet benannten. Angezogen durch einen Luftzug, entdeckten sie den Eingang und stiegen, ausgerüstet mit ihren schwachen Stirnlampen, durch eine Engstelle, ehe sie an der Decke einer großen, unterirdischen Halle herauskamen. Unten angekommen, fanden sie zwei ockerfarbene Striche – und wussten: Wir sind nicht die ersten Menschen, die sich in diese Höhle hineingewagt haben.

Über 300 mit schwarzen, roten und gelben Erdfarben sorgfältig gemalte Bilder entdeckten die Höhlenforscher an den Wänden. Sie zeigen eine Menagerie der Tiere aus längst vergangener Zeit: Mammuts und Nashörner, Löwen und Bären, Pferde und Wisente. Die Darstellungen erzählen sogar kleine Geschichten: Da stehen sich Nashörner im Zweikampf gegenüber, Pferde galoppieren durch die Landschaft, und Löwen ducken sich sprungbereit zur Jagd.

Zunächst mussten die Höhlenforscher ihre sensationelle Entdeckung vor der Öffentlichkeit geheim halten. Sie informierten nur die Behörden und Wissenschaftler, damit der Fund gesichert und vor Beschädigungen durch neugierige Besucher geschützt werden konnte. Anthropologen untersuchten die Bilder und datierten sie auf ein Alter von rund 30 000 Jahren.

Test mit Farbstoffen

Manchmal helfen die Erkenntnisse von Höhlenforschern auch auf völlig überraschenden Gebieten. So wütete im Jahr 1905 eine Typhus-Epidemie im französischen Besançon und forderte mehr als 100 Menschenleben. Auf der Suche nach der Ursache geriet sehr schnell das Trinkwasser in Verdacht, das die Stadtwerke aus einer ergiebigen Karst-Quelle, der Source de l'Acier, fördern. „Völlig unmöglich, dass dieses Wasser mit Erregern verseucht ist. Es wird auf seinem unterirdischen Weg bestens gefiltert," war man sich sicher.

Doch der Hochschullehrer Emile Fournier blieb misstrauisch. Er untersuchte die Gewässer im Umkreis der Quelle und stellte fest, dass nur wenige Kilometer entfernt ein kleiner Bach plötzlich versickert, den die Stadt und zahlreiche Bauern als Abwasserkanal nutzten. Fournier schüttete Farbstoffe in die trübe Brühe, und diese tauchten prompt einen Kilometer weit entfernt wieder auf: Mitten in der Trinkwasserquelle. Damit stand eindeutig fest, dass dieses Wasser nach seinem kurzen Weg durch den Untergrund nicht sauber gefiltert sein konnte.

Die Nia-Höhle liegt im Sarawak-Gebiet auf Borneo, das für seine großen Höhlen bekannt ist.

Unterirdische Welten mit gewaltigen Dimensionen

Die längste bislang entdeckte Höhle ist die Mammoth Cave im amerikanischen Bundesstaat Kentucky, in der bislang fast 600 km Gänge erforscht sind. Wenn die Experten die Verbindungen zu anderen, benachbarten Höhlen finden, werden es vielleicht sogar 1000 km. Vergleichsweise winzig nimmt sich dagegen die größte europäische Höhle aus, die in der Ukraine liegt: Die Gipshöhle Optimisticeskaja kommt auf „nur" 183 km. Und die längste deutsche Höhle – die Salzgrabenhöhle am bayerischen Königssee – misst gerade mal 8 km.

Auch die Höhenunterschiede innerhalb einer Höhle können beträchtlich sein. So fällt das Réseau Jean-Bernard von den Regionen oberhalb der Baumgrenze in den Savoyer Alpen um über 1600 m bis auf Talniveau herab.

Der größte bisher entdeckte Raum findet sich auf der Insel Borneo. Die Sarawak Chamber ist mehrere 100 m lang und 100 m hoch.

Durch Zufall entdeckt

Geparde und Bisonbüffel an den Wänden der Höhle von Combe d'Àrc, die Jean-Marie Chauvet mit seinen Freunden 1994 durch einen Luftzug zufällig entdeckte.

BERMUDA-GEHEIMNIS ENDLICH GELÖST?

Bereits der Entdecker Christoph Kolumbus machte die Bekanntschaft mit einem höchst seltsamen Phänomen. Er trug sorgfältig in sein Bordbuch ein, dass in jenem Gebiet des Atlantiks, das später als Bermudadreieck bekannt wurde, nicht alles mit rechten Dingen zuging.

Auf seinem Schiff *Santa Maria* fing der Kompass nämlich plötzlich an, sich wie wild zu drehen, und ein seltsames Licht erschien am Himmel. Bis in unsere Tage erlebten Seeleute und Piloten aber noch merkwürdigere Dinge als seinerzeit Kolumbus: Sie verschwanden samt ihrer Schiffe oder lösten sich mit ihren Flugzeugen praktisch in Luft auf.

Am umfassendsten hat sich der amerikanische Autor Charles Berlitz mit den merkwürdigen Vorkommnissen befasst. Seinen Recherchen zufolge verschwanden im Bermuda-Dreieck binnen 26 Jahren über 100 Flugzeuge und Schiffe, wobei mehr als 1000 Menschen ums Leben kamen – ohne dass eine einzige Leiche geborgen werden konnte.

SPURLOS VERSCHWUNDEN

Das größte Schiff, welches dort vom Meer verschlungen wurde, war mit 20 000 Bruttoregistertonnen der norwegische Frachter *Anita*, der seit März 1973 verschollen ist. Und die meisten Menschenleben waren zu beklagen, als 1918 das amerikanische Schiff *Cyclops* mit 309 Passagieren und Besatzungsmitgliedern spurlos verschwand.

Das größte Fragezeichen bietet aber der Fall des unter deutscher Flagge fahrenden Schiffes *Freya*. Es wurde 1902 zwar im Bermuda-Dreieck entdeckt, war aber menschenleer. Von der Besatzung fehlte jede Spur.

Von den Vorfällen in der Luft blieb das Verschwinden von fünf amerikanischen Avenger-Torpedo-Flugzeugen im Jahr 1945 bis heute ungeklärt. Der Kommandant der fünf Maschinen meldete dem Fliegerhorst von Fort Lauderdale in Florida über Sprechfunk, er habe seltsam weißes Meerwasser gesichtet und die Kompassnadeln hätten mit einem Mal wie wild rotiert. Dann verschwanden die Maschinen – ebenso wie eine sechste, die zur Suche ausgeschickt wurde.

Bei anderen Vorkommnissen verschwanden zwar keine Menschen oder Objekte, wohl aber – die Zeit. So war eine Boeing 727 der National Airlines beim Anflug auf den Flughafen von Miami plötzlich für zehn Minuten vom

Radarschirm verschwunden. Danach landete sie wie vorgesehen. Die Piloten beteuerten, es habe keine Unterbrechung des Funkkontakts gegeben. Dann merkten plötzlich alle Mitglieder der Crew, dass ihre Uhren genau zehn Minuten nachgingen. Man sah sich die Uhren der Passagiere an, und auch sie hatten alle zehn Minuten Zeit verloren.

Verschiedene Hypothesen

Über die Ursachen all dieser Phänomene wurde viel gerätselt, und es gibt die unterschiedlichsten Hypothesen. Beispielsweise sollen außerirdische Wesen die verschwundenen Menschen samt ihrer Schiffe und Flugzeuge zu Studienzwecken entführt haben.

Andere Deutungsversuche haben wissenschaftlich eher Hand und Fuß. So wurde das weiße Meerwasser, das von Augenzeugen gesichtet wurde, mit abgestorbenen Algenfeldern erklärt. Auch ergaben Wasserproben eine hohe Konzentration von Schwefel sowie Spuren von Strontium und Lithium. Das Wasser könnte daher vulkanischen Ursprungs und durch Spalten dem Meeresboden entströmt sein. Weitere mysteriöse Wasserphänomene sowie leuchtende Nebelerscheinungen und sogar der Ausfall der Bordelektronik könnten die Folge von Magnetfeldstörungen sein, vor denen jetzt sogar auf offiziellen Luftkarten gewarnt wird. Und Erdbeben in der Tiefsee könnten zu gewaltigen Wellen geführt haben, die Schiffe verschlucken können.

Gas in der Tiefsee

Neuerdings machten russische Ozeanographen von sich reden. Sie haben riesige Methangasvorkommen untersucht, die im Gebiet des Bermuda-Dreiecks unter dem Meeresboden lagern. Das Gas entsteht in den Meerestiefen, wenn dort abgestorbene Pflanzen und anderes organisches Material verfault. Bei Temperaturen knapp über dem Gefrierpunkt bilden sich daraus Methanhydrate – feste Klumpen, die wieder in ihre Bestandteile Wasser und Gas zerfallen, wenn sich die Temperatur verändert. Das Gas drängt dann in einer gigantischen Blase nach oben und löst die Wasserspannung an der Meeresoberfläche auf. Die Folge: Die Schiffe verlieren ihren Auftrieb und versacken wie ein Stein in der Tiefe.

Und jetzt lockt Reichtum! Man vermutet, dass diese Methan-Vorkommen doppelt so viel Energie enthalten wie alle bekannten Kohle-, Erdöl- und Erdgaslager der Erde zusammen. Wenn das Geheimnis des Bermudadreiecks also tatsächlich im Methangas steckt, so dürfte es in absehbarer Zeit gelüftet werden.

Methangas-Blasen rauben den Auftrieb

Das könnte die Erklärung sein: Methangas am Meeresgrund löst sich und steigt in riesigen Blasen an die Oberfläche. Das Schiff verliert den Auftrieb und sinkt wie ein Stein.

Die Macht des Windes

Der Wind gehört noch immer zu den weitgehend unerforschten Naturgewalten und gibt den Meteorologen in aller Welt Rätsel auf. Er zählt zu den gewaltigsten Wettererscheinungen und verfügt über ein enormes Zerstörungspotenzial. Während auch in unseren Breiten Stürme und Orkane immer häufiger für große Schäden sorgen, ziehen in anderen Gegenden der Welt Hurrikans, Taifune und Tornados Schneisen der Verwüstung.

Von den jährlich weltweit 54 Mrd. Dollar, die große Naturkatastrophen an Schäden verursachen, geht der weitaus größte Teil auf Kosten von Orkanen, Hurrikans und Tornados sowie den von ihnen ausgelösten Sturmfluten und Überschwemmungen. Und dabei sind nur die Katastrophen erfasst, deren Schadensbilanz sich auf über 1 Mrd. Dollar summiert. Wie hoch alle Schäden genau liegen, weiß kein Mensch.

Es liegt daher auf der Hand, dass sich Wissenschaftler Gedanken darüber machen, wodurch extreme Stürme ausgelöst werden und wie man die Schäden begrenzen kann. Doch damit ist es noch nicht weit her. Denn wo genau zerstörerische Winde wehen werden, lässt sich bis heute nicht sicher vorhersagen – trotz des engmaschigen Netzes an Wetterbeobachtungsstationen, Satellitenaufnahmen und Wetterradar: Zu viele Faktoren müssen auf höchst komplizierte Weise zusammenwirken, um gefährliche Windgeschwindigkeiten von 90 km/h und mehr auszulösen.

Warme Luft steigt hoch

Prinzipiell entsteht Wind immer dort, wo Unterschiede zwischen hohem und tiefem Luftdruck bestehen oder wo die Luft unterschiedlich stark erwärmt wird.

Friedliche Ruhe im „Auge" des Hurrikans

Ein amerikanisches Forschungsflugzeug fliegt direkt in den Hurrikan Caroline. Im „Auge" des Wirbelsturms unter der Maschine ist es nahezu windstill.

Um diese Differenzen auszugleichen, wird Luft aus der Umgebung angesogen. Je nach Farbe und Beschaffenheit der Erdoberfläche und abhängig von Intensität und Einfallswinkel der Sonnenstrahlung erwärmen sich die darüber liegenden Luftschichten unterschiedlich stark. Aus diesem Grund sammelt sich Warmluft vorzugsweise in der Äquatorregion, während es in den Polargebieten verhältnismäßig kalt bleibt.

Warme Luft ist leichter als kalte, weil sie sich stärker ausdehnt. Sie steigt daher nach oben und saugt in Bodennähe von allen Seiten kühlere Luft an. Auf diese Weise entsteht Wind. Aufgrund der Erdrotation, die im Bereich des Äquators immerhin eine Geschwindigkeit von rund 1700 km/h erreicht, werden die globalen Windströmungen in eine bevorzugte Richtung gelenkt, die bei uns in Europa vor allem West- und Südwestwinde ausmachen.

Zwei Seiten des Windes

Der Wind zerfetzt Häuser in der Luft und streichelt die Pusteblume, den Samen des Löwenzahns.

Kurs auf Island

Treffen hohe Luftdruck- und Temperaturunterschiede zusammen, bildet sich ein Sturmtief. Sturmtiefs entwickeln sich auf der Nordhalbkugel besonders häufig im Winter über dem offenen Atlantik und ziehen dann in Richtung Island. An ihren Rändern entstehen oft ebenfalls sehr starke Randtiefs, die für Winterstürme sorgen und sich mit heftigen Gewittern und ergiebigem Schneefall über Irland und Großbritannien austoben und weiter nach Nordeuropa ziehen. Aus diesem Grund verzeichnet Norddeutschland mehr Sturm- und Orkantage als der Süden der Bundesrepublik.

Über dem Festland zerfallen Sturmtiefs schneller als über der offenen See, weil Berge und Hügel, Gebäude und

Wälder dem Wind einen starken Reibungswiderstand entgegensetzen und damit seine Kraft bändigen. Dieser Widerstand ist aber auch die Ursache für mitunter immense Schäden.

FÜRCHTERLICHER LOTHAR

Extrem hohe Orkangeschwindigkeiten in Deutschland erzielte am 26. Dezember 1999 Orkantief Lothar: Auf dem Feldberg, der höchsten Erhebung des Schwarzwaldes, maßen die Meteorologen eine Windgeschwindigkeit von 215 km/h, das entspricht der Stufe 17 auf der Beaufort-Skala! Solche Werte kennen sonst nur Japaner und Amerikaner, die regelmäßig von heftigen tropischen Stürmen bzw. Wirbelstürmen heimgesucht werden.

Lothars Bilanz: Mindestens 50 Menschen verloren ihr Leben, die Schäden erreichten Milliardenhöhe. Allein im Schwarzwald wurden ganze Berghänge mit wertvollen Nadelbäumen buchstäblich umgelegt, 40 000 ha Wald wurden vernichtet. Doch bereits im benachbarten Bayern und erst recht in Sachsen war Lothars Wüten gebrochen: Die extreme Reibung durch die Mittelgebirge hatte ihn geschwächt, sodass östlich des Schwarzwalds die Schäden weitaus geringer ausfielen.

Das Tückische an Lothar war, dass ihn die Meteorologen nicht vorhersagen konnten, weil alle Berechnungsmodelle versagten. Und daran hat sich bis heute nichts Wesentliches geändert. Bis auf eines: Nach heftigen Stürmen im Frühjahr 2002, die neben Millionenschäden auch mehrere Menschenleben forderten, geben die Wetterämter jetzt bei windgefährlichen Lagen vorbeugend Sturm- und Orkanwarnungen heraus.

Meteorologen waren es auch, die später vom „Flügelschlag eines Schmetter-

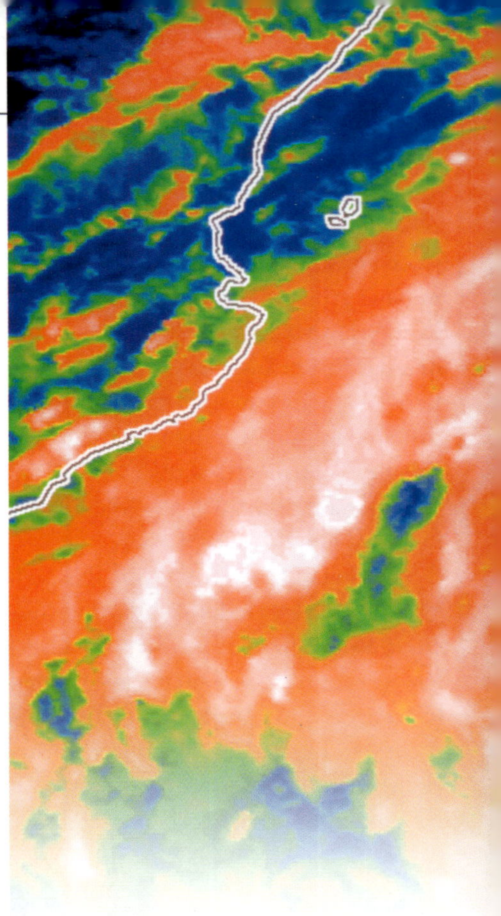

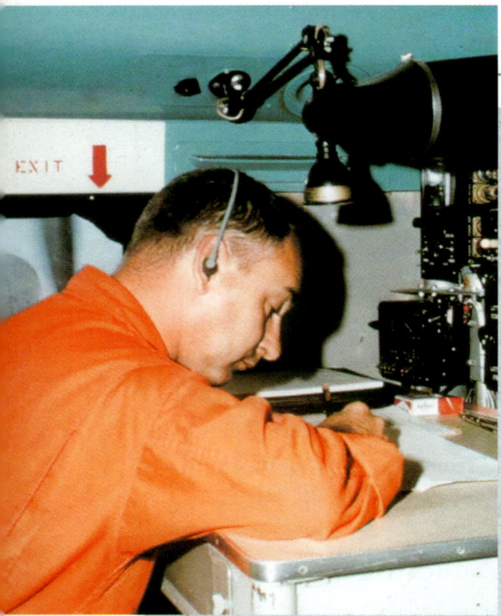

Trotz tausender meteorologischer Stationen rund um den Erdball und modernster Hilfsmittel lässt sich die Entstehung eines Sturms nach wie vor nicht vorhersagen.

Die Beaufort-Skala der Windstärken

Die Windstärke wird über dem Boden oder auf dem Wasser entsprechend ihren Auswirkungen geschätzt. Zugrunde liegt die Tabelle des britischen Admirals Sir Francis Beaufort (1774–1857).

Klasse	Bezeichnung	km/h	Wirkung
0	still	< 1	Rauch steigt senkrecht empor
1	leiser Zug	1–5	Rauch zeigt Windrichtung an
2	leichte Brise	6–11	Blätter säuseln und Windfahnen bewegen sich
3	schwache Brise	12–19	Blätter und Zweige bewegen sich
4	mäßige Brise	20–28	Blätter und Zweige dauernd in Bewegung
5	frische Brise	29–38	kleine Laubbäume schwanken
6	starker Wind	39–49	starke Äste bewegen sich
7	steifer Wind	50–61	ganze Bäume sind in Bewegung
8	stürmischer Wind	62–74	Zweige brechen von den Bäumen ab
9	Sturm	75–88	kleinere Schäden an Häusern
10	schwerer Sturm	89–102	Bäume werden entwurzelt
11	orkanartiger Sturm	103–117	verbreitete Sturmschäden
12–17	Orkan	> 117	schwere Schäden

So sieht ein Tornado von oben aus

Computergrafik nach einer Satellitenaufnahme eines rasenden Tornados. Das Zentrum des Wirbelsturms ist rot, der Rand geht ins Blau-Grüne über.

Nur noch Trümmer nach Orkan und Wasserflut

Ein Orkan mit Überschwemmungen ließ im Februar 2002 in der bolivianischen Hauptstadt La Paz in Minutenschnelle die Häuser reihenweise einstürzen.

lings" sprachen, der sich zu dem verheerenden Orkan ausgeweitet habe. Denn bei der Auswertung aller Daten, die über dem Atlantik und dem europäischen Festland gemessen wurden, zeigte sich, dass ein vergleichsweise flaches und schwaches Bodentief über der offenen See – mehr als 4000 km vom Schwarzwald entfernt – sich innerhalb von nur 36 Stunden zu dem extremen Orkantief Lothar verstärkt hatte. Das Problem für die Vorhersage: Es hätte genauso gut sein können, dass sich Lothar nur zu einem harmlosen Windhauch entwickelt hätte.

Rasende Geschwindigkeit

Gegenüber Hurrikans und Tornados nehmen sich die Orkane unserer gemäßigten Zonen allerdings wie ein zartes Luftsäuseln aus. Allein in den USA werden jährlich 700–1150 Tornados registriert, die Geschwindigkeiten von 500 km/h und mehr erreichen.

Tornado, Taifun und Hurrikan bezeichnen die gleiche Erscheinung: zerstörerische Wirbelstürme in der Karibik (Hurrikan), im Pazifik (Taifun) oder im Westen der USA (Tornado). Sie bilden sich über warmen Meeren und rasen dann mit hohen Geschwindigkeiten über das Festland. Der verheerendste Wirbelsturm der letzten Zeit war Hurrikan Katrina, der im August 2005 im Südosten der USA Schäden von 130 Milliarden US-Dollar anrichtete, 2500 Menschenleben forderte und New Orleans fast 8 Meter tief unter Wasser setzte.

Dass Orkane und andere Stürme häufig mit starken Unwettern einhergehen, ist einfach erklärt: Die in ein Sturmtief einströmende kältere Luft ist meist stark mit Wasserdampf gesättigt. Beim Aufsteigen in die Höhe kondensiert das Wasser zu Wolkenbergen von oft über 10 km Höhe, die zu wolkenbruchartigen Regenfällen führen. Und aufgrund der enormen Reibung zwischen den rasend schnell treibenden Luft- und Staubpartikeln entstehen statische Aufladungen mit Spannungen von mehreren Millionen Volt, die sich als Blitze entladen.

Leben in Extremen

Auf der Erde gibt es bewohnte Orte, an denen Temperaturunterschiede von über 100 °C auftreten – also eine Differenz, die Eis nicht nur zum Schmelzen bringt, sondern sogar zu Wasserdampf verkocht.

Die 2000 Einwohner von Werchojansk müssen mit solchen Extremen leben. Dieser Ort gilt als einer der Kältepole der Erde und liegt in Jakutien in Nordost-Sibirien, 130 km nördlich des Polarkreises, am Fluss Jana. Dort schwanken die Temperaturen zwischen –70 °C im Winter und +36,7 °C im Sommer, das ergibt eine Spanne von 106,7 °C. Werchojansk wurde 1638 von Kosaken als Winterlager gegründet und diente im 19. Jh. als Verbannungsort für Sträflinge. Heute arbeiten die meisten Einwohner in der Lebensmittelindustrie.

Nicht weit von Werchojansk entfernt, in Ostsibirien, liegt Oimjakon, wo 1983 im Winter –89,2 °C gemessen wurden. Nicht viel wärmer ist es in Kanada: In Snag im Yukon Territory wurden im Februar 1947 –62,8 °C erreicht. Der absolute Kältepol befindet sich aber in der Ostantarktis – dort hat in der russischen Station Wostok am 21. Juli 1983 das Thermometer wie in Oimjakon –89,2 °C angezeigt, später waren es etwas näher am Südpol sogar einmal –94,5 °C.

„Großer Gott, dies ist ein schrecklicher Ort", schrieb der britische Antarktisforscher Robert Falcon Scott (1868 bis 1912), nachdem er im Januar 1912 nur einen Monat nach dem Norweger Roald Amundsen (1872–1928) als Zweiter den Südpol erreicht hatte.

Riesiger Gefrierschrank

Im Innern der Antarktis steigen die Temperaturen auch im Südsommer selten über –20° C an. Es gibt einen großen Gegensatz zwischen Arktis und Antarktis, auch wenn für beide Gebiete gilt: Im Sommer 24 Stunden Sonne, im Winter

Tag und Nacht Finsternis und immer kalt. Die Arktis ist ein Meer, bedeckt mit meist nur 3 m dickem Packeis, während die Antarktis ein Kontinent mit über 12 Mio. km² ist, mit über 5000 m hohen Bergen und begraben von bis zu 4000 m hohem Inlandeis. Die Arktis tangiert die dicht besiedelten Kontinente Europa, Asien und Amerika, die Antarktis liegt weitab von jedem anderen Stück Land im eiskalten Meer. Am Nordpol ist es kalt, am Südpol doppelt so kalt. Im hohen Norden leben nördlich des Polarkreises 2 Mio. Menschen, im eisigen Süden nur einige tausend Wissenschaftler.

Überleben in Eis und Meer

Die Pflanzenwelt beschränkt sich auf dem eisigen Kontinent weitgehend auf Moose, Flechten und Landalgen, außerdem gibt es noch im Boden lebende Bakterien und Pilze. Lediglich im Randgebiet der Antarktis hat man zwei Arten von Blütenpflanzen gefunden.

Die Tierwelt wird im Innern des Kontinents von mikroskopisch kleinen, wirbellosen Tieren wie Einzellern, Räder- und Spinnentierchen, Springschwänzen und Milben gebildet. Das größte an Land lebende Tier ist ein 12 mm großer, flügelloser Springschwanz. Das eigentliche Leben im kalten Süden spielt sich aber an den Küsten und im Meer ab. Hier wimmelt es von Seevögeln wie dem Adelie- und dem größeren Kaiserpinguin, Möwen und Sturmvögeln. Dazu kommen Seesäuger wie Krabbenfresserrobbe, Seeleopard, Ross- und Weddellrobbe sowie Finn- und Glattwal, die hier im Meer einen reich gedeckten Tisch vorfinden.

Riesige Krillschwärme versorgen die antarktischen Tiere, die in der Kälte langsamer wachsen, dafür aber größer werden als anderswo. Und auch die Fische haben sich den hier herrschenden Wassertemperaturen von –2 °C bis +3 °C angepasst. Aus einigen Fischen hat man ein Glykoprotein isoliert, das die Zellen und Körperflüssigkeiten wie ein Frostschutzmittel vor der Kälte schützt.

Wie im Backofen

Fast unvorstellbare 150 °C wärmer als an den Kältepolen der Erde war es am 13. September 1922 im libyschen Azizia: 58 °C und damit der höchste Wert, der je auf der Erde gemessen wurde – im Schatten wohlgemerkt, sofern man dort überhaupt natürlichen Schatten findet.

Es gibt noch weitere Wärmepole, die aber infolge der unregelmäßigen Land-Meer-Verteilung nicht am Äquator liegen, sondern auf der Nordhalbkugel im Bereich des subtropischen Hochdruckgürtels. Zu den unerträglich heißen Orten gehören u. a. San Luis in Mexiko mit 57,8 °C, das Death Valley in den USA mit 56,7 °C, Kebili in Tunesien mit 55 °C und das im Sudan gelegene Wadi Halfa mit 52,6 °C. Der heißeste Ort Europas ist mit „nur“ 50 °C das spanische Sevilla.

Zum Überleben das Wichtigste: die Harpune

Die Lebensgrundlage der grönländischen Inuit war früher die Fischerei und die Jagd auf Robben und andere Meeressäuger.

Mehr als ein Drittel der Landfläche der Erde besteht aus Wüsten, Wüstensteppen oder Trockensavanne, in denen ein Mangel an Wasser existiert, d. h. die Verdunstung ist dort größer als der Niederschlag. Das klingt paradox, ist aber einleuchtend. Das Grundwasser steigt an die Oberfläche, verdunstet und fällt sogar als Regen wieder zur Erde – nur kommt das Wasser nicht auf dem Boden an, die Tropfen verdunsten schon in der Luft, bevor sie den Boden erreichen.

Lebensfeindliche Umwelt

16 % der Weltbevölkerung leben in den 21 Trockengebieten der Erde, meist in den Randzonen. So gut wie unbewohnt sind die supertrockenen Kernräume, in denen im Durchschnitt weniger als 25 mm Niederschlag pro Jahr fällt. Manche Gebiete bleiben sogar 40 Jahre ohne Regen, bis plötzlich die statistische Gesamtmenge aller Trockenjahre auf einmal auf die Erde niederstürzt.

In dieser extrem lebensfeindlichen Umwelt können nur noch hoch spezialisierte Tier- und Pflanzenarten bestehen. Akazien in der Sahara etwa bohren ihre Wurzeln auf der Suche nach Grundwasser bis zu 50 m tief in den Sand. Die Bromelie *Tilandsia latifolia* dagegen kommt ganz ohne Wurzeln aus; sie bezieht ihre Feuchtigkeit aus der nebligen Luft der chilenischen Atacama-Wüste, wenn der Wind die Pflanze durch die Luft treibt.

Eine andere Wunderpflanze ist die Welwitschie. Sie lebt in der Namibwüste, einer der trockensten Regionen der Erde. Ihr Wasser speicherndes Wurzelwerk ist bis zu 50 m² groß und reicht bis zu 5 m in die Erde. Das Besondere: Die Welwitschie „trinkt“ den Nebel, der vor der Küste über dem kalten Benguela-Strom entsteht und 120 km in die Wüste landeinwärts vordringt. Einzelne Pflanzen sollen bis 2000 Jahre alt sein.

Anpassung der Tiere

Die Fähigkeit, hohe Temperaturen und Trockenheit zu ertragen, zeigt sich deutlich bei zahlreichen Eidechsen, Spinnen, Ameisen und Schwarzkäfern. Viele Wüstenbewohner kommen ohne Wasser aus, sie nehmen die nötige Feuchtigkeit mit den grünen Blättern der Wüstenpflanzen, Sukkulenten und Kakteen, auf. Die Seitenwinderschlangen berühren den heißen Sand der Sahara nur mit wenigen Punkten ihres Körpers; der Wüstenfuchs und der australische Kaninchennasenbeutler haben besonders große Ohren zur Körperkühlung. An den Wüstenrändern findet man noch Antilopen, Ziegen, Wildesel und Wildschafe.

Nomadenzüge in der Wüste

Das Nomadenvolk der Tuareg hat sich an das Leben in der Sahara bestens angepasst. Ihre typischen blauen (indigo-gefärbten) Gewänder gaben den Tuareg den Beinamen „das blaue Volk“.

Puffotter
Die gefährliche Giftschlange kommt in Afrika vor und bewohnt vorzugsweise Savannengebiete.

Welwitschie
Diese Pflanze existiert nur in der südafrikanischen Namibwüste. Sie besitzt die Fähigkeit, dem von der Küste heranziehenden Nebel Feuchtigkeit zu entziehen.

Unter den Säugetieren ist das Kamel auf besonders spektakuläre Weise an Wüste, Hitze und Trockenheit angepasst. Es kann einen halben Monat ohne zu trinken durch die Sahara ziehen. Findet es dann eine Wasserstelle, schluckt es gleich 200 l in einer Viertelstunde.

Noch wesentlich länger existieren einige Pflanzen ohne Wasser. Manche haben schon 3000 Jahre und mehr als Samen verbracht, ehe Feuchtigkeit sie zum Leben erweckte. Solche Pflanzen wachsen, blühen und sterben innerhalb weniger Tage, übrig bleiben neue Samen.

Menschliche Strategien

Auch die Menschen haben besondere Techniken entwickelt, um in der heißen Umwelt überleben zu können, beispielsweise die Buschleute in der Kalahariwüste in Südwest-Afrika. Sie werden zu

Köcherbaum *Dieser Baum kann mehrere aufeinander folgende Dürreperioden überstehen.*

ındechse *e setzt immer r zwei Füße m heißen Sand s, die beiden deren Beine hält sie m Abkühlen in die Luft.*

Wie wohnt man an den unwirtlichsten Orten der Welt?

Der Mensch ist erfinderisch, wenn er sich vor mörderischer Hitze oder tödlicher Kälte schützen muss.

Nach wie vor lebt in der Mongolei die Mehrheit der Bevölkerung in Jurten, so wie die Menschen in diesem Jurtenlager in der Provinz Archangai.

➤ **Genial gelöst** haben dieses Problem die Mongolen mit ihren Jurten: Aus biegsamem Holz gefertigte, senkrecht aufgestellte Scherengitter bilden das runde Wandgerüst, auf das Filzmatten gespannt und verschnürt werden. Eine 3 cm dicke Lage Filz hat dieselbe Isolierfähigkeit wie eine 6 cm dicke Ziegelwand. Eine Jurte bietet einer 4- bis 6-köpfigen Familie Platz und kann in weniger als einer Stunde zerlegt oder aufgebaut werden. In der Mongolei leben auch heute noch 61 % der Bevölkerung in Jurten, selbst in den Städten.

➤ **Die Inuit** in der Arktis dagegen bauen ihr Haus dort, wo sie gerade sind – und zwar aus dem Material, das ihnen die Natur vom Himmel rieseln lässt: aus Schnee. Mit seinem Messer schneidet der Inuit Schneeblöcke aus und stapelt sie im Kreis um sich herum, er baut also das Haus von innen heraus. Da der Inuit den Schnee aus dem Boden unter seinen Füßen schneidet, sinkt der Boden, während gleichzeitig das Haus wächst. In die Kuppel wird ein Loch gestoßen, damit heiße Luft entweichen kann. An einer windgeschützten Seite führt ein Durchlass in einen Kriechgang nach außen. Außen werden noch alle Ritzen mit Schnee verstopft, dann ist der Iglu nach 20 Minuten fertig. Die Wände isolieren so gut, dass im Innern des Iglus 0 °C erreicht werden, selbst wenn draußen –50 °C herrschen.

➤ **Ganz so einfach** haben es die nomadisierenden Bewohner der Wüsten und ihrer Randzonen nicht. Die Buschleute in der Namib- und Kalahariwüste, die Beduinen und Tuareg in der Sahara, die Mongolen in der Wüste Gobi oder die Aborigines müssen ihre Behausungen mit sich führen, wobei die Buschleute und die Ur-Australier keine großen Ansprüche stellen – ihnen reichen Windschirme oder einfache Hütten aus Zweigen, Rindenstücken oder Gras.

➤ **Mehr Aufwand** treiben die Tuareg, die auf ihren Nomadenzügen in der Wüste in lang gestreckten Zelten aus eingefärbtem Ziegen- oder Schafleder leben. Bleiben sie längere Zeit an einem Ort, bauen sie sich auch Hütten aus Stroh und Palmblättern. Sesshafte Tuareg wohnen in Lehm- und Steinhäusern. Ähnlich leben die Beduinen, deren große gewebte Wohnzelte manchmal mit Teppichen ausgelegt sind und schon einen gewissen Luxus ausstrahlen können.

Die Laguna Miscanti in Chile. Nur extrem salzresistente Pflanzen können hier am Rand der Atacamawüste existieren.

den Wildbeuterkulturen gezählt und leben vom Sammeln und Jagen. Selbst in besonders trockenen Zeiten wissen sie noch, wo etwas Essbares zu finden ist. So kennen sie 115 essbare Pflanzenarten.

Auch können sie fast überall in den Trockengebieten Wasser finden. Bodenformationen und Pflanzenreste sind Anzeichen für Wasser speichernde Wurzeln; bestimmte Pflanzen oder Insekten liefern Hinweise auf die Nähe anderer essbarer oder Wasser speichernder Pflanzen. Und Tierspuren zeigen ihnen u. a. den Weg zu Wasserstellen. Anhand der Spuren erkennen sie sogar, wie weit das Tier weg ist, ob sie es noch heute oder erst morgen erlegen können.

Sammler und Jäger

Zwischen 60 und 80 % der Nahrung werden von den Frauen beschafft, den Rest steuern die Männer mit ihrer Jagd bei. Die Frauen sammeln Beeren, Wasser

Klimarekorde aus aller Welt

Wie sehr der Mensch das Klima mitbestimmt, zeigte sich 1890 in London, als die Sonne die Rauchglocke aus den Kaminen der Stadt für nur sechs Minuten in einem ganzen Monat durchdringen konnte.

Temperatur		
höchste im Schatten	57,8°C	Al Azizia (Libyen)
höchste Jahresmitteltemperatur	31,1°C	Lugh Gananan (Ostafrika)
tiefste	–94,5°C	Südpol
tiefste Jahresmitteltemperatur	–65°C	Station Wostok (Antarktis)
Luftdruck		
höchster	1079 mb	Barnaul (Mittelsibirien)
tiefster	877 mb	Ryukyu-Inseln (Japan)
Windstärke		
größte	373 km/h	Mt. Washington (USA)
windigstes Gebiet der Erde	300 km/h	George-V.-Küste (Antarktis)
Niederschlag		
größter in der Minute	212 mm	Unionville (USA)
größter pro Tag	1870 mm	Insel Reunion (Indischer Ozean)
größter im Sommer	7000 mm	Tscherrapunji (Indien)
größter im Jahresmittel	12 000 mm	Tscherrapunji (Indien)
die meisten Regentage im Jahr	348	Bahia Felix (Chile)
geringster Niederschlag	0 mm	Atacamawüste (Chile)
größter Schneefall pro Tag	193 cm	Silver Lake (USA)
größte Schneemenge im Jahr	2541 cm	Mt. Rainier (USA)
Sonnenschein		
Maximum	4300 h/Jahr	Libysche Wüste
Minimum	6 Min/Monat	London (Dezember 1890)

Der unwirtlichste Kontinent der Erde

Satellitenaufnahme der eisbedeckten Antarktis. Der sechste Kontinent ist mit 12,4 Mio. km² fast 2 Mio. km² größer als Europa und sogar 5 Mio. km² größer als Australien.

spendende Wurzeln, Melonen, Orangen, Honig und Nüsse. Schon beim Sammeln teilen sie die Nahrung auf, auch jeder im Lager bekommt seinen Anteil.

Die Buschmänner jagen z. B. Raubtiere, Giraffen, Strauße, Antilopen, Springhasen, Hühnervögel, Schlangen, Termiten und Käfer. Sie verwenden Pfeil und Bogen mit vergifteten Knochen-, Stein- oder Eisenspitzen sowie Wurfstöcke und -keulen. Bei Treibjagden werden die Tiere eingekesselt und mit Wurfspießen getötet. Die Beute wird im Lager aufgeteilt, mitunter werden Nachbargruppen zum Essen eingeladen.

Gartenbau in der Wüste

Auch die Tuareg haben sich an das Leben unter extremen Bedingungen in der Sahara angepasst. Die Kel-Ewey-Tuareg wohnen seit Jahrhunderten im Aïr, einem in der südlichen Zentralsahara gelegenen Gebirge. Im Vergleich mit der umliegenden Wüste sind die 50–150 mm Niederschlag, die hier von Juli bis September fallen, recht viel. Der Regen ermöglicht nicht nur eine Viehwirtschaft, sondern auch einen auf Bewässerung beruhenden Gartenbau.

Mobile Viehhaltung

Die Wirtschaft der Tuareg setzt sich aus mehreren Elementen zusammen: Durch den Karawanenhandel versorgen sich die Ritter der Wüste mit dem Grundnahrungsmittel Hirse. Dabei ziehen sie hunderte von Kilometern über Land, um mit Gartenprodukten, Salz, Hirse und Datteln zu handeln. Eine Kamelladung von 180 kg Hirse genügt einer Person für ein Jahr. Ein wohlhabender Zwei-Personen-Haushalt besitzt in der Regel 15–20 Kamele und 60 Ziegen.

Das Klima schwankt in diesem Teil der Sahara nicht nur von Jahr zu Jahr, sondern auch von Ort zu Ort. Durch mobile Kamel- und Ziegenhaltung können die Tuareg das Risiko jedoch mindern: Sie suchen sich jeweils die Täler aus, in denen es in der letzten Regenzeit ergiebige Schauer gegeben hat.

Roald Amundsen

Der erste Mensch in der Kältehölle am Südpol

Der am 16.7.1872 geborene norwegische Polarforscher lieferte sich mit dem Engländer Scott ein mörderisches Rennen durch die Antarktis. Am 14.12.1911 erreichte er mit Hundeschlitten als erster Mensch den Südpol – vier Wochen vor Scott, der das Abenteuer mit dem Leben bezahlte. Bei der Suche nach dem italienischen Forscher Umberto Nobile, mit dem er im Luftschiff „Norge“ 1926 erstmals den Nordpol überflogen hatte, stürzte er am 18.6.1928 bei Spitzbergen ab.

Monsterwellen auf Landgang

Stürme erzeugen mächtige Wellen, die auf dem Meer und an der Küste ihr Unwesen treiben. Diese sind jedoch geradezu harmlos im Vergleich zu Tsunamiwellen, wie die Katastrophe an Weihnachten 2004 im Indischen Ozean gezeigt hat.

Er wirkt völlig harmlos. Auf dem offenen Meer droht nicht einmal einem Schlauchboot Gefahr. Durchquert ein Tsunami das Meer, beträgt die Entfernung von einem Wellenkamm zum anderen 150 km und mehr. Er ist nur wenige Dezimeter hoch und daher kaum wahrnehmbar. Und er kann ungeheure Entfernungen zurücklegen. 1954 verursachte ein Tsunami nach einem Erdbeben vor der Küste Alaskas noch auf Neuseeland Schäden. Mehr als 10 000 Kilometer laufen diese nicht vom Wind erzeugten Wellen durch das Wasser. Die Wellenenergie wird von der gesamten Wassersäule bis zum Meeresboden weitergeleitet. Beträgt die Wassertiefe weniger als die Hälfte der Wellenlänge, bremst der Meeresboden den unteren Teil der Welle ab. Der obere Wellenteil wird schneller und stellt sich auf – die Welle wird höher.

Wächst sie höher als die Wassertiefe, kippt ihr Kamm nach vorn und bricht ab. Am flachen Ufer verliert sie langsam, am steilen Ufer abrupt an Fahrt. Während Windwellen das Wasser nur in der

Vertikalen bewegen, schleudern diese Wellen gigantische Wassermassen an Land, bis zu 40 m hohe Wände aus Wasser werfen Schiffe an Land und zertrümmern ganze Ortschaften.

Zwei Unheil bringende Tsunamis rollen durchschnittlich pro Jahr über den Pazifik. Dort entstehen diese Monsterwellen häufiger als im Indischen Ozean oder im Atlantik, weil entlang des pazifischen Feuerrings besonders oft Erdbeben auftreten. Und diese versetzen die Wassermassen darüber in eine vertikale Bewegung.

Im Indischen Ozean rechnete kaum jemand mit ähnlichen Vorgängen – bis zum Beben vor Sumatra am 26. Dezember 2004. Mit einer Stärke von 9,0 auf der Richter-Skala war es das drittstärkste Beben, das je aufgezeichnet wurde. Manche Wissenschaftler sprechen auch von Stärke 9,3 und dem zweitstärksten Beben. Es folgten im Laufe der nächsten Tage etwa 25 Nachbeben mit Stärken um 5,5, eines schon drei Stunden später bei den Nikobaren mit Stärke 7,1. Das letzte große Nachbeben fand am 28. März 2005 mit einer Stärke von 8,7 statt.

Tsunami-Alarmboje

Diese Boje misst kleinste Meeresschwankungen und meldet sie über Satellit an eine Zentrale.

Vor Sumatra, den Nikobaren und den Andamanen schiebt sich die indisch-australische Platte an einer 1000 Kilometer langen Bruchzone jährlich um ca. sieben Zentimeter nach Nordosten unter die eurasische Platte. Normalerweise geschieht das mit vielen kleinen Rucken. Am 26. Dezember 2004 kam es auf einer Länge von zunächst 500, später 1000 Kilometern zu einer plötzlichen Anhebung des Meeresbodens um 10 bis 30 Meter, wodurch die Flutwelle ausgelöst wurde. 228 000 Tote, 110 000 Verletzte, 1,7 Millionen Obdachlose zwischen Ostafrika und Bangladesh waren die Folge.

NICHT ZUM ERSTEN MAL

Schon 1883 wurde diese Region von einem gewaltigen Tsunami heimgesucht, als der Vulkan Krakatau ausbrach. Bei der Explosion zwischen den Inseln Java und Sumatra wurde ein Teil des Vulkangipfels abgesprengt, die unterseeische Caldera stürzte in die leere Magmakammer. Innerhalb von zwei Stunden nach dem Vulkanausbruch wurden die Küstenregionen von Sumatra und Java vom Tsunami überrascht. Im Umkreis von 80 km starben fast 36 000 Menschen in den bis zu 40 m hohen Wellen, 295 Orte wurden restlos zerstört.

Auch andere Regionen waren bereits von Tsunamis betroffen: 1755 starben in Lissabon viele der 70 000 Opfer nicht an den Folgen der Erdstöße, sondern durch die gewaltigen Wassermassen, die der Tsunami an Land warf. Auf Hawaii brachte eine Riesenwelle 1946 den Tod. Sie hatte am 1. April nach einem Erdbeben mit Stärke 7,1 in der Nähe der 3750 km entfernten Aleuten ihren Ausgang genommen. Am 17.Juli 1998 kosteten drei bis 10 m hohe Wellen an der Westküste Papua-Neuguineas 12 000 Menschen das Leben.

Neuen wissenschaftlichen Erkenntnissen zufolge könnten die Riesenwel-

Stürmische See: Die vom Wind aufgepeitschten Wellen haben wesentlich weniger Energie und sind harmloser als Tsunamis.

Ganz anders: Wellen, die der Wind erzeugt

Mit mindestens 0,315 m/s muss der Wind wehen, um kleine Kräuselwellen zu erzeugen, die kleiner als die Oberflächenspannung des Wassers sind und die sofort verschwinden, wenn der Wind einschläft. Erst wenn eine Welle länger als 1,73 cm ist, gewinnt die Schwerkraft als treibendes Element, und die Welle geht auf Wanderschaft. Wie Wellen wachsen, hängt auch von der Größe der Wasseroberfläche ab, die der Wind in Bewegung setzt. Sind sie in Fahrt, breiten sich die Wellen als Dünung ungehindert aus, wenn keine Insel im Weg liegt. Sie verlieren kaum Energie, deshalb kann man sogar bei örtlicher Flaute und ruhiger See mitunter plötzlich Wellen sehen, die tausende von Kilometern entfernt entstanden sind. Die Welle wächst mit zunehmender Windstärke, allerdings nicht unbegrenzt: Ihre maximale Höhe beträgt ein Siebtel der Wellenlänge.

len künftig auch die Antlantikanrainer wesentlich öfter bedrohen. Amerikanische Ozeanografen entdeckten am Festlandsockel vor der US-Ostküste Risse. Demnach teilt sich dort der Meeresboden – Erdrutsche werden sich häufen und können Tsunamis hervorrufen.

FRÜHWARNSYSTEM

Nach der Katastrophe von 1946 auf den Inseln Hawaiis begann man dort mit der Entwicklung eines Warnsystems vor den Riesenwellen, das 2 Jahre später seine Arbeit aufnahm. Mittlerweile beteiligen sich über 20 Anliegerstaaten des Pazifiks daran. Seismographen im gesamten

Mit 1000 km/h übers Meer

Tsunamis können Geschwindigkeiten von 700–1000 km/h erreichen. An der Küste türmen sie sich dann zu riesigen Wellen auf.

pazifischen Raum lokalisieren Erdbeben und errechnen Stärke und Lage des Bebens sowie die Bewegungsrichtung der Bruchschollen. Vor allem bei Beben größer als 7 auf der Richter-Skala müssen schnellstmöglich Änderungen des Meeresspiegels ermittelt werden. Weiß man, welchen Weg die Welle nimmt, können Küstenbewohner gewarnt und eventuell evakuiert werden.

Laufzeiten und Richtungen eines Tsunami können immer genauer berechnet werden, weil das Relief des Meeresbodens besser vermessen ist. Trotz rechtzeitiger Vorhersage kamen aber 1960 auf Hawaii 60 Menschen ums Leben – sie hatten Warnungen ignoriert.

Auch das Sumatra-Beben wurde auf Hawaii registriert. Da es allerdings im Indischen Ozean kein Tsunami-Warnsystem gibt, fehlten in den betroffenen Ländern Ansprechpartner und Kommunikationsinfrastrukturen. Außerdem wurden vielfach aus Rücksicht auf Touristen Warnungen nicht weitergeleitet.

Alarmanlage in der Tiefe

Um die Gefahr von Fehlwarnungen zu minimieren, werden auch Drucksensoren am Meeresboden installiert, die eine mögliche Welle direkt messen. Sogar geringe Meeresspiegelschwankungen von wenigen Zentimetern sollen dadurch entdeckt werden. Die Signale des Sensors werden von einer Boje aufgefangen, über Satellit zu einer Zentrale weitergeleitet und ausgewertet. 1997 wurde die erste dieser Alarmanlagen in mehr als 4 km Tiefe vor der Küste Alaskas im Aleutengraben verankert, einem stark erdbebengefährdeten Ort, da hier die Pazifische und die Nordamerikanische Platte zusammenstoßen.

Andere Wege wiederum schlägt man im peruanischen Callao oder im japanischen Shizuoka an: Mit massiven Schutzwällen aus Metall versucht man dort, den Schäden durch die Wassermassen vorzubeugen oder sie zumindest einigermaßen zu begrenzen.

Das Inferno
Der bis zu 40 m hohe Kamm der Welle bricht ab und zertrümmert alles, was dem Wasser im Weg steht. Die schlimmsten Schäden entstehen durch den Sog beim Rückzug des Wassers.

Das Ufer bremst
Der Meeresboden bremst den unteren Teil der Welle ab, der obere Wellenteil wird schneller und stellt sich auf.

Mensch und Medizin

Das höchste Gut des Menschen ist Gesundheit, dafür kämpfen Ärzte und Forscher in aller Welt. Aber dafür muss man erst einmal wissen: Was macht den Menschen krank? Wie funktioniert der Körper bis in die kleinsten mikroskopischen Details? Das Geheimnis des kompliziertesten Lebewesens wird entschlüsselt.

Musik entspannt, besonders die Kompositionen von Mozart. Das wissen auch gestresste Chirurgen.

Der Einfluss des Mondes

Viele Menschen glauben, dass vom Mond gewaltige und zugleich unheimliche Kräfte ausgehen. Und tatsächlich haben Wissenschaftler neue und faszinierende Beziehungen zwischen Mond, Mensch und Natur entdeckt.

Der Mond zog die Menschen von jeher in seinen Bann und beflügelte ihre Phantasie. Um seine angeblich magischen Kräfte, die Mensch und Natur gleichermaßen beeinflussen sollen, ranken sich Mythen und Märchen. Sicher ist, dass die Anziehungskraft des Erdtrabanten die Gezeiten der Ozeane, also Ebbe und Flut, bewirkt. Könnte der Mond dann nicht auch Einfluss auf die übrige Natur samt ihrer Lebewesen haben? Schließlich besteht der menschliche Körper zu etwa 75 % aus Wasser. Der amerikanische Arzt Arnold L. Lieber mutmaßt, dass im menschlichen Körper nicht nur Ebbe und Flut, sondern sogar Springfluten möglich sind. Und diese Mini-Hochwasser macht er für Gewebespannungen, Schwellungen und Reizbarkeit verantwortlich – insbesondere bei Vollmond. Wie sonst wäre zu erklären, wie rastlos und hektisch sich zahlreiche Menschen bei Vollmond fühlen. Viele schlafen schlecht – etwa 40 % der Deutschen geben lunare Schlafprobleme an – oder streiten sich häufiger.

Steigender Alkoholkonsum

Kleinigkeiten, die an einem normalen Abend nach fünf Minuten abgehakt werden, können zu gewalttätigem Streit eskalieren. Doch auch die Libido scheint

durch den Vollmond angeregt zu werden. So berichten Buchhandlungen über einen erhöhten Verkauf an erotischer Literatur – immer dann, wenn der runde, volle Mond am Himmel steht.

Beim Alkoholgenuss scheint der Mensch ebenfalls vom Mond beeinflusst zu sein: Unmittelbar vor Neumond oder Vollmond wurden jedenfalls auffallend oft hohe Blutalkoholkonzentrationen gemessen. „Exzessives Alkoholtrinken kann durch den Mondrhythmus phasenhaft mitbestimmt werden.“ So lautet zumindest das Ergebnis einer Untersuchung, die am Institut für gerichtliche Medizin der Universität Tübingen angestellt wurde. Dafür wurden im Verlauf von 50 Mondmonaten 16 495 Blutproben genauer unter die Lupe genommen.

Die Beweise fehlen

Der Glaube an die vielfältigen Wirkungen des Mondes war in früheren Zeiten selbstverständlich. So kommt unser Wort Laune vom lateinischen Begriff Luna, der Mond. Schon die alten Römer glaubten, dass der Mond das menschliche Gemüt beeinflusst – sie waren sich sicher, dass so manche Gemütsverfassung direkt mit den Mondphasen zusammenhängt. „Es wäre töricht, eine Wirkung des Mondzyklus auf das irdische Leben auszuschließen“, erklärt Professor Wolf Singer vom Max-Planck-Institut für Hirnforschung in Frankfurt/Main. Doch er schränkt sofort wieder ein: Übereinstimmungen zwischen Beobachtungen seien noch kein Beweis für tatsächliche Zusammenhänge. „Diese können nur dingfest gemacht werden, wenn sich auch die Mechanismen angeben lassen, über welche der Mondzyklus biologische Vorgänge auf der Erde beeinflussen kann“, erklärt Professor Singer. Selbst Wissenschaftler leugnen also den Einfluss des Mondes auf die Menschen nicht – sie konnten bisher nur keine stichhaltigen Beweise finden: weder für noch gegen den Einfluss.

Sensible Natur

Die medizinische Fachrichtung der Chronobiologie beschäftigt sich mit den zeitlichen Gesetzmäßigkeiten des Ablaufs der Lebensprozesse, also mit dem Einfluss verschiedener Rhythmen auf Mensch und Tier: angefangen beim Sekundenbereich bis hin zu Jahres- und Monatsrhythmen.

Die Chronobiologen glauben erkannt zu haben, dass die gesamte Natur besonders sensibel auf das schummrige Mondlicht reagiert. Mücken stechen heftiger, Ratten beißen öfter, Fische schwimmen in tieferes Wasser. Die For-

Unser nächster Nachbar

Der Mond ist mit 384 400 km Abstand der nächste und nach der Sonne der hellste Himmelskörper, besitzt aber nur 1/50 des Volumens der Erde.

scher konnten beweisen, dass Lebewesen im Meer, z.B. Algen, sich mit den Gezeiten bewegen. Die einzellige Kieselalge kriecht bei Ebbe aus dem Sand und verschwindet wieder, wenige Augenblicke bevor die Flut kommt. Mit einem einfachen Versuch konnten die Wissenschaftler eine Art Monduhr bei den Algen nachweisen: Selbst in einem Sandkasten in einem Labor, weit entfernt vom Meer, folgten die Algen den Bewegungen von Ebbe und Flut.

Eine Studie hat zudem gezeigt, dass der Tag-Nacht-Rhythmus und die unterschiedliche Helligkeit des Mondlichts einen Einfluss auf den menschlichen Organismus haben. Selbst die geringen Lux-Werte des Mondlichts beeinflussen das menschliche Hormonsystem stark – obwohl der Mond auch in den hellsten Nächten nur 0,25 – 0,5 Lux schafft, während die Sonne bei klarem Himmel auf etwa 100 000 Lux kommt.

Rätselhafter Vollmond

Tatsache ist, dass es in einer Vollmondnacht besonders hell ist. Und Tatsache ist, dass sogar in den Zeiten des elektrischen Lichtes, in denen den Menschen der Unterschied von Tag und Nacht nicht mehr wirklich auffällt, sich die biologische Uhr und das Unterbewusstsein auf die Menschen auswirken.

Die Chronobiologen gehen sogar weiter. Sie halten es für keinen Zufall, dass der Zyklus der Frau eine durchschnittliche Länge von 29,5 Tagen hat und damit genau der Dauer einer Mondphase entspricht. Viele Kulturen feierten bei Vollmond ihre Fruchtbarkeitsfeste. Wirklich nur ein Zufall? Oder kannten frühere Kulturen die Kraft des Mondes und nutzten sie? Untersuchungen gehen davon aus, dass in früheren Zeiten der Eisprung vieler Frauen mit dem Vollmond zusammenfiel.

Schlafen bei Mondlicht

Die neuen Erkenntnisse der Chronobiologen sind besonders spannend, wenn man sich die Untersuchungen eines amerikanischen Biologen aus den späten 1960er-Jahren in Erinnerung ruft. Professor Edward Dewan aus Boston versuchte damals in Experimenten Frauen zu helfen, die unter unregelmäßigen Monatsblutungen litten. Er machte das Licht des Mondes für die Regulierung der Menstruation verantwortlich.

Der Mond bestimmt Ebbe und Flut

Der Gezeitenunterschied kann bis zu 13 m betragen – wer das nicht bedenkt, liegt bei Ebbe schnell auf dem Trockenen. Das weiß auch die Kieselalge (rechts): Sie kriecht bei Ebbe aus dem Sand und verzieht sich wieder, bevor die Flut kommt.

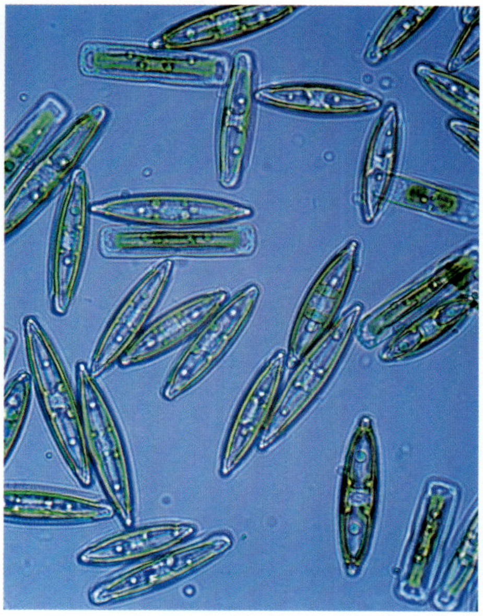

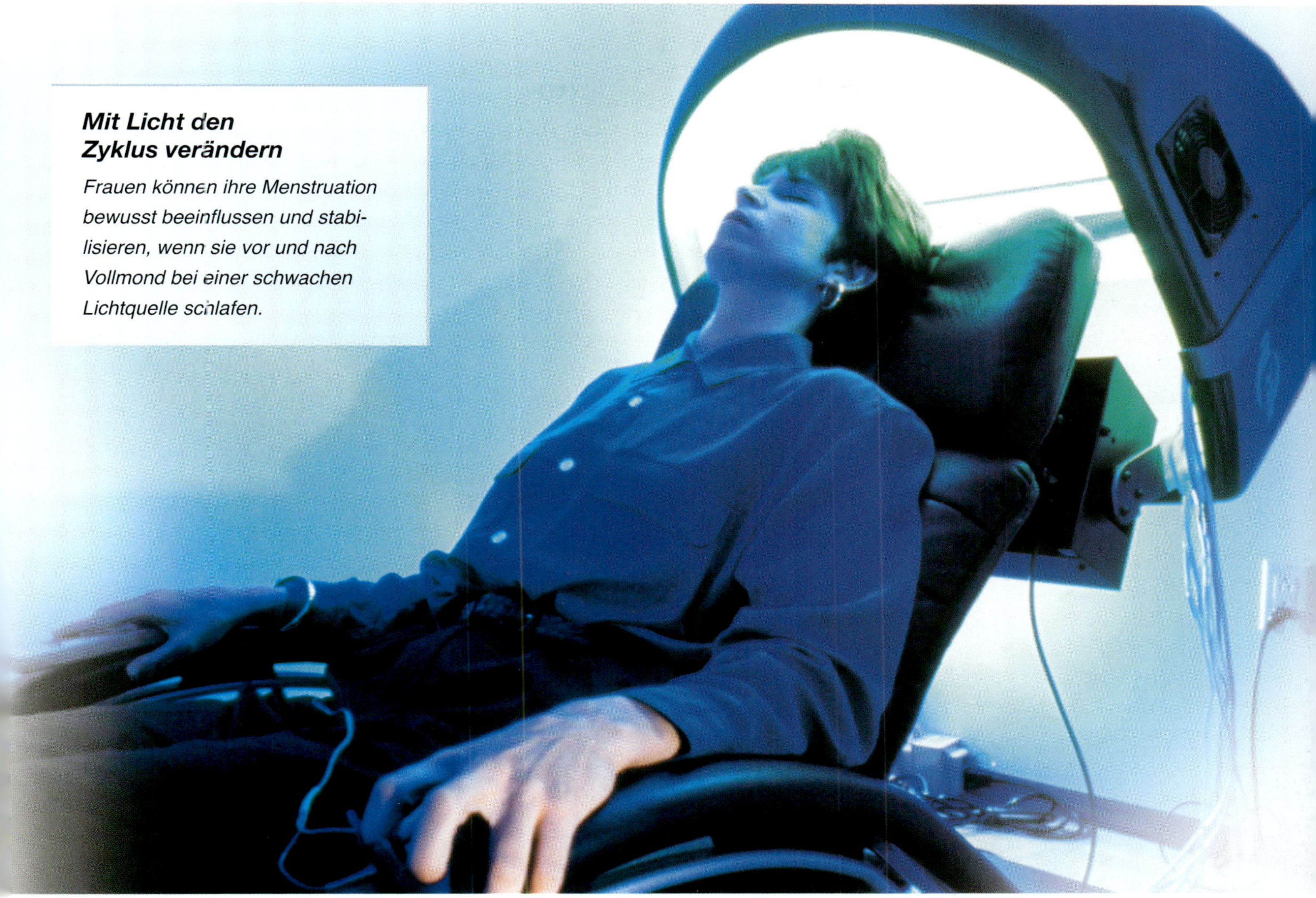

Mit Licht den Zyklus verändern

Frauen können ihre Menstruation bewusst beeinflussen und stabilisieren, wenn sie vor und nach Vollmond bei einer schwachen Lichtquelle schlafen.

Seine Theorie erprobte er an Frauen in der Mitte ihres Zyklus: Er ließ sie 3–4 Tage lang beim indirekten Licht einer Lampe schlafen, das dem Licht des Mondes glich. Seine Methode hatte Erfolg: Die Zyklen der Probandinnen begannen sich zu normalisieren. Ein Beweis, dass selbst die geringe Stärke des Mondlichts einen Einfluss auf die Menschen ausübt.

> *„Es wäre töricht, eine Wirkung des Mondzyklus auf das irdische Leben auszuschließen."*
>
> Prof. Wolf Singer, Max-Planck-Institut für Hirnforschung, Frankfurt/Main

Tatsache ist auch, dass Frauen ihren monatlichen Zyklus bewusst beeinflussen können: Wollen sie ihre Blutung auf Neumond verlegen – etwa um die regenerierenden und Energie spendenden Kräfte des Neumonds zu nutzen und dem Körper zu erleichtern, die Blutung zu verarbeiten – müssen sie etwa ein Vierteljahr lang eine Nacht vor Vollmond und eine Nacht nach Vollmond bei einer schwachen Lichtquelle schlafen, 15 oder 25 Watt reichen aus. Der Organismus stellt sich um, der Eisprung erfolgt bei Vollmond und die Blutung setzt bei Neumond ein. Kein Arzt oder Forscher konnte bisher eine wissenschaftliche Erklärung für das Phänomen finden – obwohl beinahe alle Frauen diese Zyklenentwicklung im Selbstversuch bestätigen können.

Nutzen für die Medizin

Gerade in der Medizin richten sich Naturvölker noch heute nach dem Mond, wenn bestimmte Rituale durchgeführt werden sollen. Schon Hippokrates, der berühmte Arzt der Antike, war von einem Zusammenhang zwischen dem Stand der Sterne, des Mondes und dem menschlichen Wohlbefinden überzeugt – ebenso wie Hildegard von Bingen, die Wegbereiterin der Naturheilkunde.

Auch der Arzt Paracelsus stellte im Mittelalter einen Zusammenhang zwischen der Wirksamkeit von Heilkräutern und den Mondphasen her. Viele naturheilkundliche Ärzte nutzen heute das alte Wissen über den Einfluss des Mondes bei Diagnose und Therapie.

Alles nur Spinnerei?

Skeptiker lassen sich von den Mondjüngern dagegen schwer überzeugen. Zu unwahrscheinlich erscheint ihnen, dass der kleine Trabant, der die Erde umkreist, das Schicksal, die Gesundheit aller Menschen beeinflussen könnte. Als esoterische Spinnerei wird der Glaube an die so genannte Astromedizin abgetan. Doch trotz aller Mutmaßungen und Skepsis: Eine Spur gibt es, die vielleicht einmal alle Fragen über den Mond und seinen Einfluss beantworten könnte.

Monatelang hatten sich die Forscher der Großforschungsanlage CERN bei Genf gewundert, dass es immer wieder zwar nur minimale, aber doch störende Einflüsse auf ihre Experimente gab. In ihren Hightech-Labors versuchen sie mit gigantischen Anlagen, die letzten Rätsel dieser Welt zu ergründen. Dazu schießen sie Elementarteilchen fast mit Lichtgeschwindigkeit aufeinander – in einem 27 km langen ringförmigen Beschleuniger. Die Spuren dieses Crashs lassen dann Rückschlüsse zu auf jenes Geschehen, aus dem vor 15 Mrd. Jahren der gesamte Kosmos entstanden ist.

Den Grund für ihre Störungen fanden sie erst, als sie zufällig entdeckten, dass die Kurven der Energieschwankungen genau den Kurven der Erdgezeiten folgten, die der Mond zweimal am Tag verursacht. Dabei wurden in ihren Experimenten Neutronen (Elementarteilchen) durch winzigste Gravitationsschwankungen leichter oder schwerer. Die entscheidende gedankliche Brücke zum Menschen war schnell geschlagen: Neutronen gibt es auch in unseren Zellen! Können sich folglich in unserem Körper nicht die gleichen Schwankungen abspielen wie im Labor?

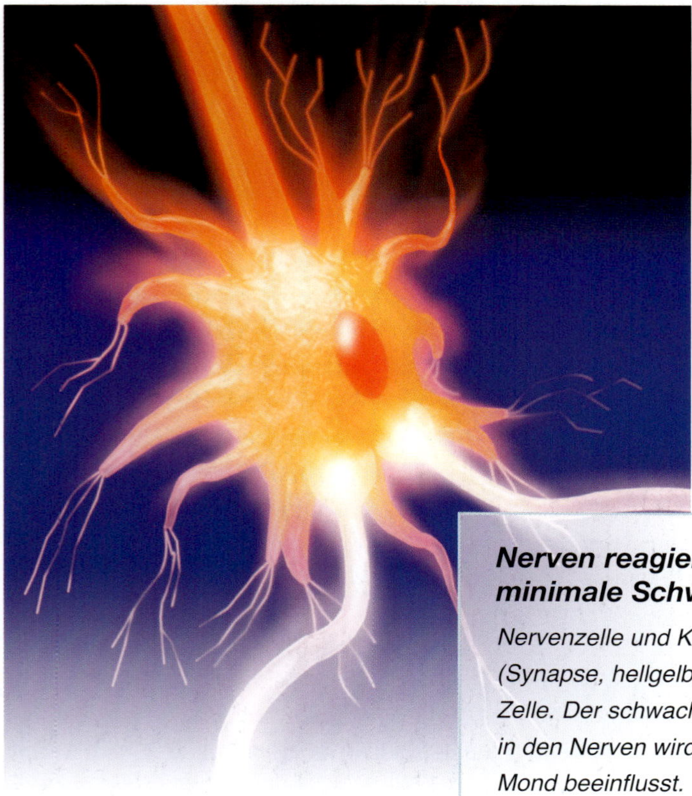

Nerven reagieren auf minimale Schwankungen

Nervenzelle und Kontaktstelle (Synapse, hellgelb) zur nächsten Zelle. Der schwache Gleichstrom in den Nerven wird durch den Mond beeinflusst.

Einfluss auf die Nerven

Erkenntnisse aus der Biologie unterstützen solche Vermutungen. So zeigen Messungen, dass in unserem Nervengewebe ein winziger Gleichstrom fließt, und der kann durch elektromagnetische Felder beeinflusst werden. Das wirkt sich auf die Reizschwellen zur Auslösung von Nervenimpulsen aus. Und tatsächlich: Das Magnetfeld der Erde ändert sich je nach Mondstand, wenn auch nur um eine Winzigkeit.

„Doch diese minimalen Schwankungen reichen schon aus, um Menschen in gereizte Stimmung zu versetzen." So Professor Robert Becker von der Universität von Syracuse im Staat New York. „In unserem Nervengewebe gibt es Verstärkerknoten. Sie erhöhen die Aktivität elektrischer Impulse und sorgen dafür, dass unser Nervenkostüm auf minimale Magnetfeldschwankungen reagiert."

Sechster Sinn?

Was also bleibt von all den Einflüssen, von denen Menschen immer wieder berichten? Hat sich der Mensch nur ein mondgerechtes Verhalten antrainiert? Wäre es nicht ungewöhnlich, wenn auf Lebewesen wie Bakterien und Meerestiere, ja sogar auf Mücken und Ratten lunare Einflüsse – Gravitation, Elektromagnetismus, Dämmerlicht – nur schwer zu wiederlegen sind, sie gleichzeitig aber auf höhere Lebewesen wie den Menschen ausgeschlossen sein sol-

Je nach Stellung zu Sonne und Erde erscheint der Mond in den Phasen von Neumond bis Vollmond.

len? Oder entspricht die vermeintliche Mondsensibilität etwa dem rätselhaften sechsten Sinn, der Intuition? Streng wissenschaftlich heißt es, die gesammelten Daten reichten für eine endgültige Bewertung des Mondeinflusses nicht aus. Vielleicht befürchtet man ja, die Astrologie könnte sich auch in den seriösen Wissenschaften breit machen.

Der Mond wird die Menschen auch weiterhin in seinen Bann schlagen. Und jeder, der versucht, sein Geheimnis zu ergründen, erlebt dasselbe: Wenn man versucht, die Einflüsse streng rational und wissenschaftlich zu untersuchen, dann entziehen sie sich. Der Mond zeigt, dass noch nicht alle Phänomene erklärt werden können.

Welcher Einfluss den Mondphasen zugeschrieben wird

Neumond steht für Wachstum und Vitalität und gilt als ideale Zeit für Neubeginn, Fasten- oder Schlankheitskur. Jetzt soll die beste Zeit für Versöhnungen und Meditation sein – aber auch zum Unkraut jäten.

Zunehmender Mond Die bei Neumond getroffenen Entscheidungen werden jetzt umgesetzt. Diese Phase gilt als Zeit der Zufuhr und des Aufbaus, in der Kräfte gesammelt werden sollen. Positiv für Viehzucht, Geldgeschäfte und den Kaminbau. Pflanzen wachsen besser.

Vollmond Er soll am stärksten wirken. Alles wird intensiver, üppiger. Er soll die Honigernte und das Einkochen von Obst und Gemüse begünstigen.

Achtung: Streit soll bei Vollmond schnell gewalttätig werden können.

Abnehmender Mond Er gilt als Phase der Erleichterung, Ballast wird abgeworfen. Jetzt ist die richtige Zeit, sich von Problemen – egal ob körperlich oder seelisch – zu befreien und zu entspannen. Gut für Operationen oder Zahnarzttermine.

Medizin aus Urwald und Meer

Die Natur hält eine Vielzahl an hochwirksamen Wirkstoffen bereit, die erst zu einem Bruchteil entdeckt wurden. Aus ihnen entwickeln Wissenschaftler Medikamente gegen Krankheiten, denen wir bislang hilflos gegenüberstanden.

Menschheitsplagen, die man bereits für ausgemerzt hielt, sind wieder auf dem Vormarsch: Tuberkulose, Kinderlähmung, ja sogar die Pest. Hinzu kommen bis vor kurzem unbekannte Krankheiten wie Aids, die ganze Kontinente zu entvölkern drohen. Darüber hinaus erweisen sich auch immer mehr Krankheitserreger als resistent gegen Medikamente.

Zum Glück gilt Friedrich Hölderlins Trost spendendes Dichterwort aber noch immer: „Wo aber Gefahr ist, wächst das Rettende auch." Und so sind Wissenschaftler in aller Welt mit Feuereifer am Werk, um neue hochwirksame Medikamente zu schaffen. Die Inhaltsstoffe dieser Mittel spüren sie in zwei Schatzkammern unseres Globus auf, die ihre Geheimnisse bisher weitgehend vor dem Menschen verbargen: die „grüne Apotheke" der Urwälder und die „blaue Apotheke" der Weltmeere.

Enorme Artenvielfalt

Nicht nur die extrem hohe Artenvielfalt, die sich in den Regenwäldern und den Weltmeeren entwickelt hat, sorgte dafür, dass dort der größte Reichtum an hochwirksamen Substanzen zu entdecken ist. Dazu trugen auch die fast unvorstellbaren Bedingungen bei, unter denen die einzelnen Exemplare der jeweiligen Arten um ihr Überleben kämpfen mussten. Wo wie im Urwald Jäger und Gehetzte, Fresser und Beute so hautnah und grasdicht beieinander wohnen, da bietet nur eine ausgefeilte Überlebenstechnik eine Chance, am nächsten Morgen noch die Sonne zu erblicken: Gift und Gegengift, und beides in höchster Konzentration.

Die Pioniere, die auf der Suche nach neuen Heilsubstanzen immer tiefer in den Regenwald vordringen, müssen in mehr als einer Disziplin bewandert sein. Es sind Ethno-Mediziner, die intensive Kenntnisse in Völkerkunde mit profundem medizinischem Wissen vereinen. So können sie die in Jahrtausenden erworbenen Geheimkenntnisse der Medizinmänner und Schamanen nutzen.

Die Apotheke der Natur

Die Wundermittel der Zukunft finden sich in den schwer zugänglichen Bereichen der Erde: in den tropischen Regenwäldern, an Korallenriffen und in der Tiefsee. Dort leben 90 % aller Arten dieser Welt.

Sogar bei Tieren können die Wissenschaftler in die Schule gehen. So beobachtete der Harvard-Professor Richard Wrangham, dass kranke Schimpansen die Blätter einer Pflanze verzehrten, die unserer Sonnenblume ähnelt und *Aspilia* heißt. Danach waren sie gesund.

Von den Eingeborenen des Tongew-Stammes erfuhr der Anthropologe, dass sie bei Magenschmerzen, die durch Wurmbefall verursacht werden, selbst diese Blätter essen. Die chemische Analyse ergab, dass die Blätter Substanzen enthalten, die Parasiten vertreiben. Mehr noch, die Affen-Medizin lässt sich auch gegen bestimmte Tumoren einsetzen.

Bei ihren Forschungen sind die Wissenschaftler immer wieder über die vielseitigen Anwendungsmöglichkeiten von Heilpflanzen erstaunt. Beispielsweise bereiten die Einwohner von Madagaskar aus Immergrün *(Catharanthus roseus)* einen Sud, der Fieber senkt. Die Analyse ergab nicht nur fiebersenkende Substanzen, sondern auch Wirkstoffe gegen Bluthochdruck und Blutzucker.

Mittel gegen fast alles

Die Liste der Tropenpflanzen, deren effektive Heilkraft nachgewiesen ist, lässt sich fast endlos fortsetzen. So wird aus den Blättern der Flügelkassie ein Medikament gegen Hautpilz gewonnen, die Yams-Frucht wird bei der Nachbehandlung von Tuberkulose eingesetzt und aus den Beeren von *Cordia nodosa* bereitet man einen fiebersenkenden Tee zu. Des Weiteren hilft ein Sappi-Karta-Blättertrank bei Übelkeit und Passiflora bei Diabetes. Und schon seit 30 Jahren wird aus der Pazifischen Eibe ein Wirkstoff gewonnen, aus dem das bewährte Brustkrebsmittel Taxol hergestellt wird.

Beinahe jeden Tag kommen neue Substanzen aus der „grünen Apotheke“ auf diese Erfolgsliste. Kein Wunder: Lediglich 5 ‰ der 250 000 Blütenpflanzen, die es auf der Welt gibt, wurden bislang pharmakologisch untersucht.

Heilung aus dem Meer

Noch mehr Wirkstoffe warten allerdings in der „blauen Apotheke“ darauf, vom Menschen entdeckt zu werden. Wasser bedeckt immerhin rund 70 % der Erdoberfläche, das meiste davon Salzwasser. Darin tummeln sich 500 000 Tier- und 10 Mio. Algenarten. Schätzungen zufolge könnten sich hier bis zu 500 Mio. unbekannte Wirkstoffe verbergen.

Ausgerechnet mit den unscheinbaren Algen wurden bisher die größten Erfolge erzielt. Sie beugen vor und heilen zugleich, denn was die Fülle von Mineralstoffen, Vitaminen und Spurenelementen anbetrifft, sind sie unbestrittene Weltmeister. Greifen wir eine der zahllosen Algenarten heraus: die unscheinbare Mikroalge *Spirulina platensis*. Die Azteken des mexikanischen Hochlandes formten daraus bereits vor 500 Jahren einen blaugrünen Kuchen, der als Wunderheilmittel galt. Dann geriet alles wieder in Vergessenheit, bis 1964 der belgische Botaniker Jean Leonard im afrikanischen Tschad eben diesen merkwürdigen blaugrünen Kuchen auf Eingeborenenmärkten entdeckte.

Die Wunderalge

Seitdem wurde diese Alge von amerikanischen, kanadischen, japanischen und chinesischen Forschern gründlich untersucht. Sie fanden heraus, dass die winzige Alge erstaunlich ergiebig ist. Von den Salzwasserbinnenseen, in denen sie gedeiht, können pro Hektar und Jahr bis zu 30 t Algen abgeschöpft werden, 10-mal mehr als bei Sojabohnen. Doch das Wichtigste: Die Wirkpalette der Mikroalge ist beinahe unendlich – bei folgenden Krankheiten hat sie sich zumindest als ergänzende Therapie bewährt: Akne, Allergien, Arthrose, Arthritis, Atemwegsinfekte, Bauchspeicheldrüsenentzündung, Blutarmut, chronische Gelenkbeschwerden und Schmerzen, Depressionen, Gastritis, hoher Fett-, Blutzucker- oder Harnsäurespiegel, Immunschwäche, Leberzirrhose, Magengeschwüre und Schwermetallvergiftungen. Sogar bei Aids und Krebs soll Linderung feststellbar sein.

Krebsmittel

Damit ist ein gefürchtetes Stichwort gefallen, auf das die Medizin jedoch mit neu entdeckten Substanzen aus dem Meer bereits mehr als eine Hoffnung verheißende Antwort zu geben vermag. So wurde aus einem Tiefseeschwamm die Substanz Discodermolid isoliert, die die Teilung von Krebszellen hemmt. In einem anderen Schwamm entdeckten Mainzer Forscher einen Wirkstoff, mit dem das Abwehrsystem von Krebszellen

Wenn Heilpflanzen gutes Geld bringen, ist vielleicht bald Schluss mit der Vernichtung der Urwälder.

Geldgier nutzt dem Regenwald

Die rastlose Tätigkeit der Medizin-Pioniere nützt nicht nur Patienten, sie hilft auch dem Regenwald. Bisher war es so: In seiner maßlosen Geldgier vernichtete der Mensch den Regenwald. Wird diese Gier aber strategisch geschickt eingesetzt, kann genau sie den Urwald retten. Das Abholzen wertvoller Bäume wird gestoppt, wenn der Mensch begreift, dass man dank der dort zu findenden Heilpflanzen viel Geld verdienen kann.

Die US-Pharma-Firma Merck & Co. zahlt der Regierung des mittelamerikanischen Staates Costa Rica pro Jahr 1 Mio. Dollar für das Recht, ihre Medizin-Scouts in die dortigen Urwälder ausschwärmen zu lassen. Das Geld fließt allerdings nur, wenn es diese Wälder gibt. Also besteht ein Interesse an ihrem Schutz.

Allmählich spricht es sich auch unter den brutalsten Abholzern herum, dass so genannte sekundäre Waldprodukte wie Samen, Nüsse, Blätter oder Harze gefragte Schätze sind, die viel Geld bringen können. Und so lassen sie vielleicht eher die Sägen von den primären Waldprodukten, den Urwaldriesen.

Für die Medizin ist jeder gefällte Baum ein enormer Verlust. Das nationale amerikanische Krebs-Institut hat etwa 3000 Pflanzen aufgespürt, deren Wirkstoffe eventuell gegen Krebs eingesetzt werden können – allein 70 % davon kommen aus den tropischen Regenwäldern.

geknackt werden kann, sodass Chemotherapeutika in sie eindringen und sie vernichten können. Außerdem wurde beim Dornhai ein hormonartiger Stoff entdeckt, das Squalamin. Im Tierversuch hat man damit Tumoren an der Bildung von Metastasen gehindert.

Enormer Aufwand

Am Grund des Mittelmeers leben merkwürdige sackartige Tiere ohne Augen, festsitzend in ganzen Kolonien, die Seescheiden. Bei ihnen hat man das Krebsmittel ET 742, ein Zellgift, isoliert. In klinischen Versuchen wurden damit Hauttumoren sowie Brust- und Lungenkrebszellen erfolgreich zum Schrumpfen gebracht. Der Nachteil: Um ein einziges Gramm des Krebsmittels herzustellen, benötigt man 1 t Seescheiden. Deshalb versucht man nun, die Tierchen bei der Insel Formentera in einer Unterwasserfarm zu züchten.

Ein abschließender Tipp sei jedoch erlaubt: Wer dem Herzinfarktrisiko vorbeugen möchte, dem sei der Verzehr von Seefischen empfohlen. Überraschenderweise gerade von fettreichen Arten wie Lachs, Makrele und Sardine. Denn diese enthalten wertvolle Omega-3-Fettsäuren, die das Herz schützen.

Von der Pflanze zur Tablette

In Asien kennt man wesentlich mehr Heilpflanzen als im Westen. Hat man den Wirkstoff der Pflanze entdeckt, wird er industriell im großen Rahmen hergestellt.

Wie alt wird der Mensch?

Seit Urzeiten streben die Menschen nach einem langen Leben bei guter Gesundheit. Der in neuerer Zeit zu beobachtende Anstieg der allgemeinen Lebenserwartung ist das Ergebnis dieses Wunsches. Ist die Grenze aber jetzt erreicht?

Am 4. August 1997 starb im französischen Arles Jeanne Calment. Sie erreichte ein Alter von sage und schreibe 122 Jahren. Obwohl die Rekordseniorin zuletzt im Rollstuhl saß, nichts mehr sah und fast taub war, blieb sie doch bis zum Schluss geistig überaus rege. Bereits zu Lebzeiten hatte sie wegen ihres biblischen Alters große Berühmtheit erlangt. Das Altenheim, in dem sie lebte, war eine wahre Pilgerstätte für Ärzte, Alternsforscher und nicht zuletzt für Journalisten geworden. Doch die alte Dame ist nur ein Beispiel für die Überhundertjährigen, die es inzwischen auf der Welt gar nicht mehr so selten gibt – eine Entwicklung übrigens, die man schon länger beobachtet.

Eine gemeinsame Studie des Max-Planck-Instituts für demografische Forschung in Rostock und der Universität

Cambridge vom Mai 2002 offenbart denn auch ganz klar: Die Rekordlebenserwartung, d. h. die weltweit beobachtete Lebensdauer der Menschen, hat in den letzten 160 Jahren mit schöner Regelmäßigkeit zugenommen. Und zwar um jeweils drei Monate pro Jahr.

Forscher irrten sich

Und es sieht ganz danach aus, dass sich alle Wissenschaftler, die sich mit dem Altern beschäftigen und jahrzehntelang behaupteten, dass die Obergrenze der menschlichen Lebenserwartung bald erreicht sei, schlichtweg irrten. Die Studie zeigt, dass diese Entwicklung unverändert anhält, auch wenn sich der Anstieg der Lebenserwartung in manchen Ländern verlangsamt. Denn dies ist kein Beweis dafür, dass die Obergrenze der Lebenserwartung erreicht ist.

In Deutschland stieg die Lebenserwartung zwischen 1900 und 1990 von 46,5 auf 77,5 Jahre. Für die nähere Zukunft sagen die Prognosen voraus, dass die Zahl der älteren Menschen in den kommenden 30 Jahren weiterhin stark ansteigen wird. Die Gruppe der über 85-Jährigen nimmt dabei am schnellsten zu, und schon heute sind 25 Mio. Menschen über 50 Jahre alt. Am stärksten sind derzeit noch die Jahrgänge der 35- bis 40-Jährigen besetzt, bis zum Jahr 2050 aber werden dies die Jahrgänge der 58- bis 63-Jährigen sein.

Wichtige Faktoren

Nun ist der Anstieg der Lebenserwartung stets gekoppelt an das Bruttosozialprodukt eines Landes und außerdem das Ergebnis eines komplizierten Zusammenspiels verschiedener Faktoren. Von großer Wichtigkeit sind hier beispielsweise Bildung, Einkommen, Ernährung, die medizinische Versorgung sowie die Hygiene und das Gesundheitsverhalten. Dieses Zusammenspiel wiederum variiert mit dem Alter, der Zeitperiode, dem Geburtsjahrgang und auch mit der geographischen Lage.

Wenn wir auch die tatsächlich erreichbare Obergrenze der menschlichen Lebenserwartung noch nicht angeben können, so darf dies trotz allem nicht darüber hinwegtäuschen, dass der Mensch nicht für ein ewiges irdisches Leben geschaffen ist.

Alterung des Körpers

Der menschliche Körper ist wie die meisten anderen Lebewesen einer allgemeinen steten Alterung unterworfen. Natürlich suchen die Gerontologen – so heißen die Biologen und Mediziner, die sich mit dem Altern beschäftigen – schon seit längerem nach den Ursachen dieses Phänomens.

Das Resultat sind verschiedene Alterungstheorien, die man in Fehler- und Programmtheorien einteilen kann. Nach den Fehlertheorien ist das Altern eine unvermeidbare Folge des Verschleißes. Solche Fehler treten etwa bei den ständig im Körper ablaufenden Zellteilungen auf. Betreffen sie die DNA, so bezeichnet man sie als Mutationen.

Eine andere Ursache für Fehler könnten auch freie Radikale sein, das sind Moleküle mit einem äußerst reaktionsfähigen, ungepaarten Elektron, die nicht reparable Schäden in den Mitochondrien verursachen. Folgt man den Programmtheorien, so sind das Altern und der Tod letztlich in den Zellen und hier vor allem in den Zellkernen vorprogrammiert.

50 Zellteilungen

So beobachtete z. B. der amerikanische Gerontologe Leonard Hayflick in den 1970er-Jahren, dass sich embryonale Bindegewebszellen etwa 50-mal teilen und dann zugrunde gehen. Allerdings

Die sieben Lebensalter des Weibes

So sah der Maler und Dürer-Schüler Hans Baldung (1484–1545) die Entwicklung des menschlichen Körpers. Baldung war berühmt für seinen Schönheitssinn.

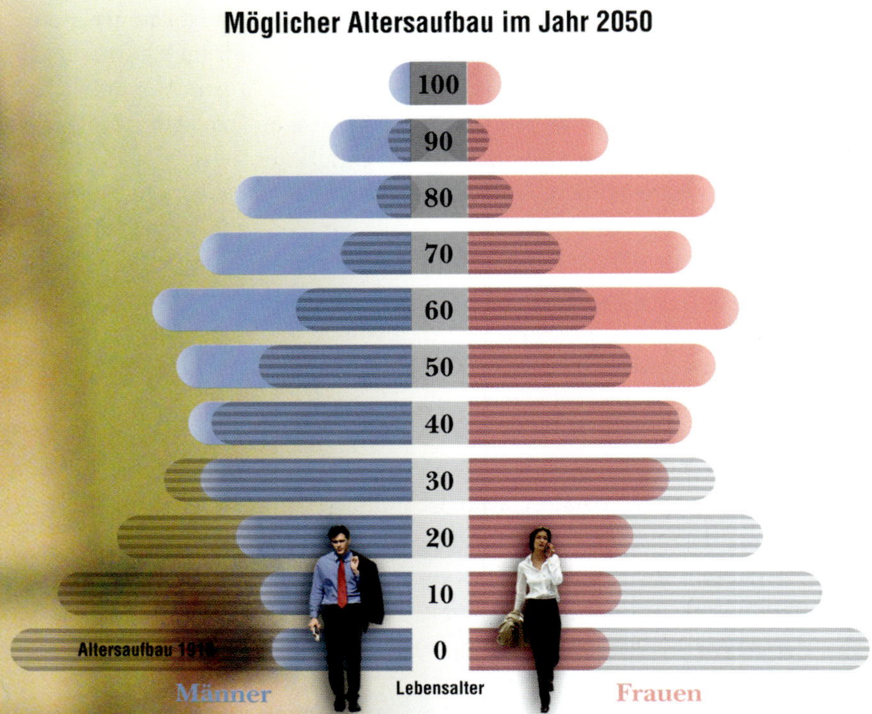

Die Pyramide steht bald auf dem Kopf

Die Grafik zeigt, wie sich der Altersaufbau seit 1910 verändert. Bald wird der größte Teil der Bevölkerung über 50 Jahre alt sein.

Fit bis ins hohe Alter

Regelmäßige Bewegung, beispielsweise beim Schwimmen, gilt als gutes Mittel zur Krankheitsvorbeugung und damit als Voraussetzung für das Erreichen eines hohen Alters.

sollte man sämtliche Theorien besser als Hypothesen bezeichnen, weil nämlich keine von ihnen alle auftretenden Phänomene des Alterns wirklich erklären kann und weil man letztlich gegen jede gewisse Einwände erheben kann. Derzeit lässt sich zum theoretischen Stand der Forschung allenfalls sagen, dass das Altern insgesamt ein sehr vielschichtiges Phänomen ist, das auf verschiedenen Ursachen beruht.

ALTERSKRANKHEITEN

Unabhängig von jeder Theorie zeigt sich die Alterung des Menschen nicht zuletzt an den altersbedingt zunehmenden Erkrankungen. Zu den hauptsächlichen Alterskrankheiten zählen heute in hohem Maß die Infektionskrankheiten. Wegen des schwächer werdenden Immunsystems nehmen diese in höherem Alter allgemein zu, wobei auch die Zeit der Genesung bis zu doppelt so lang dauert wie in jüngeren Jahren. Zudem steigt die Zahl der Autoimmunerkrankungen deutlich an.

Ebenso häufig sind Erkrankungen des Herz-Kreislauf-Systems. Das ältere Herz muss meistens einen höheren Blutdruck erzeugen, wodurch die Herzarbeit zunimmt. Weitere Beeinträchtigungen der Blutzirkulation sind neben dieser Altershypertonie etwa Arteriosklerose und Herzinfarkte. Außerdem vermindert sich die Leistungsfähigkeit der Lungen, was auf Veränderungen des Brustkorbs beruht. Weiterhin sind Verdauungsstörungen zu nennen, die ihre Ursache vielfach in der Verringerung der Saftbildung bestimmter Organe finden. Dies beginnt schon mit Veränderungen der Zähne, die die Weiterverarbeitung der Nahrung beeinflussen. Hinzu kommen Erkrankungen des Magen-Darm-Trakts wie Geschwüre, Verstopfung oder Darmverschlüsse.

Auch Erkrankungen des Bewegungsapparats sind weit verbreitet. Besonders Arthrosen und Osteoporosen führen bei älteren Menschen häufig zu erheblichen Beeinträchtigungen. Zwar nehmen auch bösartige Geschwülste mit dem Alter zu, dennoch sind Krebserkrankungen keine typischen Alterskrankheiten. Sehr wohl aber wirkt sich die Summe der im Leben aufgenommenen Krebs erzeugenden Stoffe im Alter aus. Häufige Alterserkrankungen sind der Schlaganfall und bei den Augen das Glaukom sowie der Alterskatarakt, der graue Star. Schließlich nimmt die Altersdemenz zu, die durch psychische Veränderungen gekennzeichnet ist.

Ein Gläschen Wein

Manchen dieser Erkrankungen kann man vorbeugen, wenn die entsprechenden Maßnahmen bereits einige Jahrzehnte vorher beginnen. Wichtig sind vor allem gesunde Ernährung und regelmäßige Bewegung. Studien zufolge sollen auch kleine Mengen Alkohol – etwa das berühmte Gläschen Wein – vor vielen Erkrankungen schützen.

Eine heikle Angelegenheit ist jedoch das Anti-Aging-Geschäft mit Hormonen, das nach den USA auch in Europa immer mehr in Mode kommt. Wenngleich entsprechende Therapien unter fachkundiger ärztlicher Aufsicht vertretbar sein mögen und gewisse Erfolge zeitigen können, so sind Hormoncocktails in falschen Händen mehr als nur mit Vorsicht zu genießen. Wesentlich aufhalten können sie den Alterungsprozess jedenfalls nicht.

Andererseits gibt es durchaus ernst zu nehmende Forschungsansätze, mit denen man möglicherweise eine Lebensverlängerung erreichen kann. Zumindest sind sich die Fachleute heute darin einig, dass ein durchschnittliches Lebensalter von 100 und mehr Jahren künftig keine Illusion mehr ist.

So erkundet die Telomer-Forschung intensiv, wie sich Alterungsprozesse durch Eingriffe in bestimmte Zellstrukturen aufhalten lassen. Als Telomere bezeichnet man die kleinen Endabschnitte der Chromosomen, also der Träger der Erbsubstanz. Der amerikanische Biologe Robin Allishire entdeckte 1990, dass in diesen offenbar das Gedächtnis steckt, mit dem die Zellen – entsprechend den Beobachtungen von Leonard Hayflick – die Anzahl ihrer Teilungen zählen. Denn bei jeder Teilung gehen ein paar winzige Abschnitte oder Einheiten der Erbsubstanz verloren, sodass die Zelle aus der Zahl der verbleibenden Einheiten weiß, wie lange sie noch zu leben hat. Auch bei den menschlichen Körperzellen verhält es sich so.

Unsterbliche Zellen

Gelänge es nun, diesen Vorgang zu stoppen, so könnte man das Leben verlängern. In der Tat gibt es sogar Kör-

Älter werden heißt auch, sich weiterbilden und geistig fit bleiben.

Finanzielle Einbußen und länger arbeiten

Die Ergebnisse der Rostock-Cambridge-Studie, nach der die durchschnittliche Höchstlebensdauer längst noch nicht erreicht ist, wird erhebliche Folgen für die Politik und die damit verbundene persönliche Lebensplanung haben. Denn viele der bisherigen Zukunftsprognosen, die auf der Annahme beruhen, die Obergrenze der Lebenserwartung sei bald erreicht, sind hinfällig.

Die Folge werden vor allem Änderungen in der Arbeits-, Gesundheits- und Rentenversicherung sein, die voraussichtlich mit empfindlichen finanziellen Einbußen des Einzelnen verbunden sein werden und u. a. die Verlängerung der Lebensarbeitszeit zur Folge haben. Weiterbildung, geistiges Interesse, gesundheitliche Vorsorge und Fitness werden zukünftig eine entscheidende Rolle spielen.

Männer bleiben gesünder

Frauen leben zwar länger, Männer sind aber häufig körperlich und geistig gesünder – besonders wenn sie früher Berufe hatten, in denen sie sich auch körperlich betätigen mussten, wie dieser Weinbauer. Frauen leiden wesentlich öfter unter langwierigen Krankheiten.

perzellen, die offenbar nicht altern und damit potenziell unsterblich sind, nämlich Krebszellen! Sie bringen ihre Telomere immer wieder auf die gleiche Länge und vergessen dadurch, wie oft sie sich bereits geteilt haben. Dies erreichen sie mithilfe des Enzyms Telomerase, das in normalen Körperzellen (nicht aber in den Keimzellen) nicht aktiv ist. Der Pferdefuß an der Geschichte ist bekannt, Krebszellen sind hochgradig krank. Sie sind völlig außer Kontrolle geraten und teilen sich deshalb hemmungslos.

Ethische Probleme

Andere Perspektiven eröffnet die regenerative Medizin. Sie versucht, aus Stammzellen-Kulturen gezielt Ersatzteile wachsen zu lassen. Diese Forschungen stehen jedoch derzeit heftig im Kreuzfeuer der Kritik, weil sich daraus insbesondere ethische Probleme ergeben.

Letztlich sind alle lebensverlängernden Bemühungen mit zahlreichen eminent wichtigen Fragen ethisch-sozialer Natur verbunden, die oft einfach unter den Tisch gekehrt werden. Wie gestaltet man etwa ein langes Leben auch mit hoher Lebensqualität im Alter? Denn was nutzt es einem in Ehren alt gewordenen Hundertjährigen, wenn er in seinem vierten Lebensabschnitt nur noch das Dasein eines vollkommen abhängigen, pflegebedürftigen Bettlägerigen führt, der vielleicht nur noch künstlich ernährt werden kann? Ist ein solches Leben tatsächlich erstrebenswert?

Und wie sehen die gesellschaftlichen Konsequenzen aus? Wer in der Gesellschaft soll z. B. die damit verbundenen Kosten tragen? Zweifelsfrei wird ein zunehmendes Lebensalter mit einer Verlängerung der Lebensarbeitszeit verbunden sein. Dies wird in vielen hoch industrialisierten Nationen wie etwa in Deutschland bereits bald der Fall sein. Aber: Wird man überhaupt so viele Arbeitsplätze schaffen können, die das möglich machen? Betrachtet man nur einmal die heutigen Verhältnisse, so scheint das recht unwahrscheinlich.

Und wie muss auf dieser Basis ein künftiges Rentensystem beschaffen sein, damit eine große Zahl von nicht mehr berufstätigen Hundertjährigen entsprechend gut leben kann? Wie sehen schließlich die Entwicklungen zwischen den reichen Industrienationen und den armen Ländern aus? Der Traum von einem sehr langen Leben kann unter solchen Gesichtspunkten auch ziemlich schnell zu einem Albtraum geraten.

Eines aber ist schon heute klar: Ein Traum ist eine hohe Lebenserwartung nicht mehr! Und wer sich mit den bisherigen Nachteilen eines hohen Alters nicht abfinden will, dem bleibt ja noch die Hoffnung auf den sagenhaften Jungbrunnen. Einen hätten die Forscher vielleicht sogar schon anzubieten. Er lautet: Deutlich weniger essen!

Das Mäuse-Experiment

Rick Weindruch und seine Mitarbeiter von der Universität in Wisconsin-Madison (USA) konnten bei Mäusen nachweisen, dass sich ihr Leben um etwa 50 % verlängert, wenn sie bei zusätzlicher Verabreichung von Vitaminen und Mineralien nur 60 % der normalen Futtermenge bekommen.

Ob das auch für Menschen gilt, ist noch nicht bewiesen. Wenngleich für viele Wohlstandsmenschen eine sparsamere Ernährung zweifelsfrei von Vorteil wäre, so kann man entsprechende Hungerkuren doch nicht uneingeschränkt zur Nachahmung empfehlen.

Warum werden die Alten so alt?

Wissenschaftler versuchen, das Geheimnis der Hundertjährigen zu ergründen.

Viele Hundertjährige waren in ihrem Leben einfach gelassener und konnten Stress besser verkraften als andere.

➤ **Das ist schon frappierend:** In Berlin gab es im Jahre 1990 genau 227 Hundertjährige, im Jahre 1999 waren es bereits 828, also fast 4-mal so viel. Wenn die Entwicklung so weitergeht, dann werden es im Jahre 2010 bereits 2500 sein.

➤ **Es versteht sich** beinahe von selbst, dass die Hundertjährigen das Interesse auf sich ziehen. In der weltweit wohl größten Studie beobachten Thomas Perls und sein Team von der Harvard Medical School in Boston (USA) seit etwa 10 Jahren einen Bevölkerungsausschnitt von fast 500 000 Menschen aus Massachusetts, darunter 169 Hundertjährige und Ältere.

➤ **Von ihnen** sind/waren 80 % Frauen, von denen wiederum überdurchschnittlich viele unverheiratet waren, sowie 20 % Männer. Der deutlich höhere Frauenanteil ist nicht weiter ungewöhnlich, da Frauen allgemein eine höhere Lebenserwartung haben als Männer. Allerdings sind die Männer sowohl körperlich als auch geistig bei weitem gesünder. Gemeinsam ist allen, dass sie sich nicht gesünder ernähren als andere und auch nicht sportlicher sind. Thomas Perls ist sich sicher, dass die Hochbetagten über besondere Gene verfügen, die sie so alt werden lassen. Auf dem Chromosom 4 haben die Wissenschaftler inzwischen einen besonderen Genabschnitt entdeckt, der bei den Senioren vorhanden ist, bei anderen Menschen aber fehlt.

➤ **Der französische** Wissenschaftler F. Schachter und sein Team fanden 1994 mit dem Apolipoprotein-E-Gen und seinen Varianten (Allelen) tatsächlich ein Gen, dass auf das erreichbare Lebensalter Einfluss nimmt. Bei Überhundertjährigen findet man das ApoE4-Allel nämlich seltener und das ApoE2-Allel häufiger. Menschen mit dem ApoE4-Allel aber haben offenbar ein höheres Erkrankungsrisiko für viele altersbedingte Krankheiten und werden im Durchschnitt nicht so alt wie die Träger der ApoE2-Variante.

➤ **Doch ergab** die weitere Suche nach Alterungsgenen ein eher anderes Ergebnis, das man als Centenarian Paradox bezeichnet. Sieht man einmal vom ApoE4-Allel ab, so findet man bei Überhundertjährigen eigentlich genauso häufig oder sogar häufiger Personen mit Genen, die ein höheres Krankheitsrisiko mit sich bringen. Menschen mit diesen Genen sollten daher eigentlich nicht so alt werden. Man hat diese paradoxen Verhältnisse inzwischen viel diskutiert, eine Erklärung aber bislang nicht gefunden. Und so bleibt nur die Erkenntnis, dass auch, wer nicht erblich vorbelastet ist, Chancen auf ein hohes Alter hat.

Die Abwehrfront im Körper

Tag für Tag wird unser Körper von unzähligen Mikroorganismen attackiert. Viele davon sind harmlos, einige dagegen hoch gefährlich. In den meisten Fällen überstehen wir diesen Ansturm von außen aber schadlos, da uns das menschliche Immunsystem gegen solche Angriffe schützt.

Makrophage greift e.coli-Bakterien an

Makrophagen oder Fresszellen stehen in vorderster Front und greifen alles an, was kommt. E.coli-Bakterien können Diarrhöen und Harnwegsinfektionen auslösen.

Eigentlich sind wir bereits durch die Haut sehr gut gegen äußere mikrobielle Angriffe geschützt, aber es gibt durchaus Mikroben, die diese Hürde immer wieder überwinden. Dann kommen die Truppen unseres Immunsystems zum Einsatz.

Für das Funktionieren dieses komplizierten Systems sind die lymphatischen Organe zuständig. Dazu gehören das Knochenmark, die Lymphknoten, die Thymusdrüse, die ominöse Bursa, die Mandeln sowie die hauptsächlich als Speicherorgan fungierende Milz.

Patrouille im Blut

Die besondere Fähigkeit des Immunsystems besteht darin, dass es zwischen körpereigenen und körperfremden Stoffen (Antigenen) unterscheiden kann. Eine entscheidende Rolle spielen dabei die im Blut und Lymphsystem patrouillierenden weißen Blutkörperchen, die sehr wandlungsfähig sind und in verschiedener Form in Aktion treten: als Leukozyten, als Makrophagen oder Fresszellen und als Lymphozyten. Weiße Blutkörperchen werden durch Zellteilungen von den Stammzellen produziert, die ihren Sitz im Knochenmark haben.

Das Immunsystem ist zweigeteilt. Man unterscheidet eine zellvermittelte (zelluläre) und eine eiweißgebundene (humorale) Immunität. Von besonderer Bedeutung sind hier die Lymphozyten, die sich nach ihrer Entstehung in T-Zellen und B-Zellen trennen.

Die T-Zellen heißen nach der Thymusdrüse. Sie werden durch sie hindurchgeschleust und bekommen hier ihre immunologische Ausstattung. Diese Zellen bilden die zellvermittelte Immunität. Gewisse Krankheitserreger stehen ausschließlich unter ihrer Kontrolle.

Leben wie ein Astronaut

Bei einer angeborenen Immunschwäche müssen die Kinder in einer Art Raumanzug leben. Sie besitzen keinerlei Abwehrkräfte, schon die kleinste Infektion wäre fatal.

Geheimnisvolle Drüse

Die B-Zellen verdanken ihren Namen einer anderen Drüse, der Bursa. Seltsamerweise konnte man sie zwar bei Tieren finden, nicht jedoch beim Menschen. Man vermutet, dass es sich bei ihr in unserem Körper nicht um eine klar umgrenzte Drüse, sondern um ein Zellareal mit bestimmter Funktion handelt. Wenn die Zellen diese Drüse oder dieses Gewebe durchlaufen, werden sie in B-Zellen verwandelt. Es sind Spürhunde nach Maß, die aus Eiweißmolekülen Antikörper herstellen. Daher der Ausdruck eiweißgebundene Immunität.

Und das passiert bei einem Angriff auf unseren Körper: Die Mikroben werden zunächst von den Makrophagen empfangen, die wir besonders zahlreich in der Haut finden. Sie sind die Wächter an der Eintrittspforte und greifen alles an, was kommt.

Zunächst versuchen diese Fresszellen, die Eindringlinge zu umschließen und zu verdauen. Gelingt ihnen das, übernehmen die Leukozyten die späteren Aufräumarbeiten und beseitigen die Überreste. Schaffen es die Makrophagen aber nicht, geht die Meldung über chemische und elektrische Signale an die Lymphozyten, genauer an die T-Zellen.

Killerzellen im Einsatz

Bei ihnen können wir drei Typen unterscheiden: die Killerzellen, die Helferzellen und die Unterdrückerzellen. Die Killerzellen sind die eigentlichen „Schlachtrösser". Sie sind allgegenwärtig und sofort zur Stelle, wenn es Feinde zu vernichten gilt. Die Helfer- und die Unterdrückerzellen dagegen bilden eine Art Überwachungszentrale. Die Helferzellen schicken ständig mehr Killerzellen in den Einsatz, während die Unterdrückerzellen ihre Zahl immer wieder begrenzen. Das Ergebnis ist im Normalfall eine angemessene, gesunde Reaktion.

Stellt die Überwachungszentrale aber fest, dass die Killerzellen mit den Eindringlingen nicht fertig werden, rufen sie als Verstärkung die B-Zellen. Diese begutachten ihre Gegner, indem sie ihre Oberflächen abtasten. Ein Teil der B-Zellen wandelt sich unverzüglich in Plasmazellen um und beginnt mit der Produktion von Antikörpern. Andere Immunzellen bleiben nach Ablauf dieser Erst- oder Primärreaktion auf einer Zwischenstufe stehen.

Aids-Viren in der Blutbahn

Das HIV (Human Immunodeficiency Virus) befällt Wirtszellen und verändert deren Erbinformation. Wie sich HIV der körpereigenen Abwehr genau entzieht, ist noch nicht geklärt.

Gezielter Angriff

Antikörper sind wie Lenkwaffen, die sich gezielt gegen die betreffenden Eindringlinge richten. Es handelt sich bei diesen Eiweißen, die man Immunglobuline nennt, um Moleküle, die annähernd die Form des Buchstabens Y haben. Sie richten sich nach dem Schlüssel-Schloss-Prinzip speziell gegen die Oberflächen von Antigenen, etwa von Bakterien. Ein bestimmter Antikörper ist also immer nur gegen ein Antigen wirksam.

Diese Antikörper gehen nun auf Feindjagd, dabei krallen sie sich jeweils an zwei Eindringlingen fest und halten sie zusammen. Sofort kommt ihnen eine andere Komponente des Immunsystems zu Hilfe: das Komplement. Chemische Substanzen greifen die Antigene an und lösen sie auf, Fresszellen und Leukozyten vernichten die Überreste. Die Schlacht ist gewonnen.

Doch allein mit diesen automatisch ablaufenden Reaktionen ist es nicht getan. Denn da wären ja noch die Immunzellen, die nach der Feindberührung auf einer Zwischenstufe verharr-

Anaphylaktischer Schock

Der Stich einer Hummel kann eine plötzliche allergische Reaktion auslösen, die mitunter zu Kreislaufzusammenbruch und Tod führt.

ten. Dabei handelt es sich um sehr raffinierte Zellen, die die Informationen über den Feind speichern. Ihre Nachfahren bleiben dem Körper ein Leben lang erhalten und sorgen dafür, dass alle nötigen Daten bei erneutem Feindkontakt wieder hervorgezaubert werden können. Blitzschnell können dann maßgeschneiderte Antikörper gebildet werden. Als Gedächtniszellen sind sie eine wesentliche Stütze des Systems.

Überempfindlichkeit

Trotz aller Perfektion arbeitet jedoch auch die Immun-Maschinerie nicht fehlerfrei. Recht häufig reagiert sie z. B. auf eigentlich harmlose Stoffe unserer Umgebung mit Überempfindlichkeit. Aus erblichen oder anderen Gründen bekommen die Helferzellen die Überhand und befehlen den B-Zellen, zu viele Antikörper zu produzieren.

Auslöser solcher Allergien sind beispielsweise Tierhaare, Stäube, Pilze, Insektenstiche, Pflanzenöle, Nahrungsmittel oder Pollen. Es gibt wahrscheinlich keine Substanz, die nicht zu einer Allergie führen könnte.

Ein größeres Problem sind schließlich die Autoimmunreaktionen, bei denen sich Antikörper plötzlich gegen den eigenen Körper richten. Die Ursache dafür könnten Mutationen in den Lymphozyten sein. Autoantikörper können z. B. eine Ursache des Rheumas sein.

Andererseits kann das Immunsystem seine Dienste auch versagen. Diese Immunschwächen können angeboren oder erworben sein. Nicht selten treten sie etwa bei Stress, seelischen Problemen oder falscher Ernährung auch nur vorübergehend auf.

Die schlimmste, glücklicherweise sehr seltene angeborene Erkrankung heißt SCID (Severe Combined Immunodeficiency Disease). Dabei handelt es sich um einen Genfehler, durch den weder T-Zellen noch B-Zellen gebildet werden. Den Betroffenen fehlen jegliche Abwehrkräfte. Bereits die kleinste Infektion ist fatal. Man versucht diesen Menschen heute durch Transplantation von Knochenmark zu helfen, sodass sie doch noch Stammzellen zum Aufbau eines Immunsystems erhalten.

Das grosse Problem Aids

Zahlenmäßig häufiger sind erworbene Immunschwächen wie Aids (Acquired Immune Deficiency Syndrome). Dabei wird das Immunsystem durch Viren befallen und außer Kraft gesetzt. Allerdings muss die Krankheit nach einer Infektion keinesfalls immer ausbrechen.

Kommt es jedoch zum Ausbruch, wird das Immunsystem an seinen entscheidenden Stellen rasch zerstört. Der Erkrankte stirbt schließlich nicht an den Aids-Viren selbst, sondern an einer nahezu beliebigen Folgeinfektion. Eine Heilung ist noch nicht möglich.

Künstliche Immunität durch Schutzimpfung

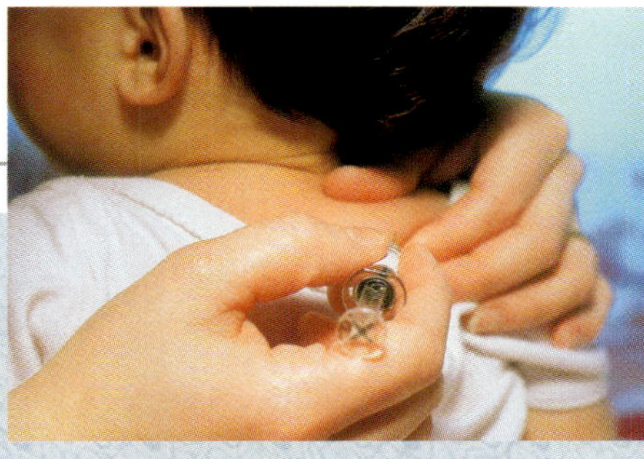

Impfungen haben viele Krankheiten wie Diphtherie, Masern, Röteln, Mumps und Kinderlähmung besiegt.

Neben der natürlichen Immunität gibt es die künstliche Immunität per Schutzimpfung, mit der sich heute viele früher sehr gefährliche Infektionskrankheiten vermeiden lassen. Dabei macht der Körper die Krankheit selbst gar nicht mehr oder nur in abgeschwächter Form durch.

Bei der aktiven Immunisierung werden tote oder abgeschwächte Krankheitserreger als antigenes Material in den Körper gebracht, der daraufhin Antikörper bildet. Bei passiven Immunisierungen hingegen überträgt man fertige Antikörper. Diese auch als Serumprophylaxen oder Serumtherapien bekannten Impfungen sind daher nur eine gewisse Zeit wirksam, da die Antikörper wieder abgebaut werden. Danach wird der Körper wieder anfällig, weil keine Gedächtniszellen gebildet wurden.

Mozart macht glücklich

Kenner haben es ja schon immer gewusst: Keine Musik wirkt so positiv auf den Menschen wie die Kompositionen des Salzburger Wunderkinds.

Bill Honor spürt ein Brennen im Magen, sein Herz pocht – wie immer, wenn er wütend ist. Heute hatte der drahtige Mittvierziger jede Menge Ärger im Büro. Jetzt warten noch Akten auf ihn, die er dringend durchsehen muss. Es ist ein schwüler Abend, Bill hofft auf ein Gewitter. Statt sofort nach einem Kugelschreiber zu greifen, geht Bill schnurstracks zu seinem CD-Regal. Mit einem Griff hat Bill, was er sucht: Mozarts „Kleine Nachtmusik".

Als die letzten Takte verklingen, ist Bill wie ausgewechselt: Sein Puls schlägt ruhig, die Wut ist verraucht, er spürt eine seltsame Harmonie. Bill beugt sich über die Akten und geht sie konzentriert durch.

Für das, was mit Bill geschehen ist, haben Wissenschaftler eine verblüffend einfache Erklärung: Musik beruhigt die Nerven und hilft dem Gehirn, sich zu

600 Kompositionen

Das Wunderkind Wolfgang Amadeus Mozart (1756–91) komponierte vom 12. Lebensjahr bis zu seinem frühen Tod über 600 Werke. Trotz rauschender Erfolge starb er in wirtschaftlicher Not.

konzentrieren. Aber nicht jede: Die Psychologin Frances Rauscher und der Physiker und Neurobiologe Gordon Shaw von der University of California in Irvine machten mit Studenten ein interessantes Experiment.

Rauscher und Shaw falteten Papierstücke und schnitten mit einer Schere Formen aus – wir kennen das beliebte Spiel aus dem Kindergarten. Die Probanden sollten voraussagen: Welches Muster kommt zum Vorschein, wenn man die Blätter wieder entfaltet? Die Studenten schnitten mehr recht als schlecht ab, doch diese Aufgabe war nur ein Teil des Tests.

Das Gehirn wird geöffnet

Nach dem ersten Durchgang mussten die Studenten drei Gruppen bilden. Die erste hörte vor der nächsten Aufgabe 10 Minuten lang Mozarts D-Dur-Sonate für zwei Klaviere, das zweite Drittel der Probanden bekam Kostproben unterschiedlicher Musikrichtungen, dem Rest spielte man keine Musik vor. Das Ergebnis erstaunte die Wissenschaftler: Die Studenten, die mit verschiedenen Musikstilen beschallt worden waren, sagten mit 11 % mehr Genauigkeit voraus, wie das Muster im Papierdeckchen ausfallen wird.

Die Gruppe ohne Musikberieselung steigerte ihre Leistung um 14 %. Bei den Probanden jedoch, die Mozart-Musik zu hören bekommen hatten, erhöhte sich der Wert um 62 %! „Mozarts Musik scheint das Gehirn zu öffnen“, fasst Gordon Shaw das Untersuchungsresultat zusammen.

Warum die Denkleistung verbessert wurde, ließ Shaw keine Ruhe. Er startete ein zweites Experiment. Dafür machte er sich die Tatsache zunutze, dass man die Aktivitäten des Gehirns in Computer-Simulationen sichtbar machen kann. Die Nervenzellen des Gehirns bilden Verbände, die jeweils in einem ganz

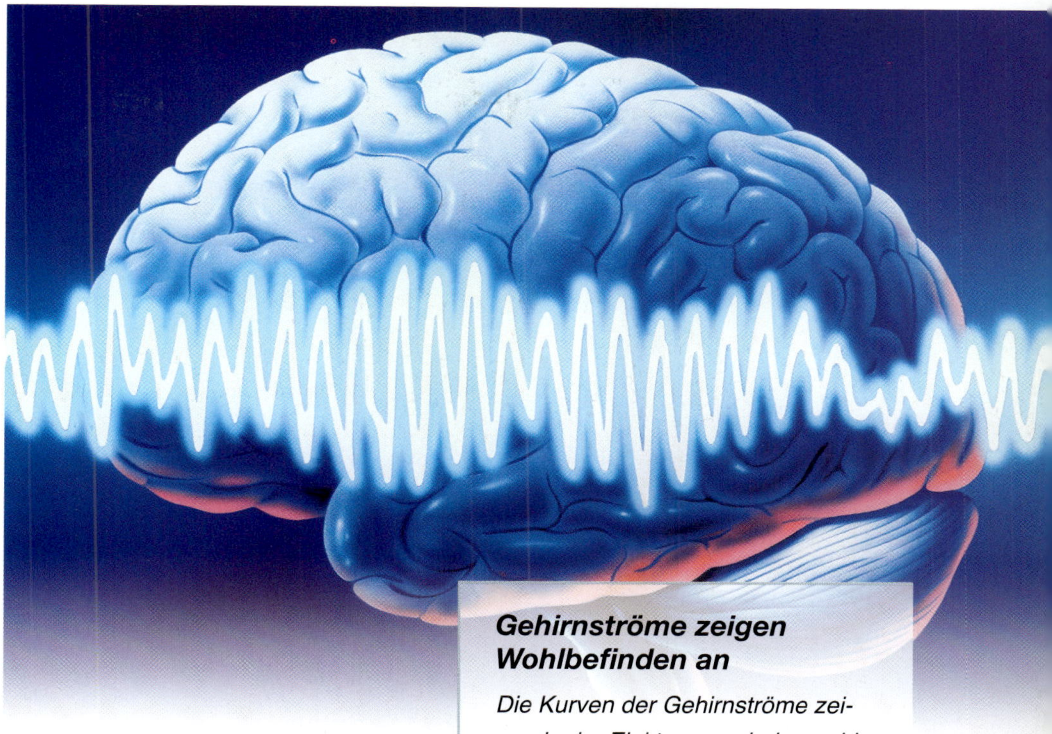

Gehirnströme zeigen Wohlbefinden an

Die Kurven der Gehirnströme zeigen in der Elektroenzephalographie typische Verläufe im Schlaf, bei Bewegung, Aufregung oder auch bei Wohlgefühl und Musik.

bestimmten Rhythmus tätig werden. Rechnet der Computer diese Rhythmus-Muster in Töne um, passiert etwas Einmaliges: Was man zu hören bekommt, erinnert an die Stücke der Barockzeit sowie an asiatische Musik und trendige Wellness-Klänge.

Vergleich mit Beethoven

Shaw untersuchte weiter, welche Gehirnregionen aktiv sind, wenn das Ohr Musik lauscht. Auch diesmal ging es wieder um Konzerte von Mozart – jetzt im Vergleich zu Musik aus den 30er-Jahren und Beethovens „Für Elise“. Das spektakuläre Ergebnis: Musik, ganz gleich welcher Stilrichtung, aktiviert lediglich den Gehirnteil, der Töne verarbeitet – mit Ausnahme von Mozart.

Der Neurobiologe John Huges vom Medical Center der University of Illinois lüftete das Geheimnis ein Zipfelchen mehr. Er analysierte, wie oft die Lautstärke innerhalb eines Musikstücks wechselt, und notierte die Werte für hunderte von Werken der verschiedensten Komponisten auf einer Skala. Am unteren Ende der Rangfolge häuften sich Pop-Musik und „Minimal Musik“ wie die von Philip Glass. Ganz oben stand Mozart.

Die Musik des Salzburger Wunderknaben wechselt am häufigsten die Lautstärke von laut nach leise und umgekehrt. Und zwar in einem Rhythmus von exakt 30 Sekunden – er ist identisch mit dem Grundmuster unserer Gehirnwellen. Mozarts Musik synchronisiert unsere rechte Gehirnhälfte, die für logisches Denken zuständig ist, mit der linken Gefühlshälfte. Nichts aber entspannt uns besser als das harmonische Zusammenspiel von Herz und Verstand.

Tote lügen nicht

Tote können zwar nicht mehr den Mund aufmachen, aber Rechtsmediziner können sie dennoch zum Reden bringen. Noch lange nach seinem Tod können die Wissenschaftler feststellen, wie, wann und warum ein Mensch sein Leben lassen musste.

In einem Reisfeld in China lag ein toter Mann. Stichwunden an seinem Körper legten nahe, dass er mit einer Sichel ermordet wurde. Sonst fanden sich keine Tatortspuren, und das Opfer hatte, wie seine Ehefrau aussagte, auch keine Feinde – vielleicht abgesehen von einem Dorfbewohner, der ihm etwas Geld schuldete.

Der zuständige Ermittler rief alle im Dorf tätigen Arbeiter zusammen und ließ sie ihre Sicheln auf dem Dorfplatz ausbreiten. Schon sehr bald setzten sich auf einer Sichel Schmeißfliegen ab: Es war das Werkzeug des Schuldners!

Die Insekten hatten die für Menschen nicht mehr sichtbaren Fleisch- und Blutreste an der scheinbar sauberen Sichel gerochen und sich auf die vermeintlich üppige Nahrungsquelle gestürzt.

Dies ist der erste, im 13. Jh. beschriebene Fall, in dem forensische Entomologie (gerichtlich verwertbare Insektenkunde) letztlich zur Aufklärung eines Verbrechens führte.

ERSTE RÜCKSCHLÜSSE

Immer wieder gelingt es Gerichtsmedizinern, Biologen, Chemikern, Physikern und anderen Wissenschaftlern, den Toten entscheidende Geheimnisse zu entlocken. Ihre Arbeit beginnt in der Regel bereits am Schauplatz eines Verbrechens oder Unfalls. Aus der Position, in welcher der Tote daliegt, den Verletzungen, der Körpertemperatur, dem Grad der Leichenstarre und dem Vorhandensein von Leichenflecken lassen sich schon erste Rückschlüsse auf die Art und den Zeitpunkt des Todes ziehen.

Im Institut für Rechtsmedizin folgen dann Spurensicherung und Ermittlungen einem fest vorgegebenen Schema. Die Körper werden vorsichtig ausgezogen, die Kleidung gründlich auf mögliche Spuren untersucht. Eine sorgfältige Inspektion der Körperoberfläche kann beispielsweise die Frage klären, ob Verletzungen bereits vor oder erst nach dem Eintritt des Todes entstanden sind. Im einfachsten Fall verrät ein Bluterguss, dass das Opfer noch gelebt hat, als es einen Tritt erhielt.

Selbst der berüchtigte Dreck unter den Fingernägeln findet das Interesse der Gerichtsmediziner und landet unter dem Mikroskop. Denn falls es vor der Tat eine Auseinandersetzung gegeben hat, finden sich dort häufig Spuren wie Hautschuppen oder Haare. Oder auch nur Schmutz und Erde, deren Analyse die Ermittler zum eigentlichen Tatort führen kann.

Ist die äußerliche Inspektion eines Toten abgeschlossen, werden alle drei Körperhöhlen geöffnet: die Gehirnkapsel, der Brust- und der Bauchraum. Auch sie werden genaustens auf mögliche Veränderungen und Verletzungen hin untersucht. Beispielsweise erlauben Gewebeproben aus den verschiedenen Organen unter dem Mikroskop sowie bei chemischen Analysen Hinweise auf Krankheiten, den Befall mit Parasiten oder auf Vergiftungen.

WENIGE MOLEKÜLE REICHEN

Dabei werden die Analysemethoden immer exakter. Heute reichen oft wenige Moleküle einer körperfremden Substanz für eine eindeutige Bestimmung des Stoffes aus. Das ist z. B. von Vorteil, wenn nur eine einzelne Hautschuppe, ein Haar oder Teile eines Fingerabdrucks geborgen werden können.

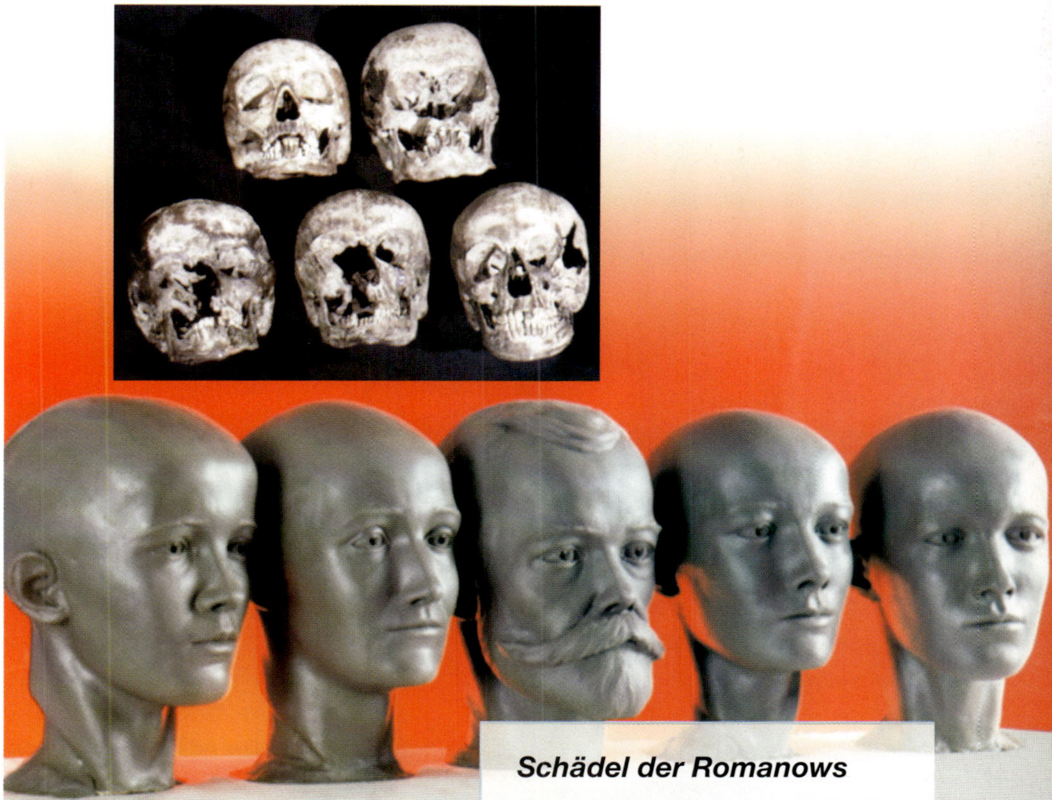

Schädel der Romanows

Die Schädel der 1918 ermordeten russischen Zarenfamilie wurden 1991 in der Nähe von Jekaterinburg gefunden. Eine plastische Rekonstruktion bewies, dass es tatsächlich die echten waren.

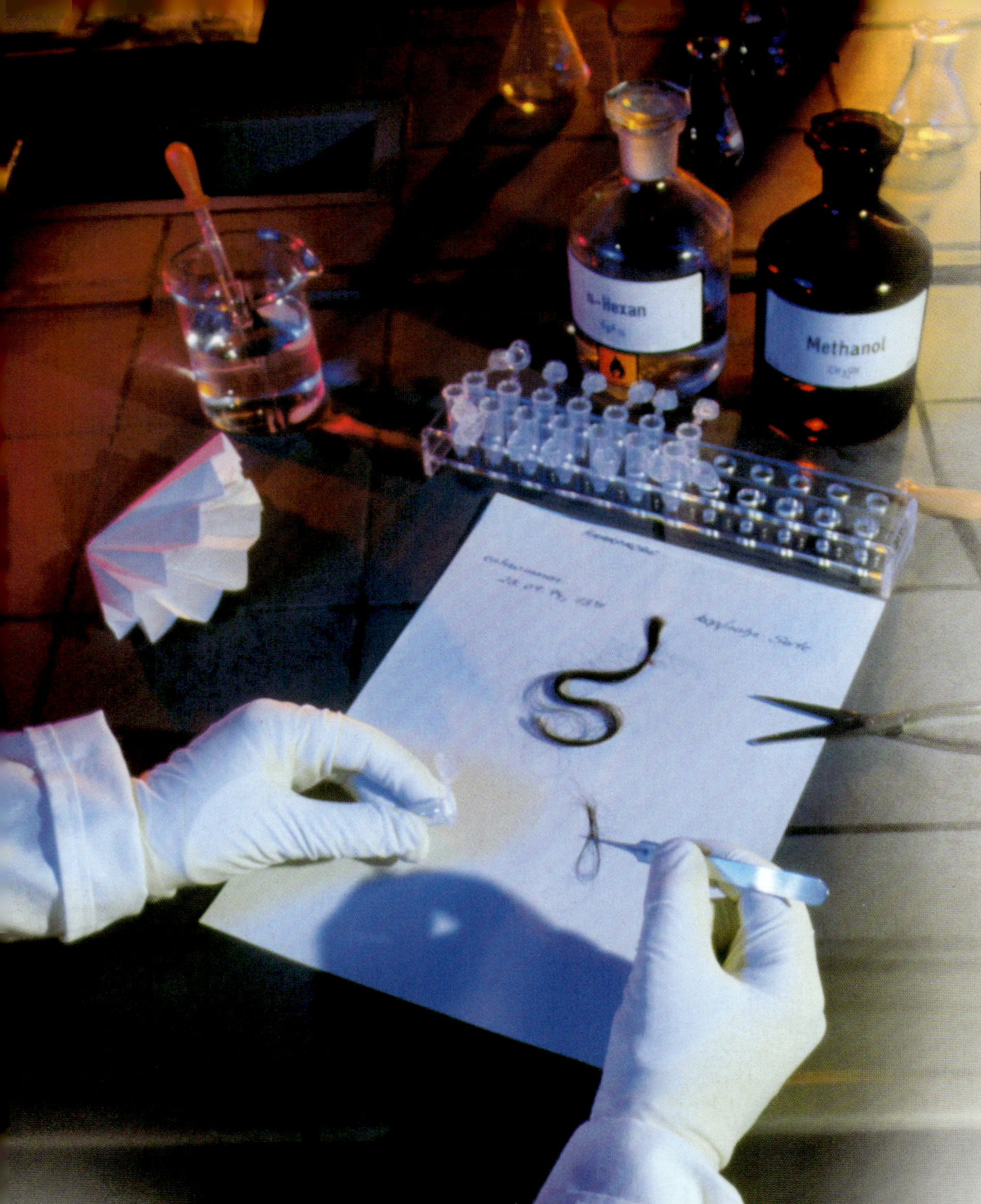

Beweismittel Haare

Da Haare Spuren von im Körper abgebauten chemischen Substanzen speichern, kann auch noch nach Wochen im Gaschromatographen und in der Massenspektralanalyse nachgewiesen werden, ob der Verdächtige beispielsweise Drogen genommen hat.

Denn zu den wichtigsten Ermittlungsmethoden der Gerichtsmediziner gehört seit einigen Jahren die Genanalyse. Jede Zelle enthält das gesamte Rezeptbuch, nach dem der Organismus aufgebaut ist. Und diese Informationen, das so genannte Genom oder Erbgut, liegen verschlüsselt in der Desoxyribonukleinsäure, kurz DNS (oder in der englischen Schreibweise DNA – A für acid = Säure) vor, die in den Chromosomen des Zellkerns enthalten ist. Für die Genanalyse reichen heute wenige Moleküle aus einer einzigen Zelle aus. Die isolierten DNA-Muster werden von einem Computer ausgewertet und miteinander verglichen. Im Idealfall kann man mit einer Wahrscheinlichkeit von eins zu mehreren Milliarden einen Täter identifizieren. Die gleiche Methode wird auch für Vaterschaftstests angewendet.

Zweite DNA-Möglichkeit

Chromosomen verfallen allerdings mit der zunehmenden Verwesung des Körpers relativ schnell. Daher weichen die Forensiker auf eine andere Form des Erbträgers aus, der ebenfalls bei jedem Menschen eine einmalige Struktur aufweist, die Mitochondrien-DNA. Die Mitochondrien sind sozusagen die Kraftwerke der einzelnen Zelle, die aus Kohlenhydraten oder anderen Energiereserven Eiweißstoffe und andere Substanzen aufbauen und die dabei frei werdende Energie z. B. für Stoffwechselprozesse wie Ausscheidung oder Zellatmung zur Verfügung stellen.

Mitochondrien bleiben sehr lange erhalten. Daher kann ihre DNA auch noch analysiert werden, wenn die Zellen bereits längst in die Verwesung übergegangen sind.

Prints werden sichtbar

Am besten für eine Untersuchung geeignet sind Zellen aus Sperma, Blut oder Speichel, doch notfalls bringen Rechtsmediziner auch Proben aus Knochen, Haaren oder anderen Körperteilen zum Reden. Selbst aus den Resten von Fingerabdrücken lassen sich noch verwertbare Spuren isolieren und analysieren.

Joddampf, Silbernitrat oder Ninhydrin verfärben die organischen Bestandteile des Fingerabdrucks und machen ihn sichtbar. Auch feinste Eisenspäne können verdeckte Prints sichtbar machen. Auf der nackten Haut hilft dagegen Bleistaub, der sich in den Fettresten der Fingerabdrücke festsetzt. Bei einer Röntgenaufnahme werden sie sichtbar. Oder man bringt bestimmte Bakterien auf den Abdruck, die sich vom Talg und dem Salz des Fingerabdrucks ernähren. Nach einem Tag kann man die auf diesem Nährboden gewachsenen Bakterienkolonien sichtbar machen.

Leiche als Brutplatz

Gehen wir noch einmal zurück zur Insektenkunde. Da hilft einem geübten Experten oft schon ein kurzer Blick. Denn die einzelnen Insekten besiedeln eine Leiche zu sehr unterschiedlichen Zeitpunkten. Schon wenige Minuten nach dem Eintritt des Todes riechen die Weibchen der Schmeißfliege über hunderte von Metern die Leiche, fliegen sie an und legen sofort ihre Eier ab.

Auch die ersten Aasfliegen erscheinen bald und legen ihre Eier in die Körperöffnungen (Mund, Nase, Ohren, eventuell vorhandene Wunden) sowie in die feuchten Körperpartien wie Achselhöhlen, Augen, Genital- und Analbereich.

Nach den Schmeiß- und Aasfliegen machen sich die so genannten Kurzflügler über eine Leiche her. Je weiter die Verwesung fortschreitet, desto mehr Insekten nutzen den toten Körper als idealen Brutraum. So legt z. B. die Käsefliege ihre Eier etwa drei Monate nach dem Tod in das verwesende Fleisch ab.

Mäuse, Ratten und andere höhere Tiere nutzen eine Leiche ebenfalls als Nahrungsquelle und hinterlassen spezifische Fraß- und Kotspuren. Die letzten Reste organischer Substanz vertilgen Speck- und Schinkenkäfer sowie der Museumskäfer. Dieser wird z. B. von Tierpräparatoren besonders gefürchtet, weil er selbst mumifizierte oder gegerbte Haut, Haare und Federn vertilgt.

Genauer Todeszeitpunkt

Die Biologen wissen, wie lange es dauert, bis aus einem Ei eine Made schlüpft, wie lange sie fressen muss, um sich in eine Larve oder Puppe zu verwandeln und wann sie als fertiges Insekt schlüpft. Daher können sie anhand der auf einer Leiche gefundenen Insekten und ihrer verschiedenen Entwicklungsstadien relativ genau sagen, wann der Tod eingetreten ist. Da fast jede Insektenart regionale Eigenheiten – Farbvarianten, Flügelgröße etc. – aufweist, können die Entomologen feststellen, woher eine Leiche stammt und ob sie an ihrem späteren Fundort ums Leben gekommen ist.

Kollege Computer bei der Arbeit: Fehlfarben-Fingerabdruck aus dem Rechner.

Fingerabdrücke – selten so einfach wie im Fernsehen

Selten ist ein Täter so freundlich, dass er komplette Prints auf einem vorher sauber gespülten Weinglas hinterlässt. Vorbei sind die Zeiten, in denen Detektive mühsam jeden Abdruck sauber analysierten, in eine spezielle Formelsprache übersetzten und diese Formeln dann mit den Angaben im Verbrecheralbum der Polizei verglichen.

Das erledigt heute zuverlässiger und schneller Kollege Computer. Und auch die Methoden, überhaupt an brauchbare Abdrücke zu kommen, haben sich enorm verfeinert. So wie man dies im Fernsehkrimi sieht, dass die Tatortermittler mit einem weichen Pinsel Ruß oder Graphitstaub auf den Abdruck pinseln, um ihn dann mit einer Klebefolie abzunehmen, geht das leider nur in wenigen Fällen.

Denn oft finden sich Fingerspuren an sehr schwierigen Oberflächen, an gestrichenen Wänden, auf offenporigem oder lackiertem Holz oder sogar auf der Haut des Opfers. Dann müssen die Ermittler tief in ihre Trikkkiste greifen, um die kaum sichtbaren Spuren der Fett- und Schweißreste sichtbar zu machen, aus denen der Abdruck besteht.

DAS UNIVERSUM MENSCH

Der menschliche Körper bietet ideale Lebensbedingungen für unzählige Mikroorganismen. Die meisten davon bemerken wir gar nicht, doch einige können uns krank machen.

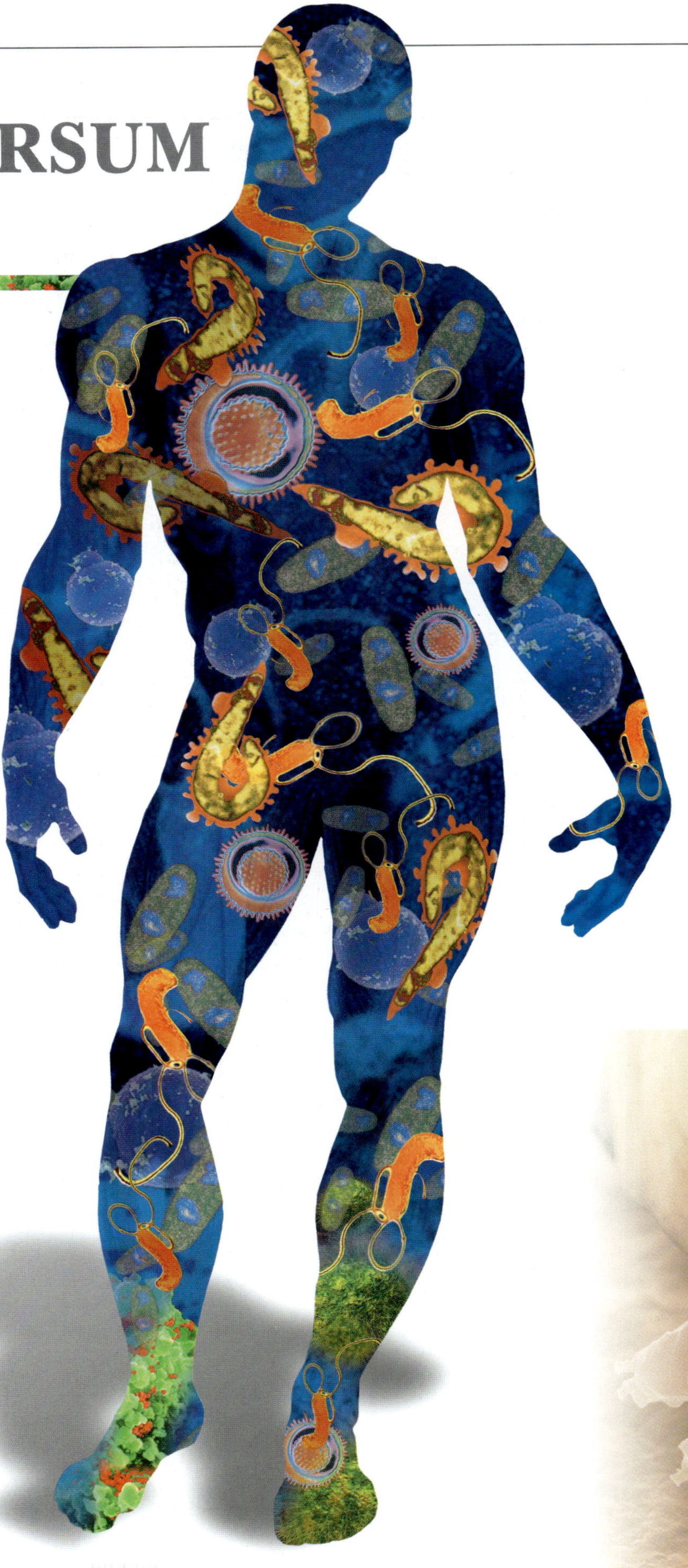

Schon verblüffend: Der menschliche Körper besteht aus rund 10 Billionen Zellen, aber er wird von weit über 100 Billionen anderen Zellen wie Viren, Bakterien, Protozoen oder Pilzen besiedelt. Die allgemeinen Rahmenbedingungen, die das Universum Mensch zu bieten hat, können sich sehen lassen. Eine Körpertemperatur von 37 °C, die nötige Feuchtigkeit und dazu die entsprechenden Nährstoffe in ausreichendem Maß. Viele Mikroorganismen sind so stark an den Menschen angepasst, dass sie ohne ihn gar nicht mehr lebensfähig sind. Drei große Gruppen sind es: Parasiten, Symbionten und Kommensalen.

Am ehesten bemerken wir in der Regel die Parasiten. Das sind jene Organismen, die auf Kosten des Menschen leben und ihm mehr oder weniger Schaden

Gleichzeitige Entwicklung

Die Bewohner des Universums Mensch haben sich wahrscheinlich gleichzeitig mit ihm entwickelt. Sie sind ohne den Menschen meist gar nicht lebensfähig.

Viren, Bakterien, Protozoen und Pilze

Dem Reich der Mikroben rechnet man gewöhnlich die vier großen systematischen Gruppen der Viren, Bakterien, Protozoen und Pilze zu.

Viren bestehen aus Nukleinsäuren und einer Proteinhülle. Man kann sie als vagabundierende Gene betrachten, die sich zwecks Ernährung und Fortpflanzung in andere Organismen einnisten müssen. Bakterien sind einzellige Organismen, die keinen echten Zellkern, aber einen eigenen Stoffwechsel haben.

Als Protozoen bezeichnet man tierische Einzeller mit echtem Zellkern. Zu ihnen gehört etwa das Sporentierchen Plasmodium, das die Malaria hervorruft.

Pilze sind schließlich einzellige oder mehrzellige Organismen mit echtem Zellkern. Sie besitzen eine den Pflanzen ähnliche feste Zellwand. Im Gegensatz zu den Pflanzen fehlt ihnen jedoch das Chlorophyll. Daher sind sie nicht zur Photosynthese fähig und müssen ihre Nahrung wie tierische Organismen von außen aufnehmen.

Nicht zu den Mikroben, aber zu den äußerst unerwünschten menschlichen Besiedlern zählen weiterhin gewisse tierische Vielzeller wie etwa diverse Würmer, Milben, Läuse und Flöhe.

Mikroaufnahme eines Staphylokokken-Bakteriums, das Entzündungen hervorrufen kann.

zufügen. Die meisten machen krank und führen im Extremfall zum Tod ihres Wirtes – dann, wenn sich der Eindringling so stark vermehren kann, dass der Körper ihm gegenüber hilflos wird. Doch der Mensch versucht, sich zu wehren.

Einen guten Schutz bietet bereits die Haut. Überwinden die Eindringlinge diese Hürde, kommt das Immunsystem zum Einsatz. Ein Mittel, mit Eindringlingen fertig zu werden, ist das Fieber. Denn viele Mikroben sind so stark an die menschliche Normaltemperatur angepasst, dass sie bereits bei einer geringfügigen Erhöhung zugrunde gehen.

Nützliche Koalition

Im Gegensatz zu den Schädlingen stehen die Symbionten. Sie gehen mit dem Menschen eine Koalition ein, die sich zu beiderseitigem Nutzen auswirkt. Der Mensch bietet seinen Symbionten Quartier und Nahrung, und sie erbringen dafür Gegenleistungen. Zu ihnen gehören z. B. viele Darmbakterien, von denen es 500 verschiedene Arten gibt. Am bekanntesten ist das Coli-Bakterium (Escherichia coli), das sich schon im Babydarm ansiedelt. Im Dickdarm leben in 1 g Stuhl rund 100 Mrd. davon, was völlig normal ist. Gelangen sie jedoch etwa durch Verletzungen ins Blut, werden sie höchst gefährlich.

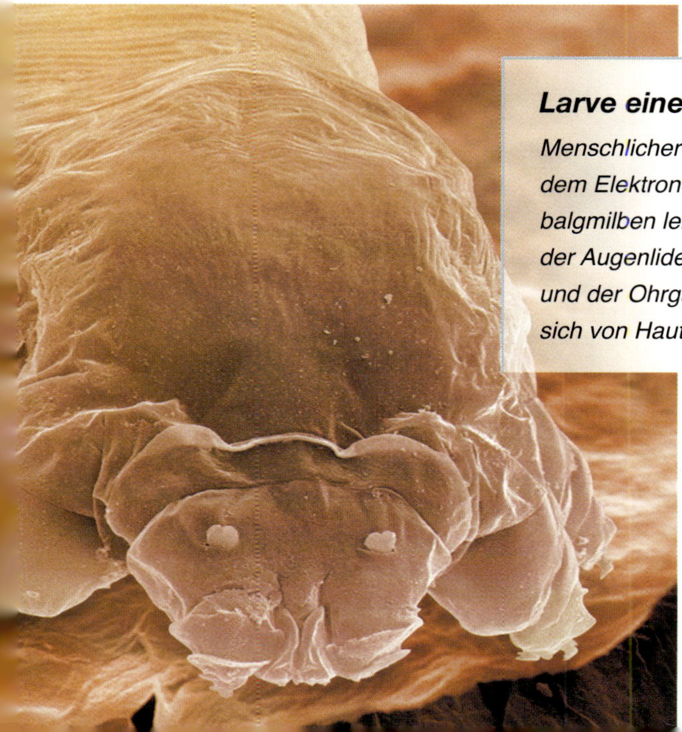

Larve einer Haarbalgmilbe

Menschlicher Mitbewohner unter dem Elektronenmikroskop: Haarbalgmilben leben in den Follikeln der Augenlider, der Nasenhaare und der Ohrgänge und ernähren sich von Hautabsonderungen.

Vorsicht, Antibiotika!

Wie nützlich die Darmbakterien an ihren Arbeitsplätzen sind, spürt man mitunter nach der Einnahme von Antibiotika. Diese vernichten oft nicht nur die krank machenden Bakterien, sondern auch viele nützliche Arten. Verdauungsstörungen sind häufig die Folge.

Schließlich gibt es noch die Kommensalen, all jene Organismen, die zwar das Universum Mensch besiedeln, dem ganzen System aber weder förderlich noch schädlich sind.

Die innere Uhr, die uns regiert

Es ist kein Geheimnis mehr, dass die meisten Organismen einschließlich des Menschen bestimmten Rhythmen unterliegen und von inneren Uhren gesteuert werden. Die Chronobiologie untersucht diese Abläufe.

Katastrophen, die unvergessen bleiben: Der „größte anzunehmende Unfall (GAU)“ im Kernkraftwerk von Tschernobyl in der Ukraine ist die Explosion am 26. April 1986 um 1.23 Uhr. Im Reaktor auf Three Mile Island bei Harrisburg,USA, fällt am 28. März 1979 um 4.01 Uhr das Kühlsystem aus. Der Austritt einer Methylisocyanat-Wolke im Werk der Union Carbide, die im indischen Bhopal über 2500 Bewohner tötet, geschieht am 3. Dezember 1984 um 0.15 Uhr.

Menschliches Versagen

Alle drei Katastrophen waren die Folge von menschlichem Versagen. Und es kam nicht von ungefähr, dass sie sich gerade in den Nachtstunden ereigneten. Denn in dieser Zeit ist der Mensch besonders unaufmerksam, und in dieser Zeit macht er die größten Fehler.

„In der Zeit zwischen Mitternacht und 6 Uhr morgens lässt die Aufmerksamkeit des Menschen drastisch nach. Selbst dem besten Arbeiter können dann ganz törichte Fehler unterlaufen“, hat Professor Martin Moore-Ede von der Harvard-University in Cambridge im US-Bundesstaat Massachusetts festgestellt.

Die eigentlichen Ursachen dafür, darüber sind sich die Forscher einig, liegen

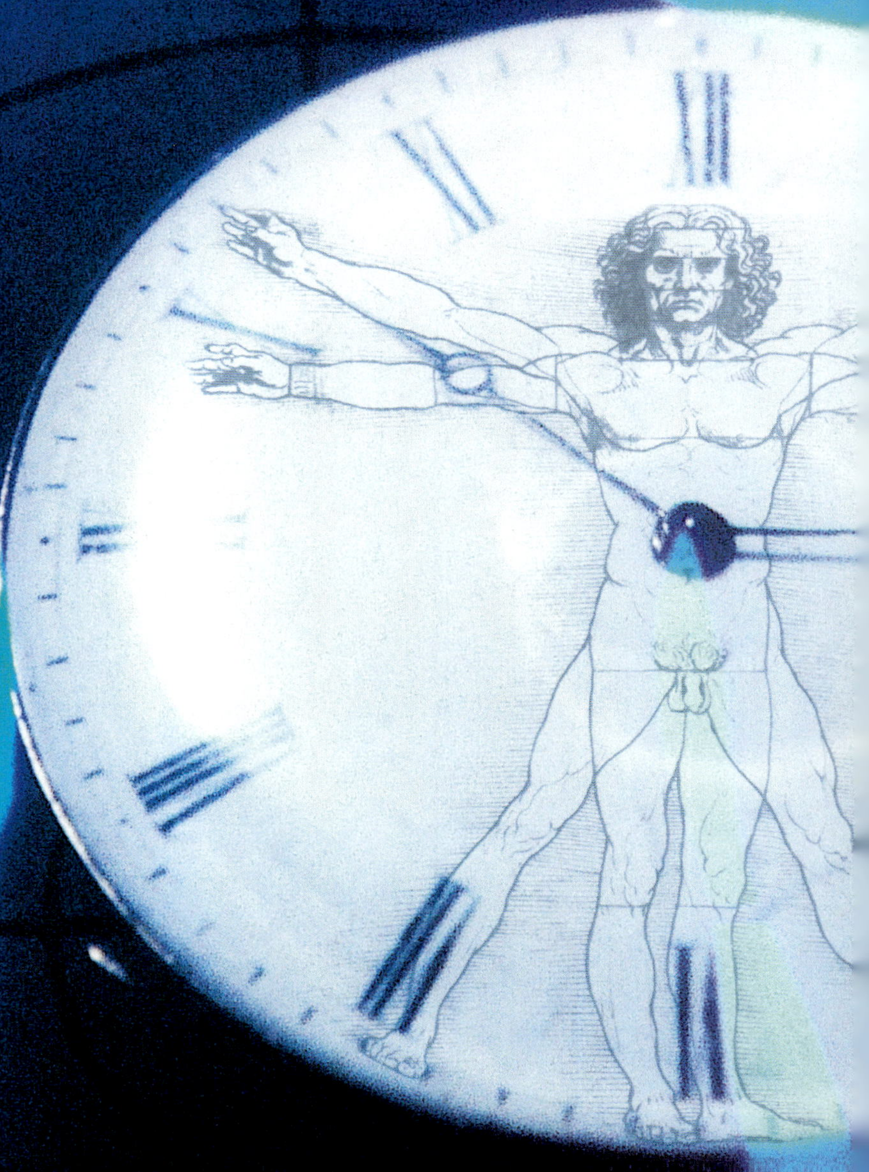

im Menschen selbst. Denn der menschliche Körper ist nicht zu allen Zeiten gleichermaßen leistungsfähig, er funktioniert nicht immer in gleicher Weise. Er unterliegt gewissen Rhythmen, die sich regelmäßig wiederholen und die deshalb offenbar von irgendwelchen Uhren gesteuert werden.

Inzwischen haben die Forscher bei fast allen Lebewesen unzählige solcher Uhren ausgemacht – und die steuern nahezu alle Lebensabläufe. Diese Uhren ticken – wie etwa der Herzschlag – manchmal im Sekundentakt, sie können aber auch einen tages- oder gar jahreszeitlichen Rhythmus haben. Der Takt kann sowohl von äußeren (exogenen) als auch von inneren (endogenen) Faktoren, die man Zeitgeber nennt, vorgegeben werden, wobei sich manche Uhren gar nicht, andere nur schwer, wieder andere recht leicht umstellen lassen.

Von besonderem Interesse sind dabei die Uhren, die den Tagesrhythmus des Menschen steuern. Ein Schlüsselexperiment hierzu führte der deutsche Psychologe Jürgen Aschoff in den 1960er-Jahren durch. Er beobachtete eine Anzahl Testpersonen, die freiwillig 4 Wochen lang Quartier in einem unterirdischen Bunker ohne Tageslicht bezogen. Hier mangelte es ihnen an absolut nichts, sie bekamen lediglich keinerlei Hinweise auf die Tageszeit.

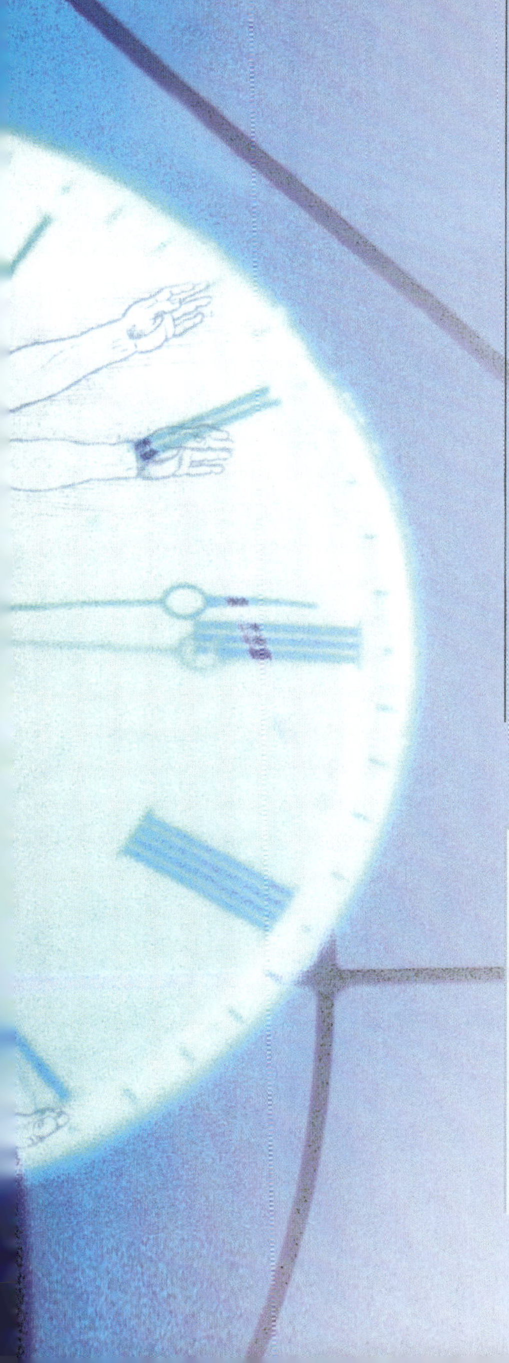

25-Stunden-Tag

Das Resultat: Bei den Probanden stellte sich ein fast normaler Tagesrhythmus ein, der Tag war jedoch durchschnittlich 25 Stunden lang. Damit war zunächst klar, dass es im Körper ein Chronometer gab und dass die innere Uhr ohne Tageslicht außerdem ein wenig langsamer lief.

Nun ergab sich natürlich die spannende Frage nach dem Sitz dieser Uhr und den einzelnen Rädchen, die sie ticken lassen. Auch diese Geheimnisse sind inzwischen zumindest teilweise gelüftet. Von größter Wichtigkeit ist dabei ein etwa reiskorngroßes Gebilde im Gehirn. Es liegt etwa in Höhe der Nasenwurzel hinter den Augen über der x-förmigen Kreuzung der beiden Sehnerven. Daher trägt es den Namen suprachiasmatischer Nukleus, zu Deutsch etwa „Kern über dem Kreuz". Die Forscher bezeichnen diesen Bereich auch einfach als SCN.

Impfung ohne Schmerzen

„Wer den Biorhythmus kennt, kann sich Schmerzen ersparen. Eine Cholera-Schutzimpfung etwa macht morgens zwischen 8 und 11 Uhr kaum Beschwerden – nachmittags immer," hat der Münchner Professor Helmut Stickl festgestellt.

Drüse mitten im Kopf

Vom SCN führen Nervenstränge zur Zirbeldrüse oder Epiphyse. In dieser nur etwa haselnussgroßen Drüse, die mitten im Kopf sitzt, wird u. a. das Schlafhormon Melatonin gebildet. Als Zeitgeber fungieren Lichtstrahlen. Tagsüber (bei Helligkeit) produziert die Drüse nur wenig Hormon, nachts (bei Dunkelheit) dagegen beträchtlich mehr. Das SCN wiederum ist sozusagen der Dirigent und gibt den Takt für den Schlafrhythmus und damit gleichzeitig für viele andere Biorhythmen des Körpers an. Das Melatonin dient dabei gewissermaßen als Taktstock.

Inzwischen haben die Chronobiologen hunderte solcher Biorhythmen entdeckt. (Die Biorhythmen der Chronobiologie haben – zur Vermeidung von Missverständnissen – nichts mit den Biorhythmen der Esoteriker zu tun.) Nennenswerte Unterschiede zwischen Frauen und Männern bestehen dabei kaum.

Tag- und Nachttypen

Aber es gibt die Tag- und Nachtmenschen, die man gern auch als „Lerchen" und „Eulen" bezeichnet. So brauchen die „Lerchen" morgens meist keinen Wecker, haben einen guten Appetit und stecken bereits in aller Frühe voller Aktivitäten. Typische „Eulen" sind so ziemlich das genaue Gegenteil davon und kommen als echte Morgenmuffel oft erst gegen Mittag „in die Gänge".

Es hat sich gezeigt, dass immerhin etwa 20 % der Menschen als echte Tag- und Nachttypen einzustufen sind, die an ihrem natürlichen Aktivitätsrhythmus prinzipiell nicht viel ändern können. Bei anderen hingegen nehmen auch die allgemeinen Lebensumstände – seien sie beruflich oder persönlich bedingt – gewissen Einfluss darauf.

So können längere Perioden von Nachtarbeit dazu führen, dass auch ein Tagmensch scheinbar zu einem Nachtmenschen wird. Scheinbar indes nur, denn entfallen solche äußeren Zwänge, stellt sich der Körper bald wieder auf seinen natürlichen Rhythmus um. Deshalb betrachten viele Chronobiologen und Schlafforscher die regelmäßigen, willkürlichen Zeitumstellungen von Sommer- auf Winterzeit und umgekehrt auch eher kritisch.

Ständige Müdigkeit

Zwar wird die Uhr hierbei jeweils nur um eine Stunde vor- bzw. zurückgestellt, aber die Umwelt selbst, also der tatsächliche Tagesrhythmus mit seinen Reizen (Hell-Dunkel-Zeiten) verändert sich nicht. Dies könne – so vermutet der Münchner Chronobiologe Till Roenneberg – zu einer ständig übermüdeten Gesellschaft und zu verminderter Leistungsfähigkeit führen.

Etwas anders verhält es sich beim so genannten Reise-Jetlag, wenn es nach längeren Flugreisen über tausende von Kilometern durch drastische Zeitverschiebungen vorübergehend zu Müdigkeit, Schlafstörungen und anderen Erscheinungen kommt. Hier verändert sich auch tatsächlich die Umwelt durch Verschiebungen der Tageszeiten und häufig auch der Tageslängen, auf die sich der Körper im Lauf von ein paar Tagen erst einstellen muss.

Denn die biologischen Uhren des Menschen ticken zwar von selbst, aber sie lassen sich durchaus umstellen und an andere Gegebenheiten anpassen. Dies gilt beispielsweise auch für jahres-

zeitliche Änderungen der Tageslängen. So fühlen sich Menschen, die es gewohnt sind, unter dem Einfluss der Jahreszeiten mit sich ändernden Hell-Dunkel-Zeiten zu leben, im Sommer anders als im Winter. Auch der Körper selbst kann unter dem Einfluss der Jahreszeiten anders reagieren, wie man es etwa von der berühmten Frühjahrsmüdigkeit kennt.

Aber der gleiche Mensch kann sich genauso gut an jahreszeitlich konstante Hell-Dunkel-Zeiten anpassen, wie es etwa in Äquatornähe der Fall ist. Hier bleiben die Tages- und Nachtlängen immer nahezu gleich, und es gibt keine eigentlichen Jahreszeiten.

Kuscheln am Morgen

Der Körper ist morgens besonders kälteempfindlich, nach einem warmen Bad fröstelt man leicht.

Der 24-Stunden-Rhythmus in unserem Körper

Wenn Sie das Auf und Ab in Ihrem Organismus kennen, fällt Ihnen das Leben sehr viel leichter.

➤ **04.00** Der Körper erreicht sein Leistungsminimum. Es ist die Zeit der größten Hilflosigkeit. Verhaftungen werden gern in dieser Zeit vorgenommen.

➤ **05.00** Der Melatoninspiegel im Blut sinkt, der Körper beginnt mit der Ausschüttung von aktivierenden Hormonen.

➤ **06.00** Blutdruck, Puls und Körpertemperatur steigen an, in dieser Stunde häufen sich Herzinfarkte.

➤ **07.00** Die Schmerzempfindlichkeit ist am größten. Rheumakranke leiden jetzt am stärksten. Der Körper ist besonders kälteempfindlich.

➤ **08.00** Der Körper wird mit Sexualhormonen überschüttet, die Lust auf Sex ist am größten.

➤ **09.00** Die Zeit für schwierige Arbeiten ist gekommen.

➤ **10.00** Herz und Kreislauf ertragen Belastungen am besten, optimale Konzentrationsfähigkeit.

➤ **11.00** Die Leistungsfähigkeit lässt allmählich nach.

➤ **12.00** Die Produktion von Magensäure nimmt zu, die Leber überkommt eine Verdauungsmüdigkeit.

➤ **13.00** Der Körper erreicht ein Leistungstief. Gute Zeit für ein Mittagsschläfchen!

➤ **14.00** Geruchs- und Geschmackssinn erreichen ihren Höhepunkt, die Schmerzempfindlichkeit ist gering. Günstige Zeit für Zahnarztbesuche!

➤ **15.00** Ideale Zeit zum Lernen, da das Langzeitgedächtnis jetzt sehr aufnahmefähig ist.

➤ **16.00** Körpertemperatur, Blutdruck und Puls erreichen höchste Werte. Gute Reaktionsfähigkeit, Zeit für Sport.

➤ **17.00** Schlechte Laune und Missmut nehmen zu.

➤ **18.00** Der Körper beginnt mit der Regeneration. Die Kompromissbereitschaft ist groß. Allergische Reaktionen verlaufen jetzt am heftigsten.

13.00: Der Körper fällt in ein Leistungstief. Jetzt ist es Zeit für ein Schläfchen.

➤ **19.00** Günstige Zeit für manuelle Tätigkeiten (z. B. Basteln).

➤ **20.00** Die Abwehrbereitschaft des Immunsystems nimmt ab, die Empfindlichkeit für Infektionen zu.

➤ **21.00** Geschmacks- und Geruchssinn haben Appetit auf Kulinarisches.

➤ **22.00** Der Körper ermüdet. Zeit, ins Bett zu gehen.

➤ **23.00** Bei Schwangeren setzen oft die Wehen ein.

➤ **24.00** Die Konzentrationsfähigkeit ist sehr gering, die Unfallgefahr steigt.

➤ **01.00** Die meisten Organe sind auf Sparflamme geschaltet, die Leber arbeitet hingegen besonders aktiv.

➤ **02.00** Größte Ruhe. Blutdruck, Puls und Körpertemperatur sind auf Tiefststand.

➤ **03.00** Seelisches Tief, die Zahl der Selbstmorde häuft sich jetzt.

Natürlich ist der Biorhythmus nicht bei allen Menschen gleich, hier mischen auch die Erbanlagen mit. Das erklärt beispielsweise auch die Tatsache, dass das persönliche Schlafbedürfnis des Menschen ganz unterschiedlich ist. So gibt es etwa Kurzschläfer, die mit 4–6 Stunden Schlaf am Tag auskommen, während Langschläfer häufig 10 Stunden oder noch mehr benötigen.

Ersatzorgane aus der Gentechnik

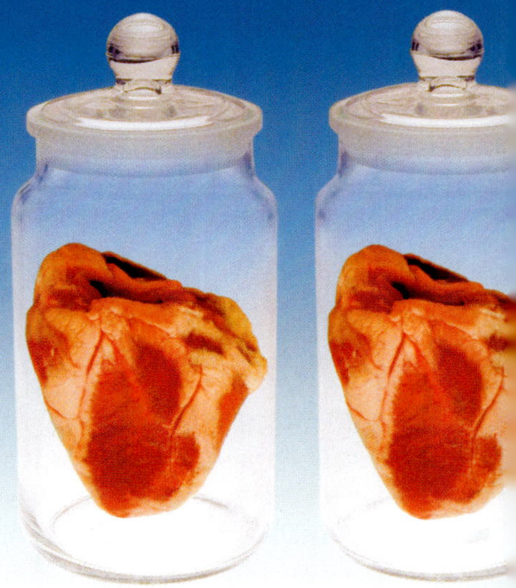

Organtransplantationen sind aus der modernen Medizin nicht mehr wegzudenken. Der Bedarf an Organen steigt ständig, die Zahl der Spender stagniert. Die Lösung könnte darin bestehen, unbrauchbar gewordene kranke Organe einfach durch neue, gezüchtete Ersatzorgane zu ersetzen.

Erste Erfolge erzielt man bereits mit dem Tissue Engineering (zu Deutsch etwa Gewebezüchtung), mit dem manche Organe oder Organteile heute schon im Labor gezüchtet werden können. Dazu gehören etwa Knorpel, Adern, Herzklappen oder die Haut. So lassen sich beispielsweise die Hautzellen von Verbrennungsopfern oder Patienten mit chronischen Wunden in einem speziellen Kulturmedium vermehren, dann in eine Art Kleistermasse einbetten und schließlich auf die Wundflächen auftragen. Durch Signalstoffe aus der Haut ordnen sich die Zellen zu wachsenden Hautinseln, die die Wunde bald wieder ganz bedecken.

Die Züchtung von kompletten Organen aus der Retorte überfordert derzeit allerdings noch die Möglichkeiten des Tissue Engineering. Wer z. B. eine komplette Niere braucht, sollte sich keine allzu großen Hoffnungen machen: Das komplette Blutgefäßsystem eines solchen Organs lässt sich noch nicht züchten. Allerdings sehen die Wissenschaftler keine unlösbaren Probleme.

Hoffnung Stammzellen

Für zahlreiche Ziele und Vorstellungen der Forscher fehlt es noch an geeignetem Ausgangsmaterial. Und das sind in erster Linie embryonale menschliche Stammzellen. Diese Zellen sind noch nicht determiniert (festgelegt) und omnipotent. Das heißt, sie können sich prinzipiell zu jedem der rund 210 verschiedenen Zelltypen des Körpers entwickeln. Aus diesem Grund eröffnen sie der Medizin ganz neue Perspektiven, beispielsweise bei der Heilung von Krankheiten wie Diabetes mellitus, Morbus Parkinson oder Alzheimer. Mit ihrer Hilfe könnte man eines Tages sogar maßgeschneiderte Ersatzorgane

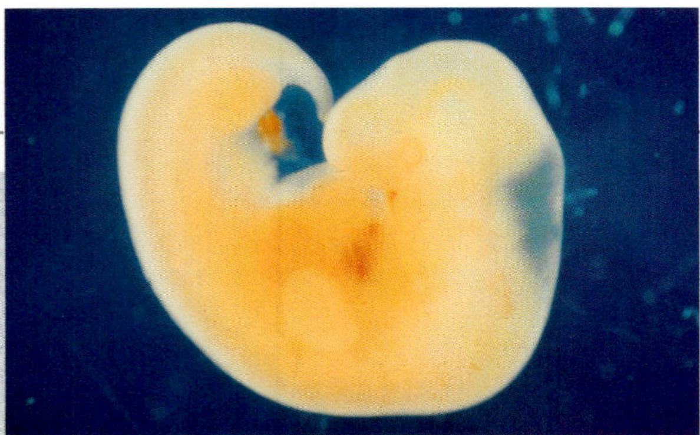

4 Wochen alter menschlicher Embryo, die Augenanlagen im oberen dunklen Teil sind schon erkennbar.

Horrorvision oder reale Zukunft?

Die Forschung an embryonalen Stammzellen ist heftig umstritten. Es gibt vehemente Befürworter und Ablehner, wobei noch keineswegs klar ist, welches Lager in der Mehr- oder Minderheit ist. Eines aber darf man ungeachtet aller ethisch-moralischen Wertschätzungen bereits heute sagen: Die Forschung ist in einigen Ländern – wie Großbritannien und den USA – mit Einschränkungen schon freigegeben, und sie wird sich auf Dauer auch in anderen Ländern nicht unterdrücken lassen. Die ethischen Bedenken ließen sich dann ausräumen, wenn es gelänge, embryonale Stammzellen zu gewinnen, ohne den Embryo zu töten.

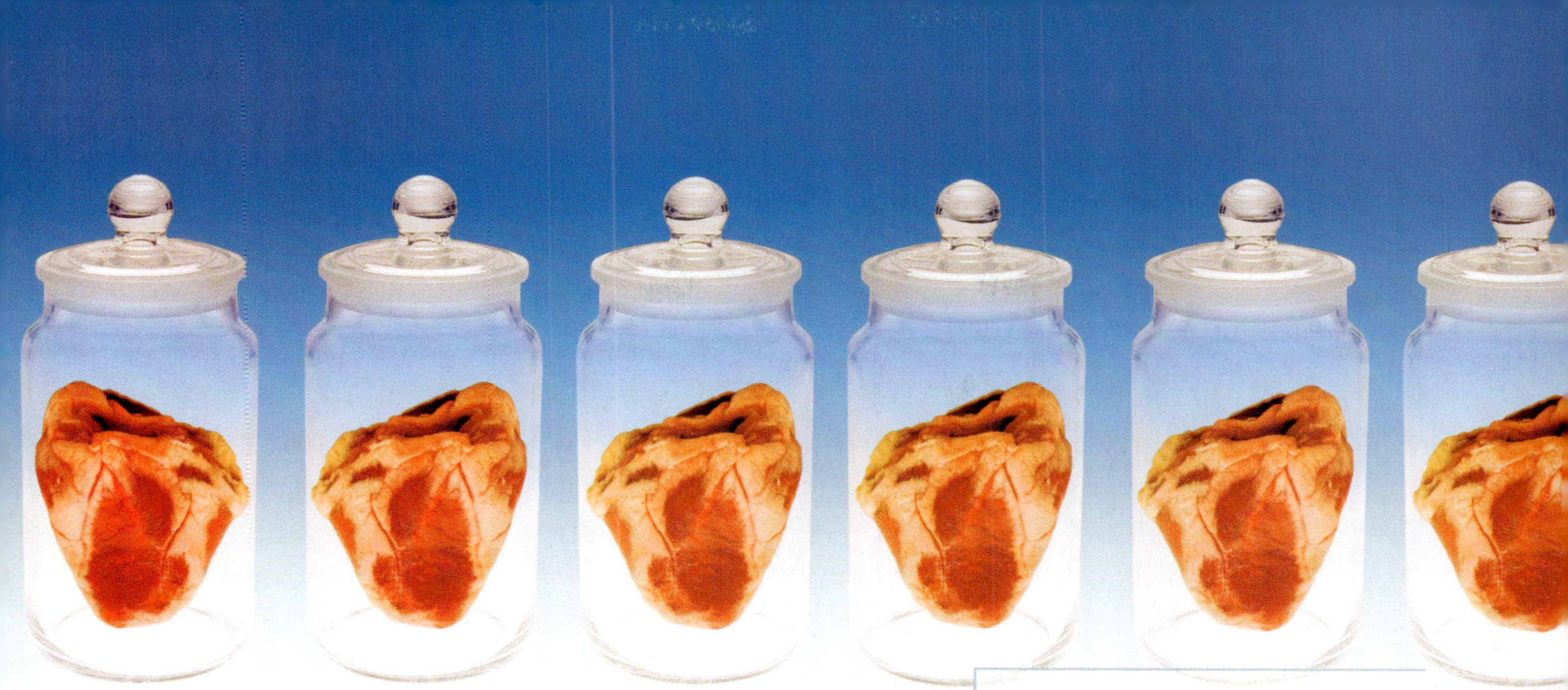

Ersatzteillager Herzen

Sieht so die Zukunft aus? Wird es bald genügend Organe zur Transplantation geben? Die Wissenschaftler experimentieren mit Gewebe, um Organe wachsen zu lassen, mit menschlichen Stammzellen und mit Tierorganen.

für Transplantationen herstellen, womit sich das große Problem von Abwehrreaktionen ausschalten ließe.

Ethische Bedenken

Die hierzu notwendigen Forschungen mit embryonalen Stammzellen sind in verschiedenen Staaten noch heftig umstritten, weil sie nur aus menschlichen Embryonen gewonnen werden können. Dazu ist es aber momentan noch nötig, Embryonen für Forschungszwecke zu „verbrauchen", ebenso ist die unkontrollierte Züchtung von Embryonen und deren spätere Verwendung oder gar Aufzucht nicht auszuschließen. Die Grundsatzfrage lautet hier, ob es erlaubt sein kann, zum Tod durch Krankheit verurteilten Menschen zu helfen und dafür nur wenige Tage alte menschliche Embryonen zu töten.

Momentan wird die Forschung an adulten Stammzellen vorangetrieben. Diese werden aus den Organen erwachsener Menschen gewonnen, was erlaubt ist. Sie sind aber nicht so wandlungsfähig wie die embryonalen Stammzellen. Allerdings ist es schon gelungen, Hautzellen von Erwachsenen wieder in Stammzellen zu verwandeln und diese weiter zu Herzzellen umzufunktionieren.

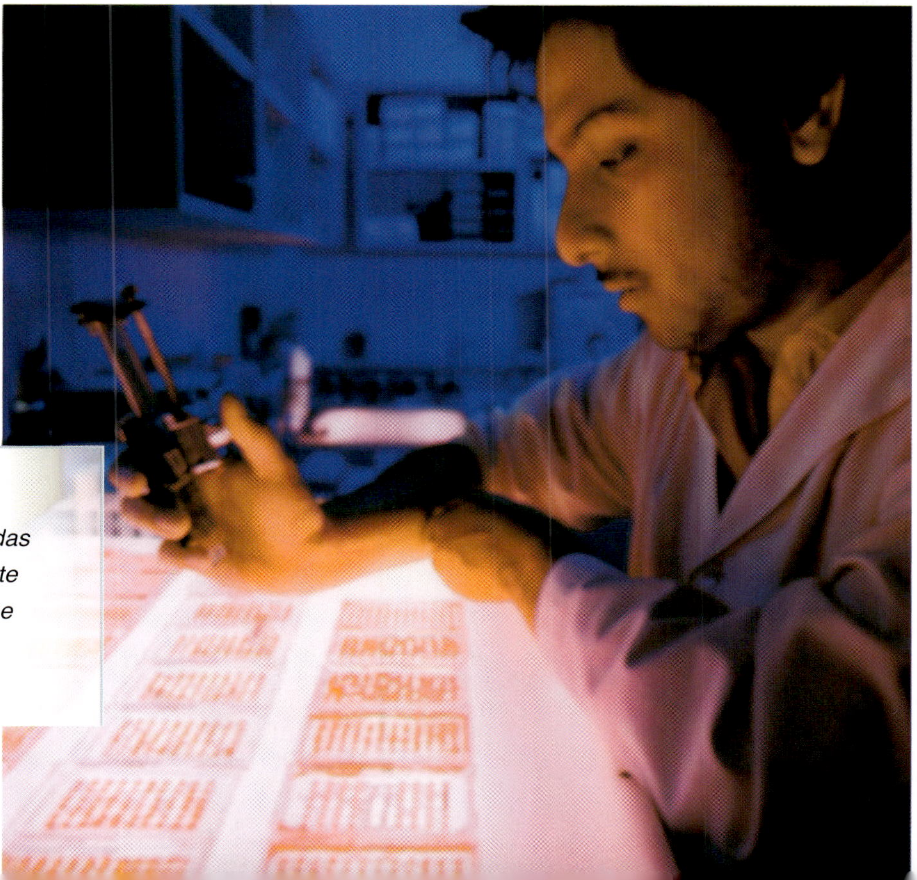

Verträglichkeitstest

Vor der Transplantation wird das eigene oder fremde gezüchtete Hautgewebe auf acht Antigene untersucht, die für die Kompatibilität verantwortlich sind.

Heilen mit Nadeln

Früher haben westliche Wissenschaftler die Traditionelle Chinesische Medizin und vor allem die Akupunktur als fernöstlich-kauzig belächelt. Heute müssen auch die größten Skeptiker zugeben: Sie wirkt doch. Nur wie – das ist nach wie vor ein Rätsel.

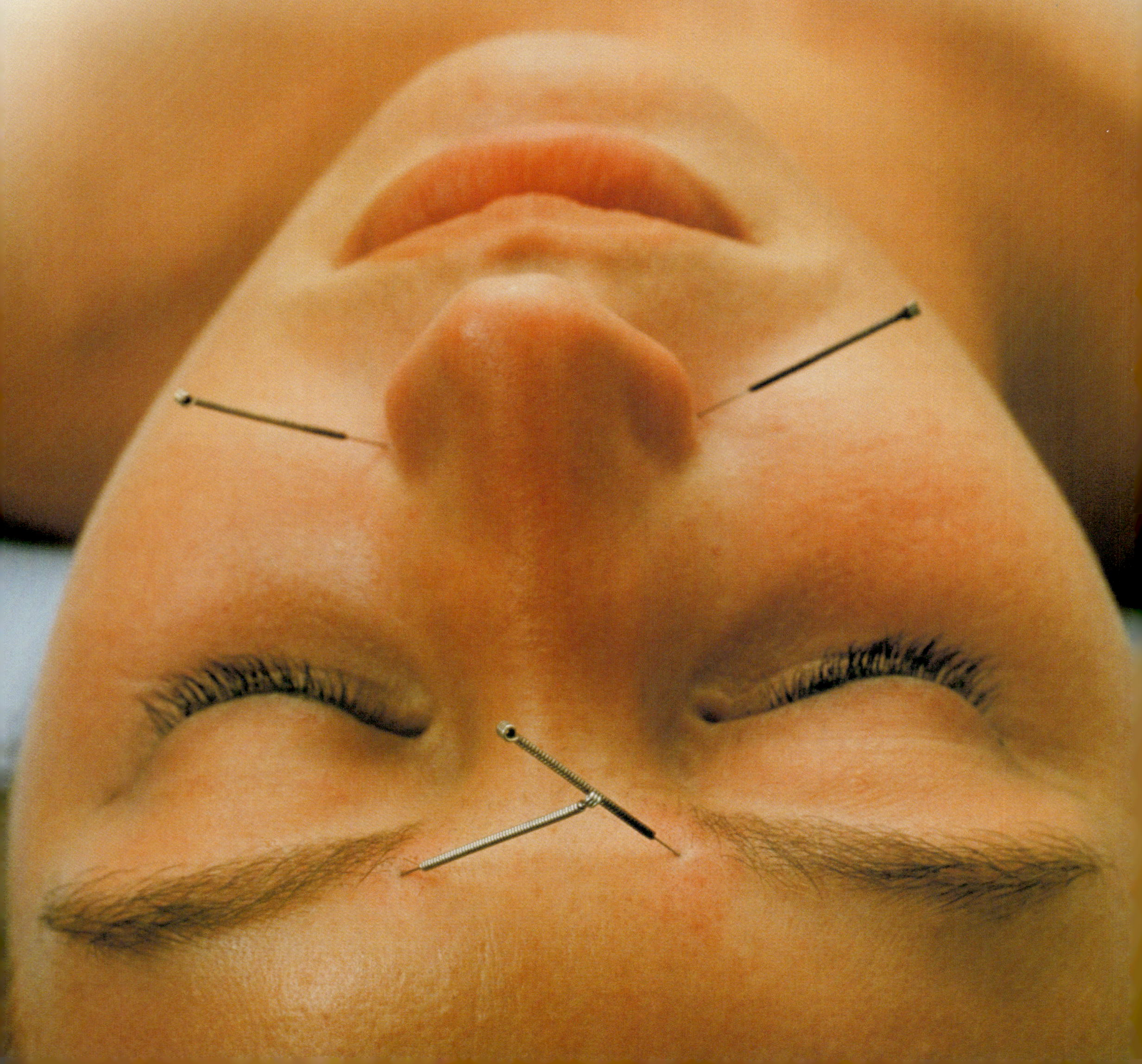

Akupunktur ist eine chinesische Diagnose- und Heilmethode und gilt als eines der ältesten Behandlungsverfahren überhaupt. Die Anfänge der Akupunktur reichen 5000 Jahre zurück. Als ihr Erfinder gilt Kaiser Huang Ti, der „Gelbe Kaiser", der auch das Geld und den Wagen erfunden haben soll. Die ältesten Lehrbücher sind 2000 Jahre alt – und sie sind auch heute noch eine vorbildliche Behandlungsgrundlage.

Nach Europa kam die Akupunktur im 17. Jh., fand aber erst nach dem Zweiten Weltkrieg mehr Anhänger. Forscher und Ärzte von heute schätzen die chinesische Heilmethode hauptsächlich bei der Schmerzbekämpfung. Die moderne westliche Medizin hat in den letzten Jahren eine regelrechte Kehrtwendung vollzogen und mit Erstaunen zur Kenntnis nehmen müssen, dass alle Aussagen der uralten Akupunktur-Lehrbücher mit modernen Erkenntnissen untermauert werden konnten.

HOCHWIRKSAM

Zwar ist für viele Anwendungsfälle nicht eindeutig erforscht, wie Akupunktur und verwandte Verfahren tatsächlich wirken, es ist jedoch nicht mehr umstritten, dass sie im Allgemeinen hochwirksam sind. Probleme bereitet vielen westlichen Medizinern allerdings das Erklärungsmodell der ganzheitlichen chinesischen Medizin mit der Lebenskraft Chi in ihren beiden Erscheinungsformen Yin und Yang.

Ebenso wie die gesamte chinesische Medizin beruht auch die Akupunktur auf dem philosophisch-religiösen Weltbild der Chinesen, dem Taoismus. So, wie sich das harmonische Kräfteverhältnis von Yin und Yang im Makrokosmos des Universums zeigt, spiegelt es sich auch im Mikrokosmos des menschlichen Körpers wider. Eine Krankheit ist demnach eine Disharmonie dieses Kräfteverhältnisses, und eine Behandlung muss zum Ziel haben, den Zustand der Harmonie wiederherzustellen.

Yang ist das Männliche, Veränderliche, Aktive, die Fülle an Energie, die Hitze, Trockenheit, Helligkeit und Ausdehnung. Yin steht für das Weibliche, Bewahrende, Passive, für Kälte, Feuchtigkeit, Dunkelheit und Zusammenziehen. Beide bilden trotz oder gerade wegen ihres Gegensatzes ein harmonisches Ganzes. Das vegetative Nervensystem des menschlichen Organismus

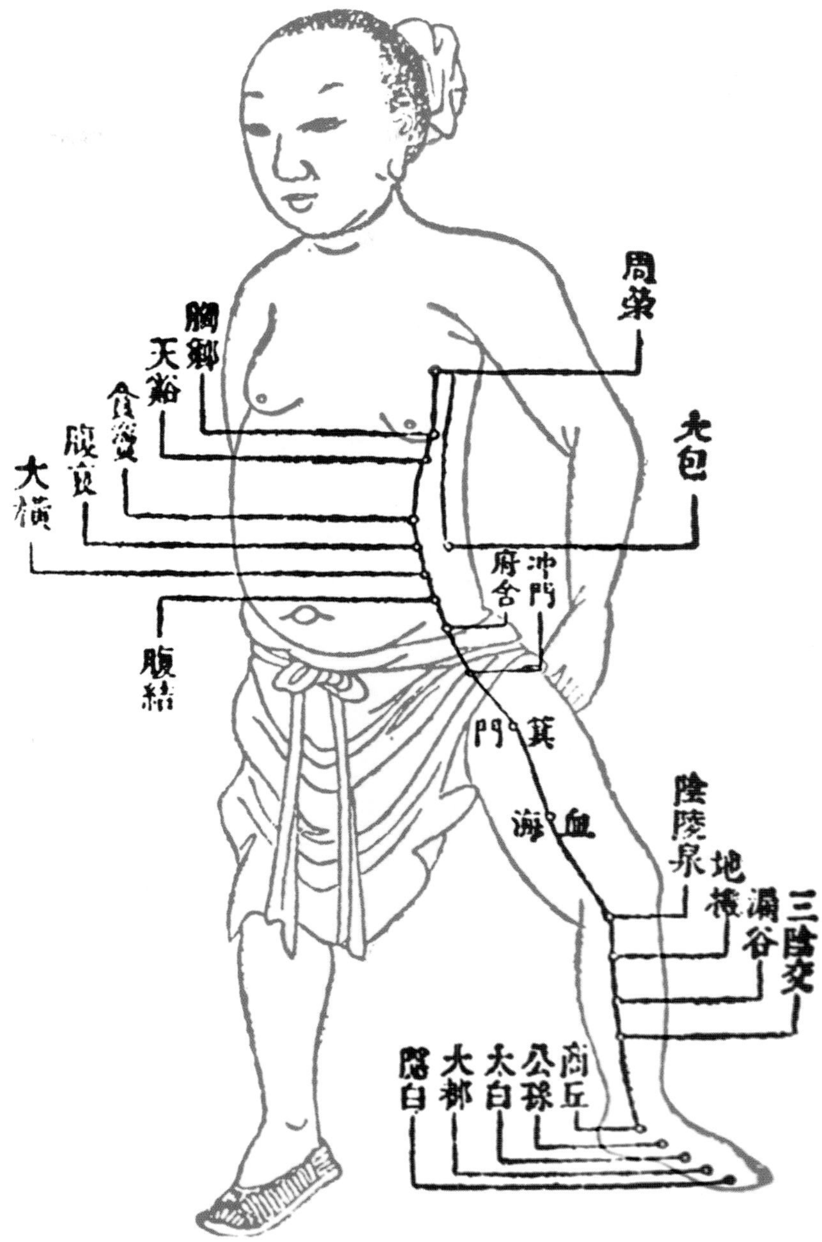

脾經諸穴之圖

Das Meridiansystem

Das Meridiansystem besteht aus zwölf Hauptleitbahnen, die den ganzen Körper durchlaufen. Dies ist der Milz-Bauchspeicheldrüsen-Meridian mit den 21 wichtigsten Akupunkturpunkten.

mit seinen Hauptnerven, dem Sympathikus (Antreiber = Yang) und dem Parasympathikus (Bremser = Yin) steht in der westlichen Wissenschaft analog dazu. Es hat die Aufgabe, wichtige Körperfunktionen wie den Stoffwechsel, die Atmung und den Herzschlag, die nicht von unserem Willen beeinflussbar sind, optimal zu koordinieren.

Die Akupunktur wie überhaupt die ganze Traditionelle Chinesische Medizin (TCM) geht von der Existenz so genannter Meridiane aus. Das sind Energiebahnen, die miteinander in Verbindung stehen und durch die die in Yin und Yang aufgeteilte Energie fließt.

Einteilung in Meridiane

Es gibt zwölf Hauptmeridiane, die auf der rechten und linken Körperseite, also symmetrisch, angeordnet sind. Sie werden nach den Organen benannt, mit denen sie eng in Verbindung stehen. Dazu kommen noch zwei so genannte Gefäße: das Konzeptionsgefäß und das Lenkergefäß. Die Meridiane führen entweder Yin-Energie (z. B. Lungen-, Herz- und Nierenmeridian) oder Yang-Energie (etwa Dickdarm- und Magenmeridian).

Auf jedem Meridian liegt eine bestimmte Zahl von Akupunkturpunkten. Der Herz-Meridian hat beispielsweise neun Punkte und entspringt an der Außenseite des Brustmuskels, verläuft über die Innenseite der Ober- und Unterarme und endet am kleinen Finger – das entspricht exakt dem Verlauf des ziehenden Schmerzes, wie er bei einer Herzkranzgefäß-Verengung, der Angina pectoris, auftritt.

642 Punkte

Die Akupunkturpunkte haben einen Durchmesser von 2–5 mm. Insgesamt existieren 642 verschiedene Punkte. Sie werden nach dem jeweiligen Meridian und einer zugeordneten Zahl benannt, so steht B2 etwa für Blasen-Meridian, 2. Punkt. Es gibt Hauptpunkte, die einen Energiemangel beheben sollen und Tonisierungspunkte heißen, und Hauptpunkte, die einen Energieüberschuss beseitigen sollen und Sedativpunkte genannt werden. Außerdem existiert noch eine Reihe von Spezialpunkten.

Der aus dem Lateinischen stammende Begriff Akupunktur setzt sich aus „acus" (die Nadel) und „pungere" (stechen)

Das chinesische Symbol für Yin und Yang zeigt das harmonische Miteinander des Männlichen und Weiblichen.

Akupunktur auch bei Operationen

Die Akupunktur findet auch verstärkt Anwendung bei Operationen. Die Dosierung von Narkotika kann dadurch stark herabgesetzt werden. Auch bei Erkrankungen der Atemwege, bei Magenschleimhautentzündungen, Durchblutungsstörungen, rheumatischen Erkrankungen, Erkrankungen der Leber, bei Lähmungen, bei der Suchtbehandlung und bei einer Reihe anderer Leiden kann Akupunktur helfen.

Zur klassischen Akupunktur gibt es noch einige Abwandlungen. Zur altüberlieferten chinesischen Medizin gehört die Moxibustion, bei der ein Präparat der Moxa-Pflanze (Beifuß) nahe der Hautoberfläche über dem Meridianpunkt verbrannt wird, um eine wärmende Wirkung zu erzielen. Wird dies in Verbindung mit Akupunktur angewendet, verbrennt man die Moxa auf der Nadel.

Stattdessen kann man die Meridianpunkte auch mit schwachem Strom reizen, ein Verfahren, das der deutsche Arzt Reinhard Voll Anfang der 1950er-Jahre entwickelt hat. Eine weitere Spezialität ist die Ohrakupunktur, die gegen Schmerzen sowie bei vegetativen und psychischen Störungen angewendet wird.

Akupunktur für jeden

Akupunktur ist in Asien weit verbreitet, im Pagoda-Park in der südkoreanischen Hauptstadt Seoul wird sie sogar jedermann kostenlos angeboten. Auf dem Tisch schwelen chinesische Heilkräuter, die mit ihrer Wärme die Wirkung verstärken sollen.

zusammen. Es stehen verschiedene Nadeltypen zur Verfügung, die sich in der Länge, der Stärke und vor allem im Material unterscheiden. So wirken Goldnadeln anregend auf den Energiefluss im Körper, während Silbernadeln eine beruhigende Wirkung haben. Heutzutage verwendet man allerdings hauptsächlich Stahlnadeln.

LEICHTE DREHUNGEN

Die Nadel wird unter leichten Drehbewegungen möglichst rasch 2–8 mm tief eingestochen, eine dabei auftretende Rötung oder Quaddelbildung der Haut wird als positive Reaktion gewertet. Die Nadel bleibt 10–20 Minuten in der Einstichstelle, wobei die Wirkung durch Drehen noch verstärkt wird.

Skeptiker führen gern an, es handele sich bei der Akupunktur um Suggestion, und die Erfolge würden lediglich durch den festen Glauben der Patienten an die Methode erzielt. Gegen diese Theorie spricht allerdings, dass Akupunktur auch bei Tieren konkrete Wirkungen und Ergebnisse zeigt und daher in der Veterinärmedizin zunehmend zum Einsatz kommt. Dazu kommt, dass sie frei von Nebenwirkungen und pharmakologischen Rückständen und außerdem sehr kostengünstig ist.

In Versuchen wurden Personen an willkürlichen Punkten, also absichtlich nicht an den vorgeschriebenen Akupunktur-Punkten, genadelt – ohne jeglichen Erfolg. Bei der Behandlung der speziellen Akupunktur-Punkte gab es dann aber sehr wohl Reaktionen. Allerdings weiß man bis heute noch nicht genau, worauf die Erfolge der Akupunktur beruhen. Die positiven Resultate in der Schmerztherapie erklärt man sich damit, dass durch die Nadelreize so genannte Endorphine freigesetzt werden, das sind vom Körper selbst produzierte schmerzlindernde Substanzen.

ERFOLGREICH BEI SCHMERZ

Die Akupunktur ist in Europa in erster Linie wegen der erfolgreichen Behandlung von chronischen Schmerzzuständen bekannt. Allerdings sind 10–20 % der Patienten gegen diese Therapie resistent. Das führt man auf Störstellen im Körper zurück, so genannte Herde, des Weiteren auch auf Missbrauch von Tabletten oder Alkohol.

PSYCHOLOGIE UND SEELE

Der Mensch hat als einziges Lebewesen eine Seele, behaupten die Denker des westlichen Rationalismus. Aber wie erkennt man sie? Und wie geht man mit ihr um? Seelischen Vorgängen wird heute eine immer größere Bedeutung zugemessen. Und auch Magie, Mystik und Parapsychologie ziehen immer mehr Menschen in ihren Bann.

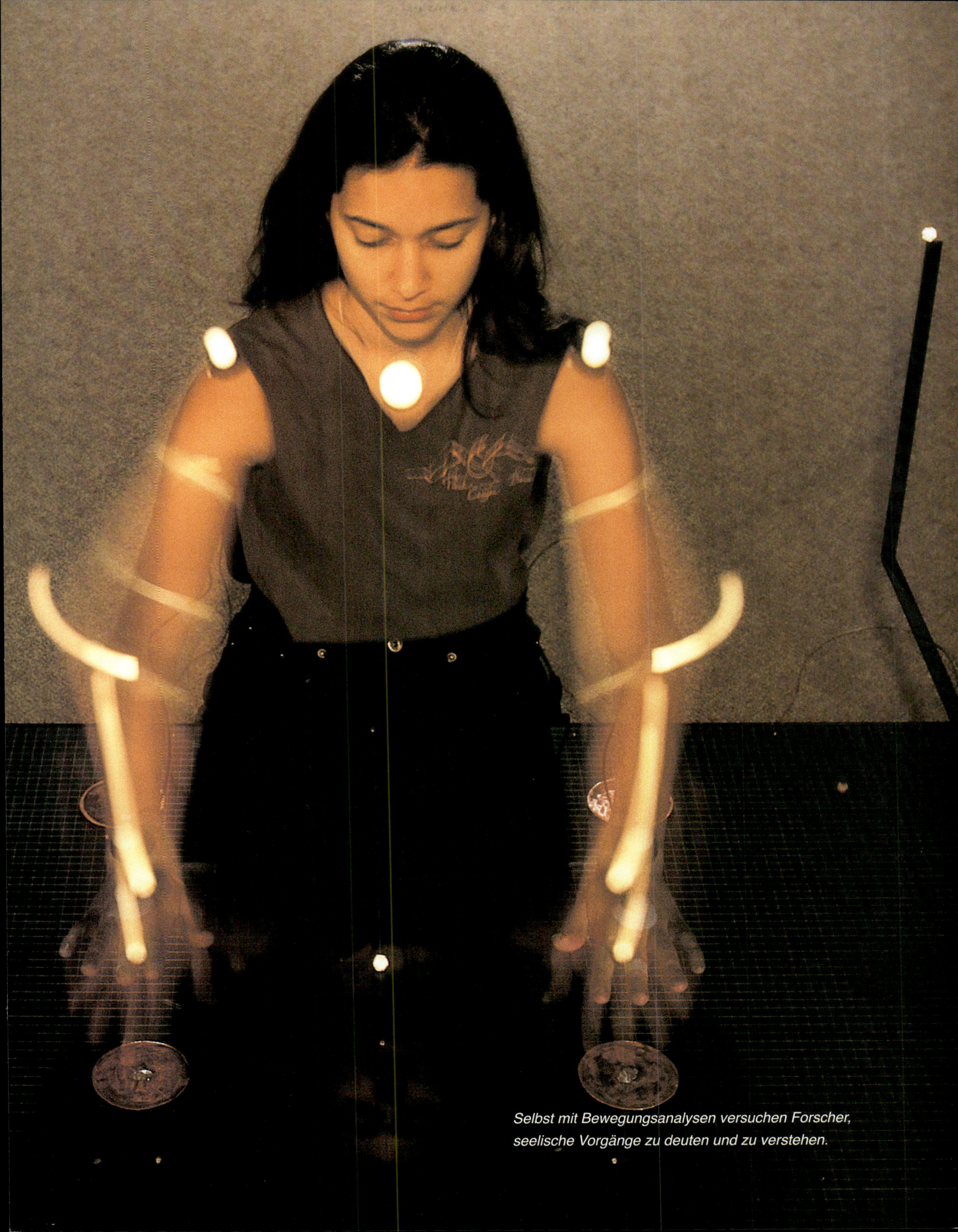

Selbst mit Bewegungsanalysen versuchen Forscher, seelische Vorgänge zu deuten und zu verstehen.

Machtlos gegenüber dem Schmerz?

Millionen Menschen leiden unter chronischem Schmerz und warten auf ein Wunder. Aber es gibt Wege aus dem Teufelskreis – einer davon heißt Hypnose. Einige Zahnärzte setzen sie bereits ein, und man kann sie sogar selbst anwenden.

Sie wachen morgens damit auf und müssen abends damit einschlafen: Mehr als 11 Mio. Frauen und Männer in Deutschland leiden unter chronischen Schmerzen, ungefähr 85 Mio. in ganz Europa. Und 2000 – 3000 Deutsche nehmen sich Jahr für Jahr das Leben, weil sie die Marter nicht länger ertragen.

Muss das sein? Kann man den Schmerz nicht besiegen oder wenigstens lindern? Warum läuft eine Frau über glühende Kohlen und spürt nichts, während mancher gestandene Mann bei einer Blutentnahme in Ohnmacht fällt? Warum fühlt sich ein Fakir auf seinem Nadelbett so wohl wie ein Mitteleuropäer auf seiner Couch? Wie können Wissenschaftler behaupten, die Schmerzintensität nach einer Dol-Skala (nach lat. dolor = Schmerz) von 1 – 10 Dol (Ohnmacht) objektiv messen zu können, wenn beim Auspeitschen ein Opfer vor Angst und Schmerz fast wahnsinnig wird, ein anderes dagegen Lustgefühle empfindet?

Kindheitserfahrungen

Fragen über Fragen, die uns zeigen, dass Schmerz nicht gleich Schmerz ist. Was wir als Lust, Schmerz, Trance oder Ekstase empfinden, bastelt sich unser Gehirn aus einer vergleichsweise überschaubaren Zahl biochemischer Bausteine und neurologischer Ensembles zusammen. Und was in einem Fall peinigt, etwa langes Hocken ohne Bewegung, tut im anderen Fall dem Meditierenden gut. So ist es kein Wunder, dass Lust und Schmerz nicht nur von direkten Sinnesreizen bestimmt, sondern auch durch psychische und kulturelle Einflüsse moduliert werden. Dahinter stecken Lernprozesse des menschlichen Gehirns, die die Schmerztoleranz beeinflussen. Ähnlich wie beim Erlernen der Muttersprache kommt es auf die Erfahrungen in der Kindheit an.

So hat Wulf Schiefenhövel vom Max-Planck-Institut für Verhaltensforschung in Andechs in Oberbayern während eines Forschungsaufenthalts bei den steinzeitlichen Eipo auf Neuguinea festgestellt, dass diese Menschen „grundsätzlich mehr Schmerz ertragen können als

Schmerz verändert den ganzen Menschen

Jede fünfte Frau und jeder achte Mann in Deutschland wird von einem Schmerz gequält, der nicht verschwindet. Schmerz wird immer mehr zur eigenständigen Krankheit.

wir Europäer". Der Schmerz, z. B. beim Durchbohren von Nasenscheidewand oder Ohrläppchen mit einem Holzstäbchen, wird auch von 10-jährigen Kindern mit stoischem Gleichmut ertragen.

Störsender im Gehirn

Liegt hier möglicherweise die Zukunft? Können Geist, Wille und mentales Training jeden oder beinahe jeden Schmerz besiegen? Ganz so einfach ist es nun allerdings doch nicht – der echte körperliche Schmerz verändert das Gehirn so stark, dass er alle anderen Empfindungen überlagern kann. Verfahren wie z. B. die Positronen-Emissions-Tomographie (PET), mit der Stoffwechselprozesse im Gehirn sichtbar werden, beweisen, dass die Schmerzimpulse wie Störsender in die neuronalen Schaltkreise für die Muskelkoordination, für das Gefühlsleben und für die intellektuelle Aufmerksamkeit hineinfunken. Ab einer bestimmten Intensität überlagern anhaltende Qualen alle anderen Gehirnfunktionen, sie verändern den ganzen Menschen.

Arten von Schmerz

Die Mediziner von heute kennen die neurologischen Vorgänge im Körper genau, sie unterscheiden zwischen „gutem" und „schlechtem" Schmerz. Der akute „gute" Schmerz ist ein lebenswichtiges Warnsignal, etwa wenn ein Kind auf eine heiße Herdplatte fasst oder der Vater sich mit dem Hammer auf den Daumen haut. Menschen, die aufgrund einer seltenen Erbkrankheit, der familiären Dysautonomie, gar keinen Schmerz empfinden, leben gefährlich, weil ihnen diese Alarmsignale fehlen.

Der „schlechte", chronische Schmerz kann einen Menschen jedoch ein ganzes Leben lang quälen – und das auch noch vollkommen sinnlos, weil die eigentliche Ursache ja schon längst beseitigt worden ist. Der chronische Schmerz entsteht, wenn akute Schmerzen nicht ausreichend gelindert werden. Die Nervenzellen, die im Rückenmark ständig mit Schmerzattacken bombardiert werden, verändern die Aktivität ihrer Gene und ihren Stoffwechsel. In der Folge reagieren sie auf Reize immer empfindlicher, der Schmerz wird chronisch. Neurologen sprechen hierbei von einem Schmerzgedächtnis.

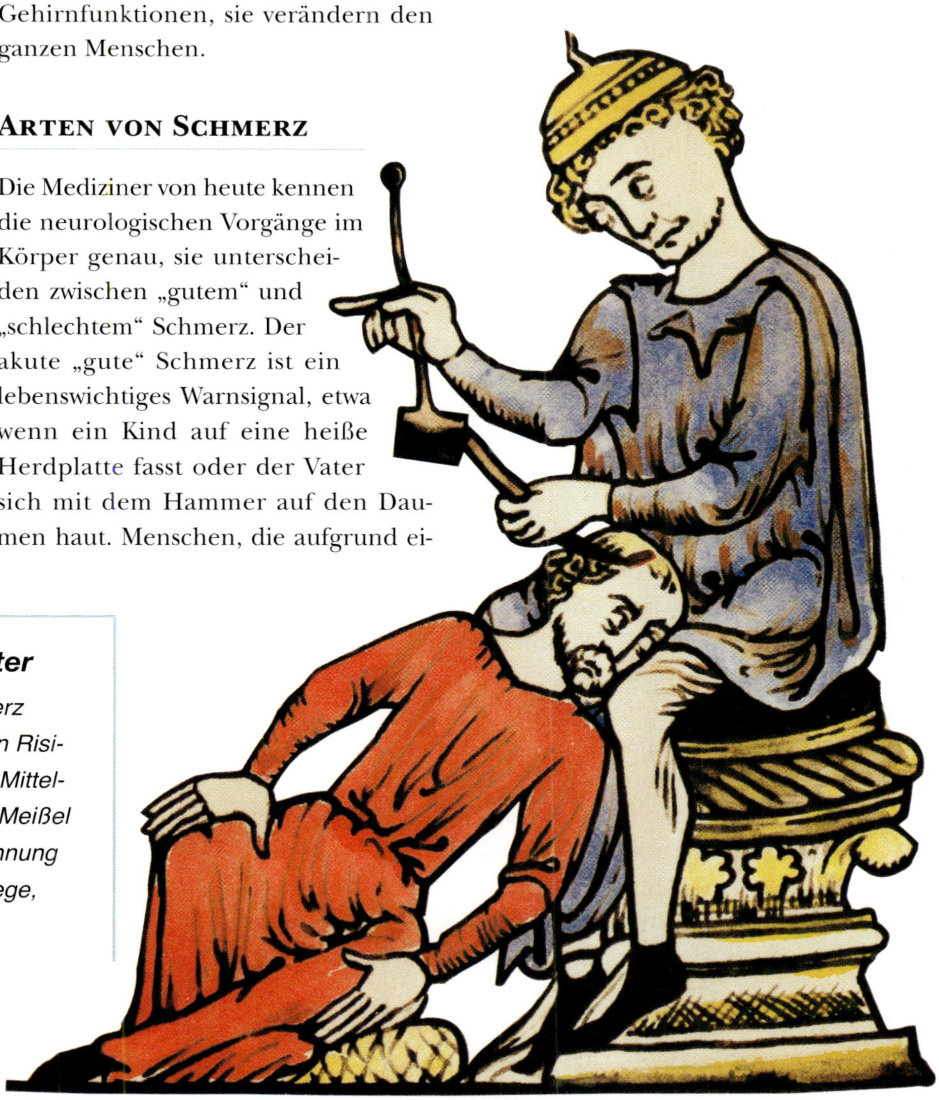

Operation im Mittelalter

Im Kampf gegen den Schmerz scheute man auch vor hohen Risiken nicht zurück. Bereits im Mittelalter wurde der Schädel mit Meißel und Hammer geöffnet (Zeichnung aus dem 13. Jh., Trinity College, Cambridge, England).

Schmerztoleranz hängt von der Kultur ab

Die Schmerztoleranz ist auch eine Frage der Kultur und der Erziehung. Naturvölker haben oft eine viel höhere Schmerzschwelle als Europäer, wobei das Feuerlaufen auch Europäern gelingt, da die Asche auf den glühenden Kohlen gut isoliert.

Das Ziel eines gewissenhaften Mediziners ist es nun, den „bösen“ Schmerz zu besiegen, ohne die Empfindungsmöglichkeit für den „guten“ Schmerz auszuschalten. „Irgendwann war jeder chronische Schmerz ein akuter“, sagt Walter Zieglgänsberger vom Max-Planck-Institut für Psychiatrie in München. Schon im Operationssaal lässt sich verhindern, dass „guter“ Schmerz zu „bösem“ wird.

„Die Patienten sollten darauf bestehen, dass sie bei einer Operation nicht nur eine Vollnarkose erhalten, sondern dass darüber hinaus durch eine örtliche Betäubung im Operationsbereich die Weiterleitung von Schmerzimpulsen zum Rückenmark unterdrückt wird“, fordert der Schmerzforscher.

Schmerzrisiko Operation

Die Vollnarkose versetzt nämlich lediglich das Gehirn des Patienten in Tiefschlaf. Die Nervenzellen im Rückenmark bleiben dagegen hellwach, sie nehmen die Schmerzimpulse aus der Operationswunde auf und leiten sie weiter. Eine Lokalanästhesie und eine ausreichende Schmerzbehandlung nach der Operation sorgen dafür, dass im Rückenmark gar keine Schmerzimpulse ankommen, denn die Schmerzen nach einer Operation sind oft der Einstieg in eine lebenslange Leidenskarriere.

Schlimm ist, dass Patienten mit chronischen Schmerzen häufig nicht ernst genommen werden – weder von ihrer Umwelt noch von den Ärzten, die oft ratlos vor der Schmerzkrankheit stehen.

Ein guter Arzt wird seinem Patienten normalerweise nicht sofort Tabletten verordnen, sondern ihn zunächst gründlich untersuchen. Kann er keine Ursache feststellen, wird ein schlechter Arzt jetzt nur schmerzlindernde Mittel verschreiben. Ein gewissenhafter Mediziner überweist den Betroffenen dagegen an einen Spezialisten oder in eine Schmerzklinik. Dort wird versucht, die Ursache des Schmerzes ausfindig zu machen und anschließend zu behandeln. Die Wirklichkeit sieht aber leider anders aus: Meist werden die Patienten von Praxis zu Praxis weitergereicht, sodass es im Schnitt 8 Jahre dauert, bis sie in die richtigen Hände gelangen!

In manchen Fällen haben chronische Schmerzen keine körperlichen Ursachen. Dann spricht man von psychogenen Schmerzen, die durch psychische Probleme verursacht werden. Beispielsweise gibt es Menschen, die auf den Tod eines Angehörigen mit anhaltenden Kopfschmerzen reagieren. Psychogene Schmerzen sind weder simuliert noch eingebildet, sie sind genauso real und schmerzhaft wie etwa Rückenschmerzen durch abgenutzte Bandscheiben.

Gefährliche Medikamente

Am häufigsten werden Schmerzen mit Medikamenten bekämpft. Aber Vorsicht: Schmerzmittel wirken zwar schnell, aber sie heilen nicht, und fast alle haben unerwünschte Nebenwirkungen. Viele können sogar abhängig machen. Neben körperlichen Veränderungen beeinflussen sie auch das Sozialverhalten, dämpfen das Bewusstsein und machen gleichgültig und apathisch.

Daneben gibt es zahlreiche physikalische Methoden, die sich zum Teil aus alten Hausmitteln und überlieferten Anwendungen entwickelt haben. Dazu zählen Gymnastik und Massage, Kälte- und Wärmeanwendungen, elektrische Reizungen und in besonderen Fällen Operationen, bei denen zum Teil die Nervenstränge durchtrennt werden, um die Schmerzimpulse nicht mehr zum Gehirn zu leiten. Eine sanftere Methode besteht darin, die Nervenstränge nicht zu zerstören, sondern die Schmerzübermittlung zu hemmen, indem man dem Schmerz elektrische oder mechanische Reize entgegensetzt.

Diese Neurostimulation ist sowohl im Rückenmark als auch im Gehirn möglich. Dazu setzen die Neurochirurgen eine Elektrode ein, die permanent Reize aussendet. Der dazugehörige Neuroschrittmacher wird unter der Bauchdecke eingepflanzt und mit der Elektrode verbunden. Das Gerät bleibt etwa 3–6 Jahre funktionsfähig.

Erstaunliche Erfolge bei chronischen Schmerzen verzeichnen alternative und psychologische Therapien. So werden mit Hypnose, Verhaltenstherapien und Entspannungstechniken wie Yoga, autogenem Training oder Meditation bemerkenswerte Ergebnisse erzielt.

Heilen mit Musik

Auch mit der Musiktherapie versucht man mit zunehmendem Erfolg, den Teufelskreis des Dauerschmerzes zu durchbrechen. Zahlreiche Studien belegen, dass harmonische Klänge auf verblüffende Weise dazu beitragen, den Kranken wieder Glücksmomente zu verschaffen und die Menge der Schmerzmittel erheblich zu verringern. Was bei Naturvölkern bereits vor Jahrtausenden praktiziert wurde und was David bei König Saul mit seiner Harfe zu nutzen

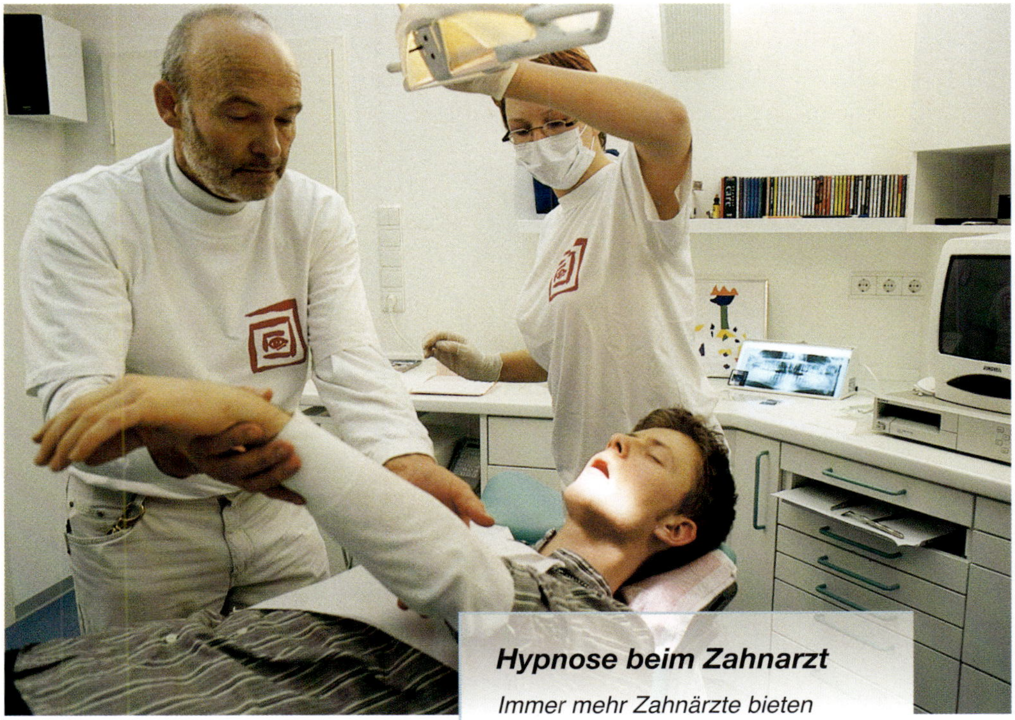

Hypnose beim Zahnarzt

Immer mehr Zahnärzte bieten eine Behandlung unter Hypnose an. Dabei ist der Puls ruhig und der Blutdruck niedrig. Eine tiefe Bauchatmung sorgt für Schwere und Wärme des Körpers, die gesamte Muskulatur ist entspannt.

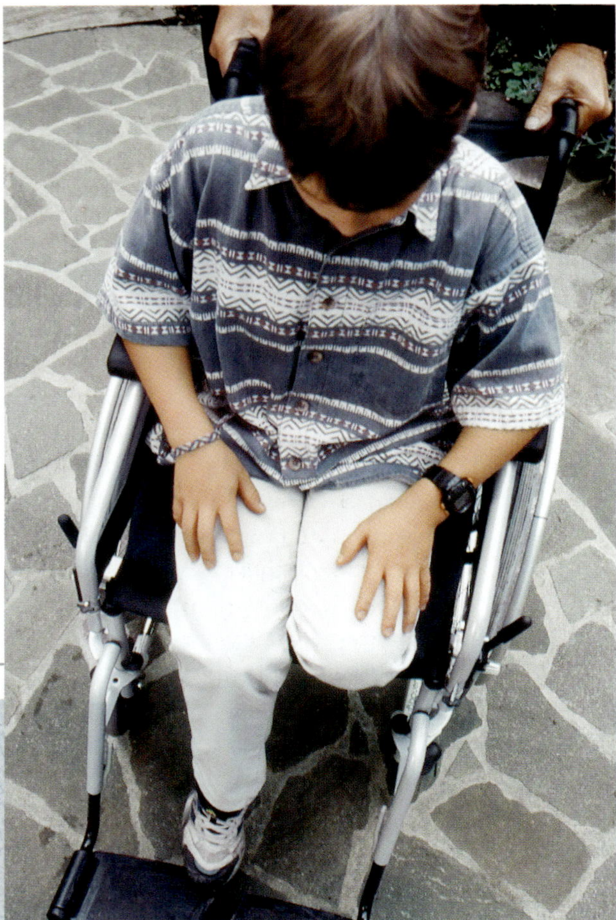

Bei Phantomschmerzen versucht man, mit anderen Reizen den Schmerz zu überlagern.

Warum tut etwas weh, was gar nicht mehr da ist?

„Mein abgetrennter Zeh juckt, es wird Regen geben", ist zwar ein geschmackloser Spruch angesichts der Tortur, die 50–80 % aller Patienten nach einer Amputation erleiden müssen – er verdeutlicht jedoch ein Phänomen, das sich Unbeteiligten als unbegreiflich darstellt und vor dem auch die Mediziner noch ziemlich hilflos dastehen.

Der Phantomschmerz ist eine überaus reale Schmerzempfindung in einer abgetrennten Gliedmaße, die nach vordergründiger Logik gar nicht vorkommen dürfte. So berichten etwa Querschnittgelähmte, dass ihre bewegungsunfähigen Beine unentwegt Fahrrad-Pedalen treten, wobei die Gequälten unter spürbarer körperlicher Ermüdung leiden. Man erklärt sich den Phantomschmerz dadurch, dass die Nervenfasern, die für die Empfindungen des amputierten Glieds verantwortlich sind, im Hauptnerv noch vorhanden sind.

Durch Reizung der nicht isolierten Nerven im Stumpf werden die Empfindungen ausgelöst und an das Gehirn übertragen, die dann vom Gehirn auf die nicht mehr vorhandenen Teile der Gliedmaßen „projiziert" werden. Die Ratlosigkeit der Ärzte zeigt sich in einer Vielzahl von Behandlungsmethoden gegen den Phantomschmerz.

wusste – die schmerzlindernde Kraft des Rhythmus –, gewinnt in der Schmerzbehandlung rasch an Bedeutung.

Erfolge verzeichnet man auch bei der komplementären oder alternativen Medizin. All diesen Naturheilweisen ist gemein, dass sie nach einem ganzheitlichen Ansatz arbeiten, d. h., sie behandeln den Menschen als Ganzes und nicht nur ein einzelnes Körperorgan.

Besonders bekannt geworden sind Akupunktur, Akupressur, Reflexzonentherapie, die alle auf der Traditionellen Chinesischen Medizin beruhen mit ihren beiden gegensätzlichen, aber sich ergänzenden Polen Yin und Yang, die den Fluss der Lebensenergie Qi durch den Körper bestimmen. Ist das Gleichgewicht von Yin und Yang gestört, entwickelt der Körper Beschwerden oder Krankheiten. Da die Lebensenergie Qi durch bestimmte Bahnen des Körpers fließt, so genannte Meridiane, kann durch eine Beeinflussung dieser Meridiane das Gleichgewicht zwischen Yin und Yang wiederhergestellt werden.

Punkte und Nadeln

Bei der Akupunktur werden zu diesem Zweck feine Nadeln in bestimmte Punkte auf den Meridianen gestochen. Jeder Punkt steht mit einem Organ in Verbindung, das er beeinflussen kann. Bei der Akupressur wird das Gleiche durch Druck auf die Meridianpunkte erreicht, bei der Fußzonenreflextherapie durch Behandlung der Meridiane auf den Fußsohlen. Die Erfolge in der Schmerzbehandlung sind zum Teil verblüffend.

Auch die indischen Naturheilweisen Ayurveda und Yoga sowie die europäische Homöopathie warten mit verblüffenden Ergebnissen auf, wobei Yoga und Homöopathie selbst von Schulmedizinern kaum noch angezweifelt werden.

Ein ziemlich neues, dafür umso spektakuläreres Feld tut sich mit der Hypnose auf. Gemeint ist hier nicht der Zirkuszauber, bei dem eine Person auf der Bühne angeblich willenlos gemacht wird, sondern der kontrollierte und wissenschaftlich überwachte Einsatz der Hypnose bei der Schmerzbekämpfung, etwa beim Zahnarzt und bei Operationen.

„Die Schmerzbewältigung ist eines der Gebiete in der Medizin, bei denen sich die Hypnose besonders bewährt hat", erklärt Dr. Dirk Revenstorf, Professor für klinische Psychologie an der Universität Tübingen. Schon in 500 deutschen Zahnarztpraxen werden die Patienten auf Wunsch in Hypnose versetzt.

Gehirn arbeitet anders

Warum sich unter Hypnose schmerzlos an Zähnen bohren lässt oder eine Geburt leichter verläuft, haben Forscher im Schmerzlabor der Universität Tübingen mithilfe von EEGs und dem bildgebenden Positronen-Emissions-Tomogramm herausgefunden. Untersuchungen ergaben, dass der Schmerzreiz im Trancezustand im Gehirn zwar ankommt, aber anders verarbeitet wird. Er wird nicht mehr als unangenehm, sondern als eine neutrale Wahrnehmung empfunden. Damit wir einen Reiz als Schmerz interpretieren, müssen verschiedene Gehirnbereiche zusammenarbeiten – und genau das tun sie unter Hypnose nicht mehr in der sonst üblichen Weise.

Die Hypnose ist bei 90 % der Bevölkerung anwendbar, besonders bei Menschen, die eine gute Konzentrationsfähigkeit und bildhafte Phantasie besitzen. Sie wird eingeleitet durch beruhigende monotone Worte, durch Fixieren eines Gegenstandes, etwa eines Pendels, oder durch langsames Zählen. Bei allen Methoden muss die Aufmerksamkeit auf einen Fokus gelenkt werden.

Nicht willenlos

Im Gegensatz zu früher geschürten Vorurteilen macht Hypnose den Hypnotisierten nicht willenlos, der Patient behält stets die Kontrolle über seine Handlungen. Der Hypnotiseur kann nur etwas aktivieren, was – wenn auch verdrängt – in einem Teil der Persönlichkeit vorhanden ist. Der Patient wird auch nur Dinge äußern, die er wirklich preisgeben will. Völlige Schmerzfreiheit lässt sich nur bei 10 % der Bevölkerung erreichen, die den Zustand der Tiefentrance erreichen können. Eine teils erhebliche Schmerzverringerung ist aber bei 80 % der Bevölkerung möglich. Meist genügt dann schon ein Viertel der üblichen Dosis an Lokalanästhetika, um völlige Schmerzfreiheit unter Hypnose zu erzielen.

Ebenso wie beim Zahnarzt ist Hypnose auch bei dauernden Schmerzzuständen einsetzbar. Das Stichwort heißt Selbsthypnose. „Selbsthypnose kann jeder lernen", erklärt Prof. Revenstorf. „Sie kann frühe Erinnerungen und Gefühle wiederbeleben, die dem Schmerz entgegenwirken."

Also gibt es für den Schmerzkranken vielleicht doch ein Mittel, sein Leiden in den Griff zu bekommen? Mit der Selbsthypnose hat er immerhin eine Möglichkeit in der Hand, seine Schmerzen selbst zu steuern.

Große Erfolge mit Musik

Deutsche Schmerzforscher haben festgestellt, dass chronisch Schmerzkranke nach einem halben Jahr Musiktherapie bemerkenswerte Besserungen zeigten.

Leben in Harmonie

Die Weisheit des Wohnens erobert den Westen. Was verbirgt sich hinter dieser uralten chinesischen Lehre von Harmonie, Wohlstand und langem Leben?

Das war dem letzten Gouverneur Großbritanniens in der damaligen Kronkolonie Hongkong dann doch nicht ganz geheuer: Eine beängstigend scharfe Ecke des Neubaus der von der kommunistischen Regierung in Peking geführten Bank of China wies bedrohlich genau auf seine Residenz. Da half nur eines: Flugs ließ er vor dem Palast einen Erdwall aufschütten, um die feindliche, schädliche Energie abzulenken, die von dem Eck abstrahlen könnte.

Nun war der Vertreter Ihrer Majestät ein durchaus vernünftiger Mann, der mit Aberglauben vermutlich nicht viel am Hut hatte, aber man weiß ja nie … Schließlich könnte ja etwas dran sein an den jahrtausendealten Regeln des Feng-Shui, der Lehre von der „Weisheit des Wohnens“, die seit einigen Jahren auch bei uns immer mehr Anhänger findet. Und einige der Regeln des Feng-Shui weisen eine erstaunliche Übereinstimmung mit den wissenschaftlich abgesicherten Erkenntnissen der Psychologie, Geologie und Baubiologie auf.

Kein Zutritt für Geister

Hongkong ist ein Paradebeispiel für die Umsetzung dieser Lehre, die in China und zunehmend auch in den westlichen Ländern einem ganzen Berufsstand Arbeit und Brot garantiert: Die Villen der wohlhabendsten Geschäftsleute und Politiker im vornehmen Stadtteil Mount Davis sind z. B. nur über verwinkelte, vielfach gewundene Wege und Treppen zu erreichen, die sich den Berghang hinaufziehen. Denn nur auf diese Weise

lassen sich negative Energieströme und böse Geister überlisten: Gerade Wege würden sie einladen, ihre verheerende Wirkung auf die Häuser auszuüben.

Kurven und Kehren aber, davon sind auch ansonsten sehr nüchtern denkende Chinesen überzeugt, verwirren die unguten Kräfte, lenken sie ab und verwehren ihnen so den Zutritt. Und wenn doch ein böser Geist bis in die Nähe des Hauses vordringen kann, dann schrecken ihn achteckige Spiegel ganz sicher ab.

Yin und Yang

Worum geht es, und was ist dran an Feng-Shui? Wie in praktisch allen Lehren aus dem Fernen Osten spielt das alles umfassende System von Yin und Yang, von positiver und negativer Energie und den Elementen, die entscheidende Rolle. Die Erde und alles Leben auf ihr ist nach den fernöstlichen Philosophien und Religionen durch den ständigen, harmonischen Strom der positiven Lebensenergie Qi (auch Chi geschrieben) entstanden und bleibt nur erhalten, wenn diese Energie andauernd fließen kann. Krankheiten und andere Störungen entstehen, wenn der Energiefluss unterbrochen, abgelenkt oder auf andere Weise gestört wird. Die negative Energie wird Sha genannt.

Die beiden Wörter Feng-Shui bedeuten Wind und Wasser. In dieser Lehre stecken die Erfahrungen vieler tausend Generationen. Manche sind verblüffend einfach und einleuchtend, beispielsweise die Erkenntnis, dass man Häuser immer möglichst auf Geländeerhebungen errichten soll: Weite Gebiete Chinas werden seit je von verheerenden Überschwemmungen heimgesucht, und der einfachste Schutz ist daher ein möglichst hoch gelegener Bauplatz.

„Der Atem des Drachens“

Andere Regeln sind dagegen für Europäer kaum nachzuvollziehen. Das fängt schon mit dem Verständnis des Qi an. Mit „Atem des Drachens“ wird die allumfassende Lebensenergie umschrieben. Der Drachen gilt als der wichtigste Glücksbringer schlechthin. Dass dessen Atem geradeaus und ohne störende Einengungen am besten fließt, lässt sich für uns noch begreifen. Warum aber dieser

Ba-Gua findet Störungen im Gleichgewicht heraus

Feng-Shui ist die alte chinesische Kunst, Energien in ein Gleichgewicht zu bringen, indem man die Menschen, die Gebäude und sogar die Landschaft so zusammenfügt, dass sie ein harmonisches Ganzes bilden. Um den Fluss des Qi aufzuzeichnen, benutzt man das Ba-Gua, einen Plan mit acht „Häusern“, der auf den Grundriss eines Hauses gelegt wird. Wenn ein Teil des Ba-Gua schlecht angeordnet ist, können im entsprechenden Lebensbereich Probleme auftreten.

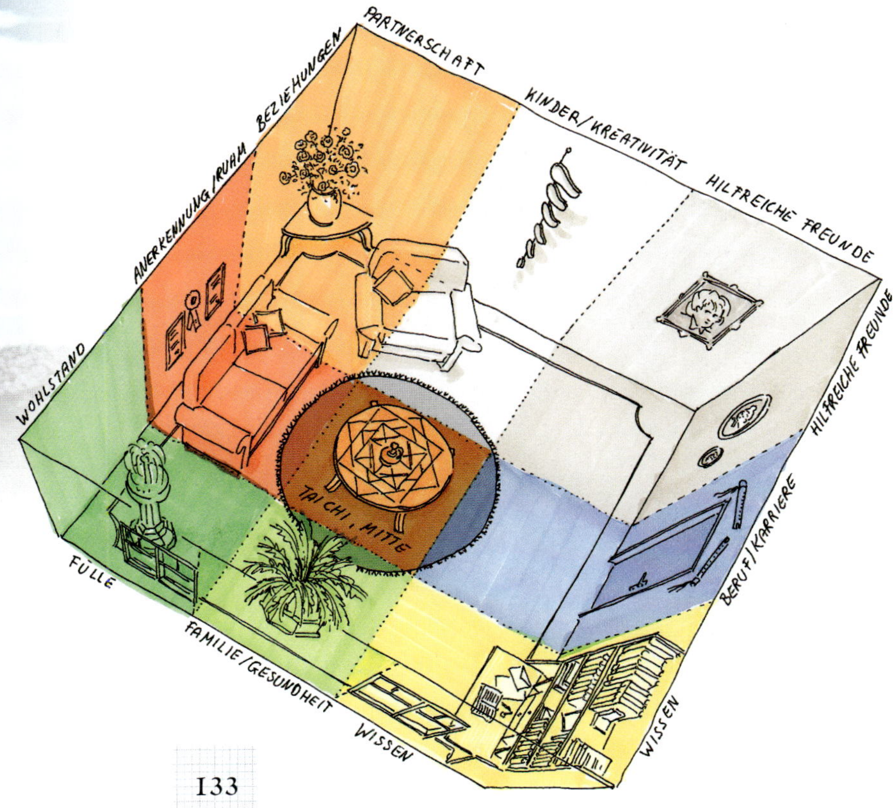

Glücksstrom von Norden nach Süden fließt und daher z.B. Berge im Norden vor teuflischen Mächten schützen sollen, leuchtet uns im Westen weniger ein.

UNERKLÄRLICH

Auf der anderen Seite nimmt auch bei uns der Einfluss von Wünschelrutengängern und Erdstrahlen-Forschern zu und sie werden auch von sonst streng naturwissenschaftlich denkenden Managern zu Rate gezogen, wenn es gilt, eine unterirdische Wasserader aufzuspüren, um einen Trinkwasserbrunnen zu bohren. Ob die Wünschelrute tatsächlich funktioniert und warum manche Menschen besser schlafen können, wenn ein Stück in den Boden eingegrabener Kupferdraht ein wissenschaftlich nicht nachweisbares „Störfeld" neutralisiert, ist nach wie vor nicht erklärbar.

Auch die Qi-Ströme sollen übrigens unterirdischen Wasserflüssen und elektromagnetischen Feldern folgen. Ein weiteres Beispiel aus Hongkong: Von der Spitze des Victoria Peak aus laufen nach den Erkenntnissen des Feng-Shui fünf Drachenlinien in Richtung Hafen, der wichtigsten Lebensader der Metropole. Mit Bedacht wurden daher die wichtigsten Gebäude auf diesen Linien errichtet, obwohl dort die Grundstückspreise selbst für dortige Verhältnisse geradezu astronomische Höhen erreicht haben. Neben den bereits erwähnten Komplexen der Bank of China und der früheren Residenz des Gouverneurs liegen dort auch die Börse, viele andere Geschäftshäuser und einige Ministerien.

WEG FREI FÜR DEN DRACHEN

Ein Feng-Shui-Weiser sorgte auch dafür, dass die große Lobby des Regent-Hotels, das ebenfalls auf einer der Drachenlinien liegt, in einer lichten Glas-Stahl-Konstruktion errichtet wurde, da angeblich auf dieser Linie der Drachen zum Baden in den Hafen geht und Betonmauern ihm den Weg versperrt hätten – mit unkalkulierbaren Folgen für Gäste und Personal des Hotels. Glas aber stellt für den Drachen kein Hindernis dar, daher muss niemand seinen Zorn fürchten.

Verblüffend auch, was ein Meister des Feng-Shui im Hyatt-Hotel von Singapur erreichte: Eingangstür, Hotelhalle und Rezeption lagen parallel zur Straße, wodurch böse Geister ungehindert eindringen konnten und dem Hotel „Reichtum entzogen" wurde – mit fatalen Folgen: Viele Zimmer des Hotels blieben leer. Der gesamte Bereich wurde entsprechend den Vorschlägen des Meisters umgebaut, und seither floriert das Hotel.

BA-GUA IST ENTSCHEIDEND

Neben der Messung von Wasseradern, elektromagnetischen Feldern und der Himmelsrichtung ist im Feng-Shui auch das Ba-Gua entscheidend, ein in neun Felder unterteiltes Rechteck. In jedem dieser Felder ist ein wichtiger Bereich angesiedelt, der sich in den Räumen eines Gebäudes und in seinen Bewohnern widerspiegeln soll. Im mittleren Feld liegt das Energiezentrum, die äußeren Vierecke beherbergen Eigenschaften und Werte wie z.B. Wohlstand, Anerkennung, Liebe/Partnerschaft/Beziehun-

Zusätzlich zum Feng-Shui können „raumreinigende" Maßnahmen mit Räucherschale, Räucherstäbchen und Regenbogenkristallen durchgeführt werden.

3000 Jahre alte Regeln des Lebens und Wohnens

Bereits seit etwa 3000 Jahren werden in China nach den Regeln des Feng-Shui Gebäude errichtet und Felder angelegt. Vor ungefähr 2000 Jahren entwickelte sich die Kunst zu einer umfassenden Lehre. Ihre Meister müssen sich neben ausgiebigen Kenntnissen der chinesischen Mythologie und Philosophien vor allem geographisches, geologisches und astronomisches Wissen aneignen, um wirklich fundierte Ratschläge geben zu können, wie das Qi harmonisch fließt und das Sha unschädlich gemacht werden kann. Denn nur so, davon sind die Anhänger dieser Lehre überzeugt, können Glück, Wohlstand und ein langes Leben erreicht, Krankheit und Unglück abgewehrt werden.

Und es liegt in der Natur des chinesischen Denkens, dass selbst die Toten noch einbezogen werden. Auch Friedhöfe werden daher von Feng-Shui-Meistern geplant: Sie sollen in einem hügeligen Gebiet liegen, in denen das Qi harmonisch fließt und wo das Shui, also Wasser, einen positiven Einfluss hat.

gen, Kinder/Kreativität, Freunde/Helfer, Karriere, Wissen und Familie.

Die Kunst der Feng-Shui-Meister besteht auch darin, die Wohn- und Arbeitsräume so zu planen, dass ihre Funktion mit dem Ba-Gua übereinstimmt. Ausgangspunkt ist immer die Eingangstür, die in dem Viereck für Wissen, Karriere oder Freunde liegen soll. Die übrigen Räume sollen entsprechend dem Ba-Gua geplant und genutzt werden.

Die Tür im Auge behalten

Dabei sind aber immer bestimmte Regeln zu beachten. So sollen sich Tür und Fenster nicht direkt gegenüberliegen, weil dann das Qi schnell aus dem Raum strömt und seine positive Wirkung nicht entfalten kann. Lässt sich das nicht vermeiden, sollte man zumindest ein Mobile, einen Wimpel oder etwas Ähnliches vor das Fenster hängen, das die Energie im gesamten Zimmer verteilt.

Andererseits soll sich aber auch die Eingangstür einer Wohnung oder eines Hauses nicht direkt auf eine Wand zu öffnen, da dies den Energiefluss blockieren würde. Und im Schlafzimmer dürfen nach den Regeln des Feng-Shui Bett und Tür nicht unmittelbar gegenüberliegen, weil dies Unruhe und Nervosität erzeugt und keinen erholsamen Schlaf ermöglicht. Um das Qi optimal durch den Körper zu lenken, sollte man zudem – anders als meist üblich – mit dem Kopf zur Tür hin liegen und nicht mit den Füßen.

Auch für Arbeitsplätze hält das Feng-Shui einige Faustregeln bereit, die dafür sorgen sollen, dass man nach Feierabend entspannt und frisch nach Hause gehen kann. So sollte ein Schreibtisch so stehen, dass man die Tür im Auge hat. Liegt sie dagegen im Rücken, kann einen das Qi nicht erreichen, man vergeudet wertvolle Lebensenergie und die Arbeit geht einem nur schwer von der Hand. Steht der Schreibtisch oder Arbeitsplatz dagegen quer in einer Ecke, dann muss diese mit einer Blende oder abgehängten Stoffbändern „gepolstert“ werden, da sich sonst die einströmende Energie staut und zu Rückenschmerzen und anderen Beschwerden führen kann.

Wie gesagt, viele Regeln des Feng-Shui sind für uns Europäer kaum verständlich, weil uns das Verständniss für das allumfassende System der Energieflüsse und der Elemente fremd ist.

Fünf Elemente

So ist in China neben dem bei uns üblichen Bild der vier Elemente Feuer, Erde, Wasser und Luft auch das traditionelle System der fünf Elemente bekannt: Holz, Feuer, Erde, Metall und Wasser.

Dabei steht Holz für Frühling und Wachstum, es wird durch die Farbe Grün und die Himmelsrichtung Ost symbolisiert. Feuer steht für Sommer, Süd und Rot und ein Maximum an Energie. Erde ist im Spätsommer und Herbst, in den Farben Gelb und Braun, in Ruhe, Geborgenheit und Beständigkeit verkörpert. Metall gehört zum Herbst, dem Westen, und ist Weiß und allen Pastellfarben sowie seelischem und materiellem Reichtum verbunden. Dagegen steht Wasser für Schwarz und alle dunklen Töne, für den Norden und alle Gefühle.

Feng-Shui-Haus

Dieses Apartmenthaus an der Repulse Bay ist eines der berühmtesten Feng-Shui-Häuser in Hongkong. Damit der in den Bergen hinter dem Haus wohnende Drache einen freien Blick auf das Wasser hat, haben die Architekten im Haus ein großes Loch gelassen.

Die magische Zahl 12

Seit die Menschen zählen können, glauben sie an die Macht bestimmter Zahlen. Besondere Bedeutung hat dabei die Zahl 12: Astrologie, Zeitrechnung und Kalender richten sich nach ihr.

Numerologen beschäftigen sich mit der Bedeutung von Zahlen. Jede Zahl, so glauben sie, übt einen gewissen Einfluss auf die Menschen und ihr Schicksal aus. Vor allem die Zahl 12 hat viele Bedeutungen. Wir finden sie im Profanen – der Tag hat 12 Stunden und das Jahr 12 Monate – aber auch im Erhabenen: Die 12 Apostel oder auch die 12 Sternzeichen, die unser Schicksal von Geburt an bestimmen sollen. Doch warum ist die 12 von so großer Bedeutung für die abendländische Kultur?

Einteilung des Jahres

Zum einen spielte sie eine wichtige Rolle bei der Festlegung des Kalenders, die Entwicklung der Jahreszeiten ließ sich mithilfe des Vollmondes leicht berechnen. 12-mal steht der Mond rund am Himmel, bis sich der Kreis der Jahreszeiten geschlossen hat. Auf der Basis dieser Erkenntnis teilten unsere Vorfahren das Jahr ein. Der Tag wird in zweimal 12 Stunden unterteilt. Und die Sonne benötigt 12 Monate, um ihren Jahresweg zurückzulegen. Die Zahl 12, so scheint es, drückt ein grundsätzliches Ordnungsprinzip aus.

Jesus und die 12 Apostel

Leonardo da Vincis Das letzte Abendmahl *im Refektorium der Mailänder Kirche Santa Maria delle Grazie ist eines der wichtigsten Werke der Menschheit: Der Sohn Gottes inmitten der zwölf Apostel.*

Immer wieder finden wir die Zahl auch in Mythologie und Religion. So musste der griechische Sagenheld Herakles 12 Arbeiten erledigen. Das Alte Testament erzählt, dass das Volk Israel aus 12 Stämmen besteht. Im Neuen Testament sammelte Jesus 12 Apostel um sich. Auch in der Apokalypse des Johannes ist die Bedeutung der Zahl 12 nicht zu leugnen. Aus jedem der zwölf Stämme Israel werden 12 000 ausgewählt, das himmlische Jerusalem hat 12 Tore, seine Mauer ist auf 12 Grundsteinen gebaut, auf denen die 12 Namen der 12 Apostel geschrieben stehen.

Doch auch in der Geschichte taucht die Zahl 12 immer wieder auf: So hielten die Römer ihr Recht im 5. Jh. v. Chr. auf 12 Tafeln fest – diese Tafeln stellten die Grundlage des römischen Lebens dar. Aus Rom stammt übrigens auch die Gewohnheit, bei Prozessen 12 Geschworene einzusetzen. Glaubten die Römer, mit der Zahl 12 eine besondere Ordnung zu garantieren?

Multipliziert man die Zahl der göttlichen Prinzipien (3) mit der Zahl der materiellen Welt (4), ergibt sich die Zahl der Vollendung (12). Sie ist also ein Sinnbild für Ordnung in Raum und Zeit. Diese Erkenntnis machten sich vor allem Sterndeuter und Astrologen zunutze.

EINFLÜSSE DER STERNE

Ursprünglich dienten die Tierkreis-Sternbilder den Bewohnern Mesopotamiens zur Kennzeichnung der zeitlichen Lage des Mondes. Statt zu sagen, der Mond hat 7/15 seiner Phase erreicht, sagte man: Der Mond steht im Sternbild Schütze. Aus dem Wunsch, einen besseren Kalender zu entwikkeln, entstand allmählich ein komplexes System von Weissagung und Charakterstudie. Mit den oben erwähnten 3 × 4-Kategorien konnte man sehr einfach den Tierkreis darstellen und übertrug dies auch auch auf den Charakter des Menschen. Und auch heute beschäftigen sich viele Menschen mit den Einflüssen, die die Sterne am Tag ihrer Geburt hatten, und versuchen, ihr Leben nach den 12 Tierkreiszeichen auszurichten.

Der Gang der Welt

12 Tierkreiszeichen bestimmen in der Astrologie Vergangenheit, Gegenwart und Zukunft (Miniatur aus dem Museo Civico Correr, Venedig).

Die Sprache, die jeder Mensch versteht

Ein babylonisches Durcheinander von weit mehr als 6000 Sprachen verwirrt die Menschen auf der Welt. Aber eine – sogar stumme – Sprache versteht jeder: die Körpersprache.

Die Körpersprache ist allen Menschen gemeinsam, auch wenn die meisten von uns sie nur unbewusst verwenden. Sie wurde vom Menschen entwickelt, noch ehe sein Kehlkopf so geformt war, dass er verständliche Laute ausstoßen konnte. Dem gemeinsamen Grundwortschatz dieser Sprache haben die verschiedenen Kulturen später nur kleine Varianten hinzugefügt.

Der „verkopfte" Mensch der Gegenwart, zumal in kühleren Klimazonen wie in Deutschland, hat weitgehend vergessen, dass er diese Sprache besitzt und sie, ohne es zu wollen und zu wissen, auch ständig anwendet. Feurige Südländer wie die Italiener oder die Spanier reden dagegen ständig mit Händen und Füßen und sind auch noch stolz auf ihre plastische Ausdrucksweise.

Worte kann man drechseln, eine Rede lässt sich verdrehen, das ist ganz leicht. Napoleons Außenminister Talleyrand hat sich einst sogar zu der zynischen

Ein Toscanini des Verkehrs

So genießt der Polizist auf der Piazza Venezia in Rom die wichtigen Momente im Leben: Mit ganzem Körpereinsatz dirigiert er den chaotischen Verkehr. Die leicht gegrätschte Beinhaltung zeigt, dass er weiß, was er will.

Behauptung verstiegen: „Die Sprache ist dem Menschen gegeben, um seine Gedanken zu verbergen."

Schneller als Worte

Mit der Körpersprache ist das anders. Manche Wissenschaftler meinen, damit kann man überhaupt nicht lügen. Andere sagen: Ja schon, aber es ist viel schwerer. So ist erröten ein Ausdruck der Körpersprache, den man gern vermeiden würde, aber es geht nicht. Der andere versteht sofort, was in dem errötenden Menschen vor sich geht: Scham, Unsicherheit, Eingeständnis der Lüge.

Tests haben ergeben: Frauen erkennen Körpersprache beim anderen besser als Männer, Männer dagegen entdecken Täuschungsversuche besser als Frauen. Und Gesten sind schneller als Worte. Da der Mensch die Körpersprache schon so viel länger geübt hat als das Sprechen, geht diese Art der Kommunikation auch wesentlich schneller. Auf die Körpersignale eines anderen Menschen, sei er einem sympathisch oder unsympathisch, kommt die eigene Antwort innerhalb von 1/25 Sekunde. Man versuche bitteschön, mithilfe von Gehirn und Zunge so rasch zu antworten!

Auch wer sich „mit Händen und Füßen" gegen die Vorstellung wehrt, er könne mit dem Körper sprechen, tut es dennoch. Selbst Mönche, die wie die Trappisten ein Schweigegelübde abgelegt haben, um die geistige Sammlung besser üben zu können, reden mit ihrem Körper wie emsige Plappermäuler.

Ständige Signale

Der Mensch kann sich gar nicht anders verhalten, weiß der Psychoanalytiker Paul Watzlawick. Und selbst wer stumm auf einer Parkbank oder im Wartezimmer eines Arztes sitzt, sendet ständig Signale aus. „Durch Körpersprache wird der Vorgang der Umkodierung von Gedanken in Materie sichtbar", sagt der in

Das Essen ist spitze

Diese Geste signalisiert hier Zustimmung, Begeisterung, Anerkennung und Lob. Aber Vorsicht: Konkrete Gesten können in verschiedenen Kulturen auch völlig unterschiedliche Bedeutung haben.

Lächeln Sie, strahlen Sie! Das Leben wird leichter, denn ein Lachen kommt als Echo von Ihren Mitmenschen zurück.

Pflegen Sie Ihr Lachen und das Leben wird leichter

Lernen Sie lächeln! Auch wenn Sie sich mies fühlen, lächeln Sie! Dann fühlen Sie sich besser von innen heraus und von außen hinein, denn Ihre Mitmenschen reagieren positiv auf Ihr Lächeln. Es macht das Leben leichter und den Menschen schöner, er verschrumpelt nicht so rasch. Von insgesamt 20 Gesichtsmuskeln kann der Mensch 17 für mimischen Ausdruck verwenden: Ärger, Ekel, Trauer – oder Freude. Um selbige an den Tag zu legen, braucht man weniger Muskeln und Muskelkraft. Es spart Energie, das Antlitz bleibt glatter. Und es geht alles einfacher.

Es gibt Gesten, die sind rund um den Erdball die gleichen – sie sind angeboren. Dazu zählen die Gesten der Zurückweisung und Überlegenheit, der Angst, Aggression, des Vertrauens und der Zuneigung. Weit geöffnete Arme versteht jeder, das Stoppsignal der nach vorn gekehrten Handfläche ebenfalls. Andere Gesten sind dagegen nur in bestimmten Kulturen verbreitet. Deutsche nicken mit dem Kopf, wenn sie Ja sagen. Die Nickbewegung eines Griechen dagegen (von unten nach oben, oft mit einem gezischten „Ts“ verbunden) bedeutet Nein. Das hat schon manchen Touristen verwirrt, zumal Ja im Griechischen auch noch „Nä“ heißt.

Kleine Unterschiede

Auch freundliches Winken mit gespreizten Fingern kann in Griechenland leicht missverstanden werden. Denn es gleicht fatal der dortigen „Muntsa“, die ebenfalls mit gespreizten Fingern der rech-

Tel Aviv geborene Schauspieler Samy Molcho, bestimmt der beste Körpersprache-Experte weit und breit. Er ist überzeugt: „Die nonverbalen Mitteilungen, die wir ständig aussenden und empfangen, bestimmen unsere Entscheidungen zu mehr als 80 %.“

Körpersprache in Worten

Das wussten schon die alten Lateiner und prägten den Spruch vom „beredten Schweigen“ (cum tacent clamant). Und heute noch kleidet der Volksmund Körpersprache in Worte und spricht beispielsweise davon, dass jemand „den Kopf hängen lässt, einem anderen die kalte Schulter zeigt, ein Auge zudrückt, jemandem um den Bart geht, sich in die Brust wirft, sich auf die Lippen beißt, sich den Mund verbrennt, sich nachdenklich am Kopf kratzt“.

Nur Platz für zwei auf einer langen Bank

Rücken Sie Ihren Mitmenschen nicht zu dicht auf die Pelle – in deutschsprachigen Ländern ist die normale Sprechentfernung 50–60 cm, also eine Armlänge.

ten Hand ausgeübt wird und als schlimmer Fluch gilt: Das Blut der fünf Wundmale Christi komme auf den Beschimpften herab! Wie effektiv Körpersprache ist, kann man mit kleinen Experimenten leicht nachprüfen.

Test 1: Zwei Personen, noch besser eine Gruppe von Menschen, setzen sich so hin, dass keiner den anderen Partner sehen kann, also Rücken an Rücken. Beginnt man nun ein Gespräch über irgendein beliebiges Thema, so spürt man bald, dass die Diskussion anders läuft als gewohnt. Denn man kann zwar hören, was die anderen sagen, aber nicht sehen, wie sie es sagen. Die Kommunikation ist gestört!

Test 2: Dazu benötigt man gar keine Gruppe. Man ziehe lediglich die Augenbrauen hoch und versuche, in diesem Zustand aggressive Gefühle zu entwickeln. Sehr schnell wird man merken, wie schwierig dies ist. Durch das Hochziehen der Brauen signalisiert der Körper Informationsbedarf. Und wer neugierig ist, etwas zu erfahren, kann die erwartete Information nicht gleichzeitig durch eine mürrische Aggressionsgeste abwehren wollen.

Blockade im Kopf

Oder man lässt den Unterkiefer schlaff herunterhängen und rechnet im Kopf aus, wie viel 13 × 27 ergibt. Richtig, die korrekte Antwort lautet: 351. Aber es hat mit hoher Wahrscheinlichkeit länger als sonst gedauert. Denn derjenige, dem der Unterkiefer herunterfällt, der ist überrascht, verblüfft, ja sogar starr vor Schreck. Und dieses Gefühl blockiert das kühle Kopfrechnen.

Wer begriffen hat, wie wichtig die geheimen Signale sind, der wird auch lernen wollen, wie man sie für sich nützen kann. Dass das möglich ist, wird z. B. in Verhaltensseminaren, Rhetorik- und Psychokursen bewiesen. Auch viele Politiker gehen bei gewieften Coaches in die Lehre, um die gewünschte Wirkung bei Freund, Feind und Massen zu erzielen.

Gekünstelte Gesten

Körpersprachseminare dienen dazu, sich seiner eigenen stummen Signale bewusst zu werden und auf die der anderen achten zu lernen. Wunder darf man sich davon nicht erwarten, wundern wird man sich aber oft. Niemand sollte sich freilich einbilden, man könne Körpersignale pauken wie die Vokabeln einer Fremdsprache und sie dann einsetzen, um andere besser zu übertölpeln. Einstudierte Gesten wirken eher gekünstelt und verlogen.

Aber wenn unser Körper schon ständig Signale aussendet, dann sollte unser Geist das auch begreifen und akzeptieren. So können wir lernen, die Methoden, die uns die Natur geschenkt hat, besser anzuwenden, um besser mit unseren Mitmenschen auszukommen und uns selber besser zu fühlen.

Samy Molcho

Pantomime und Übersetzer der Körpersprache

Samy Molcho (geb. 24. 5. 1936 in Tel Aviv) war ursprünglich Tänzer und stark vom indischen Tanz beeinflusst. 1957 bis 1988 trat er mit pantomimischen Soloprogrammen in aller Welt auf. Seit 1970 widmete er sich verstärkt der Lehrtätigkeit und eröffnete 1977 die erste Pantomimenschule in Wien. Etliche Bücher über die Ausdrucksweise des Körpers und viele Managerseminare ließen ihn zum führenden Experten auf dem Gebiet der Körpersprache werden.

Parapsychologie – Humbug oder mehr?

Übernatürliche Phänomene haben auch in unserer modernen Zeit nichts von ihrer Faszination verloren. Jetzt werden Poltergeister und ihr Treiben wissenschaftlich genauer untersucht.

Es gibt Geschichten, die einem kalte Schauer über den Rücken jagen, die sich keiner erklären kann und die man als vernünftiger Mensch niemals glauben würde – wären es nicht vollkommen normale Frauen und Männer, die sie berichten. Man braucht sich nur einmal umzuhören ...

So geht Susanne die Geschichte nicht aus dem Kopf, die ihre Großmutter immer wieder erzählte: Nach der Gefangennahme seines Regiments galt Susannes Großvater Robert als verschollen im Russland-Feldzug. Seit mehr als 3 Monaten war kein Brief, kein noch so kleines Lebenszeichen von Robert in die Heimat gedrungen. Es wurde immer wahrscheinlicher, dass er wie so viele Kameraden gefallen war und niemals mehr in das niederbayerische Dorf zurückkehren würde.

Uri Geller und die verbogenen Löffel

Der Israeli war die Sensation der 70er-Jahre, weil er Uhren mit Gedankenkraft repariert und Löffel und Schlüssel verbogen haben wollte, ohne sie zu berühren. Seine übersinnlichen Kräfte sind bis heute nicht erklärt.

Susannes Großmutter, damals eine fröhliche Frau, war von Tag zu Tag schwermütiger geworden und hatte sich schon in ihr Schicksal als junge Witwe gefügt – als eines Morgens ein mächtiger Ruck ihr Herz durchfuhr und ihr ein unerklärliches Frösteln Gänsehaut bereitete. „Robert lebt, und er kommt noch heute heim“, behauptete sie mit fester Stimme. Im selben Moment blieb die Küchenuhr stehen. Susannes Schwester war zutiefst verunsichert, ihre Tante hingegen machte kein Hehl daraus, dass sie die junge Frau für völlig übergeschnappt hielt.

Gedankenübertragung?

Die aber holte eine Extraportion Gemüse aus dem Garten und kochte daraus einen Eintopf; schließlich würde ihr Mann nach seiner langen Flucht Hunger haben. Die Suppe war gerade gar, da schleppte sich der ausgemergelte Soldat Robert durch die Gartenpforte.

Welche Erklärung es auch für diese Geschichte geben mag – Zufall, Gedankenübertragung oder gar das Wirken eines Geistes: Die Beschäftigung mit parapsychologischen Phänomenen ist mehr als ein modischer Kult gegen unsere übertechnisierte Welt.

Schon um die Mitte des 19. Jh. z. B. war sich jeder 20. Bürger Amerikas sicher, dass man mit den Seelen Verstorbener Kontakt aufnehmen kann. Eine

Gespenster aus dem Fernseher

Eine neue, modernere Gruselvariante kreierte Steven Spielberg 1982 in seinem Film Poltergeist. *Bei ihm kommen die Geister aus dem TV-Gerät, um sich der beiden Kinder habhaft zu machen.*

Vielzahl so genannter Medien versetzte sich in Trance, kommunizierte mit der Geisterwelt und setzte ohne Berührung Gegenstände in Bewegung. Schon damals interessierten sich Wissenschaftler für die Frage: Wahrheit oder Betrug?

Grenzerfahrungen

Um die Parapsychologie mit modernen Forschungsmethoden untersuchen zu können, gründete sich im Jahr 1882 die *Londoner Society for Psychical Research (SPR).* Sie wurde damals weit über Englands Grenzen hinaus berühmt. Drei Jahrzehnte später machte in Amerika Joseph P. Rhine die Parapsychologie zum Gegenstand wissenschaftlicher Forschung. In heutiger Zeit will jeder 10. Erwachsene nach eigener Überzeugung schon einmal eine Begegnung mit Verstorbenen gehabt haben. Das ergab eine Umfrage des Gallup-Instituts in 16 Staaten Westeuropas und Nordamerikas.

Weil außergewöhnliche Erfahrungen keine Seltenheit sind, gründete in Deutschland der Psychologe und Arzt Prof. Hans Bender im Jahr 1950 das

Institut für Grenzgebiete der Psychologie und Psychohygiene (IGPP) an der Universität Freiburg. Ziel aller Einrichtungen ist bis heute die wissenschaftliche Analyse subjektiver Grenzerfahrungen. Der 1991 verstorbene Forscher Bender trug fast 40 Jahre lang detaillierte Beschreibungen von geheimnisvollen Phänomenen zusammen. Die Berichte reichen von ungewöhnlichen Träumen und Gedankenübertragungen bis zu Erscheinungen und unerklärlichen Kräften oder Energien.

Häufig erhielt der Wissenschaftler auch Informationen über mysteriöse physikalische Begebenheiten, die man gemeinhin als Spuk kennt – weshalb Prof. Bender auch bald als Spuk-Professor bezeichnet wurde.

HORROR-KLASSIKER

Diese Berichte hören sich an wie das Drehbuch für einen Horror-Klassiker: In Häusern klopft es unerklärlich, Bücher gehen in Flammen auf, Suppe kocht wie von Geisterhand, und scheinbar von einer unsichtbaren Macht gesteuert, poltern Möbel die Treppe hinunter. Doch es kommt noch unglaublicher: Gegenstände dringen durch Wände, und Steine regnen durch die Decke.

Die Psychologen um Prof. Bender bezeichnen solche Phänomene als Recurrent Spontaneous Psychokinesis (RSPK), also sich wiederholende psychokinetische Ereignisse. „Das klassische Kennzeichen eines Spuks ist, dass er in einem energetischen Spannungsfeld entsteht“, erklären die Psychologinnen Monika Huesmann und Friederike Schriever vom Freiburger IGPP. Nach ihrer Auffassung wird er allerdings nicht von einem dämonischen Poltergeist verursacht. Vielmehr ist der Auslöser des Spuks den Beobachtungen der Psychologinnen zufolge in der Regel dieselbe Person, die von ihm betroffen ist.

Heilen durch Handauflegen

In seinem Studio in Zürich behandelt der Geistheiler Heinz Kaufmann einen Patienten mit positiven Energien. Schon im alten Ägypten sollen Priester durch Handauflegen Kranke geheilt haben, auch die Bibel berichtet von unzähligen Wunderheilungen.

Oft steckt einfach Physik dahinter

Angeblich weht ein kalter Hauch durch das Zimmer, bevor ein Spuk beginnt.

„Wenn mein Wasserkessel auf dem Herd steht, gibt er Stimmen und Musik von sich!" Mit diesem Hilferuf wandte sich ein Mann an die Parapsychologische Beratungsstelle in Freiburg. Radio und andere Quellen für die Stimmen hatte der Anrufer schon ausgeschlossen – für ihn kam nur noch ein Geist infrage. Die Freiburger Physiker fanden jedoch heraus: Der Mann wohnt in unmittelbarer Nähe eines starken Rundfunksenders. Legt man dort zwei Metallplatten mit Oxydschicht aufeinander (wie Kesselboden und Herdplatte), wirken sie wie ein Empfänger. „Nicht aufregen", klärten die Naturwissenschaftler das Geist-Phänomen auf, „sondern Herdplatte sauber schmirgeln."

Bei diesen Fokuspersonen handelt es sich häufig um Mädchen oder Jungen in der Pubertät – einem Alter, in dem sich oft geballte Konflikte mit der Familie entwickeln und mitunter erschreckende Ausmaße annehmen. Kann sich die Energie nicht mehr auf herkömmlichem Weg entladen – etwa durch klärende Gespräche –, staut sie sich zu extremer seelischer Spannung auf. Solch ein Energiestau soll dann dazu in der Lage sein, physikalische Gesetze außer Kraft zu setzen und psychophysikalische Ereignisse auszulösen.

Psychische Kraft

Eine psychologische These, die der Physiker Richard D. Mattuck und sein Kollege Evan H. Walker durch theoretische Berechnungen bestätigen wollen. Die beiden Amerikaner gehen davon aus, dass sich Objekte tatsächlich mittels psychischer Kraft bewegen lassen. Vermutlich sammelt die Fokusperson Energie aus der Umgebung und lässt mit ihr entsprechende Dinge geschehen.

Festzustehen scheint bisher, dass oft ein kalter Hauch durchs Zimmer weht, bevor ein Spuk beginnt – ganz so wie bei Susannes Großmutter in dem Moment, als die Uhr zu ticken aufhörte. Gesicherte Erkenntnisse zur Energie-Umwandlung gibt es bisher aber nicht. Für den Wiener Physiker Prof. Herbert Pietschmann kein Grund, an der Macht des Geistes über die Materie zu zweifeln: „Wir erleben sie bei jeder Bewegung, die wir absichtlich machen. Und doch kann kein Wissenschaftler erklären, wie es dazu kommt."

Träume werden wahr

Dr. Walter von Locadou, Leiter der Parapsychologischen Beratungsstelle in Freiburg, entwickelte eine interessante Theorie. Eine wichtige Rolle spielt demnach die Bedeutung, die man einem Ort oder Raum, einem Menschen oder einem Gegenstand beimisst.

Man weiß zwar nicht genau wie, aber Bedeutung wirkt wie Energie. Halten Menschen beispielsweise ein bestimmtes Gebäude für ein Geisterhaus und sind davon nur fest genug überzeugt, dann wird ihnen der Geist mit Sicherheit auch erscheinen. Es ist laut dem Wissenschaftler ungefähr so, „als ob Träume Wirklichkeit werden".

„Ob es um Zufall oder Schicksal geht, um das Leben nach dem Tod, um die Existenz von Geistwesen oder feinstofflichen Energien: Immer leuchtet es dem einen ohne Beweis ein, während den anderen kein Beweis jemals überzeugen wird."

RAINER KAKUSKA, PSYCHOLOGE

Neid hat zwei Gesichter

Neidisch zu sein ist ein Gefühl, das jeder kennt und das im Allgemeinen als negative Eigenschaft gilt. Doch der Neid hat auch eine positive Seite.

Neid ist ein heftiges Gefühl. Aber was für eines! Schaut man in die Bibel oder in die Bücher weiser Menschen, überall das Gleiche: Der Neid kommt schlecht weg. Durchweg wird er als schlechtes Charaktermerkmal gebrandmarkt. In der christlichen Lehre zählt er zu den sieben Todsünden.

Neid ist ein Gefühl, von dem niemand etwas wissen will und das doch jedem von uns sehr gut bekannt ist – entweder weil er einem entgegenschlägt oder weil er selber in einem hochkocht: Der Neid ist menschlich.

„Obwohl es den Menschen noch nie so gut ging wie heute, gibt es in der modernen Gesellschaft mehr Neid als jemals zuvor. Besonders in Schweden, Deutschland und Österreich wird über die so genannte Neidgesellschaft geklagt", weiß der Unternehmensfachmann Prof. Reinhold Würth von der Universität Karlsruhe.

Und die kalifornische Therapeutin Betsy Cohen schreibt in ihrem Buch *Der ganz normale Neid*: „Nie hat es mehr Neid gegeben als heute. Und unsere Enkel werden noch neidischer sein als wir." Da der Neid also offenbar zur Tagesordnung gehört, hat man inzwischen auch damit angefangen, über diese menschliche Schwäche intensiv nachzudenken, und gelangte bereits zu recht erstaunlichen Einsichten. Der Neid hat nämlich nicht nur eine negative Seite, sondern auch eine positive.

> *„Mitleid bekommt man geschenkt, Neid muss man sich erarbeiten."*
>
> Giacomo Casanova, venezianischer Abenteurer

Neid als Leiter zum Erfolg?

Der Trierer Psychologie-Professor Leo Montade unterscheidet zwischen dem „schwarzen" Neid, der schieren Missgunst, die dem anderen nicht gönnen will, was er geschafft hat, und dem „weißen" Neid, der zu größerem Einsatz anspornt und eine Leiter zum Erfolg werden kann. Wer sie aber erklimmen will, muss systematisch vorgehen. Er darf bei keiner Sprosse daneben treten.

Die erste Sprosse heißt: Akzeptieren, dass wir auf einen anderen Menschen neidisch sind. Danach müssen wir der Missgunst Lebewohl sagen. Es ist nichts als Verschwendung von psychischer Energie, wenn wir dem anderen das schnellere Auto, das dickere Bankkonto nicht zugestehen. Denn selbst wenn dieser von uns beneidete Nächste das Auto zu Schrott fährt, so werden wir uns doch immer mit anderen Mitmenschen abfinden müssen, die es besser haben als wir. Er soll es also haben, aber wir wollen teilhaben an seinem Erfolg.

Dabei helfen ein Kugelschreiber und ein Blatt Papier. Darauf notiert man, worauf man bei seinem Konkurrenten eigentlich neidisch ist. Was man erreichen möchte: den besseren Job. Die Bewunderung seiner Umwelt. Das höhere Gehalt. Und dann überlegt man ganz ehrlich: Wie hat der (oder die) das eigentlich erreicht? Was war der Preis dafür? Harte Arbeit? Überstunden? Geschickterer Umgang mit Chef und Kollegen? Nur wer wirklich willens ist, einen ähnlichen Preis dafür zu bezahlen, hat die Chance, ähnliche Ergebnisse zu erzielen.

Ist man dazu innerlich bereit, werden die nächsten Fragen an sich selbst noch genauer: Was will ich erreichen – und bis wann? Spätestens bis Jahresende will ich meine Arbeitsweise so verbessern, dass ich meinen Chef um eine Gehaltserhöhung angehen kann. Spätestens bis zum Herbst will ich Abteilungsleiterin sein. Und in 14 Monaten will ich endlich mein Traumauto kaufen.

Eigene Stärken pflegen

Die nächste Sprosse auf der Leiter heißt: Was kann ich im Einzelnen tun, um mein Ziel fristgerecht zu erreichen? Wie viel Geld lege ich monatlich für das Auto zurück? Bin ich bereit, mich fortzubilden und z. B. zweimal in der Woche einen Englisch-Kurs zu besuchen?

Eine Sprosse darf man nie überspringen: Sich selbst auf die Schulter zu klopfen. Seine eigenen Stärken zu erkennen und zu pflegen. Denn der Selbstbewusste erreicht mehr als der Verzagte.

Der Neid als Schlange

In der Kunst wurde der Neid oft als Hund, Skorpion, Fledermaus oder Schlange dargestellt, wie auf diesem Gemälde in der Kapelle von Plelauff in Frankreich. Und in der Literatur wimmelt es von Menschen, die „gelb wurden vor Neid".

Die Magie kehrt zurück

Jahrhundertelang versuchten die Wissenschaftler, die Magie aus dem Leben der Menschen zu vertreiben. Doch in Wahrheit ist sie so lebendig wie noch nie. Gerade in der heutigen Wissenschaft!

Im Mittelalter war der Glaube an Hexen, Dämonen und Magiere am weitesten verbreitet. Der Alltag wurde durch Furcht und Unwissenheit geprägt, weil viele Naturphänomene nicht zu erklären waren. Die Angst vor dem Unbekannten führte zu einer panischen Hexenverfolgung: Ab dem 12. Jh. wurden angebliche Magier und Hexen auf dem Scheiterhaufen verbrannt. Die Inquisition erhielt im Jahr 1326 einen Freibrief von Papst Johannes XXII., sie sollte sich auf die Verfolgung von Zauberei

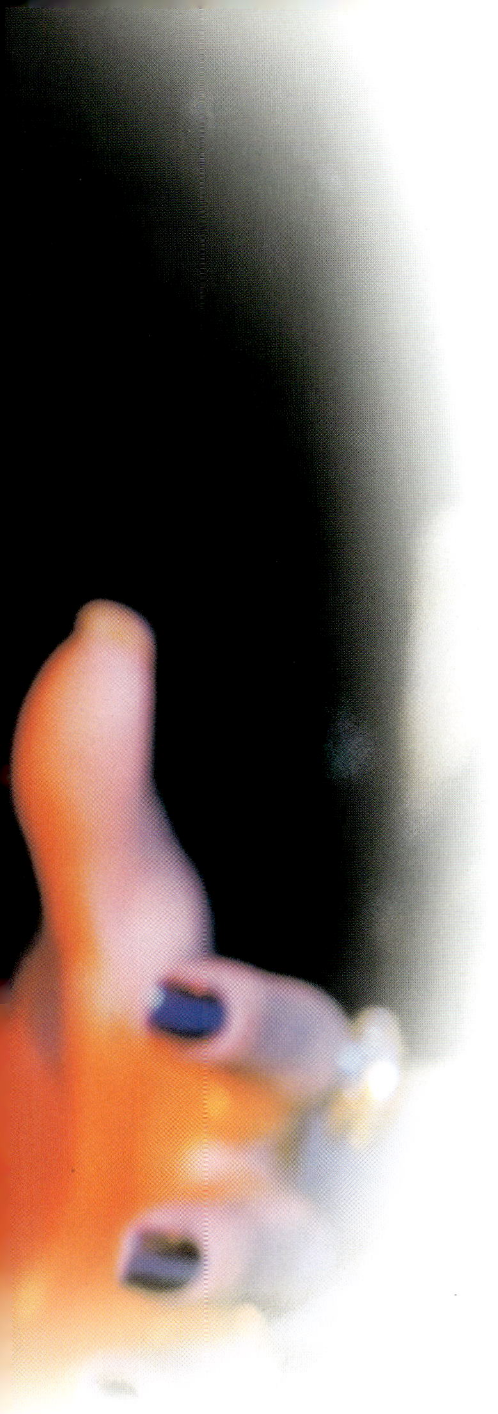

und Magie spezialisieren. Es folgte der berüchtigte „Malleus maleficarum" oder „Hexenhammer" (1487), der es erleichtern sollte, Hexen zu identifizieren – bis zum 18. Jh. eines der meistgedrukten Werke.

Es ist unvorstellbar, wie viele unschuldige Männer und – vor allem – Frauen grausam gefoltert wurden oder ihr Leben in den Flammen verloren. Gerade „weise Frauen", die die Geheimnisse der Naturheilkunde kannten, waren beliebte Opfer. Nach Jahrhunderten der Verfolgung und der Angst kam die Aufklärung, und der alte Glaube an die Magie begann zu schwinden. Die Magie und auch die Angst vor überirdischen Mächten wurden ersetzt durch Wissenschaftsgläubigkeit und scheinbar klare Gesetze.

Vor der Aufklärung hatten sich die Menschen mit ihrem Leben abgefunden. Sie beobachteten nicht, analysierten nicht, sondern fühlten und erlebten. Naturereignisse wie ein Gewitter oder ein Erdbeben berührten sie tief. Der Mensch lebte in Angst und versuchte sich durch einfache, magische Erklärungen zu beruhigen.

So glaubte man früher, dass ein Teil jeder Person, mit der man Kontakt hatte, die man berührte, auf einen selbst übergehen würde und ein Teil von sich auf die andere Person. Diese Verbindung, so dachten die Menschen, würde das restliche Leben bestehen bleiben – auch über große Entfernungen hinweg.

Von der Physik bestätigt

Dieses Gesetz der Berührung wird durch Erkenntnisse der modernen Quantenphysik untermauert. Hier geht man davon aus, dass Teile, die sich berühren, dauerhaft in Kontakt bleiben. Ein Hinweis dafür, dass der „magische Mensch" mehr über die Welt wusste, als wir ihm heute zubilligen? „Es gibt mehr Dinge im Himmel und auf Erden, als eure Schulweisheit sich träumt", heißt es schon bei William Shakespeare.

Kehren wir zurück zum scheinbaren Verschwinden der Magie und zum Siegeszug der Wissenschaft – ein schleichender Prozess, der sich über viele Jahrhunderte vollzog: Die Religion wurde abstrakter, und gleichzeitig mehr und mehr zur Privatsache. Die Welt zu erklären wurde zur Aufgabe der Naturwissenschaft. Mit seinen persönlichen existentiellen Fragen beibt der Mensch dabei allein und sich selbst überlassen.

Rationaler Denkansatz

Die griechische Philosophie lehrte die Menschen erstmals Rationalität, also dass die Welt durch Denken erkannt werden kann. Die Epoche der Aufklärung

Hexenverbrennung

Die Hexenverfolgungen von 1400 bis etwa 1750 forderten 50 000–80 000 Todesopfer, meistens Frauen (Holzstich nach Gottfried Franz, 1846–1905).

Schwebende Jungfrau

Das ist die Zauberei, wie man sie im Zirkus liebt. Hier wird mit Tricks gearbeitet und nicht mit übersinnlichen Kräften. Die Frau liegt auf einem Brett, das von einer unsichtbaren Stange gehalten wird.

Voodoo-Zauber

Im afroamerikanischen Voodoo-Kult, einer Mischung von Katholizismus und Götteranbetung, stellen Puppen die Menschen dar, die man verhexen möchte.

fügte dann die Wissenschaft hinzu: Zum Nachdenken und Beobachten kamen Experimente dazu, um die Natur zu untersuchen. „Das Universum ist voll der wunderbaren Dinge, die geduldig darauf warten, dass unsere Sinne schärfer werden", philosophierte der Engländer Eden Phillpotts (1862–1960).

Alle Erklärungen, die wir Menschen benötigen, um uns und die Welt um uns zu verstehen, warten also nur darauf, dass wir endlich den richtigen Ansatz finden. Der magische Denkansatz wurde zunächst verdrängt. Wissenschaft und Technik versuchten, die menschliche Weltsicht rational, distanziert, ja sogar emotionslos zu erklären. Dabei wäre eine Kombination von Magie- und Wissenschaftsglaube vielleicht die ideale Lösung: „Wir müssen lernen, die materiellen Wunder der Technologie mit den spirituellen Bedürfnissen unserer menschlichen Natur in Einklang zu bringen", erkannte der führende amerikanische Zukunftsforscher der Gegenwart, John Naisbitt.

Fehlende Zufriedenheit

Die Menschen von heute stehen unerklärlichen Phänomenen schon wieder offener gegenüber. Denn der Mensch ist bei aller Rationalität ein fühlendes, intuitives Wesen. Wird die fühlende Hälfte des Menschen zu lange von der rationalen Hälfte unterdrückt, wird der Mensch und sogar die ganze Gesellschaft krank. Ein Phänomen, dem die alternative Medizin auf die Spur gekommen zu sein scheint. Sie versucht, Krankheiten zu heilen, indem sie den Menschen als Ganzes betrachtet und Fehlendes ausgleicht und nicht nur die Symptome bekämpft.

Intensive Gefühle wurden durch ein magisches Weltbild legitimiert. Ekstase, Angst, Bewunderung, Hoffnung – sie alle finden einen Platz. Diese Emotionen versucht auch der moderne Mensch wieder in sein Leben zu integrieren. Furcht, Panik und Ekstase sucht er in Abenteuern wie Fallschirmspringen. Und doch fühlt er sich immer noch unzufrieden und „nicht ganz". Diese fehlende Zufriedenheit wollen viele Menschen ersetzen mit dem Glauben an Esoterik und Astrologie. Auch Sekten finden regen Zulauf, sie bieten Rituale, in denen der Mensch sich geborgen fühlt und Zugang zu einer höheren Ebene oder Welt erlangt.

Faszination der Zahlen

Dabei gibt es überraschend viele Überschneidungen der magischen und wissenschaftlichen Sicht der Welt. So sind Magier und Wissenschaftler gleichermaßen fasziniert von Zahlen. Für den Magie-Gläubigen verbirgt jede Zahl einen Teil der Antwort auf die Rätsel des Lebens, ist ein Teilbereich der mystischen Welt. Diese Lehre vertrat auch Pythagoras, Mathematiker der Antike (etwa 580–500 v. Chr.). Für ihn bedeuteten Zahlen die Prinzipien der Welt. In ihren Verhältnissen, so glaubte er, spiegelt sich die Harmonie des Kosmos.

Heute betrachten Wissenschaftler dagegen Zahlen als frei von tiefer gehender Bedeutung. Sie dienen nur der Beschreibung der Welt – und stimmen damit ungewollt mit Pythagoras überein. Unbeteiligtes Beobachten, wie es die Wissenschaft propagiert, funktioniert nicht! Selbst wer nur beobachtet, der verändert. Das erwähnte magische Gesetz der Berührung wird offenbar durch die Quantenphysik bestätigt.

So geht das Eisenstein-Rosen-Podolsky-Paradoxon davon aus, dass zwei Elementarteilchen, die einmal in Kontakt standen, eine dauerhafte Verbindung eingehen, über Zeit und Raum hinweg. Durch Beobachtung eines Teilchens kann auf die Bewegung des zweiten Teilchens geschlossen werden. Der amerikanische Physiker David Bohm (1917–92) versuchte, dieses Phänomen in einfachere Worte zu fassen: „Die Welt ist ein Ganzes, jedes Teilchen hängt mit jedem zusammen." Alle Wesen der Welt beeinflussen sich also gegenseitig.

Der Mensch ist untrennbar mit der Welt und all ihren Aspekten verbunden, mit den rationalen, wissenschaftlichen, aber auch mit denen, die einer naturwissenschaftlichen Erklärung nicht ohne weiteres zugänglich sind.

Sekten haben Konjunktur. Die Hare-Krishna-Bewegung etwa hat großen Zulauf.

Die ungeheure Macht der vielen Sekten

Sekten können Menschen zu unglaublichen Taten zwingen, wenn die Mitglieder nach Sinn, Glück, Erleuchtung oder Halt suchen. Wie diese Suche enden kann, zeigt das erschreckende Beispiel des Ordens der „Sonnentempler". Er zwang seine Mitglieder zum Massenselbstmord. In Kanada und in der Schweiz nahmen sich große Gruppen von Mitgliedern das Leben, um eine höhere Ebene zu erlangen. „Sie glaubten an die Vorstellung, die elitäre Führung der Menschheit zu sein", so Thomas Gandow, Mitarbeiter von Religio, einem Informationssystem für Sekten und neue religiöse und ideologische Gruppen in Deutschland. In einer Schrift der Sekte heißt es: „Wir versichern hier, dass wir in Wirklichkeit durch eine höhere Ordnung beauftragte Verfechter der Gerechtigkeit sind." Der Wunsch des Menschen, der emotionslosen, rationalen Welt zu entfliehen, kann schreckliche Folgen haben.

Chronisch krank vor Angst

Angst ist normal und gesund, aber viele Menschen fürchten sich auch vor eigentlich völlig harmlosen Dingen. Besonders soziale Phobien wie Versagensangst oder Angst um den Arbeitsplatz sind auf dem Vormarsch und machen Millionen Menschen das Leben zur Qual.

> *„Offenbar gibt es keinen Bereich menschlicher Erfahrung und keinen Gegenstand, der nicht plötzlich Objekt irrationaler Angst werden kann.“*
>
> US-Psychologe Roger Callaghan

Als am 11. September 2001 das World Trade Center in New York einstürzte, nahmen die Menschen auf den Straßen ihre Beine in die Hand und flüchteten. In panischer Angst um ihr Leben rannten sie weg. Was daran schlecht ist? Nichts! Denn Angst schützt uns vor Gefahren und sichert unser Überleben. Wären die Passanten neugierig stehen geblieben, dann wären sie im Staub erstickt oder von den Trümmern erschlagen worden.

Das Gefühl der Angst ist vollkommen natürlich, es gehört zu unserem Leben wie Freude und Wut, Liebe und Trauer. Angst setzt Energie frei: genau so viel, dass wir vernünftig handeln und der Gefahr entgehen können.

Steuerzentrale für diesen komplizierten Vorgang ist das emotionale Gedächtnis im Zwischenhirn. Erkennt es eine Gefahr, puschen biochemische Botenstoffe die Atmung und den Kreislauf, die Muskulatur und den Stoffwechsel. Das Herz pumpt Blut – und damit Zucker und Sauerstoff – schneller in die Adern, so können die Muskeln rascher arbeiten. Gleichzeitig steigert das Nebennierenmark die Produktion des Stresshormons Adrenalin: Der Kampf ums Überleben kann beginnen – oder die Gehaltsverhandlung mit dem Chef.

Neue Formen der Angst

Welch Glück also, dass wir Angst empfinden! Das sehen allerdings 25 Mio. Deutsche und noch mehr Amerikaner ganz anders. Für sie ist Angst ein echtes Problem; jeden Elften macht sie sogar chronisch krank. US-Behörden gehen davon aus, dass 12 % aller Einwohner Amerikas gegen ihre Angst regelmäßig Medikamente schlucken.

Was ist an Menschen mit Angststörungen so anders? Sie schütten Stresshormone aus wie jeder von uns. Mit einem Unterschied: Es gibt keinen erkennbaren Grund. Oder der Anlass ist gering, der Stress mit seinen unangenehmen Begleiterscheinungen aber unangemessen hoch.

„Plötzlich wurde mir schlecht“, erzählt z.B. Lutz Berends, der zu denen gehört, deren Angst außer Kontrolle geraten ist. „Mein Herz klopfte bis zum Hals, ich bekam keine Luft mehr. In Strömen rann mir Schweiß übers Gesicht. Meine Hände und Beine wurden taub, es kam mir alles so merkwürdig unwirklich vor. Ich dachte, jetzt werde ich verrückt. Ich bin dann schnell rechts rangefahren und raus aus dem Auto, mitten in der Stadt. Nicht mal den Motor hab ich ausgemacht. Über das Handy rief ich meine Frau an, die kam dann mit dem Bus und fuhr das Auto und mich nach Hause. Ins Büro konnte ich an diesem Tag nicht mehr.“ Nach einem langen Gespräch stellt der Hausarzt die Diagnose: Panik-Syndrom, unerklärliche Angst. Wovor? Lutz Berends hat es doch geschafft, wie man so schön sagt: Er steht auf der Karriereleiter oben, hat Familie, Haus, Auto und sogar ein kleines Segelboot. Genau da aber liegt sein Problem: Was ist, wenn

Die Spinnenphobie ist weit verbreitet, aber übertrieben. Spinnenbisse sind manchmal unangenehm, aber meist nicht gefährlich.

Test: Ist meine Angst noch harmlos?

Nach der neuesten Definition der amerikanischen Psychiatrie-Gesellschaft liegt eine Panik-Attacke vor, wenn der Angstanfall mindestens vier der folgenden 13 Symptome aufweist:

- Atemnot und Beklemmungsgefühl
- Schwindel oder Ohnmacht
- Herzklopfen
- Zittern
- Schwitzen
- Erstickungsgefühle
- Übelkeit oder Bauchschmerzen
- Gefühl der Unwirklichkeit oder der Persönlichkeitsauflösung
- Taubheit oder Kribbelgefühl
- Hitzewallungen oder Kälteschauer
- Schmerzen oder Unwohlsein in der Brust
- Furcht, zu sterben
- Furcht, verrückt zu werden oder die Kontrolle über sich zu verlieren

ihm die Puste ausgeht, gesundheitlich oder finanziell? Wie stünde er da, vor sich und den anderen! Immer mehr Menschen plagt Angst vor dem Versagen, vor der Zukunft und vor anderen Menschen. „Soziale Phobien sind auf dem Vormarsch“, stellen Psychologen fest. Sie scheinen schon häufiger aufzutreten als die klassischen Ängste vor Spinnen oder vor dem Fliegen. Konkrete Phobien vor bestimmten Dingen werden abgelöst von unerklärlichen Ängsten.

Andere Werte und Normen

„Das liegt an der Okay-Moral des ewigen Lächelns“, vermutet der Psychoanalytiker Horst-Eberhard Richter, Direktor des Frankfurter Sigmund-Freud-Instituts. Wir müssen fit sein, fröhlich und erfolgreich. Schwache dagegen sind schnell draußen. Kein Wunder also, dass nach einer Umfrage des Emnid-Instituts Angst vor Arbeitslosigkeit ein Viertel der Westdeutschen plagt und mehr als dop-

Angst im Aufzug

Häufigste Phobie ist die Raum- oder Platzangst (Agoraphobie), die Furcht vor Situationen, in denen man hilflos wäre, wenn einem etwas zustieße. Sie ist oft mit der Angst vor Menschenansammlungen (Klaustrophobie) gekoppelt.

pelt so viele Ostdeutsche. Fast ebenso groß ist beispielsweise die Angst vor Pflegebedürftigkeit im Alter.

Evolutionspsychologen erklären den Grund so: Je freiheitlicher und demokratischer unsere Gesellschaft wird, desto mehr verändern sich Werte und Normen. Je technischer und globaler unsere Welt wird, desto weniger lässt sie sich verstehen Deshalb lautet heute die Frage nicht mehr „Wer fürchtet sich vorm Schwarzen Mann?“, die modernen Angstmacher heißen Orientierungslosigkeit und Ohnmachtsgefühl. Der deutsche Psychologe Markus Treichler bemerkt dazu: „In den Ängsten unseres Jahrhunderts verrät sich der Charakter des modernen Menschen: Der ist frei und unbestimmt. Darin liegt der eigentliche Grund seiner Phobien. Denn Angst ist nichts anderes als der Geburtsschmerz der Erkenntnis von der Freiheit des Menschen. Und das sollte nun wirklich kein Grund zur Angst sein.“

Angst einfach aussitzen?

Das klingt zynisch für Menschen, die nicht weiter wissen. Die Angst einfach aussitzen und Situationen meiden, die sie auslösen? Nur scheinbar ein Erfolg: Verschanzt in seiner Wohnung wird man zum Gefangenen. Wer Pillen schluckt, riskiert Abhängigkeit. „Medikamente sollten nur als Überbrückung benutzt werden, bis die Betroffenen zu einer Therapie oder Selbsthilfe fähig sind“, schreiben Christine Brasch und Inga-Maria Richberg in ihrem Buch *Die Angst aus heiterem Himmel.* Die beiden Autorinnen litten selbst jahrelang unter Panik-Attacken.

Lutz Berends meldet sich jetzt in einer psychosomatischen Klinik zu einer vierwöchigen Verhaltenstherapie an, die Erfolgsquote soll bei 80 % liegen. Der Therapeut wird zusammen mit seinem Patienten die Ursachen der Angst aufspüren und Schritt für Schritt ein „Symptom-Management“ für Angst auslösende Situationen erarbeiten.

Es gibt Dutzende von Behandlungsmöglichkeiten, sanfte und brutale, traditionelle von Mensch zu Mensch und computergestützte Einzel- und Gruppentherapien. Was ist am besten? Christina Brasch und Inga-Maria Richberg raten: „Man muss den Therapeuten und die Methode sympathisch finden.“

Panische Schulangst

Die Angst vor dem Schulbesuch erreicht ihren Höhepunkt häufig im zweiten Schuljahr und ist mehr die Angst, das Haus zu verlassen, als die Angst, in der Schule zu sein.

Luxusgut Zeit?

Stress und Hektik sind Bestandteile des täglichen Lebens. Oft haben wir den Eindruck, dass uns die Zeit davonläuft. Doch langsam aber sicher scheint sich bei vielen eine Rückbesinnung auf mehr Ruhe und Muße durchzusetzen.

Die Zeit entflieht, und wir flüchten mit. Wir sind dem Tempowahn verfallen, leben und konsumieren miteinander um die Wette. In der Wirtschaft werden Geschwindigkeit und Beschleunigung als wichtiger Wettbewerbsfaktor gehandelt, und besonders offenkundig ist dies in der Mikroelektronik-Industrie. Die Halbwertszeit des Wissens wird ständig geringer, neue Produkte überschwemmen in immer kürzeren Zyklen die Märkte und lösen die vorherige Generation ab.

Das Karussell dreht sich schneller und schneller – und dabei kann es nicht ausbleiben, dass die Qualität auf der Strecke bleibt. So muss die Automobilindustrie in aufwändigen Aktionen immer wieder Fahrzeuge zurückrufen, weil unsauber gearbeitet wurde.

Ständig neue Modelle

„Viel Zeit und Geld ließe sich sparen, wenn die Unternehmen etwas vom Abwarten verstünden", mahnt der Münchner Zeitforscher Karlheinz A. Geißler. Schlecht, wenn Firmen vor lauter Hast sich selbst überholen, wenn ihre neuen Modelle neben den neuesten richtig alt aussehen. Mitunter lassen Kunden sogar schon eine Produktgeneration unbenutzt liegen, um sich die Zeit zu sparen, die Gebrauchsanleitung zu lesen.

In seinem Essay *Reminiszenzen an den Überfluss* nennt der deutsche Schriftsteller Hans Magnus Enzensberger das, worauf es ankommt, zuerst: „Die Zeit. Sie ist das wichtigste aller Luxusgüter. Bizarrerweise sind es gerade die Funktionseliten, die über ihre eigene Lebenszeit am wenigsten frei verfügen können. Das ist nicht in erster Linie eine quantitative Frage, obwohl viele Angehörige dieser Schicht bis zu 80 Stunden in der Woche arbeiten; viel eher sind es ihre vielfältigen Abhängigkeiten, die sie versklaven. Man erwartet von ihnen, dass sie jederzeit erreichbar sind und auf Abruf bereitstehen. Im Übrigen sind sie an Terminkalender gebunden, die auf Jahre hinaus in die Zukunft reichen."

Den Luxus Zeit gönnen wir uns in der Regel überhaupt nicht – zum Nachteil von Mensch und Natur. So mahnt die Enquete-Kommission des 12. und 13. Deutschen Bundestags „Schutz des Menschen und der Umwelt", dass bei Eingriffen in die Natur die menschlichen Zeitmaßstäbe mit denen der Natur in Einklang gebracht werden müssten und beispielsweise zu beachten sei, wie lange Abbauprozesse von Abfällen dauern oder wie lange ein Ökosystem braucht, um sich zu regenerieren.

Hektik und Fieberschübe an den Börsen

An den Börsen ist die Spekulation mit fiktivem Kapital wichtiger geworden als die echte Wertschöpfung. Um mithalten zu können, müssen die Konzerne das Wachstum beschleunigen.

Zeit, um das Ich zu entwickeln

Buddhistische Mönche kennen kein Eigentum und keinen zeitlichen Zwang. Ihr Ziel ist es, sich der Versenkung hinzugeben, um schließlich ins Nirwana einzugehen.

Stress als Modedroge und Statussymbol hat ausgedient, nicht erst seit dem Zusammenbruch der so genannten New Economy. Neueren Umfragen zufolge fühlt sich beinahe die Hälfte der Deutschen von der Beschleunigung des Lebens bedroht, hauptsächlich von der Flut an Informationen durch Fernsehen und Internet. Und so ist es auch kein Wunder, dass ausgerechnet heute, in Zeiten von E-Mail und SMS, der handgeschriebene Brief wiederentdeckt wird.

> *„Die Zeit ist ein kostbares Geschenk, uns gegeben, damit wir klüger, besser, reifer, vollkommener werden. Sie ist der Friede selbst, und Krieg ist nichts als das wilde Verschmähen der Zeit, der Ausbruch aus ihr in sinnloser Ungeduld."*
>
> Thomas Mann
> an Emil Belzner, 1950

Zeit zum Geniessen

Die Sehnsucht nach dem Echten wächst, beispielsweise erfreuen sich regionale Bauernmärkte bei den Bewohnern der Großstädte zunehmender Beliebtheit. Die in den 1980er-Jahren in Italien entstandene Slowfood-Bewegung expandiert. Unter dem Logo der Schnecke versammelt sie Gourmets und Globalisierungskritiker, die sich ganz bewusst Zeit zum Genießen nehmen wollen. Der Slowfood-Bewegung entsprungen ist der 1999 gegründete Städtebund *Cittaslow*. Wörtlich übersetzt heißt das „langsame Stadt", doch die deutsche Koordinatorin der Bewegung, Manuela Sillius aus Nürnberg, erklärt: „Gemeint ist die lebenswerte Stadt." Cittaslow richtet sich an Orte mit weniger als 50 000 Einwohner. Das fränkische Hersbruck ist bereits Mitglied der Vereinigung, die in Italien mittlerweile 80 Kommunen umfasst, Waldkirch in Südbaden und der bayerische Ort Schwarzenbruck wollen folgen.

Weniger Stress

Mehr Lebensqualität strebt auch das „Zeitbüro" im Bremer Stadtteil Vegesack an. Es kümmert sich um eine sinnvolle Koordinierung der Zeittakte des Alltags. Gisela Hülsbergen vom Zeitbüro erklärt: „Wir wollen Zeitverluste reduzieren, um Zeit zu gewinnen. Wir wollen Hektik und Stress aus dem Leben herausnehmen, um mehr Muße zu haben." So richtete das Zeitbüro eine Mobilitätsbörse ein, in der Bürger, Vereine und Verkehrsbetriebe Verbindungen von Bahnen und Bussen besser abstimmen wollen.

Unfreiwillig langsamer geht es in heutiger Zeit auf vielen Straßen zu. Der Stau ist fast alltäglich geworden, die Nonstop-Gesellschaft wird zum Anhalten

Herr über die eigene Zeit

In ländlichen Gesellschaften hat das Leben noch einen anderen Rhythmus. Dieser griechische Bauer kennt keinen großen Unterschied zwischen Arbeit und Muße, er ruht sich aus, wann er möchte.

Hetze und Zeitdruck treiben den Menschen

Zeitdruck ist meist selbst gemacht, da man das Gefühl für die richtige Zeiteinteilung und für die eigenen Möglichkeiten verloren hat. Und weil man verlernt hat, Nein zu sagen.

gezwungen, was in diesem Fall aber sehr nervtötend und unproduktiv ist.

Nicht immer ist das vermeintlich Schnelle effizient, wie Karlheinz A. Geißler konstatiert, sondern das, „was die Menschen und Natur schont, das, was entlastet und den sozialen Zusammenhang fördert". Schnelligkeit als Wettbewerbsfaktor sei ausgereizt. Das Märchen vom Hasen und Igel lehre, dass jene rasch zu Tode kommen, die hochmobil zwischen den Zielen hin und her rasen, und dass es denen gut geht, die zu zweit sind und die sitzen bleiben können.

Mittlerweile werden neben Zeitmanagement-Seminaren auch Seminare angeboten für alle, die in Gefahr sind, durch Stress Schaden zu nehmen: drei Tage verordnete Langsamkeit als Radikalkur, in denen man als meditative Übung bestimmte Bewegungsabläufe des Alltags in Zeitlupe erledigt.

Eigenheiten respektieren

Der Wissenschaftler Fritz Reheis beklagt in seinem Buch *Die Kreativität der Langsamkeit*, dass das kapitalistische Wirtschaftssystem immer mehr Lebensbereiche mit seiner eigenen Rationalität beherrscht. Einer Rationalität, die weit davon entfernt sei, wirklich vernünftig zu sein, belaste sie doch die Umweltsysteme auf bedrohliche Weise. „Systeme haben Eigenzeiten", schreibt er. „Die Eigenzeit eines Systems ist die Zeit, die vergeht, bis ein System nach einer von außen induzierten Störung wieder aus eigener Kraft zu einem Gleichgewichtszustand gelangt ist." Zu den belasteten Umweltsystemen gehöre nicht nur die natürliche Umwelt, auch der menschliche Körper als Umweltsystem könne sich nur entfalten, wenn seine Eigenheiten respektiert würden: „Die hohen Unfallzahlen bei Schichtarbeitern sprechen diesbezüglich Bände."

Kommt ein Kulturkampf?

Kommunikationswissenschaftler Peter Glotz fürchtete einen „Kulturkampf zwischen Beschleunigung und Entschleunigung", und zwar zwischen jenen zwei Dritteln der Gesellschaft, deren Spitze die Informationsverarbeiter bilden, und dem Rest der nicht mehr Wettbewerbsfähigen, der Arbeitslosen und freiwilligen Aussteiger. Ein Kampf, der für den österreichischen Philosophen Peter Heintel bereits in vollem Gang ist: „Wer etwas langsamer ist und die neuen Technologien nicht beherrscht, gilt doch schon als behindert."

Wie resümiert der Schriftsteller Milan Kundera am Ende seines Buches *Die Langsamkeit*: „Unsere Epoche hat sich dem Teufel der Geschwindigkeit verschrieben, und deshalb vergisst sie sich selbst so rasch."

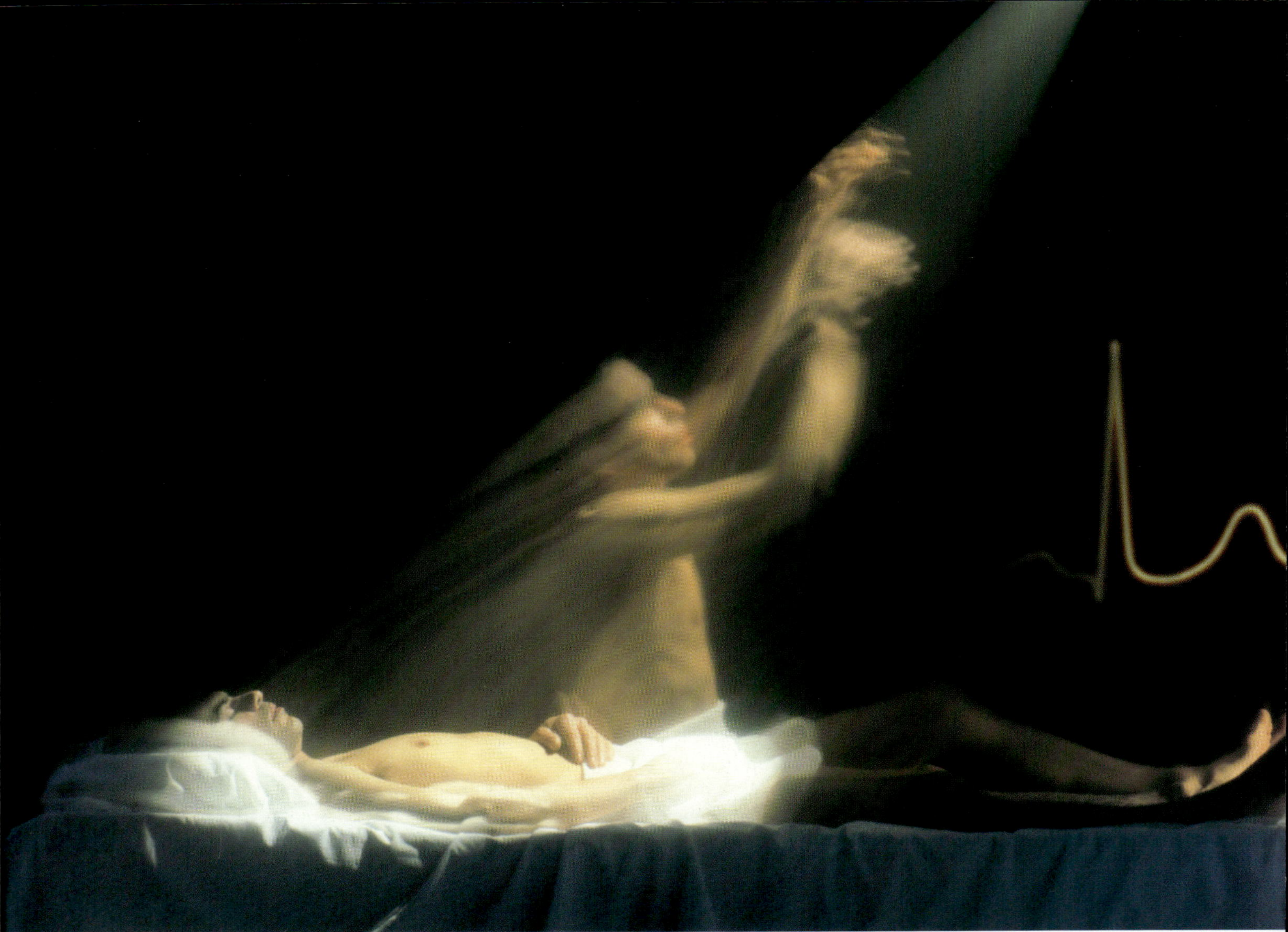

Was kommt nach dem Tod?

Menschen, die dem Tod sehr nahe waren, berichten immer wieder von den gleichen Erlebnissen – auch wenn sie aus unterschiedlichen Kulturen stammen. Könnte das ein Beweis dafür sein, dass der Tod nicht das Ende ist und es doch weitergeht?

Östliche Religionen wie Buddhismus und Hinduismus gehen davon aus, dass alle Lebewesen wiedergeboren werden. Nicht so die westlichen Religionen Judentum, Christentum und Islam. Für sie lebt die Seele ewig, doch der Körper stirbt. Sie lehren den Glauben an die Vergänglichkeit der Welt. Die Menschen wissen, dass sie irgendwann einmal sterben werden. Was aber geschieht wirklich im Tod? Existiert der Mensch nach dem Tod vielleicht weiter?

Wir wissen es nicht. Doch die Suche nach Erklärungen, die Hoffnung, dass es auch nach dem Tod noch weitergeht, beschäftigt die Religionen, die Philosophie und die Esoterik. Besonders fasziniert sind wir von Berichten über die so genannte Nahtod-Erfahrung. Dieses Erlebnis scheint fast immer nach dem gleichen Schema abzulaufen: ein Tunnel, helles Licht, Glücksgefühl. Zwar durchlaufen nicht alle Personen jede einzelne Station, doch die Berichte stimmen

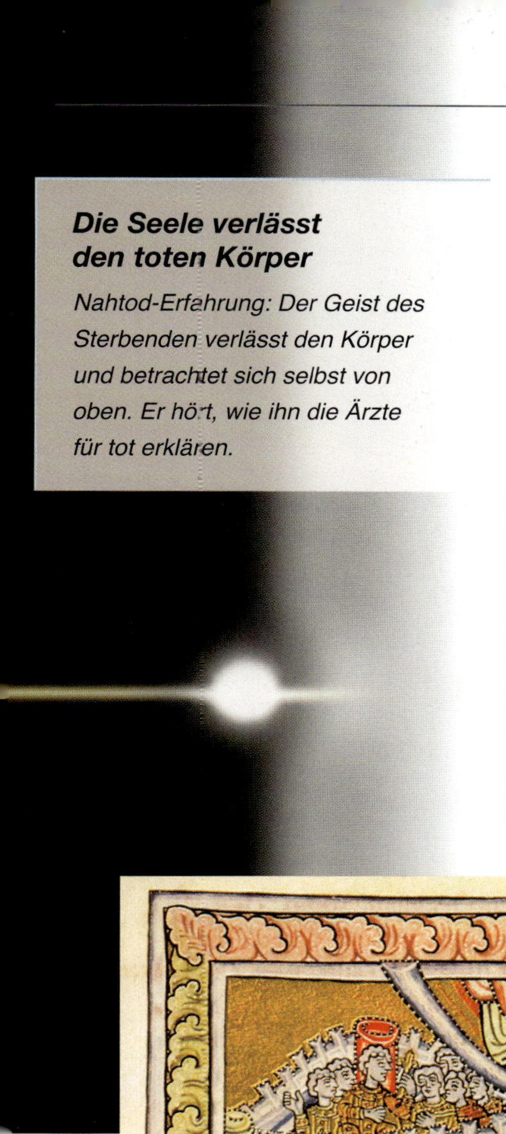

Die Seele verlässt den toten Körper

Nahtod-Erfahrung: Der Geist des Sterbenden verlässt den Körper und betrachtet sich selbst von oben. Er hört, wie ihn die Ärzte für tot erklären.

immer in mehreren Punkten überein. Für die Ärztin und Sterbeforscherin Elisabeth Kübler-Ross aus der Schweiz stand fest: „Das Nahtod-Erlebnis ist der Beweis, dass es keinen Tod gibt, nur einen Übergang in einen anderen, angenehmeren Zustand."

STRESSMINDERUNG

Der Psychologe und Nahtod-Experte Dr. Kenneth Ring von der Universität von Connecticut, USA, geht sogar noch weiter. Für ihn ist es „ein Schritt in der Evolution, hin zu einem neuen Menschen mit einem höheren Bewusstsein".

Einige Wissenschaftler bleiben dennoch skeptisch und versuchen Beweise zu finden, um die Nahtod-Erfahrungen zu erklären und damit zu entkräften. Sie gehen im Wesentlichen davon aus, dass der Körper beim Erleben des Todes versucht, den Stress zu mindern, den der Betroffene sonst spüren würde. Diese starke psychische Belastung, so glauben beispielsweise Hirnforscher, sporne das Nervensystem zu Höchstleistungen an. Kommt es dann noch zu einem akuten Sauerstoffmangel, so entstehen ihrer Meinung nach Visionen oder Halluzinationen.

KEINE HALLUZINATIONEN

Doch eine Studie der britischen Universität Southampton mit Herzstillstand-Patienten zeigte, dass diese von ähnlichen Erlebnissen berichteten. Obwohl der Sauerstoffgehalt in ihrem Blut um bis zu 7 % höher lag als bei Patienten mit Nahtod-Erfahrungen. Das beweist: Das Gehirn war nie unterversorgt, es handelte sich also nicht um Halluzinationen durch akuten Sauerstoffmangel!

Und wie steht es mit der Behauptung, der Körper versuche, etwa durch Ausschütten körpereigener Drogen wie Endorphin, den Betroffenen in einen Glückszustand zu versetzen? Soll dadurch eine ernste Situation besser verarbeitet werden? Fest steht, dass Endorphine keine Halluzinogene sind und daher auch keine Visionen auslösen können.

Doch bisher steht die Forschung erst am Anfang. Eine wirkliche Erklärung,

Engel und Teufel kämpfen um die Seele

So sah die Heilige und Mystikerin Hildegard von Bingen (1098–1179) den Kampf der Engel und Teufel um die Seele eines Verstorbenen (Buchmalerei aus dem 12. Jh.).

Auf dem Weg zur Feuerbestattung in Indien

Der Tod gilt im Hinduismus als Vorgang der Transformation. Die Seele des Verstorbenen wird erst dann wirklich frei für eine Wiedergeburt in einem neuen Körper, wenn der Körper zu Asche zerfällt und einem Fluss übergeben oder an einer Pilgerstätte verstreut wird.

warum beinahe alle Betroffenen von ähnlichen Erlebnissen und Gefühlen sprechen, konnte sie bisher noch nicht bieten. Für die Betroffenen ist jedoch besonders wichtig, dass sie nach einer solchen Nahtod-Erfahrung vor dem Sterben keine Angst mehr haben. Sie sind sich sicher, dass es eine Existenz nach dem Tod gibt.

Rechtliche Probleme

Doch zurück zu den medizinischen Erkenntnissen und Problemen: Wann bezeichnet man einen Menschen als tot? Werden z. B. keine Hirnströme mehr gemessen bedeutet dies für den Mediziner, dass der Patient hirntot ist – er kann ihn für tot erklären. Problematisch ist allerdings, dass viele Ärzte, wenn sie einen Hirntod feststellen, davon ausgehen, dass der Betroffene nicht mehr ins Leben zurückkommen kann. An der Harvard Medical School in den USA entschied man schon 1968, das endgültige Koma in Hirntod umzubenennen, um rechtliche Probleme bei Transplantationen zu verhindern.

Lebt der Geist weiter?

Doch Kritiker befürchten, dass Patienten, die für hirntot erklärt werden, noch Schmerzen empfinden oder ihre Umgebung wahrnehmen. Dr. Sam Parnia, Forschungsleiter der Studie mit Herzstillstand-Patienten in Southampton, erläutert dazu seine Erkenntnisse:

„Die Patienten hatten diese übersinnlichen Erfahrungen genau dann, wenn man sie am wenigsten erwarten konnte – wenn das Gehirn keine Funktion mehr ausüben und keine Erinnerungen mehr bilden konnte.“ Und weiter führt er aus: „Das Vorkommen von Nahtod-Erfahrungen während eines Herzstillstandes könnte bedeuten, dass, nachdem wir gestorben sind, Bewusstsein oder Geist fortfahren zu existieren.“ Könnte es sein, dass Bewusstsein und Gehirn unabhängig voneinander bestehen? Und könnte dies nicht bedeuten, dass unser Geist nach dem Tod fortbesteht?

Möglicherweise ist dies ein Beweis dafür, dass auch Patienten, die als klinisch tot eingestuft werden, näher am Leben sind als die Mediziner ahnen. Koma-Patienten stecken vielleicht nur fest in einem Bereich zwischen Leben und Tod. Ihr Bewusstsein hat sich vom Körper zwar entfernt, aber noch nicht getrennt. Erleben sie vielleicht sogar, was nach dem Tod mit ihnen geschieht? Was genau passiert im Bewusstsein von Patienten, die für viele Jahre im Koma liegen? Denn auch wenn viele Ärzte etwas anderes behaupten: Menschen im Koma oder im Wachkoma sind keine leeren Hüllen. Sie haben eine aktive Wahrnehmung, die sie aus dem Schatten zurück ins Leben bringen kann. Es könnte schließlich sein, dass Koma-Patienten in einer Nahtod-Erfahrung steckengeblieben sind: Vielleicht stehen sie noch im Tunnel und können sich nicht vom hellen Licht losreißen.

Schutz durch Wachkoma

Das Wachkoma ist ein äußerst rätselhafter Zustand, der von der Wissenschaft bis heute nicht erklärt werden konnte. Die Nervenbahnen im Mittelhirn werden dabei außer Kraft gesetzt und so die Verbindung zwischen Großhirn und Stammhirn unterbrochen, beispielsweise durch einen Unfall, Sauerstoffmangel im Gehirn oder einen Tumor.

Früher ging man davon aus, dass Menschen im Wachkoma ihre Umwelt nicht wahrnehmen. Doch dies stellte sich als falsch heraus: „Man kann innere Wahrnehmungen und Empfindungen haben, obwohl man nach außen nicht reagieren kann", erklärt Professor Alan Shewman, amerikanischer Gehirnspezialist vom Neurologischen Kinderkrankenhaus in Los Angeles. Der lange Schlaf eines Wachkomas, so die Erkenntnis der Forscher, ist ein sehr wichtiger Schutz, denn dadurch wird im geschädigten Gehirn kein neurologisches Chaos angerichtet. Ein neuer Therapieansatz lautet: „Raus aus den Betten!" Auf diese Weise soll verhindert werden, dass die Patienten für immer im Schutzzustand Koma versinken.

Erinnerungen wecken

Durch alltägliche Abläufe – z. B. das Halten des Rasierapparats bei der morgendlichen Pflege – sollen Erinnerungen geweckt werden. Der deutsche Forscher Paul Schönle konnte mit 48-Stunden-EEGs nachweisen, dass Koma-Patienten immer wieder mal „da" sind – und sei es nur für wenige Minuten. Mit der richtigen Pflege könnten viele wieder aus ihrem Dämmerzustand ins Leben zurückgeholt werden: Lediglich etwa 10 % der Patienten würden wirklich stecken bleiben. Der Rest hat auch nach Jahren die Chance, wieder aufzuwachen – und das völlig gesund!

Das glauben auch Emily W. Kelly, Bruce Greyson und Ian Stevenson – Mediziner und Psychiater aus den USA. Sie wollen bewiesen haben, dass scheinbar bewusstlose Menschen in Wirklichkeit eine gesteigerte Bewusstseinstätigkeit erleben. Außerdem konnten ihre Patienten nach dem Aufwachen Gegenstände oder Ereignisse beschreiben, von denen sie gar nichts wissen konnten. Sie stimmen den Kollegen aus Southampton zu: „Wir glauben (...), dass das Bewusstsein unabhängig vom physischen Körper funktioniert und somit auch den Tod des Körpers überstehen kann." Vielleicht ist dies der erste Hinweis für eine Existenz über den Tod hinaus.

Nahtod-Erfahrungen: Erlebnisse aus dem Jenseits

Todesforscher in aller Welt beschäftigen sich mit dem Phänomen der Nahtod-Erfahrung. Egal aus welchem Land und welcher Kultur die Berichte stammen, es gibt immer einen grundsätzlich gleichen Ablauf.

- Der Betroffene hat starke Schmerzen, er spürt, dass es zu Ende geht.
- Er hört, wie ihn die Ärzte für tot erklären.
- Der Betroffene verlässt seinen Körper, betrachtet sich von oben.
- Er gleitet durch einen Tunnel auf ein helles, oft als himmlisch beschriebenes Licht zu. Die Schmerzen verfliegen.
- Er ist in einer angenehmen, jenseitigen Welt. Dort trifft er Verwandte und Freunde die bereits verstorben sind.
- Ein Lichtwesen erscheint und vermittelt dem Betroffenen ein Gefühl von unendlicher Liebe und vollkommenem Glück. Viele bezeichnen dieses Wesen als gottähnlich.
- Der Betroffene sieht sein Leben an sich vorüberziehen.
- Das Lichtwesen schickt ihn wieder zurück, oft mit den Worten „Es ist noch nicht deine Zeit" oder „Du bist noch nicht bereit zum Eintritt".
- Der Betroffene kommt zu sich.

Die Schmerzen verfliegen, der Betroffene gleitet durch einen Tunnel auf ein helles Licht zu.

GEHEIMNISSE

DER PHYSIK

Die alte Weisheit aus der Schule, „Physik ist, wenn etwas nicht klappt“, ist endgültig überholt. Die neuesten Erkenntnisse der Physik machen unser heutiges Leben erst möglich, wenn auch vieles auf den ersten Blick irreal erscheint, etwa, wenn man etwas einfangen will, was materiell gar nicht existiert – Neutrinos nämlich.

Die hohe Kunst der Physik ist die Quantenphysik, in der man nach unvorstellbar kleinen Teilchen forscht und beispielsweise Magnesiumionen mit dieser „Falle“ einfängt.

Neutrinos in der Falle

Nichts kann sie aufhalten: Sie rasen durch Mauerwerk und Stahlwände, durchqueren Gebirge, den gesamten Erdball und – den menschlichen Körper. Die Rede ist von Neutrinos, winzigen Teilchen aus dem Weltraum, denen die Wissenschaftler mit ausgeklügelten Methoden auf die Spur kommen wollen.

Mittwoch, 23. September 1987: Astronomen in aller Welt richten ihre Teleskope auf die Große Magellan'sche Wolke, eine weit entfernte Sternengalaxie, in der sich an diesem Tag über Jahrhunderte nicht Gesehenes zuträgt: Der Fixstern Sanduleak hat sich aufgebläht und explodiert. Die Astronomen registrieren eine Supernova, die Explosion eines roten Sternenriesen von der Größe der 20fachen Sonnenmasse.

Seit 1987 hat Sanduleak für einen grandiosen Auftrieb in der Astronomie gesorgt. Aber auch ein anderer Wissenschaftssektor, der auf den ersten Blick nichts mit dem Weltall zu tun hat, hat seither immens profitiert: die Elementarteilchenforschung. Insbesondere die lange belächelten Neutrino-Jäger kommen seitdem kaum mehr zur Ruhe.

Die Erde unter Beschuss

Den Grund für den Aufschwung findet man kurz vor der Supernova-Explosion, denn dem Lichtspektakel ging ein besonderes Ereignis voraus. Nur wenige Stunden vor den ersten Lichtblitzen registrierten die Detektoren in zahlreichen, rund um den Erdball verteilten Elementarteilchen-Beschleunigern ein gigantisches Teilchen-Unwetter. Unter dem Geschosshagel dieser Teilchen fanden sich auch Neutrinos – jene seltsamen, masselosen Winzlinge, die feste Materie und somit auch die Erde mühelos durchdringen, nahezu nirgendwo anecken und so gut wie keine Spuren zurücklassen. Allenfalls auf Photoplatten und in so genannten, den Oszillationseffekt verstärkenden, gläsernen Photomultipliern hinterlassen sie mitunter eine oszillierende Fährte: einen bläulichen Lichtkegel.

Nur 10 Sekunden lang kündeten diese Elementarteilchen, deren Größe weit unter der von Atomen rangiert, von der kosmischen Megakatastrophe. Elektronen, Photonen und eben auch Neutrinos von Sanduleak durchströmten die Neutrino-Detektoren in den USA, Japan und Europa. Rasch war den Forschern klar, dass die Neutrinos nicht aus der Hülle des sterbenden Sterns, sondern aus seinem Innern stammen mussten.

Grundlagen der Existenz

Und sie mussten feststellen, dass nicht nur unsere Sonne die Erde regelmäßig in Neutrinos badet, auch die aus fernen Weltall-Regionen stammende Hintergrundstrahlung des Urknalls und eben auch Supernova-Explosionen tragen Neutrinos zu uns. Immerhin geht es den Forschern um die kleinsten Teilchen des Universums, also um die Grundlagen unserer Existenz.

Alles begann im Jahr 1896: Damals entdeckte der französische Physiker Henri Bequerel die so genannten Uranstrahlen. Erstmals konnte radioaktive Strahlung auf einer Photoplatte nachgewiesen werden. Nur ein Jahr später tauchte der Begriff des Elektrons auf – und läutete zwei Dekaden sensationeller Entdeckungen ein, die mit Wissenschaftlernamen wie Pierre und Marie Curie, Ernest Rutherford, Hans Geiger und nicht zuletzt Albert Einstein verbunden sind. Alpha-, Beta- und Gammastrahlung wurden festgestellt.

Ein bedeutender Tag

Der Durchbruch für die neuen Wissenschaften kam am 7. August 1912. An diesem Tag stieg der französische Physiker Victor Hess mit einem Heißluftballon auf, um mit einem Elektrometer zu messen, inwieweit die radioaktive Strahlung des Erdgesteins mit zunehmender Höhe abnimmt.

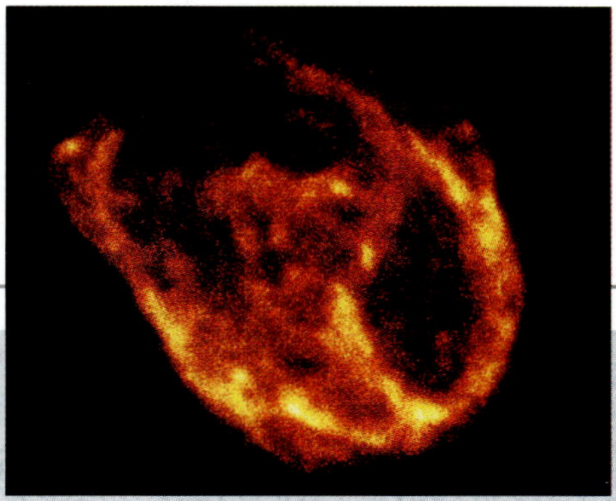

Die 10 Mio. °C heiße Gaswolke ist der Rest eines explodierten Sterns in der Großen Magellan'schen Wolke.

Wie entstehen Neutrinos?

Neutrinos werden auf der Erde durch natürliche radioaktive Elemente, Kernreaktoren und Teilchenbeschleuniger-Experimente produziert. Wir sind auf der Erde aber auch permanent einem Schauer von kleinen Teilchen ausgesetzt, die aus dem Weltall auf die Erde treffen. Durch Kollisionen von Teilchen dieser kosmischen Strahlung (Protonen und alpha-Teilchen) mit den Sauerstoff- und Stickstoffkernen in der Atmosphäre werden laufend Neutrinos produziert. In der Sonne entstehen sie beim Kernfusionsprozess und in großer Anzahl auch in Supernova-Explosionen. Sie können uns Informationen über diese Ereignisse übermitteln. Zusätzlich sind etwa 300 Neutrinos/m³ noch von der Zeit des Urknalls vorhanden; sie heißen primordiale Neutrinos.

Hess musste aber zur Kenntnis nehmen, dass die Strahlung mit zunehmender Höhe sogar zunimmt. Denn: Je dünner die Erdatmosphäre wurde, desto weniger wurde diese aus dem Weltall eindringende Strahlung durch die schützende Erdatmosphäre absorbiert.

Alles durchdringend

Diese wissenschaftliche Sensation rief sogleich Apokalyptiker und Wissenschaftler auf den Plan: Rasch war die Rede vom alles durchdringenden kosmischen Teilchenschauer, lebensfördernd und bedrohend zugleich, immer aber faszinierend. Es sollte bis zum 4. Dezember 1930 dauern, ehe der in Wien geborene Physiker Wolfgang Pauli (1900–58) Licht ins Dunkel dieser Phantome brachte. Die hatten bis dato äußerst geringe Neigung gezeigt, überhaupt mit ihrer Umgebung in irgendeine Wechselwirkung zu treten. Offenbar rasten diese Teilchen einfach durch Sonnen, Planeten und Monde hindurch: ein Spuk in riesigen Materiemassen, in denen nicht einmal ein einziger Zusammenstoß stattfand.

Der in München promovierte Pauli nannte dieses offenbar masselose, elektrisch neutrale Partikel und Lichtteilchen erstmals Neutron. Ursprünglich trieb ihn die Frage nach dem Bestand des zweiten Energieerhaltungssatzes der Physik um. Mit dem Dänen Niels Bohr fragte er sich, warum bei radioaktiven Zerfällen Energie verloren ging. Seine Mutmaßung: Das Neutron, ein unsichtbares Teilchen, sauste mit der fehlenden Energie auf Nimmerwiedersehen davon.

Wie schwer wiegend ein solches wissenschaftliches Postulat im Jahr 1930 noch war, mag ein Zitat Paulis verdeutli-

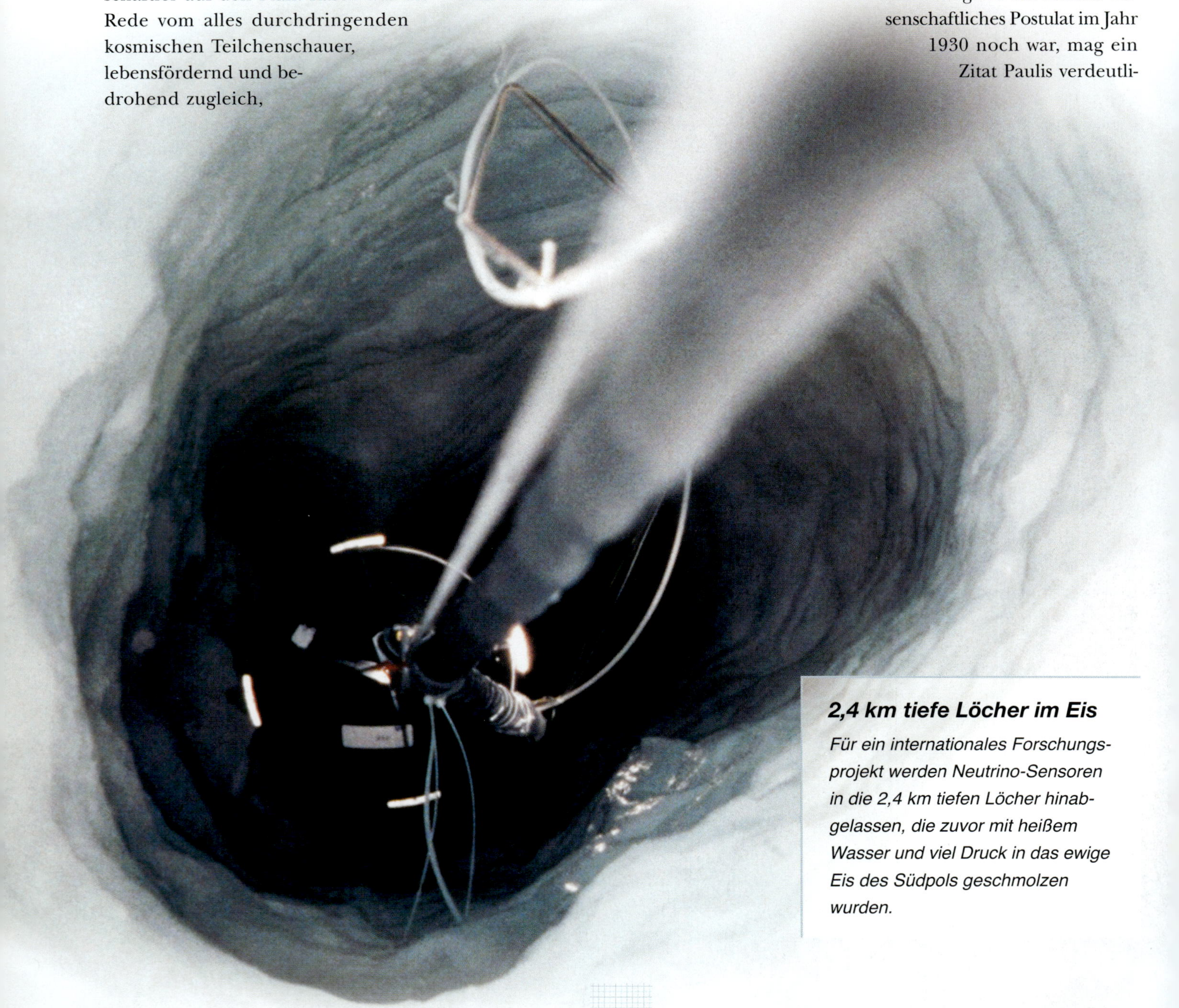

2,4 km tiefe Löcher im Eis

Für ein internationales Forschungsprojekt werden Neutrino-Sensoren in die 2,4 km tiefen Löcher hinabgelassen, die zuvor mit heißem Wasser und viel Druck in das ewige Eis des Südpols geschmolzen wurden.

Sensoren in Glaskugeln

In diesen Glaskugeln sitzen die empfindlichen Sensoren oder Photomultiplier, die in der Tiefe des antarktischen Eises die aus dem Weltall stammenden Neutrinos registrieren sollen.

chen: „Ich habe etwas Schreckliches getan: Ich habe ein Teilchen vorausgesagt, das nicht nachgewiesen werden kann." Damals stand seine wissenschaftliche Reputation auf dem Spiel.

Tatsächlich dauerte es bis 1945, ehe Pauli, der 1940 aus Deutschland geflüchtet war und bis 1946 in Princeton, USA, lehrte, den verdienten Nobelpreis erhielt – allerdings nicht für die Neutron/Neutrino-Entdeckung.

MASSE LIEGT BEI NULL

Die 15 Jahre, die dazwischen lagen, waren indes schwierig, nicht nur für Pauli. Immerhin: Bereits 1931 hatte Pauli Unterstützung von dem italienischen Forscher Enrico Fermi erhalten. Dieser nannte das kleine neutrale Objekt erstmals Neutrino. Der neue, sich zu Proton, Elektron und Photon gesellende Mini hatte es in sich: Seine Masse sollte bei Null liegen und doch verantwortlich sein für das Zusammenhalten der Welt.

Zwei Wissenschaftler, Hans A. Bethge und Rudolf E. Peierls, erklärten dann 1934, dass zum Existenznachweis der Neutrinos eine mehrere Lichtjahre dicke Bleischicht notwendig sei. Und doch gelang 22 Jahre später den Amerikanern Fred Reines und Clyde Cowan der Nachweis des Neutrinos. Seit Juli 1945 forschten beide am „Manhattan Project" in Los Alamos – ihre Idee: Der Neutrino-Nachweis könnte in unmittelbarer Nähe einer Atombombenexplosion möglich sein.

Die Forschungsaktivitäten wurden in den US-Bundesstaat Washington ausgelagert, wo das Projekt „Poltergeist" entstand. Dort entwickelte man ein bleigeschütztes Zylinderrohr mit einer Kapazität von 300 l so genannter Szintillarflüssigkeit: Der erste Neutrino-Detektor war geboren. Er wurde von 90 gläsernen Photomultipliern – empfindlichen Sensoren – kontrolliert und trug als Zeichen damaliger Wertschätzung für die Leistungen der deutschen theoretischen Physik den Namen „Herr Auge 1".

> *„Ich habe etwas Schreckliches getan: Ich habe ein Teilchen vorausgesagt, das nicht nachgewiesen werden kann."*
>
> WOLFGANG PAULI,
> NOBELPREIS FÜR PHYSIK 1945

Doch erst eine auf 10 t und 1400 l Szintillarflüssigkeit erweiterte Version mit Namen „Herr Auge 2" war erfolgreich. Kurz vor seinem Tod erhielt Wolfgang Pauli im Juni 1956 die erfreuliche Nachricht vom Neutrino-Nachweis. Sogar die vermutete Größe des Neutrinos von 6×10^{-44} cm² passte: Das Elektron-Neutrino war gefunden. Fred Reines erhielt dafür 1995 den Nobelpreis, sein Kollege Cowan war da schon seit längerer Zeit verstorben ... Nach der Entdeckung überschlugen sich die Ereignisse. 1962 wurde ein zweites Neutrino nachgewiesen, das Myon-Neutrino, und die Elektronenbeschleuniger kamen auf.

GEBÜNDELTE FORSCHUNG

Nach dem Fall der Berliner Mauer im November 1989 konnten die Wissenschaftskräfte in aller Welt gebündelt werden. Und die Elementarteilchenphysik wurde mit der Astronomie gekoppelt. Nun sollten nicht mehr nur die sensiblen Detektoren in den Beschleunigerringen den Neutrinos auf die Spur kommen. Neue, gewaltige Neutrino-Teleskope wurden errichtet, teils sogar im Weltall selbst.

Russische und deutsche Wissenschaftler versenkten ein Netz von Photomultipliern mit 50 cm Durchmesser im sibirischen Baikalsee, um den Neutrinos auf die Spur zu kommen. Dabei hofften sie, dass die Tiefen des Baikal-Wassers alle anderen Teilchen ausfiltern würden. Auch ihre US-Kollegen legten vor Hawaii eine Unterwasser-Fanganlage in den Pazifik. In Japan entstand der so genannte Super-Kamiokande, ein gewaltiger Wasserdom, dessen Wände komplett mit reflektierenden gläsernen Photomultipliern ausgestattet sind.

Sehr schnell war klar, dass die effektivste Neutrino-Forschung nur mit dem größtmöglichen Filter realisiert werden

Super-Kamiokande lauert auf Besuch aus dem All

Der 59 m hohe Super-Kamiokande-Detektor wartet bei Tokio auf Neutrinos. Er ist gefüllt mit 50 000 t Wasser und mit über 11 000 Photomultipliern bestückt, einer Art Lichtdetektoren, die die Blitze der Neutrinos registrieren können.

konnte. Anders als Neutrinos gehen alle anderen Elementarteilchen, wenn sie feste Materie durchstoßen, eine Wechselwirkung ein: Sie kollidieren! Solche kollidierenden Teilchen mussten also mit einem Megafilter eliminiert werden.

Der größtmögliche Filter auf Erden aber ist – die Erde selbst. Und die größtmögliche Distanz auf unserem Globus liegt zwischen Nord- und Südpol. Die ideale Forschungsstation hätte also am Nord- oder Südpol eingerichtet werden müssen, was Mitte der 1990er-Jahre auch geschah, aber dazu später mehr.

Byron Lundberg, Bruce Baller und weiteren Kollegen gelang 1997 am Fermilab in Chicago der Nachweis des dritten und letzten theoretisch berechneten Neutrinos, des Tau-Neutrinos.

NOCH EIN TEILCHEN

Doch Ende 2000 schlugen wieder einmal die Grundlagenforscher zu. Forscher am europäischen Kernforschungszentrum CERN in Genf entdeckten erstmals vier Spuren eines ominösen Teilchens, das der schottische Physiker Peter Higgs bereits im Juli 1964 erwähnt hatte und das als Higgs-Teilchen bezeichnet wird.

Mit dem LHC, dem Large Hadron Collider, werden die Genfer Wissenschaftler im Jahr 2007 über einen Teilchenbeschleuniger verfügen, dessen Kapazität wohl ausreichen wird, um das Higgs-Teilchen nachzuweisen. Da-

bei spielen auch die Laboratorien des *Italienischen Nationalen Instituts für Kernphysik* eine bedeutende Rolle.

Forschungsstätte im Fels

Kaum jemand vermutet an der Autobahn A 24 Teramo – Roma in 963 m Höhe unter dem gewaltigen Massiv des Gran Sasso die größten unterirdischen Labors der Welt. Über ihnen türmt sich der Fels weitere 1400 Höhenmeter. Die hier arbeitenden Wissenschaftler wollen die künftig in Genf produzierten Teilchenschauer nutzen. Die darin enthaltenen Neutrinos benötigen nur 2,5 Millisekunden für ihre rund 730 km lange Reise zum Gran Sasso, die schnurstracks durch den Erdmantel führt. Und der dient, wie auch das 1400 m hohe Bergmassiv über den Labors beim Einfangen von Supernova-Neutrinos, als Filter.

Auch hier werden also unerwünschte Teilchen durch Kollisionen ausgefiltert, um den Nachweis der flüchtigen Neutrino-Phantome zu erleichtern. Dabei hofft man, mit den künstlichen Neutrinos aus dem CERN, deren Energie, Quelle und Entfernung ja bekannt sind, das Phänomen der Oszillation in den Photomultipliern sowie die Physik der Neutrinos besser zu verstehen.

Jagd auf Exoten

Noch spektakulärere Experimente werden am Südpol durchgeführt. Wissenschaftler vom *Deutschen Elektronen-Synchroton (DESY)* in Zeuthen bei Berlin sind an den Projekten *AMANDA* und *IceCube* beteiligt, bei denen man Neutrinos auf die Spur kommen will, die aus den entlegensten Winkeln des Weltalls stammen. Die üblichen, bei den Kernreaktionen in der Erdatmosphäre oder im Innern der Sonne entstehenden Neutrinos interessieren sie nicht. Denn die „exotischen" Neutrinos geben Kunde von Regionen des Universums, aus denen kaum ein anderes Signal bis zu unserem Planeten vordringt, etwa von der gegenüberliegenden Seite der Milchstraße oder von den Zentren fremder Galaxien. Um die kosmischen Boten abzufangen, legten die Forscher im *AMANDA*-Experiment am Pol ein weitläufiges Detektorfeld an. In Abständen von ungefähr 20 m ließen sie in einer Tiefe von bis zu 2000 m gläserne Detektorkugeln im Eis einfrieren.

Die Erde als Filter

Die Sensoren in den druckfesten Detektor-Kugeln registrieren Neutrinos, die auf der Nordhalbkugel der Erde auftreffen und durch die Erde und die Antarktis rasen.

Wenn solche Partikel auf ihrem Weg durch die Eisschicht mit einem Atomkern zusammenstoßen, verwandeln sie sich mitunter in ein anderes Teilchen und ziehen einen schwachen, bläulichen Lichtkegel hinter sich her. Dieses Signal wird im durchsichtigen Eis von mehreren Detektor-Kugeln wahrgenommen. Ähnlich, wie man aus der Bugwelle eines Schiffs auf dessen Fahrtrichtung schließen kann, lässt sich dann aus dem Verlauf des Lichtkegels der Einflugwinkel des Neutrinos rekonstruieren.

Den Teilchen-Jägern am Südpol sind bislang 200 Neutrinos in die Falle gegangen. Einer der außerirdischen Boten war allerdings nicht darunter, alle Partikel stammten aus der Erdatmosphäre. „Spektakuläre Supernova-Ausbrüche haben sich in letzter Zeit nicht ereignet, und sämtliche anderen Neutrinoquellen im Universum liegen unvorstellbar weit von uns entfernt. Der Teilchenfluss von dort ist deshalb extrem gering", erklärt *DESY*-Mitarbeiter Torsten Schmidt.

Um mehr Neutrinos abzufangen, wird das *AMANDA*-Detektor-Netz bis zum Jahr 2010 zum neuen Neutrino-Teleskop *IceCube* auf eine Fläche von 1 km² mit insgesamt 4800 Sensoren erweitert.

WAHN ODER WIRKLICHKEIT?

Seit Jahren ranken sich die verschiedensten Gerüchte um die geheimnisvollen Kugelblitze, die oft als Einbildung oder optische Täuschungen abgetan wurden. Inzwischen ist es Wissenschaftlern jedoch gelungen, in Labors kleinere Kugelblitze künstlich zu erzeugen.

Das Magazin *Nature* berichtete im Jahr 2000, dass John Abrahamson und James Dinniss von der Canterbury-Universität in Neuseeland sicher seien, das Geheimnis der Kugelblitze gelöst zu haben. Ihren Beobachtungen zufolge handelt es sich dabei eher um einen chemischen als einen physikalischen Vorgang: Durch die Entladung eines Blitzes wird Siliziumoxid (Sand) im Boden zu Silizium reduziert und verbindet sich anschließend sofort wieder mit dem Luftsauerstoff zu Siliziumoxid. Dabei verdampft das Siliziumoxid und verbindet sich zu langen Ketten. Diese häufen sich zu leichten, flaumigen Bällen, die von der Luft getragen werden.

VERFORMBARE KUGELN

Zu den eigentlichen Blitzerscheinungen kommt es nach Meinung der Wissenschaftler erst bei der zweiten Reaktion. Der Blitz bringt die im Boden vorhandenen Sandkörner, die durch die Bodenporen an die Luft geschleudert werden, explosionsartig zum Verdampfen. Dazu ist eine enorm hohe Energie notwendig, wie sie Blitze ohne weiteres erzeugen können. Bei der anschließenden Oxidierung mit dem Luftsauerstoff wird dagegen sehr viel Energie frei und bringt die Siliziumkugel zum Leuchten. Diese Reaktion dauert so lange, bis das gesamte Silizium verbraucht ist. Berichte, denen zufolge Kugelblitze durch Wände

Im Zickzackkurs zur Erde

Da es keine wissenschaftlich gesicherten Fotos von Kugelblitzen gibt, stützt sich nahezu alles Wissen über dieses Phänomen auf Augenzeugenberichte.

und Fenster dringen können, erklären die Forscher mit kleinsten Spalten und Löchern, die besonders in älteren Gebäuden zu finden sind. Weil die Kugeln nur eine sehr lockere Struktur hätten, könnten sie sich extrem verformen und überall eindringen, beispielsweise in Luft oder Wasser.

Unbeantwortet bleibt dabei allerdings die Frage, warum Kugelblitze manchmal ohne erkennbare Spuren Wände durchdringen, manchmal aber auch deutliche Brandspuren hinterlassen.

Nur ein Häuflein Asche

Andere Forscher meinen, ein Kugelblitz bestehe aus ionisiertem Gas, dem so genannten Plasma, genauso wie es als leuchtende Erscheinung bei einem normalen Blitz entsteht. Die Kugelform bilde sich, so Experten der Universität von Madrid, weil starke vertikale und horizontale Magnetfelder auf das Plasma einwirken. Diese Felder seien so stark, dass sie das eigentlich sofort zu erwartende Platzen der Kugel zumindest einige Sekunden verhindern könnten. Erst wenn diese Kräfte schwächer werden, könne sich das Gas-Plasma explosionsartig ausdehnen und die Kugel platzen lassen. Dabei entstünde der für Kugelblitze charakteristische, besonders laute Donner.

Aber auch diese Erklärung beantwortet nicht alle Fragen. So bleibt schleierhaft, welche Kräfte die Bahn eines Kugelblitzes beeinflussen und warum das vermutlich etwa 16 000 °C heiße Plasma bei der Berührung mit Haut und Haaren mitunter kaum sichtbare Schäden hinterlässt, in anderen Fällen aber die Blitzopfer zu Asche verbrennen kann.

Aufwändige Versuche

Wie dem auch sei: Nach langem Zögern hat sich die Wissenschaft endlich dazu durchgerungen, die Existenz von Kugelblitzen zumindest nicht mehr abzustreiten, nur weil sie dafür keine Erklärung hat. Mit aufwändigen Versuchsanordnungen ist es in einigen Labors immerhin gelungen, bis zu 10 mm große Gebilde zu erzeugen, die ähnliche Eigenschaften zeigen wie Kugelblitze. Schlüssig und bis ins Letzte geklärt ist das Phänomen jedoch bis heute nicht.

Das liegt zum einen daran, dass Kugelblitze ein ausgesprochen seltenes Phänomen sind, das sich zum anderen auch nicht vorhersagen lässt, weil man ja nicht weiß, wann und warum sie entstehen. Daher haben bis heute nur sehr wenige Meteorologen, Physiker oder Chemiker überhaupt jemals einen Kugelblitz gesehen oder Zeugen eines solchen Ereignisses intensiv befragen können. Das braucht auch nicht zu verwundern, denn im Allgemeinen existieren die Kugeln höchstens 10 sek, ehe sie mit Donnergetöse zerplatzen. Und welcher Zeuge

2000 Gewitter fegen ständig über die Erde

Zu jeder Tages- und Nachtzeit entladen sich insgesamt etwa 2000 Gewitter über der Erdkugel. Auf Satellitenbildern oder von einer Raumfähre aus werden sie als flackernde Lichter wahrgenommen. Schwerpunkte der Gewittertätigkeit sind die Regenwälder Südamerikas, Afrikas und Asiens.

Doch wie entsteht ein Gewitter überhaupt? Wenn in einer normalen Regenwolke sehr starke Aufwinde entstehen, schleudern diese die feinsten Wassertröpfchen der Wolke bis zu 20 km weit nach oben. Dort gefrieren sie in der Eiseskälte sofort. Weitere Eiskristalle lagern sich an, und es entstehen Graupel- und Hagelkörner.

Da ständig weitere Wasser- und Eispartikel nach oben geschleudert werden, entsteht eine enorme statische Aufladung. Die negativen Pole liegen auf den kleinen Kristallen und Tröpfchen, die positiven an den größeren. Ist die Spannung zwischen beiden Ladungen hoch genug, kommt es zur Entladung: Blitze zucken innerhalb der Wolke oder von der Erde in die Wolke – in der Laufbahn eines Blitzes erreicht die Lufttemperatur Werte bis zu 30 000 °C, und das in diesem Zustand Plasma genannte Gas beginnt zu leuchten.

Der Schwerpunkt der Gewittertätigkeit liegt in den Tropen, zu den Polen hin nimmt sie ab.

Auf der Suche nach dem besten Blitzschutz

Auch nach 250 Jahren Blitzforschung sind noch längst nicht alle Geheimnisse gelöst. Nach wie vor suchen die Ingenieure nach besseren Lösungen zum Schutz von Wohnhäusern und Geräten. Hier wird gerade ein Spannungsprüfer vor einem Glas getestet, auf dem Oberflächenblitze erzeugt werden.

kann sich nach einem so aufregenden Erlebnis schon genau an alle wichtigen Details erinnern? Dazu ist ein Kugelblitz viel zu erschreckend.

Hohe Energie

Immerhin, einige brauchbare und vermutlich zuverlässige Hinweise auf ihre Natur haben sich aus den Zeugenberichten über etwa 2000 Kugelblitze aus den letzten 300 Jahren herauskristallisiert. So brachte ein Kugelblitz einmal eine Tonne voller Regenwasser in Sekunden zum Kochen, andere brannten Löcher in Asphalt. Daraus errechneten die Wissenschaftler eine Energieleistung von etwa 360 kW.

Aufgrund seiner optischen Erscheinung – ein relativ dunkler Kern und eine leuchtend rötliche bis gelbe Farbe – schloss man, dass Kugelblitze im Innern kalt sind, während sich entlang der magnetischen Feldlinien Temperaturen von etwa 16000 °C entwickeln dürften. Dieses Phänomen könnte auch erklären, warum die Blitze keine Hitze ausstrahlen, bei Berührung aber Verbrennungen wie ein normaler Blitzschlag hervorrufen können. Ihre Helligkeit entspricht meist der einer 100-Watt-Glühbirne.

Unklar ist weiterhin, warum Kugelblitze unterschiedliche Durchmesser haben, die von der Größe eines Tennisballs bis zu mehreren Metern reichen sollen. Etwa 60 % aller beobachteten Kugelblitze hatten eine Größe von 10–30 cm. Sie bewegten sich mit einer Geschwindigkeit von 2–3 m/s, also ungefähr so schnell, wie man bei einem durchschnittlichen Dauerlauf vorankommt.

Was die Blitze in eine bestimmte Richtung treibt, ist dagegen weitgehend unbekannt. Eine der exaktesten Schilderungen stammt aus einem Jugend-Ferienlager in der Nähe von Moskau. Dort bricht an einem Abend im Frühsommer ein Gewitter los, bei dem zunächst normale Blitze vom Himmel zucken.

Das Wasser glüht

Dann stieben plötzlich Funken aus dem Schwimmbecken, das Wasser scheint zu glühen. Zwei Kugeln, beide strahlend hell, steigen aus dem Wasser. Die größere von beiden, etwa 30 cm groß, leuchtet bläulich; die kleinere, etwa halb so groß, glüht hellorange. Die Kugeln fliegen um eine Hausecke und auf eine Kiefer zu. Auf ihrem Weg zum Wipfel des Baumes lösen sie unter lautem Prasseln Rindenteile, die glimmend zu Boden fallen.

Gleichzeitig kracht es in einem nahe gelegenen Haus, aus den Steckdosen sprühen Funken, und ein gelber Blitz schlägt in eine Fensterscheibe. Metallene Teekessel beginnen auf dem Herd zu tanzen und strahlen ein bläulich-rotes Licht aus. Draußen nehmen die beiden Blitze eine Pappel ins Visier – sie scheinen ihre Äste regelrecht abzusprengen.

FARBWECHSEL

Auf ihrem Weg bilden die Kugeln nacheinander pfeilförmige Auswüchse, dazu verändern sie auch ihre Farben: Die größere, ursprünglich blaue Kugel zeigt nun einen braunen Kern und eine grünliche Außenschicht, aus der kleineren leuchtet jetzt ein roter Kern.

Schließlich taucht der größere der beiden Blitze in eine verdorrte Kiefer ein und tritt wenige Sekunden später im Wipfel wieder aus. Der Baum brennt lichterloh und fällt auseinander. Währenddessen hat sich die kleinere Kugel ein neues Ziel gesucht: Ihr Pfeil wächst plötzlich, berührt ein am Fenster des Hauses stehendes Mädchen am Kopf und zieht sich gleich darauf wieder zurück. Als die Betreuer dem völlig verschreckten Mädchen zu Hilfe eilen, können sie aufatmen: Der Blitz hat lediglich ihre metallene Haarspange verbrannt und dabei ein paar Haare versengt. Ansonsten ist das Mädchen unversehrt.

Die beiden Kugeln besuchen unterdessen eine kleine Holzlaube, wo sie einige Male unter der Decke rotieren, ehe die kleinere erneut ein Mädchen aufs Korn nimmt, das vor einem der Häuser steht. Voller Panik rennt es weg, die Kugel in kurzem Abstand hinterher.

Erst als sie den nahe gelegenen Wald erreicht, lässt der Blitz wieder von ihr ab und verschwindet spurlos zwischen den Bäumen. Der andere beginnt schließlich zu pulsieren wie ein schlagendes Herz und bildet jetzt einen Pfeil aus, der gelb-rote Funken sprüht. Schließlich folgen zwei laute Knalle, die Kugel ist danach deutlich kleiner. Mit einem vernehmlichen Knacken und Prasseln verschwindet die Kugel schließlich ganz, sie löst sich einfach auf.

Kugelblitze an Bord

Seit 300 Jahren gibt es Zeugenberichte über Kugelblitze. Dieser Holzstich von 1889 zeigt ein Gewitter mit Kugelblitzen an Bord eines Schiffes.

EDELSTEINE AUS DEM ALL

Meteoriten werden immer begehrter und teurer. Eine verschworene Gemeinschaft sammelt diese Boten aus dem Universum und zahlt horrende Summen für seltene Stücke.

Vor knapp 50 000 Jahren raste ein 1–1,5 Mio. t schwerer Meteorit mit einer Geschwindigkeit von ungefähr 70 000 km/h unter ohrenbetäubendem Tosen auf die Erde zu. Dabei zog er eine riesige Qualmspur hinter sich her. Etwa 200 km nordwestlich von Phoenix, Arizona, schlug er ein – und er wirkte wie mehrere Atombomben.

Nach dem Einschlag gähnte ein Loch von 190 m Tiefe und einem Durchmesser von knapp 1,4 km in der Erde. Über 270 Mio. t Felsgestein hatte der Meteorit aus dem Boden geschlagen. Ein Teil davon verdampfte durch die frei gewordene Energie, der Rest häufte sich rings um die Einschlagstelle auf. Daher dachte man lange Zeit, der Krater sei ein erloschener Vulkan – bis man 1890 erstmals kleine Brocken fand, die Nickel und Eisen enthielten. Das sind untrügliche Zeichen für Meteoriten.

Und genau diese Brocken sind es, die die Herzen einer kleinen, aber zu allem entschlossenen Gemeinde von Sammlern höher schlagen lassen. So erzielte man bei einer Versteigerung im Londoner Auktionshaus *Christie's* für ein gerade mal 0,7 g wiegendes Stück Meteoritengestein 8000 Dollar, das Höchstgebot für ein Stück Mondgestein lag sogar bei astronomischen 68 Mio. Dollar.

Der Stein von Neuschwanstein

Dieses Wissen spornte auch einen Sammler aus Berlin an, der am 14. Juli 2002 in der Nähe des Märchenschlosses Neuschwanstein im Allgäu in einem schwer zugänglichen Gebiet einen 1750 g schweren magnethaltigen Stein fand – unzweifelhaft ein Meteorit. Die entscheidenden Informationen über die vermutliche Lage des Fundes hatte er vom *Deutschen Zentrum für Luft- und Raumfahrt (DLR)* erhalten, das den Eintritt des Meteoriten in die Erdatmosphäre bis zu seinem Einschlag auf dem Gebiet von Schwangau unweit von Füssen genauestens dokumentiert hatte.

Funde wie der von Neuschwanstein haben jedoch echten Seltenheitswert. Zwar fallen Meteoriten annähernd gleich verteilt zur Erde, doch die Hauptfundgebiete liegen in extrem unwirtlichen Gebieten: im ewigen Eis oder in den großen Sandwüsten wie der Sahara. Von dort stammen im Übrigen die meisten der heute angebotenen Stücke.

Das hat einen ganz einfachen Grund: In diesen Gebieten ist der Boden entweder schneeweiß oder sandfarben. Meteoriten fallen dort leichter auf als anderswo, weil sie beim Eintritt in die Erdatmosphäre ins Glühen geraten sind und daher eine schlackeartige, dunkle Oberfläche aufweisen.

Einzigartig

Doch was macht die Meteoritenbruchstücke eigentlich so interessant? Jeder Meteorit, der die Erde erreicht, ist ein einzigartiges Muster einer anderen Welt, das sich in Herkunft, Aufbau, Struktur und Mineralbestand sowohl von irdischen Gesteinen als auch von anderen Meteoriten abhebt. Ganz grob unterscheidet man Eisen-, Eisen-Stein- und Stein-Meteoriten. Sie werden entsprechend ihrem Eisengehalt klassifiziert. Innerhalb dieser drei Klassen gibt es noch zahlreiche Unterarten, deren Namen dem Fachmann verraten, welche anderen chemischen Verbindungen und physikalischen Eigenschaften der Meteorit aufweist.

Meteoriteneinschlag in Griechenland

Das Loch über der Kapelle beim Ort Didyma auf dem Peloponnes stammt von einem Einschlag in grauer Vorzeit. Hier findet man hin und wieder noch Meteoritenstücke.

Zum Aufregendsten, was man besitzen kann, gehören SNC-Meteoriten, die wahrscheinlich durch Asteroiden-Einschläge vom Mars abgesprengt wurden. SNCs sind nach den Meteoriten *Shergotty*, *Nakhla* und *Chassigny* benannt und bestehen überwiegend aus Pyroxen und Feldspat, der bei den Shergottiten durch Druckeinwirkung in eine auf der Erde unbekannte, glasartige Substanz umgewandelt ist, dem Maskelynit. Die *Viking*-Sonden, die bei ihren Missionen Mitte der 1970er-Jahre den Mars erkundeten, hatten derartige Zusammensetzungen auf dem Roten Planeten entdeckt.

Aus einer anderen, fernen Welt

Der Meteorit ALH 84001 wiegt 1,98 kg und stammt vom Mars. Er wurde 1984 in Allan Hills in der Antarktis gefunden. Jeder Meteorit unterscheidet sich in Aufbau, Struktur und Herkunft von anderen.

Beamen – Scotty muss noch warten

Schlagzeilen vom erfolgreichen Beamen machen in den Medien immer häufiger die Runde. Die Sciencefiction scheint Wirklichkeit zu werden. Was aber steckt tatsächlich dahinter?

In der beliebten US-Fernsehserie *Star Trek* heißt es lakonisch „Beam me up, Scotty". Doch was dem Enterprise-Techniker Scotty nicht die geringsten Probleme macht, ist für die Wissenschaftler von heute noch eher Zukunftsmusik, mit der man sich allenfalls theoretisch beschäftigt. Um nämlich einen leibhaftigen Menschen von einem Ort an einen anderen zu beamen, also blitzschnell über riesige Entfernungen hinweg zu befördern, bräuchte man eine Beam-Vorrichtung, die einiges können müsste. Welche Schwierigkeiten sich dabei ergeben, hat der amerikanische Wissenschaftler Lawrence M. Krauss vor einigen Jahren einmal in einer ausführlichen Studie dargelegt, wobei sich für ihn drei Kernprobleme ergeben.

Erstens: Der menschliche Körper besteht aus Materie. Um ihn mit Lichtgeschwindigkeit an einen anderen Ort zu beamen, muss man diese Materie vollständig in Strahlung umwandeln.

Dazu wäre es nach den Berechnungen des Physikers nötig, den Körper auf rund 1000 Mrd. °C zu erhitzen – eine Temperatur, die millionenfach heißer ist als das Innere unserer Sonne. Erst dann wäre das gewünschte Beamen möglich. Um wiederum einen einzigen Menschen zu beamen, müsste man eine unvorstellbar hohe Energiemenge aufwenden, die etwa 1000-mal höher ist als der gesamte bisherige Energieverbrauch der Menschheit.

Materie wieder zusammenfügen

Zweites Problem: Am Zielort muss der Beam-Apparat die Materie wieder komplett zusammenfügen. Um dies zu bewerkstelligen, benötigt er sämtliche Informationen über alle Eigenschaften aller Atome (und das sind Billionen!) sowie über deren genaue Position und Funktion innerhalb des gebeamten Körpers. Das erfordert – so der Physiker – etwa 10^{28} Kilobyte. Zum Vergleich: Alle Bücher, die es auf unserer Erde gibt, enthalten zusammen lediglich eine Informationsmenge von 10^{12} Kilobyte, also etwa 10 Mio. Milliarden mal weniger, als zur Beschreibung eines einzelnen Menschen nötig wären.

Unüberwindbare Hürde?

Drittens müsste man die Atome eines zu beamenden Menschen in allen Einzelheiten genau beschreiben können. Dies geht aber wegen der Heisenberg'schen Unschärferelation nicht. Dieses naturwissenschaftliche Grundgesetz aus der Quantenphysik besagt, dass es unmöglich ist, sowohl Ort als auch Geschwindigkeit eines Teilchens genau zu kennen.

Selbst wenn sich die beiden ersten Probleme lösen ließen, muss das Beamen prinzipiell an dieser dritten Hürde scheitern. Denn ansonsten müsste man dieses Naturgesetz umgehen können. Genau das wussten auch die Schöpfer von *Star Trek*, weshalb sie einfach den so genannten Heisenberg-Kompensator erfanden. Wie das Gerät funktioniert, bleibt jedoch leider ein Rätsel. Und das wird es auch immer bleiben, weil es ein solches Gerät nie geben wird.

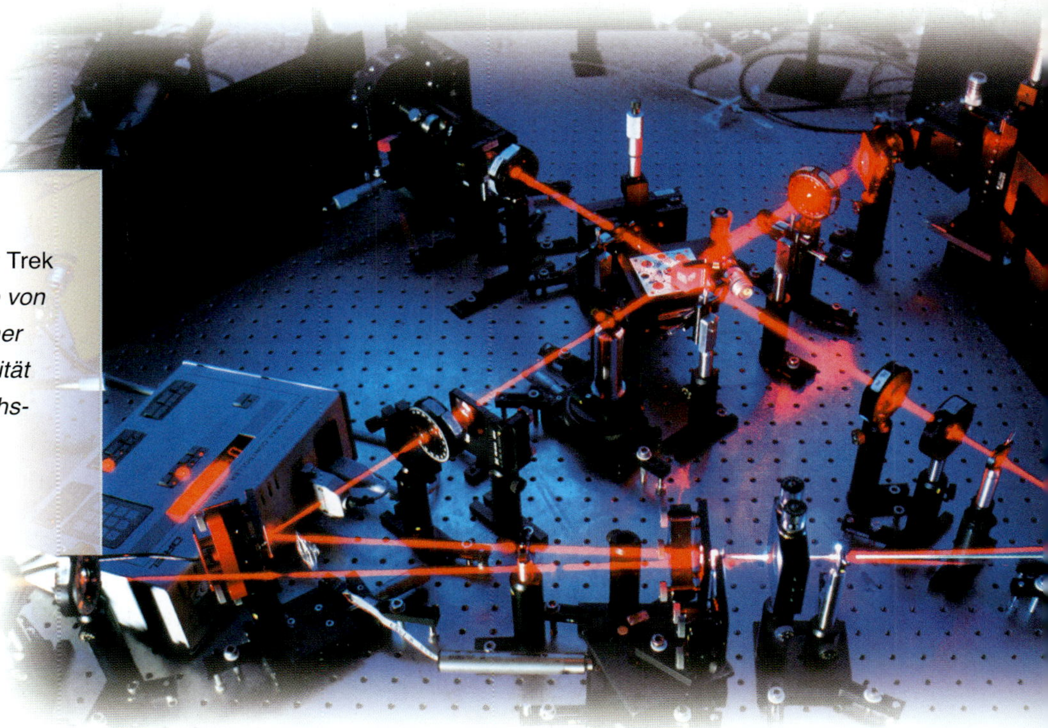

TV und Wirklichkeit

Der Transporter-Raum in Star Trek *sieht futuristischer aus als die von Prof. Anton Zeilinger und seiner Arbeitsgruppe an der Universität Innsbruck entwickelte Versuchsanordnung zur Teleportation einzelner Photonen (rechts).*

Praktische Möglichkeiten der Teleportation

Wenngleich man mit der Teleportation in näherer Zukunft wohl keine Menschen beamen kann, so bietet die neue Technologie doch vielfältige praktische Möglichkeiten. Wenn es beispielsweise gelänge, die so genannten Quanten-Computer zu bauen, ließe sich die Kommunikationstechnologie enorm verbessern. Künftige Rechnergenerationen könnten z. B. bis zu 1 Mrd. mal schneller sein als heutige Hochleistungsrechner. Außerdem eröffnet die Teleportation neue Perspektiven in der Chiffrierungstechnik für Banken, Verwaltungen oder auch für Regierungen.

Roboter verwalten das Bandarchiv von IBM Deutschland. Die Zukunft könnte bei den fast unvorstellbar schnellen Quanten-Computern liegen.

Vielleicht aber – so mag man sich fragen – könnte man das Heisenberg'sche Grundgesetz ja auf andere Weise austricksen? Zumindest für bestimmte Zwecke braucht man das wohl gar nicht! Denn bereits Albert Einstein erkannte bei der Betrachtung so genannter verschränkter Quantensysteme, dass es dort gewisse „spukhafte Veränderungen" zwischen zwei benachbarten Teilchen gibt. Gemeinsam mit seinen Forscherkollegen Boris Podolsky und Nathan Rosen veröffentlichte er dies 1935 in einem Gedankenexperiment.

Das Einstein-Podolsky-Rosen-Experiment sollte nun rund 60 Jahre später die Grundlage für Experimente des österreichischen Experimentalphysikers Professor Anton Zeilinger und seinen Mitarbeitern von der Universität Innsbruck bilden, bei dem 1997 zum ersten Mal die Teleportation eines Photons gelang. Wie das Wörtchen beamen stammt auch das Wort Teleportation aus der Sciencefiction, wo beide Begriffe die gleiche Bedeutung haben. Wissenschaftlich versteht man unter Teleportation allerdings etwas anderes, auch wenn in den Schlagzeilen der Medien immer wieder von beamen die Rede ist.

Es waren Aufsehen erregende Experimente, die weltweit zu einem Wettlauf in puncto Teleportation führten – zu einem Marathonlauf, in dem noch kein Ende abzusehen ist und der immer mehr Gemüter erregt. Was aber passiert bei der Teleportation wirklich?

Verschränktes System

Unter Teleportation versteht man wissenschaftlich die Herstellung einer exakten Kopie eines Quantensystems an einem anderen Ort durch Ausnutzung verschränkter Zustände. Ein einfaches Beispiel für ein verschränktes Quantensystem sind etwa zwei Photonen, die sich nur in der einen Quanteneigenschaft unterscheiden, dass sie immer orthogonal, also rechtwinklig, zueinander polarisiert sind, dass ihre elektrischen Felder also senkrecht zueinander schwingen. Ist das eine Photon etwa horizontal polarisiert, ist das andere stets vertikal polarisiert und umgekehrt. Dabei ist es prinzipiell egal, wie weit sie voneinander entfernt sind.

Polarisation nicht festgelegt

Man könnte nun annehmen, dass die orthogonale Polarisation einfach deshalb zustande kommt, weil die Photonen diese Polarisation bereits von der Lichtquelle weg tragen oder weil sie irgendeine Eigenschaft besitzen, die bestimmt, welche Polarisation sie bei einer Messung haben werden. Dem ist aber nicht so: Vielmehr ist die Polarisation von keinem der beiden Photonen von Anfang an festgelegt. Das Messergebnis für jedes der beiden ist vollkommen zufällig. Misst man jedoch die Polarisation des einen Photons und zeigt sich, dass es horizontal polarisiert ist, so ist das andere zwangsläufig vertikal dazu polarisiert. Dies eben bezeichnet Einstein als spukhafte Veränderung.

Umgehung des Problems

Was jetzt im Zeilinger-Experiment passiert, können wir uns folgendermaßen vorstellen: Anita besitzt ein Photon C, dessen Polarisation sie nicht kennt. Sie möchte nun ihrem Freund Hans ein Photon in genau demselben Quantenzustand übermitteln. Weil Anita aber Angst hat, es könne unterwegs verloren gehen, will sie es Hans teleportieren. Zur Übertragung der unbekannten Information brauchen die beiden als Mittler ein verschränktes Photonenpaar.

Eines dieser beiden Photonen – das Photon A – besitzt Anita, das Photon B hat Hans. Gemäß der Natur eines verschränkten Zustandes ist vor einer Messung keine der beiden Polarisationsrichtungen festgelegt. Jetzt misst Anita das Photon A und das Photon C. Bei dieser Messung werden nun auch diese beiden miteinander verschränkt – dergestalt, dass die Polarisation der beiden Photonen orthogonal zueinander steht. Aber Photon A und B sind ebenfalls noch miteinander verschränkt.

In diesem Moment bleibt Photon B nichts anderes übrig, als die Polarisationsrichtung von Photon C anzunehmen. Damit hat es sich in Photon C verwandelt, denn verschränkte Paare unterscheiden sich ja nur in einer einzigen Eigenschaft. Anita teilt Hans per Telefon mit, dass die Teleportation stattgefunden hat. Da weder Anita noch Hans vorher Informationen über den Zustand, also über die Polarisationsrichtungen der Photonen hatten, ist das Problem mit der Heisenberg'schen Unschärferelation umgangen worden.

Keine Materie übermittelt

Im Zeilinger-Experiment wurde also die Information über die Polarisationsrichtung des Photons C übermittelt, weshalb man von einer Teleportation spricht. Nicht übermittelt wurde das Photon selbst. Und keineswegs wurde ein Teilchen (etwa ein Proton) oder gar ein noch komplexeres Gebilde übermittelt. Doch genau dies ist – neben weiteren gravierenden Unterschieden – der Fall beim Beamen bei der *Star-Trek*-Technologie. Vom Beamen kann also keine Rede sein, da hierbei ausdrücklich Materie – also Teilchen – teleportiert wird.

Und zwischen dem Teleportieren eines Lichtquants und dem Beamen eines Teilchens liegen Meilen und zwischen dem Beamen eines Atoms und dem Beamen eines Menschen liegen Welten. Und so werden Captain Kirk und seine Crew wohl noch einige Zeit in der Sciencefiction bleiben müssen.

Albert Einstein

Der bedeutendste Physiker des 20. Jahrhunderts

Albert Einstein (geboren 1879 in Ulm, gestorben 1955 in Princeton, USA) wurde berühmt durch seine Relativitätstheorie. Den Nobelpreis bekam er 1921 aber für die Entdeckung des Gesetzes des photoelektrischen Effekts, der Grundlage der Quantentheorie. Auf seinem 1935 veröffentlichten Gedankenexperiment, wonach es bei verschränkten Quantensystemen spukhafte Veränderungen zwischen benachbarten Teilchen gibt, beruht die Arbeit der Forscher in Innsbruck.

Kalt und voller Geheimnisse: Eis

Eis und Kälte prägen den größten Teil des Universums und auch unseren Planeten. Die Kraft des Eises hobelt ganze Gebirge ab, und es kann beim Abtauen ganze Landstriche ertränken und vernichten. Doch Eis hat auch seine schönen Seiten.

Eis ist ein idealer Baustoff

Mit Eis kann man wunderbar modellieren – so findet im japanischen Sapporo alljährlich das Eis- und Schneefestival statt, zu dem ganze Paläste oder riesige Skulpturen aus Eis gebaut werden.

In der vierfachen Entfernung der Erde von der Sonne ist es so kalt, dass der im Weltall verteilte Wasserdampf zu Eis kristallisiert. Dieses Eis mischte sich unter die Staubpartikel und wurde so zum Baumaterial für die Planeten. Sie konnten also noch mehr Masse bilden und daher immer größere Mengen an noch vorhandenem Staub, größere Planeten und sogar extrem leichte Gaspartikel an sich binden. Das erklärt, warum die Planeten umso größer wurden, je weiter sie von der Sonne entfernt kreisen. Und warum sie an ihrer Oberfläche enorm große Krater aufweisen, die vom Einschlag großer Meteoriten herrühren.

Eis war also der auslösende Faktor für das Wachstum der großen Planeten wie Jupiter und Saturn, die am Ende, als der ganze Staub im Gravitationsfeld unserer Sonne verbraucht war, die 100fache Masse der Erde erreicht hatten.

Doch auch das Erscheinungsbild unserer Erde ist vom Eis geprägt. Denn ebenso wie es Planeten aufbaut, hat es auch eine ungeheure zerstörerische Wirkung, vergleichbar der Energie von Sprengstoff. Grund dafür ist eine physikalische Eigenschaft, die jeder schon erfahren hat, der z. B. eine Flasche Wasser zum schnellen Abkühlen in die Tiefkühltruhe gelegt hat: Beim Gefrieren dehnt sich das Wasser unaufhaltsam aus und sprengt alle Fesseln.

Risse im Felsgestein

So hat vor allem die Eisbildung dazu geführt, dass frühere schroffe Hochgebirge, die durch das Auffalten von Gesteinsplatten entstanden waren, im Lauf von Jahrmillionen zu sanften Mittelgebirgen abgehobelt wurden. Der Grund dafür waren feinste Risse im Gestein, die sich etwa durch starke Temperaturschwankungen im Tag-Nacht-Rhythmus bildeten. In ihnen sammelte sich das Wasser aus Niederschlägen. Im Winter gefror es zu Eis, dehnte sich dabei leicht aus und sprengte dadurch größere und kleinere Felsbrocken aus dem Berg. Diese rollten talwärts und wurden bei der Schneeschmelze oder nach Unwettern immer weiter nach unten transportiert, bis sie sich irgendwann auf dem

Boden eines Meeres ablagerten – als Kies, Sand oder staubfeiner Schlick. Diese so genannte Erosion formt auch heute noch das Erscheinungsbild unserer Gebirge. Dass die Alpen heute noch längst keine sanfte Hügellandschaft sind, hat vor allem einen Grund: Es ist ein erdgeschichtlich sehr junges Gebirge, dessen Auffaltung bis heute noch nicht endgültig abgeschlossen ist. Noch immer wachsen Zugspitze und Co. im Zeitlupentempo von wenigen Millimetern – pro Jahrhundert!

Enorme Kraft

Trotzdem – die Erosion ist auf Dauer stärker, und so wird die Sprengkraft des Eises in einigen Millionen Jahren auch die Alpen gründlich abgehobelt haben. Daran wird auch die momentan zu beobachtende Klimaveränderung nicht viel ändern können.

Die enorme Kraft, die beim Gefrieren des Eises frei wird, nutzen beispielsweise Arbeiter in Steinbrüchen für sich. Dort, wo man den Fels nicht mit riesigen Sägen bearbeiten kann, ahmen sie das Prinzip der Verwitterung gezielt nach: Um etwa Platten für Bodenbeläge oder große Brocken für Grabsteine oder Skulpturen zu gewinnen, bohrt man in regelmäßigen Abständen Löcher von bis zu 10 cm Durchmesser in den Fels und füllt sie mit Wasser. Dann wartet man einfach ab, bis das Wasser gefroren ist und den Stein herausgesprengt hat.

Flexibles Eis

Noch vor einigen 1000 Jahren wirkte Eis in großem Maßstab außerdem auf eine andere Weise: Während der Eiszeiten bedeckten riesige Gletscher das gesamte Mitteleuropa. Und so hart und starr Eis ist, wenn es einen See oder Fluss bedeckt, so flexibel wird es, wenn großer Druck auf ihm lastet. Dann nämlich verändert es seine Struktur und wird beweglich. Als Folge davon fließt es überall dort talwärts, wo der Untergrund eine Neigung aufweist – genauso wie Wasser, nur wesentlich langsamer.

Einfaches Leben in der Decke des Meereises

Meerwasser gefriert bei einer Temperatur unter –1,8 °C, dies liegt an seinem Salzgehalt. Die auf das Eis fallenden Niederschläge lassen den Salzgehalt abnehmen, sodass mit zunehmendem Alter der Salzgehalt des Meereises bis auf unter 3 % abnimmt. In der Antarktis schwankt die Fläche der Eisdecke zwischen 20 Mio. km² (Winter) und 4 Mio. km² (Sommer), in der Arktis zwischen 14 Mio. km² und 7 Mio. km². Das Meereis beherbergt eine Lebensgemeinschaft aus Bakterien, Algen, Einzellern und wirbellosen Tieren, die in den solehaltigen Kanälen und an der Unterseite des Eises leben.

Da nur reines Wasser gefriert, bleiben die im Meerwasser gelösten Salze in den nur Mikrometer kleinen Hohlräumen zurück und bilden dort die Sole. Die Algen im Meereis stellen bis zu 30 % der pflanzlichen Biomasse des Polarmeeres.

In 140 m Tiefe leben am antarktischen Meeresboden Schwämme in Kugel- und Geweihform und dazwischen Seegurken und Weichkorallen.

Bei seinem Fließen im Zeitlupentempo nimmt das Gletschereis alles mit, was nicht ganz fest mit dem Untergrund verbunden ist: Geröll ebenso wie Felsbrocken von der Größe eines Hauses – das so genannte Geschiebe. Zurück bleibt ein glatt geschliffenes Bett aus nacktem Gestein oder aber eine oft bizarr geformte Hügellandschaft wie das Voralpenland. Es markiert sozusagen den Friedhof der eiszeitlichen Gletscher: In den auf die Eiszeiten folgenden wärmeren Perioden schmolzen die Gletscher im Flachland ab, und das Geschiebe blieb als so genannte Moräne liegen.

Gletscher waren auch für eine besondere Landschaftsform verantwortlich, die z. B. das bayerische Voralpenland prägt. Die Ebenen der aus den Bergen kommenden Flüsse wie Isar, Amper oder Lech sind durch eine spezielle Form der Moränen, die Randmoränen, voneinander getrennt. Sie entstanden folgendermaßen: Beim Fließen des Eises bilden sich an der Spitze des Gletschers so genannte Zungen aus, die das Geschiebe früherer Gletscher wie der Räumschild eines Schneepflugs nach beiden Seiten wegschieben.

UNTER EIS BEGRABEN

Im Lauf der Zeit wurden auf diese Weise große Mengen von Geschiebe zu relativ geradlinigen, lang gestreckten Hügelketten geformt, die dann die natürlichen seitlichen Grenzen für die Flüsse bildeten. In welchen Größenordnungen man sich die damaligen Eismassen vorstellen muss, macht ein Vergleich mit den heutigen deutlich. Die meisten noch vorhandenen Eismassen finden sich an den Polkappen und in den Polarkreisen. Insgesamt liegen rund 15,5 Mio. km^2 oder 3 % der Erdoberfläche unter Eisschichten, die an manchen Stellen bis zu mehreren Kilometern dick sind.

WIE ENTSTEHEN GLETSCHER?

Voraussetzung für die Gletscherbildung sind entweder dauerhafte Minustemperaturen oder sehr lange Frostperioden, wie sie in höher gelegenen Alpentälern oder eben in den Polargebieten vorherrschen. Doch auch in den tropischen Regionen rund um den Äquator finden sich Gletscher, und zwar in Höhen ab etwa 5000 m.

In diesen Gebieten fällt eine so große Menge Schnee, dass er in Wärmeperioden nicht vollständig abtauen kann. Durch sein eigenes Gewicht wird der Schnee dann immer weiter verdichtet, die Schneekristalle werden zusammengepresst, und es entsteht eine Firnschicht aus Eisklümpchen. Unter dem immer höher werdenden Druck der neu fallenden Schneemassen verdichtet sich

Wenn Eismassen abbrechen, nennt man das Kalben: Moreno-Gletscher in Argentinien.

Die größten Gletscher

Die größten Gletscher der Erde finden sich fast ausschließlich in den Polargebieten und in Hochgebirgen besonders mit ozeanischem Klima. Mit wachsender Trockenheit nimmt die Vergletscherung ab.

Name, Ort	Länge (km)	Fläche (qkm)
Hubbart-Gletscher (Alaska)	122	3400
Malaspina-Gletscher (Alaska)	113	2220
Fedtschenko-Gletscher (Pamirgebirge, Russland)	77	992
Siachen-Gletscher (Karakorumgebirge, Pakistan)	75	1180
Columbia-Gletscher (Alaska)	61	100
Biafo-Gletscher (Karakorum, Pakistan)	59	544
Baltor-Gletscher (Karakorum, Pakistan)	57	754
Skeidararjökul (Island)	50	1300
Moreno-Gletscher (Argentinien)	30	257
Großer Aletsch-Gletscher (Wallis, Schweiz)	25	87

Bau eines Schneehauses

Für seinen Iglu schneidet der Inuit Blöcke aus dem festen Schnee und stapelt sie schräg aufeinander zu einer Kuppel. Durch die Körperwärme werden später innen Temperaturen über 0 °C erreicht.

der Firn schließlich zu Eis. Dieser Vorgang läuft noch schneller ab, wenn im Sommer die obersten Schneeschichten schmelzen, das Wasser sich seinen Weg nach unten sucht und in tieferen Schichten wieder gefriert.

Im Hochgebirge der Alpen beispielsweise fließen Gletscher mit Geschwindigkeiten von 40–200 m pro Jahr zu Tal, in den steileren Lagen Spitzbergens werden sogar 800 m/Jahr erreicht. Dabei fließt ein Gletscher allerdings nicht als Ganzes mit einer einheitlichen Geschwindigkeit. An Engstellen oder in steil abfallendem Gelände bewegt sich das Eis deutlich schneller als in den übrigen Bereichen.

Tückische Gletscherspalten

Dadurch entstehen im Eis Spannungen, die schließlich zu Rissen führen, den äußerst gefürchteten Gletscherspalten. Sie sind besonders gefährlich, weil sie sehr tief sein können und nicht immer bis zur Oberfläche reichen. Denn dort kann sich Neuschnee an den Rändern der Spalte ablagern und im Lauf der Zeit von den Seiten her zu einer neuen Firnschicht verbacken.

Da diese Schichten an vielen Stellen nicht sehr dick sind und sich auch die Spaltenränder ständig millimeterweise gegeneinander verschieben, ist diese Deckschicht nicht sehr tragfähig und bildet eine enorme Gefahr für Bergsteiger und Wintersportler, unter deren Gewicht sie dann zusammenbrechen: Die Opfer stürzen haltlos in die Tiefe der Spalte. Ihre Bergung gestaltet sich oft sehr schwierig, da sich die Retter mühsam in dem immer enger werdenden Spalt zu den Opfern vorarbeiten müssen. Daher sollte man einen Gletscher in keinem Fall alleine begehen oder befahren, sondern immer, gesichert durch ein Seil, in Gruppen zusammenbleiben.

Drohende Gefahr

Die weltweit vorhandenen Eisvorräte bilden in den kommenden Jahrzehnten eine ernsthafte Gefahr für unseren Planeten. Weil durch den Treibhauseffekt die Temperatur auf der Erde seit ungefähr 150 Jahren langsam, aber unaufhaltsam ansteigt, schmilzt bereits jetzt mehr Eis, als durch Niederschläge neu entsteht. Die Folgen sind dramatisch: Die Eiskappen der Pole und die Gletscher schwinden weltweit, und ungeheure Wassermassen sammeln sich in den Meeren.

Der Pegelstand steigt bereits spürbar an und wird möglicherweise bereits in 100 Jahren dafür sorgen, dass sich das Bild unserer Erde wesentlich verändert: Inselgruppen wie die Malediven sowie fruchtbare Tiefebenen werden dann unter Wasser stehen, Siedlungsraum und Äcker knapp werden.

DIE WELT IM SPIEGELBILD

Jedem Teil sein Gegenteil: Das hört sich zunächst sehr einfach an, ist aber oft gar nicht so leicht in die Realität umzusetzen. Man stelle sich nur einmal das Gegenteil von einem grünen Apfel vor. Im Reich der kleinsten Teilchen jedoch gibt es damit keine Probleme.

Roter Riese trifft weißen Zwerg

So sieht es der Illustrator, wenn Materie auf Antimaterie trifft und in einer Explosion reine Zerstrahlungsenergie entsteht.

Es klang zunächst alles eher nach reiner Spekulation eines mathematisierenden Forschers: 1928 versuchte der englische Physiker Paul Dirac, die Quantenmechanik mit der Relativitätstheorie zusammenzubringen und eine verbesserte Theorie des Elektrons aufzustellen. Dabei kam er bei seinen Berechnungen zu dem Schluss, dass es neben dem normalen, negativ geladenen Elektron auch ein entsprechendes Teilchen mit einer positiven Ladung geben müsse. Bis auf die entgegengesetzte Ladung sollte das Teilchen die gleichen Eigenschaften haben wie sein negativ geladenes Gegenstück. Seine Formel legte außerdem nahe, dass diese Teilchen zwangsläufig dann entstehen, wenn die Bewegungsenergie der Elektronen sehr groß wird.

TÜR ZUR ANTIWELT

Bereits vier Jahre später sollte sich die gewagte Vorhersage Diracs auch schon bewahrheiten. Der amerikanische Physiker Carl David Anderson entdeckte in der kosmischen Höhenstrahlung einige ungewöhnliche Teilchen. Sie hatten zwar die gleiche Masse wie das Elektron, trugen aber eine umgekehrte Ladung. Ein Markenzeichen dieser seltsamen Gebilde, die den Namen Positron erhielten, war ihre Eigenschaft, plötzlich ohne erkennbaren Grund zu verschwin-

den. Und damit war die Tür zu einer vollkommen neuen Welt, der Antiwelt, einen Spalt breit geöffnet.

Es sollte denn auch nicht lange dauern, bis die Existenz weiterer Antiteilchen zunächst theoretisch vorhergesagt werden konnte, die man dann tatsächlich später auch fand. Und schon bald nach Dirac wurde allgemein akzeptiert, was heutzutage als sicher gilt: Zu jedem Elementarteilchen gibt es ein so genanntes Antiteilchen. Die Antiteilchen der Quarks heißen Anti-Quarks, die der Neutrinos nennt man Anti-Neutrinos. Eine gewisse Ausnahme macht das Photon, das sein eigenes Antiteilchen ist. Allerdings darf man sich unter einem Photon auch kein Teilchen im eigentlichen Sinne vorstellen.

Charakteristisch für Antiteilchen ist, dass sie sich in allem haargenau so verhalten wie die Teilchen. Wäre unser Universum also nicht aus Materie, sondern aus Antimaterie aufgebaut, so könnten wir keinen Unterschied feststellen. Alles würde bis ins kleinste Detail genauso aussehen und funktionieren wie wir es kennen.

Keine Co-Existenz

Nicht nur der Sciencefiction eröffnen sich damit interessante Perspektiven. Auch wissenschaftlich lässt sich exzellent darüber philosophieren, weshalb nun die Welt ausgerechnet aus Materie und nicht aus Antimaterie besteht. Denn beide Formen sind prinzipiell gleichwertig. Warum also und wann in der Evolution unseres Universums fiel die Entscheidung zugunsten der normalen Materie und gegen die Antimaterie?

Völlig unmöglich ist jedoch, dass in unserem Universum Materie und Antimaterie dauerhaft nebeneinander existieren können. Denn wenn Teilchen und die entsprechenden Antiteilchen aufeinander treffen, so zerstrahlen sie auf der Stelle zu reiner Energie. Antiteilchen sind unter normalen Bedingungen also ausgesprochen kurzlebig, recht stabil sind sie jedoch, wenn man sie in einem sehr guten Vakuum aufbewahrt.

Das aber könnte die Antiteilchen zu weit mehr machen, als nur zu interessanten Kuriositäten für Physiker. Man könnte sich die Antimaterie nämlich nutzbar machen. Sie könnte uns eines Tages vielleicht Perspektiven eröffnen, die wir gar nicht erahnen und von denen wir uns gegenwärtig noch keine Vorstellungen machen.

Nutzen für die Medizin

In gewissem Umfang werden Antiteilchen schon heute praktisch genutzt, etwa in der Medizin. Bei der Positronen-Emissions-Tomographie (PET) handelt es sich um ein nuklearmedizinisches Verfahren, mit dem Stoffwechselprozesse des Körpers auf molekularer Ebene sichtbar gemacht werden können. Neue Erkenntnisse brachte die PET bereits in der Hirn- und Herzforschung. Zudem eröffnen sich diesem Verfahren noch vielfältige Möglichkeiten im Bereich der Krebsforschung, weil sich bösartige Erkrankungen frühzeitiger diagnostizieren lassen als mit anderen Methoden.

Die nötigen Positronenstrahler (Aminosäuren, Zucker) müssen derzeit aber noch in einem technisch aufwändigen

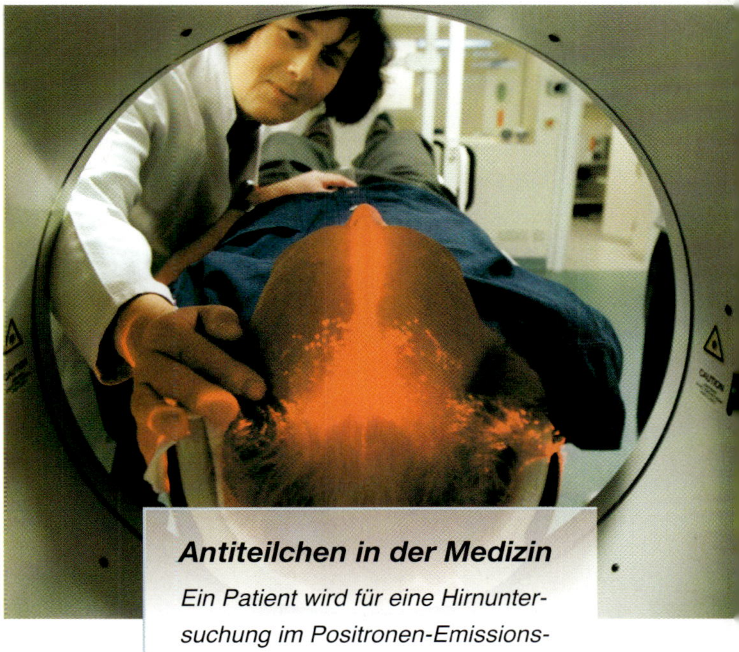

Antiteilchen in der Medizin

Ein Patient wird für eine Hirnuntersuchung im Positronen-Emissions-Tomographen (PET) vorbereitet.

Verfahren in einem Kreisbeschleuniger (Zyklotron) hergestellt werden und aufgrund ihrer kurzen Halbwertzeiten von 20–120 min auch meist am Ort ihrer Produktion zum Einsatz kommen.

Technisch erheblich ungünstiger steht es hingegen um die Anti-Protonen, die ebenfalls schon vor längerer Zeit – und zwar im Jahr 1955 – entdeckt wurden. Ihre Herstellung erfolgt nach wie vor in einem sehr zeit- und energieraubenden Prozess, der dazu nur einen Wirkungsgrad von 0,000 000 01 % hat. Zum Vergleich: Selbst eine altmodische Dampfmaschine besitzt einen Wirkungsgrad von etwa 10 %. Sämtliche in einem Jahr von den Physikern am europäischen Teilchenphysik-Zentrum CERN in Genf produzierten Anti-Protonen haben einen Energiegehalt, mit dem man beispielsweis eine 100-Watt-Glühbirne 3 sek lang betreiben könnte. Würde man nun die gesamte Weltproduktion an Elektrizität in Anti-Protonen umwandeln, so könnte man diese 100-Watt-Glühbirne theore-

Antimaterie entdeckt

Das Gammastrahlen-Teleskop auf der Kanaren-Insel La Palma hat bereits eine Antimaterie-Wolke aufgezeichnet. Sie entstand, als in 4000 Lichtjahren Entfernung Materie auf Antimaterie prallte und sich beide gegenseitig vernichteten.

In diesem 27 km langen, unterirdischen „Elektron-Positron-Speicherring“ der CERN-Forschungsanlage in Genf gelang es, Anti-Wasserstoff herzustellen.

Herstellung von Anti-Wasserstoff im CERN

Die Erzeugung von Anti-Wasserstoff ist sehr schwierig und kann auf verschiedene Weise erfolgen. Nach einem inzwischen fast klassischen, am Genfer Kernforschungszentrum CERN entwickelten Verfahren lässt sich die Antimaterie gewissermaßen „im Flug“ herstellen. Fliegt in einem Teilchenbeschleuniger ein Anti-Proton ganz dicht an einem so genannten Target-Kern – etwa einem Xenon-Atom – vorbei, können bei einer Kollision der beiden Anti-Wasserstoffatome entstehen. Deren Existenz wird durch die beim Auftreffen auf Materie entstehende Strahlung bewiesen.

tisch 95,6 Stunden lang leuchten lassen. Die Sache lohnt sich wirtschaftlich also überhaupt nicht.

Nur Sciencefiction

Noch negativer sehen die Prognosen schließlich für den Anti-Wasserstoff aus. Ein Anti-Wasserstoff-Atom besteht aus einem Anti-Proton und einem Positron. Seine Herstellung gelang erstmals 1995, doch bereits viel früher wurde der Anti-Wasserstoff als potenzielle Energiequelle der Zukunft diskutiert.

Beispielsweise stößt das Raumschiff *Enterprise* in der gleichnamigen TV-Serie auf der Basis von Anti-Wasserstoff mit seinem Warp-Antrieb bereits seit langer Zeit auf den Fernsehschirmen in die Weiten des Weltraums vor. Doch was in der Sciencefiction-Serie bereits gang und gäbe ist, bleibt in der Realität wohl auf lange Sicht nur eine interessante Idee. Doch zurück in die Wirklichkeit: Um Anti-Wasserstoff-Atome zu erzeugen, braucht es noch erheblich größere Aufwendungen als bei der Produktion von Anti-Protonen – der Gesamtwirkungsgrad des erzeugten Anti-Wasserstoffs liegt bei weniger als 0,000 000 000 1 %!

Keine Lösung in Sicht

Nun geht man zwar davon aus, dass sich die Probleme bei der Herstellung von Anti-Wasserstoff innerhalb der nächsten Zeit lösen lassen, doch es wird auf lange Sicht wohl viel günstiger sein, die zur Verfügung stehenden Energieressourcen direkter zu nutzen. Im Anti-Wasserstoff eine Energiequelle der Zukunft zu sehen, ist wohl mehr als eine Illusion.

WAS ELEKTRONEN ALLES KÖNNEN

Elektronen sind seltsame Teilchen. Sie sind ausgesprochen klein, halten aber unsere Welt im Innersten zusammen. Und obwohl sie allgegenwärtig sind, stecken sie doch immer noch voller Rätsel.

Kein Zweifel: Wenn wir „einen gewischt" kriegen, haben wir dies der Wirkung von Elektronen zu verdanken. Knipsen wir eine Glühbirne an, so erzeugen schwingende Elektronen Lichtwellen. Und schwingende Elektronen sind es auch, die in einer Antenne Radiowellen erzeugen. Mit der Wirkung von Elektronen haben wir es fast ständig zu tun, was sich aber genauer hinter ihnen verbirgt, bleibt eher rätselhaft.

Klein sind sie zumindest, sehr klein sogar. Aus der Schule weiß man vielleicht noch, dass ihnen nur 1/1800 der Masse eines Protons zukommt. Und da auch Protonen schon etwa 10 000-mal kleiner sind als das kleinste Atom, versagen meistens unsere Vorstellungen von der Größe eines Elektrons. Trotzdem gehören die Elektronen neben den nicht minder ominösen Quarks, aus denen die Protonen bestehen, zu den kleinsten echten bekannten Teilchen.

ANSCHAULICH, ABER FALSCH

Allgemein bekannt ist zumindest, dass Elektronen eine negative Ladung tragen. Sie bewirkt, dass Elektronen in der Regel um die Protonen kreisen, denen wiederum eine entgegengesetzte, positive Ladung zukommt. Ein solches Gebilde bezeichnet man als Atom. Trotz der beträchtlichen Größenunterschiede zwischen Protonen und Elektronen ist die Stärke der Ladungen jeweils gleich, nur eben entgegengesetzt.

Der Einfachheit halber sagt man gern, dass die Elektronen dabei auf bestimmten Bahnen um die Protonen schwirren, wobei sich die einzelnen Atomsorten (sprich die chemischen Elemente) in der Anzahl der Protonen und Elektronen unterscheiden. Diese Vorstellung – auch als Bohr'sches Atommodell bekannt – ist recht anschaulich, aber falsch.

Beispielsweise nicht korrekt daran ist, dass Niels Bohr seine Elektronen auf definierten Bahnen kreisen ließ. Er gab damit im Prinzip Ort und Impuls eines Elektrons genau an, was jedoch gemäß der 1927 von Werner Heisenberg aufgestellten Unschärferelation unmöglich ist. Erst die auf dieser Unschärferelation basierende Quantenmechanik ermöglichte es dann, die Verhältnisse in der Elektronenhülle exakt zu berechnen. Man gab also die physikalisch nicht messbaren Größen wie Elektronenbahn, Elektronenort und

Bernstein ist der Namensgeber

Bernstein heißt auf Griechisch „Elektron". Durch zufälliges Reiben an dem fossilen Harz hat man die elektrostatische Aufladung entdeckt.

Haarsträubend

Die Haare stehen zu Berge, wenn sie durch Kämmen negativ aufgeladen werden. Da sich gleiche Ladungen abstoßen, entfernt sich jedes Haar so weit wie möglich vom Nachbarhaar.

Bahngeschwindigkeit auf, kam mit den quantenmechanischen Berechnungen nun allerdings zu völlig unanschaulichen Ergebnissen.

Teilchen oder Wellen?

Wieder in die Anschaulichkeit zurückübersetzt, gelangte man schließlich zum „wellenmechanischen Atommodell" oder „Schrödinger-Atommodell". Danach kann sich ein Elektron je nach Energiegehalt in verschiedenen Orbitalen – also Umlaufbahnen – von unterschiedlicher geometrischer Form bewegen, die man auch als s-, p-, d- und f-Orbitale bezeichnet.

Mithilfe dieser quantenmechanischen Vorstellungen lassen sich jetzt zwar elegante Aussagen über den wahrscheinlichen Aufenthaltsraum von Elektronen machen, sie führten jedoch auch zu anderen Vorstellungen über die Natur der Elektronen selbst. So besitzen die Elektronen nicht nur Teilchen-, sondern auch Welleneigenschaften.

Dazu muss man wissen, dass die Quantenmechanik ihren Namen daher hat, dass die Objekte, mit denen sich diese Theorie beschäftigt (das sind etwa Teilchen, Wellen oder Energie), stets gequantelt sind. Das bedeutet, sie kommen nur in bestimmten Mengen (Quantitäten) oder Portionen vor.

Das hört sich ganz einfach an, widerstrebt aber unserer Vorstellungskraft.

Denn: Was sind Elektronen nun wirklich? Teilchen oder Wellen? Die Antwort ist simpel: Sie sind beides! Sie sind als echte quantenmechanische Teilchen nie nur Teilchen oder nur Wellen. Sie haben immer Eigenschaften von beiden, weshalb man in der Quantenmechanik auch von Zuständen spricht.

Dieses Doppelleben der Elektronen ist zwar schwer verständlich, aber Realität. So ist ihre Natur nicht nur durch verschiedene klassische Experimente der Physik (u. a. durch die Erforschung der Kathodenstrahlen und die Interferenz von Elektronen) längst bewiesen, im täglichen Leben nutzen wir den Teilchen-Wellen-Dualismus nahezu ständig.

Echte Teilchen

Trotz dieses Dualismus sind die Elektronen echte Teilchen. Im Sinne der Quantenmechanik handelt es sich bei ihnen sogar um echte Elementarteilchen. Sie sind nach heutiger Ansicht unteilbar, und es gibt auch keinerlei Hinweise darauf, dass sie noch weiter teilbar wären.

Neuere physikalische Experimente legen allerdings nahe, dass Elektronen noch (viel) kleiner sind als bislang angenommen. Das hat nun verschiedentlich zu der Ansicht geführt, Elektronen hätten die Größe Null. Diese Behauptung ist jedoch reichlich abwegig, denn dann müsste ihnen eine so enorme Energiemenge innewohnen, dass nicht nur die mathematische Welt der Physiker aus den Angeln gehoben würde – schlimmer noch, die Elektronen müssten auch unter den gewaltigsten Explosionen auseinander fliegen. Dergleichen hat man aber nie beobachtet.

Schneller Kreisel

Zum Teilchen-Wellen-Dualismus gesellt sich schließlich noch eine weitere schwer fassbare Eigenschaft der Elektronen: ihr so genannter Spin. Diese aus dem Englischen stammende Bezeichnung bedeutet so viel wie „sich schnell drehen" oder „kreiseln". Danach kann man sich ein Elektron wie einen um sich selbst drehenden Kreisel vorstellen.

Ein Elektron kann sich aber entweder nur links oder nur rechts herum drehen, was man durch die Spinquantenzahl ausdrückt. Je nach Drehrichtung wird die Spinquantenzahl mit einem positiven oder negativen Vorzeichen versehen,

Ein Kristall aus Elektronen für die Computertechnik

Die faszinierenden Eigenschaften kleinster Kristalle aus wenigen Elektronen klärten Physiker an der Universität Rostock unter der Leitung von Dr. Michael Bonitz. In Computerexperimenten fanden sie heraus, wann ein solcher Wignerkristall existiert und wie er schmilzt: nicht nur durch Erwärmung, sondern auch durch Kompression, bedingt durch die räumliche Ausdehnung der Elektronen. Auch das Hinzufügen eines einzigen Elektrons kann den Schmelzprozess auslösen, was z. B. für die Computertechnik von Interesse ist.

Dahinter steckt eine einfache Idee: Elektronen transportieren elektrischen Strom und sind damit entscheidend für das Funktionieren der Chips. Wenn nun die Elektronen in einem Kristall gefangen sind, können sie sich nicht fortbewegen. Das Material verhält sich wie ein Isolator. Gelänge es jetzt, das Verhalten von kristallartig auf flüssig – und somit auf leitend – umzuschalten, könnte man neuartige kleinste elektronische Bausteine herstellen.

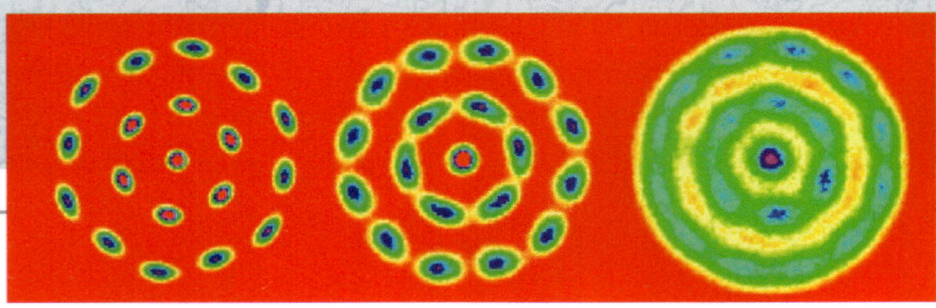

Der Wigner-Kristall (links) schmilzt unter Druck, wenn sich die einzelnen Elektronen-„Wolken" überlappen.

Elektronen machen Atome sichtbar

Beim Rasterelektronenmikroskop tasten Elektronenstrahlen Objekte unterhalb der Atomgröße ab und geben sie auf einem Bildschirm dreidimensional wieder.

man spricht von positivem oder negativem Spin. Die beiden Elektronen, die sich je ein Orbital teilen, unterscheiden sich stets in ihrer Spinrichtung.

Ein voll besetztes Orbital enthält also immer ein Elektron mit einem positiven und eines mit negativem Spin. Diese Rotation der Elektronen bewirkt noch eine dritte bemerkenswerte Eigenschaft der Elektronen. Sie besitzen ein Magnetfeld, das je nach Drehrichtung nach oben oder unten zeigt. Auf dieser Eigenschaft beruht etwa der Eisen-Magnetismus, bei dem bestimmte Elektronen der Eisenatome in bestimmten Abschnitten des Metalls jeweils die gleiche Drehrichtung haben. Wegen dieser Eigenschaft werden aber auch Elektronen in bestimmten Magnetfeldern je nach ihrem Spin in verschiedene Richtungen abgelenkt.

Werner Heisenberg

Quantenmechanik und Unschärferelation

Werner Heisenberg wurde 1901 in Würzburg geboren und starb 1976 in München. Er ist einer der Begründer der Quantenmechanik. So formulierte er 1927 die Unschärferelation und mit Niels Bohr die „Kopenhagener Deutung der Quantenmechanik". Für diese Leistungen erhielt er den Nobelpreis 1932. Heisenberg gilt als einer der größten Physiker des letzten Jahrhunderts, der sich auch mit den philosophischen und gesellschaftspolitischen Problemen der modernen Physik auseinander setzte.

DAS GEHEIMNIS DER QUARKS

Bisher rechnete man die Quarks, aus denen die Protonen aufgebaut sind, zu den Elementarteilchen – sie galten als unteilbar. Sollten sich aber Experimente amerikanischer Forscher bestätigen, dann geraten diese Vorstellungen ins Wanken.

Wüssten wir, was unsere Welt im Innersten zusammenhält, so hätten wir damit wohl die Weltformel und den Schlüssel zum wirklichen Weltverständnis gefunden. Viele Wissenschaftler glauben nämlich, dass derjenige, der das kleinste Teilchen findet, dieses Rätsel lösen kann. Damit hätte man nicht nur die Geheimnisse des Aufbaus der Materie gelüftet, sondern auch den Bauplan des gesamten Universums entdeckt.

Ein möglicher Favorit für derartige Forschungen sind die Protonen. Sie und die Neutronen bauen gemeinsam die Atomkerne auf und standen lange Zeit in dem Ruf, unteilbar zu sein. Das sollte sich

Mit Lichtgeschwindigkeit in die Antimaterie

Der Linearbeschleuniger bringt negative Wasserstoffionen auf 400 Mio. Elektronvolt. Danach werden die Protonen abgetrennt, in den Ringbeschleuniger Tevatron geleitet und fast mit Lichtgeschwindigkeit in Antimaterie gelenkt.

Verhalten der Quarks auf dem Prüfstand

Eine Wissenschaftlerin des Zentrums für Hochenergiephysik in Chicago (Fermilab) untersucht das Verhalten der Quarks.

indes als Trugschluss erweisen. Denn inzwischen weiß man, dass die Protonen und Neutronen wiederum aus kleineren Teilchen aufgebaut sind, die man Quarks nennt. Genauer gesagt, bestehen sie in der Regel aus je drei Quarks, man bezeichnet sie als Baryonen. Man kann aber auch Teilchen produzieren, die aus je einem Quark und einem Anti-Quark bestehen. Diese heißen Mesonen.

Die Quarks lassen sich merkwürdigerweise nicht als freie Teilchen beobachten. Versucht man, die Dreiergruppen auseinander zu reißen, so bilden sich neue Quark-Pärchen, aus denen wiederum andere Teilchen hervorgehen.

Querschläger

Etwas völlig anderes wollen hingegen Forscher im Zentrum für Hochenergiephysik (Fermilab) bei Chicago entdeckt haben, als sie vor einiger Zeit ihren Tevatron-Ringbeschleuniger mit sage und schreibe 900 Mrd. Elektronvolt (das entspricht dem jährlichen Stromverbrauch von Chicago) in Betrieb setzten. Nach der Beschleunigung knallten die Protonen-Pakete fast mit Lichtgeschwindigkeit in ein Paket aus Antimaterie. Dabei geschah nun etwas höchst Seltsames: Bei etwa jeder milliardsten Begegnung der Protonenpakete registrierten die hoch sensiblen, etwa hausgroßen Messgeräte Querschläger, die nahezu rechtwinklig vom Ort des Zusammenstoßes wegflogen. Es hatte den Anschein, als ob Teilchen mit etwas sehr Massivem im Innern der Quarks zusammengestoßen wären. Gemäß der Theorie hätte das eigentlich nicht passieren dürfen!

Die Forscher wiederholten also das Experiment, erneut gab es den unerlaubten Trümmerhagel. Daraus schlossen die Fermilab-Wissenschaftler, dass die Quarks keine unteilbaren, also fundamentalen Elementarteilchen sind. Vielmehr müssten die Quarks eine Art innere Struktur haben. Sie wären demnach aus noch kleineren Teilchen aufgebaut, die die Wissenschaftler Präonen oder Haplonen nennen. Damit man eine Vorstellung von den Größen bekommt: Ein Quark ist in jedem Fall kleiner als der millionste Teil eines milliardstel Millimeters!

Verschiedene Gruppen und Typen von Quarks

Quark ist nicht gleich Quark. Es gibt drei Gruppen von Quarks, die sich in ihrer Masse unterscheiden. Je höher die Gruppe ist, desto größer ist die Masse der Quarks. In der ersten Gruppe finden sich die up- und down-Quarks. Die zweite Gruppe umfasst die s-Quarks und c-Quarks. Das „s" bedeutet „strange" oder „seltsam", weil Teilchen mit einem s-Quark seltsamerweise länger existieren, als man das für Teilcher mit dieser Masse erwartet hat. Das „c" bedeutet „charm" und steht offenbar für „charmant". Die dritte Gruppe enthält die b-Quarks und top-Quarks, wobei „b" meist „bottom" (Grund) und „top" (Spitze) bedeutet. Dazu gibt es die entsprechenden Antiteilchen.

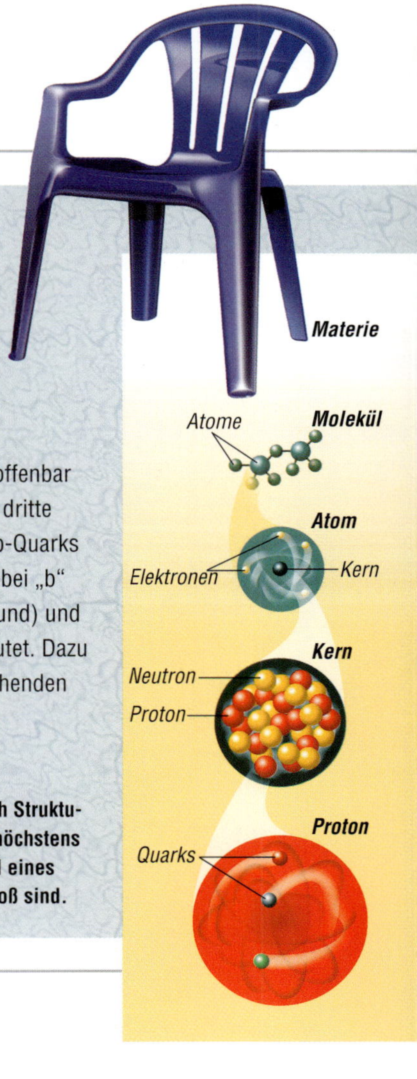

Heute lassen sich noch Strukturen untersuchen, die höchstens ein Hundertmillionstel eines Atomdurchmessers groß sind.

WUNDERSTOFF SAND

Zwischen Sand, Glas und Computerchip scheint es auf den ersten Blick kaum einen Zusammenhang zu geben. Und doch sind die Beziehungen viel enger, als man zunächst glaubt. Denn der Grundstoff zumindest ist bei allen der gleiche.

Hätten die Alchimisten bei ihrer Suche nach einer einträglichen Einnahmequelle seinerzeit nicht aufs falsche Pferd gesetzt, sprich auf Gold und dessen künstlicher Herstellung – die Geschichte der Menschheit wäre wohl etwas anders verlaufen. Statt nämlich etwas völlig Unmögliches zu versuchen, hätten sie besser gleich „auf Sand gebaut". Genauer auf Quarzsand, der in reiner Form nichts anderes als eine Verbindung der chemischen Elemente Silizium und Sauerstoff, in Form größerer Kristalle auch als gewöhnlicher Flussspat bekannt ist. Doch schien den Alchimisten der Quarzsand wohl viel zu unbedeutend, kommt er – anders als das sehr seltene Gold – in der Natur doch in nahezu unermesslichen Mengen vor.

Gänzlich unbekannt war den Alchimisten die Geschichte mit dem Sand allerdings auch nicht. Schließlich produzierte man bereits im 17. Jh. v. Chr. in Mesopotamien Glas. In Ägypten gab es zumindest glasartige Glasuren auf Steinperlen schon um 3000 v. Chr., die ersten ägyptischen Glasgefäße entstanden etwa um 1500 v. Chr. Die älteste bekannte Glashütte wurde um 1350 v. Chr. ebenfalls in Ägypten errichtet.

Das älteste überlieferte Rezept zur Glasherstellung stammt aus der Tontafelbibliothek des assyrischen Königs

Asurbanipal (668–626 v. Chr.). Hier heißt es: „Nimm 60 Teile Sand, 180 Teile Asche aus Meerespflanzen, fünf Teile Kreide, und Du erhältst Glas." Bis heute hat dieses Rezept im Wesentlichen seine Gültigkeit behalten. Glas war und ist ein sehr vielseitiger Werkstoff, der sich vom einfachen Fensterglas bis zu Sicherheitsglas und Schmuck verarbeiten lässt.

GELD STATT GOLD

Nur eben echtes Gold ließ sich daraus im Sinne der Alchimisten nicht machen. Wohl aber ließ sich aus dem im Sand enthaltenen Silizium – und das erkannten die Wissenschaftler, Techniker und Kaufleute des 20. Jh. – Gold im Sinne von Geld machen. Von Silikonen, Siliziden und was es an modernen Werkstoffen noch so alles gibt, soll dabei nicht die Rede sein. Gemeint ist vielmehr das reine Silizium, das im Gegensatz zum Siliziumoxid, also Quarz und Quarzsand, als solches in der Natur nicht vorkommt.

Mit diesem Silizium hat man offenbar den Stein der Weisen gefunden, wenn er sich denn als solcher erweisen sollte. Mit reinem, mehr oder weniger blindem Experimentieren kam man ihm allerdings nicht auf die Spur. Vielmehr war es eine Sache theoretischer Überlegungen – genauer gesagt brauchte es dazu eine gehörige Menge an Quantentheorie, die sich damit als alles andere als eine Spinnerei erwies, als die sie gerne hingestellt wird.

Nur mithilfe modernster physikalischer Kenntnisse war es nämlich überhaupt erst möglich, Transistoren zu entwickeln. Damit Transistoren, die im Prinzip nichts anderes als Schalter sind, funktionieren können, benötigte man so genannte Halbleiter. Das wiederum sind Stoffe, deren elektrische Eigenschaften zwischen denen von leitenden Metallen und nichtleitenden Nichtmetallen (Isolatoren) liegen.

IDEALER HALBLEITER

Außerdem muss sich ein solcher Halbleiter in seinen elektrischen Eigenschaften steuern lassen. Als geradezu idealer Halbleiter sollte sich nun das reine Silizium erweisen. Die ersten Transistoren

Aus Sand gebaut

Der Grundstoff Sand ist außerordentlich vielseitig. Schon für Kinder ist er der liebste Baustoff. Man kann daraus die attraktivsten Sandburgen, aber auch gläserne Kostbarkeiten wie diesen prismatischen Würfel herstellen, der das Licht in allen Farben bricht.

Glasherstellung vor 600 Jahren

Diese flämische Buchillustration aus dem 15. Jh. zeigt Glasgewinnung und Glasbläser in Böhmen (aus The Travels of Sir John Mandeville*).*

aus Silizium (anfangs auch aus Germanium) entstanden in der Zeit zwischen 1944 und 1946. Die ersten serienmäßig hergestellten Transistorradios spielten bereits Ende der 50er-Jahre.

In zunehmendem Maß gelang es mit der sich nunmehr rasant entwickelnden Mikroelektronik, auch kontinuierlich bessere und immer größere Silizium-Kristalle zu gewinnen. Allerdings erwies es sich dazu als nötig, in definierte Bereiche eines solchen Kristalls Phosphor- oder Bor-Atome einzubauen. Damit zeigte man sich in den 1960er-Jahren schließlich in der Lage, die ersten Chips zu bauen.

Chip oder Scheibchen

Chip, das bedeutete ursprünglich etwa so viel wie „abgeschnittenes Stückchen" oder „Scheibchen". Heutzutage versteht man darunter allerdings einen elektronischen Halbleiter-Mikrobaustein, in der Regel eben ein Siliziumplättchen von 1–2 cm² Fläche, auf dem bis zu 10 Mrd. winzigster Schaltelemente – besonders Transistoren, aber auch Kondensatoren und andere elektronische Bausteine – zusammengefasst (integriert) und durch feinste, kurze Stromleitungen verbunden sein können.

Ein einziger dieser winzigen Chips kann bereits ein Computer im Kleinen sein, er heißt dann Mikroprozessor. Oder er versteht sich darauf, Informationen in Form von elektrischen Ladungen zu speichern, dann wird er als Speicherchip bezeichnet. Chips sind die Seelen der Computer, sie dienen als Grundbausteine für die kompliziertesten Digitalsysteme.

Immer noch kleiner

Stellt es an sich schon ein Kunststück der besonderen Art dar, einen solchen Chip zu konstruieren – zum Vergleich handelt es sich dabei in etwa um die Aufgabe, eine Großstadt mit sämtlichen Gebäuden und Straßen zu planen und anschließend auf einer Fläche zu realisieren, die nicht größer ist als ein Daumennagel –, so sind die rasanten Fortschritte in der Mikroelektronik noch atemberaubender. Das Ziel, das man dabei verfolgt, ist die weitere Miniaturisierung der Bausteine und die Steigerung ihrer Komplexität. Es geht um die ständig steigende Funktionalität der Chips und gleichzeitig um immer schneller

Chipherstellung im Reinstraum

Am Mikroskop wird die Herstellung des Schaltkreises auf dem Chip überwacht, der später Steuerungsaufgaben in Autos, in der Industrie oder in PCs übernimmt.

werdende Computer. Ein Ende dieser Entwicklungen ist im Moment noch nicht abzusehen.

Und das alles auf der Basis des Siliziums. Noch im Jahr 1960 waren Silizium-Kristalle fast unbekannt und winzig klein. Auch gab es damals noch keine Chips. Inzwischen liegt der jährliche Weltumsatz mit Chips bei rund 150 Mrd. Euro. Rechnet man hinzu, was sonst noch alles an industriellen Produkten damit zusammenhängt, so kommt man heute auf jährliche Umsätze von rund 2500 Mrd. Euro – immerhin ein Viertel der industriellen Weltproduktion.

Wie funktionieren Halbleiter?

Halbleiter sind Stoffe, deren elektrische Leitfähigkeit viel geringer ist als die von Metallen, deren Leitfähigkeit mit steigender Temperatur jedoch stark zunimmt. Dazu gehören neben Silizium auch Selen, Germanium oder Kupferoxid. Halbleiter können durch Zugabe (Dotierung) geringster Mengen anderer Elemente gezielt verändert werden. Fügt man dem meist vierwertigen Grundmaterial (z. B. Germanium) ein fünfwertiges Element als Donator zu, so gibt dieses Elektronen ab, die jetzt in einem elektrischen Feld wandern können und einen Strom darstellen, man spricht von n-Leitern. Ein dreiwertiges Element als Akzeptor nimmt Elektronen des Grundmaterials auf, die dadurch entstehenden Defektstellen (Löcher) verhalten sich wie positive Elektronen und heißen p-Leiter. Halbleiter-Bauelemente sind die Grundlage für viele moderne Technologien, z. B. für die elektronische Datenverarbeitung, Mikrosystemtechnik oder die Photovoltaik.

Bei der Herstellung von Halbleitern werden die Siliziumscheiben (Wafer) auf einem Luftkissen von Prozessschritt zu Prozessschritt transportiert.

HAFTUNG UNBEGRENZT

Kleben ist die Technologie der Zukunft und der unbegrenzten Möglichkeiten. Da der Klebstoff häufig besser als jede Schraube hält, kommt er zunehmend auch im Flugzeug- und Fahrzeugbau zur Verwendung.

Die Geschichte ist nicht zur Nachahmung empfohlen: Der Gebrauchtwagen machte einen gepflegten Eindruck. Doch bei der ersten größeren Reparatur ließen sich überraschenderweise Motor und Getriebeblock nicht voneinander lösen. Der Vorbesitzer hatte beide als Ersatz für ausgerissene Schraubbolzen einfach miteinander verklebt.

Das Beispiel macht deutlich, dass Klebestellen inzwischen länger halten als die damit behandelten Aggregate. Die meisten Menschen wissen gar nicht, dass der Rumpf vieler Flugzeuge stellenweise geklebt ist, dass das neue Auto 15–20 kg Klebstoff enthält, der Fahrradrahmen und die Hifi-Anlage von Klebern zusammengehalten und z. B. Zigaretten, Babywindeln, Skier, Zeitschriften, Hubschrauber-Rotorblätter, Brillengläser, Zahnfüllungen und sogar Operationswunden geklebt werden. Selbst die Windschutzscheibe, die Solarzellen von Satelliten und die Energieschienen der Magnetschwebebahn *Transrapid* werden von Klebstoff zusammengehalten.

Die Werbestrategen halten diese Erfolge allerdings noch unter der Decke. Sie befürchten, dass zahlreiche Menschen dem Klebstoff noch recht misstrauisch gegenüberstehen. Jeder hat schließlich schon einmal erlebt, dass der geklebte Griff von Omas Tasse immer dann wieder abbricht, wenn man gerade den kochend heißen Kaffee zum Mund führt.

Haus am Haken

Der Klebstoffbereich ist ein Milliardenmarkt, allein in Deutschland werden pro Jahr über 500 000 t Leim & Co. produziert. 25 000 verschiedene Produkte für fast jeden Bereich stehen zur Verfügung. „Es gibt kaum einen Sonderwunsch an die Leistungsfähigkeit eines Klebstoffs, der nicht erfüllt werden kann", verkündet die Klebstoffindustrie stolz.

So kennt man Schmelz- und Lösungsmittelklebstoffe, tierische und pflanzliche Leime, chemische und physikalische Klebeeffekte. Einige Verbindungen sind derart stabil, dass man einen Pkw an einer lediglich streichholzschachtelgroßen Fläche festkleben und hochheben kann, was einmal in einer spektakulären Fernsehsendung des Westdeutschen Rundfunks gezeigt wurde. Berühmt ist auch ein Versuch, bei dem ein Hubschrauber ein Holzhaus hochhebt. Das Haus hängt an einer mit Klebstoff zusammengeklebten Holzkugel.

Besser als geschweisst

Manche Kleber halten Temperaturen von mehreren 100 °C aus und können in Hochleistungsmotoren verarbeitet werden. Andere wiederum halten ein Auto ein ganzes Autoleben zusammen, und diese Autos schneiden im lebenswichtigen Crashtest sogar besser ab als geschweißte Fahrzeuge.

Der Grund ist für Prof. Dr. Otto-Dietrich Hennemann, den Leiter des Bremer Fraunhofer-Instituts für Angewandte Materialforschung, ganz einfach:

Das geklebte Dach von München

Geklebt statt geschraubt. Auf 160 000 Gummipuffern lagert das Zeltdach des Münchner Olympiastadions – bombenfest verbunden durch Gummi-Metall-Kleber.

Art Fry, eifriger Chorsänger und Entdecker der Haftzettel.

Die Entdeckung der kleinen gelben Haftzettel

Die Geschichte der kleinen gelben Haftzettel beginnt in einem Kirchenchor in der Gemeinde North St. Paul im US-Bundesstaat Minnesota. Art Fry, ein eifriger Sänger im Chor, merkte sich die Lieder im Gesangbuch immer mit kleinen Papierstreifen, die aber zu seinem Ärger immer wieder herausfielen.

Fry arbeitete bei einer großen Firma, die auch Klebstoffe herstellte. Er erinnerte sich an einen Kollegen, der einen Klebstoff entwickelt hatte, der nicht besonders gut klebte. Fry bestrich seine Lesezeichen damit – und jetzt blieben sie im Gesangbuch. Heute gehören die kleinen gelben Zettel zu den meistverkauften Büroartikeln überhaupt.

„Beim Kleben bleiben die Fügeteile unversehrt“, erklärt er. „Beim Schweißen verändert man durch die Erwärmung die spezifischen Eigenschaften des Werkstoffs, und beim Nieten oder Schrauben muss man Löcher bohren, also den Werkstoff verletzen, wodurch er geschwächt wird.“

Uralte Technik

Adhäsion und Kohäsion – das sind die Schlüsselbegriffe in der Welt der Kleber. In der Deutschen Industrie-Norm DIN 16920 heißt es trocken: „Ein Klebstoff ist ein nichtmetallischer Werkstoff, der Fügeteile durch Flächenhaftung und innere Festigkeit (Adhäsion und Kohäsion) miteinander verbindet.“

Die Adhäsion ist die Folge von Wechselwirkungen zwischen Klebstoff und dem Untergrund – je größer die Fläche, umso besser die Haftfähigkeit. Darum hält ein Kleber auf mikroskopisch aufgerauter Oberfläche besser als auf glatt po-

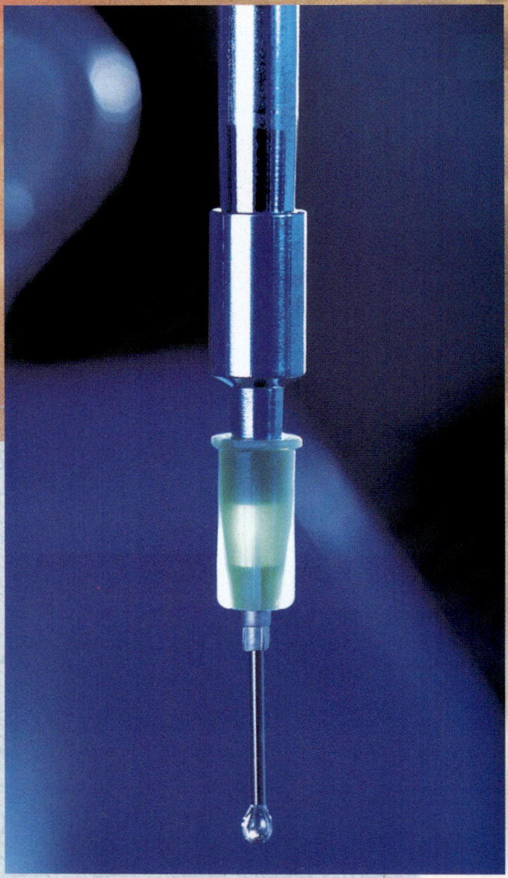

Klebstoff kann und sollte sehr genau dosiert werden. Ein Zuviel ist nicht unbedingt von Vorteil, das gilt vor allem für Sekundenkleber.

Die vielen Vorteile des Klebens

Durch Kleben lassen sich Werkstoffe verbinden, die durch herkömmliche Methoden wie Löten oder Schweißen nicht zu kombinieren sind.

➤ Wärmeempfindliche Werkstoffe, die etwa durch Schweißen zerstört würden, können verbunden werden.

➤ Geklebte Verbindungen wirken geräusch- und schwingungsdämmend und gleichen auch ungenaue Passformen aus.

➤ Klebstoffe eignen sich zur Isolierung und Abdichtung.

➤ Verklebungen sind ohne Verspannungen möglich, wie sie beim Nieten, Schweißen oder Schrauben auftreten würden.

➤ Die Klebetechnik ermöglicht eine ideale Formgebung, da keine Rücksichten auf Fertigungstechniken genommen werden müssen.

➤ In Kombination mit herkömmlichen Verbindungen, etwa zur Sicherung von Schrauben oder Nieten, garantieren Klebungen eine erhöhte Haltbarkeit.

➤ Beim Kleben können dünnere Materialien verarbeitet werden als etwa beim Schweißen, Nieten oder Schrauben, was nicht zuletzt die Kosten senkt.

Leim für Luxusfahrzeuge

Auch im Fahrzeugbau – hier bei der Fertigung der S-Klasse-Modelle von Daimler Chrysler in Sindelfingen – verwendet man spezielle Klebstoffe, die z. B. die Karosserie zusammenhalten.

Klebstoff im Flugzeug

Kunststoffteile aus Fiberglas und Kevlar halten Einzug im Flugzeugbau und werden einfach verklebt. Selbst Nieten und Schrauben werden mit ein paar Tropfen Kleber zusätzlich gesichert.

lierter. Kohäsion ist dagegen die innere Festigkeit des Klebers, die meist durch Erstarrung oder Trocknung entsteht.

Früher ließen sich diese Eigenschaften nicht beeinflussen. Niemand konnte erklären, warum etwas zusammenklebte, obwohl Kleben eine alte Kulturtechnik ist. Bereits vor 6000 Jahren verwendeten die Mesopotamier zu Bauzwecken Asphalt, die Sumerer verklebten 1000 Jahre später mit Baumharz und Erdpech Holz und Gold zu Schmuck. Fischleim und Kasein hielten auch Papier und Leder der Gutenberg-Bibel zusammen. Fest steht, dass es im alten Griechenland bereits den Beruf des Leimsieders – Kellepsos – gab und das Wort „Kolla“ (Leim) heute noch gebraucht wird. Die Römer nannten ihren Leim „Glutinum“, woraus das englische „glue“ entstand.

Den ersten gebrauchsfertigen Pflanzenleim erfand 1889 Ferdinand Sichel in Hannover. Heute sind es aber nicht mehr natürliche Kettenmoleküle, die sich wie ein Klettverschluss mit den Oberflächenmolekülen der Substrate genannten Fügeteile verbinden, sondern maßgeschneiderte synthetische. Sie heißen Polyvinylacetat, Methylcellulose oder Polychlorbutadien, besonders erfolgreich in den letzten Jahren waren Cyanacrylate und Polyurethane.

Chemische Reaktion

Sie alle entstehen durch chemische Reaktion aus kleineren Molekülen, etwa den Monomeren (mono = eins, meros = Teilchen), und verbinden sich zu Makromolekülen, den Polymeren (poly = viel). Diese großen Moleküle besitzen eine ungleich höhere Kohäsionskraft als ihre kleineren Bausteine.

Für jede Aufgabe wird ein Kleber maßgeschneidert. Und das macht sich am deutlichsten im Autobau bemerkbar. Als Daimler Chrysler vor einigen Jahren es wagte, Klebstoffe für crashrelevante Teile zu verwenden, erntete der älteste Autobauer der Welt Hohn und Spott, besonders als die geklebte Karosse beim ersten Crashversuch in sich zusammenfiel. Mittlerweile bietet der Klebstoff im Auto eine höhere Steifigkeit und mehr Komfort, zudem reduziert er die Kosten.

Wie extrem belastbar moderner Leim ist, beweisen der Hitzeschild am Space Shuttle oder die geklebten Aggregate im Formel-1-Rennwagen von McLaren-Mercedes. Und ein britischer Bankräuber, der eine Kassiererin mit einem Superkleber einfach an die Wand klebte und in Ruhe die Geldscheine in seine Taschen stopfte. Um die Dame zu befreien, musste ein Teil des Mauerwerks abgetragen werden.

Mysterien der Menschheit

Es gibt immer noch Rätsel und Entwicklungen, die trotz aller Globalisierung den modernen Menschen überraschen und verblüffen. Dazu gehören beispielsweise Weltwunder, auf die alle stolz sein können, verbotene Orte, die niemand betreten darf und blutige Vergeltungsriten, die uns schaudern lassen.

Immer gewappnet sein vor Überraschungen: Ein Papua-Krieger auf Neu-Guinea hält Ausschau nach Feinden.

DIE WELTWUNDER VON HEUTE

Bereits die Baumeister der Antike vollbrachten unglaubliche Leistungen, die uns noch heute staunen lassen. Doch die modernen Bauwerke sprengen in vielen Fällen sogar die menschliche Vorstellungskraft.

Öresund-Brücke zwischen Dänemark und Schweden

Die Öresund-Brücke ist eine gigantische Brücken-Tunnel-Kombination über 16 km, die die beiden Stadtregionen Kopenhagen und Malmö an der Ostsee miteinander verschmelzen lassen soll.

Die Übertragung des Begriffs „Wunder" aus der Welt der Religion auf Höchstleistungen von Ingenieuren und Bauarbeitern geht auf den griechischen „Mechaniker' – heute würden wir Ingenieur sagen – Philon von Byzanz zurück, der Ende des 3. Jh. v. Chr. lebte und das technische und physikalische Wissen seiner Zeit in den neun Büchern seiner *Mechanike Syntaxis* festhielt. Darin beschrieb er auch die berühmten sieben Weltwunder, allesamt Meisterleistungen der Ingenieurskunst in der Antike.

Viele Kandidaten

Aus heutiger Sicht ist diese Zusammenstellung allerdings ziemlich unvollständig, denn sie erfasst nur die Meisterwerke aus der damals bekannten Welt. Aus diesem Grund fehlen in der Liste der Weltwunder so bedeutende Bauten wie die um 220 v. Chr. begonnene und nach langen Pausen erst 1644 vollendete Chinesische Mauer. Die fast 6000 km lange Anlage, zu der neben der eigentlichen Mauer auch mächtige Erdwälle und Türme gehörten, schützte das Reich der Mitte vor den gefährlichen Angriffen der Mongolen.

Weitere Anlagen, die eine Aufnahme in die Liste der Weltwunder verdient hätten, wären beispielsweise das Grabmal Taj Mahal nahe der nordindischen Stadt Agra, der Potala-Palast des Gottkönigs Dalai Lama in der tibetischen Hauptstadt Lhasa und drei mächtige, prachtvoll ausgestattete Moscheen in Timbuktu in Mali – nicht zu vergessen die Hagia Sophia, die „Moschee der Heiligen Weisheit" in Istanbul, der Kreml in Moskau und die Alhambra, der prächtige Königspalast im spanischen Granada. Die Liste ließe sich noch ergänzen um die mesoamerikanischen Pyramiden in Teotihuacan, Mexiko, die rätselhaften Steinfiguren der Osterinsel, das Empire State Building in New York, das Opernhaus von Sydney, die Golden Gate Bridge von San Francisco, die heilige Stadt Machu Picchu der Inka in den peruanischen Anden, die Paläste und Tempel des japanischen Kyoto und die Felsenstadt Petra am Rand der Arabischen Wüste in Jordanien.

Ein Denkmal der Liebe

Der Taj Mahal in Agra in Indien ist ein 567 m × 305 m großes Mausoleum, das der Mogulkaiser Shah Jahan 1648 für seine verstorbene Lieblingsfrau errichten ließ.

Moderne Baukunst

Und auf diese Liste gehören der Seikan-Tunnel in Japan (mit 53,9 km der längste Tunnel der Welt) und der Gotthard-Basistunnel, der 2015 alles in den Schatten stellen wird mit 57 km Länge und insgesamt 153,5 km Tunnelstrecke mit allen Quer- und Verbindungsstollen.

Doch eine moderne Liste der Weltwunder müsste konsequenterweise auch Meisterleistungen aus der unmittelbaren Vergangenheit und Gegenwart enthalten. Zu nennen wäre dabei beispielsweise der Eurotunnel unter dem Ärmelkanal, der das französische Fréthun bei Calais mit dem englischen Cheriton bei Folkestone verbindet. Die 50 km lange Eisenbahnverbindung wurde zwischen 1987 und 1993 von beiden Endpunkten aus unter dem Grund der Nordsee hindurch gebaut.

Land aus dem Meer

Im Nordwesten der Niederlande errichteten Ingenieure ein 1932 fertig gestelltes, mehr als 32 km langes System aus Deichen und Toren, um eine 3700 km² große Nordseebucht vom Meer abzuschließen. Damit schützten sie das dahinter liegende flache Land vor immer wiederkehrenden Flutkatastrophen. Der Zufluss von Flüssen und Bächen verdrängte im Lauf der Zeit das Salzwasser völlig aus der früher Zuidersee genannten Bucht, die nach ihrem wichtigsten Zufluss heute Ijsselmeer heißt. Damit

Stahlbeton-Muscheln am Hafen von Sydney

Wahrzeichen von Sydney und mittlerweile von ganz Australien ist das 1957–73 von dem dänischen Architekten Jörn Utzorn aus Stahlbeton erbaute Opernhaus.

wurde ein visionärer Plan des Ingenieurs und Ministers C. Lely umgesetzt.

Zudem lagern sich Schlamm und andere Sedimente der Zuflüsse in der See ab und werden mit der Zeit dazu führen, dass das gesamte, bis zu 12 m tiefe Gewässer bis auf eine Restfläche von geplanten 1200 km² verlandet. Schon heute sind dank des Sperrwerks tausende Hektar fruchtbarer Ackerflächen entstanden.

Prinzip der Verlandung

Um die Landgewinnung zu beschleunigen, nutzt man das Verfahren der Einpolderung: Systematisch werden dort Dämme aufgeschüttet, wo besonders große Mengen von Schlamm und Schlick angeschwemmt werden. Zusätzlich wird Schlick vom Meeresboden in die Polder gepumpt oder verschifft. Ein solcher zwischen 200 km² und 540 km² großer Polder verlandet auf diese Weise innerhalb weniger Jahre oder Jahrzehnte. Da das Ijsselmeer mittlerweile nur noch Süßwasser enthält, können die neu gewonnenen Flächen sofort landwirtschaftlich genutzt werden.

Nach dem gleichen Prinzip versuchen Stadtstaaten wie Hongkong oder Singapur ihre drängenden Platzprobleme zu lösen. Innerhalb der engen Grenzen ist Bauland kaum noch verfügbar, doch Bevölkerung und Wirtschaft wachsen sehr schnell weiter. Beide asiatischen Metropolen nutzen ihre Lage am Meer und errichten an geeigneten Stellen riesige Polder, die mit allem verfügbaren Material aufgefüllt werden.

Künstliche Inseln

Wer vom Flughafen Singapurs in Richtung Stadt fährt, kommt an kilometerlangen Schwemmlandflächen vorbei. Und in Hongkong schüttete man eine riesige künstliche Insel auf, um den neuen Flughafen bauen zu können.

Technische Meisterleistungen sind auch viele Verkehrswege. Das spektakulärste Bauwerk in Europa verbindet Kopenhagen auf der dänischen Insel Seeland und das an der Küste der schwedischen Provinz Schonen gelegene Malmö. Das Fahrwasser des Sundes überspannt eine 1,1 km lange und 57 m hohe bogenförmige Hochbrücke. Sie gilt als die längste Schrägseilbrücke der Welt – getragen von nur zwei Pylonenpaaren, von denen aus 80 Seilpaare das Gewicht der doppelstöckigen Konstruktion für Auto- und Eisenbahnverkehr sowie die Kräfte des Windes aufnehmen.

Die beidseitigen Zufahrtsbrücken sind 3,7 km und 3 km lang. Die westliche Zufahrt endet auf einer 4 km langen künstlichen Insel, wo der Verkehr in einem 4 km langen Tunnel verschwindet und in Dänemark wieder ans Tageslicht kommt.

Faszination Brücken

Die längsten Brücken der Welt wurden und werden allerdings in anderen Regionen der Welt gebaut. So überspannt

z. B. die im Jahr 1956 fertig gestellte Pontchartrain-Bridge bei New Orleans in den USA nicht weniger als 38,6 km.

Vor allem Brücken regen die Kreativität und den Ehrgeiz der Ingenieure zu Höchstleistungen an. Kannten unsere Vorfahren im Wesentlichen nur zwei Baumaterialien, nämlich Steine, mit denen man vorwiegend Bogenbrücken errichtete, und Holz, das zu Fachwerkbrücken verwendet wurde, eröffneten die modernen Werkstoffe Beton und Stahl völlig neue Konstruktionsmethoden. Wohl die spektakulärsten sind die Hängebrücken wie etwa die Golden Gate Bridge in San Francisco. Die erste Hängebrücke Europas wurde übrigens Ende des 19. Jh. in Dresden errichtet und heißt noch heute „Das blaue Wunder“.

Immer grösser und höher

Enorme Ingenieursleistungen sind auch für den Bau von Staudämmen notwendig. Mehr als 45 000 Stauwerke wurden bislang weltweit vollendet. Den größten hat China mit dem 2,3 km langen und

Die sieben Weltwunder des Altertums

Nur die riesigen Pyramiden von Gizeh haben Zeit, Wind, Wasser und Erdbeben überstanden.

➤ Der Leuchtturm von Alexandria
Der aus massiven Steinen errichtete Turm trug an seiner Spitze auf Hochglanz polierte Spiegel aus Bronze. Tagsüber warf er sein gebündeltes Licht weit hinaus auf das Mittelmeer und wies den Schiffen den gefahrlosen Weg in den Hafen der ägyptischen Metropole Alexandria. Nachts brannte immer ein Feuer auf dem Turm. Der Bau verfiel im Lauf der Zeit durch Erosion und Erdbeben.

➤ Der Tempel der Artemis
Artemis, der Göttin der Jagd, war der größte Tempel der Antike geweiht, den die Griechen in Ephesus in der heutigen Türkei errichteten. Steinmetze fertigten im 6. Jh. v. Chr. 127 Säulen aus Marmor, jede von ihnen etwa 20 m hoch, auf denen das gewaltige Dach ruhte. Als die Goten das Land eroberten, wurde der Tempel geplündert und verfiel in der Folge zahlreicher Erdbeben.

➤ Die Statue des Zeus
Der Rat von Olympia ließ um 400 v. Chr. dem höchsten Gott der Griechen ein Standbild errichten, das mit Gold und Edelsteinen verziert war. Die Statue wurde 170 v. Chr. durch ein Erdbeben zerstört.

➤ Der Koloss von Rhodos
Auch bei diesem Weltwunder handelt es sich um eine Statue. Sie erreichte eine Höhe von 32 m und stellte den Sonnengott Helios dar. Die Beine des Standbilds überspannten die Einfahrt zum Hafen. Ein Erdbeben 227 v. Chr. vernichtete den Koloss.

➤ Die hängenden Gärten der Semiramis
Mitten in der trockenen Wüste Mesopotamiens, in der Hauptstadt Babylon, soll König Nebukadnezar II. ein Paradies geschaffen haben, um die Sehnsucht seiner Frau Semiramis nach blühenden Rosen und grünen Wäldern zu stillen. Die Gärten sollen terrassenförmig angelegt gewesen sein, damit die Pflanzen über die Mauern hinweg nach unten hängen konnten.

➤ Das Mausoleum von Halikarnassos
Nach dem Tod von König Mausolos von Karien ließ ihm Königin Artemisia ein monumentales Grabmal errichten. Der im 4. Jh. v. Chr. errichtete Bau war angeblich ungefähr 50 m hoch, 36 Marmorsäulen trugen das Dach. Die Anlage wurde bei einem Erdbeben zerstört und im 16. Jh. von Johanniter-Rittern als Steinbruch genutzt.

➤ Die Pyramiden von Gizeh
Die einzigen bis heute erhaltenen Weltwunder sind die Grabmale der ägyptischen Pharaonen Cheops, Chephren und Mykerinos. Es ist bis heute nicht klar, wie die tonnenschweren Steinquader in den Steinbrüchen gewonnen, auf Schiffen nilabwärts transportiert und schließlich in die Bauwerke eingefügt wurden. Mit 146,5 m ist die um 2550 v. Chr. errichtete Cheopspyramide am größten.

Die von Nebukadnezar II. (605–562 v. Chr.) für seine Frau Semiramis in Babylon angelegten hängenden Gärten, wie sie sich der Maler Ferdinand Knab 1886 vorstellte.

Der schönste Harem der Welt

Der Löwenhof in der Alhambra (arabisch „Die Rote") ist der Mittelpunkt der Haremswohnräume in der früheren Burg der Nasridenherrscher im südspanischen Granada.

185 m hohen Drei-Schluchten-Damm von 1993 bis 2006 gebaut (s. auch „Staudämme verändern die Welt", S. 368).

Die Aufnahme in die Liste der Weltwunder hätten auch etliche Wolkenkratzer verdient. Der berühmteste von ihnen ist nach wie vor das Empire State Building, das der Architekt W. F. Lamb um 1931 in New York vollendete. Mit seinen imposanten 381 m Höhe hielt es lange Zeit den Rekord als höchstes Gebäude der Welt, doch heutige Hochhäuser erreichen längst 480 m und mehr.

Begonnen hatte diese neue, spektakuläre Form des Hausbaus in den 1860er-Jahren, nachdem der Amerikaner Elisha Graves Otis 1852 den dampfbetriebenen Fahrstuhl erfunden hatte. Technisch wäre es ohne weiteres schon zu diesen Zeiten machbar gewesen, höhere als sechsstöckige Häuser zu bauen, aber damals hätte man dafür keine Mieter gefunden.

Modernes Fachwerk

Jetzt kletterten die Gebäude sieben bis zehn Stockwerke hoch, und 1873 gab es bereits 2000 Personenfahrstühle. Zwischen 1889 und 1891 errichtete J. W. Root das Monadnock Building in Chicago, das bereits 17 Stockwerke besaß. Diese recht schnelle Entwicklung wurde durch die Rückbesinnung der Architekten auf eine sehr alte Konstruktionsmethode möglich – allerdings mit neuen Materialien: den Fachwerkbau.

Statt wie früher auf Holzbalken zurückzugreifen, verwendeten die Ingenieure in Chicago und New York Stahlträger, die sie zu großen Skeletten zusammenbauten. In diese wurden dann Decken und Wände eingehängt. Je höherwertige Stahlsorten die Industrie herstellen konnte, desto weiter wuchsen die „Sky-Scraper" in die Höhe und prägen seither die Skyline vieler Metropolen, vor allem in den USA und Asien.

Europa hinkt hinterher

Europa blieb dagegen fast ein Entwicklungsland. In Frankfurt, von Spöttern gern als „Mainhattan" belächelt, errichteten vor allem Banken Hochhäuser, die allerdings weit unter den Dimensionen ihrer Vorbilder in der Neuen Welt blieben. So kommt der derzeitige Star, der Messeturm des Architekten Helmut Jahn, lediglich auf 55 Etagen und 257 m Höhe und der so genannte Campanile mit 268 m auch nur wenig höher. Beide

Höher und höher – der Wettlauf in den Himmel

Das Weltwunder der Zukunft könnte bald der Bionic Tower in Shanghai sein, ein 1228 m hoher Wolkenkratzer, den der spanische Prof. Dr. Javier Pioz plant. Der Bionic Tower soll 300 Stockwerke erhalten, 196 m breit sein und mit den Fundamenten 200 m tief in der Erde verankert werden. 100 000 Menschen werden in diesem Turm leben und sich mit 368 Aufzügen mit einer Geschwindigkeit von 10 m/sek in die Höhe jagen lassen. Der Bionic Tower wird eine Fläche von rund 2 Mio. m² haben und 15 Mrd. Dollar kosten. Die Bauzeit beträgt etwa 15 Jahre.

Seit 2003 trägt das Taipei Financial Center in der Hauptstadt Taiwans die Krone des höchsten Gebäudes der Welt, die mit 452 m früher die Petronas Towers in Kuala Lumpur in Malaysia trugen. Das Taipei Financial Center erreicht mit 101 Stockwerken und einer 60 m hohen Antenne eine Höhe von 508 m.

Konkurrenz droht aber aus den Arabischen Emiraten. In Dubai ist auf einer künstlichen Insel das Burj Dubai im Bau, dessen Höhe erst nach Fertigstellung im Jahr 2008 verraten werden soll. Man munkelt von 705 m.

Das höchste Gebäude Europas ist die Commerzbank in Frankfurt mit 299 m, das höchste freistehende Bauwerk der Welt der CN Tower in Toronto (Kanada) mit 553 m. Er ist aber kein Gebäude, weil er keine Wände und Stockwerke besitzt.

Der Bionic Tower soll mitten in einem See stehen und über eigene Autobahn- und Bahntrassen verfügen.

Gebäude wurden Anfang der 1990er-Jahre fertig gestellt.

Dabei kennt der Ehrgeiz der Bauherren und Architekten, immer neue Höhenrekorde zu erzielen, fast keine Grenzen. So sollen Wolkenkratzer der nächsten Generation in Chicago bereits 600 m erreichen, in Tokio werden 800 m angepeilt und in Shanghai sind sogar sage und schreibe über 1200 m das Ziel. Eine mindestens ebenso große Rolle wie die Platznot spielt bei solch spektakulären Vorhaben natürlich der Prestigegewinn für die jeweiligen Städte.

Intelligente Technik

Was Wolkenkratzer so einzigartig und faszinierend macht, ist aber nicht nur die reine Bauhöhe, sondern die in den Häusern installierte Technik. So gewährleisten intelligent geschaltete Lifte einen möglichst raschen Transport von Menschen und Materialien in alle Etagen der Häuser. Ausgeklügelt konstruierte Klimaanlagen sorgen für ein erträgliches Raumklima auch in den oberen Etagen, denn Fenster können in dieser Höhe nicht geöffnet werden, weil dort der Wind mit ungebremster Kraft tobt.

Auch die Versorgung mit Wasser und die Abwasserentsorgung erfordern intelligente technische Lösungen. Denn der Druck des normalen Leitungsnetzes reicht bei weitem nicht aus, um höher gelegene Etagen zu versorgen. Und das Abwasser kann man nicht einfach ungebremst durch Fallrohre nach unten leiten, die enorme Wucht beim Aufprall würde kein Rohr aushalten.

Da hatten es die alten Römer einfacher. Auch sie bauten bereits mehrgeschossige Häuser, um vor allem die ärmeren Volksschichten unterzubringen. Aufgrund häufiger Unglücksfälle, bei denen Gebäude unter dem Gewicht ihrer Stockwerke einfach in sich zusammenfielen, ließ Kaiser Augustus die Bauhöhe der Wohnhäuser auf 21 m begrenzen. Das Abwasser wurde einfach durchs Fenster gekippt und landete auf der Straße …

Werbung, wohin man blickt

Eine Sturzflut an Werbung ergießt sich über den Fahrgast in der Tokioter S-Bahn. Da der Japaner sich weniger als Individuum sieht, fühlt er sich auch nicht belästigt.

Warum wir Japaner nicht verstehen

Obwohl die Grammatik leicht ist, gilt Japanisch allgemein als die schwierigste Sprache der Welt. Denn im Japanischen zählt nicht das gesprochene Wort, sondern die Gefühlsschwingung, die dadurch anklingt.

Amerikanische Soldaten, die nach dem Zweiten Weltkrieg in Japan stationiert waren, erlebten immer wieder ein Debakel, wenn sie versuchten, ihr mühsam erlerntes Japanisch anzuwenden. Sie blamierten sich gewaltig. Warum? Sie hatten die meisten Begriffe der fremden Sprache von ihren japanischen Freundinnen aufgeschnappt, aber in Japan gibt es markante Unterschiede in Sprechweise und Wortwahl zwischen den Geschlechtern. Manche Ausdrücke werden ausschließlich von Männern angewendet, andere nur von Frauen.

Harmonie über alles

Die japanische Sprache, darin sind sich sämtliche Experten ziemlich einig, ist die schwierigste Sprache der Welt. Und das, obwohl die Grammatik eher simpel ist. Der westliche Mensch denkt logisch, der Japaner intuitiv. Dem Westler geht es darum, dem anderen klipp und klar zu sagen, was Sache ist. Der Japaner möchte vor allem die Harmonie erhalten und sich und den anderen davor schützen, das Gesicht zu verlieren. Anders ausgedrückt: Dem Westler geht es um das „Ich", dem Japaner um das „Wir".

Bei Umfragen unter verschiedenen Völkern, welche Werte ihnen besonders wichtig sind, erwähnten 27,6 % der Japaner warmherzige Beziehungen mit anderen. Bei den Deutschen waren es nur 7,9 %. Dieses Wir-Gefühl, diese Zurücknahme des Individuums, so sagen Historiker, entstand bereits in der frühen japanischen Gesellschaft – aus dem Reisanbau. Nur wenn alle zusammenhielten, konnte die Dorfgemeinschaft in dem gebirgigen Land die Reispflanzen mit dem nötigen Wasser versorgen.

Vielleicht wurzeln die Denkunterschiede sogar im Gehirn. Japaner verarbeiten menschliche Töne wie Lachen oder Weinen, Tiergeräusche, das Plätschern von Wellen und das Prasseln des Regens mit der linken Gehirnhälfte, in der auch das Sprachzentrum sitzt, mechanische Geräusche dagegen mit der rechten Hälfte. Bei Nicht-Japanern ist das umgekehrt.

Das Geheimnis der Schrift

Schriftzeichen sind ein besonders heikles Kapitel. Drei verschiedene Schriftsysteme existieren nebeneinander. Zunächst führten die Japaner im 7. Jh. chinesische Schriftzeichen ein, von diesen Kanji gibt es mindestens 2000. Um den Besonderheiten ihrer Sprache gerecht zu werden, entwickelten die Japaner dazu noch eigene Silbenalphabete, Hiragana und Katagana. Oft kommen in einem Satz alle drei Systeme vor, sogar einzelne Wörter sind zusammengesetzt.

Katagana wird für Wörter verwendet, die aus einer Fremdsprache importiert wurden. So verdanken die Japaner z. B. den Engländern sando (Sandwich) und kurisumasu (Christmas), den Deutschen oodekoron (Kölnisch Wasser) und arubaito (arbeiten), was jedoch eher einen studentischen Nebenjob bezeichnet.

Wenn es darum geht, Höflichkeit und Respekt auszudrücken, belegt die japanische Sprache den ersten Rang in der Welt. Nicht nur zwischen Männern und Frauen gibt es eine unterschiedliche Wortwahl.

Wer ist gemeint?

Ganz andere Ausdrücke und Formen werden auch verwendet, wenn der Gesprächspartner eine ältere Person oder ein Vorgesetzter in der Firma ist, wieder andere gegenüber einem engen Freund oder einem Kind.

Tee für höchstens fünf

Jahrhundertealte Traditionen bestimmen das Leben der Japaner. Die von einer Geisha zelebrierte Teezeremonie (Chanoyu) gehört zu den kulturellen Höhepunkten. Die Harmonie von Raum, Garten, Blumen- und Bildschmuck ist unerlässlich, höchstens fünf Gäste nehmen teil.

Für das Verb „sich aufhalten" kennt die japanische Sprache drei verschiedene Ausdrücke. Spricht man bescheiden von sich selbst, sagt man „orimasu". Redet man neutral von irgendjemand, heißt es „imasu". Geht es aber um eine Respektsperson, ist „irasshaimasu" angebracht.

Ja ist nicht gleich Ja

Wer im Wörterbuch nachschlägt, wird finden, dass „hai" ja bedeutet. Damit weiß er aber noch gar nichts. Ein Ja im Japanischen heißt noch lange nicht, dass der andere dem Gesagten auch zustimmt. Es drückt lediglich aus, dass er das Gesagte verstanden hat.

Ein deutscher Japanischstudent erlebte Folgendes: Als er seine Gastmutter fragte, ob sie jetzt zusammen zum Einkaufen fahren könnten, antwortete sie mit „hai". Er stürzte davon, um sich umzuziehen. Bei seiner Rückkehr fand er sie an der gleichen Stelle vor, keineswegs bereit auszugehen. Allmählich wurde ihm klar, dass der Vater am Morgen das Familienauto mitgenommen hatte und der Zweitwagen zur Inspektion war. Aber die Frau hatte seine Frage verstanden und daher höflich „hai" gesagt.

Wahre Bauchtänze an Sprachkunst vollbringt der Japaner, um ein klares und hartes Nein („iie") zu vermeiden, da

Massenpicknick zum Kirschblütenfest

Menschenmassen, die für uns Europäer erdrückend wirken, machen dem Japaner nichts aus. Im Gegenteil, sie unterstreichen sein Wir-Gefühl und seinen Wunsch nach Harmonie.

Gebet im Kumano-Schrein

Respekt ist für einen Japaner das Wichtigste, Respekt vor den Göttern, dem Kaiser, den Vorgesetzten, dem Gast. Dafür gibt es unterschiedlich tiefe Verbeugungen – von „neutralen" fünf Grad bis zur größten Ehrerbietung von 45 Grad, etwa bei einer Entschuldigung.

es die Harmonie ins Wanken bringen könnte. Und das hat schon zu diplomatischen Missverständnissen geführt. Anfang der 1970er-Jahre wollten die Amerikaner Einfuhrerleichterungen auf dem japanischen Markt durchsetzen. Japans damaliger Ministerpräsident Kakuei Tanaka antwortete darauf mit einem höflichen „Ja". Später stellte sich heraus, dass dies ein klares „Nein" bedeutete.

Der japanische Psychiater Takeo Doi hat in einem Buch versucht, ein wenig Licht in die geheimen Winkel der japanischen Seele zu bringen. So schreibt er, dass das amerikanische „please help yourself" bei Tisch für ihn einen unangenehmen Klang hatte. Zwar ist es nur die freundliche Aufforderung, tüchtig zuzugreifen, aber für ihn hörte es sich an wie: „Niemand wird dir helfen!" Unmöglich für einen japanischen Gastgeber.

Am besten ist Schweigen

Oder jemand, der am Fenster steht, wird gefragt: „Wie ist das Wetter?" Sagt er nun „es regnet" oder „die Sonne scheint", so könnte das als ein Zeichen von Überheblichkeit interpretiert werden. Daher antwortet der Japaner lieber: „Vielleicht regnet es", oder: „Wenn Sie nichts dagegen haben, möchte ich sagen, die Sonne scheint."

Im Zweifelsfall sagt man lieber gar nichts. Deshalb ist das Schweigen die Redekunst in Vollendung.

Vorsicht, Fettnäpfchen lauern überall!

In Japan gelten besondere Regeln. Es ist wichtig, dass jedermann sie einhält, auch der Ausländer.

➤ **Das erste Fettnäpfchen** lauert bereits an der Haustür. Wer ein Haus betritt, muss seine Schuhe ausziehen und in die bereitstehenden Flurpantoffeln schlüpfen. Nur in diesen Pantoffeln darf man durch das Haus laufen, aber wer auf die Toilette gehen möchte, muss sie vorher mit eigenen Toilettenpantoffeln vertauschen.

➤ **Beim Essen zu schlürfen** ist keineswegs rüpelhaft, sondern ein Zeichen des Wohlbehagens. Mancher Fremde wurde schon erstaunt gefragt: „Sie schlürfen ja gar nicht, schmeckt es Ihnen vielleicht nicht?"

➤ **Möchte man mit dem Essen beginnen**, genügt es, wenn man „itadakimasu" sagt, zu Deutsch: „Ich esse." Ob die anderen auch essen oder nicht, spielt keine Rolle. Ist man fertig, sagt man: „Gochiso sama deshita."

➤ **Gibt es Reis**, so sollte man die Essstäbchen darin nicht stecken lassen, denn das erinnert an die Räucherstäbchen für die Toten und bringt Unglück.

➤ **Auch beim Trinken** gilt eine eigene Etikette. Es ist unfein, wenn man sich selber ein Getränk ein- oder nachgießt. Das ist die Aufgabe des Tischnachbarn. Möchte man nichts mehr trinken, lässt man eine kleine Neige im Glas, damit man nicht immer wieder eingeschenkt bekommt.

➤ **Um das Trinken von Alkohol** in froher Runde kommt man nicht herum. Als Deutscher hat man außerdem den Ruf, trinkfest zu sein. Also: Mittrinken, aber mäßig. Ein Fremder, der betrunken auf die Straße geht, verliert sein Gesicht. Und wenn ein Ausländer meint, ausgerechnet den Trinkspruch Chin chin ausbringen zu müssen, so sollte er es lieber lassen. Denn in der japanischen Kindersprache bezeichnet dies das männliche Glied.

➤ **In der Öffentlichkeit Zärtlichkeiten** auszutauschen, ist strikt tabu. Sogar Händchenhalten ist unfein.

➤ **Visitenkarten sind sehr wichtig**, daher sollte man sich reichlich damit eindecken. Man überreicht die Karte mit beiden Händen seinem Gegenüber und verbeugt sich dabei. Die Schrift muss dem Partner zugewandt sein. Er nimmt die Karte mit einer Verbeugung entgegen und übergibt dann die seine auf die gleiche Weise.

➤ **Auch im Bad** kann die Etikette baden gehen. Sich in der Wanne einzuseifen, ist barbarisch. Man seift sich außerhalb ein und spült sich außerhalb ab. Dann darf man in die Wanne steigen. Aber Achtung! Das Wasser ist heiß, 40–45 °C!

➤ **Wer auf eine öffentliche Toilette** geht, sollte sich nicht wundern, wenn sie von Männern und Frauen gemeinsam benutzt wird. Die Pissoirs stehen im Vorraum, und die Damen gehen einfach an den pinkelnden Männern vorbei. Die Toiletten selbst sind nur ein Loch im Boden, das ist alles.

➤ **Private Toiletten** dagegen machen oft alles wieder wett. Manche sind regelrechte Hightech-Wunder. Lichtschranken setzen die Toilettentechnik in Gang, raffinierte Beleuchtung flammt auf, Musik ertönt. Die Klobrille ist vorgewärmt, und ein Föhn trocknet feuchte Körperstellen.

Wichtig: Bei der Überreichung der Visitenkarte muss die Schrift zum Empfänger zeigen, also für ihn lesbar sein.

Das grösste Loch von Menschenhand

Über einen Kilometer tief gruben sich tausende von Menschen in die Erde, um das Wertvollste ans Tageslicht zu befördern, was Südafrika besitzt: Diamanten.

Manchmal brauchen gewaltige Dinge eine ganze Weile, ehe sie so richtig ins Rollen kommen. Der 15-jährige Erasmus Jakobs hatte keine Ahnung, was er da in Händen hielt, als er am Ufer des Oranje-Flusses in Südafrika einen seltsam glänzenden Stein aufhob und mit nach Hause nahm. Der Sohn einer burischen Farmerfamilie schenkte ihn seiner Schwester zum Spielen. Das war 1866, und es dauerte zwei Jahre, ehe der Stein, der den Eltern der Geschwister nach einiger Zeit auffiel, auf vielen Umwegen in die Hand eines Mineralogen in Kapstadt geriet, der ihn untersuchte – und als echten Diamanten mit 22 Karat klassifizierte. Noch im selben Jahr konnten die Besucher der Pariser Weltausstellung das Fundstück bewundern. Es hatte inzwischen den Namen *Heureka* (griechisch: ich habe gefunden) bekommen.

Der Riesentrubel begann jedoch erst 1869, als auf der Zandfontain-Farm der Familie von Nicolaas de Beers eine ganze Hand voll dieser Steine gefunden wurde. Doch diesmal drang die sensationelle Nachricht schlagartig bis in die entlegensten Winkel der Erde vor und löste eine Massenhysterie aus: Innerhalb kürzester Zeit strömten mehr als 30 000 Menschen in die unwirtliche, wenig fruchtbare Region.

Das Werk von 40 Jahren Wühlarbeit

1097 m tief ist die Grube, die menschliche Maulwürfe in 4 Jahrzehnten geschaffen haben. Hier schürft keiner mehr, aber drei Minen in der Region sind noch in Betrieb.

Teures Fundstück

So sieht ein Rohdiamant von 900 Karat aus. Die funkelnde Schönheit eines Brillanten entsteht erst unter den Händen eines erfahrenen Diamantenschleifers.

ZUM SCHLUSS DER DUMME

De Beers war jedenfalls heilfroh, dass er seine unrentable Farm für damals 6300 englische Pfund los wurde – ein Vielfaches dessen, was sie als Ackerland wert war. Aber letztendlich war er doch der Dumme. Denn was jetzt begann, war unglaublich: Glücksritter aus aller Welt stellten überall Zelte auf und durchwühlten den Boden nach den Steinen.

Bald war der Colesberg Koppje, auf dem die Steine gefunden worden waren, vollkommen abgetragen, und die Schürfer gruben sich nur mit Schaufeln und Pickeln immer tiefer in die Erde. Im Lauf von knapp 40 Jahren entstand so bis 1914 die größte von Menschenhand geschaffene Grube, das *Big Hole* (großes Loch) mit einem Durchmesser von 463 m und einer Tiefe bis zu 1097 m. Insgesamt holten die Schürfer 2700 kg Diamanten im Gesamtwert von über 35 Mrd. Euro ans Tageslicht.

Doch den größten Gewinn erzielten nicht die Schürfer. Schon zwei Jahre nach dem Ausbruch des Diamantenfiebers tauchte Barney Barnato in Südafrika auf. Der verarmte Schauspieler aus London kaufte mit geliehenem Geld seine ersten Diamanten auf und veräußerte sie mit großem Gewinn weiter. Bereits fünf Jahre später beherrschte er als Multimillionär mit seiner *Central Mining Company* den Markt in der Budenstadt Kimberley.

Bald erschien auch ein gewisser Cecil Rhodes in Kimberley und kaufte zunächst drei Claims auf, ehe er sich ebenfalls auf den Diamantenhandel verlegte. Rhodes und Barnato lieferten sich einen gnadenlosen Konkurrenzkampf, und die Preise fielen ins Bodenlose.

Letztendlich blieb Rhodes mit seiner nach dem früheren Farmer benannten Minengesellschaft *De Beers* Sieger und kaufte seinen Konkurrenten auf. In der Folge entstand der bis heute wichtigste Diamantenschürfer und -händler, die *De Beers Consolidated Mines*.

INSEKTEN ALS LECKERBISSEN

Seit den Anfängen der Menschheit ist die Vorliebe für Fleisch als Nahrung unter nahezu allen Völkern verbreitet. Aber müssen es gleich Insekten sein? Für viele Menschen der westlichen Welt ist diese Vorstellung heute einfach undenkbar, in anderen Kulturkreisen jedoch völlig normal.

Wenn die Engerlinge des im tropischen Südamerika lebenden Herkuleskäfers *Dynastes hercules* aus der umfangreichen Familie der Blatthornkäfer oder *Lamellicornia* ihr letztes Larvenstadium erreicht haben, sind sie stolze 18 cm lang und satte 100 g schwer. Und in diesem Stadium gelten sie bei den Eingeborenen – roh oder gebraten – als besonderer Leckerbissen.

Das kann wohl auch der bekannte deutsche Überlebenskünstler Rüdiger Nehberg bestätigen. Der Spezialist für scheinbar ausweglose Situationen hat bei den Naturvölkern hinlänglich abgeschaut, wovon sich ein völlig auf sich allein gestellter Mensch in der Natur so alles ernähren kann, wenn es um das nackte Überleben geht.

GESCHMACK NACH MANDELN

Innerhalb der Prominenz würde Rüdiger Nehberg in dieser Geschmacksfrage sicherlich auch bei dem prominenten deutschen Showmaster Thomas Gottschalk Bestätigung erhalten, der in seiner Show seinerzeit ohne langes Federlesen Insekten verspeiste, die ihm der französische Kernphysiker Bruno Comby als kleines Mitbringsel überreichte. Denn auch Comby weiß, wovon er redet, hat sich der Wissenschaftler nach eigenen Angaben doch ganz auf das Verspeisen von Insekten verlegt, soweit es seine tierischen Nahrungsbedürfnisse betrifft. Ansonsten aber stehen die Herren Nehberg, Gottschalk, Comby und ein paar andere Insektenesser in der westlichen Welt ziemlich einsam auf weiter Flur.

Allenfalls von Kindern, die im Rahmen von Mutproben einmal ein paar solcher Krabbeltiere verspeist haben, erfährt man mitunter, dass etwa Maikäferköpfe einen leichten, zarten Geschmack nach Mandeln haben sollen.

Grosse Delikatesse

Dabei ist es gar nicht einmal so abwegig, was Bruno Comby propagiert. Denn von Natur aus ist der Mensch – ähnlich wie das Schwein – ein ausgemachter Allesfresser. Und viele Menschen in anderen Teilen der Welt machen uns täglich vor, was alles auf der Speisekarte stehen kann.

In China und Japan etwa gelten Skorpione und Heuschrecken nach wie vor als große Delikatesse. Hoch im Kurs stehen hier ebenfalls die Puppen der Seidenspinnerraupen. In Eigelb gewendet und in Butter gebraten sowie mit Salz, Pfeffer und einem Schuss Essig gewürzt, werden sie besonders gern gegessen. Heuschrecken wiederum werden außer in China und Japan auch in mehr als 60 anderen Ländern der Erde geschätzt. Im ostafrikanischen Kenia z. B. entfernt man Kopf, Beine und Flügel der sprunggewaltigen Tiere und röstet ihre Körper im eigenen Fett auf einem Blech. So zubereitet, sollen sie ähnlich gut schmecken wie Krabben.

Ein süßer, mandelartiger Geschmack wird hingegen Raupen nachgesagt, die die südafrikanischen Hottentotten auf einem kleinen Feuer zubereiten. Und im heutigen Ägypten schätzt man nach alter Väter Sitte noch immer den heiligen Skarabäus als saftige Zwischenmahlzeit.

Chinesische Schlemmerei

Eine kleine Vorspeise für den wahren Kenner in einem Restaurant in Gungszhou in China: Wasserkäfer mit süßen Apfelschnitten und getrockneten Würmern.

Gemästete Käferlarven

In manchen Regionen des Nahen Ostens werden sogar Käferlarven mit Mehl und Wein gemästet und danach als Krönung eines Mahls verspeist. Nicht viel anders in Südamerika. Hier ist man nicht nur ganz erpicht auf die Larven des erwähnten Herkuleskäfers, es dürfen durchaus auch andere Insekten sein: In Kolumbien etwa verspeist man mit Vorliebe geröstete Ameisen – so, wie man es anderenorts mit Popcorn macht.

Vogelspinnen vom Rost

Eine Spezialität in Südostasien sind Tarantulas – Vogelspinnen, deren Haare vor dem Verzehr abgebrannt werden.

Weshalb aber ist man den Krabbeltieren in der westlichen Welt nicht hold? Nun, was bei den meisten Menschen hier tiefe Ablehnung, ja Ekel vor Insekten hervorruft, beruht eigentlich eher auf Vorurteilen. Sie lassen sich letztlich auf Wertmaßstäbe zurückführen, die bei vielen Amerikanern und Europäern auch Abneigung gegen Pferdefleisch, bei den Moslems Abneigung gegen Schweinefleisch oder bei den Indern gegen Rindfleisch hervorrufen.

Maikäfersuppe in Europa

Diese Vorurteile hatten oft religiöse Ursachen. Die tiefe Abscheu vieler Menschen vor dem Verspeisen von Insekten beruht aber nicht zuletzt auch auf der Tatsache, dass sich manche der Tiere von Aas oder Kot ernähren. So gehören Schmeißfliegen und Kakerlaken zu denjenigen, die den speisekulturellen Ruf der Insekten gründlichst ruinierten.

Das war durchaus nicht immer so. So berichteten keine geringeren als der große griechische Philosoph Aristoteles und der römische Geschichtsschreiber Plinius von offenbar sehr schmackhaften Speisen, die sich aus Zikaden und Holzwürmern bereiten lassen. Bis ins letzte Jahrhundert hinein stand selbst in Europa noch als Rest einer mittelalterlichen Kultur die Maikäfersuppe auf dem Speiseplan armer Leute. Dann aber verschwanden die Insekten hier ganz von der Bildfläche, weil die Versorgung mit tierischer Nahrung wie Schwein, Rind, Lamm und Geflügel immer besser wurde.

Auch entwickelten viele Menschen der westlichen Welt allgemein eine Abneigung gegen das Verspeisen von „kleinem Getier“. Dazu gehören beispielsweise Regenwürmer oder teilweise auch Muscheln und Schnecken. Besonders bei den beiden Letzteren aber sieht man bereits, dass das keineswegs bei allen Menschen so ist. Eine recht große Anzahl von Menschen isst sehr gerne Muscheln – Austern sogar in lebendem, rohem Zustand –, und bei Schnecken geraten viele Kulinarier in höchste Verzückung. Warum auch nicht? Nicht nur, dass gegen ihren Geschmack nichts zu sagen ist, sie haben – und das gilt im Übrigen auch für die ebenfalls als ekelhaft empfundenen Regenwürmer – sogar einen hohen Nährwert.

> *„Ich sage mir, die Insekten ernähren sich viel besser als manches Schwein in der Massentierhaltung, und dann ist die Überwindung des Ekels nur noch eine Umschaltung im Kopf.“*
>
> Rüdiger Nehberg, Überlebenskünstler

Proteinbomben

Nicht viel anders sieht es mit den Insekten aus. Sie enthalten wertvolle Proteine in meist hohen Anteilen. Spitzenreiter sind eindeutig die Heuschrecken, die mit einem Proteinanteil von 50–75 % aufwarten. Vergleichsweise recht bescheiden muten dagegen Huhn (23 %), Fisch (21 %), Rind (20 %) oder Schwein (17%) an. Ähnlich ungünstig sieht die Energiebilanz für die Wirbeltiere im Vergleich zu den Insekten aus: So muss ein Rind rund 8 kg pflanzliches Eiweiß verzehren, um sie in etwa 1 kg tierisches Eiweiß zu verwandeln, womit sich ein Verhältnis von 8 : 1 ergibt. Bei den Heuschrecken beträgt dieses Verhältnis etwa 3 : 1, sie „produzieren“ also viel günstiger.

Wichtig ist zudem, dass die Insektenproteine für den Menschen meist bes-

Bitte zu Tisch

Rüdiger Nehberg, einer der größten Überlebenskünstler, weiß Schlangen und Maden als Proteinbomben zu schätzen. Er röstet sie über offenem Feuer oder in der Pfanne.

Die achte biblische Plage: Heuschrecken

Wanderheuschrecken sind verheerende Schädlinge. Sie könnten aber in Afrika den Hunger lindern.

Wer einmal einen Heuschreckenschwarm in Afrika erlebt hat, wird dies so schnell nicht vergessen: Die Luft ist erfüllt von einem Sirren, riesige dunkle Wolken von Tieren fallen über Felder und Gärten her.

Ein kleiner Heuschreckenschwarm umfasst Schätzungen zufolge bereits etwa 50 Mio. Tiere. Diese fressen an einem einzigen Tag ungefähr so viel, wie man braucht, um 500 Menschen ein Jahr lang zu ernähren. Große Schwärme können sich sogar aus bis zu 2 Mrd. Tieren zusammensetzen, die in kürzester Zeit riesige Pflanzenmassen vertilgen. Da die Tiere je nach Größe des Schwarms bis zu 50 km pro Tag zurücklegen können, ist der von ihnen angerichtete Schaden immens.

Doch die Heuschrecken haben auch eine positive Seite. Sie sind äußerst nahrhaft und enthalten wesentlich mehr hochwertige Proteine als z. B. Fleisch. Daher sind sie ein ideales Nahrungsmittel und könnten eines Tages helfen, die Menschen in Afrika zu ernähren.

ser verdaulich und in ihrer Aminosäure-Zusammensetzung wertvoller und gesünder sind. Zu ähnlichen Ergebnissen kommt man auch bei der Bestimmung der Fettsäuren. Außerdem bieten die Insekten weitere Vorteile: Es gibt weltweit eine große Zahl von Insektenarten. Bis heute sind rund 770 000 Arten bekannt, von denen sich eine beträchtliche Anzahl auch für den menschlichen Verzehr eignet. Und der Großteil der Insekten lebt in den Tropen und Subtropen genau in jenen Gebieten, in denen viele Menschen Hunger leiden und häufig an Eiweißmangel sterben.

Das weiß auch der Wissenschaftler Bruno Comby, der mit dem Insektenverzehr keineswegs als Snob in der Öffentlichkeit auffallen möchte. Er will lediglich auf die Situation aufmerksam machen und propagiert die Insekten als eine wichtige potenzielle Eiweißquelle für die Menschen in den Hungerregionen der Erde. Die gezielte Zucht von dafür geeigneten Insektenarten könnte dem Hungertod in solchen Gebieten wirkungsvoll begegnen. In seinem Forschungslabor „Orkos" arbeitet der Wissenschaftler an Methoden, mit denen sich Insekten in industriellem Maßstab züchten lassen.

Genügend Fleisch

Es würde schließlich auch nichts dagegen sprechen, wenn Insekten beispielsweise in Europa und anderen Teilen der westlichen Welt wieder ein anerkanntes Nahrungsmittel würden. Allerdings stehen die Chancen hierfür sehr schlecht. Einer der Hauptgründe besteht sicherlich darin, dass hier weitestgehend genügend fleischliche Nahrung vorhanden ist, sodass man nicht unbedingt auf Insekten zurückgreifen muss.

An dieser Situation konnten bislang auch Feinschmeckerrestaurants nichts ändern, die zu Testzwecken verschiedene Insektenmenüs „à la carte" anboten. Ob nun Grashüpfer in Aspik, asiatische Wasserkäfer in Ravioli an Fliegenmaden-Tomatensoße oder eine pikante Insektenpaella – Begeisterungsstürme konnten sie bei den Testessern jedenfalls nicht hervorrufen. Meist ließen sie die Speisen wieder zurückgehen, ohne auch nur einmal davon gekostet zu haben. Lediglich die als Nachtisch servierten Heuschrecken in weißer Schokolade, die an Krokantsplitter erinnerten, fanden gewissen Anklang. Ob die Testpersonen danach Vegetarier wurden, ist übrigens nicht bekannt.

WELTSPRACHEN, DIE SICH NICHT DURCHSETZTEN

Bereits vor über 100 Jahren gab es Versuche, die Verständigung unter den Menschen durch künstliche, einfache Sprachen zu erleichtern. Esperanto, Volapük und Co. besaßen Millionen Anhänger – warum hatten sie keinen bleibenden Erfolg?

Keiner verstand mehr den anderen, das Projekt musste scheitern: Ihren Größenwahn beim Turmbau zu Babel büßte die Menschheit mit einer heillosen Sprachverwirrung. So jedenfalls erklärt uns das Alte Testament der Bibel, warum wir einander nicht mehr verstehen. Aus der gemeinsamen Ur-Sprache entwickelten sich immer mehr Nationalsprachen. Jede für sich fördert wie ein unsichtbares Band den Zusammenhalt eines Volkes, macht seine Mitglieder untereinander einig und nach außen stark – wie Geschwister, die mit selbst erfundenen Geheimsprachen ihre Eltern austricksen. Was in der Familie ein lustiges Spiel ist, bereitete Staatsmännern jedoch zu allen Zeiten große Probleme: Wie kann man Macht ausüben, wenn Oberhaupt und Untertanen verschiedene Sprachen sprechen?

Die Lösung schien rasch gefunden: Man verordnet dem Volk eine verbindliche Staats- oder Amtssprache – und zwingt sie nach Eroberungen auch dem Verlierer auf. Was aber die Mächtigen der Welt vielleicht nicht wussten: Sprache ist wie ein persönlicher Schatz, den man sorgfältig hütet.

DER ERSTE EINDRUCK

Eine aktuelle Umfrage des renommierten Gewis-Instituts ergab: Wörter und Grammatik gehören zu einem Menschen wie Haarfarbe und Nasenform. Bevor man sich beispielsweise verliebt, checkt man deshalb in Sekundenschnelle, wie er oder sie spricht – Männer und Frauen mit schwäbischem oder sächsischem Akzent liegen übrigens in Deutschland auf der Beliebtheitsskala ganz unten.

Vor mehr als 100 Jahren startete der erste Versuch einer internationalen Verkehrssprache: 1879 ersann der katholische Pfarrer Martin Schleyer aus Konstanz am Bodensee eine regelmäßige Grammatik. Sie besteht aus Wortstämmen und Vokalen. Vorangestellte Selbstlaute drücken die Zeiten aus, angehängte die Fälle. Die Wortstämme selbst

Schulunterricht in der Weltsprache von heute

Schon in den ersten Klassen der Schule wird die Weltsprache von heute gelehrt: Englisch. Sie hat sich durchgesetzt, obwohl sie alles andere als einfach und logisch ist.

Ludwig L. Zamenhof

Sehnsucht nach Einheit der Menschen

Der Augenarzt Ludwig Lazarus Zamenhof (1859–1917) veröffentlichte 1887 seine Kunstsprache Esperanto. „Wäre ich nicht ein Jude aus dem Ghetto gewesen", sagte er, „wäre mir die Einheit der Menschen nie in den Sinn gekommen. Das Unglück über die Uneinigkeit der Menschen kann niemand so stark empfinden wie ein Jude aus dem Ghetto, der zu Gott in einer längst toten Sprache beten muss und seine Erziehung und Bildung in der Sprache eines Volkes erhält, das ihn unterdrückt."

entwickelte Pfarrer Schleyer aus dem Englischen, damals schon die bekannteste Sprache der Welt. Jeder Wortstamm musste mit einem Konsonanten beginnen und enden, der Buchstabe S durfte aber nicht als Schlusslaut vorkommen: Er sollte die Mehrzahl bezeichnen. Die Wörter klingen ziemlich verstümmelt: Aus world wurde vol, aus speak wurde pük (pik war besetzt für eine andere Bedeutung).

Schleyer nannte seine neue, künstliche Weltsprache Volapük. Gleich lautende Wörter mit unterschiedlicher Bedeutung sollte es in dieser Sprache nicht geben, in solchen Fällen wich der Pfarrer einfach auf ähnlich lautende Wörter aus. Was dabei herauskam, ist eine Ansammlung primitiv anmutender Wörter, die sich oft schlecht behalten und unterscheiden lassen und sich so lesen: „pap, bap, bab, bäb, päb, pep, peb, bep, beb". Auch die damals schon internationalen Wörter wurden stark verstümmelt oder durch neue ersetzt. Beispielsweise heißt Lokomotive auf Volapük „lemüf", Technik wurde zu „kaen".

Schnelle Verbreitung

Trotz der mitunter wunderlichen Eigenheiten verbreitete sich die erste Kunstsprache rasch – dafür sorgte ihr Erfinder mit Werbung und Übungsbüchern. Bald gab es über die Welt verstreut 28 Zeitschriften und 283 Vereine. Es hatte den Anschein, als habe sich die Weltsprache schon durchgesetzt. Es kam in Mode, Volapük-Wörter zu bilden – ein Spaß wie heute das Lösen von Kreuzworträtseln.

Nach 6 Jahren aber endete der Volapük-Boom ebenso plötzlich, wie er begonnen hatte: Dr. Ludwig Zamenhof, ein polnischer Augenarzt, stellte 1887 eine neue Weltsprache vor: Esperanto. Ein Konkurrenzkampf begann, der Vorsitzende der Volapük-Akademie, der Ingenieur W. Rosenberger aus St. Petersburg, reformierte 1902 den bizarren Wortschatz und die schwere Sprechbarkeit des Volapük zum Idiom Neutral. Viele hatten Volapük gelernt und weigerten sich, auf Idiom Neutral umzulernen. „Die Operation gelang, aber der Patient Volapük starb daran noch vor der Vollendung", erinnerte sich Edgar von Wahl, der 20 Jahre später Occidental erfand – noch eine Kunstsprache.

Einheit der Menschen

Der Vater des Esperanto wuchs im damals russischen Bialystok auf, wo Angehörige vier unterschiedlicher Sprach- und Kulturkreise sich befehdeten: Russen, Polen, Deutsche und Jiddisch sprechende Juden. Diese tragische Erfahrung ließ Zamenhof leidenschaftlich kämpfen – für die Einheit aller Menschen.

Johann Martin Schleyer (1831–1912), katholischer Pfarrer und Erfinder der Kunstsprache Volapük

Die wichtigsten Kunstsprachen

Acht künstliche Welthilfssprachen brachten es zu einem gewissen Erfolg, wobei Esperanto die bekannteste wurde. Aber alle hatten Mängel, die sie scheitern ließen.

Jahr, Erfinder	Kunstsprache	Problem
1879 J. M. Schleyer	Volapük	Komplizierte Grammatik, bizarre Wörter
1887 L. Zamenhof	Esperanto	Keine internationalen Wörter, schwerfällige Silbenreihung
1898 W. Rosenberger	Idiom Neutral	Die Begeisterung für die erste Weltsprache wich der Enttäuschung über ihre Mängel
1903 G. Peano	Latine sine Flexione	Keine Möglichkeit für die Neubildung moderner Wörter, schwerfällig
1907 L. Couturat	IDO	Internationale Wörter, bis zur Unkenntlichkeit verstümmelt
1922 E. v. Wahl	Occidental	Nur für die westliche Welt gedacht
1928 O. Jespersen	Novial	Internationale Wörter, durch unnatürliche Ableitungen verstümmelt
1930 C. K. Ogden	Basic English	Englisch ist nicht „neutral", Vorteil für Engländer, Nordamerikaner und Australier

Esperanto lebt noch

Es gibt Esperanto-Sprecher in 120 Ländern der Erde. Hier begrüßen Henryka und Gerard Borboèn in Les Sagnes in Südfrankreich ihre Gäste mit dem Schild: „Herzlich willkommen in unserem Haus."

Zamenhofs Esperanto – der Name bedeutet der Hoffende – entnimmt seine Wortstämme aus allen westeuropäischen Sprachen. Die Endung „o" kennzeichnet Hauptwörter – aus Hund wird hundo, aus Brust wird brusto, aus Sofa wird sofo und aus Knabe wird knabo.

Für die weiblichen Wörter gibt es die eingeschobene Silbe „-in": Mutter heißt patrino (weiblicher Vater), Weib übersetzt man mit virino (weiblicher Mann), lernantino ist die Schülerin. Den Gegensatz eines Begriffs drückt die Vorsilbe „mal-" aus: longe heißt lang, mallonge heißt kurz; bona bedeutet gut, malbona folgerichtig schlecht. Die Mehrzahl eines Hauptworts bildet man durch Anfügen eines j: amiko heißt Freund, amikoj Freunde. Die Grammatik des Esperanto ist leicht zu lernen, in dieser Sprache lassen sich unendlich viele Wörter neu bilden – manchmal ergeben sich dabei allerdings langstielige Zusammensetzungen. Moderne Wörter wie Computer wurden inzwischen problemlos in die Sprache eingesetzt – als komputilo.

Esperanto soll existierende Sprachen nicht ersetzen, sondern als Zweitsprache der Verständigung aller Menschen dienen. Die Plansprache fand bisher zahlreiche Anhänger in über 120 Ländern, auch bedeutende Werke der Literatur wie etwa die Bibel oder die *Blechtrommel* von Günter Grass sind ins Esperanto übersetzt worden.

ÜBER 1000 PLANSPRACHEN

Mittlerweile gibt es über 1000 Plansprachen, von denen sich Esperanto am weitesten verbreiten konnte. Aber keine der künstlichen Sprachen schaffte bisher den Durchbruch zu einer wirklichen Weltsprache. Otto Weikopf, Rechtsanwalt und Sprachforscher in Jena, vermutet ideologische Gründe: „Befürworter einer Universalsprache geraten in Konflikt mit Bewegungen, denen an der Wahrung und Vermittlung nationaler, regionaler und sozialer Eigenständigkeit gelegen ist."

Vielleicht liegt die Erklärung auch einfach in der Seele des Menschen: In der Muttersprache lassen sich Gefühle viel besser und nuancenreicher ausdrücken als in jedweder Fremdsprache.

Das seltsamste Land Europas

Auf Malta ist vieles anders: die Sprache, das Essen, die Kultur, der Verkehr – die Inselgruppe ist ein Schmelztiegel im Herzen des Mittelmeers und ein Zeugnis jahrtausendealter Geschichte.

Wie würden Sie denn ein Wort wie „Qawra" aussprechen? Kaffra? Kuaffra? Falsch! Ganz einfach „Aura". So einfach ist Malti – die Sprache, die auf den im Mittelmeer gelegenen Inseln Malta, Gozo und Comino gesprochen wird. Malti ist ganz leicht – wenn Sie Arabisch, Türkisch, Italienisch und Englisch beherrschen und dazu noch einige Brocken Französisch. Dabei ist es auch kein Widerspruch, dass es auf Malta exzellente Sprachschulen gibt, in denen Sie reinstes Oxford-Englisch lernen können, und wenn Sie Lust haben, auch noch Italienisch, denn fast alle Malteser sind dreisprachig: Malti und Englisch sind die offiziellen Amtssprachen, Italienisch kann fast jeder.

Es ist schon ein kleiner Multikulti-Kosmos dort, 90 km südlich von Sizilien. Auf einer Fläche von 316 km², also noch nicht einmal halb so groß wie Hamburg, drängeln sich 350 000 Einwohner und 350 mächtige Kirchen. Phönizier, Karthager, Römer, Byzantiner, Araber, Normannen, Kastilianer, die Ritter des Johanniterordens, Franzosen und Engländer waren einst Herren der Insel und hinterließen ihre Spuren. Odysseus wurde hier von Calypso, der Urahnin aller Verführerinnen, in Gefangenschaft gehalten, Apostel Paulus verschlug es 60 n. Chr. als Schiffbrüchigen auf die Insel, römische Kaiser machten auf ihren Feldzügen nach Karthago mit ihrer Flotte hier Station, Napoleon übernahm 1798 die Inseln kampflos von den Johannitern, und Lord Nelson verbrachte hier amouröse Tage mit Lady Hamilton.

Alles ist anders

Und so entstand hier eines der seltsamsten Länder Europas – mit einer Sprache, die als einzige arabische Abart mit lateinischen Buchstaben geschrieben wird, mit Festungsbauten und Kirchen, die ihresgleichen suchen, mit von den Engländern übernommenem Linksverkehr, mit einer Küche, die, wenn man Glück hat, italienisch geprägt ist, und wenn

Bestätigung der Ordensregel durch Papst Paschalis II. **(Stahlstich von Samuel Cholet, um 1845)**

Aus Pflegern wurde ein Ritterorden

Die ersten Johanniter pflegten im Hospital des heiligen Johannes in Jerusalem kranke Pilger. Unter Papst Paschalis II. wurde 1113 der Johanniterorden gegründet, der auch den Schutz der Pilger übernahm. Die Ritter wurden 1291 aus dem Heiligen Land vertrieben, residierten kurz auf Zypern und dann für 200 Jahre auf Rhodos. Von dort verjagte sie Sultan Suleiman. 7 Jahre später erhielten sie von Kaiser Karl V. die Insel Malta, die sie zu einer gigantischen Festung ausbauten, aber 1798 kampflos Napoleon überließen. Heute gibt es den evangelischen Johanniter- und den katholischen Malteserorden.

Hauptstadt und größte Festung der Welt

Valetta, die Hauptstadt Maltas, wurde 1566 gegründet und liegt auf einer felsigen, bis zu 60 m hohen Landzunge. Sie ist von den mächtigsten Befestigungsanlagen der Welt umgeben. Rechts der Fischerhafen Marsaxlokk.

man Pech hat, englisch, mit Linienbussen, die von britischen Schrottplätzen gekauft und dann bunt angemalt werden, und mit einer katholischen Kirche, die nirgendwo auf der Welt mächtiger ist – auch nicht in Irland.

Ungebrochene Lebenslust

Es gibt wahrscheinlich keinen Fleck auf der Erde, wo auf kleinstem Raum so viele Kulturdenkmäler aus allen Perioden der Menschheitsgeschichte zu besichtigen sind – von der Steinzeit bis zur jüngsten Vergangenheit. So hielt man bis vor kurzem die ägyptischen Pyramiden für die ältesten Bauwerke der Welt, jetzt zeigen die neuesten Forschungen, dass die Megalith-Tempel auf Malta 500, wenn nicht 1000 Jahre älter sind als die Pyramiden von Gizeh. Wie man vor 6000–7000 Jahren diese riesigen tonnenschweren Felsblöcke beim Bau der Tempel von Hagar Qim (gesprochen Haa-dschar Kim) bewegte, ist bis heute ein Geheimnis.

Was die Lebenslust der Malteser betrifft, so hat sich die jahrhundertelange britische Kolonialherrschaft nicht bemerkbar gemacht. Zwischen Mai und September vergeht kaum ein Wochenende, an dem nicht irgendwo zu Ehren eines lokalen Schutzpatrons eine Festa mit Gottesdienst, Umzug, Musik, Straßenparty und einem gigantischen Feuerwerk gefeiert wird.

Auch wenn die Orte im Osten der Hauptinsel Malta um die riesigen Naturhäfen ineinander übergehen, entwickeln die Malteser einen ungewöhnlichen Lokalpatriotismus. Der geht so weit, dass ein seriöser alter Herr aus Valetta sagt: „Es ist wie überall auf der Welt, die Leute im Süden sind einfach unzuverlässiger und fauler. Fahren Sie mal nach Marsaxlokk." Der malerische Fischerort Marsaxlokk ist gerade mal 7 km von der Hauptstadt Valetta entfernt …

Ein besonderes Abenteuer ist der Verkehr. Vor allem dann, wenn man neben dem Fahrer eines uralten Busses sitzt, der mit einem Höllentempo durch eine Straße rast und links und rechts fast die Geranien von den Fensterbänken fegt.

Das Tor zum Allerheiligsten in China

Diese Tür aus massivem Holz öffnete sich früher nur für die Edelsten der Edlen in China. Dahinter lag die Verbotene Stadt mit den Palästen des Kaisers. Auch heute noch ist ein Teil des Bezirks für die Öffentlichkeit tabu.

WAS PASSIERT AN DEN VERBOTENEN ORTEN?

Schon immer hatte es einen besonderen Reiz zu erfahren, was hinter den Mauern solcher geheimnisvoller Orte wie Mekka, Lhasa oder Fort Knox geschieht.

Amerikas Goldtresor

US-Army, Elektrozäune und Videokameras bewachen Fort Knox mit seinen 28 Stahlkammern.

Wer heute den zur Touristenattraktion gewordenen Palastbereich in der chinesischen Hauptstadt Peking besucht, kann sich dort frei und ungehindert bewegen. Früher war das anders: Mauern grenzten die Verbotene Stadt nach außen hin ab, und wer sie überwand, der hatte sein Leben verwirkt.

Nur die kaiserliche Familie, ihre Dienerschaft und ausgesuchte Hofschranzen durften den weitläufigen Bezirk betreten – und mussten ihn nach getaner Arbeit schleunigst wieder verlassen. Aber wozu benötigte der Kaiser ein Areal von 100 ha Größe mit 800 Gebäuden und 9000 Zimmern? Und warum gibt es bis heute einen Bezirk in der Verbotenen Stadt, der für die Allgemeinheit tabu ist? Die Antwort ist einfach: Verbotene Orte dienten und dienen dem Erhalt der Macht. Monarchen und Diktatoren haben das unstillbare Verlangen, in ihrer eigenen Welt zu leben, völlig losgelöst vom Volk und seinen Problemen.

LEBEN IM LUXUS

So sehr die Kommunisten Chinas das Kaiserhaus nach dem Sieg ihrer Revolution in der Mitte des vergangenen Jahrhunderts auch verdammten, die Statussymbole übernahmen und nutzten sie ohne jede ideologische Bedenken. Mao Tse-tung und seine Nachfolger reservierten mit der größten Selbstverständlichkeit den innersten Bezirk der Verbotenen Stadt für sich.

Und Mao lebte dort kaum anders als die adeligen Vorbesitzer: Er schwelgte im Luxus, genoss das edle Ambiente mit künstlich angelegten Seen und Bächen, mit gepflegten Gärten und weitläufigen, luxuriös ausgestatteten Räumen. Und mit schönen Frauen, die aus allen Teilen des Landes herangeschafft wurden.

GANZE STADT VERBOTEN

Noch rigoroser ging man in Tibet vor. Zu Zeiten der Gottkönige, der Dalai Lama, war der Zutritt zur gesamten Hauptstadt Lhasa für Fremde verboten. Erst am 15. Januar 1946 wagten es zwei Europäer, sich in die Stadt zu schleichen: Der Forschungsreisende Heinrich Harrer und sein Begleiter Peter Aufschnaitter erreichten nach einer fast zweieinhalbjährigen Flucht aus britischer Kriegsgefangenschaft in Indien die Mauern Lhasas und fanden dort nach vielen vergeblichen Versuchen Zuflucht.

EIN SICHERER HORT

Zuflucht kann es an einem anderen verbotenen Ort allerdings nicht geben. Zu Fort Knox im Bundesstaat Kentucky, dem symbolträchtigen Safe der USA, hat nur eine Hand voll ausgesuchter Mitarbeiter der Regierung Zutritt. Kein Wunder, lagern dort doch über 4500 t Gold, zahllose Diamanten und Platin. Während des Zweiten Weltkriegs waren dort auch das Original der amerikanischen Verfassung, die Magna Charta Libertatum, die britischen Kronjuwelen und andere Schätze untergebracht.

Manchmal ist der Zutritt zu einem Ort auch aus ganz menschlichen Gründen verboten. Nehmen wir z. B. Athos, die autonome Mönchsrepublik auf dem östlichen Ausläufer der griechischen Halbinsel Chalkidike. Um die frommen Männer nicht durch den Anblick weiblicher Reize in Versuchung zu führen, ist der Klosterbezirk für die meisten Menschen dieser Welt tabu: Neben allen Nichtchristen ist der Zutritt auch Frauen dort verboten – ausnahmslos.

Die Macht der Religionen

Kirchen und Tempel sind meist imposante, aufwändige und mit aller Pracht ausgestattete Bauwerke. Sie dienen dazu, die Verehrung der jeweiligen Gottheit auszudrücken, aber auch, um die absolute Macht und den Einfluss der Religion und ihrer Repräsentanten zu unterstreichen. Um solche Gotteshäuser zu bauen, wurden seit Menschengedenken enorme Anstrengungen unternommen.

Es ist immer noch rätselhaft, wie es die alten Ägypter geschafft haben, die viele Tonnen schweren Obelisken, die Quader für den Bau der Pyramiden und die über 20 m hohen Säulen für die Tempelanlagen von Karnak bei Luxor über weite Strecken zu transportieren und aufzurichten.

Auch Mekka, das Heiligtum der Muslime, ist nach wie vor von einer Aura des Geheimnisvollen umgeben. Bis heute ist die gesamte Stadt tabu für Ungläubige. Grundlage dafür ist die 9. Sure des Koran, wonach sich Ungläubige der heiligen Moschee und der Kaaba, dem würfelförmigen Stein, der durch die Sünden der Menschheit schwarz geworden sein soll, unter Androhung der Todesstrafe nicht nähern dürfen.

Fast perfekte Täuschung

Dieses Verbot ließ den deutschen Asienforscher Heinrich von Maltzahn nicht ruhen. Ausgestattet mit einem algerischen Pass, machte er sich 1860 daran, das Geheimnis zu lüften. Er gelangte auch in die Stadt und umrundete den heiligen Bezirk zusammen mit zahllosen Gläubigen. Und er schaffte es sogar, die Kaaba zu berühren – ohne Aufmerk-

Männer unter sich beim Gebet in der Moschee

Im Islam gibt es einige Tabus. Beim Gebet in der Moschee bleiben die Männer unter sich, die Frauen beten in oft seitlich gelegenen Extrazonen des Gotteshauses. Der Freitagsgottesdienst ist für sie keine Pflicht.

Der geheimnisvolle Sitz des Gottkönigs

Die tibetische Hauptstadt Lhasa mit dem riesigen Potala-Palast, dem früheren Sitz des Gottkönigs Dalai Lama. Ganz Lhasa war früher für Fremde verboten.

samkeit und Misstrauen zu erregen. Erst als er ein öffentliches Bad betrat, um sich Staub und Schweiß abzuwaschen, flog sein Schwindel auf: Er war unbeschnitten und musste Hals über Kopf fliehen.

Ufos in Area 51

Handfeste Gründe der nationalen Sicherheit haben die USA bewogen, ein über 10 000 km² großes Gebiet rund 190 km nördlich des Spielerparadieses Las Vegas in der Wüste von Nevada zur hermetisch abgeriegelten Area 51 zu erklären. Angeblich erforschen Wissenschaftler dort UFOs und außerirdische Lebewesen, die auf der Erde gelandet sein sollen. Sicher ist dagegen, dass hier der Luftfahrtkonzern Lockheed Spionageflugzeuge wie die legendäre U2 oder den für das gegnerische Radar „unsichtbaren" Stealth-Bomber entwickelt und erprobt hat.

Auch der Heimathafen der russischen Pazifikflotte, Wladiwostok (zu Deutsch „Beherrsche den Osten"), war bis zum Zerfall der UdSSR für Fremde tabu. Andere Militärgebiete in Sibirien, in denen Atombomben sowie biologische und chemische Waffen getestet wurden, tauchten in den Landkarten der Sowjets nur als Niemandsland auf, selbst große Städte existierten offiziell nicht, Straßen und Bahnlinien endeten im Nichts.

Wirtschaftliche Gründe haben dagegen die Diamanten-Fördergesellschaft Namibias im Süden Afrikas bewogen, ihre Schürfgebiete rund um die Geisterstadt Kolmanskop unweit der Küstenstadt Lüderitz zur verbotenen Zone zu erklären. Noch immer werden in der „Diamond Area One" Tag für Tag etwa 2000 Karat Diamanten gefördert, und da wünscht man sich natürlich keine neugierigen Besucher.

Heinrich Harrer

Sieben Jahre in der verbotenen Stadt

Heinrich Harrer (geb. 6. 7. 1912) war 1939 Mitglied der deutschen Himalaja-Expedition und wurde nach Ausbruch des Zweiten Weltkriegs in Indien interniert. 1944 flüchtete er und erreichte nach über zwei Jahren die tibetische Hauptstadt Lhasa. Hier errang er die Freundschaft des Dalai Lama, erhielt sogar einen Regierungsposten und begleitete den Gottkönig 1952 auf der Flucht vor den Chinesen. Sein Buch *Sieben Jahre in Tibet* (1952) wurde ein Bestseller.

Unausrottbar – die Blutrache

„Blut geben – Blut nehmen“ – dieses archaische Gesetz gilt auch heute noch in vielen Ländern der Erde. Wurde es einst als Menschheitsfortschritt angesehen, so ist es heute ein Rückfall in die Steinzeit. Das führt so weit, dass sich manchmal ganze Familienverbände gegenseitig auslöschen.

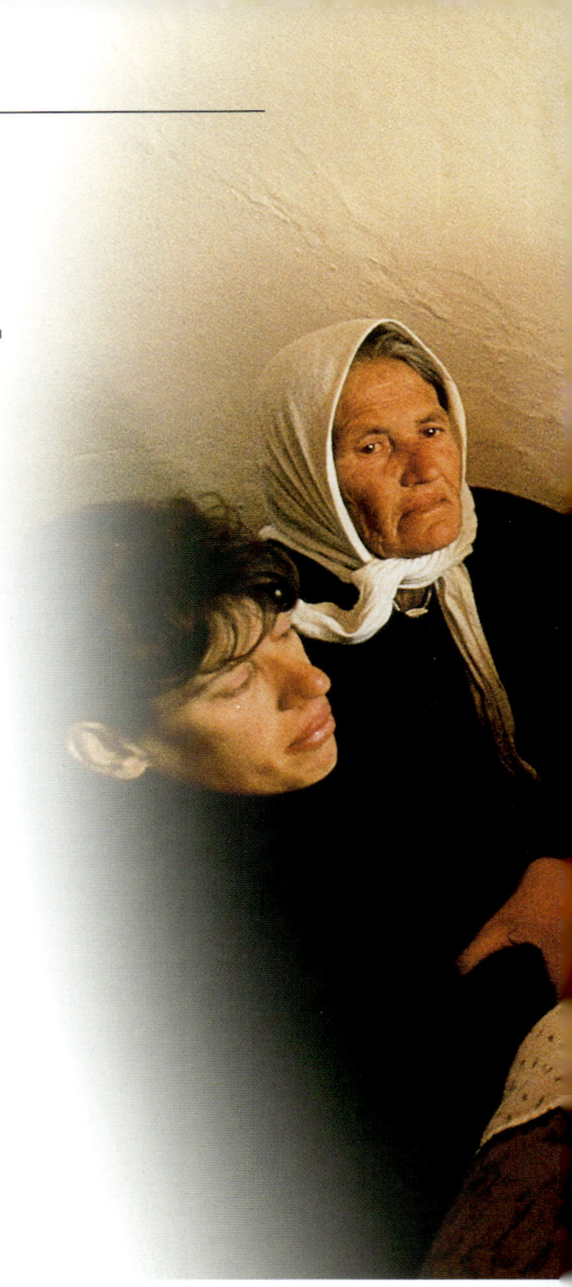

Simsons Rache und Tod

Der Racheakt aus der Bibel: Als Simson wieder zu Kräften kommt, zerstört er das Heiligtum der Philister und reißt viele von ihnen mit in den Tod (Holzschnitt, 1860).

Familie Kurtai aus dem albanischen Dorf Koplik, dicht an der montenegrinischen Grenze, hat Angst. Vater Kurtai, seine fünf Söhne und ein Neffe zittern um ihr Leben. Einer von ihnen muss sterben. So will es das Gesetz der Blutrache. Denn ein Kurtai hat einen Pepa umgebracht. Jetzt schreit das Blut des Opfers nach Vergeltung. Also wird ein Pepa einen Kurtai töten.

Fürs Erste sind die Männer in Sicherheit: in ihrem Anwesen. Innerhalb der Mauer, die Haus und Garten umgibt, sind sie unantastbar. So will es das ungeschriebene Gesetz, der Kanun, der andererseits jeden, der ein anständiger Mann sein will, unerbittlich zwingt, „das Blut zurückzunehmen“, das einer aus seinem Clan vergießen musste.

Die Rache ist gewiss

Fünfzehn Autominuten von Koplik entfernt wird auch gezittert. Im düsteren Dorf Boric hat sich die Familie Pepa in ihrem Steinhäuschen versammelt. Eine junge Witwe mit vier Kindern trauert um ihren Mann, drei Schwestern um den Bruder, und das Familienoberhaupt, Vater Pepa, um seinen Sohn, der kürzlich umgebracht wurde. Vater Pepa entschied, dass das Blut zurückgenommen

Die Mutter trauert um den erschossenen Sohn

Unschuldige Kinder werden immer häufiger Opfer albanischer Rachefeldzüge. Den kleinen Jungen traf eine verirrte Kugel bei einem Feuergefecht.

werden muss. Einer von ihnen wird es tun. Und danach müssen sich alle männlichen Angehörigen weiter in ihrem Haus verkriechen, denn ist die Blutrache vollstreckt, ist der Gegenschlag unvermeidbar. Noch ist die Tat nicht vollbracht, aber schon holen die Frauen ihre schwarzen Trauerkleider aus der Truhe.

Wie aus der Steinzeit

Blutrache in Europa! Zivilisierte Menschen können sich das nicht vorstellen: Ein Überbleibsel aus der Steinzeit, aber das Monster hat überlebt – in Ägypten, in der Türkei, auf Sizilien, Sardinien oder Korsika. In Süditalien beispielsweise forderte eine Blutfehde zwischen mehreren Familien im Lauf von 35 Jahren 247 Tote und 193 Verletzte. Und in Albanien greift dieses Verbrechen aus Ehrgefühl um sich wie ein Flächenbrand.

Unter der harten Faust des kommunistischen Parteichefs Enver Hodscha (1908–85) wurde der Steinzeitbrauch der Blutrache zurückgedrängt, unterdrückt durch Todesurteile gegen Mörder und Deportationen ganzer Familien in entlegene Gegenden. Seit 1991 aber häufen sich die Fälle, denn die Obrigkeit wird als Autorität nicht anerkannt und die Justiz gilt als korrupt, da nimmt man das Gesetz wie zu Urväterzeiten wieder in die eigene Hand. 300 Morde pro Jahr gibt die albanische Regierung offen zu, doch Bürgerrechtler befürchten, dass es inzwischen bereits deutlich mehr als 1000 sind.

Und schon droht die Blutrache Grenzen zu überspringen. So wurden in Dortmund aus einem fahrenden Auto heraus mehrere Schüsse abgefeuert, die zwei Menschen das Leben kosteten und zwei weitere Personen schwer verletzten. Ursache: Blutfehde zwischen zwei türkischen Familien. Weil fern in der Türkei eine Frau geschwängert wurde, war dort ein Verwandter des angesehenen Vaters getötet worden. Die Schüsse von Dortmund stellten die Vergeltung dafür dar.

Auge um Auge

Der Kanun ist unerbittlich. Das Wort stammt aus dem Griechischen, heißt dort Kanon und bedeutet ursprünglich Richtschnur, Regel, Gesetz, Norm. All das eben, was „ganz normal" ist. Ein Auge für ein Auge, ein Zahn für einen Zahn, das steht bereits in der Bibel. Aber das scheinbar gnadenlose Gesetz war ursprünglich weise und mild. Wo es keinen Richter gab, mussten die Angehörigen das Recht in die eigene Hand nehmen. Aber es sollte nur ein gerechter, wohl ausgewogener Ausgleich geschehen. Nur ein Zahn für einen ausgeschlagenen Zahn, nicht gleich das ganze Gebiss. Und nur ein Auge, nicht der ganze Kopf. Der Rechtsphilosoph Professor Gerhard Robbers erläutert: „In archaischen Gesellschaften, in denen es keinen Staat und keine Justiz gibt, hat das Gefühl der Rache die Funktion, das Recht wiederherzustellen. Es ist eine Sanktion und ein Mechanismus, um Recht durchzusetzen. Diese Funktion sorgt dafür, dass sich die Menschen in den sozialen Strukturen, die sie zusammenfügen, richtig verhalten."

Ganz besonders galt dies am Rand des Osmanischen Reiches, in Albanien

Das Blut des Sohnes genommen

Die Toten werden wie Heilige verehrt. Dieser Sohn wurde bei einer Familienfehde zweier albanischer Clans in Prile in der jugoslawischen Provinz Kosovo getötet.

und Montenegro, wo die Obrigkeit fern oder verhasst war. Doch auch ein wirtschaftliches Motiv darf nicht übersehen werden. In der einsamen Bergwelt sahen sich die Sippen auf die Arbeitskraft jedes einzelnen Mannes bitter angewiesen. Wurde er vom Angehörigen eines anderen Clans getötet, so erwuchs allen ein schwerer Schaden, und der sollte ausgeglichen werden.

KINDER ALS OPFER

In einer ganz bestimmten Phase der Menschheitsentwicklung war die Blutrache also ein Fortschritt, besser als Willkür und Chaos, das Aufdämmern eines Rechtsgedankens, eine Vorahnung von Justiz und Paragraphen.

Doch ging es früher um Ehre und Gastrecht, so stehen heute Kriminalität, Drogenhandel und Prostitution im Mittelpunkt. Früher gab persönlicher Mut den Ausschlag, heute sind es modernste Waffen. Und waren früher Frauen und Kinder tabu, werden heute auch sie in manchen Gegenden nicht mehr verschont. So kommt es, dass nicht nur tausende von Männern aus Angst um ihr Leben untätig in ihren eigenen vier Wänden herumlungern.

„Weil schon mehrfach Kinder die Opfer der Blutrache wurden, gehen Kinder gefährdeter Familien nicht mehr zur Schule", sagte Sevim Arbana. Sie ist die Präsidentin von Ne Dobi te Gruas Shqiptare, einer Organisation, die wörtlich „Hilfreich für albanische Frauen" heißt und in der sich 30 mutige Männer und Frauen zusammengeschlossen haben. Sie versuchen aufzuklären und geben den Kindern unter abenteuerlichen Umständen Unterricht.

VOM FEIND ZUM BLUTSBRUDER

Kein Revolverheld, sondern ein wahrer Held ist auch der greise Menschenrechtler Ndrek Pjetri. Mit Bibel und Koran versucht er, den Verfeindeten klar zu machen, „dass nur Gott das Recht hat, Leben zu nehmen, der rechte Mann aber vergibt". 300-mal ist es ihm bereits gelungen, Frieden zu stiften, indem er die uralten Rituale der Blutrache durch ebenso alte Beschwörungszeremonien bekämpft: Die Sippenhäuptlinge besiegeln das Ende der Fehde, indem sie gemeinsam Tropfen ihres Blutes in einen Becher mit Wasser fallen lassen und ihn austrinken. So werden aus Todfeinden schließlich Blutsbrüder.

Menschlichkeit und Vernunft haben gesiegt

Alle Mitglieder der verfeindeten Sippen in Prile im Kosovo haben sich zur Versöhnungsfeier versammelt. Die Beilegung der Blutrache läuft nach altem strengen Ritual ab.

Medea ist in der Mythologie der Griechen eine zauberkundige und rachsüchtige Königstochter (Gemälde von Frederick Sandys).

Erbarmungslose Frauen als Rachegöttinnen

In der griechischen Mythologie hat der Geist der blutigen Rache leibhaftige Gestalt angenommen. Im Unterschied zu den menschlichen Bluträchern sind es Frauen, die ohne Erbarmen Frevler verfolgen. Erinnyen nannte man sie, wörtlich „die Grollenden", und ursprünglich waren es wohl Personifizierungen der Rache suchenden Seelen Ermordeter. Im Lauf der Zeit malte sich die Phantasie des Volkes die grausame Vorstellung immer weiter aus. Schließlich waren es drei: Tisiphone, „die den Mord Rächende", Alekto, „die Unablässige", und Megaira, „die Neidische". Sie wohnten im Hades, dem Reich der Toten, aus dem sie emporstiegen, um ihre Opfer zu quälen.

Bekleidet waren sie mit langen Gewändern oder einem kurzen Jagddress. Flügel garantierten ihnen, dass kein Opfer entkam, in den Händen und im Haar hatten sie Schlangen oder schwangen Fackeln und Geißeln. Bei den Römern hießen sie Furien, „die Rasenden".

DER ATEM

DER GESCHICHTE

Früher war alles anders – stimmt diese Aussage wirklich? Mit immer feineren Methoden enträtseln die Wissenschaftler die letzten Geheimnisse der Vergangenheit und stellen fest, dass der Entwicklungsschritt, den die Menschheit in den letzten 2000 Jahren gemacht hat, gar nicht so atemberaubend groß gewesen ist. Man denke nur an das alte Ägypten oder das Leben im Weltreich Rom …

Im Dienst der Ewigkeit: Tempelwächter im Säulensaal des Amun-Tempels im ägyptischen Luxor

Die Sprache, die den Krieg gewann

Statt Verschlüsselungsmaschinen setzten die Amerikaner im Pazifikkrieg Navajo-Indianer und deren schwierige Sprache als Geheimwaffe ein.

Geheimnisvolle Bilder

Zur Kunst der Navajo gehören die zeremoniellen Streubilder von mythischen Figuren, Pflanzen und Naturerscheinungen aus farbigen Sanden, Pollen und Maismehl.

Sie dienten bei der Navy und bei den berühmten Ledernacken der Marines und kämpften mit ihrer Sprache für den Sieg der USA über Japan: die „Code-Talkers" aus dem Stamm der Navajo-Indianer. Der Code wurde nie geknackt, verhalf den Amerikanern zum Sieg über die Japaner und galt bis in die 1960er-Jahre als Militärgeheimnis.

Erst 56 Jahre nach ihrem lebensgefährlichen Einsatz ehrte der amerikanische Kongress die letzten 100 überlebenden Code-Talkers mit einer Medaille. Und der amerikanische Regisseur John Woo nahm dieses Ereignis zum Anlass für einen harten Action-Film, in dem er die Geschichte dieser lebenden Chiffriermaschinen erzählt.

> *„Jeder von uns wurde von weißen Soldaten beschützt, die darauf achteten, dass uns nichts passierte. Aber sie hatten auch den Auftrag, uns zu töten, wenn die Gefahr bestand, in japanische Hände zu fallen."*
>
> John Brown jr., Code-Talker

Nin hokeh bi-kheh a-na-ih-la. Sie verstehen nur Bahnhof? Dann geht es Ihnen nicht anders als den japanischen Streitkräften im Krieg gegen die US-Marine. Sie bissen sich an verschlüsselten Funksprüchen wie diesem die Zähne aus. Natürlich bediente man sich auf beiden Seiten geheimer Sprachsysteme, so genannter Kryptosprachen, um dem Gegner strategisch wichtige Nachrichten vorzuenthalten.

Kein Code war sicher

Doch kein Code erwies sich als wirklich sicher; früher oder später kamen die feindlichen Agenten seinem Prinzip immer auf die Spur. Top Secret blieb nur der Navajo-Code.

Am Anfang des dreijährigen Pazifikkriegs verwendeten die Amerikaner SIGABA, ein extrem sicheres Verschlüsselungssystem. Der Nachteil stellte sich aber bald heraus: Es funktionierte nur mit hohem Personal- und Zeitaufwand. Der Klartext musste – jeweils von mindestens einem Soldaten – in eine verschlüsselbare Form gebracht, an die Verschlüsselungsstelle weitergeleitet, dort im SIGABA-System verschlüsselt und an die Funkstelle des Empfängers übermittelt werden. Dort wiederum mussten besonders ausgebildete Männer die Nachricht entschlüsseln und dem Adressaten aushändigen. Für die Übertragung von drei Seiten benötigte man auf diese Weise über 2 Stunden.

Das war zu umständlich. Die Verständigung zwischen vorderster Front, Kommando-Zentralen und Geschützbatterien lief besser in englischem Klartext. Um die Nachrichten für den Gegner unverständlich zu machen, verwendeten die Amerikaner jedoch bewusst schlechtes Englisch oder extreme Dialekte.

Scheinbar mit Erfolg, denn dieses Kryptosystem blieb eine Zeit lang unentdeckt. Dann aber bekamen die Japaner Wind von der Sache, der Code war über Nacht wertlos. Kein Wunder, schließlich hatten einige der japanischen Soldaten amerikanische Colleges besucht – ihre Englischkenntnisse reichten für den Dialekt-Code allemal. Die US-Marines mussten sich etwas Neues ausdenken.

Die zündende Idee

Einer von ihnen, Philip Johnston, war weiterhin fasziniert von der Idee einer Klartext-Geheimsprache. Im Gegensatz zum genuschelten Englisch allerdings müsste das neue Kryptosystem in einer Sprache verfasst sein, die garantiert kein Japaner entschlüsseln konnte.

Plötzlich durchfuhr Johnston ein Geistesblitz: War er nicht als Sohn eines Missionars in den Reservaten der Navajo-Indianer aufgewachsen? Kannte er nicht bereits als Kind Sprache und Kultur dieses Stammes? Und zwar so gut, dass er schon als neunjähriger Junge zum Dolmetscher ernannt wurde? Hatte er nicht die Gespräche zwischen dem damaligen amerikanischen Präsidenten und den Navajo-Indianern übersetzt? „Warum", fragte sich Johnston, „führen wir den Funkverkehr zwischen unseren Kommandozentralen und den Fronten nicht in der Navajo-Sprache?"

Schriftliches Gesuch

Der einfache Soldat der Marine stellte ein schriftliches Gesuch an seinen Offizier und trug ihm die Idee vor. Er fing mit dem Wichtigsten an: „Die Sprache der Navajo weist keinerlei Ähnlichkeiten zu asiatischen oder europäischen Sprachen auf. Bis jemand sie auch nur annähernd deuten kann, haben wir den Krieg längst gewonnen." Die beiden Männer einigten sich: „Einen Versuch ist es zumindest wert." Das Pentagon stimmte zu.

Und dort erinnerte man sich auch daran, dass man schon im Ersten Weltkrieg indianische Code-Talkers eingesetzt hatte, aber das waren Komantschen gewesen, deren Sprache mittlerweile auch einige Deutsche und andere Ausländer sprachen.

Johnston sollte Recht behalten: Der Navajo-Code wurde nie geknackt. Die Indianersprache ist archaisch und naturverbunden – Außenstehende sind mit dem komplexen System aus Lautmalereien, bildlichen Umschreibungen

7. Juli 1943: Preston (links) und Frank Toledo, zwei Navajo-Cousins, im Einsatz an ihrem Funkgerät im Südpazifik.

Vergeltung für den Überfall auf Pearl Harbor

Pearl Harbor auf der Hawaii-Insel Oahu galt den Amerikanern als uneinnehmbarer Flottenstützpunkt – bis zum 7. 12. 1941, als ein japanischer Luft- und U-Boot-Angriff aus heiterem Himmel einen großen Teil der amerikanischen Kriegsschiffe vernichtete, tausende Soldaten kamen um. Die USA erklärten am Tag darauf Japan den Krieg.

Die Kampfhandlungen fanden im ganzen westlichen Pazifik statt. Mühsam mussten die Amerikaner und ihre Alliierten im so genannten Inselhüpfen Atoll für Atoll zurückerobern und Länder wie die Philippinen, Neu-Guinea und Indonesien befreien. Erst die Atombomben auf Hiroshima und Nagasaki zwangen die Japaner am 2. 9. 1945 zur Kapitulation.

und Feinheiten der Aussprache überfordert. Unterschiede in Betonung und Klangfarbe geben ein und demselben Wort oft entgegengesetzte Bedeutungen wie im Chinesischen. Eine Sprache, in der es 30 Möglichkeiten gibt, den Wind zu benennen und in der das Wort Mutter auch Erde bedeutet. Die eine Grammatik kennt, die sich in keiner anderen Sprache der Erde wiederholt.

Chester Nez, einer der ersten eingezogenen Code-Talkers, erinnerte sich: „Bevor wir gingen, beteten unsere Leute drei Tage und drei Nächte lang auf die indianische Art. Männer, Frauen, Kinder tanzten, brachten alles, was Mutter Erde uns gegeben hat, der Medizinmann verbrannte Kräuter, streute Mais und Bohnen in alle Himmelsrichtungen, um den Schutz der Geister zu erflehen. Das half uns. Vom ersten Kontingent, von den 29 Code-Talkers, starben nur zehn im Kampf."

Einfach, aber effektiv

Jahrzehntelang hütete Chester Nez das Geheimnis seines Militäreinsatzes. Erst 1968 meldete das Radio, das Geheimnis der Navajo-Code-Talkers sei aufgehoben. „Und erst da erzählte ich zu Hause, was wir im Krieg wirklich getan hatten; und nie waren unsere Alten so stolz wie damals, als sie erfuhren, dass wir mit unserer Sprache den Weißen nützlich waren."

Eine Hand voll Navajos entwickelte damals aus ihrer Sprache einen effektiven Funk-Code. Sie zerpflückten die englischen Begriffe in Einzelbuchstaben und suchten jeweils ein englisches Wort, das mit diesem Buchstaben beginnt. Diese Wörter übersetzten sie in die Navajo-Sprache und fügten aus deren Anfangsbuchstaben wiederum die Code-Wörter zusammen. Beispielsweise wurde twat der Deckname für das Wort Navy (Marine). Es setzt sich zusammen aus tsah für **n**eedle (Nadel), wol-la-chee für **a**nt (Ameise), ah-ki-di-glini für **v**ictor (Sieger) und tsa-ah-dschoh für **Y**ucca (Yucca-Palme).

Keine modernen Begriffe

Aber: Die uralte Sprache kapitulierte vor modernen Begriffen wie militärischen Dienstgraden und Flugzeugtypen. Die Indianer ließen ihre Phantasie spielen und erarbeiteten das „Code Talker's Dictionary", ein Lexikon mit 274 Spezial-Bezeichnungen. Es überträgt die englischen Begriffe sinngemäß in die Navajo-Sprache; der Name für Funkgerät etwa lautet „leise singender Tragekasten", auf Navajo: nil-tschi-hal-ne-hi. Das Wort für Kampfflugzeug ist „Kolibri" und für U-Boot „eiserner Fisch".

Eine weitere Schwierigkeit ergab sich: Auch Ländernamen sind in der Indianersprache unbekannt. Wieder mussten Umschreibungen gefunden werden. So einigte man sich für Amerika auf den Begriff „our mother" (unsere Mutter), Japan verpasste man den Namen „slant eye" (Schlitzauge) und Deutschland hieß „iron hat" (Stahlhelm).

Der Code war fast perfekt – bis auf völlig unbekannte Wörter, für die es kein Bild in der Indianer-Sprache gab.

Um auch sie übersetzen zu können, wurde das Lexikon um ein Alphabet erweitert. Die Code-Talkers ordneten jedem Buchstaben drei Begriffe zu, die einerseits im Englischen mit diesem Buchstaben beginnen und andererseits den Indianern bekannt sind: A wie ant, apple und axe (Ameise, Apfel und Axt), das bedeutet in der Navajo-Sprache wol-la-chee, be-la-sana und tse-nill.

Das hatte durchaus einen Sinn, denn auf diese Weise umging man Häufigkeitsanalysen – eine Methode, mit der feindliche Agenten Sprachcodes knacken können. Das Code-Lexikon aber ließ eine Fülle von Möglichkeiten zu, ein Wort zu buchstabieren – und den Gegner heillos zu verwirren. ABC hieß zum Beispiel wol-la-chee na-hash-chid moasi oder be-la-sana toish-jeh tla-gin oder tse-nill shush ba-goshi.

Der Sprach-Code war nun hieb- und stichfest. Aber es fehlten noch Übersetzer an der Front. Dafür kamen nur Navajo-Indianer in Betracht. Die US-Marine befürchtete Widerstand, aber ganz zu Unrecht: Bei den Navajos hatte sie es mit unerschütterlichen Patrioten zu tun.

400 INDIANER IM KAMPF

„Die Japaner haben die USA angegriffen, und sie haben nicht gesagt: Wir werden die Navajo-Nation aussparen mit ihren heiligen Bergen und ihren Frauen und Kindern", erinnert sich Code-Talker John Brown jr. „Für uns war das ein Kampf für Familie und Land."

Über 400 Indianer kämpften für den Sieg in den Schlachten von Midway, Guadalcanal, Bougainville, Seipan und Iwo Jima. Tausende GIs verdanken den Navajos und ihrer kryptischen Sprache ihr Leben. Gemeinsam mit den US-Soldaten stimmten die Indianer die Marine-Hymne an. Aber statt „We have conquered our enemies" (Wir haben unsere Feinde besiegt) sangen sie es auf Navajo: Nin hokeh bi-kheh a-na-ih-la.

Hoch geehrt nach vielen Jahren

Einer der 400 Code-Talkers, die jahrzehntelang nicht über ihren Geheimeinsatz sprechen durften. Ihre Heimat ist die Navajo-Reservation mit dem Monument Valley in Arizona und Utah.

Geheimnisse im Eis

Wenn ganze Flugzeuge im Eis verschwinden, ist das schon sehr rätselhaft. Da stellt sich die Frage, ob das Eis noch mehr Überraschungen birgt. Was kann es uns über die Vergangenheit verraten, über das Klima – und über unsere Zukunft?

Es war der 15. Juli 1942, als sich sechs P-38-Lightning-Jagdflugzeuge und zwei riesige Boeing B-47-Flying-Fortress-Bomber an der Westküste Grönlands startklar machten. Mit den ersten Strahlen der Dämmerung starteten sie mit Kurs Osten. Ihr Ziel war Reykjavík auf Island, von dort sollte es weitergehen zu einem britischen Militärstützpunkt und zum Einsatz gegen Deutschland.

Nach 50 Jahren vom Eis befreit

Nach Wochen härtester Arbeit kamen 1992 Rumpf, Tragflächen und Motoren des amerikanischen P-38-Jägers aus dem Eisgefängnis in 75 m Tiefe ans Tageslicht.

Doch über dem Inlandeis Grönlands gerieten sie in einen gewaltigen Schneesturm, und im Blindflug über der Wasserwüste zwischen Grönland und Island hörten sie, dass eine Landung in Reykjavík wegen schlechten Wetters nicht möglich wäre und sie umkehren sollten. Langsam wurde der Treibstoff knapp. Als auch noch ihr Abflughafen wegen Schneesturms schloss, blieb ihnen nur die Hoffnung, eine Wolkenlücke zu finden und eine Massennotlandung in der Eiswüste Ost-Grönlands durchzuführen.

Bauchlandung

Die erste P-38 setzte zur Probe zur Landung an, überschlug sich aber, weil das Bugrad brach – daraufhin landeten alle anderen Maschinen mit eingezogenem Fahrwerk auf dem Bauch. Nur die Piloten der P-38 waren leicht verletzt, allen anderen Besatzungen war nichts geschehen, selbst die Flugzeuge waren kaum beschädigt. Nach 11 Tagen wurden die 25 Männer mit Hundeschlitten aus ihrem Eisgefängnis gerettet, die Maschinen mussten aufgegeben werden.

In all den Jahren geisterte die Legende vom Geschwader im Eis immer wieder durch die Casinos der Airforce und durch die Bars der Flughäfen. Flugzeughändler Patrick Epps schwärmte seinem Freund, dem Architekten Richard Taylor, vor: „Die Maschinen sind wie neu, alles was wir tun müssen, ist den Schnee von den Tragflächen zu schaufeln, sie aufzutanken, das Fahrwerk auszufahren und zu starten. Nichts weiter.“ Wenn es nur so einfach gewesen wäre … die Flugzeuge waren nämlich von der Bildfläche verschwunden, eingeschlossen im ewigen Eis.

Erst 1988 entdeckten die beiden Männer nach etlichen fehlgeschlagenen Expeditionen mithilfe eines speziellen Radars acht große Schatten tief unten im Eis. Mit einem schmalen Heißluftbohrer begann man ein Loch hinunterzutreiben, aber die Gesichter wurden länger und länger, als immer mehr Verlängerungsstücke angeschraubt werden mussten, bis man in 75 m Tiefe das erste Flugzeug erreichte.

Unerwartet viel Eis

Keiner hatte erwartet, dass die Maschinen unter mehr als einer leichten Schnee- und Eisdecke begraben sein könnten. Hatte man doch bisher allgemein geglaubt, dass es tausende von Jahren dauerte, bis sich gerade mal ein paar Meter Gletschereis bildeten.

Epps und Taylor zogen sich zunächst zurück. 1990 kamen sie mit einem eigens entwickelten riesigen Heißwasserapparat zurück, mit dem sie ein 1,20 m breites Loch ins Eis tauen konnten. Über 0,5 m schafften sie pro Stunde, bis

Es wird wärmer, und das Eis schmilzt

Als Folge menschlicher Eingriffe in die Chemie der Atmosphäre erwärmt sich die Erde langsam, in den letzten 100 Jahren sind die Temperaturen weltweit bereits um ein halbes Grad gestiegen. Wissenschaftler schätzen, dass sich bis zum Jahr 2100 die Temperaturen noch einmal um 1,5 °C erhöhen werden. So gering die Erwärmung auch scheinen mag, an den Gletschern der Erde und auch am Eis der Antarktis zeigen sich bereits die Vorboten künftiger Veränderungen. Besonders die Antarktis zusammen mit dem Grönlandeis spielt eine Schlüsselrolle für das künftige Klimageschehen. Schmilzt die Eiskappe um den Südpol, bedroht der daraus resultierende Anstieg des Meeresspiegels einige der am dichtesten besiedelten Regionen unseres Planeten. Selbst wenn nur das westantarktische Eis schmilzt, könnten die Meere um 8 m ansteigen.

Vergleiche von Satellitenaufnahmen aus den 1970er-Jahren mit heutigen zeigen besonders in der Westantarktis ein dramatisches Schmelzen des Eises. Das ursprüngliche Wordie-Eisschelf ist verschwunden, der nördliche Teil des Larsen-Eisschelfs hat sich aufgelöst, und auch andere Schelfeisgebiete werden kleiner.

Luftbild auf die Mawson Arctic Station in der Antarktis. 25 % des Eises sollen in dem Gebiet in den letzten 20 Jahren geschmolzen sein.

sie auf die Tragfläche eines B-17-Bombers stießen. Ein Arbeiter ließ sich in den Schacht hinunter und spülte unten den Bomber frei, sodass dieser zum Schluss dastand wie in einem Hangar aus Eis. Doch das Riesenflugzeug war durch das Gewicht des Eises lädiert, eine Bergung hätte sich nicht gelohnt.

GUT KONSERVIERT

Eine Hoffnung gab es noch: Die P-38-Jäger waren von Haus aus stabiler gebaut, vielleicht würde sich bei ihnen eine Bergung lohnen. Im Mai 1992 kamen beide zurück. Und wie sie gehofft hatten, war die P-38, die sie entdeckten, in guter Verfassung. Nach Wochen kamen der Rumpf und die Tragflächen an die Oberfläche. Die Arbeiter hatten mit dem Heißwassergerät Loch neben Loch aufgetaut, bis die Öffnung groß genug war, um den Jäger in Teilen hochzuziehen und zur Restauration in die USA zu bringen. Als die Maschine wieder einsatzbereit war, bestand sie noch aus 80 % der Originalteile! Nach 10-jähriger Puzzlearbeit liefen die Triebwerke wieder, und am 26. Oktober 2002 hob die neue alte P-38 vom Flugfeld in Middlesboro in Kentucky zum ersten Mal wieder ab.

BEWEGUNG IM EIS

Als man die Fundstelle in Grönland noch einmal gründlich untersuchte, stellte man zur allgemeinen Verblüffung fest, dass sich zwar alle Flugzeuge in gleicher Position befanden, wie sie 1942 von den Besatzungen verlassen wurden, dass sie aber über 5 km von der Landestelle entfernt lagen. Das Gletschereis hatte sie so weit verschoben.

In Amerika gab es nach der Bergung der Jagdmaschine eine große Diskussion, wie denn die Flugzeuge so tief ins

Wie alt ist das Eis?

Fidan Goektas vom Alfred-Wegener-Institut in Bremerhaven entnimmt Schmelzwasserproben eines antarktischen Eisbohrkerns aus 150 m Tiefe, um mit der Ionenchromatographie das Alter zu bestimmen.

Eis gekommen sein könnten. Waren sie aufgrund ihres Gewichtes einfach eingesunken? Das erschien unwahrscheinlich, weil die auf dem Schnee aufliegenden Tragflächen das Gewicht des Rumpfes auf eine große Fläche verteilten.

Fragen der Aerodynamik

Jetzt kamen die Aerodynamiker zu Wort. Um im Flug eine Richtungsstabilität zu erzielen, muss der Schwerpunkt des Flugzeugs vor dem Punkt mit dem größten Auftrieb liegen. Die Masse des Flugzeugs wird durch den Motor und den Propeller vorangetrieben und durch weiter hinten liegende Tragflächen und Höhen- und Seitenruder in Höhe und Richtung gehalten. Ein einfaches Beispiel ist ein Pfeil, bei dem das Gewicht in der Spitze liegt und die Stabilisierung durch die Flächen oder Federn am Schwanz erfolgt.

Die Konsequenz ist nun, dass ein Flugzeug oder Pfeil ohne weiteren Antrieb mit der Nase voran herunterfällt, egal durch welches Medium, ob Luft, Wasser oder Eis. Wenn also die Flugzeuge ins Eis eingesunken wären, hätten sie mit der Nase nach unten gefunden werden müssen. Das war aber nicht der Fall. Also sind die Maschinen nicht ins Eis gesunken, sondern vom Schnee begraben worden, der dann zu Eis wurde.

Diese acht Flugzeuge waren zwar das spektakulärste Geheimnis, das uns die bis 3000 m hohen Eisschichten in Grönland oder die noch höheren in der Antarktis bisher verraten haben, aber das Eis hat uns noch viel mehr mitzuteilen. Man kann in den Eisschichten lesen wie in einem Buch.

Um einen Blick in das Klimageschehen der Vergangenheit zu werfen, greifen die Forscher auf viele Informationsquellen zurück: auf Sedimentproben, Eiskerne, Permafrostboden und Baumringe. So unterschiedlich diese Klimabibliotheken auch sind, eines haben sie gemeinsam, die Nachrichten aus der Bibliographie unseres Planeten liegen in mehr oder weniger chronologischer

Bohrungen im Eis

Der Eispanzer der Antarktis wird von europäischen Wissenschaftlern komplett durchbohrt, um anhand der Eisproben das Klima der letzten 500 000 Jahre zu erforschen.

Die Eisberge schmelzen

Kalbende Eisberge sind eine Gefahr für die Schifffahrt und ein Zeichen für ansteigende Temperaturen. Das Schmelzwasser lässt den Meeresspiegel steigen.

Reihenfolge in Form von Jahresringen oder Jahresschichten vor.

Man muss sie nur entschlüsseln. Und das ist gar nicht so einfach. Die Arbeit der Forscher ähnelt einem riesigen Puzzle, bei dem sich erst nach großem Aufwand die einzelnen Teile an die richtigen Stellen schieben lassen. Oft ergeben erst die Ergebnisse verschiedener wissenschaftlicher Disziplinen einen neuen Hinweis auf die Ursachen von Eiszeiten oder größeren Klimaschwankungen. Manchmal sind dazu komplizierte Messungen an Gasblasen im Eis notwendig, um z. B. herauszufinden, wie hoch der CO_2-Gehalt der Luft in einer bestimmten Epoche gewesen ist.

Tiefe Löcher im Eis

Die Auswertung von Pollen ist weniger kompliziert und ermöglicht einen Blick auf die Zusammensetzung der Vegetation in der untersuchten Region und auf das Klima der damaligen Zeit. Und die mit Massenspektrometern ermittelten Anteile an schweren und leichten Isotopen von Sauerstoff oder Kohlenstoff liefern Informationen über die Wassertemperaturen in den Ozeanen.

Um an diese Informationen zu kommen, müssen die Wissenschaftler viele 1000 m tiefe Löcher ins Eis bohren. Ei-

nes der wichtigsten Projekte war dabei das Greenland Icecore Project (GRIP), bei dem die bis zu 3000 m mächtigen Inlandeismassen untersucht wurden. Die dabei gewonnenen Bohrkerne lieferten präzise Informationen über das Klima der letzten 250 000 Jahre.

500 000 Jahre Rückblick

Noch weiter zurück geht es bei dem Projekt EPICA (European Project for Icecoring in Antarctica) in der Antarktis. An diesem Projekt sind auch deutsche Wissenschaftler vom Alfred-Wegener-Institut für Polar- und Meeresforschung beteiligt. Der Eispanzer der Antarktis wird komplett durchbohrt, um Eisproben zu gewinnen. Dieses uralte Eis speichert das Auf und Ab der Temperaturen der letzten 500 000 Jahre.

„Die Informationen darüber, wie das Klima in der Vergangenheit funktionierte, sind im Eis verschlüsselt“, erklärt Dr. Eric Wolff vom British Antarctic Survey. „Wenn wir sie verstehen, wird uns das helfen, Voraussagen über zukünftige klimatische Veränderungen zu treffen. Es ist faszinierend, daran zu denken, dass vor 170 000 Jahren der Meeresspiegel 120 m tiefer und die Temperatur am Äquator um 6 °C geringer war als heute.“

Proben aus dem Grönlandeis zeigen, dass das Klima auf der Erde im Verlauf der letzten Eiszeit, die vor rund 120 000 Jahren begann und vor 10 000 Jahren endete, alle paar tausend Jahre zwischen Perioden intensiver und gemäßigter Kälte schwankte. Die Übergänge geschahen in Zeiträumen von einigen Jahrzehnten, aber auch in wenigen Jahren. Diese instabilen Klimabedingungen in der Vergangenheit können bedeuten, dass wir auch in der Zukunft mit schnellen Veränderungen rechnen müssen.

Treibhausgas Wasserdampf

In jedem Intervall intensiver Kälte brach auch eine ganze Armada von Eisbergen ab und trieb über den Nordatlantik, wie Sedimentproben aus dem Meeresboden zeigen. Außerdem kam es zu einer starken Zunahme von Staub in der Erdatmosphäre, was auf deutliche Veränderung der Wind- und Sturmmuster hinweist. Die Feuchtgebiete in den Tropen und die Berggletscher in Chile und Neuseeland dehnten sich aus und schrumpften jeweils synchron zu den Veränderungen im Nordatlantik.

Gletscher in tropischen Breiten geben auch Hinweise darauf, dass sich der Wasserdampfgehalt der Erdatmosphäre ebenfalls ändern kann. Wasserdampf ist das am häufigsten vorkommende „Treibhausgas“, eine deutliche Abnahme würde die Luft- und Ozeantemperaturen drastisch absinken lassen.

„Die Funde im Grönlandeis enthüllen eine beunruhigende Eigenschaft des Klimasystems der Erde: die Fähigkeit, abrupte Klimawechsel zu vollziehen“, warnt Professor Wallace S. Broecker von der Columbia-Universität in den USA.

Das Rom der Wikinger

Haithabu war einmal der bedeutendste Handelsplatz Nordeuropas. Hier lebten die rauflustigen Wikinger mit Vertretern vieler Völker friedlich zusammen, bis Slawen die Stadt niederbrannten.

Die Wikinger waren Bauern, Entdecker und Kolonisatoren, verwegene Seefahrer und gefürchtete Krieger. Sie bereisten Russland bis ans Kaspische und Schwarze Meer und segelten im Westen an den Küsten des Atlantiks am arabischen Spanien vorbei bis ins Mittelmeer. Sie zogen nach Island, Grönland und sogar bis nach Amerika. Die unter-

schiedlichsten Motive trieben sie in die Ferne: private Plünderungsunternehmen, also Seeräuberei, staatlich organisierte Flottenoperationen mit politischem Ziel, Kriegszüge zu See und zu Land sowie Handelsreisen. Wer Handel treibt, braucht Stützpunkte, und die schufen sich die Nordmänner.

So sollte eine kleine Siedlung an der Schleswiger Landenge im 8. Jh. eine ungeahnte Blüte erleben: Haithabu, später als Rom der Wikinger oder Babylon an der Ostsee gerühmt. Die zu dieser Zeit durch den Fortschritt der Schiffbautechnik beflügelte wirtschaftliche Entwicklung in Nordeuropa suchte für den Handel zwischen Westeuropa und Skandinavien verkehrstechnisch gut gelegene Handelsplätze. Haithabu bot sich an: Im Westen lagen die schiffbaren Flüsse Treene und Eider nur einen halben Tagesmarsch entfernt, die 40 km entfernte Ostsee ließ sich leicht auf der Schlei erreichen und der Heerweg von Jütland führte westlich der Siedlung nach Süden.

Häuser mit einem Raum

Die Wikingerhäuser waren sehr einfach und besaßen nur einen Raum ohne Fensteröffnungen.

Lob und Tadel

Großhandel und Seeräuberei begünstigten die Entstehung von Städten in der Wikingerzeit. Die Städte legte man meist am Ende eines schiffbaren Flusses an und umgab sie mit Verteidigungswerken. So war auch Haithabu im Norden, Westen und Süden von einem hohen, breiten halbkreisförmigen Verteidigungswall umgeben, nur nach Osten gegen das Wasser lag die Stadt offen.

Metropole des Nordens

Haithabu lag an der Schlei im Schnittpunkt der Handelswege der damaligen Zeit. Die Stadt mit ihren nur 1000 Einwohnern war ringsum befestigt, nur zum Hafen hin nicht.

Die weitläufige Stadt umfasste 28 ha. Der arabische Kaufmann At-Tartuschi vom Kalifat im spanischen Córdoba lobte 950 zwar die Trinkwasserbrunnen der Stadt, schrieb aber: „Die Stadt ist arm an Gütern und Herrlichkeiten. Das wichtigste Nahrungsmittel ihrer Bewohner besteht aus Fischen, von denen es viele gibt. Werden einem Einwohner Kinder geboren, so wirft er sie ins Meer, um Unterhaltskosten zu sparen."

Brummen als Gesang

Obwohl er sich von der Schönheit der Bewohner angetan zeigte, fühlte er doch sein Ohr beleidigt: „Man findet dort auch eine künstlich hergestellte Augenschminke. Wenn man sie anwendet, schwindet die Schönheit niemals, sondern nimmt im Gegenteil bei Männern und Frauen zu. Aber niemals hörte ich hässlicheren Gesang als den Gesang der Schleswiger, es ist ein Brummen, das ihren Kehlen entweicht wie das Bellen von Hunden, nur noch tierischer."

Er berichtet auch, dass Frauen das Recht zur Scheidung hatten. Wie der amerikanische Kulturhistoriker Will Durant die Nordmänner beschreibt, waren

„im öffentlichen Leben dominante Männer zu Hause rezessiv". Der Wikinger in Wahrheit ein Pantoffelheld? Das weiß der Leser von „Hägar, dem Schrecklichen", jenem liebenswerten Comic-Helden, der stets mit seiner Angetrauten im Clinch liegt, ja ohnehin. Und tatsächlich hatte die Wikingerkultur zweifellos matriarchalische Züge.

Wie den fränkischen Reichsannalen zu entnehmen ist, zog der dänische König Göttrik 804 an der Südgrenze seines Reiches Heer und Flotte zusammen. Er zerstörte dann auf einem Feldzug den slawischen Ort Rerik in der Wismarer Bucht und siedelte die Kaufleute nach Haithabu um. Der Handelsplatz gewann schnell überregionale Bedeutung. Spuren der Eisengewinnung, Weberei, Verarbeitung von Knochen und Hirschgeweihen, Metallgießerei, Glasschmelzerei, Münzprägung und Töpferei wurden gefunden. Ackerbaugeräte hat man nur vereinzelt bergen können. Besonders weit entwickelt war der Bronzeguss, schildkrötenartige Bronzefibeln und kleeblattförmige Spangen sind von damals erhalten.

Die Historiker gehen von 1000 Einwohnern aus, was für diese Landschaft

Die Reisen der Wikinger

Die Drachenboote der Wikinger zeigten sich allen anderen Schiffen an Schnelligkeit überlegen, was Nachbauten heute noch beweisen.

mit ihren undurchdringlichen Wäldern, Sümpfen und kargen Heideflächen zweifellos als große Stadt galt. Babylonisch mag die Sprachvielfalt gewesen sein, wohnten hier doch Dänen, Friesen, Schweden, Norweger, Sachsen, Franken und Slawen zusammen.

Anfangs holten die Händler Silberbarren aus der Tasche und schnitten den Gegenwert der Ware davon ab oder bezahlten mit Hacksilber aus zerschnittenem Schmuck, ab 940 prägte Haithabu eigene Münzen. Die Kaufleute Haithabus verstanden sich auch auf Pelzhandel, gefunden wurden allerdings nur Biber- und Marderhaare. Zahlreiche Funde gibt es dagegen von norwegischem Speckstein, der zu Schalen verarbeitet wurde.

Das geräumigste der ausgegrabenen Häuser bedeckte eine Fläche von 7 × 17 m, die meisten Häuser waren aber nur 3 × 4 m groß. Auch die größeren Häuser hatten nur einen Raum, dessen Zentrum die Herdstelle bildete. Der Rauch zog durch eine Dachluke ab, Fensteröffnungen gab es nicht, einzige Lichtquelle waren die niedrigen, schmalen Haustüren und das Herdfeuer.

Giebel zur Strasse

Die Bauweise war ländlich-bäuerlich, nirgends fand man Beispiele städtischer Repräsentativarchitektur. Die Häuser wandten ihre Giebel zur Straße, auf der Rückseite befanden sich Scheunen oder Ställe. Sie wurden oft in Stabkonstruktionen gebaut mit dicht stehenden, senkrechten Planken, manche auch als Bohlenhäuser. Zahlreiche Funde von Gegenständen und Importwaren lassen auf eine rege Produktions- und Handelstätigkeit schließen. Haithabu war befestigt, der Hafen in der Schlei wahrscheinlich durch Sperren geschützt.

Im Jahr 1066 wurde die Stadt von einem slawischen Heer zerstört. Haithabus Geschichte fällt also genau in die Epoche der Wikingerzeit von 800 – 1100 n. Chr. Zeit seines Bestehens gehörte Haithabu zum Dänischen Reich, mit Ausnahme der Jahre 934 bis 983, in denen das Deutsche Reich unter Heinrich I. und anschließend Kaiser Otto II. die Oberherrschaft ausübte. Zeitweise residierte auch der dänische König hier.

Auch die Christianisierung Skandinaviens nahm in Haithabu ihren Anfang, errichtete man hier doch 850 die erste christliche Kirche und machte die Stadt 100 Jahre später sogar zum Bischofssitz. Mönch Ansgar missionierte 826 – 829 von hier aus.

Sklaven zu halten, galt damals als selbstverständliches Recht der Starken, so auch bei den Wikingern. Haithabu war der unrühmliche Sklaven-Großmarkt der Ostsee-Nordsee-Route, was auch die Missionsberichte des Erzbischofs Rimbert belegen.

Schmuck für die Frauen

Über 2000 Gräber sind in Haithabus Gräberfeldern bisher freigelegt worden. Die Bewohner Haithabus beerdigten ihre Toten teils in Kammern, teils in Grüften, teils in Särgen. Auf dem Sargfriedhof enthielten nur Frauengräber Schmuck und Geräte, während fast alle Männergräber leer waren. Die Kammergräber hatte man allesamt reich mit Beigaben ausgestattet.

Die sagenumwobene Wikingerzeit ging dann in ganz Europa schnell und unspektakulär zu Ende, die nordische Heldenzeit verebbte wie Wasser nach der Flut: zuerst in Dänemark, dann in Norwegen und zuletzt in Schweden.

Das Ende der Wikingerstadt

Im 11. Jh. begann der Niedergang Haithabus. Noch sind seine Ursachen nicht geklärt. Sicher ist, dass Plünderungen und Brandschatzungen in den Jahren 1050 (unter dem norwegischen König Harald, dem Harten) und 1066 (als slawische Truppen einfielen) verheerende Auswirkungen hatten. Das heutige Schleswig am Nordufer der Schlei übernahm die städtischen Funktionen.

An mehreren Stellen stieß man bei Ausgrabungen zuerst auf eine dicke Brandschicht aus Holzkohle und rußiger Erde. In dieser Brandschicht fand man weder Abfälle noch Spuren menschlichen Lebens.

Ein unbekannter norwegischer Dichter, der Haithabus Häuser in Flammen aufgehen sah, beschrieb dessen Ende:

„Von einem End zum anderen
Ausgebrannt' Hed'by. Grause
Wut des Streites. Stattlich
Schein' die Großtat, mein ich
Arg Svend sollt' sich ärgern.
Ich fasst vor dem Zwielicht
Fuß schon auf den Feste:
Flamm' hoh', vom Dach lohte."

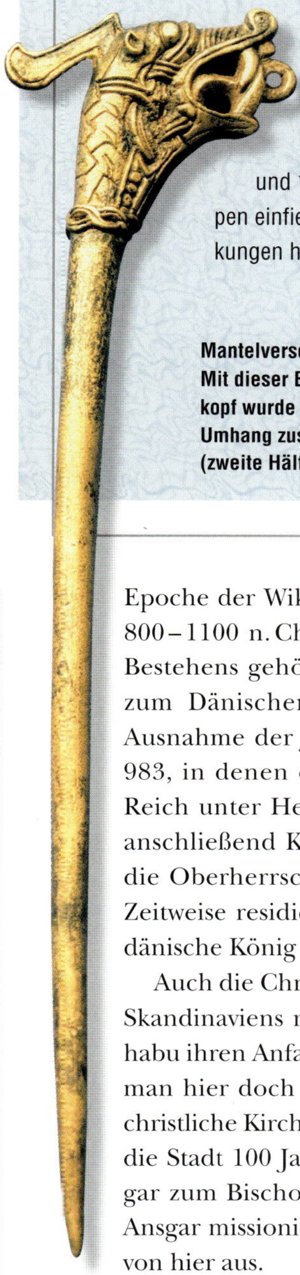

Mantelverschluss aus Haithabu: Mit dieser Bronzenadel mit Tierkopf wurde ein Mantel oder ein Umhang zusammengesteckt (zweite Hälfte 10. Jh.).

Hunger, Hass und alter Brauch

Es ist grässlich, aber nicht ungewöhnlich und noch gar nicht so lange her, dass Menschen Menschen verspeisten. Und wenn es dem Überleben dient, hält sich selbst die Kirche mit Kritik zurück.

Das Buch schlug ein wie eine Bombe, der Film ebenfalls. Fünf Oscars erhielt *Das Schweigen der Lämmer,* die Kritiker zeigten sich begeistert. Dabei ging es um etwas Unvorstellbares: Der Psychiater Dr. Hannibal Lecter (gespielt von Anthony Hopkins) entpuppt sich als skrupelloser Mörder, der vor dem Verzehr seiner Opfer nicht zurückschreckt.

Und dann ließ Armin Meiwes aus Hessen den Film fast Wirklichkeit werden und erschütterte die Welt. Der „Kannibale aus Rotenburg" hatte im Internet einen ebenfalls homosexuellen sterbewilligen Diplom-Ingenieur kennen gelernt, dessen Penis abgeschnitten, ihn gemeinsam mit dem Opfer verspeist, sein Opfer dann getötet, den Körper zerteilt, eingefroren und Teile nach und nach gegessen.

> *„Starke Anzeichen von Kannibalismus ziehen sich durch die gesamte menschliche Geschichte – bis in die jüngste Zeit."*
>
> Christy Turner, Anthropologe, State University of Arizona

Grässlich, abstoßend. Gewiss, aber gerade deshalb waren die Menschen ebenso angewidert wie fasziniert. Menschen sind Kannibalen, sie waren es jedenfalls in früheren Zeiten und sie können es wieder werden. Wissenschaftler entdecken auf Schritt und Tritt Indizien dafür, dass sich die Menschenfresserei vom Menschen nicht trennen lässt.

„Bei allen Völkern gilt das Verzehren eines Menschen als ultimativer Angriff auf dessen Persönlichkeit, als etwas Ungeheuerliches. Deshalb glaube ich nicht an einen kulinarischen Kannibalismus nur zur Befriedigung

Kannibalismus auf Neu-Guinea

Dass bei den Papua Kannibalismus vorkam, ist bewiesen. Als es verboten wurde, bei der Bestattung die Gehirne der Toten zu essen, war die Kuru-Krankheit sofort besiegt.

des Hungergefühls. Rituellen Kannibalismus dagegen halte ich durchaus für möglich", meint Anna-Maria Brandstetter, Ethnologin an der Universität Mainz.

Zwar hat sich Christoph Kolumbus, dem wir den Begriff „Kannibale" verdanken, geirrt und das gleich mehrfach. Auf seiner Entdeckungsreise nach Amerika landete er auch beim Inselvolk der Arawak. Sie erzählten ihm, ihre Nachbarn, die Cariben, seien Menschenfresser. Kolumbus hörte nicht genau hin, verstand statt Cariben Caniben und bildete daraus das Wort Kannibale.

Die Spanier waren davon überzeugt, dass die Wilden der westindischen Inseln sich regelmäßig oder fast ausschließlich von Menschenfleisch ernährten. Zeitweilig nahm man sogar an, dass die gesamte Äquatorregion der Erde gänzlich von Kannibalen bewohnt sei. Das kam den weißen Eroberern auch gut zupass, denn so konnten sie ohne Gewissensbisse diese Unmenschen abschlachten.

Alles nur Erfindung?

Anthropologen haben diverse angeblich gesicherte Berichte über Kannibalismus aus der Fachliteratur nachrecherchiert und sie als eine Mixtur von Hörensagen und Verleumdungen von Nachbarstämmen entlarvt. „Keiner hat Kannibalismus je persönlich gesehen", schlussfolgert der amerikanische Anthropologe William Arens. Und: „Kannibalen sind immer die anderen."

Dass in Neuguinea der Kannibalismus bis in die 1960er-Jahre vorkam, ist allerdings aktenkundig. Beim Stamm der Fore in Papua-Neuguinea war die BSE-ähnliche Krankheit Kuru weit verbreitet. Typisch daran ist, dass die Erkrankten in lang anhaltendes, wildes Lachen ausbrechen. Professor Robert Provine von der Universität Maryland hat darauf hingewiesen, dass Kuru wie der Rinderwahnsinn durch so genannte Prionen ausgelöst wird. Die Fore aßen bei Bestattungsriten das Gehirn von Verstorbenen und infizierten sich dadurch. Nachdem das Ritual verboten wurde, ebbte die Kuruwelle schlagartig ab.

Absturz in den Anden

Die Rugby-Spieler aus Uruguay überlebten nur, weil sie dünne Streifen aus den Körpern toter Passagiere schnitten und aßen.

VERSCHIEDENE FORMEN

Die Wissenschaft hat verschiedene Fachausdrücke ersonnen, um die Formen von Kannibalismus zu unterscheiden. Der rituelle Kannibalismus aus religiösen oder okkulten Gründen wie bei den Fore ist nur einer von ihnen. Und auch hier unterscheidet man noch zwischen Endokannibalismus, bei dem nur Verwandte der eigenen Sippe nach ihrem natürlichen Tod gegessen werden, und Exokannibalismus, der sich ausschließlich gegen Feinde aller Art richtet.

Gastrokannibalismus nennt man die regelmäßige, von der Gesellschaft gebilligte Ernährung von Menschenfleisch. Eine Sonderrolle spielen der Überlebenskannibalismus in extremen Notlagen und der kriminelle Kannibalismus.

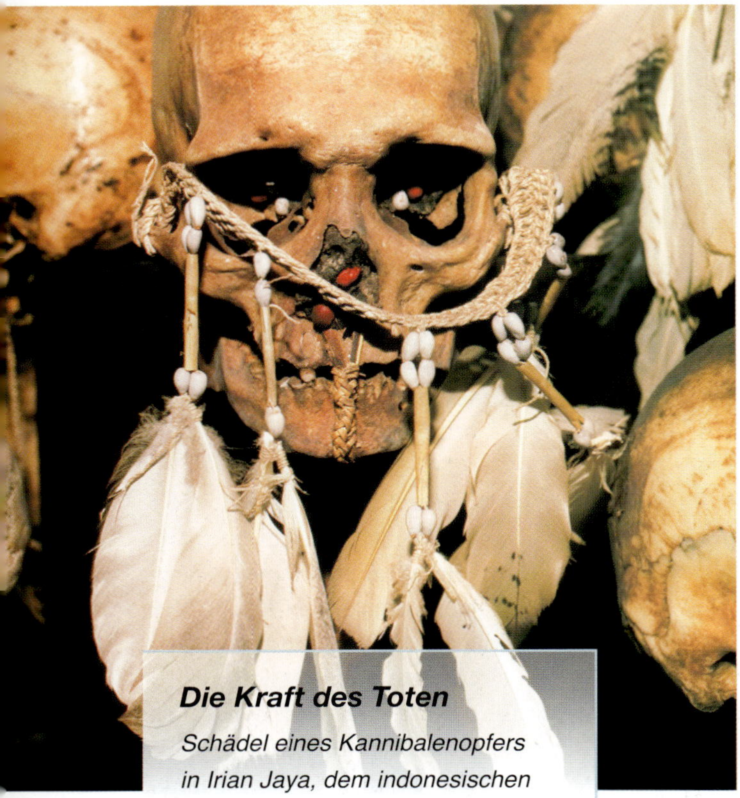

Die Kraft des Toten

Schädel eines Kannibalenopfers in Irian Jaya, dem indonesischen Teil von Neu-Guinea. Die Papuas sollen früher ihre toten Feinde verspeist haben, um sich deren Kraft einzuverleiben.

Von Letzterem sind Beispiele nachgewiesen, die die Phantasie jedes Romanschreibers in den Schatten stellen. Zwischen 1982 und 1990 tötete der Russe André Tschikatilow 53 Menschen und aß sie auf. Sein Motiv: Gier.

Immer wieder kam es auch zu Kannibalismus, weil Menschen den Hungertod vor Augen hatten. Solche Fälle kamen z. B. beim Treck amerikanischer Siedler im Wilden Westen, in der Sowjetunion Stalins und in den Weltkriegen vor. Weltweites Entsetzen und Mitleid erregte ein Drama in den chilenischen Anden. Am 12. Oktober 1972 stürzte dort ein Passagierflugzeug mit 45 Insassen ab. Mit an Bord war eine Rugby-Mannschaft aus Uruguay. 29 Menschen fanden sofort den Tod. Die anderen wurden vor Kälte und Hunger fast wahnsinnig.

In ihrer Verzweiflung schnitten sie schließlich mit Rasierklingen dünne Streifen aus dem Fleisch der toten Passagiere. So überlebten sie und wurden nach zehn Wochen gerettet. Selbst die Kirche wagte nicht, sie zu verdammen. So wie bei Organtransplantation entschied sie, dass in Extremfällen der Tod dem Leben dienen muss.

LANGE TRADITION

Der Kannibalismus besitzt eine lange Tradition. Bereits in frühester Urzeit ist er anzutreffen, besonders als Ritual, aber offenbar auch als sippenübliche Essgewohnheit.

Rückblende ins Jahr 800 000 v. Chr. In den nordspanischen Atapuerca-Höhlen nahe Burgos wurden vor einigen Jahren die Überreste von Frühmenschen, vom *Homo antecessor*, entdeckt. Bei sechs davon waren die Knochen stark zersplittert und von charakteristischen Hack- und Schnittspuren überzogen – genau wie Tierknochen, die man in derselben Höhle fand.

Die Paläontologin Dr. Yolanda Fernandez-Jalvo ist überzeugt: Die Menschen wurden geköpft, ihre Knochen auf die gleiche Weise wie die der Wirbeltiere vom Fleisch befreit, aufgeschlagen und später achtlos weggeworfen. „Wer Knochen so behandelt", sagt die Forscherin, „hat keinen Respekt vor der Persönlichkeit des Toten. Er will ans nahrhafte Mark."

GRAUSIGER LEICHENSCHMAUS

Rückblende ins Jahr 100 000 v. Chr. In der Höhle von Moula-Guercy im französischen Rhonetal kamen vor einiger Zeit Menschenknochen von zwei Erwachsenen, zwei Jugendlichen und zwei Kindern zum Vorschein – Neandertaler. Knochen und Schädel waren brutal zertrümmert, die Gehirne offenbar entfernt, die Zungen herausgeschnitten. Ein Forscherteam fand Schädelsplitter zwischen Rotwildknochen, Reste eines Leichenschmauses besonderer Art.

Rückblende ins Jahr 4000 v. Chr. In der Jungsteinzeithöhle Fontbrégoua in Südost-Frankreich wurden Überreste von bis zu 14 Menschen identifiziert. Die fleischreichen Körperteile wurden in exakt der gleichen Metzgermanier verarbeitet wie die Schafe, Hirsche und Bären, deren Knochenreste man ebenfalls in der Höhle fand.

Manche Forscher wollen trotz allem nicht wahrhaben, dass damit Kannibalismus nachgewiesen ist. Aber der Anthropologe Tim White von der Universität Berkeley, Mitentdecker des berühmten Frühmenschen Lucy, hat immerhin ein wichtiges Glied in der Beweiskette geliefert: die „Kochtopf-Politur".

Er entdeckte sie an den 900 Jahre alten Überresten von 17 Erwachsenen und 12 Kindern eines Stammes aus dem Mancos-Canyon in Colorado, USA. Sie trugen nicht nur die typische Kannibalenhandschrift – Schnitte vom Abtrennen der Muskeln, Haarrisse vom Abziehen des Fleisches und Knackspuren an den Markteilen –, sondern die Enden der Glieder- und Rippenknochen waren abgeschrägt und schimmerten so, wie es beim Kochen entsteht.

White nahm Nachbildungen der bei diesem Stamm gefundenen Kochtöpfe und kochte darin Tierknochen. Dabei entstand genau der gleiche Effekt. Die Menschenfresser lassen grüßen!

„Etwas süßlicher als Schweinefleisch"

In einem Dokument aus dem Jahr 1968 erklärt der Krieger Sutowana aus Irian Jaya in Neuguinea:

„Als die beiden Weißen und der Dani-Träger getötet waren, schleppten wir sie auf den Tanzplatz und hängten sie an einen Baum mit dem Kopf nach unten, damit das Blut ablaufen konnte. Man holte die Frauen aus den Dörfern. Sie legten Zweige in die Kochgruben, entzündeten die Feuer und deckten sie mit Gras und großen Steinen zu.

Menschenfleisch ist ungenießbar, wenn es nicht eine Zeit lang abhängt und mürbe wird. Erst am frühen Morgen, als die Steine in den Kochgruben glühend geworden waren, wurden die drei jeder in seine Grube gelegt. Zuvor hatte man ihnen den Bauch aufgeschnitten, die Eingeweide entfernt und die Bauchhöhle mit Süßkartoffeln angefüllt. Zwei unserer Häuptlinge, Holonap und Sel, schnitten dann auch noch die Hoden ab, damit sie später in das große Penisfutteral gelegt werden. Kopf, Arme und Beine wurden abgetrennt und nebst der Leber, den Nieren und Herzen, die mit Bananenblättern bedeckt wurden, neben den Rumpf gelegt. So kocht das Fleisch am besten. Die Sonne stand schon am Himmel, als die Mahlzeit begann."

Frage: „Hast du oft Menschenfleisch gegessen?"

„Viermal, aber das war das erste Mal, dass ich Fleisch eines Weißen gegessen habe. Ihr Fleisch schmeckt nicht anders als das gewöhnlicher Menschen, ungefähr wie gebratenes Schwein, vielleicht etwas süßlicher."

Menschenopfer für den Sonnengott der Inka. Ob das Opfer auch verspeist wurde, ist nicht überliefert.

Das wilde Leben der Amazonen

Berichte über kämpferische Frauen gibt es in China, Ägypten und Nord- und Westafrika. Vieles spricht dafür, dass die kriegerischen Reiterinnen tatsächlich existierten – und zwar am Schwarzen Meer.

Nur einmal im Jahr ließen sie sich dazu herab, sich mit Männern zu treffen: Zwei Monate im Frühling überwanden sie ihre heroischen Ideale und gaben sich Männern hin, um für Nachwuchs zu sorgen. Ob sie dabei Liebe und Leidenschaft empfanden, ist ebenso rätselhaft und ungeklärt wie die ganze Existenz der kampfeswütigen, todesmutigen Amazonen der griechischen Mythologie.

Allerdings, so ganz ohne können die Damen nicht gewesen sein. So soll Alexander der Große eines schönen Frühlingstages von einer schönen vornehmen Dame besucht worden sein, die gleich 300 weitere Mädchen im Gefolge hatte und dem Herrscher unverblümt mitteilte, was sie von ihm wollte: ein Kind, wenngleich sie Alexander eigentlich etwas klein und dünn geraten fand.

Die besondere Königin

Ihr halbmondförmiger Schild und die entblößte flache linke Brust zeigten, dass sie eine besondere Königin war: Thalestris, die Anführerin der legendären Schwarzmeer-Amazonen. Was danach folgte, mag vielleicht sexuellen Männerphantasien entsprungen sein, aber immerhin hat es der römische Geschichtsschreiber Curtius Rufus in einer Biographie Alexanders 400 Jahre später beschrieben: eine 14-tägige hemmungslose Orgie, an der sich die erwähnten 300 Mädchen und die besten Männer Alexanders beteiligten. Sie tanzten, tranken und „liebten einander im Dunkeln, wie gerade einer eine findet".

Kamen nach solch einem Gelage Knaben zur Welt, wurden sie bestenfalls zu ihren Vätern gebracht, schlimmstenfalls aber getötet oder verstümmelt. Töchter dagegen wurden freudig empfangen, dann aber schon im Kindesalter grausam auf den Kriegsdienst vorbereitet, indem ihnen die rechte Brust ausgebrannt wurde. So störte später der Busen nicht beim Spannen des Bogens, und der Schild ließ sich besser halten.

Viele Berichte

Wahrscheinlich ist aber, dass zu Alexanders Zeit die Amazonen bereits zur Legende geworden waren; denn, wenn überhaupt, haben sie weit vor ihm in vorhistorischer Zeit gelebt. Legenden, Städtenamen, Münzen und Denkmäler hielten die Erinnerung an die Kriegerinnen lebendig.

In China, Ägypten, Nord- und Westafrika gibt es Berichte über kämpferische Frauen, doch nirgendwo so zahlreich und ausführlich wie bei den Griechen, aus deren Sprache auch das Wort Amazone (a-mazos = brustlos) kommen soll. Kein Wunder, schließlich hatten die Griechen die wilden Reiterinnen als Nachbarn, die sich aber so gar nicht um gute Nachbarschaft bemühten.

Bedrohung für Athen

Fünfmal sollen ihre Heere Athen bedroht haben, und ein Sieg Athens über die Amazonen wurde sogar zu einem bedeutenderen Feiertag als der Sieg über die Perser. Das Reich der Schwarzmeer-Amazonen soll sich im 2. Jt. v. Chr. angeblich vom Schwarzen Meer bis an die heutige türkische Mittelmeerküste erstreckt haben.

Der letzte große Zusammenstoß ereignete sich im Trojanischen Krieg ca. 1200 v. Chr. Angeführt von ihrer Königin Penthesilea erschienen sie „von den Ufern des Thermodon“ (heutiger Name des Flusses „Terme Cay“), „schön, glänzend und kampfeslustig“, um an der Seite Trojas gegen Athen in die Schlacht zu ziehen. Mit tierischer Wut stürzten sie sich in den Kampf und metzelten Mann für Mann nieder. Das Männlichkeitsbild der Trojaner geriet fast ins Wanken, als sie ihre eigenen Frauen kaum davon abhalten konnten, ebenfalls zu den Waffen zu greifen.

Das Blatt schien sich gegen die Athener zu wenden – bis Achilles eingriff: Er verwundet Penthesilea tödlich und nimmt ihr den Goldhelm ab. Fassungslos verliebt er sich in die schöne Sterbende. Er kann es nicht verwinden, seine große Liebe getötet zu haben.

Für die Griechen und sogar später für die Römer wird Penthesilea zum Symbol der Liebe, die den Tod überdauert. Seit 600 v. Chr. zieren Darstellungen des tödlichen Zweikampfs, der sterbenden Penthesilea und des trauernden Achill griechische Vasen und Reliefs.

Nach Penthesileas Tod verschwanden die Schwarzmeer-Amazonen in den Kaukasus und vermischten sich mit dem Reitervolk der Skythen, behauptet zumindest der griechische Historiker Herodot (490 – 425 v. Chr.).

Ein zweites Troja?

Immer wieder haben Historiker die Amazonen-Legenden als historischen Klatsch abgetan, ein „Weiberstaat“ war für die patriarchalische Gesellschaft einfach nicht vorstellbar. Dem widersprechen allerdings Grabfunde am Schwarzen Meer und in der Ukraine, in denen Frauen in voller Rüstung und mit ihren Waffen, darunter eine Doppelaxt, gefunden wurden.

Vielleicht wird man irgendwann an der Mündung des Thermodon in der Nordtürkei intensiver forschen. Hier soll sich einer der Hauptstützpunkte der Schwarzmeer-Amazonen befunden haben. Auch Troja galt schließlich nur als eine historische Legende, bis Heinrich Schliemann im Jahr 1870 an den Dardanellen zu graben begann.

Amazone im Kampf

Das legendäre Leben der Amazonen hat über Jahrtausende besonders die Phantasie von Männern erregt. So sah 1912 der berühmte Münchner Maler Franz von Stuck (1863–1928) eine Amazone im Kampf mit einem Zentauren (Öl auf Holz, Privatbesitz).

Das Rätsel der Mumien

Warum haben die Kronzeugen der Geschichte Jahrtausende überdauert, und wie haben die alten Ägypter ihre Toten für die Ewigkeit präpariert?

Er starb im besten Mannesalter, wie der leichte Glatzenansatz beweist. Wäre sein Gebiss noch von Lippen bedeckt und seine Haut nicht schwärzlich glänzend verfärbt, dann könnte man meinen, der „Rote Franz" sei erst kürzlich verstorben. Doch die im Jahr 1900 beim Torfstechen im Emsland gefundene Leiche lag seit etwa 200 n. Chr. im Moor. Seinen Namen bekam der schaurige, Furcht erregende Fund, weil die Huminsäuren des Moorwassers das Haar rötlich-braun verfärbt hatten.

Mindestens 1000 meist hervorragend erhaltene Leichen, die älteste ist etwa 7000 Jahre alt, wurden bisher aus Mooren in Mitteleuropa geborgen. Fesselungen und Verletzungen beweisen, dass nicht alle eines natürlichen Todes gestorben sind. Sie wurden vermutlich zum Teil hingerichtet, manche wohl auch den Göttern geopfert.

Warum sind diese Leichen so gut erhalten, dass in vielen Fällen erst die alarmierte Polizei feststellen kann, dass sie keinem aktuellen Mordfall zugeordnet werden können? Der Grund ist einfach: Das Moorwasser enthält einerseits kaum Sauerstoff, andererseits aber zahlreiche organische Säuren. In diesem Milieu

Der Rote Franz

Dieser Mann starb im 3. Jh. n. Chr. und wurde 1900 bei Versen im Emsland entdeckt. Er ist eine der wenigen Moorleichen mit gut erhaltener Haartracht; die meisten waren kurz oder kahl geschoren.

fühlen sich Fäulnisbakterien unwohl, können sich nicht vermehren. Daher werden die Leichen ebenso wenig zersetzt wie die Moose, Gräser und Gehölze, die in dem Moor wachsen und nach ihrem Absterben in Jahrhunderten und Jahrtausenden immer höhere Torfschichten bilden.

Haut wird zu Leder

Im Lauf der Zeit entzieht der Torf dem Körper immer mehr Wasser, wodurch Fäulnisvorgänge noch weiter verlangsamt werden, häufig völlig zum Erliegen kommen. Die Huminsäuren gerben die Haut zu schwarzbraunem Leder, Muskeln und innere Organe der Mumien im Moor schrumpfen. Ausgrabungen im Umfeld der Leichenfunde legen nahe, dass die Henker und Opferpriester der Frühzeit die Mumifizierung unbewusst eingeleitet haben, indem sie die Körper der Getöteten mit langen Holzstangen unter Wasser drückten.

Eine 7000 Jahre alte Moorleiche aus den Sümpfen Floridas half übrigens bei der Klärung der Frage, woher die Indianer, die Urbevölkerung Amerikas, stammen. Der Genvergleich erbrachte eindeutige Übereinstimmungen mit dem Erbgut der japanischen Ureinwohner.

Unversehrt ins Totenreich

Religiöse Gründe waren es, die das Handwerk der Einbalsamierer im alten Ägypten zu enormer Blüte führten. Denn das Volk am Nil glaubte felsenfest, dass der Körper der Toten äußerlich unversehrt bleiben müsse, damit die Seele in das Totenreich eintreten könne.

Zunächst wurden lediglich die Körper der verstorbenen Pharaonen, Adligen und hohen Beamten kunstvoll und sorgfältig einbalsamiert, doch später wollten auch die Angehörigen der einfacheren Schichten ihre Chance auf ein Leben nach dem Tode wahren und ließen sich mumifizieren. Noch zu Beginn des vergangenen Jahrhunderts nutzten die Nachfahren des Pharaonenvolks, inzwischen längst zu Islam oder Christentum bekehrt, die jahrtausendealten Leichen auf ziemlich pietätlose Weise: Sie verfeuerten nämlich die knochentrockenen, handlichen Pakete in Eisenbahn-Lokomotiven oder im heimischen Herd. Millionenweisen Nachschub gab es in Hülle und Fülle, schließlich bestand das alte Ägypten 5000 Jahre …

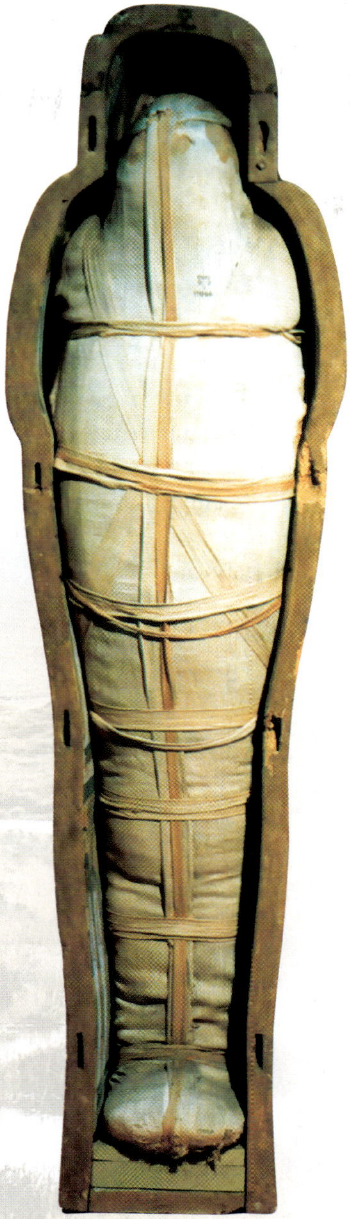

Mumie und Sarkophag

In diesem kunstvoll verzierten Sarg in Körperform bestattete man die Mumie einer Priesterin aus Theben in Ägypten um 150 v. Chr. Für einfachere Leute wurde der Sarg nur bemalt.

Die Prozedur des Einbalsamierens dauerte mehrere Monate. War ein Ägypter gestorben, dann wurde der Körper entsprechend den rituellen Regeln zunächst gründlich ausgeweidet. Mit einem hakenförmigen Instrument wurde das als wertlos geltende Gehirn entfernt.

Dazu schoben die Balsamierer den Haken durch die Nase und durchbrachen das poröse Siebbein, um in die Schädelkapsel vorzudringen. Sie brauchten das weiche Organ nur kräftig durchzurühren und die Leiche dann auf den Bauch zu legen: Die graue Masse floss von allein heraus, letzte Reste wurden vermutlich mit Wasser ausgespült, das über Schilfröhrchen durch die Nase in den Schädel geleitet wurde.

Über einen relativ kleinen, nur ca. 7 cm langen Schnitt in die Bauchdecke entfernten die Balsamierer die inneren Organe: Magen, Därme, Leber, Milz, Bauchspeicheldrüse, Nieren, Blase und bei Frauen die Eierstöcke aus dem Bauchraum sowie die Lunge aus dem Brustkasten. Das Herz als Sitz der Seele und Gedanken verblieb dagegen im Körper, der nun mit Säckchen voller Natronsalz gefüllt wurde. Auch die Haut wurde mit einer dicken Salzschicht bedeckt, ebenso die entnommenen Organe.

Jetzt ruhten Körper und Organe 35 Tage lang auf einem Holzbrett. Das Natronsalz entzog ihnen das meiste Wasser, je nach Größe und Gewicht bis zu 40 Liter. Durch Wasserentzug und Salzschicht hatten auch Fäulnisbakterien, Schmeißfliegen und andere Aasfresser keine Chance, ihr zerstörerisches Werk zu beginnen. Nach Abschluss dieser Phase zeigte die Haut bereits die für Mumien typische Schwarzfärbung.

35 Tage Wüstenhitze

Danach wurde der Körper mit einer Mixtur aus Öl, Weihrauch, Myrrhe, Zedernharz und Palmwein eingerieben und mit Leinenstreifen umwickelt, die mit Zedernharz verklebt wurden. Dann überließen die Balsamierer den Körper noch einmal 35 Tage lang der Hitze und den trockenen Wüstenwinden, die den Körper schließlich restlos austrockne-

Einbalsamierung vor 3300 Jahren

„Die feierliche Einbalsamierung Tutanchamuns. Der Zeremonienmeister überwacht die Arbeit der Diener, während ein Priester Rauchopfer darbringt." So beschrieb ein italienischer Künstler um 1900 seine Zeichnung.

ten. Von ursprünglich 75 kg Körpergewicht blieben vielleicht noch 26 kg Mumie übrig. Die Mumie wurde in einem Sarg bestattet, der wie die menschliche Figur geschnitzt oder – für einfachere Leute – bemalt war. Die getrockneten Organe wurden zusammen mit der Mumie in Tonkrügen bestattet. Außerdem legten die Balsamierer noch ein Pergament mit rituellen Formeln in den Sarg, die dem Verstorbenen den Eintritt in das Reich der Toten ermöglichen sollten.

Dass diese Methode der Einbalsamierung wirklich funktioniert, beweisen nicht nur die gut erhaltenen Mumien aus Ägypten, sondern auch ein Experiment, das ein US-Forscherteam 1994 durchführte: Es mumifizierte einen etwa 80 Jahre alten Mann, der seinen Körper der Wissenschaft zur Verfügung gestellt hatte, nach diesem überlieferten Rezept. Mit Erfolg. Der ausgedörrte Körper blieb hervorragend erhalten und dient heute als begehrtes Studienobjekt.

Schwarze Lungen

Auch die echten Mumien werden heute weltweit mit großem wissenschaftlichen Interesse und den modernsten medizintechnischen Methoden untersucht. Dabei gerät so manche angeblich gesicherte Erkenntnis ins Wanken. So sind Arteriosklerose, Herzinfarkt und Bluthochdruck keinesfalls die Volkskrankheiten unserer modernen Zivilisation, sie plagten vielmehr bereits das untergegangene Kulturvolk am Nil. Und selbst Umweltkrankheiten rafften damals viele Menschen qualvoll dahin: Die Lungen vieler Mumien waren schwarz vor Ruß – eine Folge der zahllosen offenen Herdfeuer in den Häusern der alten Ägypter.

Dabei war die Heilkunst zur Zeit der Pharaonen durchaus hoch entwickelt. Man fand Mumien mit vollständig verheilten Schädelwunden, die nur eine Erklärung zulassen: erfolgreiche Operationen am offenen Gehirn, vermutlich, um Tumoren zu entfernen! Möglicherweise als Narkosemittel, vermutlich aber auch zum reinen Genuss, ließen sich die alten Ägypter Haschischqualm um die Nasen wehen – Haaranalysen beweisen es …

Vom Wetter mumifiziert

Sehr häufig führten Zufall und geographische Besonderheiten zur Mumifizierung. Das war auch bei Ötzi der Fall, der auf natürlichem Wege konservierten männlichen Leiche aus der Zeit um 3 300 v. Chr. Sie wurde 1991 in 3 210 m Höhe in den Ötztaler Alpen gefunden. Ötzi gilt als die am besten erhaltene Mumie aus dieser Zeit in Mitteleuropa.

Hervorragend geeignet, um Körper in Mumien zu verwandeln, sind auch extrem trockene Regionen wie Wüsten.

So legen vertrocknete Mumien in der chinesischen Wüste Gobi in der Provinz Sinkiang nahe, dass bereits vor 3500 Jahren, lange vor Marco Polo, Handelsbeziehungen zwischen Asien und Europa bestanden haben müssen. Einige Textilien stammten aus dem mitteleuropäischen Raum.

Dieses 10-jährige Inka-Mädchen wurde in 5300 m Höhe in den Anden entdeckt. Die trockene Luft hatte den Körper mumifiziert.

Hatte Graf Dracula die Tollwut?

Die Mediziner sind sich sicher, und die Symptome seiner Krankheit sind eindeutig – aber die Gruselgeschichten um den Vampirgrafen sind eigentlich noch viel schöner.

Die Szene ist gespenstisch, uns allen aber wohl vertraut. Vor dem kalten Licht des fahlen Mondes zeichnet sich das auf einer Felsenklippe erbaute alte Schloss in scharfen Umrissen ab. Nur das Heulen der Wölfe zerschneidet die Stille der Nacht. Fledermäuse flattern. Schlag Mitternacht vollzieht sich dann das Grauenhafte. Der Vampir Graf Dracula entsteigt seinem Sarg, um das Blut schlafender Menschen zu saugen, die dann durch seinen Biss ebenfalls zu Vampiren werden.

So schilderte es der irische Schriftsteller Bram Stoker 1897 in seinem berühmten Gruselroman *Dracula*, und binnen kurzem verkaufte sich das Schauderepos mehr als 1 Mio. Mal. Seitdem wurde die Mär vom transsilvanischen Blutsauger schon mehr als 200-mal verfilmt, wobei die Schauspieler Christopher Lee und Bela Lugosi die wohl bekanntesten Vampire abgaben.

Heute genießen Millionen und Abermillionen von Fans in aller Welt die ergötzliche Gänsehaut, die ihnen Graf Dracula bereitet. Und in den Vereinigten Staaten hat sich bereits eine Vampirszene von rund 10 000 Mitgliedern gebildet, die Graf Dracula in Gebärden, Gewand und Gelüsten nacheifern. Dracula, den es in Wirklichkeit nie gab, lebt und ist unsterblich geworden.

Kein Wunder, dass Wissenschaftler aller möglichen Fakultäten sich auf die Spur des gespenstischen Grafen gemacht haben, um seine Geheimnisse dem Dunkel der Totengruft und der Folterkammer der menschlichen Phantasie zu entreißen. Doch wie kamen Menschen überhaupt darauf, sich einen Dracula, einen Menschenblut saugenden Vampir vorzustellen?

Epidemie in Südosteuropa

Graf Dracula war tollwütig, das ist die Erklärung des spanischen Neurologen Dr. Juan Gomez Alonso aus Vigo. Oder jedenfalls waren es die Menschen, die der Volksphantasiefigur Dracula als Vorbild dienten. 1720 wütete in Südosteuropa eine Tollwutepidemie, der zahlreiche Menschen und Tiere zum Opfer fielen. Zwölf Jahre später gingen österreichische Chirurgen und Militärs im serbischen Medvegia nahe der türkischen Grenze einer Reihe verdächtiger Todesfälle nach und fanden angeblich sichere Beweise für Vampirismus.

Tatsache ist Folgendes: Der Erreger der Tollwut ist ein Virus, das u. a. durch Bisse übertragen wird – auch durch infizierte Wölfe und Hunde. Das Virus wandert entlang der Nervenbahnen ins Rückenmark und Gehirn und von hier aus wieder zurück zu den Speicheldrüsen.

Die Symptome sind genau die, die man von Graf Dracula kennt. Das Unheil beginnt mit Unwohlsein, Appetitlosigkeit und erhöhter Temperatur. Die Erkrankten reagieren sehr empfindlich auf Licht – Mediziner sprechen hierbei von Photophobie – und starke Gerüche, z. B. auf Knoblauch. Beim Schlucken treten schmerzhafte Verkrampfungen der Schlundmuskulatur auf, vor allem, wenn der Befallene versucht, Flüssigkeiten aufzunehmen: Hydrophobie. Ähnlich wie infizierte Hunde ist der Kranke sehr erregt und verhält sich aggressiv, daher der Name Tollwut. Auch sexuelle Übererregung tritt auf. Am Ende tritt eine vollständige Lähmung ein. Graf Draculas Opfer stirbt bei vollem Bewusstsein durch Atemlähmung.

Dass infizierte Fledermäuse bei der Übertragung des Vampirvirus eine Rolle spielen, wurde von einigen Biologen ernsthaft erörtert, ist aber unwahrscheinlich, auch wenn die langen Umhänge, die die Vampire der ersten Draculafilme umflattern, natürlich die Flügel von Fledermäusen symbolisieren.

Tatsächlich gibt es eine bestimmte Fledermausart, die Tieren kleine Wunden zufügt und das heraustropfende Blut ableckt. Sie heißt daher auch sehr zutreffend Vampirfledermaus. Aber sie kommt nur in Südamerika vor, und aus Europa sind keine Ansteckungen durch Fledermäuse bekannt.

Einer anderen Spur sind der Göttinger Biologe Thomas Crozier und der Oldenburger Literaturwissenschaftler Frank Möbus jahrelang nachgegangen. Und auch sie wurden fündig.

Tote, die schmatzten

„Wenn vor Jahrhunderten ein Mitglied einer Familie starb und kurz darauf andere Familienmitglieder unter ähnlichen Umständen aus dem Leben schieden', sagt Crozier, „dann grub man oft denjenigen, der zuletzt gestorben war, wieder aus dem Grab aus. Man fand den Toten dann mit einem rosigen Gesicht und blutroter Flüssigkeit im Mund. Diese Merkmale sind natürliche Verwesungserscheinungen, doch das war damals noch nicht bekannt. Die Menschen glaubten daher, dass der Verstorbene noch nicht ganz tot wäre. Er käme nachts heraus und fiele die Lebenden an. Es hieß: es läuft ihm noch die letzte Mahlzeit aus dem Mund." Entweichende Leichengase wurden als Schmatzen des Toten gedeutet.

Leichen, deren Grab nach einiger Zeit wieder geöffnet wird, liegen außerdem

Bram Stoker

Der Mann, der den blutsaugenden Grafen erfand

Abraham Stoker (1845 bis 1912) wurde in Irland als drittes von sieben Kindern geboren. Bis zu seinem 8. Lebensjahr war er durch eine Krankheit ans Bett gefesselt, genas aber vollständig und brachte es sogar zum Fußballstar. Er studierte Literatur, Geschichte, Mathematik und Physik und wurde Lehrer, Theaterkritiker, Journalist und Manager des damals berühmtesten Shakespeare-Darstellers, Henry Irving. Nebenher verfasste Stoker zehn Romane und wurde mit *Dracula* der erfolgreichste Horrorautor.

Der Drache war eine Auszeichnung vom Kaiser

Was hat der historische Vlad Tepes Dracul mit dem blutgierigen Vampir Graf Dracula gemeinsam? Die Antwort ist einfach: den Namen. Und den hat er von seinem Vater geerbt. Der führte den Beinamen Dracul, aber nicht deshalb, weil er sich wie ein Drache aufführte, sondern weil ihm 1431 der deutsche Kaiser in Nürnberg den Drachenorden verliehen hatte. Das war eine Auszeichnung, die den Träger zum Kampf gegen Nichtchristen und alles drachenartige Gesindel verpflichtete. So wurde aus dem jungen Grafen Vlad Graf Dracula – der Sohn des Dracul.

Aber was ist schon die historische Wahrheit angesichts der Ängste der Menschen! Die Menschheit braucht offenbar die Furcht vor Vampiren, um sonst unerklärliche Schrecken durch eine scheinbare Kausalität abmildern zu können. Und so wurde die Welt in Abständen von immer neuen Wellen von Vampirwahn heimgesucht.

Kenner der Materie wie der deutsche Draculaforscher Frank Möbus halten es für keinen Zufall, dass Draculas Vampirbiss lustvoll und todbringend zugleich ist. Möbus sieht darin ein Symbol für die Geschlechtskrankheit Syphilis, die sich im 18./19. Jh. über Bordelle ausbreitete.

Und auch, dass das Vampirthema seit 1984 eine regelrechte Renaissance erlaubt, kommt nicht von ungefähr. Denn damals wurde die Immunschwächekrankheit Aids in breiter Öffentlichkeit bekannt.

So hat er ausgesehen, der echte Graf Dracula – Vlad Tepes, der Fürst der Walachei (Gemälde aus dem 16. Jh., Innsbruck, Schloss Ambras).

ab und zu in einer anderen Körperstellung als bei ihrer Beerdigung. Auch dieses Verrutschen wird durch Leichengase verursacht.

„Heute würde man rätselhafte Todesserien in einer Familie mit ansteckenden Krankheiten erklären, damals aber hatte man von Infektionen noch nicht die leiseste Ahnung“, erläutert Möbus.

Auch eine Erbkrankheit, die Porphyrie, bei der die Bildung der roten Blutkörperchen gestört ist, könnte für den gruseligen Vampir Pate gestanden haben. Genau wie die Vampire sind Porphyriekranke totenblass und lichtempfindlich, sogar blutige Zähne gehören zum Erscheinungsbild. Die Mediziner sprechen dann von Erythrodontie.

Pfahl durchs Herz

Professor Reiter vom Wiener Institut für Rechtsmedizin stellte noch eine andere Überlegung an. Aus dem 18. Jh. liegen Obduktionsberichte von Leichen vor, bei denen man vampiristisches Treiben vermutete und denen man manchmal tatsächlich einen Pfahl durchs Herz gebohrt hatte. Die Toten wiesen Symptome auf, die bei tödlichen Milzbrandinfektionen bekannt sind. Bei Anthraxkranken tritt eine blutige Form von Lungenentzündung auf, die man früher vielleicht als Beweise für gieriges Blutschlürfen wertete.

Dass man Toten im Grab einen Pfahl durchs Herz trieb, um den vermeintlichen Vampir damit unschädlich zu machen, ist ein verbreiteter Volksbrauch. Auf rund zwei Dutzend Vampirfriedhöfen in Österreich, Serbien, Mexiko oder den USA gruben Forscher gepfählte oder geköpfte Skelette aus. Bei einigen Leichen hatte man die Oberschenkelknochen auf der Brust gekreuzt.

Warum dies alles? Weil die Menschen sich immer noch mit dem herumschlagen, was sie schon in grauer Vorzeit umtrieb. Die jüdische Dämonologie be-

richtet von Lilith, der Ur-Vampirin, die Neugeborenen Blut und Mark aussaugte, die Römer zitterten vor der Strix, einer Frau in Vogelgestalt, die die Eingeweide von Kleinkindern fraß, im antiken Griechenland trieben die Lamien ihr Unwesen, die das Blut von jungen Männern und Kindern schlürften, Südamerika wurde von der Vampirfledermaus Azemar heimgesucht, Indien von den Vetalas und Gandharven, in Borneo waren die Buaus zu Hause.

Totenkult und Kirche

Warum sich der Vampirglaube in Europa gerade in Südosteuropa gehalten hat, erklärt der Bonner Historiker und Balkanologe Dr. Peter Mario Kreuter damit, dass die orthodoxen Kirchen dem Totenkult nicht genug Beachtung geschenkt hätten. „Diese Lücken füllten die Menschen mit Versatzstücken aus dem viel älteren Volksglauben", sagt er.

Versatzstücke – damit hat sich auch der irische Autor Bram Stoker reichlich eingedeckt, ehe er sich ans Schreiben machte. Er selbst war nie in Südosteuropa, aber in der Bibliothek des Britischen Museums in London fand er reichlich Material. Das stutzte er sich allerdings so zurecht, wie es ihm gerade passte. Die kanadische Professorin Elisabeth Miller kam ihm auf die Schliche, als sie die kürzlich in einem Bauernhaus aufgetauchten Originalnotizen Stokers durchforstete.

Alles erfunden

So gibt es am Borgo-Pass, an dem er seinen spitzzahnigen Grafen herumspuken lässt, zwar Obstgärten und waldige Täler, „aber die wild zerklüfteten Wege hat Stoker aus einer Reisebeschreibung kopiert, die eine andere Ecke der Karpaten beschreibt", fand Elisabeth Miller. Ein Schloss gab es dort weit und breit nicht, was auch ein gewisser Mister Whitman schmerzlich erfahren musste, als er 1972 mit dem englischen Dracula-Club in die Gegend kam und fragte: „Wo ist das Schloss?" Als er keines fand, beschloss er eines zu bauen, und so entstand dort das heutige Castle Dracula Hotel, in dessen Imitationsgemäuer zahlungskräftigen Touristen allerhand Geisterspuk vorgespielt wird.

Der Draculaforscher Dr. Kreuter wies sogar nach, dass auch das Markenzeichen des Vampirs, der Biss in den Hals, in keiner historischen oder volkskundlichen Quelle vorkommt. Die Vampire des Volksglaubens saugten vielmehr ihren Opfern das Blut auf magische Weise aus der Ferne aus dem Leib.

Stokers Verdrehungen

Die größte Willkür erlaubte sich Stoker aber mit Graf Dracula persönlich. Der echte Graf Vlad Tepes Dracul lebte keineswegs in Transsilvanien, sondern war in einem Nachbarstaat, der Walachei, zu Hause. Allerdings war er weit und breit verschrien als „der Pfähler", weil er angeblich jeden, der gegen ihn aufbegehrte, auf einen Pfahl spießen ließ.

Auf einer Tagung der transsilvanischen Dracula-Gesellschaft in Schäßburg, dem Geburtsort des Grafen, der heute Sighisoara heißt, wiesen Historiker aber darauf hin, dass er ein gebildeter, wenn auch fanatisch gerechter Herrscher war, der in seinem Land fremde Rechtsbrecher grundsätzlich nach der Art strafte, die in ihrer eigenen Heimat rechtsgültig war.

Die Walachei war damals sogar eines der wenigen Länder der Erde, in denen man ausgesprochen milde Strafen aussprach. Wofür man anderenorts verbrannt, gevierteilt oder lebendig begraben wurde, das ahndete man in Draculs Bereich durch ein paar Stockhiebe, einen Schnitt in die Nase oder eine lange Fastenzeit. Und wenn er brutale ausländische Rechtsmethoden anwendete, so steckte dahinter lediglich ein kluges Kalkül: Abschreckung.

Sogar die Untat, die ihm seinen schlechten Ruf einbrachte, gehört in diese Kategorie. Angeblich errichtete er einen Wald aus Gepfählten, indem er türkische Soldaten in großer Zahl auf Pfähle steckte. Und es wirkte: Sein Land wurde verschont.

WIE AUS TIEREN GÖTTER WURDEN

Über heilige Kühe sollte man nicht lachen – es gibt immer und überall ein Tier, das uns Menschen überlegen ist oder das uns mystisch in seinen Bann schlägt, auch wenn der enge Kontakt zum Tier in den letzten Jahrhunderten verloren gegangen ist.

Der sonnengegerbte ägyptische Reiseleiter in der weißen, knöchellangen Djellaba macht eine weit ausholende Handbewegung und verkündet der andächtigen Touristenschar: „Die alten Ägypter hatten Tiergötter. Die falkenköpfige Gestalt ist der Gott Horus, Anubis ist der mit dem Kopf eines Schakals und dort sehen Sie die löwenköpfige Sechmet und die katzenköpfige Bastet." Die Touristen aus dem aufgeklärten Europa schütteln den Kopf. Tiere als Götter? Seltsame Bräuche.

Zur selben Zeit irgendwo in Indien: Kühe trotten durch den wimmelnden

Die heiligsten Tiere der Erde

Die heiligen Kühe der Hindus haben die größte Zahl von Anhängern und bieten den Menschen dafür Milch und Brennmaterial – ihren getrockneten Dung.

Verkehr. Offenbar herrenlos und sichtbar verwahrlost nehmen sie Autos die Vorfahrt, lagern sich auf Verkehrsinseln und bedienen sich an den Marktständen mit Gemüse. Keiner verjagt sie oder schimpft, niemand fühlt sich belästigt – im Gegenteil, die Menschen erheben ehrfurchtsvoll die Hände wie im Gebet.

Alle Hindus verehren die Kuh, für sie ist sie heilig. „Wer nicht an den Schutz der Kuh glaubt, kann kein Hindu sein", sagte noch Mahatma Gandhi. Die Touristen aus dem aufgeklärten Europa schütteln den Kopf. Heilige Kühe? Seltsame Bräuche.

Götter in Tiergestalt, heilige Tiere – für Religionswissenschaftler ist das gar nicht so wunderlich. Denn wer tiefer in die Materie eindringt, kann mithilfe der Tiergötter und der Göttertiere erkennen, wie sich das menschliche Bewusstsein entwickelte, wie sich die Frömmigkeit wandelte.

Tatsache ist, dass der westliche Mensch von heute den jahrtausendelang gepflegten engen Kontakt mit dem Tier verloren hat. Das Gefühl der Verwandtschaft alles Lebenden ist ihm abhanden gekommen. Tiere gelten in erster Linie als Nahrungsmittellieferanten, allenfalls noch als Belustigungsobjekte in Fernsehen, Zirkus und Zoo.

Sterben für Big Mac

Viele Kinder wissen nicht einmal mehr, dass die Milch von der Kuh kommt. Und sie würden sich grausen, wenn sie erführen, auf welche Weise Tiere sterben müssen, damit sie sich ihren Big Mac schmecken lassen können.

Immerhin sind wir mit dem sich allmählich vollziehenden Bewusstseinswandel gegenüber dem Tier wieder ein bisschen auf dem Weg, ein natürlicheres Verhältnis zu „den Viechern" zu gewinnen, wenn wir auch niemals wieder jene Gefühlsnähe erlangen werden, die in grauer Vorzeit selbstverständlich war.

Die Schamanen der Urzeit behandelten die Wesen Mensch, Tier und Pflanze gleich. Auch zwischen einem Lebewesen und unbelebten Dingen, die zu diesem Wesen gehören, machten sie keinen Unterschied. Ein Vogel und ein Baum, das sind für uns zwei verschiedene Dinge. Nistet der Vogel aber immer auf demselben Baum, so gehören die beiden für das magische Denken zusammen und werden mit demselben Wort bezeichnet.

Göttergestalten

Vor allem aber ist alles voll von Göttern, und das Göttliche kann in Bäumen genauso hervortreten wie in Tieren – und später dann auch in Menschen. Erst nachdem die menschlichen Bewusstseinsinhalte sich immer stärker differenziert und verfeinert hatten, wurden auch die Charakterzüge der Götter genauer, und die Götter zeigten sich immer stärker in menschlicher Gestalt, wie es uns die griechische Kunst in Vollendung beweist.

Für den Urmenschen aber ist die Begegnung mit dem Tier überwältigend. Er jagt es zwar, aber noch mehr wird er

Der schakalköpfige Anubis wachte über die Toten

Kein anderes Volk besaß so viele Tiergötter wie die alten Ägypter: Anubis war als Totengott für die Mumifizierung und für den Schutz der Gräber zuständig.

vom Tier gejagt. Und immer gibt es irgendwo ein Tier, das dem schwachen Menschen unendlich überlegen ist.

Der Falke sieht viel besser als der Mensch, der Hund hat den weit besseren Geruchssinn, Pferd, Tiger, Panther, fast alles Raubzeug ist schneller, der Bär ist stärker, selbst die Maus kann rascher entkommen, indem sie in ein winziges Loch huscht. Die Zeugungskraft des Stieres kann der Mensch nur mit Neid und die Gebärfreudigkeit der Sau mit Bewunderung zur Kenntnis nehmen.

Überlegene Tiere

Kein Wunder, wenn er die überlegene Macht, die ihn schuf und erhält, mit den ihm überlegenen Tieren identifizierte. Jedes Tier stand dabei für einen anderen Aspekt. Daher treten in allen Kulturen Götter in Tiergestalten auf oder wenigstens mit Tieren, die ihnen heilig sind.

Dem germanischen Gott Odin war das Pferd heilig, aber auch die Wölfe und Raben. Letztere verkörperten die geistigen Kräfte Odins, deshalb konnte man aus ihrem Verhalten und Krächzen die Zukunft voraussagen. Auch der Adler war ein Odinstier, während man den Ziegenbock Thor geweiht hatte, die Katze und den Falken dagegen der Göttin Freyja. Dieser wird in der Edda auch der Eber zugeordnet, der dort Hildisvinn, Kampfschwein, heißt.

Zeus, der oberste Gott der Griechen, nahm besonders gerne dann Tiergestalt an, wenn er schöne Frauen verführen wollte. Europa, die Namenspatronin unseres Kontinents, erschien er als Stier, nahm sie auf den Rücken und schwamm mit ihr von Phönizien nach Kreta, wo sie ihm drei Söhne gebar. Leda nahte er sich als Schwan, deshalb kam seine Tochter Helena in einem Ei zur Welt. Danae beglückte er als Goldregen, und den schönen Ganymedes trug er als Adler in den Olymp und machte ihn zu seinem Mundschenk.

Tiere im Christentum

Selbst im Christentum spielen Tiere als Symbolfiguren eine wichtige Rolle. Das geht bis ganz hoch hinauf. Der Heilige Geist, die dritte göttliche Person, wird

Heilige Tiere heute

Hund und Katze sind oft Kindersatz. Für sie wird jedes Opfer gebracht, eine ganze Industrie lebt davon.

Tiere des Schlachtfelds

Der Sturm-, Kriegs- und Totengott Odin war der oberste Gott der Germanen. Ihm waren Rabe und Wolf, die Tiere der Schlacht, zugeordnet.

in der frommen Kunst als Taube dargestellt, weil der Evangelist Matthäus schreibt, dass sich bei der Taufe Jesu im Jordan der Himmel geöffnet habe „und er sah den Geist Gottes wie eine Taube herabsteigen und auf sich zukommen".

Damit wollte er vielleicht nur mit dichterischer Kraft in einem Bild sagen, dass Jesus buchstäblich vom göttlichen Geist ergriffen worden ist, aber Bilder sind wirkmächtig und hartnäckig, und so wurde in der christlichen Kunst der Heilige Geist unzählige Male als Taube dargestellt.

Auch zahlreiche Heilige werden mit ihren Begleittieren abgebildet. So sieht man den heiligen Franz oft im Kranz jener Vögel, denen er das Evangelium predigte, oder mit dem Wolf, dem er bei Gubbio das Fressen von Lämmern ausredete. Der heilige Antonius der Große, ein frommer Wüstenmensch, hat das Schwein als unzertrennlichen Begleiter und der heilige Hubertus den Hirsch, den er aus Ehrfurcht nicht erlegte.

Besonders rührend allerdings erscheinen uns die Tiere – Ochs und Esel – an der Weihnachtskrippe, obwohl sie in keinem der vier biblischen Evangelien erwähnt werden, sondern nur in einer apokryphen, also nicht zum offiziellen Kanon gehörenden Schrift.

Heilige Tiere heute

Und heute? Was hat es mit den vielen Menschen auf sich, die vom Heidentum nichts wissen und vom Christentum nichts mehr wissen wollen? Auch sie können sich der Kraft und Heiligkeit der Tiere nicht entziehen. Ungezählte Singles und Paare halten sich Hund oder Katze als Kindersatz und bringen ihnen Opfer ohne Zahl. Als Osterhase hüpft das vorchristliche Fruchtbarkeitssymbol Hase durch Kinderzimmer und Kinderherzen und hat seine legendäre Fruchtbarkeit noch gesteigert, indem er Eier legen lernte.

Über dem Markusplatz von Venedig flattern tausende von Tauben, die von der Nostalgie geheiligt und von den Touristen fleißig gefüttert und fotografiert, von den Denkmalschützern dagegen wegen ihrer großen Kotmengen verflucht werden.

Odins Schimmel wiehert noch, wenn Deutsche sich weigern, Pferdefleisch zu essen, das in Frankreich als Delikatesse gilt. Der schreckliche Bär der Berserker ist zum Teddybären geschrumpft, dem liebsten Totemtier der Kinder. Und wenn bei deren Erziehung etwas schief läuft, so müssen sie in einem Psychotest ihre Familie als Tiere malen. Wenn da der Papa als Löwe, die Mutter als Bär, der Bruder als Hund und das Kind selbst als Mäuschen erscheint, weiß der Psychologe ebenso gut, was das bedeutet, wie einst der Schamane wusste, was der Flug von Odins Raben verhieß.

Totems sind mythische Urahnen und Schutzgeister ganzer Stämme oder Völker.

Die Tiergeister der Indianer

Die indianischen Religionen sprechen Tieren eine menschenähnliche Seele zu, demzufolge waren bei der Jagd bestimmte Rituale einzuhalten. So hatte der Jäger mit dem Tier zu kommunizieren und sich zu entschuldigen, dass er es töten musste, und er musste versichern, dass es nur dem Wohl des Stammes diente. Auch die Art der Tötung und die Behandlung des toten Körpers war vorgeschrieben. Mancher Jäger brachte seiner Beute Geschenke dar oder kleidete sie in schöne Gewänder. Viele Indianerstämme betrachteten sich selbst als Nachfahren bestimmter Tiere, denen sie ihre heiligen Totems widmeten.

Die für fast alle Stämme wichtigsten Tiere waren Büffel, Bär, Schildkröte, Adler und Eule, Schlange und Spinne. In der Auffassung der Sioux wurde das Universum durch das Symbol des Büffels dargestellt. Dieses Tier nahm eine Sonderstellung ein, weil es den Menschen alles gab, was sie zum Leben benötigten: Fleisch zur Nahrung, Knochen und Hörner für Werkzeuge, das Fell und die Häute für Kleidung, Zelte und Wassersäcke, die Rippen für Schlitten und der Magen wurde zum Suppenkessel – auch nicht der kleinste Teil wurde vergeudet.

Fast Food im alten Pompeji

Wer denkt, Imbissstuben und Schnellrestaurants seien eine Erfindung unserer modernen Zeit, der irrt. Bereits die alten Römer kehrten dort ein und ließen sich mit verschiedenen Leckereien verwöhnen. In Pompeji kann man diese Einrichtungen sogar noch heute besichtigen.

Es ist noch nicht allzu lange her, dass hunderte prominente Römer protestierend durch die Innenstadt der italienischen Hauptstadt zogen und auf Plakaten forderten: „Stoppt die neuen Barbaren!" McDonalds hatte es gewagt, am Fuß der Spanischen Treppe im Herzen der Ewigen Stadt einen Hamburger-Tempel zu eröffnen. Filmschauspieler, Maler und Schriftsteller der verschiedensten politischen Richtungen waren sich einig: „Wir wollen kein amerikanisches Fast Food auf historischem Boden!"

Antike Schellimbisse

Doch die verteufelten amerikanischen Essgewohnheiten sind eigentlich die ureigenste Erfindung der alten Römer. Schnellimbiss und Stehausschank gab es in Italien nämlich bereits vor 2000 Jahren. In den beim Ausbruch des Vesuv verschütteten Städten Pompeji und Herculaneum kann man heute noch die freigelegten Überreste der Imbissstände besuchen.

Thermopolia hießen die Fast-Food-Restaurants der Antike. Eines der besterhaltenen liegt in Pompeji an der Vicolo di Modesto, Ecke Via Consolare, nur zwanzig Schritte weiter stehen die Überreste der Bäckerei (Pistrinum), die mehrere Thermopolia belieferte. Eine

andere Kneipe befindet sich an der Via dell' Abbondanza, sie hieß „Thermopolium Asselinae", heute würde man vielleicht sagen „Bei Asselina".

Wer verkehrte nun bei Asselina, und was hatte sie ihren Gästen zu bieten? Im Gegensatz zur Großstadt Rom, wo sich die einfachen Leute durchweg in Garküchen und Schnellimbissen ernähren mussten, weil es in den riesigen Mietskasernen, den „Insulae", keine Kochgelegenheiten gab, waren die Hamburger- und Pommes-frites-Stuben in Pompeji, dem St. Tropez des Römischen Reiches, in erster Linie für Fremde, für Durchreisende und Seeleute gedacht. Die Einheimischen ließen sich meist zu Hause bekochen und bedienen.

Gute Geschäfte in der Via dell' Abbondanza

Hier gab es viele Händler und Imbisse. In einem Thermopolium fand man einen konservierten Kuchen und 683 Sesterzen Tageseinnahmen, das entspricht dem Lohn für 2732 Arbeiterstunden.

Die Lokale hatten eine Theke, die ums Eck ging, und in die Steinplatte waren tönerne Einsätze eingelassen, in denen die Speisen brodelten.

Wein mit heissem Wasser

Je nach Preiskategorie wurde solch eine Imbissstube Thermopolium, Popina, Caupona oder Vinaria genannt. Das Thermopolium, ein einfaches Gasthaus, erhielt seinen Namen von dem heißen Wasser, das nach römischer Sitte dem Wein beigegeben wurde. Es gilt als der Vorläufer der heute im Süden so beliebten Bar. Hier gab es auch normale warme Getränke – und dazu natürlich Süßwein, Met und Glühwein. Die Speisen konnten entweder an Ort und Stelle verzehrt werden oder man nahm sie in der damals üblichen Warmhaltepackung mit – eingewickelt in Feigenblätter. Besonders Griechen besuchten gern das Thermopolium.

Eine Nuance einfacher ging es in der Popina zu, dort aßen die Landarbeiter, das Gesinde und die Sklaven. Die Popina war die wichtigste Klatsch- und Tratschbörse für das einfache Volk. Für zwei As, etwa der Stundenlohn eines Arbeiters, konnte man sich satt essen. Wartezeit gab es keine, jeder wurde sofort bedient. Meist waren es drei Tonbehälter in einer Reihe, in denen die Speisen bereitgehalten wurden, die Theke nahm den Vordergrund der Imbissstube ein. Dahinter befand sich der Herd, der von einer Frau betreut wurde, meist eine Syrerin, jedenfalls ein dienstbares Wesen aus den römischen Kolonien.

Sitznischen wie heute

Zu jeder Popina gehörten Sitznischen, wie wir sie in ähnlicher Form in jedem Fast-Food-Restaurant des 21. Jh. wiederfinden. Man saß auf hölzernen oder steinernen Bänken, aß, trank, würfelte und unterhielt sich. Wie Plinius der Ältere (24–79 n. Chr.) berichtet, drehten sich die Gespräche um die Tagespolitik und um nicht anwesende Freunde und Bekannte. Sklaven, deren Herren in einem nahe gelegenen Luxusrestaurant dinierten, klatschten über jene, die sie tagsüber mit mehr oder weniger sinnvollen Weisungen in Trab hielten.

Interessant ist, was damals gegessen wurde – nicht viel anderes als die Speisen, die heute in manchen Schnellrestaurants oder Bahnhofsgaststätten angeboten werden. Drei bis vier Standardgerichte gehörten zum Küchenzettel einer Popina, unter anderem Pulsa, ein warmer Getreidebrei, Vorläufer der heutigen Polenta, sowie Eintopfgerichte aus Linsen, Bohnen und anderen Gemüsesorten. Zu allem gab es eine Würzsoße, die Liquamen oder auch Garum genannt wurde, aus Fisch, Salz und Wein bestand und mehrere Monate abgelagert sein musste. Ohne das „Maggi" des Altertums wurde nichts aufgetischt.

Gut essen und trinken

Sehr großer Beliebtheit erfreuten sich Schweinswürste, die mit reichlich Knoblauch, Zwiebeln und anderen scharfen Gewürzen zubereitet wurden. Dazu aß man Gerstenbrot, das damals Plebejerbrot genannt wurde, weil es den „einfachen Schichten" vorbehalten war.

Auch Käsekuchen und andere süße Leckereien lagen zum Verzehr bereit. So ähnelten die in Pompeji beliebten Bellaria den heutigen Apfeltaschen. Dazu trank man kretischen Glühwein, Bier (Camum) oder Süßwein aus Griechenland und Nordafrika.

Bevor man zu essen begann, wurden ein paar Tropfen Wein für die Götter auf die Erde gespritzt. Überhaupt spielte Wein, wie uns die Wandgemälde von Pompeji bestätigen, in den Fast-Food-Restaurants jener Zeit eine bedeutende Rolle. Er wurde in Amphoren aufbewahrt, die man innen mit einer Mischung aus Pech, Wachs und Aromastoffen beschichtet hatte.

Billiger Wein wurde einfach auf die Erde gestellt, die Gefäße mit den teureren Gewächsen dagegen in einem kühlen Raum auf der Nordseite der Gaststätte ins Erdreich eingegraben.

Bier galt als germanisches Getränk, aber wir wissen von Plinius, dass in den pompejanischen Gaststätten als gastronomische Selbstverständlichkeit Camum, vergorener Gerstensaft, ausgeschenkt wurde. Eine andere Biersorte hieß Cervisia; diese Bezeichnung hat sich in dem Wort Cerveza (spanisch für „Bier") bis heute erhalten. In den Kneipen mit Laufkundschaft wurden solche Getränke gekühlt, indem man die Amphoren in größere wassergefüllte Behältnisse stellte.

Den Luxus von Eis, das von den Bergen herangeschafft wurde, konnten sich nur die wirklich Reichen leisten. Übrigens war der Wein in den Popinae und Thermopolia preiswerter als in den Vinariae oder Cauponae, wo der Rebensaft nach Kräften mit Wasser, Honig, Aloe, Myrrhe oder duftenden Ölen des Orients gepanscht wurde.

Dass die Inhaber der pompejanischen Schnellrestaurants dabei überhaupt nicht zimperlich zu Werke gingen, wird durch zahlreiche Inschriften dokumentiert, die von geneppten Gästen an die Häuserwände der nahe gelegenen Straßen gekritzelt wurden. Beispiel: „Möchtest du doch, o Wirt, ersticken an deinen Lügen! Wasser schenkst du uns ein, selber säufst du den Wein."

Pächter wie heute

Wem gehörten die Fast-Food-Restaurants der Antike? Nach welchen gastronomischen Grundsätzen wurden sie geführt? Wie stand es um die Sauberkeit? Es gab in Pompeji Vereinbarungen zwischen den Gaststättenbesitzern und den

Wein vom „Fass"

Verkaufstheke einer Popina. Billige Weine wurden direkt aus den Amphoren ausgeschenkt, die auf dem Boden standen. Amphoren mit besseren Weinen wurden eingegraben.

Altrömische Bäckerei

Im Pistrinum mahlten die Bäcker das Mehl noch selber. Antrieb für den Mühlstein war der Esel, der den ganzen Tag im Kreis lief.

Wirten, die dem Franchise-System der McDonalds-Kette ähneln. Die Wirte der Thermopolia, Popinae, Vinariae und Cauponae waren oft Pächter, die sich aus den niederen Schichten des Volkes rekrutierten. Auch freigelassene Sklaven wandten sich nicht selten dem Beruf des Gastwirts zu. Der Pachtzins richtete sich, wie auch heute, nach dem Umsatz und der Verkehrslage.

So musste eine Popina, die an der Via Consulare, der Straße zum Forum lag, mehr bezahlen als eine Caupona, deren Kundschaft von der weniger gut beleumdeten Via di Mercurio hereinkam. Schon damals galt das Prinzip, das die amerikanischen Ketten unserer Zeit groß machte: Wenige Standardgerichte, die genussfertig und in ausreichender Menge vorhanden sein müssen, zu Preisen, die sich viele leisten können.

Nur mit der Sauberkeit nahm man es vor 2000 Jahren nicht so genau wie heute. Und die Hitze, die Küchengerüche und die menschlichen Ausdünstungen würden modernen Menschen von heute vermutlich den Atem rauben.

BESTE UNTERHALTUNG

Dafür gab es auch in den einfachsten Häusern ein ständiges Unterhaltungsprogramm: Die Wirtin oder eine Dienstmagd unterhielt die Kundschaft mit mehr oder weniger erotischen Tänzen. Den Kopf mit einer griechischen Mitra bedeckt, schwang sie die Hüften und drehte und wendete ihren Körper zum Klappern langer Kastagnetten. Arme und Beine mussten bei diesem Tanz möglichst bewegungslos bleiben. Spielte ein Flötenspieler auf, ging es meist hoch her, und auch die Gäste tanzten mit.

Wandmalerei aus Pompeji: Gutes Essen war fast so wichtig wie die Liebe.

Aus der Speisekarte einer Popina

Es war nicht viel, was in den Popinae aus den Küchen kam: Gekochte Bohnen und Erbsen wurden kalt serviert und stillten Hunger und Durst gleichermaßen. Kraut und Gemüse waren in Essig eingelegt, Rüben gab es in einer Pfeffer-Wein-Soße mit viel Knoblauch, die den faden Geschmack überdecken sollte. Als „Renner" galten Schweinswürstchen nach folgendem Rezept:

„Brate Schweinsleber und reinige sie von allen Häuten; vorher zerreibe Pfeffer, Raute und Fischsülze (Liquamen) und darauf tue deine Leber, verreibe und vermische alles und bilde aus der Masse Klöße, wikkle diese mit Lorbeerblättern in die Netzhaut und hänge sie in den Rauch. Wenn du sie essen willst, brate sie von neuem."

Die Suche nach Gottes Gesetzen

Die Zehn Gebote Gottes sollen in der geheimnisvollen Bundeslade aufbewahrt sein, die seit über 2600 Jahren verschwunden ist. Doch jetzt gibt es erste Spuren.

Seit Jahrhunderten beschäftigt die Menschen die Suche nach einem Schatz, den bereits die Bibel erwähnt. Selbst der amerikanische Geheimdienst bemüht sich, das Rätsel zu lüften. Neueste archäologische Entdeckungen lassen die Vermutung zu, dass die Bundeslade im Tunnelsystem des Jerusalemer Tempelbergs verborgen sein könnte. Aber der Reihe nach:

Bezalel gilt als weiser Mann und geschickter Handwerker. Alles andere als Zufall also, dass Moses ausgerechnet ihn bittet, etwas ganz Besonderes zu fertigen – die Bundeslade. Darin soll eine Kostbarkeit würdig aufbewahrt werden, die den israelitischen Stämmen die allerheiligste ist: die Gesetze Gottes, auf Tafeln geschrieben. Bezalel zimmert aus Akazienholz einen verschließbaren Kasten von 2,5 Ellen Länge und je 1,5 Ellen Breite und Höhe (das entspricht etwa 125 × 75 × 75 cm).

Exakte Beschreibung

Bezalel vergoldet den Schrein innen sowie außen und ziert den Deckel mit einem Gnadenstuhl, auf dem sich zwei Cherubim (Engel) aus massivem Gold gegenübersitzen. Die Bundeslade ist von solcher Wichtigkeit, dass die Bibel sie exakt beschreibt. Ziemlich rätselhaft muten dagegen die Hinweise über eine Art Schutzhülle für die Bundeslade an. Es ist von der Stiftshütte die Rede, einem Zelt nicht ganz unähnlich. Tagsüber, so heißt es, werde das Zelt von

Die Bundeslade im Film

Die Beschreibung der Bundeslade in der Bibel ist sehr genau. So ungefähr wie auf diesem Filmbild aus einer deutschen Terra-X-*Dokumentation von 1999 muss sie ausgesehen haben.*

einer Wolke bedeckt, des Abends breite sich ein feuriger Schein darüber aus.

Die Bundeslade als Wanderheiligtum sollte die israelitischen Stämme zur Einigkeit gemahnen, vor Gefahren schützen und gegen Feinde wappnen. So wurde der Schrein dem reisenden Volk vorangetragen, was aber nur auserwählte Priester durften; wer ihn unbefugt berührte, sollte augenblicklich des Todes sein. Möglicherweise verbreitete die Lade aber nicht nur Angst und Schrecken, sondern bewirkte auch Wunder. Wie anders ist es zu erklären, dass sich das Wasser des Jordan staute und die Kinder Israels trockenen Fußes ans andere Ufer gelangen konnten?

So steht es jedenfalls in der Bibel – im Buch Josua, im dritten Kapitel: Josua befahl den Trägern der Bundeslade, mit ihr ins Wasser hinauszuwaten. Und siehe, das Flussbett wurde trocken. Auch bei der Belagerung von Jericho setzten die Israeliten die Bundeslade ein: Sechs Tage zog das ganze Heer um die Stadt herum, am siebten Tag zogen sie erneut sieben mal um die Stadt, sieben Priester zogen vor der Lade her und bliesen die Posaunen – dann ertönte vom ganzen Volk ein Kriegsgeschrei. Die Mauern Jerichos stürzten ein.

Sieg der Philister

Nur einmal ließ das Allerheiligste sein Volk im Stich. In der Nähe des Ortes Eben-Ezer verloren die Israeliten die Schlacht gegen die Philister – und die schleppten die Bundeslade als Beute fort. Sie stellten den Kasten neben eine Statue ihres Gottes Dagon, als Zeichen für dessen Überlegenheit. Lange hielt das triumphale Gefühl der Philister aber nicht an: Dagons Standbild zerbrach, kurz darauf wütete die Pest.

Die vermeintlichen Sieger hatten nichts Eiligeres zu tun, als den Verlierern ihr Eigentum zurückzugeben. Man spannte zwei Kühe vor einen Karren und schickte das Heiligtum nach Bet-Schemesch. Menschenmassen nahmen die Lade mit überwältigendem Jubel in Empfang.

Ende gut, alles gut? Keineswegs. Im 1. Buch Samuel wird davon berichtet, dass 70 Israeliten starben, weil sie sich nicht darüber freuten, dass die Bundeslade zurückgebracht wurde. Die nächsten zwanzig Jahre blieb die Lade in Kirjat-Jearim.

Moses und der heilige Bund mit Gott

Moses gab den Auftrag für den Bau der Bundeslade. Laut Überlieferung gehörte er dem Stamm Levi an, wurde in der Zeit um 1225 v. Chr. als Neugeborener ausgesetzt, von einer Tochter des Pharao gerettet und in der Weisheit der Ägypter erzogen. Moses gilt als der Schöpfer der Jahwereligion – des „Bundes" zwischen Gott und dem Volk Israel.

Am Berg Sinai offenbarte Jahwe dem Alten Testament zufolge Moses die 10 Gebote und beauftragte ihn, sein Volk aus Ägypten zu befreien. Der Wüstenzug dauerte 40 entbehrungsreiche Jahre, bis Moses das Land östlich des Jordan eroberte. Er starb auf dem Berg Nebo.

Moses mit der Tafel der Zehn Gebote. (Ölgemälde um 1600, Künstler unbekannt)

Der Felsendom im heiligen Jerusalem

Einer Legende nach soll die Bundeslade unter dem Felsendom versteckt sein. Juden und Moslems wehren sich aber gegen Grabungen an dieser heiligen Stätte.

Aber doch nur vorläufig, denn König David (um 1000–960 v. Chr.) brachte den heiligen Schrein auf einem Ochsenkarren nach Jerusalem. Die Tiere brachen aus, die Lade drohte vom Wagen zu fallen, und ein Mann namens Usa sprang hinzu, um sie zu retten. Sein Einsatz wurde ihm aber nicht gedankt. Ganz im Gegenteil: Usa fiel tot zu Boden, als er die Lade berührte.

Die Schatulle mit Gottes Gesetzen war wohl nicht ganz ungefährlich. Davids Sohn Salomon baut um 900 v. Chr. einen Tempel und schloss sie vorsichtshalber ein. Niemand mehr durfte sie sehen, ausgenommen der Hohepriester. Und der trat nur einmal im Jahr zum Allerheiligsten, umgeben von einer dichten Wolke aus Weihrauch.

Spannende Suche

Im Alten Testament wird die Bundeslade über 200-mal erwähnt. Als die Babylonier 587 v. Chr. unter König Nebukadnezar den Tempel in Jerusalem zerstörten und sämtliche Reichtümer raubten, rissen die Berichte über den kostbaren Schatz jäh ab. Warum, hat kein Bibelforscher der Welt je plausibel erklären können. So zählt der Verbleib der Bundeslade zu den größten Geheimnissen der Religionsgeschichte.

Eine spannende Suche hat begonnen. Religionsforscher haben Grund zu der Annahme, dass die Gesetzeslade in einem Versteck liegt. Aber wo? Es kommen mehrere Orte in Betracht:

Der Berg Nebo in Jordanien – „diese Stätte soll kein Mensch kennen, bis Gott sein Volk wieder zusammenbringen und ihm gnädig sein wird", heißt es im 2. Buch der Makkabäer. Es wird berichtet, dass der Prophet Jeremia Bundeslade und Stiftshütte in einer Höhle am Berg Nebo versteckte. In den 1920er-Jahren fand der Amerikaner Frederik Futterer tatsächlich einen Geheimgang. Ein Block am hinteren Ende soll die Aufschrift getragen haben: Hierin liegt die Goldene Bundeslade. Leider stellte sich dies als Flop heraus, denn als der Abenteurer den Beweis antreten sollte, war von der Inschrift nichts mehr zu sehen – geschweige denn von der Lade.

Ein zweiter Forschungsgang, diesmal in den 1980er-Jahren von Tom Crotser, brachte genauso wenig Licht ins Dunkel. Angeblich fand er zwar die Lade, brachte aber statt des Schatzes nur Fotos von ihr ans Licht. Nach Meinung seriöser Forscher handelt es sich bei dem Motiv um ein modernes Produkt mit maschinell aufgebrachtem Dekor.

Eine heiße Spur führt zum Tempelberg von Jerusalem – orthodoxe Juden sind überzeugt, dass die Lade unter dem Felsendom des Tempelbergs zu suchen ist. An der Stelle des zerstörten Tempels soll das Volk Israel sein Heiligtum sicher vor Feinden versteckt haben – in unterirdischen Gängen. Der Talmud berichtet, dass sowohl König Salomon als auch König Josia die bevorstehende Zerstörung durch die Babylonier vorausgesagt haben: Josia verbarg die Bundeslade und alles, was dazugehörte, der Ort ist jedoch in Vergessenheit geraten. Juden und Moslems wehren sich aber dagegen, die heilige Stätte zu entweihen – die Forschungen wurden eingestellt!

Göttliche Eingebung?

Als weiteres Versteck kommt der Ort der Kreuzigung Jesu in Betracht. Und hierbei handelt es sich um die wohl unglaublichste Geschichte von allen: Der Hobby-Archäologe Ron Wyatt unternahm 1978 einen Spaziergang durch

Jerusalem. Er sprach mit Einheimischen, als ihm plötzlich die Worte entfuhren: „Da ist das Grab Jeremias und die Bundeslade ist darin.“ Wyatt war überzeugt, dass Gott ihm diesen Satz eingegeben hatte. Zusammen mit seinen Söhnen begann er mit Ausgrabungen vor Ort. 1982 fanden sie schließlich einen schmalen Höhleneingang. Wyatt ist überzeugt davon, dass hier einmal die Bundeslade gebunkert worden ist.

Das Mysteriöse daran: Wyatt barg weder die Lade noch legte er stichhaltige Beweise vor – und verschiebt immer wieder den Zeitpunkt der Offenlegung.

Keine Beweise

In einer Höhle bei Qumran am Toten Meer entdeckte man in den 1950er-Jahren zahlreiche Steinkrüge mit Schriftrollen, in Höhle Nummer 3 sogar eine Kupferrolle – nach Meinung von Wissenschaftlern eine Fälschung aus der Antike. Trotzdem wurde die Kupferrolle aufwändig restauriert, dann übersetzt. Experten tippen auf eine Art Schatzkarte, auf der die Verstecke unterschiedlicher Kostbarkeiten verzeichnet sind – angeblich wurden bereits einige von ihnen mithilfe der Kupferrolle gefunden. Brisant: In der Tat beschreibt sie, wo sich ein Teil des Tempelschatzes des zweiten Tempels befindet. Jedoch gehörte die Bundeslade nicht unbedingt dazu.

Eine andere Spur führt zum Lemba-Stamm in Zimbabwe. Einheimischer Überlieferung zufolge wurde die steinerne Anlage Zimbabwes von den Ahnen des Lemba-Stammes errichtet – und die Lemba halten sich bis heute für einen verlorenen Stamm Israels.

Noch gegen Ende des 19. Jh. sichtete der schwedische Forschungsreisende Harald van Sikard das Ngoma Lugundru, das Hauptheiligtum der Lemba. Aussehen und Maße glichen der Bundeslade, es wurde wie sie bei Schlachten vorangetragen und durfte ebenfalls nie den Boden berühren. Heute ist auch das Ngoma Lugundru verschollen.

Nur eine Legende

Zu erwähnen bleibt noch die St.-Maria-Zion-Kapelle von Axum in Äthiopien. Graham Hancock, Ostafrika-Korrespondent des englischen Magazins *The Economist*, stieß 1983 bei den Recherchen für ein Reisebuch über Äthiopien auf die interessanteste aller Spuren: Die Bundeslade, so hörte er in Axum, sei keineswegs verschwunden. Wie jeder Äthiopier wisse, sei sie zu Zeiten König Salomons nach Axum gekommen und werde dort seit 1600 Jahren in der Kapelle der heiligen Maria von Zion aufbewahrt. Zu schön, um wahr zu sein, denn es ist eine Legende. Und die hat einen Haken: Salomon regierte von 1000–960 v. Chr., also bereits 1300 Jahre früher!

Das Geheimnis der Schriftrollen von Qumran

1952 entdeckte man in Höhlen in Qumran am Toten Meer Schriftrollen mit Texten aus dem Alten Testament, die auch eine Liste mit versteckten Schätzen enthalten.

Als Nordafrika noch die Kornkammer Roms war

Noch nach Christi Geburt lieferte die südliche Mittelmeerküste den größten Teil aller Lebensmittel für das römische Imperium. Heute noch erinnern gigantische Ruinen an den einstigen Reichtum.

Tief lagen die römischen Handelsschiffe im Hafen von Karthago. Amphoren voller Olivenöl oder Wein und schwere Säcke mit Getreide wurden an Bord gebracht. Der strenge Geruch von Garum, einer öligen Fischsauce, die in den römischen Küchen schon sehnlichst erwartet wurde, lag in der heißen Luft. Äußerst penibel prüften die kaiserlichen Beamten die an Bord gehende Ladung. Geschäftigkeit und eine gewisse Spannung lagen über dem Hafen. Würde der Wind auffrischen? Würde er möglichst auf Westen oder vielleicht sogar auf Südwest oder Süd drehen? Denn die Schiffe sollten so schnell wie möglich auslaufen, und das Ziel lag im Norden – Rom wartete auf Brot.

Weniger Erträge als vor 2000 Jahren

Auch heute noch steht die Landwirtschaft am Nordrand Afrikas im Vordergrund, aber sie bringt nicht mehr die Erträge wie vor 2000 Jahren.

Brot gab es im alten Rom umsonst, zumindest seit dem 3. Jh. nach Christi Geburt. Vorher war in der Hauptstadt der Welt nur Getreide kostenlos verteilt worden. Auch Schweinefleisch schenkten die römischen Kaiser seit Aurelian (214–275 n. Chr.) den schnell rebellisch protestierenden Verbrauchern der Stadt; nicht den Bruchteil einer Sesterze mussten sie dafür bezahlen. Auch das Olivenöl floss umsonst. Wein dagegen kostete eine Kleinigkeit, er wurde nur auf etwa drei Viertel des tatsächlichen Weltmarktpreises heruntersubventioniert, wie wir heute sagen würden.

Hannibal und Cato

Wer Rom und Karthago hört, denkt an die drei Punischen Kriege, an Hannibal und an Cato, der seine Reden angeblich immer mit dem Ausspruch zu beschließen pflegte: „Ceterum censeo Carthaginem esse delendam … und im Übrigen bin ich der Meinung, dass Karthago zerstört werden muss.“ Drei Jahre nach Catos Tod, 146 v. Chr., wurde Karthago, der mächtigste Rivale Roms am Mittelmeer, tatsächlich besiegt und dem Erdboden gleichgemacht. In die Ackerfurchen der Felder streute man Salz, nie mehr sollte Karthago wiedererstehen, nie mehr ein Feldherr wie Hannibal die Römer in Angst und Schrecken versetzen.

Gott sei Dank wandelten sich die Zeiten. Kaiser Augustus ließ den Fluch der Vorfahren aufheben und Karthago neu besiedeln. Die Stadt erhielt das römische Bürgerrecht und stieg zu einer der schillerndsten Metropolen des Reiches auf – als Felix Carthago, die Reiche, die Glückliche, wie sie auf Münzen heißt.

Wasser aus den Bergen

Die auf die Zeitenwende folgende Epoche des Friedens ließ nicht nur Karthago, sondern das ganze Umland, die ganze *Provincia Africa*, aufblühen – den tausende Kilometer langen Küstenstreifen vom heutigen Marokko bis nach Ägypten, also fast die komplette südliche Mittelmeerküste.

Zu den Brunnen und Zisternen aus der punischen Zeit gesellten sich nun die römischen Aquädukte. Über eine Länge von 124 km wurde unter Kaiser Hadrian eine Wasserleitung für Karthago gebaut, die das kostbare Nass aus den Bergen herbeiführte. Zum Teil unterirdisch, teils auf bis zu 40 m hohen Bögen strömte das Wasser in die Zisternen, die man heute noch bei dem Ort La Malga besichtigen kann – eine riesige Anlage mit ausgetüftelten Wasserverteilern und einem Netz von Leitungen.

Auch für die Thermen, die in keiner römischen Stadt fehlen durften, stand natürlich genügend Wasser zur Verfügung. Und ebenso für die Landwirtschaft, die durch intensive Pflege und Bewässerung über eine weitaus größere Fläche verfügte als in heutiger Zeit.

Friedliche Nachbarn

Nordafrika war die Kornkammer des Reiches und wurde zu einer der glücklichsten Provinzen, weil an ihren Grenzen keine kriegerischen Nachbarvölker lebten und sie wegen ihrer Abgelegenheit nicht in die Bürgerkriege des Reiches hineingezogen wurde. Die großen Begebenheiten der Weltgeschichte spielten sich woanders ab, daher konnte die Provinz zu großem Wohlstand gelangen. Zum Schutz reichte eine Legion

Olivenernte früher

Olivenernte im 2. Jh. n. Chr. Ausschnitt aus einem Fußbodenmosaik in Justiniapolis (heute La Chebba, Tunesien). Olivenöl stellte ein Hauptausfuhrprodukt dar.

im Auresgebirge bei Lambaesis und eine 1200 Mann starke Kohorte bei Karthago, dem wichtigsten Hafen.

Zwischen den Hafenstädten und den Städten des Hinterlandes entstand ein dichtes Straßennetz, auf dem die landwirtschaftlichen Produkte und die mit Karawanen durch die Sahara kommenden Waren aus dem Innern Afrikas zu den Häfen transportiert wurden. Heute noch finden sich Reste römischen Landbaus wie Dämme, Gräben und Zisternen, Ölmühlen und Ölpressen.

Lateinische Wortfetzen erfüllten die Luft, denn die offizielle Sprache in den afrikanischen Provinzen war bereits Latein. Auch die römische Religion wurde teilweise übernommen, während die Landbevölkerung weiterhin Punisch sprach und die Gottheiten Baal und Tanit anbetete.

Die Küstenstädte gelangten zwar durch den Getreide- und Transsaharahandel zu Reichtum, doch sie lebten zunehmend über ihre Verhältnisse. Und auch damals schon wurde Raubbau an der Natur betrieben.

Holz und Tiere für Rom

Aus dem Holz des Zitrusbaums, einer Koniferenart, fertigte man Tischplatten, und in Rom war es Mode, solche Tischplatten zu besitzen. Je schöner die Maserung des Holzes, desto teurer diese Liebhaberstücke. Dem Philosophen Seneca machte man zum Vorwurf, zwar das einfache Leben zu predigen, aber gleichzeitig eine der größten Sammlungen dieser Tische zu besitzen.

Keine „Tropenholzverordnung“ bewahrte die Zitrusbäume vor der Vernichtung, und genauso erging es vielen einheimischen Tierarten. Löwen, Leoparden, Elefanten, Nashörner, Giraffen, Gazellen und Strauße wurden in Massen gefangen und nach Rom in die Amphitheater verschifft, wo sie gegen Gladiatoren und Verbrecher kämpfen sollten und hingemetzelt wurden. Für die einheimische Bevölkerung war der Tierfang ein einträgliches Geschäft. Mosaiken zeigen, wie die Tiere von Jägern in die Transportkäfige getrieben wurden.

Aber auch in der Bevölkerung Nordafrikas war die Begeisterung für die blutigen römischen Zirkusspiele groß. In den meisten Städten entstanden Amphitheater, das imposanteste davon befand sich im tunesischen El Djem und bot Platz für 50 000 Zuschauer.

Die Bildung stand in hoher Blüte, viele Dichter kamen aus *Africa*. Und

einer stieg sogar zu allerhöchsten Würden auf: Septimius Severus. In Rom erinnert ein Triumphbogen an den Kaiser, im Wüstensand eine ganze Stadt: Leptis Magna in Libyen, etwa 120 km östlich von Tripolis. Hier wurde Septimius Severus 146 n. Chr. geboren. Über die juristische Laufbahn gelangte er in die Staatsämter Roms, wurde Konsul, Statthalter und Heerführer. Auf seine Soldaten gestützt, gelang ihm der Griff zur Macht.

Seine Heimatstadt machte er zum Rom Afrikas. Die prächtig ausgestattete Thermenanlage von Leptis Magna diente möglicherweise als Vorbild für die riesigen Caracalla-Thermen in Rom, die der Sohn von Septimius Severus später errichtete. Ein großes Theater mit Blick aufs Meer, ein Forum sowie eine 90 m lange und 40 m breite Basilika lassen noch heute die Touristen staunen.

Christen in Afrika

Die Basilika verdankt ihren heutigen guten Erhaltungszustand aber nicht nur den trockenen Wüstenwinden. Sie wurde schon früh in eine christliche Kirche umgewandelt, denn schon recht schnell zog damals in die Römerstädte Afrikas der neue Glaube ein. Theodor Mommsen schrieb in seiner „Römischen Geschichte“: „In der Entwicklung des Christentums spielt Afrika geradezu die erste Rolle; wenn sich dieses auch in Syrien herausgebildet hat, so ist es in und durch Afrika Weltreligion geworden.“

Dafür haben in der Arena von Karthago viele Christen als Blutzeugen für ihren Glauben ihr Leben gelassen. Die Märtyrerakten künden vom heldenhaften Auftreten einer Perpetua und einer Felicitas und vom unerschütterlichen Zusammenhalt der Gläubigen.

Der Niedergang des Paradieses in Nordafrika war aber nicht aufzuhalten, eine erhebliche Klimaverschlechterung im 3. und 4. Jh. n. Chr. und der Raubbau an der Natur forderten ihren Tribut, die Erträge der Landwirtschaft gingen zurück und der Handel schlief ein.

Bei der Teilung des römischen Weltreichs kam Tripolitanien 395 zu Westrom, die Cyrenaika zu Byzanz (Ostrom). Arabische Heere überrannten das Gebiet, Berberfürsten übernahmen die Macht, es folgten Normannen, Türken und europäische Kolonialmächte. Rom ist nur noch eine Erinnerung an eine schönere Zeit.

Basilika von Leptis Magna

Die riesige Basilika war 90 m lang und 40 m breit. Heute heißt Leptis Magna Lebda und liegt in Libyen. Kaiser Septimius Severus hatte aus seiner Heimatstadt das afrikanische Rom gemacht.

Das Wasser wird knapper

Bereits heute kann die Nahrungsmittelproduktion in Nordafrika nicht mit dem wachsenden Bedarf der Bevölkerung Schritt halten. Nach Angaben der Ernährungs- und Landwirtschaftsorganisation der Vereinten Nationen (FAO) wendet die Region heute dreimal mehr Geld für Nahrungsmittelimporte auf, als sie Güter exportiert. Von 26 Ländern, in denen bereits heute Wasserknappheit herrscht, liegen 13 im Nahen Osten und Nordafrika. Etwa 70 % der landwirtschaftlichen Nutzfläche in den Nahostregionen und Nordafrika sind trocken oder halbtrocken.

80 % des verfügbaren Süßwassers werden für die landwirtschaftliche Produktion verwendet. Seit 1960 hat sich die bewässerte Fläche in der Region zwar nahezu verdoppelt, von 60 000 km² auf heute 120 000 km², verschärft wird die Situation aber durch das Bevölkerungswachstum. Algerien beispielsweise hat eine der höchsten Geburtenraten der Welt.

Die Römer entwickelten ausgeklügelte Bewässerungssysteme, zu denen kilometerlange Aquädukte gehörten.

Herodes und der Mord von Bethlehem

Wiedersprüchliche Zeitangaben, unvollständig belegbare Ereignisse – hat der Evangelist Matthäus eine Legende erfunden?

Als ob Zeitungen und Zeitschriften nicht schon voll genug wären von Mord und Totschlag: Jedes Jahr, meist um die Weihnachtszeit, erinnern sie aufs Neue an einen besonders erschütternden, ekelerregenden und grausamen Fall von Kindstötung. Auch in Kirchen und Schulen wird das Delikt verlesen, das als eines der größten Verbrechen der Weltgeschichte gilt.

Die Aufzeichnungen des Tathergangs handeln von dem herrschsüchtigen, geisteskranken König Herodes, der vor 2000 Jahren in dem kleinen Ort Bethlehem sämtliche Jungen unter zwei Jahren ermorden ließ. Die Sache ist eigentlich eindeutig: Mord an kleinen Kindern, dazu noch aus niedrigen Motiven wie Eifersucht und Konkurrenzneid – für solch einen Unmenschen ha-

Das Kinder-Massaker als Objekt der Kunst

Der Bethlehemitische Kindermord *(Lodovico Mazzolino, 1480–1528)* *hängt in den Uffizien von Florenz.*

ben wir nichts als Abscheu übrig. Und fühlen uns im Recht.

Aber merkwürdig: Während üblicherweise in solchen Fällen der Täter aufgrund von Spurensicherung und Pathologie, Beweisaufnahme und Zeugenaussagen überführt und verurteilt wird, verdammen wir den Kindermörder Herodes gänzlich ohne gesicherte Beweise. Wir stützten uns bisher lediglich auf die Ausführungen eines einzigen Mannes, und zwar die des Evangelisten Matthäus. Nicht, dass er von dem Gemetzel auch nur irgendetwas gesehen hätte – nicht einmal gehört hat er davon. Zur angeblichen Tatzeit war er selbst noch ein kleiner Junge und zudem kilometerweit vom vermuteten Tatort entfernt. Trotzdem behauptet – und zwar 80 Jahre nach dem Mord – dieser Matthäus: „Ich weiß, wer die Kinder von Bethlehem umgebracht hat."

Bisher glaubten wir diesem exklusiven Informanten und schauderten bereits, wenn wir nur den Namen des herzlosen Mörders lasen: Herodes. Aber es kommen Zweifel auf: Hinweise scheinen den mutmaßlichen Täter posthum zu entlasten. Historiker entwerfen ein neues Bild von einem politisch geschickt taktierenden Herrscher.

Drei Weise bei Herodes

Bisheriger Stand der Erkenntnisse: Ungefähr um die Zeitenwende erreichen drei Weise aus dem Morgenland Jerusalem und klopfen an das Palasttor von Herodes dem Großen, König der Juden. Die drei haben von der Geburt eines neuen Königs der Juden gehört. Sie möchten dem Nachfolger Geschenke bringen und ihm huldigen. Herodes zeigt sich überrascht. Er weiß angeblich nichts von einem neuen König und erkundigt sich bei seinen Hohepriestern und Schriftgelehrten.

Von ihrer Antwort ist der amtierende König erschreckt: Laut einem Hinweis in der Schrift des Propheten werde aus Bethlehem ein Fürst hervorgehen, als Hirte für das Volk Israel. Herodes schickt die Weisen dorthin und bittet sie, auf dem Rückweg zu berichten. Er gibt an, dann selbst hingehen und dem neuen König huldigen zu wollen.

Ein Engel warnt

Die drei Weisen ziehen nach Bethlehem, wo sie das Neugeborene mit Namen Jesus sowie seine Eltern Maria und Josef finden. Nachdem die Geschenke überreicht sind, machen sich die Weisen wieder auf die Rückreise. Dabei meiden sie die Route über Jerusalem – ein Traum hält sie davon ab. Zeitgleich warnt ein Engel den Vater des Säuglings vor Herodes; daraufhin flieht er mit seiner Familie nach Ägypten.

Der vermutete Tathergang stellt sich wie folgt dar: Herodes fühlt sich von den drei Weisen hintergangen und lässt daraufhin in Bethlehem und Umgebung sämtliche Knaben bis zum zweiten Lebensjahr töten (der 28. Dezember wird heute in der katholischen Kirche als „Tag der unschuldigen Kinder" begangen). Angenommenes Motiv für den Kindermord von Bethlehem: Rivalität und Machtanspruch.

Belastungszeuge 1: Ein Zeitgenosse von Herodes, der jüdische Chronist Flavius Josephus. Er bezeichnet den jüdischen König als eiskalten Karrieristen, der jeden potenziellen Konkurrenten aus dem Weg räumen lässt. Er würde ihm auch Kindermord zutrauen.

Matthäus als Zeuge

Belastungszeuge 2: Ein Zeitgenosse Jesu, der Evangelist Matthäus – nicht verwandt oder verschwägert mit dem gleichnamigen Apostel. Familienstand: ledig.

Täterprofil: Herodes der Große, auch Herodes der Ältere genannt, stammt aus altjüdischem Geschlecht. Er ist Idumäer, Angehöriger eines Stammes, der von den Juden zwangsbekehrt, aber nie als

Falschaussage, um Gottes Sohn aufzuwerten

Nach neuesten Erkenntnissen gelten die Passagen über Herodes' Gräueltaten in Bethlehem als zweifelhaft. Matthäus könnte sogar wissentlich die Unwahrheit gesagt haben. Motiv: Gefälligkeit. Gerichtspsychologen erleben häufig, dass Zeugen einem völlig Unbeteiligten etwas anhängen wollen, um eine andere Person aufzuwerten und sie mit dem Mysterium des Besonderen zu erhöhen. Matthäus wollte Jesus als einen besonderen Menschen erscheinen lassen – als einen, der unter Gottes persönlichem Schutz steht. Deshalb behauptete der Evangelist, Jesus sei diesem Massaker durch das unmittelbare Eingreifen Gottes entgangen.

Dass er dieses Massaker dazu erst erfinden musste und damit Herodes schwer belastete, nahm er in Kauf – zumal dieser ohnehin einen schlechten Ruf hatte. Man sollte Matthäus als Zeugen der Anklage allerdings zugute halten, dass er sich in seiner edlen Absicht nicht anders zu helfen wusste.

Der Evangelist Matthäus wollte mit seiner Geschichte vom Kindermord wahrscheinlich Jesus bedeutsamer erscheinen lassen.

gleichberechtigt anerkannt wurde. Angeblich stammen die Idumäer oder Edomiten von Esau ab, der sein Erstgeburtsrecht für ein Linsengericht an Jakob verkaufte, der sich Israel nannte.

Herodes wird vom römischen Kaiser zum König von Galiläa und Judäa eingesetzt, regiert von 37–4 v. Chr. und gilt als fähiger Regent, der seinem Land zu Frieden und Reichtum verhilft.

Unbeliebt und paranoid

Dennoch ist er beim Volk aufgrund seines strikten, Rom hörigen Regiments unbeliebt. Im Alter von 25 Jahren lässt er Widerstandskämpfer hinrichten, später den 70-jährigen Hohepriester und Großvater seiner zweiten Ehefrau und ihre Mutter, diese selbst und nach und nach sämtliche seiner eigenen Söhne aus erster und zweiter Ehe. Zur Zeit der ihm angelasteten Tat ist Herodes verwitwet, Zeitzeugen beschreiben ihn als gefühlskalt, paranoid und depressiv.

Dokumente aus der Regierungszeit Herodes' beweisen allerdings, dass Herodes keineswegs an Verfolgungswahn litt. Er wurde tatsächlich verfolgt.

Verschwörungspläne

Herodes hat sowohl seine zweite Ehefrau als auch seine Söhne vor ein ordentliches Gericht gestellt. Diese neutrale Instanz bestätigte nach juristisch einwandfreiem Prozess: Der Großvater, die zweite Schwiegermutter sowie die Söhne hegten Verschwörungspläne und setzten Killer auf den König an. Schon als er erst 20 war, versuchte man, ihn umzubringen.

Nicht bewiesen werden konnte lediglich, ob Herodes einer Liaison seiner zweiten Frau Marianne mit einem Festungskommandanten im Weg stand und sie möglicherweise die Absicht hatte, ihren Ehemann mit Gift zu beseitigen. Herodes' Familie wurde wohl nicht Opfer machtlüsterner Willkür, sondern von einem Gericht verurteilt.

Beweismittel Evangelium

Als Beweismittel für den Kindermord dient ein Enthüllungsbuch mit dem Titel Matthäus-Evangelium. Verfasser: der Hauptzeuge des Verfahrens, Matthäus. Das Buch ist die einzige überlieferte Quelle für die Tat. Der Verfasser legt sie allerdings erst 50 Jahre nach Jesu Tod vor. Nimmt man an, dass Jesus mit 30 Jahren starb, erscheint das Beweismittel also erst 80 Jahre nach der Tat.

Das Buch selbst besteht zu weiten Teilen aus dem Werk eines früheren

Evangelisten: Markus. Matthäus übernimmt weite Teile des Markus-Evangeliums und erweitert es unter anderem um einen Stammbaum Jesu.

Die gleiche Quelle

Das Markus-Evangelium gilt heute nach der so genannten Zweiquellentheorie auch als wichtigste Grundlage für ein weiteres Evangelium, das des Evangelisten Lukas, der ebenfalls einige Geschichten ergänzt hat – unter anderem die Weihnachtsgeschichte. Beide, Matthäus und Lukas griffen beim Verfassen wahrscheinlich auf eine weitere gemeinsame Quelle zurück, die allerdings nicht überliefert ist und auf weitere Überlieferungen, die sich nicht im jeweils anderen Text finden.

Experten gehen davon aus, dass das Matthäus-Evangelium mit dem Stammbaum Jesu an den Anfang gestellt wurde, damit die Lebensgeschichte Jesu vollständiger wirkt. Außerdem wird dadurch die Abstammung Jesu von König David dokumentiert.

Herodes wird entlastet

Als Entlastungszeugen für Herodes könnte man mit den anderen Evangelisten weitere Zeitzeugen anführen. Warum erwähnen sie in ihren Evangelien das Massaker von Bethlehem mit keiner einzigen Silbe?

Unklarheit besteht auch über die angebliche Tatzeit. Herodes starb nachweislich 4 Jahre vor der Zeitenwende, eventuell auch früher. Genaue, historisch sicher belegbare Informationen über das Geburtsjahr Jesu gibt es praktisch nicht. Nur wenn die Geburt Jesu deutlich vor der Zeitenwende stattgefunden hat, kommt Herodes also als Täter in Frage.

Und die in der Bibel im Lukas-Evangelium erwähnte Volkszählung ist in außerchristlichen Quellen nicht bekannt. Sollte es trotzdem wahr sein, dass der Statthalter Quirinius die Zählung angeordnet hat, ergibt sich ein weiters Problem: Seine Regentschaft begann nach der aktuellen Quellenlage erst 10 Jahre nach dem Tod des Herodes, also im Jahre 6 der heutigen Zeitrechnung. Dann könnte Herodes als Täter gar nicht infrage kommen.

Dass in jener Zeit allerdings eine schier unvorstellbare Tat geschehen sein muss, steht fest. Skelette rund 100 überwiegend männlicher Säuglinge sind bei Ausgrabungen in Askalon gefunden worden. Zeugnisse einer Kindstötung im großen Stil. Ein Zusammenhang mit der Geschichte von Matthäus lässt sich allerdings nicht herstellen.

Die Beweislage gegen Herodes als Kindermörder, der es auf Jesus abgesehen hat, ist denkbar schlecht. Nach modernen Rechtsprinzipien kann ihm die Gräueltat von Bethlehem nicht zur Last gelegt werden. Zu viele Widersprüche können nicht geklärt werden. Heute gilt: Im Zweifel für den Angeklagten – aus Mangel an Beweisen ist Herodes vom Mordvorwurf freizusprechen. Ändert dies aber etwas am Geheimnis der Person Jesu?

Flucht nach Ägypten

Jesus flieht mit seiner Familie vor den Häschern (Holzflügel aus dem Kloster Mondsee, 1482).

Erleuchtung tut auch dem Westen gut

Buddhas Religion zieht immer mehr Menschen in ihren Bann – vor allem in den westlichen Ländern erlebt die Faszination der Meditation und des inneren Friedens einen immensen Zulauf.

Im Oktober 2002 fand im österreichischen Graz eine Zeremonie des tibetanischen Buddhismus unter der Leitung des XIV. Dalai Lama: Das Kalachakra für den Weltfrieden. Etwa 15 000 Menschen aus aller Welt wohnten dem Ritual vor Ort bei.

Die Faszination des Buddhismus scheint auch in der westlichen Welt immer mehr Menschen anzuziehen – u. a. bekennen sich so prominentePersonen wie der Schauspieler Richard Gere zum Buddhismus.

Tempel aus Sand

Sieben kahl geschorene Mönche in orange-gelben Gewändern streuen bunten Sand auf den Fußboden der Grazer Messehalle. Der Dalai Lama höchstpersönlich gab das Muster vor: den 3 × 3 m großen Grundriss des Palasts der Gottheit Kalachakra.

Der Sand-Tempel soll das Sein symbolisieren, das Denken und den Körper. Gedankliche Reisen durch dieses imaginäre Gebäude helfen nach der Vorstellung der Buddha-Anhänger, die äußere und die innere Welt in friedlichen Einklang zu bringen.

Eine Pagode ganz in Gold

Höchstes buddhistisches Heiligtum Birmas ist die mit Gold überzogene, 112 m hohe Shwe-Dagon-Pagode in Rangun, deren Vorgängerbau schon im Jahr 588 v. Chr. errichtet worden sein soll.

Das Ritual dauert mehrere Tage, bis die Gläubigen den Palast in ihrem Gedächtnis verinnerlicht haben. Dann wird das Meditationsbild, für Buddhisten ein Mandala, wieder aufgelöst. Die Mönche leeren den geweihten Sand zur Segnung der Umgebung in den nahe gelegenen Fluss, die Mur. Auf diese Weise möchten sie mit dem Lauf des Wassers die ganze Welt an der positiven Energie teilhaben lassen.

TIEFE HARMONIE

Kaum jemand, den die Szenen nicht berührt hätten, schließlich sehnen wir uns alle nach Frieden in der Welt. Buddhistische Rituale wie dieses nehmen die Menschen magisch gefangen. Liegt es an der Mischung aus heiterer Farbenpracht, fröhlichen Menschen und tiefer Harmonie? Zieht uns das wundersame innere Leuchten des XIV. Dalai Lama so in den Bann, die Faszination des charismatischen Leiters der tibetanischen Buddhisten? Oder birgt der Buddhismus vielleicht noch ein anderes, tieferes Geheimnis?

Nach Meinung von Kulturkritikern werden die Menschen im Westen den Buddhismus, diese spezielle Art fernöstlichen Lebens und Denkens, Fühlens und Glaubens, niemals ganz verstehen. Weil sie gewohnt sind, rational und analytisch zu denken. Das Wesen des Buddhismus erschließt sich aber nur der Seele. Das klingt rätselhaft und ist es auch. Mag sein, dass die Kritiker Recht haben. Trotzdem wollen wir versuchen, der Faszination des Buddhismus ein wenig auf die Spur zu kommen.

URSPRUNG IN INDIEN

Der Buddhismus hat seinen Ursprung im 6. Jh. v. Chr. und ist untrennbar verbunden mit Siddharta Gautama, dem Sohn eines Adligen. Er wurde Überlieferungen zufolge um 560 v. Chr. im indischen Kapilavastu geboren, einem Ort in der Nähe der nepalesischen Grenze. Siddharta wächst sorglos auf in Saus und Braus, wie es einem Prinzen gebührt, und heiratet als 16-Jähriger seine Cousine Yashodhara.

IMMER WIEDER ZWEIFEL

Doch immer wieder keimen in Siddharta Zweifel auf am Sinn des luxuriösen Hoflebens. Drei Begegnungen auf drei Ausfahrten schockieren ihn ganz gewaltig und führen ihm etwas vor Augen, was er bis dahin verdrängt hatte: Leid und Vergänglichkeit der menschlichen Existenz. Denn Siddharta trifft einen Greis, lernt einen Kranken kennen und sieht einen Toten.

Auf einer vierten Ausfahrt schließlich macht der Prinz die Bekanntschaft eines bettelarmen Mönchs. Siddharta ist zutiefst beeindruckt von dessen heiterer Gelassenheit. Ein Gespräch mit ihm, so geben historische Quellen an, weist Siddharta den Weg aus seinen Zweifeln und Depressionen: Armut und Askese – besitzlos leben, kaum essen, wenig schlafen, viel meditieren.

ABKEHR VOM REICHTUM

Im Alter von 29 Jahren kehrt der Prinz dem Hof seines Vaters den Rücken, auch seiner Frau sowie dem neugeborenen Sohn Rahula, und entsagt Glanz und Besitz. „Loslassen von Äußerlichkeiten", werden später Siddhartas Anhänger predigen, „führt zu innerem Reichtum."

Wie ein Aussteiger lässt sich Siddharta von Hindu-Priestern, den Brahmanen, sowie von Yoga-Lehrern und Asketen unterweisen. Das extreme Fasten raubt ihm beinahe die Kräfte, von einem einzigen Hirsekorn pro Tag ist die Rede. Nach sechs mühseligen Jahren widerfährt dem Suchenden etwas Einzigartiges, das sein Leben erneut

Dalai Lama

Politisches und religiöses Oberhaupt Tibets

Der Dalai Lama ist das politische und religiöse Oberhaupt des tibetischen Buddhismus. Nach der Besetzung durch die Chinesen floh er aus der Hauptstadt Lhasa nach Indien ins Exil. Der Dalai Lama wurde als Tenzin Gyatso 1935 geboren und 1940 inthronisiert. Der Dalai Lama gilt als Inkarnation von Bodhisattva Avalokiteshvara, des Schutzpatrons Tibets, und als Reinkarnation des vorherigen Dalai Lamas, der sich in einem Kind an bestimmten körperlichen Merkmalen offenbart.

völlig umkrempelt: Während einer Meditation unter dem Bodhi-Baum, einer Feigenart, erlebt er eine „Erleuchtung". Siddharta trägt nun den Titel „Erleuchteter" – Buddha.

Sinn des Lebens

Buddha ernährt sich wieder normal und lehrt fortan den Weg aus irdischem Leid ins Nirwana, einen Zustand vollkommenen Friedens. Das klingt sehr feierlich und religiös, aber eigentlich erzählt Buddha nichts anderes als seine Suche nach dem Sinn des Lebens und die Erlösung seiner kranken Seele.

Diese Erlösung erreicht, lehrt Buddha, wer Balance hält zwischen ausschweifendem Leben und strenger Enthaltsamkeit. Hilfreich dabei sei die Erkenntnis einiger Grundwahrheiten („Die Vier Edlen Wahrheiten") sowie das Streben, bestimmte Prinzipien einzuhalten („Der Achtfache Pfad"). Buddhas Vier Edle

Buddhismus zum Kennenlernen

Eines der buddhistischen Zentren Europas liegt bei Peyzac le Moustier in der Dordogne in Frankreich und heißt Dagpo Kagyü Ling.

Universum aus Sand

Der Ritualvorgang des Kalachakra dauert 13 Tage, in denen das Rad der Zeit aus farbigem Sand geschaffen und zum Schluss zerstört und einem Fluss übergeben wird.

Wahrheiten sprechen vom Leid, seinen Ursachen und der Überwindung:
Leid ist das Verbundensein an die fünf Objekte des Ergreifens: Geburt, Alter, Krankheit, Tod und Liebe.
Leid entsteht durch Durst – nach Lust, Werden und Dasein sowie nach Vergänglichkeit.
Der Durst lässt sich aufheben durch restlose Vernichtung des Begehrens.
Der Weg zur Aufhebung des Leidens ist der Achtfache Pfad.

Der Achtfache Pfad

Als Achtfachen Pfad empfiehlt Buddha:
Die Leidensursache erkennen und überwinden.
Den Geist reinigen von allen negativen Gedanken und Taten.
Lüge, Verleumdung und nutzloses Gerede vermeiden.
Handlungen vermeiden, die gegen die fünf Verhaltensregeln verstoßen – diese wiederum lauten: nicht töten und nichts nehmen, was einem nicht gegeben ist, keinen unrechten Sinneslüsten nachgehen und nicht lügen sowie keine berauschenden Getränke genießen.
Berufe vermeiden, durch die eine der fünf Verhaltensregeln gebrochen wird.
Heilsame Gemütsregungen fördern, unheilsame vermeiden.
Körper, Empfindungen und Denkobjekte kritisch beobachten.
Den Geist sammeln mit spiritueller Versenkung.

Eingehen ins Nirwana

Nach Buddhas Erkenntnis und Lehre ist es also Ziel des Menschen, alles Irdische zu überwinden und ins Nirwana einzugehen. Dabei hilft Meditation, sie macht den Kern der buddhistischen Lehre aus. Allerdings bedarf es der Hilfe eines meditationserfahrenen Lehrers, eines geeigneten Ortes (beipielsweise des Fußes eines Baumes, eines Berges oder einer Höhle) und der richtigen Tageszeit – als besonders geeignet gelten die Morgendämmerung, der Mittag oder die Zeit des Sonnenuntergangs. Auch die richtige Körperhaltung spielt eine wichtige Rolle: Man sitzt auf seinen Beinen, hält den Rücken gerade und die Augen halb geschlossen.

Das Ziel der Meditation besteht darin, das Innerste des Menschen zum Schwingen und sein Erleben auf eine höhere Ebene zu bringen – um sich selbst und den Kosmos tiefer zu verstehen, durch wachsende Erkenntnis sowie positives Verhalten das Leid zu überwinden und die Fähigkeit zu entwickeln, anderen zu helfen. „Man bekommt ein besseres Verständnis für das Leben", sagt der japanische Buddhist Masafumi Hirata. „Meditieren hat mir zu Seelenruhe verholfen. Ich erlebe keinen Stress. Ich sehe die Welt klarer, bin glücklicher und es fällt mir leichter, die Schönheit der Natur zu bewundern."

Thailändischer Waldmönch bei der Meditation in seinem Schirmzelt. Die Waldmönche wollen die Abholzung des Regenwaldes verhindern.

Eine Million Anhänger in Europa

Im Christentum ist Gott „dreieinig": Gottvater, Sohn Christus und Heiliger Geist. Für Juden ist Gott der Eine und Einzige und der Bildlose. Im Islam wiederum wird Gott als Allah bezeichnet, als die ewige Schöpfungsmacht – allen drei gemeinsam ist die Vorstellung von gott als Person.

Im Buddhismus gibt es keine personale Vorstellung von Gott, denn vom Absoluten könne man sich keine Bilder machen. Oft werden Begriffe verwendet wie „Leere" oder „Weder diesseits noch jenseits". Weil der Buddhismus ohne einen persönlichen Gott auskommt, gilt er vielfach gar nicht als Religion, sondern als eine Philosophie.

Nach neuesten Schätzungen hat der Buddhismus in Europa mittlerweile über 1 Mio. Anhänger. In Deutschland gibt es buddhistische Gemeinschaften bereits seit 1903, sie schlossen sich 1958 zur Deutschen Buddhistischen Union zusammen. Größere buddhistische Zentren mit Tempelanlagen findet man in Hamburg, Hannover, Düsseldorf und München.

Tiere, Pflanzen, Sensationen

Auch wenn sich der Mensch für die Krone der Schöpfung hält, von der Natur kann er noch viel lernen. Viele Tiere und Pflanzen sind dem Menschen weit voraus und häufig sogar überlegen. Das Enträtseln ihrer Fähigkeiten könnte unser Weltbild ins Wanken bringen.

Eines der giftigsten Tiere der Welt: die bis zu 2 m lange grüne Mamba aus Westafrika

AUCH PFLANZEN HABEN SINNE

Immer wieder stoßen Wissenschaftler auf Sensationen in unserer grünen Umwelt – da rufen Pflanzen Tiere um Hilfe oder greifen selbst zur chemischen Keule, um Feinde zu vertreiben. Was können Pflanzen noch alles?

Huckepack mit Spiegel

Der winzige Spiegel dient den Wissenschaftlern zur besseren Beobachtung der Raubwanze auf dem Weg zur befallenen Kartoffel.

Geahnt hat man ja schon immer, dass Pflanzen mehr sind als nur eine Anhäufung von Zellen. Wie sonst konnte man es sich erklären, dass manche Menschen den berühmten „grünen Daumen“ haben und bei anderen die schönsten Topfpflanzen bereits nach einer Woche die Köpfe hängen lassen?

Doch jetzt weiß man mehr – die neuesten botanischen Forschungsergebnisse lassen selbst erfahrene Wissenschaftler staunen: Pflanzen haben ein Zeitgefühl, können Farben unterscheiden und miteinander kommunizieren oder sich gegenseitig warnen; sie erkennen Bedrohungen, zittern vor Angst und beginnen sogar chemische Kriege.

In zunehmendem Maß lernen die Forscher, dass Pflanzen über ebenso viele Sinneswahrnehmungen verfügen wie der Mensch; manche behaupten sogar, Pflanzen seien intelligent. Wenn man z. B. untersucht, wie sich eine Kartoffelpflanze gegen Kartoffelkäfer wehrt, ist man geneigt, dem zuzustimmen.

Eine Pflanze ruft um Hilfe

Eine von Kartoffelkäfern befallene Kartoffelpflanze sendet Geruchsstoffe aus, die eine Raubwanze anlocken. Das Insekt kommt gerne, da diese Art Schädlinge seine Lieblingsspeise sind.

„Gewächse können nicht davonlaufen, wenn es gefährlich wird. Gerade deshalb müssen sie wesentlich genauer als Tiere darüber im Bilde sein, was um sie herum geschieht“, sagt der Pflanzenphysiologe Anthony Trewavas von der Universität Edinburgh in Schottland.

„Pflanzen können 18 verschiedene Arten von Umweltreizen wahrnehmen, von denen jeder einzelne in seiner Identität schwankt und viele sich in ihrer Wirkung gegenseitig beeinflussen“, hat der Forscher festgestellt.

PFLANZEN SIND INTELLIGENT

„Unsere grünen Mitbewohner haben jeden Lebensraum erobert. Sie verfügen über Fähigkeiten, die wir uns noch gar nicht richtig vorstellen können, sie sind lernfähig und besitzen ein Gedächtnis. Ich halte sie für intelligent“, sagt Trewavas und rüttelt damit an den Grundfesten der Biologie: Wie sollen Organismen ohne Gehirn und Nervensystem zu solchen Leistungen fähig sein?

Wie genau, das weiß noch niemand, auch nicht Anthony Trewavas – aber was die Pflanzen leisten, erscheint immer spektakulärer. Pflanzen benötigen Sonnenlicht nicht nur, um Nahrung zu verwerten, sie verwenden es auch, um Informationen zu beziehen. Aus Einfallswinkel des Lichtes und Temperatur können sie die Uhrzeit bestimmen.

Im Jahr 1755 nutzte der schwedische Naturforscher Carl von Linné dieses Phänomen, um eine Blumenuhr zu pflanzen. Er hatte in einem runden Beet Pflanzen entsprechend der Uhrzeit ihrer Blütenöffnung angeordnet, „damit man, wenn man auch bei trübem Wetter auf freiem Felde sich befindet, ebenso genau wissen könne, was die Glocke sei, als wenn man eine Uhr bei sich hätte“.

OHNE LICHT GEHT NICHTS

Um richtig zu wachsen, benötigt auch ein winziger Pflanzenkeimling Licht. In ihm sind „Augen“ angelegt, die bestimmen, in welche Richtung er wächst. Eine Arbeitsgruppe der Universität Tübingen hat die Koleoptile von Maiskeimlingen untersucht. Das ist eine durchsichtige, wenige Millimeter dicke Schutzschicht, die das erste Blatt des Keimlings umhüllt. Ihre Aufgabe besteht darin, das Blatt während der Keimung des Maiskorns unverletzt ans Tageslicht zu bringen.

In der obersten Spitze der Koleoptile liegt der Sensor; er erkennt, aus welcher Richtung das Licht einfällt, das Blatt krümmt sich dorthin. Bedeckt man die Blattspitze, reagiert das Organ nicht mehr. Der Sensor ist so lichtempfindlich, dass bereits eine Kerze ausreicht, um eine Krümmung hervorzurufen.

Eine lichtdurstige Pflanze ist zu jedem Kampf bereit, wenn ein Schatten auf sie fällt. Sie macht dann von all ihrer Kraft Gebrauch, um ihre Nachbarin zu überragen und so das Leben spendende Sonnenlicht zu erhalten. Dieses „Konkurrenzdenken" nutzen Forstleute aus: Sie pflanzen die Bäume sehr eng, um später die kräftigsten auszusortieren.

Außerdem: So hilflos, wie sie scheinen, sind Pflanzen gar nicht. Sie greifen auf kleine, oft gemeine Tricks zurück, um zu bekommen, was sie brauchen: Mit Katapulten, Luftgewehren und anderen Explosionsmechanismen schießen sie ihre Samen in die Luft. Manche Samen fliegen kilometerweit an kleinen Fallschirmen oder surren an Propellern zu Boden. Und mit Kletten oder Harpunen werden sie an Tieren sogar zum Mitreisenden.

Fliegenfalle

Raffiniert locken Pflanzen Insekten an, die ihre Pollen verbreiten sollen. Im Austausch erhalten die Insekten dafür süßen Nektar – üblicherweise. Doch manche Pflanzen halten sich nicht an die Abmachung! Besonders trickreich ist der Aronstab. Der Kolben produziert Duftstoffe, die verwestes Aas vortäuschen. Damit lockt der Aronstab Fliegen an, die dann in den glatten, ölbeschichteten Kessel der Blüte stürzen. Nach unten gerichtete Reusenhaare lassen die Fliegen zwar hinein – aber nicht wieder hinaus. Sie sind gefangen!

Während sie Hilfe suchend herumkriechen, befruchten sie die weiblichen Blüten mit den mitgebrachten Pollen. In der Nacht öffnen sich dann die männlichen Staubblüten und lassen Blütenstaub auf die Fliegen rieseln. Sind Bestäubung und Ausbreitung sichergestellt, welken die Reusenhaare. Die Fliegen sind wieder frei – bis sie auf den nächsten Aronstab hereinfallen.

Doch einige Pflanzen geben sich nicht damit zufrieden, die Insekten zur

Der Samen der geheimnisvollen Mistel gelangt durch Vogelmist auf die Bäume. Sie kann ihren Wirtsbaum umbringen.

So brutal können auch Pflanzen sein

Um ihre Samen zu verbreiten, krallt sich die Samenkapsel der Teufelskralle in die Beine von Huftieren. Die Verletzungen können sich dann entzünden und die Tiere sterben. Makaber: Neben jungen Teufelskrallen werden dann manchmal noch die Knochen des toten Verbreiters gefunden.

Mithilfe chemischer Substanzen können Pflanzen sogar Keimung, Wachstum und Entwicklung anderer Pflanzen beeinflussen und damit das Wachstum von Konkurrenten verhindern.

Schmarotzer oder Halb-Schmarotzer wie die Mistel können ihren Wirt so schädigen, dass der Befall zum Tod der Wirtspflanze führt.

Der Trick des Aronstabs

Besonders raffiniert ist der Aronstab, der Fliegen anlockt und die in den Kessel gefallenen Insekten so lange gefangen hält, bis die Bestäubung gesichert ist. Erst dann welken die Reusenhaare, die Fliegen können nach oben entweichen.

Pflanzen als Uhr

Die 70 Arten der afrikanischen Mittagsblumen öffnen ihre Blüten nur, wenn die Sonne am höchsten steht. Eine Art kommt auch rund ums Mittelmeer vor.

Befruchtung zu benutzen, sie fressen sie gleich auf. Die Pflanzen sind Fleischfresser *(Carnivoren)* und ernähren sich von lebender Beute. Am bekanntesten ist die Venusfliegenfalle *(Dionaea muscipula)*: Berührt ein Insekt die 3–4 Fühlerborsten in der wie eine Muschel aufgeklappten Falle, schnappt sie in 0,3 sek zu – schneller, als jedes Insekt reagieren kann! Eine Drüse gibt eine Mischung aus Verdauungsenzymen in die Falle ab, das Insekt stirbt.

Mit Chloroform betäubt

Charles Darwin ging davon aus, dass die Schnelligkeit der Pflanze alle Kennzeichen eines tierischen Nervenreflexes aufweist. Er gab ihr Chloroform und tatsächlich: Die Fühlerborsten verloren ihre Berührungsempfindlichkeit. Die Venusfliegenfalle war betäubt!

Auch andere Pflanzen reagieren auf Bewegungen in ihrer Umgebung: Schon ein Hauch reicht aus – etwa durch einen vorbeifahrenden Zug –, und die Mimose *(Mimosa pudica)* klappt ihre Blättchen zusammen. Danach dauert es 15–30 min, bis die Mimose sich wieder entfaltet. Durch das schnelle Zusammenklappen versucht die Mimose, ihren natürlichen Feinden zu „entkommen“: Statt leckerer Blätter findet ein hungriges Ziegenmaul dann nur noch einen nackten Stengel mit kräftigen Dornen vor. Doch bereits ein paar Tropfen Äther

Selbstschutz des Akazienbaums

Akazien wissen sich zu wehren, wenn Kuduherden zu viele ihrer Blätter abfressen. Sie verdoppeln den Tanningehalt ihrer Blätter und werden ungenießbar.

genügen, und die Mimose verliert ihre Empfindlichkeit.

Um sich gegen gefräßige Mäuler zu wehren, greifen Bäume und Sträucher jedoch auch zu drastischeren Mitteln. Wissenschaftler der Universität Marburg haben dies an Kudus in Südafrika festgestellt. Diese Antilopenart lebt hauptsächlich von den Blättern der Akazie. Und die Akazienbäume reagieren sehr schnell, wenn sie angeknabbert werden. In weniger als einer Stunde können sie den Tanningehalt ihrer Blätter verdoppeln, und die Blätter mit hohem Tanningehalt können die Kudus nicht mehr verdauen. So fand man Kudus, die mit vollem Magen verhungert waren.

Andere Pflanzen können sich gegenseitig vor gefräßigen Räubern warnen: Kartoffeln, Tomaten und Tabakpflanzen produzieren bei Schädlingsbefall gasförmiges Methyljasmonat, wodurch in den Pflanzen Enzyme entstehen, die sie unverdaulich machen. Über die Luft erreicht Methyljasmonat auch die Nachbarpflanzen, die die Enzyme dann schon bilden können, bevor die Insekten überhaupt bei ihnen ankommen.

Enzym als Abwehrstoff

Um sich gegen kleine Schädlinge wie Blattläuse, Pilze, Sporen oder Raupen und Käfer zu wehren, werden sogar im Erbgut Baupläne aktiviert, die sonst stumm bleiben. Die aktivierten Gene produzieren dann z. B. ein Enzym, das als Abwehrstoff fungiert. Die US-Wissenschaftler David Rhoades und Gordon Orians untersuchten ein Phänomen, das in den Wäldern von Seattle auftrat. Etwa alle zehn Jahre wurden Birken und Weiden von Schädlingen befallen; die Insekten fraßen gierig, verhungerten dann aber nach einiger Zeit – trotz Nahrung im Überfluss. Die Lösung: Die Bäume hatten die Protein-Zusammensetzung der Blätter so verändert, dass die Insekten an Proteinmangel eingingen.

Auch weit entfernte Bäume veränderten ihre Blattchemie. Denn die befallenen Bäume setzten Ethylen frei – und das Gas informierte alle anderen Bäume über die drohende Gefahr. Manche Pflanzen produzieren sogar hormonähnliche Stoffe, die bei Insekten zu Entwicklungsstörungen führen.

„Nichts in der Welt der Pflanzen klingt zu verrückt, um wahr zu sein", sagt Marcel Dieke von der niederländischen Universität in Wageningen. „Wir haben Pflanzen immer unterschätzt – und tun es heute noch."

So kann die Kartoffelpflanze um Hilfe rufen, wenn sie von Kartoffelkäfern übersät ist. Eine räuberische Stinkwanze erkennt den Geruch und entwickelt dann großes Interesse an den Larven auf der Pflanze. „Der Geruch einer Kartoffelpflanze ohne Käfer wäre für das Tier uninteressant", erklärt Dieke. „Ist die Pflanze aber von Larven befallen, dann nimmt der Räuber Kurs auf die Beute. Das Duftsignal ist eine Art Hilfeschrei, nur präziser. Je genauer die Informationen über ihre Angreifer, desto effektiver werden die angelockten Räuber ihren Job erledigen."

Bis vor wenigen Jahren hätte auch die Frage, ob Pflanzen Schmerz empfinden können, nur Gelächter ausgelöst. Doch einige Pflanzen produzieren bei Verletzung oder Virenbefall Salizylsäure – ein essenzieller Bestandteil von Aspirin.

Pflanze in Panik

Die seltsamste Entdeckung machte jedoch Cleve Backster – ein renommierter Spezialist für Lügendetektor-Analysen – am 2. Februar 1966. Nach einer arbeitsreichen Nacht klemmte er die Elektroden eines Lügendetektors an seine Büropflanze. Eigentlich wollte er nur herausfinden, wie lange es nach dem Gießen dauert, bis das Wasser die Blätter seines Drachenbaums erreichte.

Das verblüffende Resultat: Der Lügendetektor zeichnete eine Kurve; die Pflanze, so analysierte Backster, war freudig erregt. Freut sich eine Pflanze also, wenn sie gegossen wird? Backster beschloss, ein Streichholz zu holen und ein Blatt anzubrennen. Das Ergebnis: Die Pflanze zeigte eine deutliche Angstkurve – und zwar, bevor das Streichholz geholt wurde. Sie schien den Plan des Wissenschaftlers erkannt zu haben!

Backster experimentierte weiter. Die heftigsten Reaktionen erhielt er, wenn er die Pflanzen bedrohte. Es folgte ein Mörderspiel: Ein Student sollte eine von zwei nebeneinander stehenden Pflanzen „ermorden". Er riss das Gewächs aus dem Topf, zerfledderte es und zertrampelte die Reste. Dann schloss Backster die Zeugen-Pflanze an den Lügendetektor an. Und tatsächlich: Sobald der „mordende" Student sich ihr näherte, zeigte die Pflanze große Angstgefühle! Die Erkenntnisse des „Backster-Effekts" wurden jedoch nicht ernst genommen.

Ängstlich bei der kleinsten Störung

Die Mimose zeigt ihre Schönheit nur, wenn alles um sie herum harmonisch ist. Bei einer Störung klappt sie ihre Blättchen zusammen und braucht dann 15–30 Minuten, um sich wieder zu beruhigen.

Ein Liebestest

Bisher hat noch kein Forscher eine Art pflanzliches Gehirn entdeckt, das Entscheidungen fällt und individuelle Reaktionen zulässt. Ähnlich wie Tiere über Nervensignale scheinen Pflanzen über elektrische Signale zu reagieren. Anstelle eines Nervensystems besitzen sie offenbar eine Art elektrisches Reizleitungssystem, das wohl auch für Zuneigung empfänglich ist.

Bei einem Experiment der Fachhochschule Weihenstephan bekamen 148 Hobbygärtner je sechs Tomatensetzlinge. Drei sollten sie mit viel Liebe behandeln, den Rest nur düngen und gießen. „Die Auswertung hat gezeigt, dass die Tomaten, die mit viel Zuwendung behandelt wurden, im Durchschnitt 22,2 % mehr Früchte trugen", stellte Professor Manfred Hoffman fest. Eine wissenschaftliche Erklärung gibt es dafür bislang nicht. Bis wir Pflanzen verstehen, wird es noch etwas dauern.

HAIE – FISCHE MIT DEM SECHSTEN SINN

Haie verkörpern für viele Menschen das Böse schlechthin. Dass sie dagegen für das Leben im Meer von größter Wichtigkeit und dazu äußerst elegante, faszinierende Wesen sind, will man nur ungern einräumen.

South Farallon Islands, Kalifornien, 9. September 1989, zwei Uhr nachmittags: Der Schneckentaucher Mark Tisserand legt in 5–8 m Wassertiefe ungefähr 200 m vor der Küste einer der Inseln gerade eine Pause ein, als er von unten einen Schatten nahen sieht. Ein berüchtigter Weißer Hai! Blitzschnell packt der Hai den Taucher am Bein und zieht ihn in die Tiefe. Doch schon nach etwa 7 sek lässt er von seiner sicheren Beute ab und zieht von dannen.

Was war los mit dem Hai, hatte er keinen Appetit auf Menschenfleisch? Das ist sehr gut möglich, denn entgegen vielfacher Ansicht reagieren Haie meistens ablehnend auf Menschenfleisch. Sie haben sich im Lauf ihrer langen Evolution vor allem auf Fische, Tintenfische und andere Weichtiere spezialisiert.

Weit verbreitet und sehr gefährlich

Der Bullen- oder Stierhai gehört mit dem Tigerhai und dem Weißen Hai zu den aggressivsten Arten. Er wird bis zu 3,50 m groß, ist in warmen Meeren weit verbreitet und kommt auch im Süßwasser des Amazonas und im Nicaragua-See vor.

Auf dem Speiseplan der großen Arten wie dem gefürchteten Weißen Hai stehen dazu noch Seerobben oder Wale. Der Mensch als Landbewohner passt eigentlich gar nicht in ihr Weltbild und ihre Geschmacksrichtung. Allenfalls der nicht minder berüchtigte Tigerhai macht hier eine Ausnahme. Er frisst so ziemlich alles, was ihm vors Maul gerät, selbst unverdauliche Gegenstände wie Dosen oder Blechkanister.

Höchstens ihm kann man daher vielleicht das Klischee vom ewig hungrigen, unersättlichen Müllschlucker der Meere aufdrücken. Auf den größten lebenden Hai, den bis zu 18 m langen Walhai, aber trifft das erst recht nicht zu. Durch sein bis zu 2 m breites Maul lässt er nämlich nur winziges Plankton.

Dennoch greifen verschiedene Haiarten wie Weißer Hai, Hammerhai oder Blauhai mitunter Menschen an, wobei menschliche Respektlosigkeit als eine der Hauptursachen gilt. Attacken mit Todesfolge sind eher selten. So sterben jährlich etwa zehn Menschen durch Haie, durch Bienenstiche kommen dagegen mehr als 100 ums Leben.

Haiflossen für die Suppe

Lebensmittelladen in Shanghai in China: Haifischflossen werden in der chinesischen Küche gerne zu Suppe verarbeitet und sollen die Potenz fördern. Sie schmecken ähnlich wie Hühnerfleisch.

Der bedrohte Hai

Eigentlich müssten sich die Haie vor den Menschen fürchten, da der Mensch weltweit eine erbarmungslose Jagd auf sie betreibt. So wird derzeit jährlich die fast unglaubliche Zahl von 60–100 Mio. Haien gefangen und teilweise äußerst brutal abgeschlachtet. Ein Großteil davon wandert in die asiatische Küche.

Dabei werden Haie oft nur als ungewollter Beifang erbeutet und anschließend tot wieder ins Meer geworfen. Das führt nicht nur zu einer Bedrohung der Haie, sondern insgesamt zu einer Gefährdung des Ökosystems Meer. Hier sind die Haie als natürliche Gesundheitspolizisten von allergrößter Bedeutung, verdienten also eigentlich unsere höchste Wertschätzung.

Doch zugegeben – wer etwa im Fernsehen einmal einen Trupp Haie beim Beutefang gesehen hat, dem kann schon angst und bange werden. Dass es sich bei ihnen um sehr elegante Geschöpfe handelt, die anatomisch perfekt für die Beutejagd im Wasser ausgerüstet sind, wird dann leicht übersehen.

Da wäre neben ihrem idealen Körper in Torpedo- und Stromlinienform vor allem die Haut. Wenn man über die Haut eines Haies streicht, fühlt sie sich rau wie Schmirgelpapier an, wozu sie früher auch verwendet wurde. Das liegt an unzähligen kleinen Hautzähnen (Placoidschuppen), die tatsächlich ähnlich aufgebaut sind wie die großen Zähne im Maul. Diese Zähnchen schützen den Fisch nicht nur wie eine Art Kettenhemd vor äußeren Verletzungen, sie halten das umgebende Wasser auch als dünnen Film am Körper fest und bewirken, dass das darüber befindliche Wasser beim Schwimmen fast ohne Widerstand am Körper vorbeigleitet. Der Hai wird schneller und verringert seinen Kraftaufwand beträchtlich. Außerdem fehlt allen Haien die Schwimmblase, weswegen sie beim Auf- und Abschwimmen viel leichter durch das Wasser schießen können. Den trotzdem nötigen Mindestauftrieb verschafft ihnen eine meist überdimensioniert große Leber, die zahlreiche leichte, schwimmfähige Lipide und ölähnliche Flüssigkeiten enthält.

Knorpel statt Knochen

Auch ihr Knorpelskelett, das wesentlich leichter ist als ein Knochenskelett, erweist sich hier als äußerst sinnvoll, obwohl es nicht sonderlich belastbar ist. Deshalb wird ein Hai außerhalb des Wassers durch sein eigenes Körpergewicht praktisch erdrückt, weil ihm stützende Knochen fehlen.

Zur Schnelligkeit und Gewandtheit kommen sehr leistungsfähige Sinnesorgane. Über Entfernungen von meh-

Elektrosinn an Unterkiefer, Augen und Schnauze

Ein Weißer Hai im Angriff: Am Kopf sind die Poren der Lorenzini'schen Ampullen erkennbar. Über diesen sechsten Sinn verfügen alle Haie: 1 Poren, 2 Kanal, 3 Ampulle mit Sinneszellen und 4 Nervensystem.

reren Kilometern hören sie vor allem im Bereich niedriger Frequenzen unter 100 Hz sehr gut, womit sie schon so manches große Beutetier entdecken.

Bis über 100 m reicht ihr Geruchssinn, der besonders häufig verletzten Tieren (und mitunter auch dem Menschen) zum Verhängnis wird. So registrieren sie Blut noch in Verdünnungen von 1:100 Mio. Teilen. Einige Arten riechen z. B. kleine Wrackbarschstückchen sogar noch in Konzentrationen von 1:10 Mrd.! Unter einer Entfernung von 100 m dagegen spricht ihr kompliziert gebautes, hauptsächlich auf Druckschwankungen reagierendes Seitenlinienorgan an, mit dem sie die Bewegungen von Tieren registrieren.

Ausgezeichnete Augen

Im Bereich von 10–100 m können Haie auch, anders als lange Zeit vermutet, ausgezeichnet sehen. Allerdings liegen die Qualitäten des Haiauges weniger in einer hohen Sehschärfe, sondern in einer hohen Lichtempfindlichkeit, was im Wasser auch viel sinnvoller ist. Entsprechend ihrer Lebensweisen haben die Haie unterschiedlich entwickelte Augen. Manche tag- und nachtaktive Arten können ihre Pupillen verändern, um sie Helligkeitsunterschieden anzupassen.

Die Arten der tiefen Wassersphären jedoch haben starre, unbewegliche und weit geöffnete Pupillen. Solche Augen entdecken noch das schwache Licht, das einige Tierarten mit speziellen Leuchtorganen erzeugen. Doch auch die meisten anderen Arten sehen nachts recht gut, weil ihre Augen mit einem *Tapetum lucidum* ausgestattet sind. Das ist eine hinter der Netzhaut liegende Schicht, die das ins Auge einfallende, schwache Restlicht wie ein Spiegel verstärkt.

Der sechste Sinn

Im Nahbereich von wenigen Zentimetern bis etwa 2 m aber kommt eine besondere Qualität der Haie zum Einsatz: ihr Elektrosinn. Treffend bezeichnet man ihn gerne auch als sechsten Sinn, weil er uns lediglich mit fünf Sinnen ausgestatteten Menschen völlig fehlt. Für diesen Sinn besitzen die Haie ein besonderes, einzigartiges Organ, die so genannten Lorenzini'schen Ampullen. Äußerlich sind diese in Form kleiner, über der Schnauze, dem Unterkiefer und um die Augen herum liegender

Poren in der Haut zu erkennen. Darunter liegt ein System winziger, gallertgefüllter Kanälchen, die als Elektrorezeptoren arbeiten. Sie sind mit Nerven versehen, die die gemessenen elektrischen Felder ans Gehirn weiterleiten.

Die Elektrorezeptoren sind äußerst empfindlich und messen Spannungen von 0,01–0,05 Mikrovolt pro Zentimeter. Die Empfindlichkeit liegt in einem solchen Bereich, dass eine für uns völlig leere Taschenlampenbatterie von einem Hai noch als eine recht starke Energiequelle registriert würde.

Beinahe jedes Lebewesen erzeugt durch seine Muskelaktivität elektrische Felder. Und die Lorenzini'schen Ampullen messen alle Feldstörungen, die von Lebewesen verursacht werden. Daher kann der Hai sogar im Sand eingegrabene Beutetiere, beispielsweise Plattfische, aufspüren. Denn selbst ein nahezu regungsloses Tier sendet durch seinen Herzschlag noch elektrische Signale aus. Der sechste Sinn ist sogar so empfindlich, dass Haie damit nicht nur Beutetiere aufspüren, sondern sie auch unterscheiden können.

Erst vorkosten

Dabei hilft ihnen als Ergänzung zur Elektroortung schließlich noch der unmittelbare Direktkontakt mittels ihres Tast- und Geschmackssinns. So kann man oft beobachten, dass Haie ihre Beute vor dem Zupacken erst mit der Schnauze anstupsen, um sie gewissermaßen vorzukosten. Erst dann beißen sie zu, womit die eigentliche Geschmacksprüfung erfolgt. Findet ein Beutetier keinen Anklang, wird es sofort wieder ausgespuckt.

Schließlich können sich die Haie mithilfe ihres Elektrosinns wahrscheinlich auch am irdischen Magnetfeld orientieren. Dies würde erklären, weshalb sich verstreut lebende Haiarten wie die Walhaie zwecks Paarung alljährlich an ganz bestimmten Orten einfinden.

Vom 15-cm-Zwerg bis zum 18-m-Giganten

Ein Überblick über die Haie: 460 Arten gibt es in allen Weltmeeren.

Der Sägerücken-Engelshai *(Squatina aculeata)* wird bis zu 1,90 m groß und lebt im östlichen Atlantik und Mittelmeer am Meeresboden. Er ist für Menschen harmlos.

Die Haie bilden innerhalb der Knorpelfische *(Chondrichthyes)* eine eigene Gruppe mit rund 30 Familien und etwa 460 Arten. Haie haben einen torpedoförmigen, unterseits oft abgeplatteten Körper mit asymmetrischer Schwanzflosse. Der obere Lappen ist länger als der untere. Weitere Kennzeichen sind ein unterständiges Maul sowie 5–7 vor den Bauchflossen sitzende Kiemenspalten. Eine Schwimmblase fehlt.

Das Gebiss besteht aus mehreren Reihen meist scharfer Zähne, von denen die hinteren unterschiedlich weit entwickelt sind. Sie dienen als Ersatzzähne, die bei Bedarf nach vorne rücken. Die Haut trägt zahllose kleine Placoidschuppen, die die gleiche Form wie die Zähne haben. Haie praktizieren eine innere Befruchtung, wobei die Männchen ihr Sperma über besondere Begattungsorgane *(Clasper)* in die Kloake der Weibchen einführen. Die Weibchen gebären nach einigen Monaten oder Jahren einige lebende Junge. Manche Arten legen auch bereits befruchtete Eier.

Die kleinste Art, der Zwerghai *Squaliolus laticaudus*, erreicht eine Länge von 15 cm, die größte Art, der Walhai *Rhincodon typus*, wird 18 m lang. Er ernährt sich von Plankton, während die anderen Arten meist Fische oder Tintenfische fressen.

Die bekanntesten Haifamilien sind Engelhaie, Sägehaie, Stierkopfhaie, Nagelhaie, Dornhaie, Katzenhaie, Blauhaie, Hammerhaie, Ammenhaie, Walhaie, Fuchshaie, Riesenhaie und Makrelenhaie.

Der Wobbegong oder Australische Ammenhai gehört zu den ältesten Haiarten. Bereits vor 200 Mio. Jahren gab es den bis zu 3,2 m großen, gut getarnten Bodenfisch, der in 1–110 m Tiefe vorkommt und auch Taucher angreift.

Ist Glück nur eine Frage der Chemie?

Das höchste der Gefühle kann durch Hormone beeinflusst werden, und auch Sympathie wird durch Düfte hervorgerufen. Ist also alles nur eine Frage der richtigen Formel? Ganz so einfach ist es nicht.

Depressionen endgültig besiegt!" „Glückshormon gefunden!" So und ähnlich lauteten die Schlagzeilen in den Medien, als Wissenschaftler die Wirkungsweise von Dopamin, Serotonin, Melanin und anderen Hormonen entschlüsselt hatten. Geschäftstüchtige Pharmafirmen brachten schnell und mit großen Versprechungen „Glückspillen" wie Prozac oder Fluctin auf den Markt. Echte Wundermittel?

Manche Menschen kann man einfach nicht riechen. Diese umgangssprachliche Floskel hat einen durchaus richtigen Hintergrund, haben Biologen, Psychologen und Mediziner in den letzten Jahren herausgefunden. Denn jeder Mensch hat seinen ureigenen Körpergeruch, und den empfindet der eine als angenehm, dem anderen schlägt er dagegen furchtbar auf die Nase. Mithilfe der Gaschromatographie, Massenspektrographie und anderer hoch empfindlicher Analysemethoden kommen Forscher

Nur wer das Unglück kennt, erlebt das Glück

Mit jedem Gedanken ist eine Erfahrung verbunden. Wer Glück empfinden will, muss sich schon einmal unglücklich gefühlt haben, er muss also vergleichen können.

Das Schokoglück

Ein Stück Schokolade setzt einen komplizierten chemischen Prozess in Gang, bei dem das Glückshormon Serotonin entsteht.

der individuellen Zusammensetzung auch dieses Duftes immer besser auf die Spur. Alles Chemie?

Duftöle haben Hochkonjunktur. Sie sollen anregen oder beruhigen, Harmonie und Wohlbefinden fördern, glüklich machen. Geht das überhaupt? Und können Rauschgifte oder Designerdrogen wirklich für mehr Wohlbefinden sorgen? Sind Glück, Liebe, Geborgenheit und andere tiefe Gefühle tatsächlich nichts anderes als banale chemische Reaktionen im Gehirn?

Ernüchterung

Nach der ersten Euphorie ist bei den Forschern wieder nüchterner Alltag eingekehrt. Sie wissen heute, dass Fluctin keinesfalls Depression heilen und ein dauerhaftes Glücksgefühl erzeugen kann. Steigt man auf die molekulare Ebene herab, ist natürlich jeder Gedanke, jede Erinnerung und jeder Vergleich, den unser Gehirn produziert, eine chemische Reaktion.

Aber das ist bei weitem nicht alles. Denn mit jedem Gedanken ist eine Erinnerung oder Erfahrung verbunden. Und wer tatsächlich höchstes Glück empfinden will, muss sich auch schon unglücklich gefühlt haben. Er muss also angenehme und unangenehme Erfahrungen und Stimmungen kennen und vergleichen. Und das ist ein weitaus komplexerer Vorgang als nur eine chemische Reaktion von Glückshormonen im Gehirn.

Trotzdem: Es steht fest, dass unser Körper mit der schnellen Ausschüttung von Hormonen reagiert, um bestimmte Reaktionen zu erzeugen. Werden beispielsweise angenehme Erinnerungen wach, weil man ein schönes Geschenk erhält, dann werden u. a. auch Endorphine freigesetzt – nichts anderes als Opiate. Und genau diese Stoffe sind es auch, die die Konsumenten von Heroin, Morphium und anderen Rauschgiften das Leben durch eine rosarote Brille sehen lassen.

Ganz nebenbei: Endorphine sind auch dafür verantwortlich, dass die Opfer schwerer Unfälle oft zunächst gar keinen Schmerz empfinden. Sobald aber Notarzt, Rettungsdienst oder die Feuerwehr eintreffen, um Hilfe zu leisten, geht es ihnen schlagartig schlechter – sie spüren ihre verletzten Körperteile oft unwirklich stark, fallen in Ohnmacht oder erleiden einen schweren, lebensbedrohlichen Schock.

Und wie lassen sich Befunde erklären, die etwa eine deutlich veränderte Gehirnaktivität in glücklichen und traurigen Momenten zeigen? Ganz einfach: Für beide Empfindungen sind andere Hirnareale zuständig, je nachdem, mit welchen Erfahrungen und Eindrücken das Gefühl gekoppelt ist.

> *Viele Menschen versäumen das kleine Glück, während sie auf das große vergebens warten.*
>
> Pearl S. Buck,
> US-Schriftstellerin

Elektrische Leiter

Serotonin und Dopamin sind Neurotransmitter. Sie werden an den Verbindungsstellen zwischen Gehirn- und Nervenzellen, den so genannten Synapsen, freigesetzt und machen die Weitergabe von Nervenimpulsen möglich, wirken also als elektrische Leiter – in diesem Fall von positiven Gefühlen. Fehlen diese Hormone, ist die Impulsweitergabe dagegen nicht möglich, die Synapse ist undurchdringlich, wirkt wie ein Isolator.

Wodurch kommt es nun zur Ausschüttung dieser Glückshormone? Das kann ganz unterschiedliche Ursachen haben. Sportler, Langstreckenläufer beispielsweise, können selbst beim mörderischsten Marathon ungeahnte Glücksmomente empfinden, weil in ihrem Gehirn aufgrund der Anstrengung Glückshormone gebildet werden und sie zu ungeheuren Höchstleistungen führen. Manche von ihnen werden regelrecht süchtig danach, sich zu schinden, weil sie die Belohnung durch das Glücksgefühl immer wieder aufs Neue erleben wollen.

Wer es bequemer mag, muss nicht zur Pille greifen, einfache

Schokolade tut es auch. Wenn man ein Stück genießt, setzt man einen hoch komplizierten chemischen Prozess in Gang, bei dem u. a. Serotonin entsteht. Ähnliche Wirkungen zeigen ein paar Schlucke Wein und für Raucher auch einige Züge an der Zigarette.

Allerdings gilt hier nicht das Motto: Viel hilft viel. Ganz im Gegenteil. Wer statt drei, vier Stück Schokolade eine ganze Tafel verschlingt, statt einem Glas gleich eine Flasche Wein trinkt, überfordert das Glücksgefühl, der Genuss verkehrt sich ins Gegenteil.

Lachen – die beste Medizin

Ein hoch wirksames Mittel kann man dagegen kaum überdosieren: das Lachen. Auf unbekanntem Weg aktiviert es das limbische System, den entwicklungsgeschichtlich ältesten Teil unseres Gehirns. Er ist für die Steuerung unseres Gefühlslebens, also auch die Ausschüttung der Glückshormone zuständig. Wer viel lacht, das ist erwiesen, senkt sein Risiko, krank zu werden, ganz erheblich: Sogar Krebs und Herzinfarkt haben deutlich schlechtere Chancen, ihre verheerende Wirkung zu entfalten.

Traurige, depressive Menschen dagegen sind deutlich empfindlicher und anfälliger für Infektionen und praktisch alle anderen Krankheiten. Kann man einen traurigen Menschen aus seinen negativen Gefühlen reißen, verdoppelt sich z. B. sein Immunglobulinwert innerhalb von nur 20 Minuten. Und ist drei Stunden später immer noch um 60 % höher als vor dem Glücksmoment.

Glücksareale im Gehirn

Wann ist ein Mensch also glücklich? Wieder eine Frage, die sich gar nicht so einfach beantworten lässt. Sicherlich kann er nur dann glücklich sein, wenn er überhaupt Glücksmomente empfindet, also Glücksareale in seinem Gehirn aktiviert sind. Wie sehr er sein Glück allerdings genießen kann, hängt wiederum davon ab, ob er mehr glückliche als negative Ereignisse und Empfindungen wahrnimmt und bewertet.

Letztlich also doch wieder Chemie, wenn man es so sehen will: Serotonin, Dopamin, Endorphine und wie die anderen, bis heute noch nicht bekannten

Der Glücksrausch beim Marathonlauf

Langstreckenläufer erleben gerade beim anstrengendsten Marathon Glückmomente, nach denen sie süchtig werden können.

800 000 Deutsche leiden im Winter unter Depressionen. Lichttherapien steigern die Produktion von Serotonin und Vitamin D.

Licht gegen Depressionen

Ein sonniges Gemüt sagt man Menschen nach, die glücklich wirken. An diesem Bild ist etwas dran, denn ein ausgiebiges Sonnenbad (natürlich gut gegen Sonnenbrand geschützt!) oder ein langer Aufenthalt im Freien lässt die Stimmung spürbar steigen. Unter dem Einfluss des Lichts werden die Produktion sowohl des „Glücksvitamins" D als auch des Serotonins angeregt. Aus diesem Grund werden Menschen mit Depressionen vor allem in den dunklen Wintermonaten gezielt durch eine Therapie mit speziellen UV-Lampen behandelt. Auch ein paar Minuten Solarium verbessern die Stimmung bereits spürbar.

Substanzen des Glücks auch heißen mögen, müssen sich also gegenüber den Unglückshormonen durchsetzen können. Wie das allerdings funktioniert, das weiß die Wissenschaft noch lange nicht.

Vielleicht sollte man es doch mit einem chinesischen Sprichwort halten: „Wenn du einen Tag lang glücklich sein willst, betrinke dich; willst du ein Jahr lang glücklich sein, so heirate; willst du dein Leben lang glücklich sein, so werde Gärtner."

Psychologen halten diesen Rat für ein gutes Rezept. Denn Gartenarbeit ist äußerst abwechslungsreich und verhindert Langeweile. Darüber hinaus ist sie in der Regel von vielen Erfolgsmomenten gekrönt: das Aufgehen der Saat, das Wachsen, Blühen und Gedeihen und schließlich das Ernten und Genießen der Früchte des Gartens.

Der amerikanische Psychologe Mihaly Csikszentmihalyi hat lange über das Glück geforscht und herausgefunden, dass Körper und Seele in unseren glücklichsten Momenten bis aufs Äußerste angespannt sind. Glück erleben wir eher, wenn wir alle Kräfte aufbieten, um ein Ziel zu erreichen und nicht, wenn wir uns ins Bett legen und darauf warten.

Dieses Streben nach Glück nennt der Psychologe „flow". Und je mehr sich jemand auf dieses Ziel – sein Glück – konzentriert, desto mehr vergisst er die Welt um sich herum und wird eins mit seinem Ziel. Und kommt damit dem Ideal des Glücks besonders nahe.

Was ist eigentlich Glück?

Schon die alten Griechen und Römer hatten zwei Definitionen für den Begriff Glück. Der eine meint ganz prosaisch den Zufall, der einen zum Erfolg führt, etwa beim Spielen, beim Finden eines wertvollen Schatzes oder dem Entgehen einer Gefahr. Das Gefühl des Glücks dagegen ist beschrieben als das höchste Ziel allen menschlichen Strebens und Sehnens, als das absolute Fehlen von Zwängen und Einschränkungen – kurz die Zufriedenheit der Seele.

Allerdings ist für die meisten Menschen das wahre Glück, sagen zumindest die Philosophen, unerreichbar, denn das menschliche Streben nach mehr und noch größerem Glück kommt bei ihnen nie wirklich zur Ruhe.

Theologen der Weltreligionen Christentum, Judentum und Islam verstehen Glück dagegen vor allem als Glückseligkeit, die uns im Paradies erwartet. Auf Erden können nur die wahrhaft Gläubigen Glück empfinden, weil sie sich der Gnade und Vergebung ihrer Sünden sicher sein können.

Jeder ist seines Glückes Schmied, sagt ein altes Sprichwort. Und meint doch nur die eine Seite der Medaille. Denn man kann bestenfalls die Voraussetzungen dafür verbessern, dass sich Glück im Sinne von Erfolg einstellt. Danach bleibt nur die Hoffnung, dass es sich auch irgendwann tatsächlich einstellt.

Trotzdem sind tüchtige Menschen, die ihr Leben selbst in die Hand nehmen, für ihr Glück kämpfen, oft zufriedener als diejenigen, die sich eher als Spielball des Zufalls und Schicksals fühlen. Und Zufriedenheit ist schließlich auch ein Aspekt des Glücks.

Die giftigsten Tiere der Welt

Zum Beutefang oder zur Verteidigung produzieren viele Tiere Gifte in unterschiedlicher Konzentration. Es gibt schwach giftige bis hoch giftige Tiere, die ihre Waffen in unterschiedlichster Weise einsetzen.

Spinnentiere mit giftigem Stachel

Skorpione sind bis zu 21 cm lange Spinnentiere, die am Körperende einen Giftstachel tragen. Ihre 1100 Arten kommen hauptsächlich in den Tropen und Subtropen vor.

Sie hat einen Durchmesser von maximal 20 cm, besitzt einen glasklaren Körper, heißt Seewespe oder *Chironex fleckeri*, lebt im tropisch-subtropischen Indopazifik und ist die gefährlichste Quallenart der Welt. Bei Berührung „feuert" sie sofort aus tausenden von Nesselkapseln. Gelangen ihre Gifte ins Blut eines Menschen, hat er nur noch 3–8 Minuten zu leben, wenn er nicht auf schnellstem Weg fachkundige ärztliche Hilfe bekommt.

Die berüchtigte Seewespe ist eine jener Tierarten, die es sprichwörtlich „in sich haben". Ihre starken Gifte sind Teil ihrer Überlebensstrategie, die bei Gifttieren entweder der Verteidigung oder dem Beutefang dienen. Weit verbreitet sind die aktiv giftigen Tiere, die ihre meist in besonderen Drüsen produzierten Gifte über spezielle Zähne, Stacheln oder ähnliche Instrumente abgeben.

Nesseltiere wie die Quallen oder Korallen und eine Reihe anderer Meeresbewohner treffen über eine flächige Giftabgabe gleich größere Körperpartien ihrer Opfer. Ihre vor allem der Verteidigung dienenden Waffen sind schon im Augenblick des Kontakts äußerst schmerzhaft, andere Folgen wie Lähmungen, Bewusstlosigkeit oder Tod des Opfers stellen sich wenig später ein.

Ebenfalls meist schmerzhaft, mitunter aber auch kurz und schmerzlos, und in ihrer Wirkung ähnlich ist die punktuelle Giftabgabe. Die zum Teil hoch giftigen Feuer- und Skorpionsfische setzen dazu bei Berührung ihre ausschließlich der Verteidigung dienenden Flossenstrahlen wie Giftstachel ein.

Giftzähne und -Stachel

Mit stilett- oder harpunenartigen Giftzähnen sind dagegen die auch als Giftschlangen der Meere bezeichneten Kegelschnecken der Gattung *Conus* ausgestattet, von denen einige Arten auch für den Menschen gefährlich sind.

Unter den Landbewohnern besitzen Insekten wie Wespen und Bienen am Hinterleib giftige Stachelapparaturen. Sie dienen sowohl der Verteidigung als auch dem Töten von Beutetieren. Ebenfalls am Hinterende tragen die gefürchteten Skorpione einen Stachel. Auch ihre Stiche sind mitunter für den Menschen tödlich. Überschätzt werden allerdings vielfach die Spinnen. Sie besitzen zwar durchweg giftige Mundwerkzeuge, diese dienen jedoch nur dem Lähmen und Töten der Beute, nicht der Verteidigung oder dem Angriff. Und nur wenige Arten sind so giftig, dass sie dem Menschen gefährlich werden können.

Anders sieht es bei den Schlangen aus. Zwar werden die wenigen hoch giftigen Seeschlangen dem Menschen seltener zum Verhängnis, doch gibt es vor allem in den Tropen und Subtropen viele Land bewohnende Schlangen, die sich mit ihren Giftzähnen verteidigen.

Nicht zu unterschätzen sind die passiv giftigen Tiere. Sie können ihre entweder im ganzen Körper oder nur in bestimmten Teilen gespeicherten Gifte nicht gezielt abgeben und werden daher meist nur beim Verspeisen gefährlich. Um eben das zu verhindern, präsentieren sich viele Arten in grellen Warnfarben. Passiv giftige Zeitgenossen sind etwa bestimmte Kugelfische. Beim berühmten japanischen Fugu enden 60 % der Vergiftungen für den Menschen tödlich.

Vorsicht, Warnfarbe!

Pfeilgiftfrösche sind nur 1–5 cm groß und tragen wie dieser männliche Dendrobates quinquevittatus *leuchtende Warnfarben.*

Auch die kleinen südamerikanischen Färber- oder Pfeilgiftfrösche, die tagsüber ganz auffällig in den Bäumen umherklettern, gehören in diese Riege. Ihre Gifte haben eine so starke Wirkung, dass die Indios damit früher die Spitzen ihrer Pfeile vergifteten, daher der Name.

Gemessen an der Zahl der Todesfälle ist in Mitteleuropa aber die Biene das mit Abstand gefährlichste Tier. Und ausgerechnet sie ist seit langem ein Haustier.

Eine Mischung von Blut- und Nervengiften

Tierische Gifte bestehen hauptsächlich aus Neurotoxinen (Nervengiften) oder Hämotoxinen (Blutgiften). Nervengifte wirken vor allem auf das Zentralnervensystem und verursachen neben Schmerzen auch Schwindel, Ohnmacht, Herz- oder Atemstillstand. Die Hämotoxine wiederum schädigen vorübergehend oder dauerhaft das Körpergewebe. Oft enthalten sie noch weitere Stoffe, die die Blutkörperchen oder andere Blutzellen zerstören, die Blutgerinnung verzögern oder auch fördern und zur Verstopfung der Adern führen. Meist enthalten tierische Gifte eine Mischung von Neuro- und Hämotoxinen, von denen jedoch in der Regel eine Gruppe überwiegt. Die Giftigkeit eines Tieres hängt nicht immer nur von der Stärke seiner Gifte ab, sondern auch von der Konstitution des Opfers.

Auf Schlangenfarmen wird den Tieren das Gift abgezapft, um Gegenseren herzustellen.

Die Blume, die sich nie schmutzig macht

Die heilige Pflanze des Buddhismus fasziniert Wissenschaftler in aller Welt: An ihren Blättern kann nicht der geringste Schmutz haften bleiben, er wird einfach abgewaschen – eine Erkenntnis, die unseren Alltag revolutionieren kann.

Blütenpracht auf dem Wasser

Die Lotosblume gehört zu den Seerosengewächsen und hat bis zu 35 cm große, rosafarbene bis weiße Blüten.

Alles fließt, heißt es im Buddhismus, und bei der Lotospflanze ist dieser Satz der Erleuchtung ganz wörtlich zu nehmen. Ob Ruß oder Pilzsporen, Bakterien oder Algen, selbst Farben und Klebstoffe gleiten vom Lotos ab. Der Schmutz tanzt wie auf einer heißen Herdplatte und wird von den Regentropfen einfach weggespült. Die Pflanze ist gegen Verunreinigungen immun, einen schmutzigen Lotos gibt es nicht.

Wie diese herrliche Blume aus Asien es anstellt, immer sauber zu bleiben, entdeckten deutsche Forscher durch Zufall: In den 1970er-Jahren untersuchten der Botaniker Wilhelm Barthlott und eine Kollegin vom Botanischen Institut der Rheinischen Friedrich-Wilhelm-Universität in Bonn eine Reihe von Pflanzenblättern – unter dem damals neuen Rasterelektronenmikroskop.

Eigentlich wollten sie herausfinden, ob sich die Verwandtschaft verschiedener Pflanzengruppen in der Struktur der Oberfläche ihrer Blätter widerspiegelt. Wenn Barthlott seine Untersuchungsobjekte aus dem Gewächshaus holte, wunderte er sich immer über die sauberen Blätter von Kohlrabi, Kapuzinerkresse oder Lotos: Sie sahen aus wie frisch gewaschen. Auf anderen Pflanzenblättern waren dagegen Lehm- und Kalkflecken zu sehen.

Schmutz perlt ab

Die beiden Wissenschaftler kamen zu einer überraschenden und unerwarteten Erkenntnis: Gerade Blätter mit glatter Oberfläche sind meist viel schmutziger als solche, die unter dem Mikroskop raue Strukturen zeigen. Besonders auffällig ist dieser Effekt bei der Lotospflanze *Nelumbo nucifera*. Die mikroskopisch fein genoppten Blätter lassen Wasser und Schmutz einfach abperlen. Das Phänomen des so genannten Lotos-Effekts war entdeckt.

Der Trick der Lotospflanze besteht in einer Kombination von stark gewölbten oder noppenförmigen Hautzellen und der Absonderung von Wasser abweisenden Wachskristallen. Die winzigen Noppen sind nur etwa 20 Mikrometer klein. Damit verhindert die Pflanze, dass sich schädliche Pilzsporen oder Bakterien lange auf dem Blatt aufhalten. Stattdessen perlt jeder Tropfen dick und rund ab und nimmt dabei Staub und Schmutz gleich mit.

Dieses phantastische biologische Phänomen konnte Barthlott 1989 bei weiteren Studien auf einer künstlichen Oberfläche anwenden. Allerdings musste er das Ergebnis der Industrie fast schon aufzwingen. Denn die ging davon aus, dass glatte Oberflächen die einzig saubere Lösung wären. Doch Barthlott hatte Erfolg. Das Resultat sind moderne Fassadenfarben und Dachziegel, deren raue

Symbol des reinen Geistes und der Sauberkeit

Die Lotosblume ist Sinnbild des über die Sinnenwelt erhabenen Geistes, da sie sich trotz ihrer Herkunft aus schlammigem Gewässer eine unbefleckt weiße Blüte bewahrt. Das liegt an der unter dem Mikroskop erkennbaren rauen Oberfläche, von der der Regen allen Schmutz abwäscht. Wurzelstock und Früchte des Lotos sind essbar.

Lotos-Thron für Buddha

Diese Statue in Vietnam zeigt die Bedeutung der Lotosblume. Sie gilt als Sinnbild von Wasser, Vegetation, Fruchtbarkeit und Überfluss.

Oberflächen Wasser und Schmutz einfach abperlen lassen.

Der Lotos-Effekt ist allerdings nicht das einzige Kunststück, das die heilige Pflanze vollbringt. Drei Tage lang öffnen sich die zarten rosa oder weißen Blüten morgens zu ihrer ganzen Pracht und schließen sich abends wieder. Völlig normal, so scheint es. Doch bereits am vierten Tag verwelken die schönen Blüten. Eigentlich kein Wunder, denn die Lotosblüten arbeiten auf Höchstleistung. Australische Forscher der Universität von Adelaide haben festgestellt, dass sie sich bis zu einer Temperatur von 35 °C aufheizen – und diese Temperatur konstant halten, auch wenn das Thermometer draußen auf 10 °C absinkt.

Für ihren Test verkabelten die Wissenschaftler 19 Lotosblüten. Auf diese Weise wollten sie Temperatur und Stoffwechsel messen. Um die Ergebnisse nicht durch die heiße Sonneneinstrahlung zu verfälschen, schützten die Forscher die Pflanzen im Botanischen Garten von Adelaide mit aufgespannten Sonnenschirmen.

Die überraschende Entdeckung: Kurz vor Beginn der Blüte fährt die Blumenheizung nachts hoch – ganz plötzlich. Wenn die Nachtluft die geschlossenen Blütenblätter abkühlt, nimmt der Lotos mehr Sauerstoff auf und gibt mehr Kohlendioxid ab, als Stoffwechselprodukt. Dabei wandelt er in erhöhtem Maß Kohlenhydrate – wahrscheinlich Stärke – in Energie um.

Wie beim Menschen

Verblüffend: Dasselbe macht der Körper frierender Menschen oder Tiere, um warm zu bleiben. Aber Tier und Mensch haben ein kompliziertes Nerven- und Hormonsystem zur Verfügung, um die Körpertemperatur zu regeln. Der Lotos hat kein solches System, und doch erzielt er den gleichen Effekt!

Ebenfalls erstaunlich: Eine einzige Blüte erbringt die Leistung von einem Watt. „40 der rosafarbenen oder weißen Gewächse erzeugen mithin so viel Energie, wie eine durchschnittliche Glühbirne verbraucht", stellen Roger Seymour und Paul Schultze-Motel von der University of Adelaide überrascht fest. Bereits 20 Blüten würden ausreichen, um ein Zimmer zu beleuchten und dabei Zeitung zu lesen!

Doch kehren wir zur Heizkraft der Lotosblüten zurück. Wie er seine Heizung regelt, ist bisher noch unbekannt. Sicher ist nur, woher die Wärme kommt: aus den Wärme produzierenden Mitochondrien, den Kraftwerken der Zellen.

Davon haben die Lotosgewächse viel mehr als alle anderen. „Ein paar Gramm Wärme produzierendes Gewebe besitzen so viel Mitochondrien wie 2 Pfund Maissamen", sagt Hanna Skubatz, Pflanzenbiologin der Universität von Seattle im US-Staat Washington. Die eine Hälfte der Lotos-Hitze liefert der kegelförmige Fruchtkörper, die andere Hälfte Blütenblätter und Staubgefäße.

„Die Wärmeproduktion verlangt der Lotosblume einiges ab", sagt Todd Dawson, Pflanzenphysiologe der Cornell University in Ithaca, New York. Warum also opfert sie so viel Energie? Seine These: Mit aufgeheizten Blütenblättern kann die Pflanze mehr Duftstoffe verteilen. Ähnlich wie Parfüm, das auf warmer Haut erst richtig zur Wirkung kommt. Die Pflanzen machen sich auf diese Weise anziehender für Insekten.

Einleuchtend wäre auch, dass die Pflanze einen besonderen Service für die Befruchter bieten will: Wärmebedürftige Käfer können im Schutz der mollig warmen Lotosblüte umherlaufen und fressen und dabei den Pollen der Pflanze aufsammeln, die Hitze hält sie munter. Denn bei Kälte werden Insekten sonst starr und steif, sie müssen zum Fliegen erst wieder „auftauen". Aus der Lotosblüte können sie dagegen problemlos in die kalte Nachtluft starten.

Essbarer Samen

Nach erfolgreicher Bestäubung bildet das Gewächs etwa haselnussgroße, essbare Samen aus. In Zucker gekocht, sind sie in Asien beliebte Kinderbonbons. Die Samen fallen vom vertrocknenden Fruchtkegel ab und treiben auf dem Wasser davon. Sie sorgen so für genetische Vielfalt und weite Verbreitung.

Manche der Samen werden steinalt und bergen eine wissenschaftliche Sensation. So ist es US-Wissenschaftlern von der Universität von Los Angeles gelungen, aus einem 1228 Jahre alten Lotossamen eine gesunde neue Pflanze zu ziehen! Vermutlich der älteste Samen, der je zum Keimen gebracht wurde. Er stammte aus einem ausgetrockneten Lotos-Teich in China. „Es ist unglaublich, wie ein Samen tausende Jahre ruhen und nach vier Tagen einen kleinen grünen Sprössling hervorbringen kann", staunte die Pflanzenphysiologin Jane Shen-Miller.

Ewiges Leben dank Lotos?

Sie hofft, mithilfe der gefundenen Lotossamen dem Traum vom ewigen Leben einen Schritt näher zu kommen. „Wir werden alt und sterben, weil in unserem Organismus immer wieder Fehler auftreten, die sich summieren", sagt Shen-Miller. „Wenn wir wüssten, wie wir diese Fehler reparieren können, würde das zu weniger Krankheiten und eventuell zur Langlebigkeit führen."

Ein solches Reparatursystem fanden Forscher im Lotossamen: ein Enzym, das an zelleigenen Eiweißstoffen auftretende Schäden behebt – ein Grund für den fehlenden Alterungsprozess. Das Enzym war in den alten Samen noch genauso aktiv wie in neuen. „Wenn wir einmal die Gene isoliert haben, die für die Reparatur der Alterungsschäden verantwortlich sind, dann können wir sie auf andere Kulturpflanzen übertragen", glaubt Shen-Miller. Und wer weiß, vielleicht sogar einmal auf Menschen.

Schmutzpartikel perlen an der neuen Lotosfarbe einfach ab wie Wassertropfen.

Neuer Anstrich schützt vor Schmutz, Pilzen und Bakterien

Ein neuer Außenanstrich für Häuser ahmt die Struktur der Lotosblätter nach. Von der mikroskopisch rauen Oberfläche der Wand wäscht der Regen jeden Schmutz ab. Früher glaubte man, dass nur möglichst glatte Flächen einen Schutz gegen Verunreinigung bieten. Ein Irrtum! Jetzt gibt es auch selbstreinigende Dachziegel. Auch sie lassen mithilfe des Lotos-Effekts Wasser und Schmutz abperlen. Das Ziel: Schutz vor Pilz- und Bakterienbefall von Fassade und Dach.

DIE GEHEIMNISVOLLEN STARS DER MEERE

Seit 2000 Jahren gibt es Legenden von Meeresungeheuern, die ganze Schiffe samt ihrer Besatzungen in die Tiefe zogen. Diese riesigen Tiefseekraken sind weder Ungeheuer noch Phantasiegeschöpfe – aber wie groß werden sie wirklich?

„Zäh wie Leder, hart wie Stahl, kalt wie die Nacht", so hat der französische Dichter Victor Hugo im Jahr 1866 den Riesenkraken beschrieben und sich vorgestellt, was geschieht, wenn man von dieser schrecklichen Bestie mit ihren saugnapfbesetzten Fangarmen umschlungen und verspeist wird. Victor Hugo hatte den Großen Pazifischen Kraken *Octopus dofleini* im Auge, mit dem im wirklichen Leben zwar nicht alles so abläuft, wie er es sich vorstellte, aber ganz so falsch lag er – wie auch sein Kollege Jules Verne – nicht, was die Größenvorstellungen von diesen Tieren betraf: Das prachtvollste Exemplar dieser Spezies, das man bis jetzt fand, soll eine Armspannweite von 9,5 m und ein Gewicht vom immerhin 272 kg gehabt haben.

Gefrässige Riesen

Meist aber bleiben die Giganten der Tiefsee wohl etwas kleiner und leichtgewichtiger, denn andere Exemplare dieser Art brachten es maximal auf 7,5 m Spannweite und 45 kg Gewicht. Kürzlich ging jedoch einem Fischer vor der Küste Neuseelands ein toter, schwer beschädigter Riesenkrake ins Netz, der ein Gewicht von etwa 70 kg besaß.

In Tiefen bis 750 m kommen diese kapitalen Gesellen vor. Hier hausen sie zum Schutz ihres Weichkörpers vor allem in Felshöhlen und schnappen mit ihren acht Armen nach vorbeischwimmender Beute, die zumeist aus anderen Tintenfischen, Fischen und Krebsen besteht. Viel mehr weiß man über ihr Verhalten nicht, denn sie leben hier bereits in der ewigen Finsternis und an der Pforte zur echten Tiefsee, die außerhalb der normalen menschlichen Reichweite liegt.

Die Octopoden sind nicht die einzigen Giganten in dieser Welt und auch nicht die größten. Imposanter sind ihre Verwandten namens *Archetheutis*, die in Tiefen zwischen 300 m und 2000 m leben. Die zu den Kalmaren zählenden Tintenfische werden bis zu 22 m lang und mehrere Tonnen schwer.

Todfeind Pottwal

So groß war jedenfalls ein Exemplar, das man 1933 ebenfalls vor der Küste Neuseelands fing. Und es muss von den *Archetheutis*, die in allen Weltmeeren vorkommen sollen, noch größere Exemplare geben, wie Meeresbiologen aus Magenuntersuchungen von Pottwalen wissen. Denn Pottwale scheinen die Todfeinde der Riesentintenfische zu sein.

Zwar hat noch kein Mensch bislang einen Kampf dieser Kolosse beobachtet, aber die tiefen Narben in der Haut von Pottwalen, die eindeutig die Saugnäpfe der *Archetheutis* dort hinterließen, lassen an solch dramatischen Begegnungen keinen Zweifel.

Von den *Archetheutis* konnte man bislang keine lebenden Tiere erbeuten, und so ist das Wissen über die Riesen mit schallplattengroßen Saugnäpfe an den Armen und Augen mit einen Durchmesser von 40 cm, recht spärlich.

Am 30. September 2004 gelang es den japanischen Forschern Tsunemi Kubodera und Kyoichi Mori vor den Ogasawara-Inseln im Nordpazifik in 900 Metern Tiefe erste Aufnahmen eines Riesenkalmars in seinem natürlichen Lebensraum zu machen. Das Tier verlor einen seiner Fangarme, als dieser sich im Köderhaken verfing. Die Länge des Fangarms von 5,5 m lässt auf eine Gesamtlänge des Tieres von 8 m schließen. Es konnte beobachtet werden, dass diese Tiere aktiv jagen und sehr aggressiv sind. Das widerspricht der bisherigen Annahme, dass Riesenkalmare zwar schlau, aber sehr scheu seien.

Ungeheuer aus der Höhle

Der Große Pazifische Krake Octopus dofleini *lebt in Tiefen bis 750 m in Felshöhlen und soll Armspannweiten bis knapp 10 m erreichen.*

Kamerajagd auf die Tiefseegiganten

Ausgerechnet Pottwale sollten helfen, die Geheimnisse der Tiefseekalmare zu erforschen. Der Zoologe Clyde Roper vom Washingtoner Smithsonian Institute versuchte im Frühjahr 1997 gemeinsam mit Forscherkollegen aus Großbritannien und den USA, in den Gewässern südöstlich vor Neuseeland einige mit Videokameras ausgerüstete Pottwale auf die Spur der *Archetheutis* zu schicken und sie erstmals lebend vor die Kamera zu holen. Zwar ließ sich kein *Archetheutis* blicken, dafür aber präsentierte sich in 800 m Tiefe zumindest ein kleinerer Verwandter vor der Kamera: der Neuseeländische Pfeilkrake, von dem aufregende Aufnahmen gelangen.

Mit diesen Tiefseekameras versuchte der Zoologe Dr. Clyde Roper, dem *Archetheutis* auf die Spur zu kommen.

Die Macht der Katze über den Menschen

Göttin oder Hexe – kein anderes Tier weckt unterschiedlichere Gefühle und beflügelt die Phantasie so wie die Katze. Seit 5000 Jahren gehört sie zum Leben der Menschen. Sie wird geliebt, gehasst oder angebetet.

Ein trauriger Tag für Kater Joey (1) aus Ingelby Barwick in Nordost-England: Sein liebstes Laster wurde ihm aus gesundheitlichen Gründen leider verboten. Der freche kleine Kater schlich sich nämlich jeden Tag davon, um im nahe gelegenen Pub dem Alkohol zuzusprechen – er war dort Stammgast. Egal ob Bier, Wein oder Rum, Joey bediente sich aus den Gläsern der Gäste. Damit ist jetzt allerdings Schluss!

Sein Frauchen hatte ihn zur Tierärztin gebracht, denn Joey war nach seinen abendlichen Streifzügen immer besonders wild und spielte verrückt. Die Ärztin untersuchte Joey, diagnostizierte eine geschwollene Leber und fragte die verblüffte Besitzerin: „Der trinkt doch nicht etwa, oder?" Jetzt hat Joey Hausverbot im Pub und trinkt nur noch Milch.

Katzen sind beliebte Haustiere. Die Stubentiger können sich bei ihren Haltern fast alles erlauben. Heimlich, still und leise hat sich die Hauskatze im Verlauf von 5000 Jahren in das Leben und das Herz der Menschen eingeschlichen. Katzen wurden in früheren Zeiten angebetet, aber auch auf dem Scheiterhaufen verbrannt oder durch ägyptische Grabbeigaben, griechische Münzen und römische Mosaike verewigt.

Die Katze als Göttin

Für Katzenliebhaber stand schon immer fest: Ihre Katze ist eine kleine Göttin. Damit folgen sie einer langen Tradition, denn im alten Ägypten wurde bereits vor 5000 Jahren die Falbkatze – die Urahnin der Hauskatze – zu einer Göttin erhoben. Die Göttin Bastet hatte einen Frauenkörper mit einem Katzenkopf.

Katzen übernahmen die Mäusejagd in den ägyptischen Getreidespeichern, es war verboten, Katzen zu verletzen. Tötete man eine Katze, büßte man mit dem Leben. In reichen Familien wurden Katzen mit Schmuck behängt, kleine Kinder trugen Medaillons in Form eines Katzenkopfs um den Hals – es sollte sie vor Schmerzen schützen. Starb eine Katze eines natürlichen Todes, hielt die ganze Familie eine Periode tiefer Trauer ein. Die Katze wurde einbalsamiert und in einem oft katzenförmigen Sarg bestattet – häufig mit einer mumifizierten Maus als Grabbeigabe.

In China wurden etwa 1000 Jahre später ebenfalls Katzen verehrt. Angeblich lasen die Chinesen die Tageszeit an den Katzenaugen ab. Nach Italien kamen Katzen ungefähr 100 v. Chr., übernahmen die Mäusejagd und machten bald ganz Europa zu ihrem Revier. Allerdings fürchteten fanatische Hexenjäger in

Auf der Jagd

Das Sehen der Katze ist auf Bewegung ausgerichtet, unbewegte Gegenstände sieht sie nur undeutlich.

Die Milde der Götter

In der ägyptischen Spätzeit wurde die Göttin Bastet nicht mehr als Frauenkörper mit Katzenkopf, sondern ganz als Katze dargestellt (Bronze, 6. Jh. v. Chr.). Sie war für die Ägypter Ausdruck der Milde des Königs und der Götter.

Europa die Macht der Katzen. So hieß es beispielsweise im Mittelalter, die Tiere seien mit Hexen befreundet und mit dem Teufel im Bunde.

ABERGLAUBE UND TOD

Unvorstellbar: Nicht selten fand eine arme Katze einen kläglichen Tod auf dem Scheiterhaufen! Für alles mussten die armen Tiere damals als Sündenbock herhalten: Seuchen, erstickte Babys, verdorbenes Trinkwasser, gescheiterte Ehen. Abergläubische Menschen fürchten sich noch heute vor schwarzen Katzen. Kreuzt eine ihren Weg, glauben sie einer Hexe begegnet zu sein – der ganze Tag ist verdorben.

Im 19. Jh. stellte der Zoologe Alfred Brehm noch bedauernd fest: „Man betrachtet sie als ein treuloses, falsches, hinterlistiges Tier und glaubt, ihr niemals trauen zu dürfen. Viele Leute haben eine unüberwindliche Abscheu gegen sie und gebärden sich bei ihrem Anblick wie nervenschwache Weiber oder ungezogene Kinder."

Ein Irrtum, denn die Katze ist alles andere als falsch! Im Gegenteil: Schon ein Anflug von Misstrauen gegenüber einem Menschen genügt, und die runden Augen werden zu schrägen Schlitzen und sprühen Feuer. Ihre Haare sträuben sich, sie macht einen Buckelrücken, die Schwanzspitze peitscht – der Schmusekater kann ganz schön ungemütlich werden!

Doch warum hatten und haben immer noch so viele Menschen Angst vor Katzen? Katzen sind Individualisten. „Nicht die Katze gehört zum Mensch, sondern der Mensch zur Katze", hört man bekennende Katzenliebhaber sagen. Sie lassen sich nicht wirklich domestizieren wie der Hund. Katzen sind Mitbewohner im Haus, sie kommen und gehen, wie es ihnen passt. Bestätigt wird dies auch in *Grzimeks Tierleben*: „Meist betrachtet die Hauskatze ihren Besitzer nicht als Kumpan, sondern nur sein Haus als ihren Eigenbezirk und ihn als ‚Gegenstand' aus ihrem Revier – ein ungezähmtes Haustier."

ABSOLUT UNBESTECHLICH

Die Zuneigung von Katzen lässt sich nicht mit Leckereien erkaufen. Die Katze vergibt ihre Sympathie, wie sie es für richtig hält. Bei Fremden verhält sie sich daher zunächst abwartend. Scheu und unnahbar betrachtet sie den Eindringling und lässt sich nicht zu einer freund-

Fallen in Perfektion

Ihr Gleichgewichtssinn macht es möglich: Während des Fallens dreht sich die Katze in die richtige Landeposition.

lichen Begrüßung verleiten. Irgendwann kommt sie schon – aber nur, wenn sie wirklich will.

Angeblich verfügen Katzen auch über einen sechsten Sinn. Sie erahnen die Stimmung in einem Raum, ja sie können sogar Streit riechen, bevor er beginnt. Dann ziehen sie sich sofort zurück. Das Gleiche geschieht bei Erdbeben und Vulkanausbrüchen, daher halten sich die Bauern am Ätna in Sizilien Katzen als Vulkan-Wächter.

Der Naturwissenschaftler Prof. Dr. Helmut Tributsch von der Freien Universität Berlin untersuchte das Phänomen, das viele Menschen als Hellsichtigkeit von Katzen interpretieren. Er kam zu folgendem Schluss: „Der unterirdische Druck erzeugt Druckelektrizität in quarzführenden Steinen. Der Strom lässt im Grundwasser, im berstenden Gestein, Ionen der gelösten Luftgase entstehen. Sie treten als Aerosole aus und bilden Wolken. Atmen Tiere und Menschen diese Aerosole ein, wird das Nervenhormon Serotonin ausgeschüttet und löst psychische und physische Störungen aus: Die Katze benimmt sich seltsam."

Die Sprache der Katzen

Katzen haben keine Sprache und doch scheint es, als könnten sie ihren Haltern immer genau mitteilen, was sie gerade benötigen. Nicholas Nicastro von der Cornell Universität in Ithaca, New York, fand heraus, dass Katzen gekonnt auf der Gefühlstastatur ihrer Menschen spielen.

„Früh morgens fordern sie ihr Frühstück mit langgezogenen, tiefen Miaus," sagt Nicastro. „Möchten die Tiere schmusen, stoßen sie kurze, in der Tonhöhe schwankende Laute aus, die den Besitzern das Herz zerreißen." Und schon bekommt der schlaue Stubentiger, was er will. Nicastro geht davon aus, dass sich der Mensch in den letzten 5000 Jahren diese herzzerreißend miauenden Katzen selbst herangezüchtet hat.

Die Geheimnisse des Stubentigers

Die Natur hat alle Katzen mit Fähigkeiten ausgestattet, von denen Menschen nur träumen können.

➤ Katzenaugen
Katzen sehen siebenmal schärfer als Menschen. Das Licht wird von einer reflektierenden Gewebeschicht am Augenhintergrund wie von einem Spiegel zurückgeworfen, so werden geringe Lichtmengen verstärkt und Katzen können dank dieses Restlichtverstärkers auch nachts gut sehen. Bei Sonne verengen sich die Pupillen zu schmalen Schlitzen, bei Dämmerung werden sie kreisrund. Das Sehen ist auf Bewegung ausgerichtet. Unbewegte Gegenstände sehen Katzen nur undeutlich.

➤ Gehör und Tastsinn
Das Gehör von Katzen ist so präzise, dass sie eine Maus in 10 m Entfernung nicht nur orten können – sie können auch deren Laufgeschwindigkeit einschätzen. Das Gehör von Katzen empfängt Töne, die zwei Oktaven höher liegen als die für Menschen hörbaren. Sie können Ultraschall-Schwingungen bis 60 000 Hz wahrnehmen.

➤ Die Kunst des Fallens
Die Katze hat einen viel besseren Gleichgewichtssinn als der Mensch. Bei Stürzen wird die Lage des Körpers an das Gleichgewichtsorgan im Innenohr weitergegeben, kleine Kristalle und Flüssigkeiten werden in Bewegung gesetzt. Flimmerhärchen geben die Information blitzschnell weiter an das Gehirn. Ihre drehfähigen Lendenwirbel erlauben der Katze dann, sich im freien Fall zu drehen und so sicher auf den Pfoten zu landen. Die Beine wirken gleichzeitig als Stoßdämpfer, der zarte, aber elastische Knochenbau von Katzen ermöglicht ein Landen ohne Verletzungen.

➤ Barthaare als Radarsystem
Die empfindlichen Barthaare (Vibrissen) sind mit etwa 200 Nervenfasern ausgestattet: Sie funktionieren wie ein Radarsystem. Deshalb stoßen Katzen auch in absoluter Dunkelheit niemals irgendwo an.

➤ Die Katze als Heiler
Durch ihr wohliges Schnurren scheinen Katzen Verletzungen schneller zu heilen. Die Schallwellen lösen Heilprozesse im Knochengewebe aus, die Frequenzen liegen zwischen 20 und 50 Hz. Frühere Untersuchungen haben gezeigt, dass Schall in diesem Schwingungsbereich auch beim Menschen das Knochenwachstum fördert – und möglicherweise sogar zur Behandlung von Osteoporose geeignet ist.

Katzen sind unbestechlich und schmusen nur, wenn sie wollen. Sie haben den Hund als beliebtestes Haustier verdrängt.

Von der Natur geklaut

Ob Radar, Klettverschluss oder Salzstreuer – viele Erfindungen wären ohne entsprechende natürliche Vorbilder überhaupt nicht möglich gewesen. Dieses in der Natur vorhandene Know-how erforscht ein relativ junger Wissenschaftszweig: die Bionik.

Auf der ersten internationalen Weltausstellung in London im Jahr 1851 erregte eine neuartige, äußerst tragfeste Gewächshauskonstruktion des englischen Gärtners und Hobbyingenieurs Joseph Paxton gewaltiges Aufsehen. Als Vorbild für sein zum Patent angemeldetes, ziehharmonikaartig gefaltetes Glasdach dienten Paxton die Blätter der südamerikanischen Riesenseerose *Victoria amazonica*. Das Gewächshaus sollte als Crystal Palace in die Architekturgeschichte eingehen und darf als eine der ersten patentierten Erfindungen auf der Basis bionischer Forschungen gelten.

Die Bionik ist also eigentlich eine recht alte Wissenschaft. Die Darstellungen des Ikarus oder des „Schneiders von Ulm“ sind ebenso wie die fledermausähnliche Flugmaschine Leonardo da Vincis Hinweise für die Überlegungen, Konstruktionsmerkmale der belebten Natur als Vorbilder für technische Geräte zu nutzen. Und in der Tat gibt es wohl kein besseres Vorbild, liefert doch die Natur sowohl in den Baueigentümlichkeiten als auch in den Leistungen ihrer Geschöpfe Konstruktionen, die im Lauf der Evolution durch unermüdliches Probieren und Experimentieren entstanden und auf ein Optimum an Leistungsfähigkeit gebracht wurden.

Vorbild Ahornsamen

Ein Ahornsamen kann vom Wind über weite Entfernungen getragen werden und trudelt dann in Schraubendrehungen langsam zur Erde, sodass das Samenkorn in der Mitte nicht beschädigt wird. Genauso kann auch ein Hubschrauber ohne Eigenantrieb landen.

Sieben Urformen

Den wirklichen Wert dieser Zusammenhänge erkannte erst Anfang des 20. Jh. der österreichische Biologe Raoul Heinrich Francé. Er schrieb: „Kristallform, Kugel, Fläche, Stab und Band, Schraube und Kegel, das sind die grundlegenden technischen Formen der Welt. Sie genügen sämtlichen Vorgängen des Weltprozesses, um sie zu ihrem Optimum zu geleiten. Alles, was ist, sind wohl Kombinationen dieser sieben Urformen, aber über die heilige Siebenzahl geht es nicht hinaus. Die Natur hat nichts anderes hervorgebracht, und der Menschengeist mag schaffen, was er will, er kommt immer nur zu Kombinationen und Varianten dieser sieben Grundformen.“

Berühmter Salzstreuer

Und Raoul Heinrich Francé konnte selbst gleich eine sinnige Erfindung auf Naturbasis beisteuern: den modernen Salzstreuer. Der Forscher erfand dieses nützliche Utensil, als er Mikroorganismen gleichmäßig auf einem Nährboden aussäen wollte und Versuche mit Puderdosen und Salzfässchen misslangen. Doch als ihm schließlich der Gedanke kam, eine Mohnkapsel zu verwenden, die – wie er vermutete – von Natur aus für die gleichmäßigste Verbreitung ihrer Samen sorgte, war der Erfolg überwältigend. Die Konstruktion eines entsprechenden Streuers für Puder, Salz,

Raoul H. Francé

Der Visionär, den kaum noch jemand kennt

Raoul Heinrich Francé (1874–1943) verbrachte seine Jugend in Wien und Budapest, machte dann aber München zu seiner Wahlheimat. Er war einer der herausragenden Köpfe um und nach der Jahrhundertwende. Der Alpinist, Künstler und Erfinder beschäftigte sich mit Fragen der Botanik, Mikrobiologie, Ökologie, der Evolutionsforschung, Geologie, Zoologie, Physiologie, Psychologie, Biotechnik, Kunst und Philosophie. Kennzeichnend für ihn war die ganzheitliche Sicht der Natur.

Pfeffer und andere feine Stoffe nach dem Vorbild der Mohnkapsel war für den cleveren Forscher kein Problem mehr.

Neuer Wissenschaftszweig

Nach Francé und dem Salzstreuer sahen sich die Forscher bewusster in der Natur um. Doch erst nach dem Zweiten Weltkrieg sollte sich vor allem in den USA eine neue interdisziplinäre Wissenschaft entwickeln, die wir heute Bionik nennen. Der Begriff Bionik wurde 1958 von dem US-Luftwaffenmajor J. E. Steele geprägt und setzt sich aus den Wörtern Biologie und Technik zusammen.

Recht bald erkannte man aber, dass die Versuche, die Natur einfach zu kopieren, meist scheiterten. Dennoch gibt es einige Ausnahmen, etwa der Kunststoffschwamm oder der Klettverschluss. Die Arbeitsweise der Bioniker ist vielmehr, immer erst genau zu erforschen, welche physikalischen Prinzipien hinter einer erfolgreichen natürlichen Konstruktion stecken. Mit anderen Worten: Wer wie ein Vogel fliegen will, muss zunächst einmal verstehen, weshalb ein Vogel überhaupt fliegen kann.

Zu den inzwischen klassischen Nutzern der Bionik zählen – spätestens seit Joseph Paxton – die Architekten. Ähnlich bedeutend wie sein Crystal Palace wurde z. B. die „geodätische Kuppel“. Bei dieser Bauweise werden Metallstäbe zu Drei-, Fünf- oder Sechsecken kombiniert, womit sich stabile Kuppelkonstruktionen errichten lassen. Eine derartige Kuppel überspannt beispielsweise den Botanischen Garten in Düsseldorf.

Genialer Grashalm

In der Natur findet man ähnliche Konstruktionen etwa im Kieselskelett der einzelligen Strahlentierchen (Radiolarien) wieder, und auch die Wabenbauweise der Bienen hat sich über die Architektur hinaus weite Bereiche der Technik erobert. Das Vorbild für die Hängedachkonstruktion des Münchener Olympiastadions wiederum liefern die Baldachinspinnen.

Eine weitere geniale Konstruktion der Natur ist der Grashalm. Auf ihr basiert die Sandwich-Bauweise, bei der durch besondere Anordnung verschiedener Schichten leichte, sehr stabile Baumaterialien entstehen, die man heute in den verschiedensten Industriezweigen verwendet. Dennoch ist die Stabilität des Grashalms der heutigen Technologie noch um ein Vielfaches überlegen.

Andere klassische Anwender der Bionik sind Flugzeug- und Schiffsbau. So erlangte im Flugzeugbau die Wespentaille moderner Überschallflugzeuge,

Ein Termitenhügel ist ein Wunderwerk der Natur, in dem durch kunstvolle Kamine oder sogar durch Einspritzen von Wasser die Temperatur konstant gehalten wird.

Das Ziel ist ein natürliches Gleichgewicht

Die Bionik eröffnet noch vielfältige Möglichkeiten. Wenn sie tatsächlich in Zukunft einmal die Technik bestimmt, dann wird sie dies wahrscheinlich nur auf dem Weg der Verfahrensbionik erreichen. So wird es zu den wesentlichen Aufgaben der Menschheit gehören, die künftige Gestaltung des irdischen Lebens (d. h. etwa den Umgang mit den knapper werdenden Ressourcen, die Erschließung neuer Energiequellen und Energienutzung, die Abfallbeseitigung, den Umweltschutz etc.) durch komplexes Management in den Griff zu bekommen.

Der Schlüssel dazu liegt allein in der Natur. Denn nur sie hat es im Lauf vieler Jahrmillionen geschafft, unter sich stets ändernden Bedingungen und selbst aus bedrohlichen Situationen heraus durch komplexes Management immer wieder gut funktionierende, natürliche Gleichgewichte herzustellen. In der Erforschung dieses natürlichen Knowhows liegt eines der wichtigsten Ziele der künftigen Bionik.

Mohnkapsel war Vorbild für den Salzstreuer

Die Mohnkapsel mit ihren fensterartigen Öffnungen ermöglicht die gleichmäßige Verteilung des Mohnsamens. Sie diente als Vorbild für die Konstruktion des Salzstreuers.

die bei den Insekten abgeschaut wurde und die Strömungsverhältnisse am Flugzeugrumpf stark verbessert, große Berühmtheit.

Zu Beginn der 1990er-Jahre sorgte ein „Patent aus dem Meer" für Aufregung. Berliner Forscher hatten eine Folie entwickelt, mit deren Hilfe sich der Treibstoffverbrauch von Passagierflugzeugen deutlich senken lässt. Als Vorbild diente die Haifischhaut, deren Oberfläche durch unzählige winzige Hautzähnchen aerodynamische Vorteile bietet. Inzwischen hat sich diese Haut bei Flugzeugen und Schiffen bewährt. Als Nebenprodukt kommt die „Haihaut" auch bei Anzügen von Schwimmern und Tauchern zum Einsatz.

In den letzten Jahren orientieren sich auch immer mehr Materialwissenschaftler, Energie- und Klimatechniker verstärkt an Vorbildern der Natur. Denn die Konstruktionen der Natur sind vor allem eins: effektiv bei maximaler Energie- und Materialausnutzung.

> *„Die Natur liefert keine Blaupausen für die Technik. Die Meinung, man bräuchte die Natur bloß zu kopieren, führt in eine Sackgasse."*
>
> Prof. Dr. Werner Nachtigall, Bioniker

Weites Anwendungsfeld

Ein recht teures Vergnügen ist z. B. nach wie vor die Lichterzeugung aus Elektrizität. So werden bei Edisons Glühbirne nur 5 % der Ausgangsenergie in Licht umgesetzt, beim Kaltlicht-Prinzip der Käfer, Quallen, Tiefseetiere, Moose, Pilze, Leuchtbakterien und anderer Lebewesen sind es jedoch bis zu 90 % – das schafft selbst die beste Energiesparlampe nicht. Immerhin haben die Physiker und Techniker die Natur mit der Erfindung des Lasers zumindest in einem Punkt überflügelt: Lichtquellen, mit denen sich bohren und schneiden lässt, kennt die Natur nicht.

In den Kreis der Interessenten reihen sich aber auch verstärkt Informatiker, Kybernetiker und Verfahrenstechniker ein. Auch ihnen eröffnet sich ein weites Feld. Industrie-Roboter etwa sind heute aus der Produktion nicht mehr wegzudenken, aber sie arbeiten immer noch mehr oder weniger ruckartig. Sanfte Bewegungen, wie sie etwa Muskeln ausführen, beherrschen sie noch nicht.

Der Tanz der Bienen

Unter den vielen Möglichkeiten der tierischen Kommunikation ist die Sprache der Bienen eine der verblüffendsten. Was wir Menschen oft nur umständlich ausdrücken können, teilen die Bienen ihren Artgenossen ganz einfach tanzend mit.

Schwänzeltanz

Die Länge des geraden Stücks des Schwänzeltanzes und die Lage zur Sonne geben Entfernung und Richtung der Futterquelle an.

Auch die Süße wird gemeldet

Eine Honigbiene saugt Nektar. Auch über die Ergiebigkeit und die Süße der Futterquelle informiert die Biene ihre Genossinnen im heimischen Stock.

Genauso wie wir Menschen Kommunikation betreiben, also unseren Mitmenschen etwas mitteilen, können dies auch Tiere. Die tierische Kommunikation war sogar eine der wesentlichen Voraussetzungen für die Entwicklung des irdischen Lebens überhaupt. Sprechen wir von der menschlichen Kommunikation, so meinen wir damit in erster Linie die menschliche Lautsprache, obwohl wir wissen, dass auch der Mensch noch über andere Kommunikationsmöglichkeiten verfügt, beispielsweise die Körpersprache.

Zu den bedeutendsten tierischen Kommunikationsmöglichkeiten zählen die optischen Verständigungsmittel. Farbmerkmale sind wichtige Signale und dienen als Erkennungszeichen des Geschlechtspartners oder des Rivalen. Oft sind dabei die Männchen während der Balz besonders schön anzusehen, etwa der auffallend prächtig gefärbte Pfau. Andere Tiere, etwa die berühmten Glühwürmchen, besitzen spezielle Leuchtorgane. Auch der Tanz kann ein optisches Signal sein. So fühlen sich die Weibchen der Eintagsfliegen von tanzenden Schwärmen ihrer Artgenossen stark angezogen.

Getanzte Sprache

Der Tanz der Bienen wiederum dient einem anderen Zweck. Hierbei handelt es sich um eine recht differenzierte Sprache, mit der sich die Tiere über Nahrungsquellen und Arbeitsmöglichkeiten in der Umgebung ihres Stockes unterrichten. Nicht zu Unrecht bezeichnete der Entdecker dieses Verhaltens, der berühmte Zoologe und Nobelpreisträger Karl von Frisch, die Tänze der Bienen als „sprechende Tänze", die eine wortlose Verständigung ermöglichen.

Man unterscheidet beim Tanz der Bienen zwei Arten, und zwar den Rundtanz und den Schwänzeltanz. Beim Rundtanz lässt sich die heimgekehrte Kundschafterin zunächst unter ihren Stockgenossen nieder und bietet ihnen hervorgewürgte Nektartröpfchen an. Daraufhin beginnt sie in großer Eile auf einer Kreisbahn zu trippeln, wobei sie einmal rechts und einmal links herum läuft. Hierdurch werden andere Bienen aufmerksam.

Diejenigen, die der Tänzerin in dem dichten Gedränge am nächsten sitzen, folgen den Bewegungen, indem sie ihre Fühler auf den Hinterleib der Kundschafterin legen und gleichsam wie ein Schwanzbüschel an ihr hängen. Der Tanz kann minutenlang dauern, wobei sie mehr als zwanzig Wendungen am selben Fleck vollführt. Anschließend wiederholt sie das Spektakel an anderen Stellen der Wabe, um noch weitere Kolleginnen über ihre Entdeckung zu informieren.

Anders hingegen der Schwänzeltanz. Bei dieser Art des Tanzes läuft die heimgekehrte Kundschafterin zunächst eine gerade Strecke auf der Wabe, beschreibt dann einen Halbkreis nach links, läuft wieder eine geradlinige Laufstrecke und kehrt in einem Halbbogen nach rechts zum Ausgangspunkt zurück.

Schwänzelbewegungen

Das Auffälligste daran ist jedoch, dass die Biene beim Geradeauslauf zusätzlich lebhafte Schwänzelbewegungen mit dem Hinterleib ausführt und dabei ein scharrendes Geräusch von sich gibt. Dieses wird durch sehr kurze Vibrationsstöße hervorgerufen – pro Sekunde etwa 30 –, die durch die Flugmuskulatur im Bruststück (Thorax) erzeugt werden.

Welche Informationen aber werden nun den Bienen im Stock durch die Tänzelbewegungen mitgeteilt? Zunächst einmal zeigen die Tänze an sich, dass es

Lieferanten für Honig und Wachs

Bienen, Honig und Wachs kennt man seit 9000 Jahren. Ein Bienenvolk liefert 7–10 kg Honig im Jahr.

eine Futterquelle gibt, bei der etwas zu holen ist. Der Schwänzellauf zeigt einerseits die Entfernung zur Futterstelle, andererseits aber auch die Richtung dorthin an. Diese wird durch die Lage der geraden Schwänzelstrecke angezeigt.

Weg zur Futterquelle

Tanzt die Biene auf einer horizontalen Fläche, beispielsweise auf dem Anflugbrett des Stockes, so weist die Richtung der Schwänzelstrecke genau in Richtung des Futterplatzes, wobei sie die Sonne als Kompass benutzt.

Anders im Stock. Hier ist es dunkel, und die tanzende Biene findet nur eine vertikale Fläche vor. Deshalb überträgt sie den Winkel, der beim Flug zur Futterquelle gegenüber der Sonne einzuhalten ist, auf die Richtung zur Schwerkraft. In der täglichen Bienenpraxis sieht das etwa folgendermaßen aus:

Schwänzellauf nach oben: Der Futterplatz liegt genau in Richtung zur Sonne; Schwänzellauf senkrecht nach unten: entgegengesetzte Richtung zur Sonne; Schwänzellauf 60 Grad nach links oben bedeutet: 60 Grad links von der Sonnenrichtung und so weiter.

Darüber hinaus übermittelt die Tänzerin die Art der Futterquelle. Den Duft, der der Biene anhaftet und den die Stockgenossinnen auch im hervorgewürgten Nektartröpfchen und mit den Fühlern an ihrem Hinterleib wahrnehmen, können sich die informierten Kolleginnen einprägen. Sie wissen somit genau, welche Futterquelle sie anfliegen sollen.

Menge und Entfernung

Darüber hinaus geben die Werbetänze Auskunft über die Ergiebigkeit der neu entdeckten Futterstelle. Je reichhaltiger sie an Menge und Süße ist, desto wilder und intensiver tanzt die Kundschafterin. Liegt der Zuckergehalt hingegen unter einem bestimmten Prozentsatz, so tanzt sie gar nicht erst.

Ferner gibt sie die Entfernung zur Futterquelle an. Ist diese bis zu 100 m vom Stock entfernt, so vollführt sie nur den Rundtanz. Eine weitere Entfernung als 100 m zeigt hingegen der Schwänzeltanz an. Beträgt der Abstand nicht viel mehr als 100 m, folgen die Wendungen beim Tanz sehr hastig aufeinander, ungefähr 9-bis 10-mal in einer Viertelminute. Die geradlinige Laufstrecke erstreckt sich nur über 1–2 Zelldurchmesser. Nimmt die Entfernung aber zu, so verlangsamt sich das Tanztempo und der Geradeauslauf wird immer länger und nachhaltiger. So erstreckt sich dieser bei 5000 m Entfernung über 4–5 Zellen und wird lediglich 2- bis 3-mal in der Viertelminute durchlaufen.

Interesse wecken

Wenn mehrere Kundschafterinnen zur gleichen Zeit nach Hause kommen und von ihren Entdeckungen berichten, so entscheidet die Beharrlichkeit und Intensität der Tänze. Es ist wie beim Menschen: Wer sich am besten verkauft, gewinnt letztendlich das Interesse.

Verblüffend am Kommunikationssystem der Bienen ist, dass es sich genau wie bei der menschlichen Lautsprache um eine Verständigungsform handelt, die sich erst im Lauf der Zeit entwickelt und an die jeweiligen Erfordernisse angepasst hat. Bienenarten, die nur ein weniger stark entwickeltes Staatswesen besitzen, verfügen über eine vergleichsweise einfach gehaltene Tanzsprache, die sich nur auf den Austausch von ungefähren Angaben beschränkt. In manchen Fällen fehlt die Sprache ganz.

Verschiedene Sprachen

Nicht minder verblüffend ist schließlich die Tatsache, dass die Bienen in den verschiedenen Teilen der Erde auch unterschiedliche Sprachen und Dialekte sprechen. So handelt es sich bei der hier beschriebenen Tanzsprache um diejenige Art von Kommunikation, die bei den deutschen Bienen üblich ist.

Doch bereits bei italienischen Bienenrassen sehen der Tanzrhythmus, die Figuren und die Angaben über die Entfernung schon etwas anders aus. Würde man eine italienische Biene in ein deutsches Bienenvolk integrieren – die Italienerin würde ihren deutschen Kolleginnen zwangsläufig falsche Informationen über die Futterquelle mitteilen.

Ein straffer Staat mit eigener Sprache

Alle Arbeiterinnen dienen der Königin und durchlaufen eine ganz bestimmte Karriere.

➤ **Die Bienen gehören** zu den sozialen oder Staaten bildenden Insekten. Das heißt: Sie leben in mehr oder weniger großen Verbänden, Staaten oder Stöcken, die aus einer fortpflanzungsfähigen Königin, aus einer Anzahl (oft einige 100) ebenfalls fortpflanzungsfähiger männlicher Drohnen und einer noch größeren Zahl von nicht fortpflanzungsfähigen Arbeiterinnen bestehen.

➤ **Ein Kennzeichen dieser Sozialstaaten** ist es, dass die von den einzelnen Mitgliedern zu erledigenden Aufgaben durchorganisiert sind und bis ins Einzelne festliegen. Während der Königin und den Drohnen das Geschäft der Fortpflanzung obliegt, übernehmen die Arbeiterinnen alle anderen wichtigen und schwierigen Aufgaben. Der Lebensweg oder die „berufliche Laufbahn" einer Arbeiterin sieht dabei etwa wie folgt aus:

➤ **In den ersten drei Lebenstagen** nach dem Schlupf ist die junge Biene mit der Reinigung von Waben beschäftigt. Danach übernimmt sie für weitere drei Tage die schwierigere Aufgabe der Fütterung von älteren Larven. Damit vertraut, obliegt ihr in den folgenden drei Tagen die Fütterung und Pflege von jüngeren Larven, unter denen besonders die künftigen Königinnen eine intensivere Betreuung benötigen.

➤ **Danach beginnt der Außendienst**, und sie unternimmt in der Nähe des Stockes die ersten Orientierungsflüge, um die Welt kennen zu lernen. Dann geht sie bis etwa zum 20. Lebenstag verschiedenen Aufgaben einer erwachsenen Arbeiterin nach.

➤ **Das Programm einer Arbeiterin** sieht ungefähr folgendermaßen aus: Zellenbau, Empfang von Sammlerinnen und Übernahme des Sammelguts (Honig, Blütenstaub), Betreuung der Königin, Entfernen von Abfall und toten Bienen, die sie nach draußen bringt. Kurz, die Arbeiterin macht alles, was für die Ordnung im Stock nötig ist.

➤ **Etwa am 20. Tag** rückt sie in den Rang einer Wächterin auf. So hält sie am Stockeingang Wache, wehrt Eindringlinge ab und kontrolliert heimkehrende Stockkolleginnen auf den stockeigenen Geruch.

➤ **Nach der Tätigkeit als Wächterin** übernimmt sie weitere Aufgaben als Futterlieferantin und Sammlerin. Schließlich erfüllt sie bis zum Ende ihres Daseins die äußerst wichtige Aufgabe einer Kundschafterin, weil offenbar erst die ältere Arbeiterin das allgemeine Mitteilungssystem in einem Bienenstock beherrscht.

Die einzige Aufgabe der Bienenkönigin besteht darin, Eier zu legen, bis zu 1500 pro Tag. Sie muss von den Arbeiterinnen gefüttert werden und wird 3–5 Jahre alt, die Arbeiterinnen nur 4–5 Wochen.

BAKTERIEN, DIE IN DER HÖLLE LEBEN

Einzeller sind die kleinsten Organismen und die größten Überlebenskünstler. Sie verkraften die extremsten Umweltbedingungen: kein Licht, kein Sauerstoff sowie Eiseskälte oder glühende Hitze.

Die Forscher im speziell ausgerüsteten Tauchboot *Alvin* trauten ihren Augen nicht: In mehr als 2500 m Tiefe, in absoluter Dunkelheit, tauchten urplötzlich rosa gefärbte Fische, Seeanemonen, Muscheln und Krebse im Licht der Scheinwerfer auf – quicklebendig wohlgemerkt und ganz offensichtlich bei bester Gesundheit. Wie können sie dort leben, und wovon ernähren sie sich? Organische Partikel, die aus höheren Wasserschichten herabsinken, können für diese Artenvielfalt und für die große Zahl der Tiere nicht ausreichen.

Gibt es Leben in diesem Meer von Gift?

Mikrobiologen entnehmen in Mexikos giftiger Höhle Cueva de Villa Luz Gasproben, um die chemische Zusammensetzung der Quelle zu bestimmen und eventuell Spuren von einzelligem Leben zu entdecken. Masken schützen sie vor gefährlichen Gasen.

In der Nähe der vulkanischen „Schwarzen Raucher", die auf dem Boden der Weltmeere bis zu 350 °C heißes Wasser mit hohem Druck herausschießen, wurden Bakterien entdeckt, die sich bei Temperaturen von rund 100 °C problemlos entwickeln. In den heißen, schwefelhaltigen Geysiren des Yellowstone-Nationalparks und auf Island gedeihen Bakterien ebenfalls prächtig. Wie können sie derartige Lebensbedingungen aushalten?

Geysir im Yellowstone-Park

Selbst in der kochend heißen, schwefelhaltigen Brühe der Geysire im amerikanischen Yellowstone-Nationalpark gedeihen Bakterien.

Das Wasser des Toten Meeres und anderer stark versalzter Seen, Quellen und Bäche ist für Menschen und Tiere ungenießbar, ja tödlich, da es dem Körper Wasser entzieht, statt es zuzuführen. Einer ganzen Reihe von Mikroben dagegen macht es überhaupt nichts aus, sie fühlen sich dort äußerst wohl und bilden riesige Kolonien.

Lebende Fossilien

Unter dem 4 km dicken Eispanzer der Antarktis liegen große, bis zu 500 m tiefe Seen. Und in diesen aus der Urzeit stammenden Wasserreservoiren vermuten Biologen einen enormen Artenreichtum an Bakterien, Algen und anderen Einzellern, vielleicht sogar an ursprünglichen Pflanzen- und Tierarten – biologische Fossilien mit einem entscheidenden Vorteil: Sie leben noch, vermehren sich fleißig und bilden eigene Ökosysteme. Die Voraussetzungen dazu sind allerdings nicht gerade ideal: Dort unten gibt es fast keinen Sauerstoff, es herrscht absolute Dunkelheit, und die Temperaturen liegen etwa bei 2 °C.

Während die Polarforscher momentan noch an dem Problem scheitern, mit Sonden und Kameras in die Seen vorzudringen, wurden sie in den zugänglichen Schichten von Süß- und Meerwassereis längst fündig und isolierten ein- und mehrzellige Organismen, die sofort aktiv wurden, wenn sie auftauten.

Extremophile Organismen nennt die Wissenschaft die Einzeller, Pflanzen und Tiere, die ganz bestimmte Taktiken entwickelt haben, um in absolut unwirtlicher Umgebung zu überleben. Man kann sich kaum einen Lebensraum vorstellen, der nicht von lebenden Strukturen besiedelt ist – ohne Sauerstoff, ohne frei verfügbaren Kohlenstoff, bei Temperaturen, die vermutlich zwischen +350 °C und –269 °C liegen, in den stärksten Säuren und Laugen, bei radioaktiver Strahlung, die 1000-mal höher ist als die für normale Organismen absolut tödliche Dosis, bei extremer Trockenheit und ohne die Leben spendende Energie des Sonnenlichts.

Der Organismus, der die extremsten Lebensbedingungen aushält, ist das Bakterium *Deinococcus radiodurans*. Dieser

Extremophile sollen in den Abluftkaminen der Kraftwerke giftige Gase in harmlose Substanzen umwandeln.

Extremophile entgiften Treibhausgase

Weltweit suchen Mikrobiologen und Biotechnologen nach Extremophilen, um das Problem der Treibhausgase in den Griff zu bekommen und so der globalen Klimaveränderung Paroli zu bieten. Ihre Idee: Sie hängen in die Kamine der Erdöl-, Gas- und Kohlekraftwerke Filter, auf denen Bakterien, Pilze oder Algen leben, die Kohlendioxid und andere Schadstoffe „fressen" und in ungefährliche Substanzen umwandeln. Diese Organismen müssen nicht nur den Cocktail an giftigen Gasen aushalten, der durch die Kamine in die Luft steigt, sondern auch die sehr hohen Temperaturen des Rauchgases. Und sie sollten nicht sofort absterben, wenn die Öfen einmal abgeschaltet werden.

Einzeller fühlt sich in klirrender Kälte ebenso wohl wie in kochendem Wasser, ihm macht ein Säurebad ebenso wenig aus wie für andere Organismen absolut tödliche Dosen radioaktiver Strahlung.

Entdeckt wurde er bereits in den 1950er-Jahren – und zwar in vergammelten Fleischkonserven der US-Army, die – damals noch erlaubt – mit hohen Dosen Radioaktivität bestrahlt worden waren, um sie zu sterilisieren. Aus der rosafarbenen Schleimschicht, mit der das Fleisch überzogen war, isolierten Mikrobiologen massenhaft kleine, kugelförmige Bakterien und untersuchten sie genauestens. Sie bestrahlten die Bakterien nochmals mit einer für Menschen tödlichen Dosis, was *Deinococcus* problemlos aushielt. Doch auch die 10 000-fache Menge schadete ihnen nicht, und ihre Sporen keimten bald wieder aus.

LEBEN IN DER HITZE

Bis in die 1960er-Jahre waren sich Biologen sicher, dass jenseits einer Grenze von etwa 80 °C kein Leben möglich sei. Ihrer Meinung nach würde die Hitze die Nukleinsäuren des Zellkerns und der anderen Zellorgane sowie die Proteine und Enzyme zerstören. Die Organismen könnten weder neue Eiweiße bilden noch Energie gewinnen oder sich gar teilen, sie würden sofort absterben.

Der Bakteriologe Thomas Brock belehrte die Wissenschaft schließlich eines Besseren, als er in heißen Tümpeln und Bächen, ja sogar in Geysiren, lebende Bakterien fand. Selbst an den Wänden kochend heißer Quellen lebten Organismen und schienen sich wohl zu fühlen.

Es dauerte noch zwei Jahrzehnte, bis diese sensationelle Entdeckung systematisch erforscht wurde und Forscher begannen, in den verschiedensten lebensfeindlichen Biotopen gezielt nach Extremophilen zu suchen. Es war nicht nur rein wissenschaftliches Interesse, das die Suche vorantrieb. Vielmehr standen auch wirtschaftliche Interessen dahinter. Denn die Industrie sucht händeringend nach Enzymen, um bestimmte chemische Prozesse steuern zu können.

COCKTAIL AUS ENZYMEN

Enzyme sind organische Moleküle, die als Biokatalysatoren wirken, also Stoffwechselvorgänge steuern. Sie sind heute z. B. in jedem Waschmittel enthalten und zerlegen Eiweiße, Fette und andere Verschmutzungen, um ein optimales Waschergebnis zu bekommen. Das Problem: Die meisten Enzyme sind nur in einem relativ kleinen Temperaturbereich

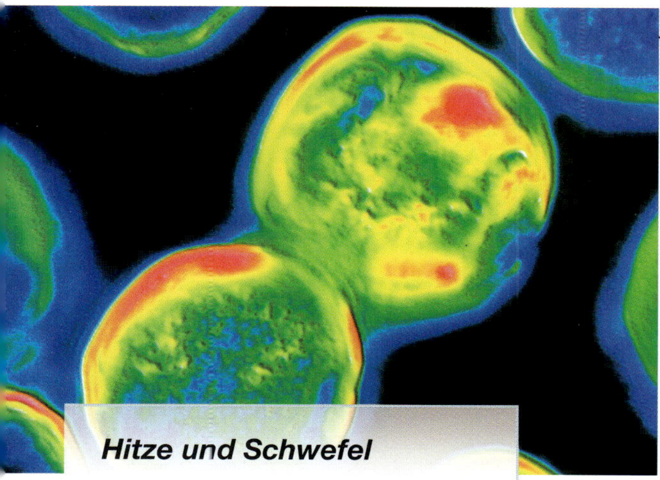

Hitze und Schwefel

Das Bakterium Archaeoglobus fulgidus *lebt in unterseeischen Vulkanen, fühlt sich in 83 °C heißem Wasser wohl und ernährt sich von Schwefel.*

aktiv und zerfallen, wenn es ihnen zu heiß wird. Auch beim Mälzen von Getreide zum Bierbrauen werden gezielt Enzymreaktionen genutzt.

Im Getreidekorn ist neben Stärke auch ein regelrechter Cocktail von Enzymen enthalten. Diese zerlegen die sehr langkettigen Stärkemoleküle in kleinere Bruchstücke, die ziemlich süß schmecken: den Malzzucker. Die Enzyme extremophiler Organismen arbeiten, anders als die bei der Malzproduktion aktiven, selbst bei großer Hitze oder Kälte, unter hohen Drücken oder im Vakuum, in ätzenden Säuren oder in starken Laugen. Und genau das macht sie für die chemische und pharmazeutische Industrie, aber auch für den Einsatz in der Mikroelektronik interessant. Aus diesem Grund sucht man gezielt nach Extremophilen und entschlüsselt die Geheimnisse ihres Stoffwechsels.

ÄUSSERST WIDERSTANDSFÄHIG

Wie ist es möglich, solche extremen Lebensbedingungen nicht nur zu überstehen, sondern dabei biologisch aktiv zu bleiben, ja sogar sich zu vermehren? Selbst relativ geringe Strahlendosen zerhäckseln z. B. die DNA des Zellkerns und die für die Zellatmung, die Energiegewinnung und die Proteinbildung verantwortlichen RNS (Ribonucleinsäuren) regelrecht. Die Extremophilen haben dagegen sehr kreative Wege gefunden, diese Schäden zu vermeiden, bzw. Reparaturmechanismen entwickelt, um sie schnellstens wieder funktionsfähig zu machen. Wie das im Einzelnen abläuft, ist allerdings bis heute noch nicht endgültig geklärt.

BAKTERIEN FRESSEN ÖL

Völlig andere Wege, um in lebensfeindlicher Umgebung zu überleben, haben Organismen entwickelt, die etwa in Säuren und Laugen und in giftigen Schwermetallbrühen leben. Sie fressen die giftigen Substanzen einfach auf und wandeln sie in komplizierten chemischen Prozessen in ungiftige Stoffe um.

So staunten die Rettungsteams nicht schlecht, als sie 1993 nach der Havarie des Öltankers *Braer* vor den Shetlandinseln in der Nordsee die drohende Ölpest durch 85 000 t ausgelaufenes Rohöl bekämpfen wollten. Innerhalb weniger Wochen hatten Bakterien, die Kohlenwasserstoffe fressen und abbauen, den gesamten Ölteppich bewältigt.

Hoffnung im Kampf gegen Umweltkatastrophen

Viele Bakterien wandeln giftige Stoffe in harmlose Substanzen um. Man hofft, sie bald gezielt bei Umweltproblemen wie Tankerunfällen und bei Altlasten wie Mülldeponien, aufgelassenen Bergwerken und verseuchten Fabrikgeländen einsetzen zu können.

ÜBERLEBENS-KÜNSTLERIN RATTE

Die Ratte ist das einzige Säugetier, das der Mensch nicht ausrotten kann. Sie ist viel zu klug und überlebt jede Giftattacke und sogar radioaktive Strahlung.

Ob sie tatsächlich einen Rekord geschafft hat, ist nicht bekannt. Aber der Sachbearbeiter einer Firma staunte nicht schlecht, als er die Toilette seiner Büroetage im 15. Stock eines Berliner Hochhauses betrat: In der WC-Schüssel schwamm eine Ratte! Ein Fall mehr für den Schädlingsbekämpfer, der wie alle anderen Einsätze ohne dauerhaften Erfolg bleiben wird. Denn Ratten sind einfach nicht auszurotten, da sind sich alle Experten sicher. Die Nager sind einfach viel zu schlau!

Rattus rattus, die Hausratte, und *Rattus norvegicus*, die Wanderratte, suchen die Nähe zum Menschen, nicht unbedingt zu dessen ungetrübter Freude. Das hat einen ganz einfachen Grund: Wo der Mensch ist, da gibt es für den großen Verwandten der Maus in aller Regel Fressen im Übermaß: Küchenabfälle, weggeworfene Essensreste, notfalls tut es ein paar Tage lang auch Papier. Ratten fressen alles, selbst Verdorbenes.

Ratten sind äußerst einfallsreich und rabiat, wenn sie Hunger haben. So schaffen sie es problemlos, sich durch die Wand einer Mülltonne zu nagen, wenn sie nicht auf anderem Weg hineinkommen. Aber das ist meistens der Fall: Sie sind hervorragende Kletterer und Springer, können notfalls drei Tage ununterbrochen schwimmen und überstehen sogar einen Fall aus mehreren Metern Höhe unbeschadet.

Was sie – aus Sicht des Menschen – zu Schädlingen macht, ist die Tatsache, dass sie nicht nur Abfälle fressen, sondern auch frische Nahrung sehr schätzen. Weltweit gehen erhebliche Mengen an Weizen, Reis und anderen Nahrungsmitteln durch die Mägen von Ratten – fatalerweise gerade dort, wo ohnehin Hunger herrscht. Die Beton- und Stahlwände der Getreidesilos bei uns können sie (noch) nicht überwinden.

Ansonsten aber besiedeln sie wirklich jeden nur denkbaren Lebensraum. Selbst auf Bäumen sind sie zu finden. So haben sich ganze Familien z. B. auf Palmen spezialisiert. Sie leben bestens von den Datteln oder Kokosnüssen und verlassen ihren Baum nur, wenn die Nahrungsquelle versiegt.

Ihre Vorliebe für Kanalrohre, Müllhalden, Gestrüpp und Hecken hängt neben dem dort gebotenen guten Nahrungsangebot auch damit zusammen, dass sie in dieser Umgebung vom Menschen kaum gestört werden: Selbst der bestialische Gestank scheint ihnen nichts auszumachen, obwohl sie eine sehr feine Nase haben. In ihren ausgeklügelten Höhlensystemen markieren sie die verschiedenen Wege durch Urinspritzer, die ihnen die Orientierung in der Dunkelheit erlauben.

Unheimliche Intelligenz

Neben der Nase sind es vor allem die langen Barthaare, die ihnen sagen, wo sie sich befinden: Sie streifen an den Wänden der Gänge entlang und melden die Vibrationen ans Gehirn. Das macht die Ratte unheimlich. Ihre Intelligenz und ihr ausgeprägtes Sozialleben tragen schon beinahe menschliche Züge. Doch sie lebt im Müll, nicht zu Unrecht gilt sie als Überträger von

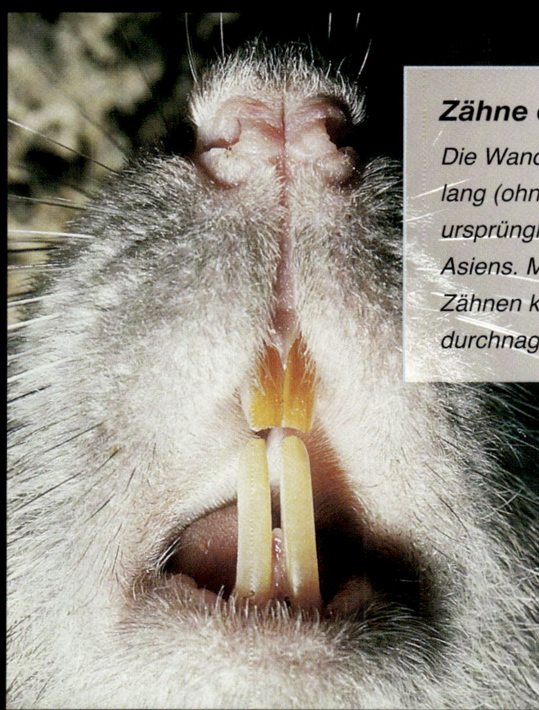

Zähne einer Wanderratte

Die Wanderratte wird 22–26 cm lang (ohne Schwanz) und stammt ursprünglich aus den Steppen Asiens. Mit ihren nachwachsenden Zähnen kann sie sogar Metall durchnagen.

Krankheiten, auch wenn sie daran oft unschuldig ist. Die Pest etwa, noch immer nicht überall ausgerottet, kann sich z. B. in einigen Regionen Indiens nur ausbreiten, weil der Rattenfloh das Blut des kleinen Säugetiers ebenso schätzt wie das des Menschen. Dabei gerät leicht der Pesterreger, *Yersinia pestis*, in den menschlichen Organismus und rafft ihn dahin, während er der Ratte nichts ausmacht.

Die Fähigkeit, mit gefährlichen Keimen und Schadstoffen fertig zu werden, ohne selbst Schaden zu nehmen, ist verantwortlich dafür, dass Ratten nicht auszurotten sind. So fanden Wissenschaftler nach Atomtests auf dem Bikini-Atoll im Pazifischen Ozean kein Leben mehr in der Umgebung des Explosionsorts – bis auf eine Ratte, der die tödlichen Strahlen nichts ausmachten. Sie wirkte zwar etwas verstört, war ansonsten aber kerngesund!

Leben in der Gemeinschaft

Auch chemische Keulen können Ratten nichts anhaben. Die Chemiekonzerne hinken deren Überlebenskunst immer hinterher. Selbst der Einsatz von Arsenik und anderen schweren Giften, wie er gegen Ende des 19. Jh. üblich war, konnte die Plage nicht beenden.

Der Grund ist relativ einfach: Ratten leben gesellig. Finden sie etwas zu fressen, das anders riecht oder aussieht als ihre gewohnte Nahrung, so muss ein Tier in den sauren Apfel beißen: Ein rangniedriges Männchen – die Weibchen werden für den Nachwuchs gebraucht – probiert das Nahrungsangebot, aufmerksam beobachtet von seinen Artgenossen. Zeigt es Krankheitszeichen oder stirbt, dann meidet die ganze Gruppe die vergiftete Nahrung, auch wenn der Hunger noch so groß ist.

Rache des Rattenfängers

Der Rattenfänger von Hameln soll im 13. Jh. 130 Kinder aus der Stadt gelockt haben, nachdem er die Rattenplage beseitigt hatte und um seinen Lohn betrogen worden war (Holzstich, H. Kaulbach, 1890).

Also sannen Forscher nach Auswegen – und hätten beinahe Erfolg gehabt: Sie versetzten Köder mit Cumarin, einer Substanz, die das Gerinnen des Blutes verhindert und die Adern porös macht. Zu Millionen starben Ratten an dem Gift, doch plötzlich verlor es seine Wirksamkeit. In dem Milliardenheer der Tiere waren einige, die gegen Cumarin immun waren: Sie überlebten.

8000 Nachkommen im Jahr

Aus dieser relativ kleinen Gruppe wuchs in kurzer Zeit eine neue Rattenpopulation heran. Denn die Tiere sind ausgesprochen fruchtbar. Genau wissen es die Forscher nicht, aber ein Pärchen kann im Jahr für bis zu 8000, nach anderen Schätzungen bis zu 15 000 Kinder und

Kindeskinder sorgen. Die Weibchen sind bereits mit drei Monaten geschlechtsreif und bringen nach lediglich 20 Tagen 6–8 Junge zur Welt. Gleich darauf können sie erneut begattet werden.

Daher kann es eine Population problemlos überstehen, wenn nur 10 % eine Vernichtungsaktion überleben: Bereits ein halbes Jahr später ist sie wieder auf ihre frühere Größe angewachsen.

Doch es muss nicht unbedingt der Schädlingsbekämpfer sein, der eine Gruppe von Ratten dezimiert. Auch Krankheiten und vor allem Nahrungsmangel können eine Gruppe treffen. Leidet eine trächtige weibliche Ratte Hunger, werden die Föten einfach abgestoßen. Außerdem ist sie in dieser Zeit unfruchtbar. Und wenn auch das nicht reicht, dann kommt es zum Kannibalismus am Nachwuchs. Zunächst werden dabei dann die jungen Männchen aufgefressen, erst dann die Weibchen. Denn sie sollen ja schnell wieder für Nachwuchs sorgen, wenn die Hungerperiode zu Ende ist …

Wählerische Rättinnen

Bei der Auswahl der Väter sind Rättinnen übrigens ausgesprochen wählerisch. Sie können zwar täglich mit bis zu 100 Partnern kopulieren, doch für die Befruchtung ihrer Eizellen wählen sie das Sperma des stärksten Männchens aus: Ihre Vagina kann den Zugang zur Gebärmutter öffnen oder verschließen.

Weil sich die Rättinnen bereitwillig mit vielen Männchen paaren, sind heftige Rangkämpfe unter ihnen selten. Und wenn, dann gehen sie ohne große Folgen ab. Denn Ratten haben eine Beißhemmung: Der Einsatz der messerscharfen Nagezähne ist bei Kämpfen untereinander tabu. Boxen und Schlagen mit den Vorderpfoten sind die üblichen Kampfdisziplinen. Ernsthafte Blessuren oder tödliche Verletzungen sind dabei praktisch ausgeschlossen.

Göttliche Ratten, die Sintflut und der Kalender

Der schönste Platz auf Erden ist der Tempel von Deshnoke in Indien, zumindest für Ratten. Hier werden sie fast wie Götter verehrt, weil sie als Reittier des elefantenköpfigen Gottes Ganesha gelten. Wer eine Ratte verletzt, beschwört Unheil auf sich und seine Familie, er hat sein „gutes Karma" verloren.

Auch die Sintflut hängt eng mit der Ratte zusammen. In vielen Mythen wird das hohe Lied der Ratte gesungen, weil sie ihr Leben geopfert haben soll, um die Menschheit vor dem Untergang zu retten. Andere Legenden besagen, dass der Mord an einer Ratte Grund für die Katastrophe war.

Im Buddhismus wird die Zeit nach Tieren unterteilt. Alle 12 Jahre gibt es das Jahr der Ratte, so z. B. 1960, 1972, 1984, 1996 und 2008. Den Menschen aus diesen Jahrgängen sagt man Fleiß, Ehrgeiz und Ernsthaftigkeit in der Liebe nach.

Mit Milch und Reis werden die Ratten im Tempel von Deshnoke verwöhnt.

WAS BRINGT UNS DIE ZUKUNFT?

Wie lange gibt es uns Menschen noch, und wie werden wir in 20, 50 oder 100 Jahren leben? Auf manchen Gebieten überschlägt sich die Entwicklung, auf anderen ist eine Rückbesinnung auf Werte und Methoden von gestern der bessere Weg ins Morgen.

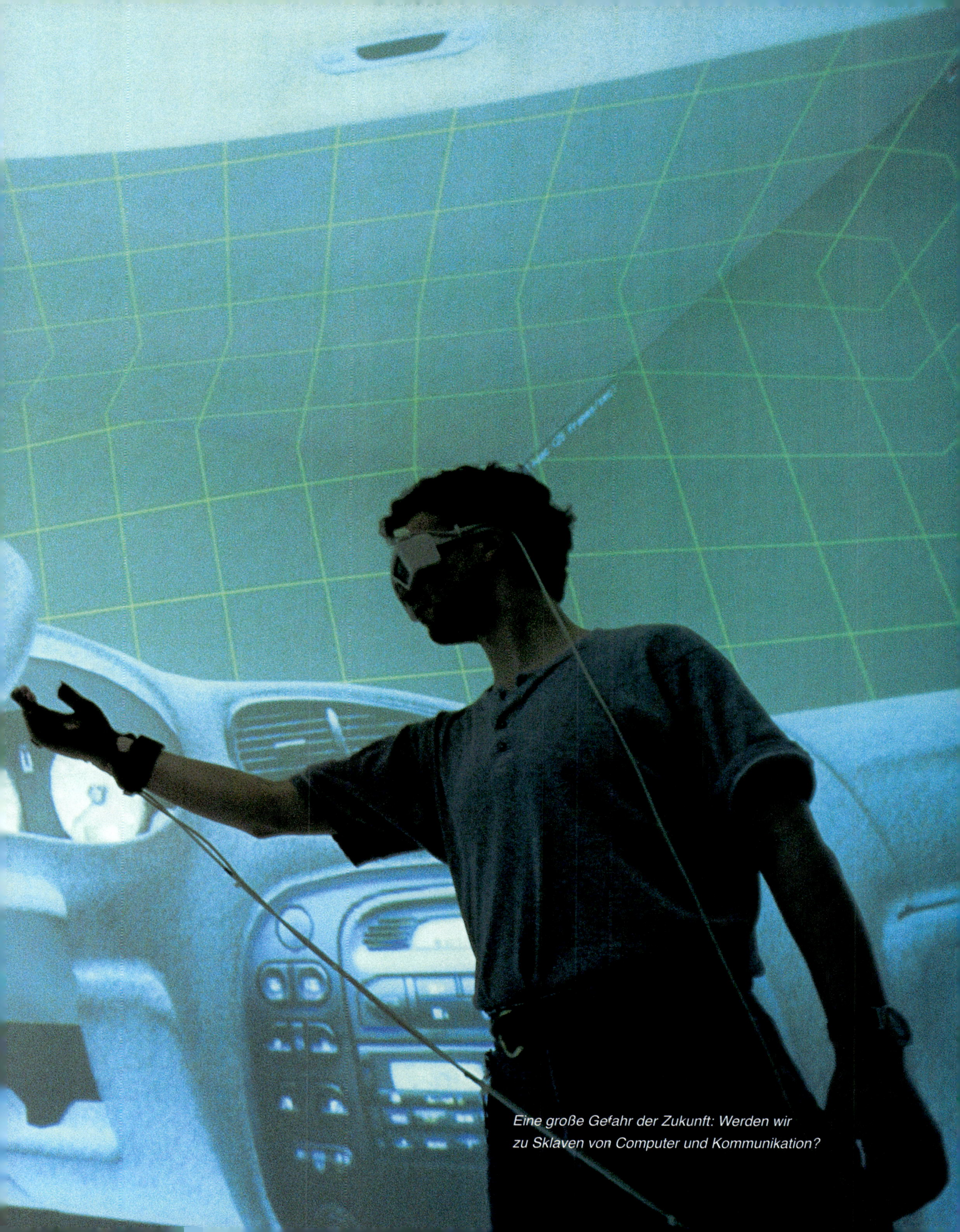

Eine große Gefahr der Zukunft: Werden wir zu Sklaven von Computer und Kommunikation?

Wann stirbt unsere Erde?

Immer wieder rasen Asteroiden und Kometen auf ihrem Weg durch das All gefährlich nahe an der Erde vorbei. Bereits der Einschlag eines dieser Gesteinsbrocken aus der Entstehungszeit unseres Sonnensystems könnte die menschliche Zivilisation vollständig auslöschen.

Jim O'Connor rasiert sich heute besonders sorgfältig. Es ist ein schwüler, heißer Tag in Houston, Texas. Und Jim hasst es, wenn bei dieser Hitze die Bartstoppeln am Hemdkragen scheuern. Jim ist 32 Jahre alt, Leitender Ingenieur bei der Universum Space Agency (früher NASA), und soll an diesem Tag zu einem Kontrollbesuch zur Mondstation Beta 17 starten. Es ist der 14. August 2126. Jim O'Connors letzter Tag. Der Untergang der Menschheit. Der Komet *Swift Thuttle* ist an diesem Morgen noch rund 500 000 km von der Erde entfernt. Er ist ein so genannter Großer Auslöscher mit einem Durchmesser von 10 km.

Am späten Nachmittag erreicht *Swift Thuttle* die Erdatmosphäre und zerplatzt in mehrere Teile, die zu Lande und zu Wasser auf die Erde prallen. Was dann passiert, wissen die Wissenschaftler ziemlich genau, weil es schon mehrfach passiert ist. Die Erde ist bereits häufiger von Asteroiden oder Kometen getroffen worden – beim letzten Mal hat eine solche Katastrophe möglicherweise die Sintflut ausgelöst und beim Einschlag zuvor die Saurier ausgelöscht.

Flammendes Inferno

Nach dem Aufprall von *Swift Thuttle* schießen verdampftes Wasser und Gestein wie Feuersäulen in den Himmel, sogar vom Meeresboden, und verdunkeln die Erde. Alles Leben im Meer erlischt. Flutwellen bis 5000 m Höhe rasen um den Erdball, überfluten Küsten und Städte, rollen ins Landesinnere und werden erst von hohen Bergen aufgehalten. Ein heißer Orkan mit einer Geschwindigkeit von 1000 km/h fegt um die Erde, schleudert Menschen, Häuser und Bäume durch die Luft und entzündet alles Brennbare. Flüsse verdampfen, Steine bersten und die Böden verbrennen bei 1800 °C bis tief ins Erdinnere.

Durch Staub und Ruß verdunkelt sich der Himmel wochen- und monatelang. Dadurch gibt es auch in südlicheren Gegenden eisige Winter. Meterhoher Schnee bedeckt alles, was noch übrig geblieben ist.

Völlige Zerstörung

Stickoxide und Salpetersäure entstehen durch die Hitze und überziehen als rotbraune Gase die Erde mit ihrem Todeshauch. Die Gase mischen sich mit dem auf der Erde noch vorhandenen Wasser und färben es blutrot. Ätzend saurer roter Regen fällt vom Himmel und verbrennt die Haut der letzten Lebewesen.

Darüber hinaus speien Vulkane riesige Lavamassen aus. Schwermetalle wie Osmium und Iridium aus den herabgestürzten Himmelskörpern vergiften die Atmosphäre. Die Erdkruste bricht auf. Radioaktive Flüssigkeiten und Gase aus atomaren Endlagern und Atombomben-Bunkern verseuchen die Erdoberfläche. Auch die Ozonschicht ist zerstört – UV-Licht kann ungehindert bis zur Erdoberfläche dringen und das Genmaterial der noch vorhandenen Lebewesen verändern oder zerstören. Den Planeten Erde wird es nach diesem Einschlag wohl noch geben, aber keine Menschen mehr, keine Tiere, keine höheren Lebewesen. Das Leben muss neu beginnen, sich von Einzellern wieder entwickeln.

Kosmische Geschosse

Einen Vorgeschmack auf eine solche finale Katastrophe hat es in der Erdgeschichte schon häufiger gegeben. Kometen und Asteroiden treffen die Erde in unschöner Regelmäßigkeit und können je nach Größe unterschiedliche Schäden anrichten. Daher haben die Astronomen für die Himmelsgeschosse eigens eine vierstufige Skala ersonnen.

So hat ein „Lokaler Zerstörer" einen Durchmesser von etwa 50 m und verfügt über eine Energie von 10 Megatonnen (Mt). Der „Lokale Zerstörer" kann eine Großstadt vernichten. Jüngstes Beispiel ist der Tunguska-Meteor, der 1908 in

Der Krabbennebel M1 – eine Katastrophe im All

Der Krabbennebel ist der Überrest einer Supernova, der gewaltigen Explosion eines Sterns, aus dem Jahr 1054. Die Auswirkungen eines solchen kosmischen Ereignisses könnten eines Tages auch das Schicksal unserer Erde besiegeln.

Selbst die Flugsaurier haben keine Chance gegen die bis zu 5000 m hohen Wellen, die um die Erde rasen.

Der plötzliche Tod der Dinosaurier

Vor 65 Mio. Jahren: Ein „Großer Auslöscher“ mit etwa 10 km Durchmesser und einem Gewicht von 1 Billion t bohrt sich schräg in den Meeresboden vor der mexikanischen Halbinsel Yukatan. Die Explosionskraft entspricht der unvorstellbaren Sprengkraft von 5 Mrd. Hiroshimabomben. Alles Leben im Umkreis von tausenden Kilometern stirbt einen schnellen Tod. Die Katastrophe erfasst den ganzen Erdball, die Erde bricht auf, selbst 80 t schwere Saurier wie der Brontosaurus verschwinden in den Erdspalten wie Ameisen. Eine Flutwelle bis 5000 m Höhe rollt mit mehr als 7000 m/sek. über die Ozeane. Der Himmel verdunkelt sich, ein Leichentuch legt sich über den Blauen Planeten, alles höhere Leben erlischt – die Herrschaft der Dinosaurier ist nach 150 Mio. Jahren zu Ende.

Sibirien einschlug und auf einer Fläche von 2000 km² alle Bäume zerstörte.

Ein „Regionaler Zerstörer“ hat schon 100 m Durchmesser und 100 Mt Energie; er kann einen Kontinent vernichten.

Der „Kleine Auslöscher“ ist 1 km groß, hat 100 000 Mt Energie und zerstört mindestens die Hälfte der Erde.

Ein „Großer Auslöscher“ schließlich besitzt einen Durchmesser von 10 km und 100 Mio. Mt (1000 Teratonnen) Energie. Sein Einschlag bedeutet die Apokalypse: Alles Leben ist ausgelöscht, es bleibt lange Zeit Nacht auf der Erde.

Feuerball über Sibirien

Diese kosmischen Zusammenstöße kommen öfter vor, als man denkt – aber in astronomischen Zeiträumen gedacht. Glaubt man den Wahrscheinlichkeitsrechnungen der Wissenschaftler, so schlägt ein großer, Tod bringender Asteroid alle 100 000 Jahre ein; somit hätte die Menschheit nach dem gewaltigen Tunguska-Einschlag von 1908 möglicherweise zunächst einmal Ruhe.

In den frühen Morgenstunden des 30. Juni 1908 sahen die Menschen am südöstlichen sibirischen Himmel einen Feuerball, der einen 800 km langen Leuchtschweif hinter sich herzog und direkt auf den Handelsposten Wanawar zuraste. Das unbekannte Objekt erschien in einer Höhe von 115 Grad und senkte sich dann auf 30–35 Grad über dem Horizont. Starr vor Schreck verfolgten sie, wie der riesige Feuerball in nordwestlicher Richtung vorbeizog und hinter dem Horizont zu verschwinden schien. Dann zerbarst das Objekt in einer rasenden Folge von Explosionen. Der Ort der Katastrophe liegt genau auf 101 Grad Ost und 62 Grad Nord in der Nähe der „Steinigen Tunguska“, 92 km nördlich von Wanawara. Das Objekt explodierte in einer Höhe von 7,6 km – der Tunguska-Einschlag wurde zum größten kosmischen Zwischenfall in der jüngeren Geschichte der Menschheit. Wie gewaltig der Einschlag in einem fast unbewohnten Teil der sibirischen Taiga war, zeigt die Tatsache, dass der Aufprall sogar noch in London zu hören war und als Druckwelle zweimal um die Erde lief.

Wilde Spekulationen

Lange Zeit rankten sich die verschiedensten Gerüchte um die Katastrophe in Sibirien. Manche Wissenschaftler glaubten, es habe sich um ein Schwarzes Loch gehandelt, andere hielten es für ein Stück Antimaterie. Und japanische Ufo-Gläubige waren sicher, dass es sich um die Explosion eines extraterrestri-

Meteoriten-Einschlag

Der Barringer-Krater in Arizona hat einen Durchmesser von 1,2 km und ist 180 m tief. Er entstand vor 50 000 Jahren durch den Einschlag eines 30-m-Meteoriten mit 150 000 t Gewicht.

schen Raumschiffs gehandelt habe. Heute ist man überzeugt, dass es ein Komet oder ein Asteroid gewesen ist.

Das Gewicht des Geschosses aus dem All wird auf 100 000 t und die Kraft der Explosion auf 40 Megatonnen TNT geschätzt – 2000-mal mehr als die Atombombe, die 1945 auf Hiroshima fiel.

Optische Feuerwerke

Nach der Tunguska-Explosion wurden aus vielen Ländern mehrere Wochen lang ungewöhnlich farbenfrohe Sonnenauf- und untergänge gemeldet, besonders aus Westeuropa, Skandinavien und Russland. Über Ostsibirien und Mittelasien wiederum gab es optische Feuerwerke und Nächte, die so hell waren, dass man nachts Zeitung lesen konnte: Staubwolken in 40–70 km Höhe reflektierten das Tageslicht von anderen Teilen der Erde. Das Observatorium im 900 km südöstlich gelegenen Irkutsk registrierte Störungen im magnetischen Erdfeld und magnetische Stürme. Die seismographische Station im 4000 km entfernten St. Petersburg und andere Stationen auf der Welt zeichneten Ausschläge auf wie bei einem Erdbeben.

Gewaltiger als die Tunguska-Katastrophe war der Einschlag eines „Großen Auslöschers" von mindestens 10 km Durchmesser, der vor 65 Mio. Jahren in der Gegend der Yukatan-Halbinsel in Mexiko ins Meer raste. Wasser und Meeresboden wurden in die Atmosphäre geschleudert, der Himmel verdunkelte sich, Schwefel und saurer Regen töteten fast alles Leben. Prominenteste Opfer könnten die Saurier gewesen sein. Der Einschlag-Krater hat heute einen Durchmesser von 200 km und ist mit einer giftigen Iridiumschicht bedeckt.

Löste ein Komet die Sintflut aus?

Auch die biblische Sintflut könnte durch einen Kometen ausgelöst worden sein – und zwar durch einen „Kleinen Auslöscher" im Jahr 7553 v. Chr. Zu diesem Ergebnis kommt das österreichische Forscherpaar Alexander und Edith

Edwin P. Hubble

Astronomie außerhalb der Milchstraße

Edwin P. Hubble (1889–1953) war einer der führenden amerikanischen Astronomen, 1923/24 gelang ihm die Berechnung der Entfernung des Andromeda-Nebels aufgrund von klassifizierbaren Sternen in der Randzone unserer Galaxis. Damit bewies er erstmals die Existenz von Himmelskörpern außerhalb der Milchstraße. Nach Hubble ist das Weltraumteleskop benannt, das in 600 km Höhe die Erde umkreist. Außerhalb der störenden Erdatmosphäre ist es wesentlich leistungsfähiger als ein Teleskop auf der Erde.

Unersättlich

Ein Schwarzes Loch im Zentrum einer rotierenden Scheibe aus Gas, einer so genannten Akkretionsscheibe, saugt das umgebende Plasma mit Lichtgeschwindigkeit in sich hinein.

Tollmann. Ihrer Untersuchung zufolge hat dieser Komet mit 60 km/sek die Erde getroffen, ist in sieben große und unzählige kleine Teile zerbrochen und hat die Katastrophe ausgelöst, von der sämtliche Völker der Erde in ihren Mythologien berichten.

LISTE DES SCHRECKENS

Duncan Steele vom anglo-australischen Observatorium im australischen Siding Spring hat zusammengezählt, wie viele Kometen und Endzeit-Asteroiden unsere Erde bedrohen: Demnach kreuzen rund 2000 Objekte mit 1 km Durchmesser die Erdumlaufbahn, die aufgrund ihrer Größe bei einem Einschlag ein Viertel der Menschheit auslöschen könnten. Dazu kommen etwa 10 000 Objekte von 500 m Größe und weitere 300 000 mit 100 m Durchmesser. Außerdem existieren rund 150 Mio. kleinere Asteroiden oder Kometen von 10 m Durchmesser.

Auch die Häufigkeit der Einschläge hat der Wissenschaftler errechnet: Erbsengroße Meteoriden: zehn Einschläge je Stunde. Walnussgröße: ein Einschlag pro Stunde. Grapefruitgröße: ein Einschlag in 10 Stunden. Fußballgröße: ein Einschlag im Monat. 50-m-Brocken, die ein Gebiet von 20 000 km² verwüsten: ein Einschlag in 100 Jahren. 1-km-Asteroid: ein Einschlag in 100 000 Jahren. 2-km-Asteroid: alle 500 000 Jahre.

> *„Wenn uns ein 0,8 km großer Asteroid trifft, werden wir es erst einige Sekunden vorher erfahren!"*
>
> DR. DUNCAN STEELE, ANGLO-AUSTRALIAN OBSERVATORY, SIDING SPRING, AUSTRALIEN

TOD EINES STERNS

Eine andere Gefahr droht der Erde in etwa 10 000 Jahren, wenn der massereichste Stern unserer Milchstraße, Eta Carinae, explodiert. Eta Carinae hat die 100-fache Masse der Sonne und war im vergangenen Jahrhundert der hellste Stern am südlichen Himmel, explodierte dann aber fast vollständig und verschwand vom Firmament. Zurück blieb ein gewaltiger Gaskern, der weiter vor sich hinbrodelt und nach Meinung der Wissenschaftler bei seinem endgültigen Tod alle Planeten aus ihrer Bahn werfen wird. Bei einer Entfernung von „lediglich" 7500 Lichtjahren wird die Erde ein frühes Opfer sein.

DAS ENDE KOMMT BESTIMMT

Sollte auch dieses Schicksal an unserem Planeten vorübergehen, drohen uns in 50 000 Jahren kosmische Schockwellen, die im Zentrum unserer Milchstraße entstehen, wenn dort neue Sterne geboren werden und alte explodieren. Diese Wellen breiten sich dann rasend schnell bis zum Rand der Galaxis aus. Die nächste Welle ist schon unterwegs und wird uns in 50 000 Jahren erreichen.

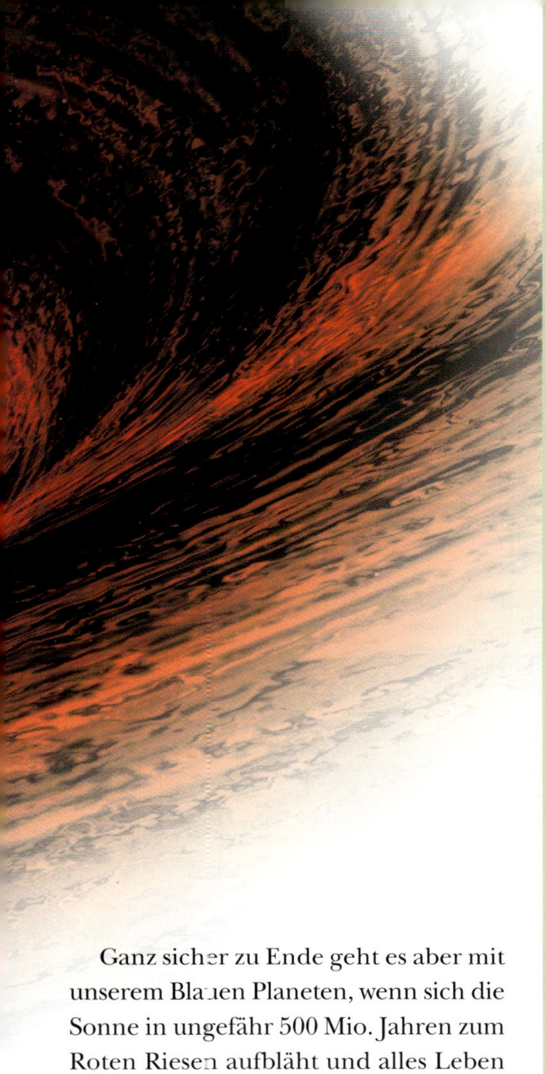

Ganz sicher zu Ende geht es aber mit unserem Blauen Planeten, wenn sich die Sonne in ungefähr 500 Mio. Jahren zum Roten Riesen aufbläht und alles Leben verbrennt. Die Sonne wird dann zwar lediglich 10 % heißer sein als heute, aber diese Steigerung reicht völlig aus, um den Treibhauseffekt außer Kontrolle geraten zu lassen. Das lebenswichtige Kohlendioxid (CO_2) in der Atmosphäre wird dann von Mikrolebewesen aufgebraucht, sodass sämtliche Pflanzen und damit auch alle tierischen Lebewesen und die Menschen sterben. Die Erde wird dann genauso heiß und unbewohnbar wie die Venus sein.

Dieses Ende kann jedoch auch schon früher kommen – dann nämlich, wenn ein Stern zu einem Schwarzen Loch kollabiert und die Bahnen der Planeten durcheinander bringt. Als Folge könnte die Erde in die Glut der Sonne oder in die eisige Kälte des Kosmos geraten.

Wann kommt der Untergang der Menschheit?

Schon oft verkündeten Prophezeiungen die drohende Apokalypse – doch die Erde dreht sich noch immer.

➤ **2. Jh. n. Chr.** In der zweiten Hälfte des 2. Jh. verkündete der christliche Sektenführer Montanus das baldige Ende der Welt: Das himmlische Jerusalem würde zwischen zwei Dörfern in Phrygien Wirklichkeit werden. Tausende von Christen strömten dorthin, um die Apokalypse abzuwarten. Als nichts geschah, gingen sie wieder nach Hause.

➤ **31. Dezember 999** Am 31. Dezember 999 betete Papst Sylvester II. in Rom vor einer zitternden Menge, denn um Mitternacht sollte die Welt untergehen. Doch nichts passierte, und Papst Sylvester II. freute sich: Das Gebet hatte geholfen!

➤ **September 1186** Der Astronom Johannes von Toledo prophezeite für den September 1186 den Weltuntergang, der mit verheerenden Stürmen und Erdbeben einhergehen sollte. Die Folge war eine Massenhysterie in Europa, die sich aber im Oktober rasch wieder legte.

➤ **1. Februar 1524** Mehrere Astrologen verkündeten in London für diesen Tag das Ende der Welt. Daraufhin flohen rund 20 000 Bewohner Londons auf die nächstgelegenen Hügel.

➤ **1843 und 1844** Der amerikanische Baptistenprediger William Miller errechnete anhand der Bibel den Weltuntergang für das Jahr 1843 oder 1844. Als sich die Erde 1845 immer noch drehte, gab Miller bekannt, mit dem Jahr 1843 sei wohl der Beginn der „Reinigung durch Christus" gemeint. Seitdem gibt es die Glaubensgemeinschaft der Adventisten.

Scherzpostkarte zum Erscheinen des Kometen *Daniel* vom 14. August 1907

➤ **1532** Auch Martin Luther prophezeite mehrmals den Untergang – erst für das Jahr 1532, dann 1538, schließlich 1548.

➤ **1975** Die „Zeugen Jehovas" verkündeten nach zahlreichen gescheiterten Weltuntergängen in ihrer Zeitschrift *Erwachet* vom 22. April 1967, dass es 1975 endgültig so weit sei. Seit 1976 sind sie aber der Meinung, dass das „Ende der Systeme" ein Prozess ist, der noch lange dauern kann.

➤ **31. Dezember 1999** Wie bereits 1000 Jahre zuvor, gab es mit dem Näherrücken des Jahrtausendwechsels eine Vielzahl an Menschen, die das Weltenende voraussagten. Doch auch diesmal ging alles gut.

Auch das Auftauchen des Kometen *Hale-Bopp* im Frühjahr 1997, hier über Gaissach in Oberbayern, verursachte bei zahlreichen Menschen Weltuntergangsängste.

Kernfusion – Energie der Zukunft

Wasser und Erde liefern die Brennstoffe für die sanfte Atomenergie. In 50 Jahren könnte das erste Kraftwerk ans Netz gehen und alle Energieprobleme lösen.

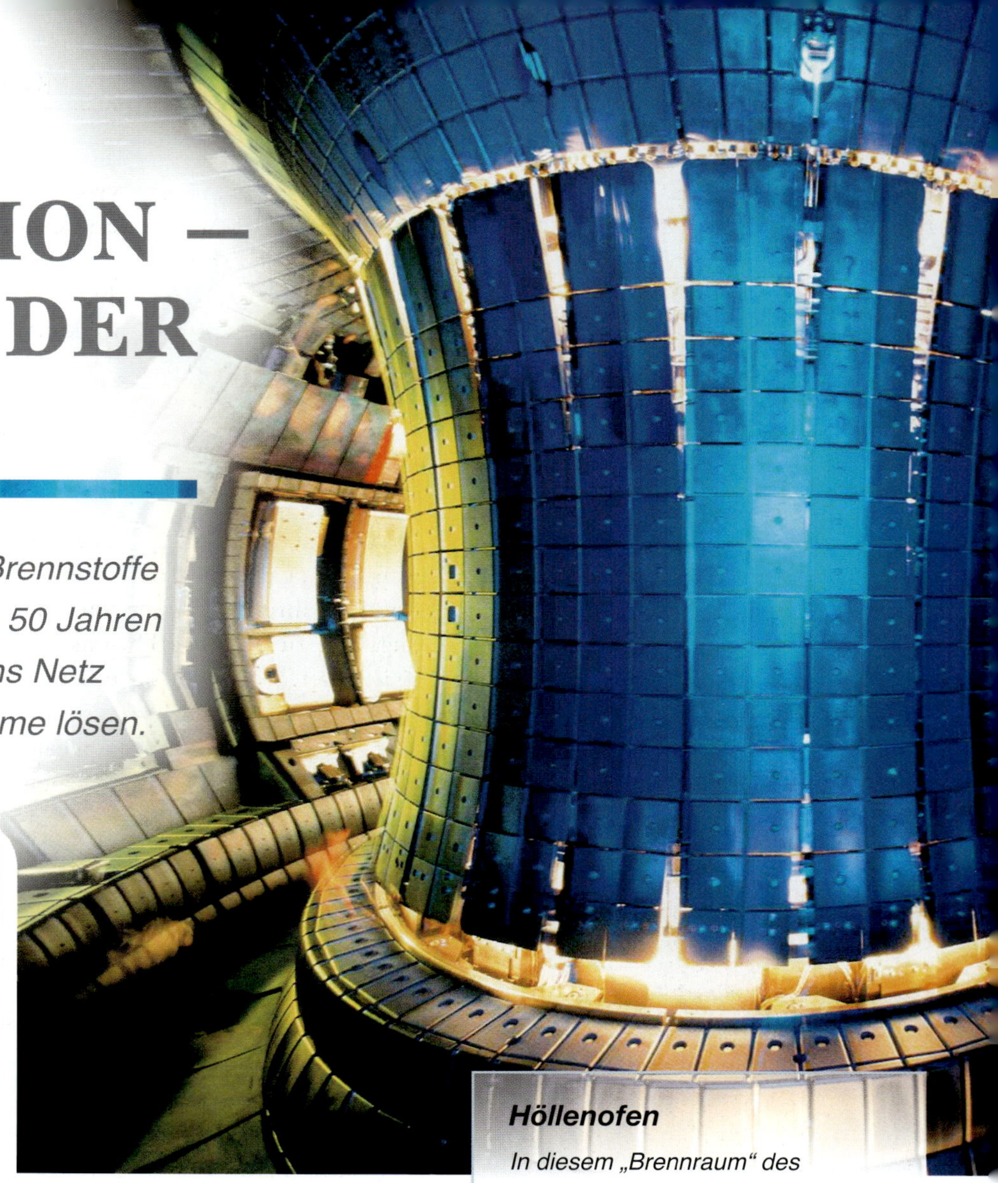

Höllenofen

In diesem „Brennraum" des Fusionsreaktors der Max-Planck-Gesellschaft in Garching bei München wird eine Hitze von 100 Mio °C erzeugt.

Kein Zweifel: Der weltweite Energieverbrauch wird sich bis zum Jahr 2050 mindestens verdoppeln. Noch wird er größtenteils durch fossile Energieträger wie Erdöl und Kohle gedeckt. Die aber sind begrenzt. Schien die alternative Energiegewinnung durch Kernspaltung schwerer Atomarten – sprich die „Atomenergie" – zumindest vorübergehend ein Ausweg, so ist sie wegen der Entsorgungsprobleme inzwischen fragwürdig. Der Tschernobyl-Schock tat ein Übriges. Die Rufe nach „sauberen Energieformen" sind – nicht zuletzt geschürt durch die weltweit zunehmende Klimaerwärmung und die Forderung nach einer „CO_2-freien Gesellschaft" – inzwischen unüberhörbar. Ein geradezu idealer Ausweg aus dem ganzen Dilemma scheint eine andere Form der Atomenergie: die Kernfusion leichter Atomarten.

Sauber und billig

Diese Energiequelle, die der Mensch schon vor geraumer Zeit bei der Erforschung der Sterne entdeckt hat, ist vergleichsweise sauber und sicher. Darüber hinaus lassen sich die Energieträger, nämlich die Wasserstoff-Isotope Deuterium und Tritium, recht billig und in großen Mengen gewinnen. So entsteht Deuterium bei der Elektrolyse von „schwerem Wasser", das im Meereswasser in nahezu beliebiger Menge enthalten ist. Tritium wiederum lässt sich leicht aus dem häufig in der Erde vorkommenden Alkalimetall Lithium herstellen. Von anderen Energiequellen wäre man somit künftig relativ unabhängig.

Bei der Kernfusion handelt es sich nun um nichts anderes als um die Verschmelzung eines Deuterium- und eines Tritium-Kerns zu einem Heliumkern, bei der ein Neutron abgespalten und gleichzeitig gewaltige Energiemengen freigesetzt werden. Dieser Vorgang ist gewissermaßen eine Reise zurück in die Zeit des Urknalls, dem eigentlich nur diese einfache physikalische Reaktion zugrunde liegt. Sie führte letztlich zur Entstehung unseres Universums, und die damit freigesetzte Energie bringt nach wie vor die heutigen Sonnen und Sterne zum Leuchten.

Voraussetzungen

Die Bedingungen, unter denen dies geschieht, sind allerdings mehr als abenteuerlich. Man benötigt nämlich ein Plasma – also ein Gas, in dem beide Stoffe in ionisierter Form nebenei-

nander vorliegen – von ungefähr 100 Mio. °C und extrem hoher Dichte. Nur unter solchen Voraussetzungen gelingt es, die Kerne beider Stoffe in einer kontrollierten Reaktion tatsächlich zur Verschmelzung zu bringen.

Immense Kosten

An der Lösung dieser Probleme arbeiten Wissenschaftler und Techniker bereits seit rund 50 Jahren. Allerdings war man anfangs viel zu optimistisch, was das Erreichen der gesteckten Ziele betraf. Zudem zwangen die immensen Kosten die forschenden Industrienationen bald zur Kooperation. Mit dem europäischen Experimental-Reaktor JET (Joint European Torus) gelang es, im Jahr 1997 mit der kurzfristigen Erzeugung von 16 Megawatt Fusionsleistung einen absoluten Weltrekord aufzustellen.

Die Europäer arbeiten zur Zeit gemeinsam mit Russland und Japan daran, als Fortsetzung des JET den 400 Megawatt leistenden ITER (Internationaler Thermonuklearer Experimental-Reaktor) zu bauen. Er wird schätzungsweise 3,5 – 4 Mrd. Euro kosten und soll die technischen Voraussetzungen dafür schaffen, dass nach einer eingehenden Erprobungsphase mit dem Bau eines Demonstrationsreaktors begonnen werden kann. Dieses Projekt hat ebenfalls schon einen Namen: Der Reaktor soll DEMO heißen und wird schließlich das erste auf Kernfusion basierende Elektrizitätswerk sein, das tatsächlich in Betrieb geht.

Wann das sein wird, ist nach Ansicht vieler Wissenschaftler inzwischen weniger eine Frage der technischen Realisierbarkeit, sondern eher eine Frage der Politik. Doch gehen realistische Schätzungen derzeit davon aus, dass dies in etwa 50 Jahren der Fall sein kann.

Wie sicher ist die Kernfusion?

Auch bei der Kernfusion handelt es sich um eine Form der Atomenergie. Mithin werden radioaktive Stoffe eingesetzt. Allerdings bietet die Fusion leichter Atome gegenüber der Spaltung schwerer Atome, wie es bei herkömmlichen Atomreaktoren der Fall ist, einige bedeutende Sicherheitsvorteile:

In einem solchen Reaktor kann es weder zu einem Schmelzen des Reaktorkerns (Melt-down) noch zu einem Durchgehen der Reaktion (Run-away) kommen, und es gibt keine Abfälle mit langer Halbwertzeit. Darüber hinaus bringt der tägliche Betrieb eines solchen Elektrizitätswerks keinen Transport radioaktiver Stoffe mit sich.

Wie sicher ein solcher Reaktor jedoch tatsächlich ist, wissen wir heute noch nicht.

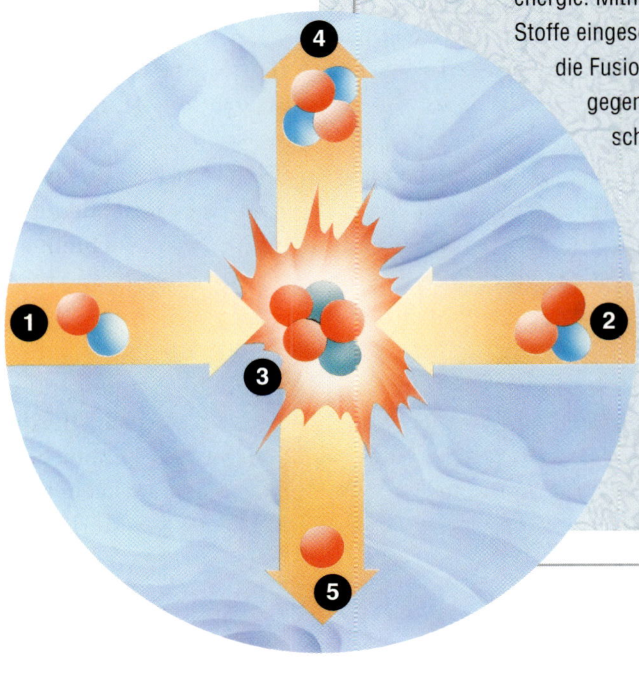

Bei 100 Mio. °C kommt es zur Fusion: Deuterium (1) und Tritium (2) verschmelzen zum Plasma (3) und es entstehen Helium (4) und ein freies Neutron (5).

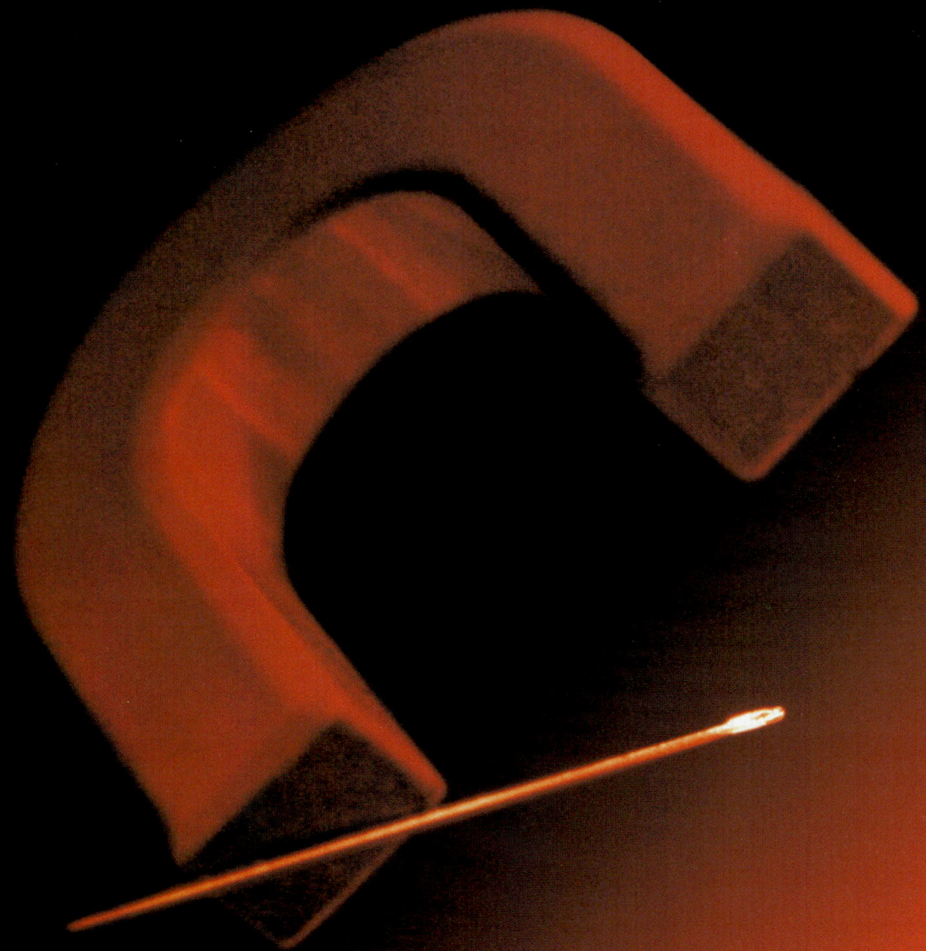

Unbekannte Kraft Magnetismus

Die positive Wirkung des Magnetismus begegnet uns täglich auf vielfältige Weise – und doch gibt er der Wissenschaft noch immer zahlreiche Rätsel auf.

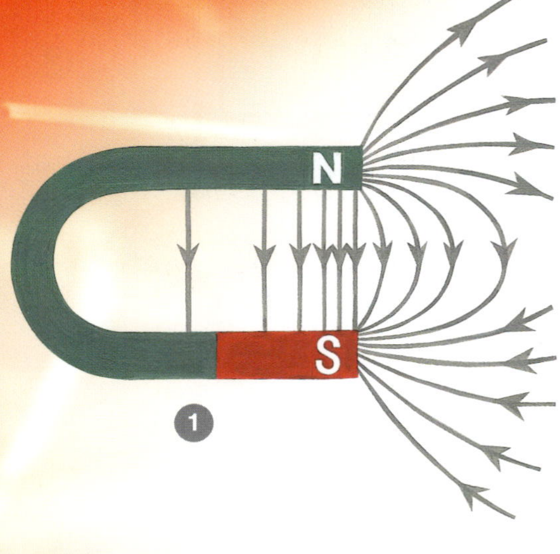

Er sorgt dafür, dass Strom aus der Steckdose fließt, dass Computerprozessoren und -festplatten sowie Chipkarten immer größere Datenmengen auf immer kleinerem Raum speichern und er lenkt vermutlich die Tauben und Zugvögel über tausende Kilometer punktgenau an ihre Ziele. Und doch ist der Magnetismus für Physiker noch längst nicht vollständig erklärbar.

Klar ist, dass der Magnetismus eine spür- und messbare Kraft darstellt. Sie richtet weltweit die Kompassnadeln auf den Nordpol aus, lässt tonnenschwere Lasten wie den Transrapid reibungsfrei gleiten und hilft in medizintechnischen Geräten wie dem Kernspintomograph, feinste Strukturen und Vorgänge im Körper zu beobachten.

Wie entsteht Magnetismus?

Eine Sage berichtet von dem Schafhirten Magnes, der auf einer Insel im ägäischen Meer beobachtete, dass sich an der eisenbeschlagenen Spitze seines Schäferstabes kleine schwarze Steine festhefteten. An manchen Stellen sollen diese Haftkräfte so stark gewesen sein, dass er den Stab kaum mehr vom Boden anheben konnte. Ursache dafür war das in dieser Gegend weit verbreitete, eisenhaltige Mineral Magnetit (Magneteisenstein).

Dieses von Natur aus magnetische Gestein zieht bestimmte Materialien wie Eisen an. Um dieses Phänomen zu verstehen, ist ein kurzer Ausflug in die Atomphysik nötig: Jedes Atom besteht aus Protonen sowie einer bestimmten, in der Regel gleich großen Zahl von Neutronen und Elektronen. Während Neutronen keine Ladung tragen, sind Protonen positiv und Elektronen negativ geladen. Sie machen jedes Atom zu kleinsten Magneten. Da sich positive und negative Ladung anziehen, „umschwirren" sich Protonen und Elektronen mit unglaublicher Geschwindigkeit, sodass sie normalerweise nach außen hin neutral wirken, also keine Ladung und damit auch keine Magnetkraft messbar ist.

Führt man dem Atom ein Elektron zu, dann zeigt es eine negative Ladung. Forscher vermuten, dass im Magnetit z. B. Blitzeinschläge das Gleichgewicht zwischen Protonen und Elektronen verschoben und die einzelnen Atome bzw. Moleküle genau parallel zueinander ausgerichtet haben. Ihre Ladungen summierten sich zu spürbaren Kräften.

Eisen ist solch ein Element, das sich magnetisieren lässt. Daher richtet sich die Eisennadel im Kompass immer exakt nach Norden aus, in Richtung des magnetischen Nordpols. Im Verlauf der Erdgeschichte hat sich das Magnetfeld der Erde öfter stark verändert. Die Gründe dafür sind noch unbekannt; man weiß bis heute nicht genau, warum und wie die Erde magnetisch wurde.

Änderung des Magnetfelds

Aus Messungen ist bekannt, dass sich ein Teil des Magnetfelds der Erde derzeit um ungefähr 5 % pro Jahrhundert abschwächt und wohl in etwa 2000 Jahren fast ganz verschwunden sein wird, ehe es sich langsam wieder aufbaut.

Völlig verschwinden wird das Feld allerdings nicht. Denn es schwächt sich nur der momentan dominierende zweipolige Anteil des Magnetfelds ab. Gleichzeitig verstärken sich andere Feldtypen, die sich über vier bzw. acht und mehr Pole spannen. Diese sind heute so schwach ausgeprägt, dass sie die Kompassnadeln nicht beeinflussen können.

Die Veränderung des Magnetfelds könnte fatale Folgen haben. Denn so

Verschiedene Magnetfelder

1. Hufeisenmagnet: *Die Kräfte fließen vom Nord- zum Südpol.*

2. Gleichnamige Pole: *Die Kräfte stoßen sich ab.*

3. Stromdurchflossene Drahtschleife: *Die Feldlinien umgeben den Draht in konzentrischen Kreisen.*

4. Ungleichnamige Pole: *Nordpol (N) und Südpol (S) ziehen sich an.*

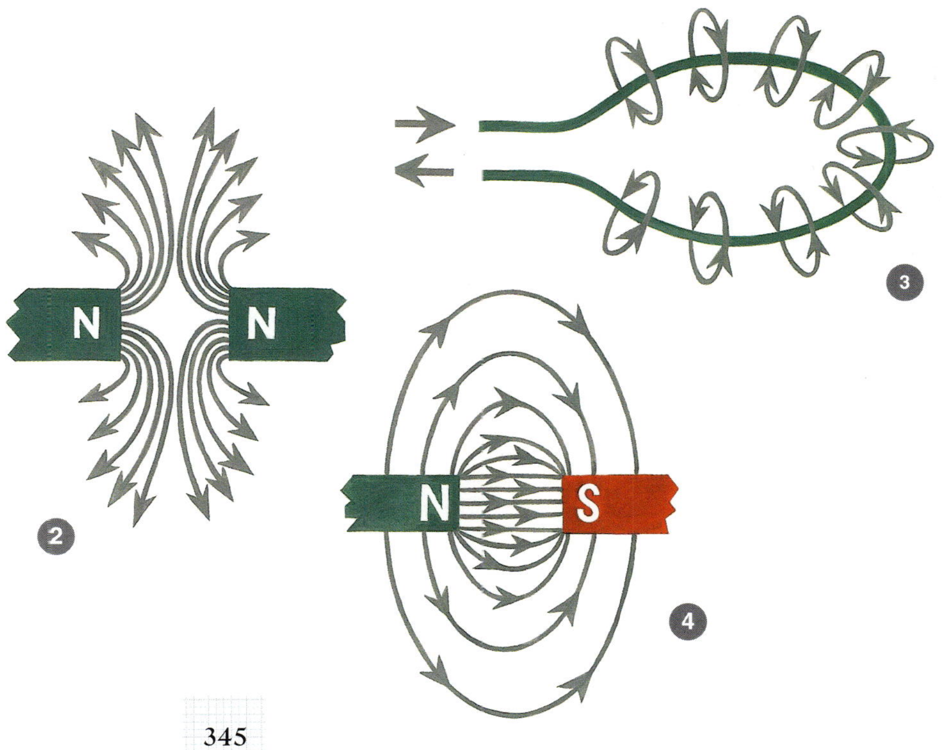

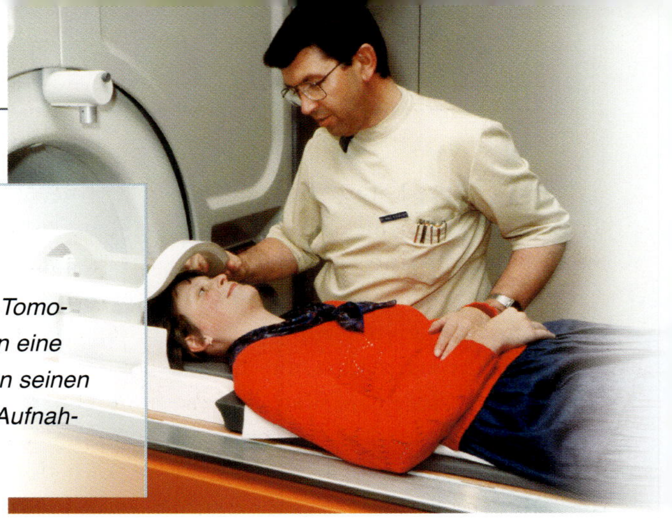

Magnetismus in der Medizin

Bei der Magnetresonanz-Tomographie wird der Patient in eine Röhre geschoben, um von seinen inneren Organen exakte Aufnahmen zu machen.

schwach es auch ausgeprägt ist, es schützt die Erde vor den Bestandteilen des Sonnenwindes, die sich sonst ungehindert ausbreiten könnten. Das Magnetfeld lenkt diese geladenen Teilchen derzeit zu den beiden Polen, wo sie das Nord- und Südlicht hervorrufen. Treffen die Teilchen dagegen auf die Haut oder andere Gewebe, kann es zu schweren Schädigungen kommen.

VIELFÄLTIGE ANWENDUNG

Doch der Magnetismus hat für den Menschen vor allem positive Wirkungen. Dazu gehört die Erzeugung von elektrischem Strom. Er entsteht, wenn man ein leitfähiges Material an einem Magneten vorbeiführt (Induktion). Und genau dieses Phänomen nutzen Generator und Elektromotor. Sie setzen sich zusammen aus einem drehbaren Rotor und einem fest montierten Stator, in den Magneten montiert sind. Der Rotor besteht aus Drahtspulen. Wasserkraft, Dieselmotoren oder Dampfturbinen setzen den Rotor im Generator in Bewegung und Strom beginnt zu fließen. Genau umgekehrt verläuft es beim Elektromotor. Er nimmt Strom auf, der den Rotor antreibt. Daher werden z. B. in modernen elektrisch betriebenen Fahrzeugen die Antriebsmotoren auch zum Bremsen verwendet: Beim Bremsen wird die Stromzufuhr abgeschaltet und der Motor wird zum Generator.

Für den *Transrapid* wird zwischen Schienen und Zug ein sehr starkes Magnetfeld mit gleicher, sich abstoßender Polung aufgebaut, das die Fahrzeuge anhebt und in der Schwebe hält. Auf dem dabei entstehenden Luftpolster schweben die Züge ohne Rollwiderstand und können daher sehr hohe Geschwindigkeiten erreichen.

IM DIENST DER GESUNDHEIT

Auch die moderne Medizin nutzt magnetische Effekte. Ein Kernspin- oder Magnetresonanz-Tomograph erzeugt ein sehr starkes Magnetfeld. Die dabei wirkende Energie richtet die Wasserstoffatome entsprechend ihrer Kraftlinien aus. Schaltet man das Feld ab, schwingen die Atome wieder zurück und geben dabei Energie ab. Diese wird über Detektoren gemessen und in Bilder umgewandelt.

Die Kompassnadel ist auf einem spitzen Dorn montiert. So kann sie sich frei drehen und entsprechend des Breitengrads neigen.

Die Magnetfelder der Erde ändern sich.

Die Kompassnadel zeigt immer nach Norden, weil momentan die beiden bekannten Pole das stärkste Magnetfeld aufgebaut haben. Doch das ändert sich gerade und wird möglicherweise in einigen 1000 Jahren zu einer völlig anderen Ausrichtung der Felder führen.
Denn die Erde ist von einem ganzen System von Magnetfeldern überzogen, die sich in einem steten Wandel befinden, ständig stärker und schwächer werden. Daher hat sich die Polung der Erde im Lauf von Jahrmillionen bereits mehrfach geändert. Die Ursache dafür ist bisher unbekannt.

Wer genau hinsieht, der erkennt, dass die Kompassnadel in unseren Breiten nicht genau waagrecht liegt, sondern nach unten geneigt ist. Ursache dafür ist die so genannte Inklination der Feldlinien. Sie verlaufen nur direkt auf dem Äquator parallel zur Erdoberfläche. Je weiter man sich nach Norden bewegt, desto steiler neigen sie sich in Richtung Erdmitte. An den Polen stehen sie genau senkrecht.

Manche Tiere können das Magnetfeld der Erde sogar messen. In den Zellen des Gehirns sind kleine Magnetit-Kristalle eingebettet. Da jede Fortbewegung Änderungen der magnetischen Kraftlinien bedingt, richten sich die Kristalle ständig neu aus. Während die meisten Menschen die Änderungen kaum zur Orientierung nutzen können, ist diese Fähigkeit bei Zugvögeln und Brieftauben sehr stark ausgeprägt – sie nutzen sie offensichtlich, um große Strecken bewältigen zu können und zielgenau anzukommen.

HATTE PARACELSUS RECHT?

Noch sind nicht alle Geheimnisse des Magnetismus entschlüsselt, obwohl Physiker es geschafft haben, mithilfe spezieller Mikroskope seine Wirkungen sogar an einzelnen Atomen zu studieren.

Und noch immer umgibt den Magnetismus etwas Mystisches: Wie die Schwerkraft wirkt er in die Ferne. Und so entstand die Vermutung, dass ein Magnet, wenn er Eisen anziehen kann, doch auch Krankheiten aus dem Körper ziehen können müsste.

Das dachte sich jedenfalls der Schweizer Gelehrte Paracelsus im 16. Jh. und schrieb: „Ein Magnet besitzt bestimmte Eigenschaften. Eine davon besteht darin, alle Körpersäfte des Menschen an sich zu ziehen. Der Magnet ist daher sehr nützlich bei allen Entzündungen, Ausflüssen und Vereiterungen der Gedärme und des Unterleibs, und zwar sowohl bei Erkrankungen der inneren Organe als auch bei äußeren Verletzungen.“ Seit diesen Sätzen geistert die Magnettherapie durch die Welt, ohne dass bisher echte Beweise für ihre Wirksamkeit vorgelegt werden konnten.

Von einer anderen Form des Heilens mit Magneten sind manche Mediziner allerdings überzeugt: von der Magnetfeldtherapie. Dabei wird ein krankes Körperteil, etwa ein verletzter Arm, in eine Röhre gelegt, durch die wechselnde Magnetfelder fließen. Diese Ströme können nach Ansicht der Ärzte die Heilung beschleunigen.

HILFE FÜR DIE UMWELT

Auch im Umweltschutz eröffnet der Magnetismus neue Wege. Der niederländische Geochemiker Ruud Rikers hat ein einfaches Verfahren entwickelt, um mit Schwermetallen verseuchte Böden zu sanieren. Er baute Spezialmagneten in große Trennmaschinen, die stündlich bis zu 130 t Erdreich verarbeiten können. Durch den Kontakt mit den Magnetfeldern werden die in allen Böden vorhandenen Rostpartikel herausgezogen.

Da sich neben anderen Substanzen auch die Schwermetallmoleküle im Boden fest an die Rostpartikel anlagern, werden sie mit dem Rost herausgezogen und können abgetrennt werden. Das Verfahren wird bereits eingesetzt, um Chrom, Uran und andere Schwermetalle aus dem Erdreich zu entfernen, die selber gar nicht magnetisch sind.

Berührungsfrei und rasend schnell

Der Transrapid wird durch ein Magnetfeld mit gleicher Polung in der Schwebe gehalten. Dadurch gleitet er auf einem Luftpolster und erreicht Geschwindigkeiten von weit über 400 km/h.

Siegeszug um die Welt

Von Großbritannien aus verbreitete sich Englisch um die ganze Erde – jedoch mit zunehmenden Varianten und Bedeutungsunterschieden.

WIE VIELE SPRACHEN HAT ENGLISCH?

Aus der früheren Einheitssprache entstehen immer mehr lokale Varianten. So ändern Wörter ihre Bedeutung oder kehren sie ins Gegenteil um, was zu erheblichen Missverständnissen führen kann.

Englisch regiert die Welt. Ein deutscher Wissenschaftler, der seine Thesen nicht in Englisch veröffentlicht, hat keine Chance. Sogar Kongresse mit ausschließlich deutschen Teilnehmern werden in Englisch abgehalten. Und auch in die deutsche Alltagssprache sickern immer mehr englische Ausdrücke ein, ebenso wie in die italienische oder die griechische.

Lassen sich keine englischen Wörter wie etwa „Jet", „Burger" oder „Fun" finden, dann wird eine Vokabel konstruiert – Hauptsache, sie klingt irgendwie englisch, beispielsweise „Showmaster" oder „Handy": Begriffe, die es im englischen gar nicht gibt. BSE beherrscht weltweit Werbung und Wirtschaft. Nein, nicht der Rinderwahn sondern das so genannte Bad Simple English.

AUFSTIEG EINER SPRACHE

Englisch hat sich zur Weltsprache Nummer 1 gemausert – Englisch oder das, was man in den jeweiligen Ländern dafür hält. 375 Mio. Menschen sprechen „Standard American British English" (SABE). Genauso viele Erdenbürger benutzen Englisch als zweite Landessprache und sogar 750 Mio. als Fremdsprache. Und sei es, wie es in Dänemark, Schweden oder Holland bereits vorkommt, nicht, um sich mit Ausländern, sondern untereinander zu verständigen.

Wie ist dieser Siegeszug des Englischen möglich gewesen? Wurde es doch zu Beginn des 18. Jh. noch von viel weniger Menschen gesprochen als Deutsch, Italienisch oder Russisch, von Hindi oder dem chinesischen Mandarin ganz zu schweigen. Rein linguistisch gesehen, war die englische Sprache keineswegs prädestiniert für diese Hauptrolle: Die Grammatik ist kompliziert, die Schreibweise häufig verwirrend und die Aussprache gibt oft Rätsel auf.

GEFRÄSSIGER STAUBSAUGER

Dass Englisch sich so durchgesetzt hat, ist der politischen und wirtschaftlichen Potenz Englisch sprechender Länder zu verdanken – und seiner Weltoffenheit. Begierig wie ein Staubsauger hat die englische Sprache fremde Vokabeln geschluckt. Aus dem Lateinischen, dem

Typisch britisch

Großbritannien beherrschte das größte Weltreich, das es je gab. Die Sprache der Herrscher verband Handel und Kultur in den verschiedensten Ländern der Welt. Der farbenprächtige Wachposten vor dem Buckingham Palace in London lässt die damalige Macht erahnen.

In Babylon wollten die Menschen einen Turm bauen, der bis in den Himmel reichen sollte. Doch Gott gab ihnen viele Sprachen und sie konnten sich nicht mehr verständigen.

Die wichtigsten Sprachen der Welt

Mit 1,3 Mrd. Einwohnern ist China der größte Sprachraum der Erde, danach kommt Englisch in all seinen Formen mit rund 450 Mio. Muttersprachlern in verschiedenen Ländern von Antigua und Australien über Großbritannien, Irland, Kanada, Neuseeland, Südafrika, Trinidad bis zu den USA. Hindi wird von einem Drittel der 950 Mio. Inder gesprochen, in etwa gleicher Stärke Spanisch, das sich wegen des starken Bevölkerungswachstums von Süd- und Mittelamerika nach Norden ausbreitet. In Nordafrika hat Arabisch (über 200 Mio. Muttersprachler) die ehemalige Amtssprache Französisch ersetzt. Portugiesisch spielt vor allem in Brasilien mit seinen 165 Mio. Einwohnern eine Rolle. Bengali und Russisch werden jeweils von etwa 150 Mio. Menschen gesprochen, Japanisch von 120 Mio., Deutsch von 100 Mio. und Französisch von 70 Mio. Deutsch ist die mit Abstand am weitesten verbreitete Sprache innerhalb der Europäischen Union (EU), für jeweils 60 Mio. Menschen in der EU ist Französich, Englisch oder Italienisch die Muttersprache.

Französischen und auch aus dem Deutschen holte sie sich, was sie brauchen konnte, etwa „Kindergarten", „Sauerkraut", und „Weltanschauung".

Immer mehr Unterschiede

Manchmal freilich scheint sich die Sprache damit zu übernehmen. So kommt es, dass aus der „reinen" englischen Sprache immer mehr Mischvarianten entstehen. Schon das britische und das amerikanische Standardenglisch klaffen immer weiter auseinander.

Ein Verkehrskreisel ist in England ein „roundabout", in Amerika ein „traffic circle", der Kofferraum heißt hier „boot", dort „trunk". „To table" bedeutet in England, etwas auf den Tisch zu bringen, etwas entscheiden zu wollen – in den USA aber genau das Gegenteil: etwas auf später zu verschieben. Diese Liste lässt sich beinahe beliebig fortsetzen. So ist ein Taxi in England ein „taxi", in den USA jedoch ein „cab". Benzin ist einmal „petrol", ein andermal „gas", und aus einem Lkw wird „lorry" oder „truck". Und wenn ein Australier von leckeren „barbies" spricht, die es zum Dinner gibt, so redet er vom Grillen – „barbecue", kurz „barbie" –, was kein Engländer versteht.

Je mehr Englisch um sich greift, desto weiter driften die Sprachvarianten voneinander weg. So werden aus einer Sprache erst mehrere, dann viele Mischformen wie etwa „Singlish", das in Singapur gesprochene Englisch. „Hotel" bezeichnet in Großbritannien und den Vereinigten Staaten zwar genau das, was wir darunter verstehen, nämlich eine Übernachtungsstätte. Nicht so in Südasien: Dort ist ein „hotel" nichts als ein Restaurant. Und ein Neuseeländer geht nicht zum „funeral" auf den Friedhof, sondern zum „tangi". Dieser Begriff hat sich aus der Maorisprache ins lokale Englisch eingeschlichen.

Wenige Wörter reichen

Viele Sprachwissenschaftler nehmen an, dass aus solchen Mixturen im Lauf der Zeit neue Landessprachen entstehen. So könnte aus einem Medium zur besseren Verständigung leicht eine neue Quelle von Missverständnissen werden. Einen Ausweg suchen manche, indem sie sich auf eine Einheitssprache mit möglichst geringem Wortschatz beschränken. So nutzt das amerikanische Radioprogramm „Voice of America" ein „Special English" mit einem Grundvokabular von nur 1500 Wörtern. Dies reicht zur Verständigung aus, ebenso wie im Flugverkehr der „Airspeak", den sich Piloten aller Nationen in wenigen Monaten aneignen können.

Wird dieses Englisch mit seinen Sprachtöchtern nach und nach immer mehr Sprachen verdrängen? Die Franzosen befürchten es und wehren sich nach Kräften. Ein Gesetz bestimmt daher, dass das dort ausgestrahlte Musikprogramm im Radio mindestens zu 40 % französisch sein muss.

Wird Deutsch verdrängt?

Wird vielleicht auch unsere deutsche Sprache zu einem Feierabendhobby verkommen? Der renommierte neuseeländische Linguist Steven Roger Fischer will es nicht ausschließen. Er ist überzeugt, dass allein Mandarin, Spanisch und Englisch die nächsten drei Jahrhunderte überdauern werden, während Japanisch, Französisch, Italienisch und auch unsere Muttersprache nur noch ein folkloristisches Überbleibsel sein werden. David Crystal dagegen, der Herausgeber der *Cambridge Encyclopedia of the English Language*, erteilt der deutschen Sprache das Prädikat „kerngesund".

Doch die Geschichte beweist, dass selbst Sprachen, die kein Mensch mehr spricht, plötzlich wieder zum Leben erweckt werden können. Beispiel: das Hebräische. 2500 Jahre war es zur Schrift- und Liturgiesprache erstarrt. Dann kam ein Idealist namens Ben Yehuda und machte es zur Muttersprache der Israelis.

Alle zwei Wochen verschwindet eine Sprache

Immer mehr Sprachen sterben aus – und ihr Untergang lässt sich kaum aufhalten.

Den Sprachen der Menschheit geht es nicht besser als den Tier- und Pflanzenarten auf unserem Blauen Planeten: Sie sind immer mehr vom Aussterben bedroht. Täglich sterben etwa 150 Pflanzen- und Tierarten. Sprachen sind etwas zäher, aber auch sie müssen weichen. Der walisische Sprachforscher David Crystal warnt: Alle zwei Wochen verschwindet eine Sprache.

Zur Zeit der Renaissance, als Erasmus in Rotterdam und Machiavelli in Florenz dachten und schrieben, gab es auf der Welt noch 10 000 Sprachen. Heute sind es zwar noch 6500. Aber davon wird etwa die Hälfte in 100 Jahren verschwunden sein.

Warum sterben Sprachen aus?

Der Grund für das Verschwinden der Sprachen liegt darin, dass sie der Konkurrenz mit Sprachen, die von übermächtigen Eroberern gesprochen werden, nicht mehr gewachsen sind. Um sich anzupassen, um Arbeit zu finden, um zu überleben, müssen die jungen Leute die Sprache der Herrscher erlernen; sie geben sie dann an ihre eigenen Kinder weiter, die allmählich die Sprache der Ahnen vergessen.

Die meisten Sprachen sterben dort, wo es die meisten gibt, nämlich in der Nähe des Äquators. In Papua-Neuguinea leben weniger als 4 Mio. Menschen, aber sie sprechen mehr als 800 Sprachen; in Indonesien gibt es über 700 Sprachen, in Nigeria über 400.

Überall, wo Eroberer auftreten, sterben Sprachen. Spanier und Portugiesen haben in Mittel- und Südamerika nicht nur Millionen von Ureinwohnern ausgerottet, sondern auch tausende von einheimischen Sprachen. Allein in Brasilien sind in den letzten 500 Jahren über 1000 Sprachen ausgestorben.

In Australien gab es einst 266 Sprachen, heute sind es lediglich 134. Davon werden 100 in Kürze erlöschen, und mehr als 20 werden nur noch von einem einzigen Menschen verstanden.

Der Letzte, der Kurisch spricht

Hatte die Bibel noch die Entstehung der Sprachenvielfalt mit dem Zorn Gottes erklärt, der den frevelhaften Turmbau zu Babel bestrafen wollte, so bedauern nachdenkliche Menschen heute das Verschwinden so vieler Sprachen.

Doch das Sterben geht unerbittlich weiter, auch in Deutschland: Sorbisch und Friesisch sind in Gefahr. Und Kurisch beherrscht nur noch ein Einziger: Richard Pietsch. Aber dieser lebt schon im Seniorenheim und hat sogar bereits seinen eigenen Grabstein meißeln lassen. Darauf stehen in Kurisch die Anfangsworte des Vaterunsers: „Teve muses, kur tu es danguj." Aber wenn Richard Pietsch tot ist, wer wird es dann noch verstehen?

Junge Frauen im Senegal erhalten Sprachunterricht. Aber auch durch solche Maßnahmen lässt sich das Verschwinden vieler Sprachen nur schwer stoppen.

Der total vernetzte Mensch

Das Internet ist eine Fundgrube an Informationen – sowohl für den Nutzer als auch für kommerzielle Anbieter und staatliche Behörden. Und in Zukunft wird es unser Alltagsleben noch wesentlich stärker beeinflussen als heute.

Niemand weiß genau, wie viele Dokumente derzeit im Internet zur Verfügung stehen, geschweige denn, wie man an sie alle herankommt. Selbst die besten Suchmaschinen, die das Internet durchforsten, erreichen global höchstens ein Drittel aller Angebote.

Webspezialisten schätzen, dass sich die Zahl der Internet-Nutzer weltweit im Jahr 2006 einer Milliarde näherte, Internet-Anschlüsse mit eigener Adresse gibt es bereits über 400 Millionen. Die Zahl der zur Verfügung stehenden Dokumente dürften in die Billionen gehen.

Der gläserne Kunde

Allein diese Zahl macht klar, dass es wohl unmöglich ist, diese Informationsflut zu wirklich jedem denkbaren Thema systematisch zu ordnen und für jeden potenziellen Nutzer zu erschließen.

Auf der anderen Seite nutzen kommerzielle Anbieter die Informationen, die ihnen das Internet frei Haus liefert, ganz gezielt, um Details über die Nutzer ihrer Seiten zu erfahren. Denn bei jedem Besuch einer Homepage oder beim Herunterladen eines Dokuments hinterlässt man Spuren, die wertvolle Informationen enthalten: der Nutzer wird zum gläsernen Kunden. Ausgeklügelte Software registriert jeden einzelnen Klick, hält fest, wie lange der Kunde auf einer Seite bleibt, über welche Links er überhaupt auf diese Seite gekommen ist und natürlich, was er bestellt. Dadurch können minutengenaue Profile jedes einzelnen Nutzers der Seiten erstellt und sowohl für die allgemeine Verbesserung der Werbung als auch für ganz gezielte Angebote genutzt werden.

Denn hat ein Unternehmen erst einmal herausbekommen, für welche Produkte sich ein Kunde interessiert, kann es ihm ganz gezielte Angebote zusenden, die seinen Geschmack treffen. Die Folge: Der Kunde muss sich nicht mehr durch Seiten klicken, die ihn nicht interessieren. Denn dabei besteht immer die Gefahr, dass er die Lust verliert und zu anderen Anbietern wechselt.

Informationsaustausch

Aber es existiert auch das Risiko, dass man für die Firmen immer „durchschaubarer" wird. Denn zumindest die Großen der Branche beginnen damit, ihre Informationen untereinander auszutauschen, um möglichst exakte und umfassende Profile ihrer Kunden und Seitennutzer zu gewinnen. Die Frage ist, was genau mit diesen Daten passiert.

Auch Nutzer aus ganz anderen Bereichen sind an solchen Informationen interessiert. Immer stärker surfen nämlich auch Polizeiorgane und Nachrichtendienste im Internet, immer auf der Suche nach verwertbaren Daten. Denn das Internet ist längst auch Tummelplatz z. B. für politische Extremisten und das organisierte Verbrechen geworden.

Und weil jeder Nutzer auch in diesen Nischen des Internets seine Spuren hinterlässt, häufen sich bereits heute die Fahndungs- und Ermittlungserfolge der Verbrecherjäger. Das Problem dabei: Auch wer nur zufällig auf eine verdächtige Seite kommt, gerät in das Visier der Fahnder, und seine Daten bleiben in den elektronischen Archiven gespeichert.

Dazu kommt, dass z. B. der Freistaat Bayern Anfang des Jahres 2002 ein neues Programmpaket für die Polizeiarbeit eingeführt hat. Darin wird jeder Vorgang erfasst – einschließlich der persönlichen Daten aller bekannten Beteiligten. Selbst wer nur anruft, um sich über den Partylärm seines Nachbarn zu beschweren, wird in den digitalen Archiven erfasst und bleibt lebenslang gespeichert. Taucht er Jahre später erneut in einer Polizeiakte auf, wird auch dieser Vorgang seinem Profil zugefügt.

Intelligente Geräte

Die Vision des „gläsernen Bürgers" ist also bereits dabei, in die Wirklichkeit umgesetzt zu werden. Und das Internet erobert immer weitere Bereiche unseres täglichen Lebens. Schon längst haben die Hersteller von Haushaltsgeräten und elektronischen Steuerungen Systeme entwickelt, die es erlauben, die Kaffeemaschine oder den Backofen via Internet einzuschalten, wenn man den Arbeitsplatz verlässt – so muss man sich nach seiner Heimkehr nicht mehr in die Küche stellen. Und der Kühlschrank der Zukunft registriert genau, wann der Joghurtvorrat zu Ende geht, und bestellt dann im nächsten Supermarkt rechtzeitig den Nachschub der Lieblingssorte.

Der „vernetzte" Mensch im virtuellen Raum

Durch ein fest mit dem Kopf verbundenes Sichtgerät sieht der Benutzer eine dreidimensionale künstliche Welt, die vom Computer erschaffen wurde.

Blick in die Zukunft des Internet

Bereits heute können menschliche Bewegungen in den Computer eingelesen werden. Dies wird dem Internetnutzer künftig neue Möglichkeiten eröffnen.

In 60 Minuten nach Amerika?

Überschallflüge, die in kürzester Zeit Europa und die Vereinigten Staaten verbinden, können in Zukunft Wirklichkeit werden – doch bis dahin sind noch einige technische Probleme zu lösen.

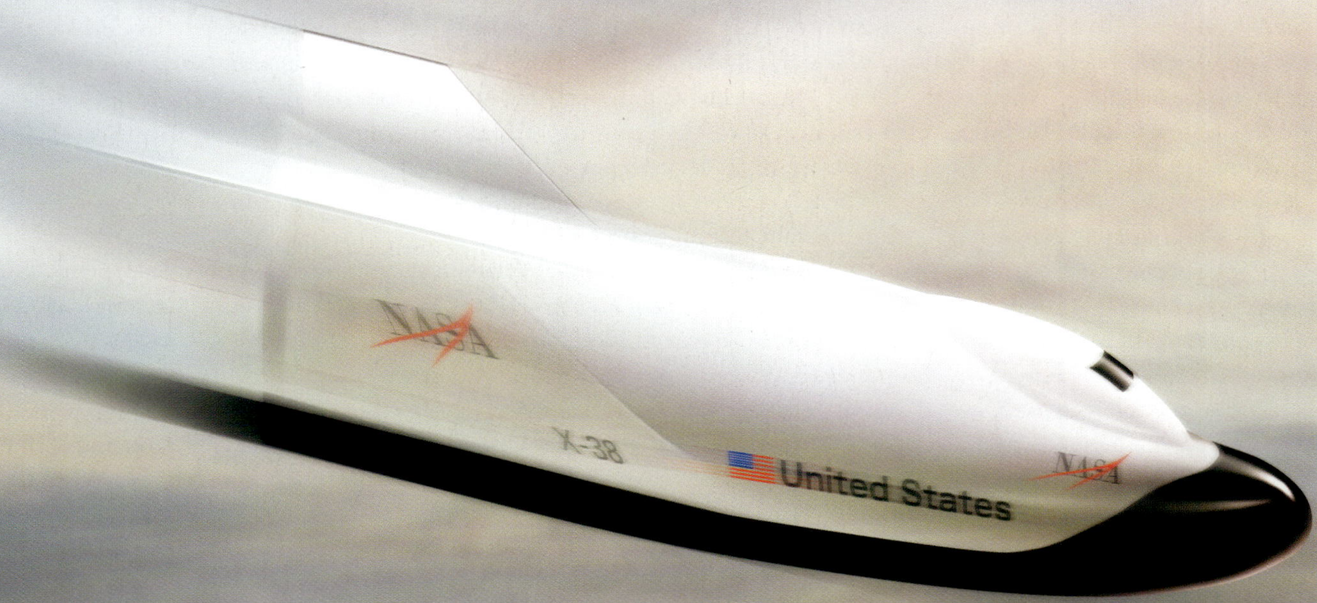

Am 4. Juni 1997 war es endlich soweit. Stellvertretend für die Weltöffentlichkeit versammelte sich eine Schar handverlesener Fotografen und Journalisten an den Flugzeughangars des Johnson Space Center im texanischen Houston, um einer Sensation beizuwohnen. Zum ersten Mal wurde den Fotografen gestattet, ihre Kameraobjektive auf ein bis dato streng gehütetes Geheimnis zu richten, das bis zu diesem Tag reichlich Anlass für Spekulationen gegeben hatte: die „X-38“, ein für die amerikanische Weltraumbehörde NASA neu entwickeltes, zunächst unbemanntes Hyperschallflugzeug – also ein Flugzeug, das mindestens 5fache Schallgeschwindigkeit erreichen kann.

Erprobung über der Wüste

An besagtem Tag im Juni wurde nun die erste von insgesamt drei in Houston gebauten „X-38“ verladen, um per Schiff zum Erprobungszentrum nach Edwards, Kalifornien, gebracht zu werden. Und bereits im nächsten Monat sollte die „X-38“ ihre ersten Erprobungsflüge über der kalifornischen Mojave-Wüste aufnehmen. Dies jedenfalls versprach

In rasendem Flug um den Globus

Ein Tagesausflug von Berlin nach New York? Passagierflüge mit Hyperschall (mindestens 5fache Schallgeschwindigkeit) könnten diesen Traum ermöglichen. Die technischen Grundlagen dafür existieren bereits.

Im freien Fall zurück zur Erde

Ein riesiger B-52-Bomber bringt bei einem Test den unbemannten Prototypen des amerikanischen „X-38"-Rettungsfahrzeugs in die richtige Flughöhe. Dort wird die „X-38" vom Flügel des Trägerflugzeugs abgekoppelt.

der „X-38"-Projektmanager John Muratore. Doch er sollte sich irren, denn tatsächlich dauerte es bis zum ersten Start des neuen, superschnellen Raumgleiters noch bis zum 5. März 1999. Doch nach wenigen Jahren kam auch schon wieder das Aus. Die Nasa musste sparen und hatte und hat gewaltige Schwierigkeiten mit dem Space Shuttle. Trotzdem war die "X-38" ein Meilenstein auf dem Weg zur Entwicklung von Hyperschallflugzeugen.

Fliegendes Rettungsboot

„Niemand hat je etwas wie dieses zuvor getan," hatte John Muratore 1997 geschwärmt. Die zugrunde liegende Idee bestand darin, einen Flugkörper zu bauen, der mit bis zu 28facher Schallgeschwindigkeit an Bord eines Raumschiffs oder sogar mit Eigenantrieb in unser Sonnensystem eindringen, an einer Weltraumstation andocken und ablegen kann und auch noch bis zu sieben Besatzungsmitglieder jederzeit sicher zur Erde zurückbringen kann. Außerdem sollte „X-38" sozusagen als Taxi für kleine Weltraumausflüge und Erkundungen zur Verfügung stehen. Um das Kunststück vollkommen werden zu lassen, sollte der Flugkörper vollautomatisch per Autopilot arbeiten. Und er müsste dazu in der Lage sein, von über 28 000 km/h auf weniger als 1050 km/h abzubremsen, also unter Schallgeschwindigkeit, um dann per Fallschirm sicher die Erdoberfläche zu erreichen.

Diese zukünftige Aufgabe der „X-38" war in ihrer Bezeichnung „Crew Return Vehicle" (CVR), also „Besatzungs-Rükkkehr-Fahrzeug", verborgen. Sie sollte als Rettungsboot der Internationalen Raumstation ISS fungieren. Für den Ernstfall angedockt an die ISS sollte „X-38" in 300 km Höhe um die Erde kreisen und die permanente Lebensversicherung für die Astronauten und Kosmonauten sein.

Zahlreiche Testflüge waren bereits mit dem flügellosen Gleiter absolviert. Ein Bomber vom Typ B-52 brachte die „X-38" in Höhen bis 13 500 m, bevor sie abgekoppelt wurde und unterschiedlich lange Flüge mit Überschallgeschwindkeit durchführte. Auch das Problem der Landung schien bereits im Griff. Dafür wurde der größte Fallschirm der Welt konstruiert. Ende 2002 sollte ein Space Shuttle die „X-38" auf dem Rücken ins All tragen und wieder zur Erde gleiten lassen.

Beitrag der Europäer

Die „X-38" war ein internationales Projekt, an dem neben den USA 22 weitere, meist europäische Länder beteiligt waren. Aber die Rezession und die Katastrophe mit dem verglühten Space Shuttle „Columbia" forderte ihre Opfer.

Mit dem *Orient Express* in den Weltraum

Wie aber kam es überhaupt zu diesem überraschenden Boom in der Raumfahrzeugentwicklung im ausgehenden 20. Jh.? Eine gewisse Verantwortung dafür trägt US-Präsident Ronald Reagan, der bereits 1986 einen neuen Flugzeugtyp namens *Orient Express* ankündigte. Dieses neue Flugzeug sollte nicht nur mit Hyperschallgeschwindigkeit fliegen, es sollte auch die Atmosphäre unseres Planeten durchstoßen und in den Weltraum eindringen können. Dieses Vorhaben hätte 25fache Schallgeschwindigkeit erfordert – das Tempo des Space Shuttle. Ganz nebenbei hätte ein solcher Weltraumgleiter auch noch Städte wie z. B. Los Angeles und Sidney in kürzester Zeit verbinden sollen.

Den Hintergrund für diesen Plan bildeten vor allem die hohen Kosten, die der Space Shuttle mit seiner Raketentechnologie verursacht. Experten veranschlagen jeden Aufstieg des Shuttle mit Gesamtkosten von 200 – 500 Mio. Euro – ein kostspieliges Vergnügen.

Doch die Wissenschaftler sahen sich mit zwei großen Problemen konfron-

tiert. Einerseits mussten völlig neue Materialien entwickelt werden, die den extremen Temperaturen an der Außenhaut des neuen Flugzeugs standhalten konnten. Schon bei Mach 5 liegen die Temperaturen im irdischen Orbit bei mehreren 100 °C, bei Mach 7 erreicht die Reibungshitze sogar 2000 °C.

Zweitens wurde ein Triebwerk benötigt, das einerseits Sauerstoff verbrennen kann, andererseits aber auch einen Raketenantrieb bietet. Denn die Fortbewegung mit Überschallgeschwindigkeit sollte sowohl im atmosphärischen Orbitalflug als auch im sauerstofffreien Weltraumflug möglich sein. Und drittens: Ein Raketenantrieb allein könnte den Flug etwa von New York nach Tokio nicht bewältigen, denn die Brenndauer wäre zu kurz.

DER RICHTIGE ANTRIEB

Um diese Triebwerksprobleme zu lösen, machten sich die Ingenieure Gedanken über verschiedene Anschubmöglichkeiten jenseits der herkömmlichen Düsentriebwerke, deren Schubleistung definitiv bei Mach 3,5 endet – für das Erreichen der Hyperschallgeschwindigkeit werden jedoch mindestens Mach 5 benötigt.

Zuerst kam man auf den „Ramjet“, einen Luft bzw. Sauerstoff „atmenden“ Antrieb, der im Gegensatz zu herkömmlichen Düsen ohne mechanische Kompression und Turbinenschaufeln auskommt. Der Vorteil des Antriebs: Im Gegensatz zu Raketenantrieben könnte die Nutzlast entscheidend gesteigert werden, da weniger Sauerstoff mitgeführt werden müsste und ein Teil des neben Wasserstoff essenziellen Brennstoffs direkt aus der Atmosphäre bezogen werden könnte. Ein solcher Antrieb könnte bis 50 km Höhe funktionieren.

Schließlich ersannen die Wissenschaftler den Scramjet (kurz für „Supersonic Combustion Ramjet“). Hierbei handelt es sich um einen „Staustrahlantrieb mit Überschallverbrennung“. Der Scramjet kommt ohne bewegliche Teile aus und saugt Luft (und damit Sauerstoff) mit Überschallgeschwindigkeit in seine Ansaugöffnungen. Treibstoff wird hinzugefügt und verbrannt, sodass in der Düse Schub entsteht. Neben der technisch schwierig zu lösenden Einspritzlösung ergibt sich für den Scramjet

Perfekte Landung in der kalifornischen Wüste

An einem riesigen, eigens entwickelten Fallschirmsystem hängend, gleitet der in rund 12 km Höhe gestartete unbemannte Prototyp der „X-38“ sicher am kalifornischen Luftwaffenstützpunkt Edwards zu Boden.

Huckepack
Das deutsche Sänger-Projekt sah zwei Stufen vor: Das Trägerflugzeug sollte von jedem Flughafen starten können und in 35 km Höhe und bei einer Geschwindkeit von Mach 7 das 50 t schwere Raketenflugzeug Horus *in den Orbit aussetzen.*

aber noch ein anderes Problem: Er funktioniert erst ab Mach 4. Es musste also eine kombinierte Lösung gefunden werden, um das Triebwerksproblem endgültig zu lösen.

Pionier der Raumfahrt

In diesem Stadium erinnerte man sich an einen fast in Vergessenheit geratenen Pionier der Weltraumfahrt: den in Böhmen geborenen deutschen Raketenforscher Dr. Eugen Sänger (1905–1964).

Anders als die Raketenpioniere Hermann Oberth und später Wernher von Braun, die sich auf die Verwendung ballistischer Raketen stützten, um ihren Traum vom Flug zum Mond schnellstmöglich zu verwirklichen, setzte Sänger konsequent auf die Weiterentwicklung von Flugzeugen zu Weltraumtransportern. Ab 1936 arbeitete er für die Deutsche Versuchsanstalt für Luftfahrt DVL in Berlin, ab dem folgenden Jahr für die Deutsche Forschungsanstalt für Luftfahrt DFL in der Lüneburger Heide.

An dieser geheimen Einrichtung, offiziell nur eine Flugzeugprüfstelle, konnten Raketen bis 100 t Schub getestet werden. Ab 1939 wurden dort Staustrahltriebwerke entwickelt, deren Leistung mit über 20 000 PS pro Triebwerk angegeben wurde. Der große Wurf gelang Sänger aber ab 1942 mit seinem Raketenflugzeug *Silbervogel.*

Das Projekt *Silbervogel*

Sängers Projektberichte waren geheime Kommandosache. Es verwundert nicht, dass etwa Sängers Arbeit „Über den Raketenantrieb bei Fernbombern" (1944), in der der *Silbervogel* bereits detailliert im Windkanal getestet wurde, später von den Amerikanern ganz begierig studiert wurde. Der *Silbervogel* flog 1850 km/h, sollte einmal 22 100 km/h – also etwas mehr als Mach 21 – erreichen und eine Distanz von 23 500 km zurücklegen. Die technischen Daten ließen aufhorchen. Spannweite: 15 m. Länge: 27,98 m. Startgewicht des Raketenschlittens: 600 t.

Sängers Zwei-Stufen-Idee war so neu wie wegweisend: Ein Raketenschlitten beschleunigte seinen *Silbervogel* auf

Eugen Sänger

Er legte die Grundlagen für moderne Raumtransporter

Der 1905 im böhmischen Preßnitz geborene Eugen Sänger wurde als 13-Jähriger von seinem Physiklehrer mit der Raumfahrt bekannt gemacht. Noch während seines Studiums von Hoch- und Tiefbau in Graz verlagerte er seinen Studienschwerpunkt auf den Flugzeugbau. Ab 1930 experimentierte er mit Flüssigkeitstriebwerken und Treibstoffen. Sein darauf basierendes Buch *Raketenflugtechnik* (1933) wurde ein Standardwerk der Raumfahrtliteratur.

500 m/sek, ehe der bordeigene Treibstoff gezündet wurde. Der *Silbervogel* sollte bei 100 t Startgewicht 90 t Treibstoff und Nutzlast beinhalten.

West-Ost-Treffen

Nach dem Zweiten Weltkrieg arbeitete Sänger zunächst für Frankreich, später war er Mitbegründer der Internationalen Astronautischen Föderation IAF und sorgte 1956 für das erste offizielle Zusammentreffen von westlichen und sowjetischen Weltraumwissenschaftlern in Freudenstadt im Schwarzwald. Ende der 1950er-Jahre setzte er sich wieder mit Staustrahltriebwerken auseinander, ehe die Technische Universität Berlin für ihn den ersten europäischen Lehrstuhl für Raumfahrttechnik schuf. Der Raketenpionier verstarb 1964 während einer Vorlesung an einem Herzinfarkt.

Mitte der 1980er-Jahre wendeten sich deutsche Weltraumforscher erneut Sängers Konzepten zu. Ein europäischer Raumtransporter sollte nach Sängers

1

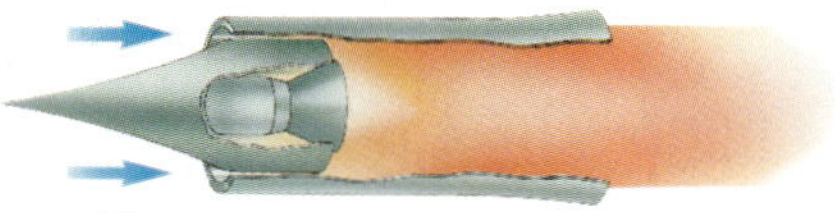

2

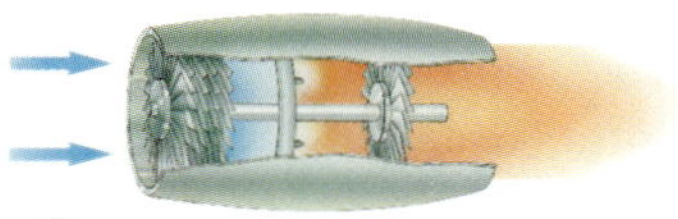

3

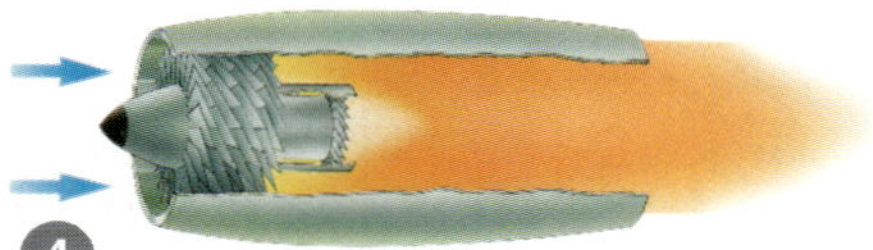

4

Die Wahl des richtigen Antriebs

Nach wie vor sind die Wissenschaftler auf der Suche nach dem optimalen Antrieb für die Flugzeuge der Zukunft (Bild oben: Scramjet bei der Erprobung im Labor).

1. Überschall-Ramjet *Die Luft wird sozusagen in das Triebwerk „gerammt“, verdichtet und verbrannt.*

2. Scramjet *Dies ist im Prinzip ein modifizierter Ramjet für Hyperschalltempo. In deutschen Versuchslabors liefen bereits die ersten Hyperschall-Triebwerke mit Wasserstoffantrieb.*

3. Unterschalldüse *Wie beim Turbolader im Auto treibt eine Turbine im heißen Abgas vorne den Kompressor für die Kaltluft an.*

4. Turbo-Ramjet *Die Kombination aus Unterschalldüse und Ramjet eignet sich sowohl für Unter- als auch Überschallflug.*

1961 endgültig formuliertem Konzept eines zweistufigen Hyperschallflugzeugs mit einer Kombination von Staustrahltriebwerk und Turbostrahltriebwerk entwickelt werden. Das Projekt *Horus* war bereits weit gediehen, sehr wirtschaftlich, verfügte über eine hohe Nutzlast und konnte wieder verwendet werden. 1995 wurde das Projekt aus Sparmaßnahmen eingestellt.

Immer schneller

In den USA wird seit 1996 am Entwurf eines neuen Hyperschallflugzeugs gefeilt. Wie alle Neuentwicklungen der NASA fällt auch dieser Flugkörper unter die „X"-Flugzeuge. Angefangen bei der legendären „X-1", die 1947 erstmals die Schallmauer durchbrach, existierten insgesamt mindestens 45 „X"-Flugzeuge – darunter mit der „X-15" auch das erste bemannte Hyperschallflugzeug überhaupt, das seit 1967 mit Mach 6,7 (7214 km/h) den Flugweltrekord hält. Das Aussehen der „X-15" geht vollständig auf Eugen Sängers *Silbervogel* zurück.

Das neue Flugobjekt „X-43" wird außer im kalifornischen Edwards vor allem im NASA Langley Center in Hampton, Virginia, entwickelt. Bisher wurden schon Geschwindigkeiten von Mach 7 und Mach 9,7 erreicht. Nasa-Sprecherin Leslie Williams erklärte nach dem dritten und letzten Test stolz, dass die „X-43A" „11000 km/h geflogen ist, das sind Mach 9,7 und damit hat X-43 seinen eigenen Rekord von Mach 7 überboten."

Für den Test war das nur 3,60 m lange Flugzeug auf eine Pegasus-Rakete montiert worden. Ein umgebauter B 52-Bomber stieg vor der kalifornischen Küste auf 12 000 m Höhe und startete dort die Rakete, die das Experimentalflugzeug mit dem neuen Scramjet -Antrieb auf eine Flughöhe von 33000 m brachte. Dort wurde das Triebwerk gezündet und beschleunigte anschließend etwa 10 Sekunden lang die Maschine. Bevor das Hyperschallflugzeug kontrolliert in den Pazifik stürzte, führte es noch einige programmierte Flugmanöver aus.

Die hohe Geschwindigkeit erreicht „X-43A" mit einer Antriebstechnik, die auf Eugen Sängers Ideen beruht und an der die Nasa 20 Jahre lang gearbeitet hat. Der Antrieb verbraucht Sauerstoff aus der Atmosphäre und nicht aus einem mitgeführten Tank. Als Treibstoff wird Wasserstoff verwendet. Wegen der hohen Belastungen bei Hyperschallgeschwindigkeiten gibt es in Scramjets keine beweglichen Teile wie Turbinen. An der Nase des Flugzeugs entstehen Temperaturen bis 3 600 Grad Celsius, sie muss mit einer besonderen hitzbeständigen Schicht geschützt werden.

Jetzt, nach dem dritten und letzten Testflug hält die NASA es für möglich, dass in den kommenden 20 bis 25 Jahren Geschwindigkeiten bis zu Mach 15, also 15fache Schallgeschwindkeit, erreicht werden. Der erste Test war ein Fehlschlag, die Maschine war aus der Flugbahn ausgebrochen und musste zur Explosion gebracht werden. Beim zweiten Flug hatte das Flugzeug bereits auf Mach 7 beschleunigt.

Die Forschung an dem Hochgeschwindigkeitsflugzeug verfolgte vor allem militärische Ziele. Flugzeuge sollen sechs Tonnen Bomben oder Raketen innerhalb von zwei Stunden an jeden Punkt der Erde bringen können. Die NASA verspricht sich von dem Projekt eine Alternative zu den aktuellen Raumfahrzeugen. Nasa-Direktor Sean O´Keefe spricht „von einem wichtigen Schritt, um künftig große Fracht auf verlässliche, sichere und nicht zu teure Art und Weise ins Weltall zu befördern."

Die *Blackbird* gehört zu den Vorläufern der vom Radar kaum erfassbaren Tarnkappenbomber.

Spionage mit Überschallgeschwindigkeit

Das amerikanische Spionage- und Aufklärungsflugzeug Lockheed SR-71 Blackbird ist nach wie vor offiziell das schnellste Flugzeug der Welt. Die ganz aus Titan gebaute Maschine erreichte bei Weltrekordflügen 3529,56 km/h und eine Höhe von 25 929,031 m. Die echte Höchstgeschwindigkeit dürfte bei über 4000 km/h und die Gipfelhöhe bei knapp 31 000 m liegen.

Schneller als die SR-71 war nur die raketengetriebene „X-15", die 1967 in 107 km Höhe eine Geschwindigkeit von 7927 km/h erreichte. Sie konnte aber nicht selbst starten, sondern wurde von einem Bomber auf Höhe geschleppt und ausgeklinkt.

TECHNIK VON GESTERN – LEBEN VON MORGEN

Spitzentechnologie, kurz Hightech, bestimmt viele Bereiche unseres Lebens. Doch auch in den modernen Industrienationen werden die Vorteile einfacher Technologien immer häufiger erkannt – die so genannte Lowtech wird in Zukunft eine viel stärkere Bedeutung erlangen.

Windgeneratoren in Kalifornien

Der größte Windpark der Welt steht in den unbewohnten Hügeln der kalifornischen Wüste; er liefert genügend Strom für eine Kleinstadt.

Häufig kann man recht genau vorhersagen, wie sich der technische Fortschritt mittel- oder langfristig weiterentwickeln wird. Dabei macht es in vielen Bereichen Sinn, auf Technologien des Hightech-Zeitalters zu setzen, wie es z. B. in der Informatik der Fall ist. In den industrialisierten Staaten kann sich in Zeiten der allgemeinen Rohstoffverknappung künftig aber auch eine Rückbesinnung auf altbekannte Technologien oder auf altbekannte Rohstoffe als segensreich erweisen.

Dies gilt nicht zuletzt für die Länder der Dritten Welt, die in Zukunft technologisch und wirtschaftlich wesentlich stärker zu berücksichtigen sein werden als heute. Gerade in diesen Ländern, in denen die Lebensbedingungen gegenüber den Verhältnissen in den Industrienationen von völlig anderen Grundvoraussetzungen geprägt sind, kann die Lowtech ihre Stärken beweisen, weil sich Hightech hier oft als nicht realisierbar erweist. Andererseits können sich die in den Entwicklungsländern erzielten Fortschritte fruchtbar auf die Entwicklungen in anderen Nationen auswirken.

Wunderstoff Lehm

Als ein Paradebeispiel für die sinnvolle Nutzung altbekannter Rohstoffe in den Industrieländern gilt der Lehm. Neben Holz ist er schon seit Jahrtausenden einer der bedeutendsten Baustoffe des Menschen. Aus Lehm wurden vor etwa 8000 Jahren die ersten Städte errichtet, und aus Lehm entstand die Chinesische Mauer. Hatte man den Lehm zugunsten anderer Baustoffe wie etwa Beton vielerorts schon fast vergessen, so ist die Verwendung dieses Rohstoffs in den Ländern der Dritten Welt auch heute noch gang und gäbe.

In jüngster Zeit gelangen Lehmbauten wieder stärker in den Blickpunkt. Sehr günstige Baukosten, gute Wärmedämmung, große Stabilität, ökologische Verträglichkeit sowie die architektonischen Gestaltungsmöglichkeiten des Lehms sind gewichtige Gründe für die Verwendung dieses Baustoffs. So werden Lehmbauten in den südlichen USA immer attraktiver. Und auch in Mitteleuropa besinnt man sich neuerdings wieder auf die Bedeutung, die der Lehm hier früher einmal hatte – schließlich waren die meisten und schönsten Fachwerkhäuser mit Lehm „ausgefacht“, wie das Füllen der Zwischenräume der Fachwerk-Konstruktion fachmännisch heißt.

Kostengünstig

Die Vorteile des Lehms sind überzeugend. Außerdem ist er fast überall auf der Erde in ausreichender Menge vorhanden. Wenn er nicht zu tonhaltig ist, kann er gleich im erdfeuchten Zustand verarbeitet werden. Ist er zu „fett“, also zu tonhaltig, wird er mit Sand „abgemagert“. Lehm ist stets wiederverwendbar; anders als industriell erzeugte Materialien wie Beton lässt er sich nach Gebrauch mithilfe von Wasser zu neuer Verwendung aufbereiten.

Darüber hinaus schafft Lehm ein angenehmes Wohnklima, er verhindert ein extrem trockenes und extrem feuchtes Innenleben in den Häusern. Mit ihren vielen Poren saugen Lehmwände die Feuchtigkeit auf und schützen vor Pilzbefall. Spiegel sind nach dem Duschen schon nach wenigen Minuten wieder klar, und wenn Lehmwaschbecken mit Leinölfirnis imprägniert werden, kann das Wasser sie nicht mehr angreifen.

Bauen mit Lehm

Vor allem in Ländern der Dritten Welt wird Lehm heute noch immer als Baustoff genutzt. Die Abbildung zeigt einen Arbeiter bei der Herstellung von Lehmziegeln im Jemen.

Lehm fördert außerdem den Selbstbau und reduziert dadurch die Baukosten. Es bedarf nur eines Fachmanns, der die nötigen Anleitungen gibt, etwa zum Stampfen des Lehms, zum Formen von Ziegeln, zum Mischen mit natürlichen Stoffen wie Stroh oder zur Herstellung von Putz oder Mörtel.

Alltägliche Windkraft

Genauso alltäglich wie Lehm als Baustoff war früher die Nutzung des Windes: Windmühlen mahlten Getreide und trieben Pumpen und Schöpfräder an.

Hochhausbau mit Bambus

In Hongkong weiß man die stählerne Härte und geschmeidige Leichtigkeit des Bambus schon lange zu schätzen. Die Baugerüste sind aus Bambusrohr.

Jetzt hat man diese Energiequelle wieder entdeckt, um nach dem Prinzip des Fahrraddynamos Strom zu erzeugen. Der Beitrag zur gesamten Energieversorgung ist momentan zwar noch unbedeutend, zeigt aber steigende Tendenz. An günstigen Standorten mit stetigem Wind, vor allem in Küstennähe, können Windkraftwerke schon heute wirtschaftlich arbeiten, wobei mittelgroße Anlagen die beste Rentabilität bieten.

Ein Aspekt ist allerdings die Unstetigkeit der Windleistung, die mit Energiespeichern kompensiert werden könnte. Techniken bestehen bereits in Form von Pumpspeicherkraftwerken, elektrochemischen Akkumolatorzellen und Verfahren, die überschüssige Energie in chemischen Energieträger wie Wasserstoff umwandeln.

Große Windparks werfen jedoch durch den Flächenbedarf, die Geräuschentwicklung und das gestörte Landschaftsbild auch Probleme auf.

Supergras Bambus

Ein völlig anderer, natürlich gewachsener Rohstoff ist der Bambus. Von den über 1300 bekannten Bambusarten wachsen einige über 1 m pro Tag. Die Halme dieser bis zu 40 m hohen tropischen Gräser werden in ihren Herkunftsländern schon lange als Bau- und Möbelholz verwendet oder zu stabilen Geflechten und Gerüsten verarbeitet.

Künftig erhoffen sich Experten jedoch eine noch viel größere Bedeutung, da Bambus neben seiner verblüffenden Härte auch eine enorme Geschmeidigkeit besitzt. So könnte Bambusbeton vielleicht einmal Stahlbeton ergänzen und superleichter Bambus-Kunststoff-Verbund ließe sich z. B. im Flugzeug- und Autobau einsetzen. Der intensivere Anbau von Bambus in den tropisch-subtropischen Ländern könnte Arbeitsplätze schaffen und langfristig die Lebensqualität der dortigen Bevölkerung verbessern. Insgesamt sind bislang mehr als 1000 Verwendungsmöglichkeiten für Bambus bekannt – sogar als Medizin bei Nierenproblemen findet das vielseitig verwendbare Supergras Verwendung.

Auf den Ödflächen Südeuropas ließe sich der Bambus ausgezeichnet anbauen, denn das Klima würde ihm behagen – schließlich hat der Bambus schon in vielen Gärten Einzug gehalten, und die größte Bambus-Baumschule der Welt liegt nicht etwa in Asien, sondern im südfranzösischen Anduze.

Strom aus Mist und Dung

Auch etwas exotisch anmutende Technologien wie etwa die Nutzung von „Biogas", also Methan, durch die Gewinnung aus natürlichen Abfallstoffen, ist langsam aber sicher im Kommen. Mit der Energie von 100 kg solcher Abfälle, beispielsweise Küchen- und Gartenabfälle, kann ein Auto eine Strecke von rund 100 km zurücklegen.

Mist und Dung als Energieträger werden auch industrialisierten Staaten mehr und mehr genutzt. So existieren bereits entsprechende Anlagen, die aus solchen Stoffen Strom erzeugen und teilweise schon wirtschaftlich arbeiten. Diese Technologie mag durchaus auch als Energiequelle für die an Brennstoffen armen Länder der Dritten Welt infrage kommen und wird dort auch bereits erprobt.

Wasserkraft und Solarenergie für die Zukunft

Sehr viel geruchsärmer verhält es sich mit der Wasserkraft. Weltweit sind zahlreiche Großkraftwerke in Betrieb, die meist an großen Flüssen liegen. Kleine Flüsse hingegen bleiben oft ungenutzt. Im riesigen China jedoch arbeiten inzwischen rund 60 000 kleine Wasserkraftwerke, die ebenso viel Strom erzeugen wie etwa zehn Atomkraftwerke durchschnittlicher Leistung. In Ostdeutschland beginnt man ebenfalls verstärkt die Wasserkraft kleiner Flüsse durch Minikraftwerke zu nutzen. Würde man sich in ganz Deutschland wieder mehr auf die Wasserkraft besinnen, so

ließen sich rund 2600 Megawatt produzieren, was der Leistung von zwei Atomkraftwerken entspricht. Auch in flussreichen Ländern der Dritten Welt setzt man verstärkt auf diese Technologie.

Was für die Wasserkraft gilt, trifft auch auf die Solarenergie zu – selbst wenn Solarstrom in den sonnenärmeren Regionen der Welt noch eine vergleichsweise teure Angelegenheit ist. In den sonnenreichen Tropen könnten jedoch kleine transportable Solarkraftwerke zum Einsatz kommen, die auch an entlegene Standorte gebracht werden können und die in der Lage sind, ein kleines Krankenhaus ausreichend mit Strom zu versorgen. Im südostasiatischen Malaysia und im afrikanischen Tansania arbeitet bereits versuchsweise ein solches Minikraftwerk mit Namen „Suntainer".

Die Natur als Partner

Die Stärken der Lowtech können auch darin liegen, dass wir in der Natur selbst wieder mehr den Partner und weniger den Feind sehen. Ein Beispiel dafür ist die Schädlingsbekämpfung. Was nutzen hoch wirksame Pestizide, wenn sie sich im Nachhinein als chemische Keulen mit kaum abschätzbaren negativen Folgen erweisen? Viel wirksamer sind Anbaumethoden, etwa der Verzicht auf Monokulturen, oder auch die biologische Schädlingsbekämpfung, bei der natürliche Feinde der Schädlinge zum Einsatz kommen. Leicht züchtbare Marienkäfer oder Florfliegen z. B. fressen Blattläuse in großen Mengen. Nicht nur Hobbygärtner machen von solchen Methoden Gebrauch, auch im professionellen biologischen Anbau haben sie sich bereits bewährt.

Immer der Sonne nach: das drehbare Haus

Wie aus einem Science-Fiction-Film mutet ein Solarhaus an, das sich immer nach der Sonne dreht. Das „Sonnenkraftwerk zum Wohnen" mit Namen Gemini entwickelte der Österreicher Roland Mösl seit 1991 mit einem Kostenaufwand von 1 Mio. Euro. Im Jahr 2001 stand der Prototyp auf der steirischen Landesausstellung im österreichischen Weiz. Das Solarhaus hat 115 m² Wohnfläche, ein rundes Wohnzimmer und zwei weitere halbkreisförmige Zimmer im ersten Stock; es produziert jährlich 8500 kWh Strom, verbraucht aber nur 3500 kWh.

Jede Form der Energienutzung wird konsequent genutzt. So gibt es eine Wärmerückgewinnung, bei der die warme Abluft den größten Teil ihrer Energie an die kalte Luft abgibt, die in das Haus kommt.

Um das Haus auch praktisch zu testen, zog 2001 ein junges Paar für ein Jahr in das Haus, fühlte sich aber so wohl, dass es zwei Jahre blieb und gleich eine Familie gründete. Auch die kleine Tochter war rundum glücklich. Das Haus kann in Weiz in der Steiermark besichtigt werden.

GEMINI – das Solarhaus, das mehr Strom produziert, als es selbst verbraucht.

Die Computer ziehen in den Krieg

Kriege werden immer seltener auf Schlachtfeldern entschieden, da dies nach Ansicht von Strategen zu teuer und uneffektiv ist. Vielmehr setzt man vermehrt auf neue Waffen, die von wenigen Spezialisten beherrscht und eingesetzt werden.

Hightech auf dem Schlachtfeld

Während sich vor 200 Jahren auf dem Schlachtfeld noch 5000 bis 8000 Soldaten auf 2 km^2 bekämpften, sind es heute nur noch acht, in nächster Zukunft sogar nur noch zwei höchstgerüstete Hightech-Kämpfer. Entschieden wird der Krieg von Computern.

Soldaten, Panzer und anderes schweres Kriegsgerät erfordern einen immensen logistischen Aufwand, wenn sie erfolgreich eingesetzt werden sollen. Sie müssen unter großem Material- und Personaleinsatz an die jeweiligen Brennpunkte verlegt und dort mit Nachschub versorgt werden – ganz zu schweigen von dem Aufwand, der nötig ist, um verwundete Soldaten zu versorgen.

Der Ausweg: Die Generäle schicken deutlich weniger Soldaten als früher ins Gefecht. Wo sich bisher noch ganze Kompanien oder gar Divisionen in den Schützengräben verschanzten, werden bald nur noch zwei mit modernster Technik ausgerüstete Kämpfer die Stellung halten.

Modernste Technik

Der künftige Soldat trägt einen Minicomputer am Handgelenk, der ständig mit der Kommandozentrale verbunden ist und ihn mit Informationen beliefert. Nachtsicht- und Infrarot-Projektoren, die in den Helm integriert sind, projizieren ihm sogar nachts gestochen scharfe Bilder der feindlichen Kämpfer direkt ins Auge. Wenn er schießt, garantiert modernste Laser-Technik, dass er auch trifft. Und alle Kampfhandlungen werden per Videokamera live in die Kommandozentrale übertragen.

Unterstützt wird der Kämpfer von winzigen Robotern, die gegnerische Stellungen unter Feuer nehmen. Und im Kampfanzug des künftigen Frontkämpfers sind Injektionsautomaten eingebaut, die ihn – gesteuert durch hochsensible Sensoren – durch Gegengifte vor chemischen und biologischen Kampfstoffen schützen.

Auch für die „konventionellen" Kriege der Zukunft setzen die Militärs auf neue Waffengenerationen: Etwa die Neutronenbombe, die in großem Umkreis alles Leben auslöscht, aber die Infrastruktur unversehrt lässt. Oder die elektromagnetische Bombe, die alle elektronischen Geräte außer Gefecht setzt und die gespeicherten Daten löscht.

Sicherheitsrisiko Internet

Wie die Anthrax-Attacken des Jahres 2001 gezeigt haben, lassen sich biologische und chemische Waffen mit geringem Aufwand an praktisch allen Orten der Welt einsetzen: Bakterien, Viren oder Chemikalien werden entweder in Briefen und Paketen platziert und gezielt an wichtige Entscheidungsträger verschickt, oder man deponiert sie an bestimmten Orten.

Werden die Ladungen dann per Handy oder Funkimpuls gezündet, sind die Täter schon in Sicherheit – eine sehr risikoarme Strategie, die mit heutigen Mitteln kaum zu verhindern ist. Deshalb arbeiten Ingenieure und Wissenschaftler fieberhaft an immer raffinierteren und empfindlicheren Sensoren und Detektoren, die solche Waffen aufspüren und orten können.

Ein weiteres Problem stellt das Internet dar. Die globale Vernetzung von Millionen von Rechnern, die permanent unvorstellbar große Datenmengen austauschen, bietet Angreifern ganz hervorragende Chancen. Sie können – das stellen Hacker immer wieder unter Beweis – in praktisch jedes ans Netz angeschlossene Computersystem eindringen und dort immense Schäden anrichten.

> *„Auf die gute alte Schlacht senkt sich die Abendsonne."*
>
> ELIOT COHEN, MILITÄRHISTORIKER UND DIREKTOR FÜR STRATEGISCHE STUDIEN AN DER JOHN HOPKINS UNIVERSITÄT, USA

Gezielte Täuschung

Ein Krieg wird in Zukunft möglicherweise mithilfe einiger elektromagnetischer Bomben blitzschnell entschieden: Sie werden in der Nähe von Rundfunk- und Fernsehsendern, von Übermittlungsstationen für E-Mails und SMS-Nachrichten und in der Nachbarschaft von Regierungsgebäuden platziert und setzen bei ihrer Explosion sämtliche Computer im Umkreis von ungefähr 500 m matt.

Unmittelbar nach der erfolgreichen Attacke füttern die Angreifer diese Anlagen mit ihren eigenen Daten und beginnen mit umfangreichen Kampagnen zur Des- oder Falschinformation der Menschen. Als Folge davon werden die meisten Bürger, Firmen und Behörden wahrscheinlich erst mit einiger Verspätung bemerken, dass ihr Land längst in fremder Hand ist.

Trickreiche Viren

Doch auch andere Strategien sind denkbar: Im einfachsten Fall löschen Viren, Würmer, logische Bomben, Trojanische

Explosion per Handy

Bereits heute lassen sich mit einem Mobiltelefon aus sicherer Entfernung Sprengladungen zünden.

Pferde oder Falltüren (siehe Kasten S. 367) via Internet alle gespeicherten Daten, nachdem sie zuvor trickreich die schützenden Schutzmauern der Netzwerke, die so genannten Firewalls, überwunden haben. Einige dieser Störprogramme greifen auch direkt in die Software der befallenen Systeme ein und richten heillosen Schaden an.

Im „elektronischen Kriegsfall" platziert der Angreifer in strategisch wichtigen Netzen ein Störprogramm und setzt so z. B. Strom- und Wasserversorgung, Verkehrsleitsysteme, Regierungsstellen oder das Armeekommando matt. Auch wichtige Industrien könnten in Minutenschnelle abgeschaltet werden. Denn alle diese Bereiche arbeiten und funktionieren längst nur noch mithilfe eigener Computernetze.

Geschickt eingesetzt, könnten solche Angriffe den Gegner schnell und praktisch ohne eigenes Risiko handlungsunfähig machen; einer anschließenden Invasion durch Streitkräfte würde wohl kaum nennenswerter Widerstand entgegengebracht werden. Gleichzeitig mit dem Angriff würden alle Medien zu Propaganda-Instrumenten der neuen Herren im Land umfunktioniert, um die öffentliche Sicherheit und Ruhe wiederherzustellen.

Eindringlinge im Netz

Wie ernst diese Gefahr ist, zeigt die Tatsache, dass bis heute bereits mindestens 85 % aller Computersysteme im US-Verteidigungsministerium Pentagon von Hackern erreicht und teilweise angezapft worden sind. Kaum einer dieser Angriffe fiel den Systembetreuern und Sicherheitsingenieuren sofort auf: Zeit genug, um eine logische Bombe zu legen, wäre allemal gewesen.

Die amerikanische Militärführung und der Geheimdienst CIA haben vor einigen Jahren ein solches Computermanöver ausprobiert – die Ergebnisse haben laut den Militärs eine „spürbare Verwundbarkeit" gezeigt, werden aber bis heute streng geheim gehalten.

Diskutiert wird auch heftig darüber, ob ein Angriff auf die Web-Sites des Gegners oder die Veränderung eines im Internet kursierenden Videos etwa über die Enthauptung des Amerikaners Nicholas Berg im Irak überhaupt unter das Kriegs - oder Völkerrecht falle. Experten sind der Meinung, dass Cyber-Angriffe im Rahmen eines Konflikts nicht verboten seien, solange sie keine Zivilisten verletzen, töten oder zivile Objelte schädigen oder zerstören.

Totale Überwachung

Doch die Zukunft des Krieges hat auch bei den herkömmlichen Strategien längst begonnen. Die lückenlose Überwachung von Telefon, Handy, E-Mail-Verkehr und Internetnutzung bietet

Die US-Armee probt den Krieg der Zukunft

Amerikanische Soldaten beobachten am Bildschirm den Vormarsch von Einheiten, die von ihrem Einsatzgebiet aus digital mit dem Kommandostand verbunden sind.

Strafverfolgern und Agentenjägern sehr effektive Möglichkeiten, auf die Spur von Terroristen und Verbrechern zu kommen. Vor allem Amerikaner und Engländer haben gigantische Apparate zur Überwachung aller Datenübertragungssysteme errichtet. Der Computer hört mit und filtert dank raffinierter Software verdächtige Gespräche und Datenübertragungen heraus.

Leichte Ortung

Terroristen verzichten bereits meist darauf, Handys zu benutzen. Denn diese senden regelmäßig Peilsignale aus, um die Verbindung zur nächsten Antenne oder Verstärkeranlage zu halten. Die Signale bieten andererseits natürlich die Möglichkeit, den Standort des Handys jederzeit zu orten.

Bereits getestet sind die Handysignale als Leitsystem für Raketen und Kampfflugzeuge. Sie werden mithilfe von Satellitennavigation (GPS) oder direkt durch die Sendesignale vom Handy auf wenige Zentimeter genau an ihr Ziel gelenkt. Die israelische Armee hat auf diese Weise gezielt die Autos gesuchter palästinensischer Terroristen beschossen.

Zum Einsatz kommen auch präparierte Handys, die eine federleichte, aber hoch brisante Sprengladung enthalten. Sobald ihr Besitzer ein Gespräch annimmt, selber anruft oder eine SMS liest, wird der Sprengsatz gezündet.

Waffen aus dem All

Amerikanische Waffenexperten entwickeln Waffen, die nicht auf der Erde, sondern im Weltall stationiert sind und ihre Ziele innerhalb weniger Minuten erreichen können. Dass sie je zum Einsatz kommen werden, halten Experten für eher unwahrscheinlich. Sie sind schlicht zu teuer, doch dürfte allein ihr Bedrohungspotenzial ausreichen, um den gewünschten Druck auszuüben.

Vorsicht, Hacker: Die Waffen im Internet

Viren, Bomben und Trojanische Pferde können einen immensen Schaden anrichten.

➤ **Viren** sind in E-Mails oder anderen Dateien versteckte „Programmroutinen“, die sich üblicherweise selbstständig kopieren und auf diese Weise ständig vermehren. Sie wandern über das Internet von einem Computersystem zum nächsten und richten auf verschiedenste Weise Schäden an, indem sie z. B. abgespeicherte Daten zerstören bzw. löschen oder durch ihre massenhafte Vermehrung das System bis zum Zusammenbruch überlasten.

➤ **Würmer** sind ganze selbstständige Programme, die sich ebenfalls unkontrolliert massenhaft vermehren, indem sie sich in jedem Computer an alle vorhandenen E-Mail-Adressen weiter verschicken, nachdem sie in ein neues Computersystem eingedrungen sind. Sobald ein Computer sich in einem Netzwerk anmeldet, dringt der „Wurm“ in sein System ein und beginnt mit seinem zerstörerischen Werk, indem er sein komplettes Programm abspult.

➤ **Logische Bomben** sind bewusst „fehlerhaft“ gestaltete Programmdateien. Sobald der Computer einen bestimmten Befehl ausführt, werden die „Bomben“ gezündet und zerstören die gespeicherten Daten und Programme.

Besonders hinterhältig dabei ist, dass die Zündung, also der Programmstart, oft erst lange nach dem eigentlichen Eindringen erfolgt, man also kaum den Weg zum Urheber zurückverfolgen kann.

➤ **Trojanische Pferde** sind gut getarnte Programme, beispielsweise Computerspiele, die problemlos auf dem Rechner laufen. Allerdings durchforstet das Programm vom Nutzer unbemerkt sämtliche Dateien des Computers und kann sie zerstören oder kopieren und an den Urheber des „Trojanischen Pferdes“ zurücksenden.

➤ **Falltüren** sind ebenfalls an Software angehängte Programmteile. Sie bieten Hackern die Möglichkeit, unbemerkt in ein Computersystem einzudringen. Weil es sich dabei um scheinbar „legale“ Programmbestandteile handelt, können ihnen Virenscanner oder Firewalls in der Regel nichts anhaben.

Hacker haben sich bereits Zutritt zu beinahe allen Computersystemen des amerikanischen Verteidigungsministeriums verschafft. Elektronische Schutzwälle gegen diese Eindringlinge hinken der Entwicklung immer hinterher.

➤ **Firewalls** sind Software-Schutzmauern, die Netzwerke vor Angriffen von außen schützen sollen. Sie kontrollieren jede eingehende Datei auf mögliche Viren, Würmer, logische Bomben, Trojanische Pferde und Falltüren. Ihr Problem: Sie hinken der Entwicklung immer hinterher, denn Hacker, Militärs, Terroristen und Wirtschaftsspione entwickeln immer neue und ständig raffiniertere Varianten dieser Waffen, und es wird immer schwieriger, sie rechtzeitig zu erkennen und unschädlich zu machen.

Früher ein reißender Fluss

Mit der Bändigung des Colorado durch den Hoover-Damm *begann die Bewässerung des trockenen Südwestens der USA.*

RIESEN-STAUDÄMME VERÄNDERN DIE WELT

Staudämme sind aus unserem Leben nicht wegzudenken – sie schützen vor Überschwemmungen, bekämpfen Wassermangel und sichern die Stromversorgung. Aber sie zerstören auch wertvolles Siedlungs- und Naturland und beeinflussen die Erdrotation.

Rund um die Welt wurden bislang ungefähr 45 000 Staudämme gebaut. Sie erzeugen 19 % des gesamten Stroms, sichern die Wasserversorgung für Millionen Menschen und ermöglichen die Bewässerung von knapp 20 % aller landwirtschaftlichen Flächen und damit etwa ein Drittel aller Ernten.

Auf der anderen Seite, so hat die von der Weltbank finanzierte Weltkommission für Staudämme (WCD) ermittelt, verloren 40–80 Mio. Menschen durch den Bau von Staudämmen und die Flutung enormer Flächen ihre angestammte Heimat und ihre Felder. Viele von ihnen wurden nicht oder kaum entschädigt oder mit gleichwertigen Ersatzflächen versorgt, um ihre Existenz als Bauern zu sichern. Ackerflächen, einzigartige Biotope, unersetzliche Kulturdenkmäler und Landschaften verschwanden in den aufgestauten Fluten.

VERHEERENDE FLUTEN

Die Wogen gehen hoch, wenn ein neuer Staudamm gebaut werden soll. Dabei führen die Befürworter nicht nur handfeste wirtschaftliche Interessen wie den Verkauf von Strom und Wasser ins Feld.

Es geht ihnen z.B. auch darum, katastrophale Überschwemmungen zu verhindern. So kosteten Überflutungen entlang des Jangtsekiang, des größten asiatischen Flusses, allein in den 1930er-Jahren über 330 000 Menschen das Leben, fast 20 Mio. wurden obdachlos und verloren ihr Hab und Gut. Der Bau von Staudämmen kann solche Katastrophen verhindern oder zumindest abmildern.

ÄNDERUNG DER ERDACHSE

Die Gegner der Staudämme argumentieren, dass die Kapazität der Stauseen nicht ausreiche, solche Jahrhundertfluten tatsächlich zu vermeiden. Außerdem seien viele Dämme in erdbebengefährdeten Gebieten gebaut oder geplant. Wenn bei einem Beben die Staumauern bersten, würden extrem hohe Flutwellen ganze Landstriche in kürzester Zeit wegreißen und ins Meer spülen.

Der US-Geophysiker Benjamin Fong Chao warnt noch vor einer ganz anderen Gefahr. Er ist sich sicher, dass die ungebremste Zunahme von Stauseen die Erdrotation beeinflussen wird. Da die Stauseen hauptsächlich auf der nördlichen Erdhalbkugel entstehen, würden sich die Wassermassen auf der Erde nach Norden verschieben und damit auch die Erdachse verändern. In der Folge würde sich die Erde schneller drehen. Er hat errechnet, dass sich die Dauer einer Erdumdrehung schon jetzt um 0,2 Millionstel Sekunden verkürzt hat. Das hat im Augenblick noch keine Folgen, aber der Forscher fordert, dass langfristig beim Bau neuer Staudämme deren Auswirkungen auf die Erdachse berücksichtigt werden müssen.

PROJEKT DER SUPERLATIVE

Genau diese Argumente machten Experten auch beim Bau des größten Staudamm-Projekts der Welt Sorgen, das seit 1994 in China verwirklicht und im Jahr 2006 fertig gestellt wurde und ab 2009 Strom liefern soll. Der Drei-Schluchten-Damm, mit dem der Mittellauf des Jangtsekiang auf einer Länge von 630 km gestaut wird, liegt in einem erdbebengefährdeten Gebiet. Nach Berechnungen der Ingenieure soll die 2,3 km lange und 185 m hohe Staumauer Erdstöße bis zu Stärke 7 aushalten. Geologen warnen aber, dass bei den Berechnungen internationale Richtlinien nicht eingehalten worden seien.

RISSE IM BETON

Die chinesische Regierung betont dagegen, der Damm sei sicher. So sei nur Beton erster Güte verbaut worden. Im Frühjahr 2002 allerdings wurden im Damm und an Schleusenmauern bereits die ersten, bis zu 2,5 m tiefen und über 1 mm breiten Risse festgestellt. Der

Mächtigster Staudamm der Welt

Die Mauer des Drei-Schluchten-Staudamms *am Jangtsekiang in China hat eine Höhe von 185 m und eine Länge von 2309 m erreicht und wird den Strom zu einem 630 km langen See aufstauen. 22 Städte und Tausende von Dörfern werden im Wasser versinken.*

Grund dafür: Der Beton wurde in den Wintermonaten beim Gießen nicht warm gehalten, wie es zur Vermeidung von Rissen notwendig gewesen wäre.

VERSINKENDE STÄDTE

Für dieses gigantische Projekt mussten nach offiziellen Angaben 1,13 Mio. Menschen, anderen Schätzungen zufolge sogar 1,8 - 2 Mio. Menschen umgesiedelt werden. 22 Städte und tausende von Dörfern versinken jetzt in den Fluten, ebenso 1600 Fabriken. Umweltexperten befürchten, dass sowohl die von ihnen ausgehenden Altlasten wie auch die "normale" Belastung des Flusswassers mit Abwässern und Abfällen die Qualität des Wassers auf unabsehbare Zeit gefährdet. Das Kraftwerk, das in die Staumauer eingebaut ist, soll mit seinen 26 Generatoren etwa so viel Strom erzeugen wie 18 Kernkraftwerke.

Und noch einen Rekord haben die Chinesen mit diesem Projekt aufgestellt. Mit fünf Staustufen, die jeweils Höhenunterschiede bis zu 40 m überwinden und dabei Schiffe bis zu 10 000 Bruttoregistertonnen vom Flusslauf in den Stausee oder umgekehrt befördern können, wird eine bisher noch nie verwirklichte Dimension erreicht.

Gewaltig sind auch die Dimensionen des vorher weltweit grössten Staudamms Itaipú am brasilianischen Fluss Paraná mit seiner 196 m hohen und 2,6 km langen Mauer. Mehrere Dutzend weitere Stauwerke sind in Brasilien geplant oder bereits im Bau.

GEBÄNDIGTER NIL

In den 1960er-Jahren begannen die Ägypter bei Assuan mit dem Bau eines Dammes, mit dem der Nil reguliert und der riesige Nasser-See aufgestaut wurde. Damit hatten die jährlichen Überschwemmungen von Niltal und -delta ein Ende. Dank ausgeklügelter Bewässerungssysteme können die Bauern jetzt bis zu drei Ernten im Jahr einbringen.

Doch die früheren Überschwemmungen waren auch nützlich gewesen: Sie düngten mit ihrem Schlamm die Felder. Der Schlamm fällt weiterhin an, sammelt sich aber jetzt im Stausee, dessen Pegel steigt. Weil dadurch immer größere Flächen überschwemmt werden, verdunstet laufend mehr Wasser, das eines Tages knapp werden könnte. Außerdem versalzen die Felder unterhalb des Dammes in Folge der künstlichen Bewässerung, und die Böden müssen aufwändig saniert werden.

DIE TÜRKISCHEN PLÄNE

Ein anspruchsvolles Programm von Staudämmen bewältigt die Türkei mit ihrem Südost-Anatolien-Projekt GAP und anderen Vorhaben: 270 Projekte sind derzeit im Bau. Davon ist der Ilisu-Staudamm mit 1,8 km Länge und 135 m Höhe das größte. Vor seiner Mauer wird ein See von 135 km Länge und einer Fläche von 313 km² entstehen. Dutzende weiterer Dämme an Euphrat und Tigris

Die Mauer des *Assuan-Staudamms* schützt das Nildelta vor Überschwemmungen.

Der mächtige Nil wird schließlich gezähmt

Um die Fluten des launischen Nil unter Kontrolle zu bringen, begannen die Ägypter 1960 mit dem Bau des riesigen *Assuan-Staudamms.* Nach elfjähriger Bauzeit, während der 451 Arbeiter ums Leben kamen, wurde das Bauwerk am 15. Januar 1971 feierlich eröffnet – der Stausee, der nach dem zu diesem Zeitpunkt bereits verstorbenen Initiator des Projekts, Präsident Gamal Abd el Nasser, benannt wurde, erstreckte sich letztendlich über 500 km bis hinter die Grenze zum Sudan.

Eines der großartigsten Denkmäler aus der Zeit der Pharaonen, die Tempelanlage von Abu Simbel, wäre von dem See überflutet worden. In einer der außergewöhnlichsten archäologischen Rettungsaktionen aller Zeiten gelang es mit Unterstützung der UNESCO jedoch, die beiden Tempel von Abu Simbel Steinblock für Steinblock auf ein 65 m höher gelegenes Plateau zu „verrücken“ und somit für die Nachwelt zu erhalten.

Wasser marsch!

Gewaltige Wassermassen schießen ins Freie, wenn die Überlaufrohre des Kraftwerks Itaipú *in Brasilien geöffnet werden. Ein Mensch erscheint winzig klein.*

sollen es ermöglichen, fast 18 000 km^2 an landwirtschaftlichen Flächen zu bewässern und ein Viertel des gesamten Strombedarfs der Türkei zu decken.

Dieses Vorhaben hat aber bereits zu schwelenden Konflikten mit ihren Nachbarn geführt. So befürchten die Anrainerstaaten Syrien und der Irak, dass ihnen buchstäblich das Wasser abgegraben werden könnte, das sie für die Landwirtschaft und Ernährung der Menschen dringend benötigen.

Noch ehrgeiziger sind die Pläne der indischen Regierung. In Indien wurden in den vergangenen 50 Jahren insgesamt 3600 Staudämme errichtet, weitere 3200 sind allein an dem großen Fluss Narmad geplant oder im Bau. Das Problem dabei: Die Stauseen würden riesige Flächen fruchtbarsten Bodens überfluten. Gleichwertige Ersatzflächen stehen aber kaum zur Verfügung. Die Bevölkerung kämpft daher mit allen Mitteln gegen die Projekte und erzielt immer wieder Teilerfolge gegen die Planungen.

Krieg um Wasser?

Alle diese Projekte haben neben ihren Auswirkungen auf Land und Leute auch eine global gefährliche Dimension. So befürchten Wissenschaftler, dass der nächste Weltkrieg nicht mehr um Land oder Öl, sondern um Wasser geführt wird. Das „Global Water Policy Project" in Cambridge, USA, prophezeit, dass die Süßwasserversorgung in 30 Jahren zusammenbrechen wird. Andere Studien zeigen auf, dass bereits heute täglich 35 000 Kinder durch Wassermangel oder verschmutztes Wasser sterben. Es müssen also noch mehr Talsperren gebaut werden, die aber alle eine Nummer kleiner sein sollen. Die Weltbank will deswegen auch nur noch Stauvorhaben finanzieren, wenn die Stauseen nicht die Menschen entwurzeln, wenn die Wasserflächen klein genug bleiben, damit sich Malariamücken nicht ausbreiten können, und wenn das Land vor Versalzung geschützt wird.

Aber auch auf diesem Gebiet ist China, das im Übrigen die rund 50 Mrd. Euro für das Projekt am Jangtsekiang aus eigener Tasche bezahlt, führend. Mit rund 60 000 Minikraftwerken holen die Chinesen schon jetzt eine Menge Strom aus kleinen Flüssen.

Register

Kursiv gedruckte Seitenzahlen verweisen auf Abbildungen.

A

Achtfacher Pfad 288, 289
Adhäsion 202
Adler 268, 269
Adrenalin 153
Aerosole 317
Afrika 47, 49, 76, 173, 216, 217, 221, 256, 257, 272, *278*, 278–281, 291, 350
Ägypten 144, 196, 209, 219, 230, 233, 237, 256, 257, 258, 259, 260, 267, 275, 279, 283, 285, 370
Ahornsamen 319, *319*
Aids 40, 92, 94, 104, *104*, 105, 264
Akazien 76, 296, *296*
Akupunktur 120–123, *123*, 130
Alaska 80, 83, 184
Albanien 232, 233
Aldrin, Buzz 31, *31*
Alekto (Göttin) 235
Alexander der Große 256
Algen 37, 69, 74, 75, 88, *88*, 94, 183, 327, 328
Algerien 281
Alhambra 207, 210, *210*
Alkohol 86, 99, 123, 215
Allergien 40, 94, 105
Alpen 60, 65, 183, 185
Altern 96–101, *98*, *101*, 311
Amazonen 256–257, *256–257*
Ameisen 76, 219
Amerika 57, 75, 173, 219, 240, 248, 259, 265, 253, 350, 351
Aminosäure 27, 35, 187, 220
Ampullen, Lorenzinische 300, *300*
Amun-Tempel 237, *236–237*
Amundsen, Roald 74, 79, *79*
Anden 207, 254, 261
Anderson, Carl David 186
Andromeda-Nebel 339
Angst 64, 65, 140, 148, 149, 151, 152–155, 293, 297, 316
Antarktis 36, 75, 78, 79, *79*, 171, 177, 183, 244, 245, 247, 327
Antelope Canyon 65
Anthrax 264, 365
Anti-Aging-Geschäft 99
Antigene 103, 104, 119
Antigua 350
Antikörper 103, 104, 105
Antilopen 76, 79, 296
Antimaterie *186*, 186–189, 194, 195, 338
Anti-Neutrinos, -Proton, -Quarks, -Wasserstoff 187, 188, 189, 195
Antonius (Heiliger) 269
Anubis (Gott) 266, 267, *267*
Anziehungskraft 28, 86
Apokalypse 137, 341
Apostel 136, 137, 226, 283
Aquädukte 279, 281, *281*
Äquator 16, 17, 55, 71, 184, 247, 253, 346, 351
Arabisch 226, 350
Aralsee 46, 47, *47*
Archetheutis 313
Aristoteles 55, 220
Arizona 65, 241, 338
Arktis 74, 75, 77
Armstrong, Neil 31
Aronstab 294, *295*
Arsenik 332
Artemisia (Königin) 209
Arzt *84–85*, 85, 96
Asien 75, 173, 219, 261, 331
Assuan-Staudamm 370, *370*
Asteroid 336, *336*, 337, 338, 339, 340
Astrologie 10, 91, 136, 137, 151
Astronomie 167, 169, 339
Athen 257
Äthiopien 277
Atlantik 68, 73, 81, 247, 248
Atmosphäre 27, 168, 171, 177, 244, 336, 337, 355
Atmung 94, 122, 129, 153, 263, 307
Ätna 52, 317
Atom 167, 171, 179, 190, 191, 194, 195, *195*, 342, 343, 345
Atomenergie 342, 343, 362, 363
Aufschnaitter, Peter 229
Auge 111, 113, 300, 317
Augustus (Kaiser) 211, 279
Auresgebirge 280
Auslöscher 336, 338, 339
Australien 340, 350, 351
Autogenes Training 129
Ayurveda 130
Azoren 50

B

Ba-Gua 133, *133*, 134
Baal (Gottheit) 280
Babylon 52, 54, 209, 249, 276, 350
Bakterien 35, 37, 75, 90, 102, *102*, 104, 111, 112, 113, *113*, 183, 259, 260, 309, 311, 326–329, *329* 365
Baldachinspinnen 320
Bambus 362, *362*
Bär 66, 269
Bär, Großer 27, *27*
Barringer-Krater 338, *339*
Basilika von Leptis Magna *280*, 281
Bastet (Göttin) 266, 315, 316, *316*
Bauch 109, 255, 260
Bauchspeicheldrüse 94, 260
Beamen 178–181
Beaufort, Sir Francis 72
Beers, Nicolaas de 217
Beethoven 107
Ben-Chorin, Schalom 285
Bequerel, Henri 167
Bermuda-Dreieck 68–69
Bernstein 190, *190*
Besançon 67
Bestattung *162*, 253, 254
Bet-Schemesch 275
Bethlehem 282–285
Beton 209, 361, 369
Beute 299, 306, 307
Bewässerung 48, 79, 281, 368, 370
Bewegung 98, 99, *124–125*, 125, *353*
Bewusstsein 129, 162, 307
Bibel 144, 146, 203, 225, 232, 234, 235, 274, 341, 351
Bienen 299, 307, 320, 321, 322–325, *325*
Big Hole *216*, 216–217
Bikini-Atoll 332
Bingen, Hildegard von 90, 161
Biokatalysatoren 328
Bionic Tower 211, *211*
Biorhythmus 115, 117
Biosphäre 21
Biotope 328, 368
Birma 286

Bisonbüffel 67, ***67***
Blackbird 359, ***359***
Blase 122, 260
Blattläuse 295, 363
Blitz 172–175, 345
Blut 93, 94, 98, 103, 110, 117, 118, 126, 129, 153, 261, 262, 264, 307
Blutrache 232–235, ***235***
Bodhisattva Avalokiteshvara 287
Boeing 13, 16, 68, 243, 359
Bohr, Niels 168, 190, 193
Bohrungen 14, ***14,*** 62, ***245,*** 247
Bolivien 73
Bomber 244, 355, ***355***, 359
Borgo-Pass 265
Borneo 67, 265
Bougainville 241
Brahmanen 287
Brasilien 350, 351
Brauch 252–255, 267
Braun, Wernher von 41, 357
Brehm, Alfred 316
Bremerhaven 244
Brennraum ***342***
Brieftauben 347
Brillanten 217
Bromelie 76
Brontosaurus 338
Bronze 209, 250, ***251***
Brücke 206, ***206***, 209
Brust 93, 95, 99, 109, 256
Buddhismus 160, 286–289, ***288,*** 308, 309, 333
Büffel 269
Bundeslade 274, ***274***, 275, 276
Burgos 254
Buschleute ***76***
Byzanz 226, 281

C

Calanques 46, 47, ***47***
Canadarm 242
Canali 26
Canberra 49
Cape Canaveral 14, 17, ***17***
Capella 30
Caracalla-Thermen 281
Carnivoren 295
Casanova, Giacomo 147
Cassis 46
Cato 279
Caupona 271, 273
CERN, Großforschungsanlage 90, 188, 189
Chauvet, Jean-Marie 66, 67
Chemische Keule 293, 363
Cheopspyramide 209
Chi 121, 133
Chile 78, 247
China 54, 55, 132, 207, 219, 228, 231, 256, 257, 350, 361, 362, 370, 371
Chip 192, 198, 199, ***199,*** 345
Christentum 160, 251, 259, 281, 286, 289
Chrom 347
Chromosomen 99, 110
Chronobiologie 87, 114–117
Chronometer 115
CN-Tower 211
CO_2-Gehalt 245
„Code-Talkers" 239, 240, 241, ***241***
Colorado 255, 368, ***368***
Columbus 43
Combe d'Arc 67
Comby, Bruno 218, 219, 221
Computer 73, 107, 192, 196, 198, 199, ***334–335***, 335, 345, 364–367
Córdoba 249
Crystal, David 351
Crystal Palace 319, 320
Cueva de Villa Luz ***326***, 327
Cumarin 332
Curie, Marie und Pierre 167
Cyrenaika 281

D

Da Vinci, Leonardo 137
Dagon (Gott) 275
Dagpo Kagyü Ling 288
Dalai Lama 207, 229, 231, 286, 287, ***287***
Damm 49, 208, 280
Dämonen 148, 264
Dampfturbinen 346
Dänemark 206, 208, 251
Dardanellen 257
Darm 99, 113, 122
Darwin, Charles Robert 35, 295
Datteln 79, 331
David (König) 129, 276
Davos 60
Death Valley 56–57, ***57,*** 75
Deimos 20, 22, 24
DEMO 343
Desertifikation 47
Deshnoke, Tempel von 333
Desoxyribonukleinsäure (DNS) 97, 110, 329
Deuterium 342, 343, ***343***
Deutschland 240, 243
Dialekte 239, 325
Diamant 216–217, ***217,*** 229, 231
Dinosaurier 338
Djellaba 266
DNA, DNS 97, 110, 329
Dordogne 288
Dortmund 233
Drachenbaum 297
Dracul, Graf Vlad Tepes 262–265, ***264***
Drahtschleife, stromdurchflossene 345
Drei-Schluchten-Damm 210, 369, ***369***
Dreifach-Erwärmer 122
Dritte Welt 361
Drogen 110, 235
Drohnen 325
Druckelastizität 317
Dung 267, 362
Durst 289
Düsentriebwerk 356

E

E-Mail 158, 365, 366, 367
Ebbe 86, 88, ***88***
Eben-Ezer 275
Eber 268
Edda 268
Edelsteine 176, 209
Edison 321
Edomiten 284
EEG 131
Eidechsen 76
Eider 249
Eierstöcke 260
Eifersucht 282
Einbalsamierung 259, 260, ***260***
Einpolderung 208
Einstein, Albert 167, 180, 181, ***181***
Einzeller 37, 75, 183, 326, 327, 337
Eis 25, 57, 60, ***60,*** 62, 74, 171, ***182***, 182–185, ***242,*** 242–247, ***246–247,*** 327
Eisbär 74, ***74***
Eisen 110, 176, 177, 193, 250, 345, 347
Eiszeiten 183, 184, 246, 247
Eiweiß 27, 35, 110, 221, 311, 328
El Djem 280
Elefanten 47, 280
Elektrizität 188, 321, 343
Elektron 97, 167, 169, 186, 190–193, 195, ***195***, 345
Elektron-Positron-Speicherring 189, ***189***
Elektrorezeptoren 301
Elementarteilchen 167, 169, 187, 192, 194, 195
Elemente, fünf 135
Embryo 118, ***118***
Empire State Building 207, 210
Emsland 258
Endogen 115
Endzeit-Asteroid 340
Energie 28, 42, 69, 90, 123, 133, 134, 135, 168, 172, 174, 179, 187, 189, 191, 201, 310, 320, 321, 329, 342–343, 362
Engel 161, ***161***, 283
Engerlinge 218

Englisch 223, 224, 226, 239, 348–351
Entomologie 109, 111
Entspannung 29
Entwicklungsstörungen 296
Enzensberger, Hans Magnus 157
Enzym 100, 296, 311, 328, 329
Epaphos 19
Epiphyse 115
Erasmus von Rotterdam 351
Erbgut 110, 259
Erbkrankheit 264
Erbsen 273
Erdachse 21, 24, 47, 369
Erdbahn 20
Erdbeben 45, 69, 80, 317, 339, 369
Erde 19, ***19***, 21, ***21***, 32, 41, ***53***, 90, 135, 167, 170, 171, ***336***, 336–341, ***348***, 355, 369
Erdöl 48, 328
Erdrotation 16, 71, 368, 369
Erinnyen 235
Erleuchtung 151, 286–289, 309
Ernährung 43, 97, 99, 105
Erosion 49, 60
Ersatzorgane 118–119
Erythrodontie 264
ESA 22, 24, 25, 32, 33, 39, 42
Esel 269, 273
Esoterik 115, 151, 160
Esperanto 222–225
Essen 215, 226, 273, ***273***
Eta Carinae 340
Ethylen 296
Eule 115, 269
Euphrat 370
Europa 55, 75, 226, 248, 258, 261, 268, 354
Eurotunnel 207
Euscorpius 306
Evolution 20, 21, 28, 37, 187
Exogen 115
Explosion 21, 186, 294, 338, 365, ***365***
Extremisten, politische 353
Extremophile 326–329

F

Fachwerk 209, 210, 361
Fahrzeugbau 200, 203, ***203***
Falbkatze 315
Falke 266, 268
Fallschirm 23, 294, 355
Falltüren 366, 367
Familie ***116–117***, 232, 269
Fangarme 313
Farben 293, 309
Fast Food 270–273
Feigenblätter 271
Feinde 205, 293, 363
Feldberg 72
Felder, elektrische 181, 301
Felder, elektromagnetische 90, 134
Felsendom 276, ***276***
Feng Shui 132–135, ***135***
Fermi, Enrico 169
Fermilab 170, 195, ***195***
Festung 226, 227
Feuchtgebiete 247
Feuerfische 307
Feuerlaufen 128, ***128***
Feuerring, pazifischer 81
Filter 171, 328
Fingerabdruck 109, 110, 111, ***111***
Firewalls 366, 367
Fisch 75, 87, 220, 298–301, 327
Fischleim 203
Fischsauce 278
Flechten 74, ***74***, 75
Fledermaus 147, 262, ***262***, ***265***
Fliegen 109, 111, 219, 221, 260, 294, ***295***, 323, 363
Flimmerhärchen 317
Flöhe 113
Florida 68, 259
Flossenstrahlen 307
Flügelkassie 93
Flugsaurier 338, ***338***
Flugzeug 68, 200, 201, ***202***, 203, 242, 320, 321, 355, 357, ***357***, 359, 362
Flutwelle 337, 338, 369
Fontbrégoua 255
Fore 253
Forensik ***108***, 108–111
Fort Knox 229, ***229***
Fossil 36, ***36***, 327
Francé, Raoul Heinrich 319, ***319***
Frankreich 46, 47, 64, 66, 96, 147, 225, 255, 288
Franz (Heiliger) 269
Fremdsprache 141, 213, 225, 349
Fresszellen 102, 103, 104
Freyja 268
Frösche 307
Fruchtkörper 311
Fry, Art 201, ***201***
Fugufisch 307
Funkgerät 240, ***240***
Fusionsreaktor 342, ***342***
Fußreflexzonentherapie 130
Futterer, Frederik 276

G

Galaxis 11, 28, 167, 171, 339, 340
Galiläa 284
Galtür ***58***, 59, 63, ***63***
Gammastrahlen 167, 188, ***188***
Gandharven 265
Gandhi, Mahatma 267
Ganesha (Gott) 333
Ganymedes 268
Gärten der Semiramis, hängende ***209***
Garten Eden 47
Garum 272, 278
Gas 30, 31, 110, ***167***, 246, 328
Gautama, Siddharta 287
Gazellen 280
Gefühl 127, 146, 151, 212
Geheimdienst 274, 366
Gehirn 51, 106, 107, ***107***, 109, 127, ***127***, 128, 129, 139, 161, 162, 163, 213, 254, 260, 263, 293, 297, 317, 331, 347
Gehör 317
Geisha 213, ***213***
Geist 127, 142, 143, 145, 162
Geistheiler 144
Gelber Kaiser (Kaiser Huang Ti) 121
Gelenkbeschwerden, chronische 94
Geller, Uri 142, ***142***
Gemini 363, ***363***
Gen 110, 118–119, 127, 259, 311, 337
Geparde 67, ***67***
Germanen 268
Gerontologen 97
Geruchssinn 117, 300
Geschäfte 271, ***271***
Geschmackssinn 117, 301
Gesetze Gottes 274–277
Geste 139, ***139***, 140
Gestein 56, 63, 182, 336
Getreide 278, 279, 361
Gewitter 173, ***173***
Geysir 327, ***327***, 328
Gezeiten 55, 86, 88
Gift 92, 284, 306, 307, 330, 332
Gilgal 275
Giraffen 47, 79, 280
Gladiatoren 280
Glas ***169***, 196, 197, 198, ***198***, 250
Gleichgewichtsorgan 317
Gletscher 183, 184, ***184***, 185, 243, 244, 247
Glotz, Peter 159
Glück 133, 151, 160, 161
Glühwürmchen 323
Goektas, Fidan 244, ***245***
Göttrik (König) 250
Gold 196, 197, 203, 209, 229

Golden Gate Bridge 207, 209
Goldregen 268
Gott 36, 149, 150, 258, 266–269, 274–277, 289
Gozo 226
GPS 33, 367
Grammatik 212, 213, 223, 240
Granada 207, 210
Gräser 259, 362
Grashüpfer 221
Grass, Günter 225
Gravitation 90, 182
Griechenland 140, 203, 265, 272
Grieskopf 59
Grönland 54, 55, 243, 244, 245, 247, 248
Großbritannien 71, 348, 349, 350

H

Haar 109, 110, ***110, 191,*** 258, 261
Haarbalgmilben 113, ***113***
Habermerl, Dr. A. M. 49
Hacker 365, 366, 367, ***367***
Hacksilber 251
Hades 235
Hadrian (Kaiser) 279
Hafties 201, ***201***
Hagar Qim, Tempel von 227
Hagia Sophia 207
Hai 95, 298–301, ***298, 299, 300, 301,*** 321
Haithabu 248–251, ***248–249***
Halbleiter 197–199
Halb-Schmarotzer 294
Halbwertzeit 188, 343
Hämotoxine 307
Handy 365, ***365***, 366, 367
Hannibal 63, 279
Hannover 289
Hare-Krishna 151, ***151***
Harmonie 106, 121, 132, ***132,*** 151, 213, 214, 215
Harrer, Heinrich 229, 231, ***231***
Hase 269
Hass 252–255
Haustier 315, 317
Haut 93, 95, 103, 109, 113, 118, 119, ***119***, 259, 260, 299, 309
Hautzähne *(Placoidschuppen)* 299
Hawaii 53, 80, 81, 83, 169, 240
Hayflick, Leonard 97, 99
Hebräisch 351
Heiliger Geist268, 289
Heiligtum der Philister 232, ***232***
Heilkräuter 90, 122
Heilpflanzen 93, ***95***
Heinrich I. (König) 251
Heisenberg, Werner 179, 180, 181, 190, 193, ***193***
Hektik 156–158
Helios 18, 19, 209
Heliumkern 342
Hennemann, Prof. Dr. 201
Herculaneum 270
Herodes 282–285
Herodot 257
Herz 95, 98, 99, 117, 118, 119, 122, 153, 161, 162, 187, 260, 261, 307
Hess, Victor 167, 168
Heuschrecken 219, 220, 221
Hexen 148, 149, ***149,*** 315, 316
Hightech 360–363, 364, ***364***
Himmelskörper 29, 36, 45, 53, 337
Hinduismus 160, 162, 267, 287, 349, 350
Hippokrates 89
Hirata, Masafumi 289
Hirnforschung 87, 89, 161, 187
Hiroshima 240, 339
Hirsch 269
Hitze 77, 203, 326, 329, 355, 361
HIV (Human Immuno-deficiency Virus) 104
Hodscha, Enver 233
Höhenruder 245
Höhlen ***64***, 64–67, ***66, 67, 254,*** 331
Hölderlin, Friedrich 92
Holz 55, 135, 203, 209, 210, 220
Homöopathie 130
Hondius, Jodocus 52
Hongkong 132, 134, 135, 208, 362
Honig 79, 91, 272, 323, ***323***, 324
Hoover-Damm 368, ***368***
Horchanlagen ***10–11***, 11, 50
Hormon 88, 99, 117, 153, 310
Hörnerven 51
Horus (Gott) 266
Horus Projekt 357, 359
Hottentotten 219
Houston 31
Huang Ti (Gelber Kaiser) 121
Hubble, Edwin P. 339, ***339***
Hubertus (Heiliger) 269
Hubschrauber 201, ***318***, 319
Hufeisenmagnet ***344***, 345
Hugo, Viktor 313
Huhn 43, 220, 299
Huminsäuren 258, 259
Hummel 104, ***104***
Hund 147, 263, 268, ***268***, 269, 317
Hunger 221, 252–255
Hurrikans 70, 71, 73
Huygens (Sonde) 37
Hyperschall ***354***, 354–359
Hypnose 126, 129, ***129***, 130, 131

I

Idiom Neutral 224
IDO 224
Idumäer 283
Ijsselmeer 207, 208
Ikarus 319
Ilisu-Staudamm 370
Imker ***324***
Immergrün 93
Immunsystem 94, 98, 102–105, 113, 117
Impfung 105, ***105***, 115
Impulse, elektromagnetische 30
Indianer 269
Indien 78, 114, 162, 207, 219, 229, 231, 265, 332, 333, 371
Indonesien 81, 240, 351
Induktion 346
Industrie 199, 329, 366
Infektion 98, 105, 117, 264
Injektionsautomaten 365
Inka 207, 255, 261, ***261***
Inkarnation 287
Inklination 346
Inquisition 148
Insekten 105, 111, 218–221, 294, 311, 321
Interferometrie 31
Internet 31, 158, 352, 365, 366, 367
Inuit 53, 55, ***55***, 75, ***75***, 77, 185, ***185***
Ionenchromatographie 244
Irak 371
Irian Jaya 254, 255
Iridium 337, 339
Irkutsk 339
Irland 71, 350
Irtysch 46
Islam 160, 230, 259, 289
Island 24, ***44–45***, 45, 71, 184, 243, 248, 327
Isolierung 192, 197, 202
Isotope 246
Israel 137, 142, 275, 351
ISS (Internationale Raumstation) 22, 33, ***38***, 38–45, ***41,*** 355
Itaipú 370, 370
Italien 171, 226, 233, 349, 350
Ithaca 317, 311
Iwo Jima 241

J

Jagd 76, 299, 315
Jahwe 275
Jakutien 74
Jangtsekiang 369, ***369***, 371
Japan 78, 83, 182, ***182, 212***, 212–215, ***215***, 219, 239, 240, 350
Jeremia 276, 277
Jericho 275
Jernigan, Tamara 42, ***42***
Jerusalem 137, 226, 276, 283, 285
Jesus ***136***, 137, 269, 276, 285, ***285***
Jiddisch 224
Johanniter 226
Johnson Space Center 354
Johnston, Philip 239
Jones, Barrie 27
Jordan 269, 275
Jordanien 207, 276
Josephus, Flavius 283
Josia (König) 276
Josua 275
Judäa 284
Juden 160, 276, 289
Jungsteinzeithöhle 255
Jupiter 19, ***19***, 20, 21, ***21***, 185
Jurten 77, ***77***
Justiniapolis 279
Justiz 233, 235
Jütland 249

K

Kaaba 230
Käfer 76, 79, 111, 218, ***218***, 219, 220, 221, ***292***, 293, 296, 297, 311, 321, 363
Kakerlaken 219
Kakteen 76
Kalachakra 286, 288, ***288***
Kalender 21, 136, 137, 333
Kalifornien 56, 298
Kalk 65
Kalmare 313
Kälte 77, 129, 182, 254, 328, 329
Kamel 77, 79
Kanada 53, 74, 211, 350
Kaninchennasenbeutler, australischer 76
Kannibalismus 252, 253, 254, 333
Kanun 232, 234
Kapilavastu 287
Kapuzinerkresse 309
Karawanen 79, 280
Karibik 73
Karl V. (Kaiser) 226
Karthago 226, 278, 280, 281
Kartoffel 43, ***43***, 55, ***292***, 293, 296, 297
Kastilianer 226
Katze 266, 268, 269, 314–317, ***314***, ***315***, ***316***, ***317***
Kaufmann, Heinz 144, ***144***
Kaukasus 257
Kegelschnecken *(Conus)* 307
Kenia 219
Kentucky 67, 229, 244
Kepler, Johannes 19, 20, ***20***, 21
Kernfusion 167, 342–343
Kernkraftwerk 114, 370
Kernreaktion 28, 167, 171
Kernspaltung 342
Kernspintomograph 345, 346
Kessel 294
Kiemenspalten 301
Kieselskelett 320
Kind ***103, 140, 155, 233***, 268, 269
Kindermord 282, ***282–283***, 283, 284
Kirche 230, 254
Kirschblütenfest 214, ***214***
Klebstoff 200–203, ***202***
Klima 47, 78, 138, 184, 242, 244 –247, 281, 328, 342
Klitzing, Prof. Klaus von 28
Knochen 103, 105, 110, 299, 317
Knorpelfische 301
Knorpelskelett 299
Köcherbaum 77, ***77***
Kohäsion 202, 203
Kohle 126, 328
Kohlendioxid 310, 328, 341
Kohlenhydrate 110, 310
Kohlensäure 65
Kohlenstoff 137, 246, 327
Kohlrabi 309
Kokosnüsse 331
Koleoptile 293
Kolmanskop 231
Kolonien 227, 248, 271
Koloss von Rhodos 209
Kolumbien 219
Kolumbus, Christoph 68, 253
Komantschen 239
Komet 19, 33, 336, 337, 339, 340, 341, ***341***
Kommensalen 112, 113
Kommunikation 180, 293, 322, 323, ***334–335***, 335
Kompass 55, ***55***, 68, 345, 346, ***346***
Komponisten 107
Kompositionen 85
Kompression 356
Kondensatoren 198
König Mausolos von Karien 209
König Nebukadnezar II. 209
Konkurrenz 282, 294
Konzentration 117, 131
Kopenhagen 206, 208
Koplik 232
Korallen 37, ***92***, 93, 306
Koran 235
Körpersprache 138–141, 323
Körpertemperatur 27, 112, 117, 310
Korsika 233
Kosmonauten 355
Kosmos 32, 151, 289
Kosovo 234
Kotzebue-Sund 53
Krabben 219
Krabbennebel M1 337, ***337***
Kraftwerk 328, ***328***, 342, 362, 363, 370, 371, ***371***
Krake, Große pazifische *(Octopus dofleini)* ***312***
Krankheit 92, 105, 109, 118, 151, 289, 333, 347
Krater 20, 176, 182, 339
Krebs 94, 95, 99, 100, 187, 313, 327
Kreislauf 117, 153
Kreml 207
Kreta 268
Krieg 50, 51, 55, 63, 213, 229, 231, 238–241, 254, 257, 279, 293, 364–367, 371
Krokodile 47
Kübler-Ross, Elisabeth 161
Kuchen, konservierter ***270***, 271
Kuduherden 296
Kugelblitze 172–175, ***172***, ***175***
Kugelfische 307
Kuh 266, 267, ***266–267***, 362
Kultur 160, 226, 227, 368
Kumano-Schrein 214, ***214***
Kundera, Milan 159
Kunst 238
Kupferrolle 277
Kuppel, geodätische 320
Kuru-Krankheit 253
Kyoto 207

L

La Chebba 279
La Malga 279
La Paz 73
La Silla 26
Lambaesis 280
Lamien 265
Lamm 220, 269
Landgewinnung 208
Landkarten 52–55
Landwirtschaft 49, ***278***, 279, 362
Langzeitgedächtnis 117

Larsen-Eisschelf 244
Larve 111, ***113***, 325
Las Vegas 231
Latein 280, 349
Laugen 327, 329
Läuse 113
Lavamassen 337
Lawine ***58***, 58–63, ***60***
Lebda 281
Leben 31, 34–37, 74–79, 96–101, ***97***, 112, 132, 162, 293, 311, 331, 361
Leber 94, 122, 117, 260, 299
Lebewesen 124, 160, 231, 337
Leda 268
Leder 203, 259
Lehm 361, ***361***
Leiche 109, 258, 259, 263, 264
Leim 201, 203
Lemba-Stamm 277
Lenkergefäß 122
Leoparden 280
Leptis Magna 281
Lerchen 115
Leuchtturm von Alexandria 209
Leukozyten 104
Levi 275
Lhasa 207, 229, 231, 287
Libyen 48, 78, 281
Licht 28, ***89***, 115, 160, 163, 171, 178, 181, 190, 195, 300, 326, 340
Liebe 256, 289
Lilith 265
Linearbeschleuniger 194, ***194***
Linné, Carl von 293
Lipide 299
Liquamen 272
Lissabon 81
Locadou, Dr. Walter von 145
Lockheed 231, 359
London 78
Long Beach 13, 16
Lorenzinische Ampullen 300, ***300***
Lotos 308–311, ***309***, ***310***, ***311***
Löwe 66, 266, 269, 280
Löwenzahn 71, ***71***
Lucy (Frühmensch) 255
Luftdruck 25, 71
Lunge 63, 95, 99, 122, 260, 264
Luther, Martin 341
Luxor 230, ***236–237***, 237
Lymphozyten 103, 105

M

Mach 356, 357
Machiavelli, Niccolò 351
Machu Picchu 207
Made 111, 220
Magen 93, 94, 99, 117, 122, 260
Magie 124, ***148***, 148–151
Magma 21, 81
Magna Charta Libertatum 229
Magnes (Schafhirte) 345
Magnesiumionen ***164–165***, 165
Magnetismus 69, 90, 173, 193, 201, 301, 344–347, ***345***, ***346***
Mainz 252
Mais 238, 293, 294
Makkabäer 276
Makrophage 102, ***102***, 103
Malaria 113, 271
Malaysia 211, 363
Malmö 206, 208
Malta 226–227
Maltzahn, Heinrich von 230
Mälzen 329
Mamba, Grüne ***290–291***, 291
Mammuts 66
Mancos-Canyon 255
Mandala 287
Mandarin 349
Mandeln 103, 218, 219
Mann, Thomas 158
Mao Tse-Tung 229
Markus-Evangelium 285
Marokko 279
Mars 19, ***19***, 20, 21, ***21***, ***22***, 22–25, ***23***, ***24***, 26, 27, ***27***, 29, 36, ***36***, 177
Marsaxlokk 227, ***227***
Marseille 46
Märtyrerakte 281
Maryland 253
Massage 129
Massenhysterie 217, 341
Massenspektrometer 246
Materie 186, ***186***, 187, 188, 189, 194, 195, ***195***
Matthäus 269, 282, 283, 284, ***284***, 285
Mauer, Chinesische 361
Mauretanien 48
Maus 111, 268, 269, 315
Mausoleum 207, 209
Mausolos von Karien (König) 209
Mawson Arctic Station 244, ***244***
Mazzofest 275
Medea 235, ***235***
Medikamente 92–95, 129
Meditation 91, 129, 286, 287, 289
Medizin 89, 92–95, 100, 118, 121, 130, 151, 187
Meer 69, 83, 92, 183, 244, 246, 247, 248, 256, 257, 277, 327
Meeresungeheuer 312
Megaira 235
Megalith-Tempel 227
Mekka 229, 230
Melatonin 115, 117
Melonen 79
Mensch 36, ***96***, ***99***, ***112***, 124, ***140–141***, ***166***, 267, ***352***, 352–353
Menschenfleisch 252, 253, 255, 298
Mercator, Gerhard 54, 55
Meridian 121, ***121***, 122, 130
Merkur 19, ***19***, 21, ***21***
Mesopotamien 137, 196, 203, 209
Met 271
Metall 135, 197, 199, 250, 331
Meteorit 33, 36, 176–177, ***177***, 182, 340
Methan 27, 69, ***69***, 362
Methyljasmonat 296
Mexiko 75, 207, 264
Miami 68
Middlesboro 244
Midway 241
Mikroben 103, 113, 327
Mikrobiologen ***326***, 327, 328
Mikroelektronik 157, 198, 329
Mikroorganismen 102, 112–113, 341
Mikroprozessor 198
Milben 75, 113
Milchstraße 11, 28, 29, 171, 339, 340
Militär 52, 54, 231, 239, 365, 366, 367
Milz 103, 260
Milzbrandinfektion 264
Mimose 295, ***295***, 296, 297, ***297***
Mineralstoffe 94, 101
MIR 32, 41, 42
Missionar 239
Missouri 53
Mistel 294, ***294***
Mitochondrien 97, 110, 310
Mittagsblumen, afrikanische 295, ***295***
Mittelmeer 95, 226, 248, 257, 278, 279
Mobiltelefon 365
Möbus, Frank 263, 264
Mohnkapsel 319, 320, ***321***
Molcho, Samy 140, 141, ***141***
Moloch 65
Mommoth Cave 67

Mommsen, Theodor 281
Monadnock Building 210
Mönch 139, ***156***, 157, 251, 286, 287, 289, ***289***
Mond 19, ***19***, 20, 26, 36, 55, 86–91, ***86–87***, ***91***, 136, 137, 168, 177
Mongolen 77, 207
Monokultur 363
Mons Olympus 25
Mont Aigoual 66
Montanus 341
Montenegro 235
Monument Valley 241, ***241***
Moorleiche 258, ***258***, 261
Moose 75, 259, 321
Moräne 184
Mord 258, 282, 283
Morgenland 283
Mormonengemeinschaft 56
Mosaike 315
Moschee 207, 230
Moses 274, 275, ***275***
Moslems 219, 276
Moula-Guercy 255
Möwen 75
Moxibustion 122
Mozart, Wolfgang Amadeus 85, ***106***, 106–107
Mücken 87, 90
Mumien 258–261, ***259***, 267
München 128, ***200–201***, 201, 289, 320
Münzen 250, 251, 256, 315
Muren 63
Muscheln 220, 327
Musik 85, 106–107, 129, 131, ***131***
Muskel 127, 129, 140, 153, 259, 301
Mykerinos (Pharao) 209
Myrrhe 260
Myrrthe 272
Mystik 124, 151
Mythologie 86, 137, 235, 256, 340

N

Nagasaki 240
Nagezähne 333
Naher Osten 219, 281
Nahrung 25, 43, 27, 99, 105, 218, 249, 267, 281, 323, 333
Nahtod-Erfahrung 160–163
Naisbitt, John 150
Namib 47, 76, 77
Namibia 231
Napoleon 138, 226
Narkosemittel 261
Narmad 371
NASA 22, 24, 25, 33, 41, 43, 354, 359
Nase 111, 113, 127, 260
Nashörner 66, 280
Nasser, Gamal Abd el 371
Nasser-See 370
Naturheilkunde 130, 149
Naturvölker 128, ***128***, 129, 218
Navajo ***238***, 238–241
Navigation 54
Navy 51, 239
Neandertaler 255
Nebo (Berg) 275, 276
Nebukadnezar 209, 276
Nehberg, Rüdiger 218, 220, ***220***
Neid 146–147
Nektar 294, 323
Nelumbo nucifera (Lotospflanze) 309
Neptun 19, ***19***, 20, 21, ***21***
Nerven 90, ***90***, 106, 107, 121, 127, 128, 129, 161, 163, 263, 293, 307, 310
Nesselkapseln 306
Nesseltiere 306
Netzhaut 300
Neu-Guinea 126, 205, 240, 253, 254, 255
Neurotoxine 307
Neuseeland 80, 247, 313, 350
Neuseeländische Pfeilkrake 313
Neutrino 165, 166–171, 187
Neutron 90, 194, 195, ***195***, 342, 345, 365
Nevada 231
New York 90, 153, 207, 210, 311, 317
Ngoma Lugundru 277
Nicaragua-See 298
Niere 118, 122, 260, 362
Nigeria 351
Nil 259, 370
Nilpferde 47
Nirwana 157, 288, 289
Nobile, Umberto 79
Nomaden 48, ***48***, 77
Nordpol 79, 170, 345
Nordsee 51, 207, 329
Normannen 226, 281
Norwegen 251
Novial 224
Nukleinsäure 27, 35, 113, 328
Nüsse 79, 94

O

Oahu 240
Ob 46
Oberth, Hermann 40, 357
Occidental 224
Octopoden 313
Odin (Gott) 268, ***268***, 269
Odyssey 13, ***13***, 15
Ohnmacht 155, 307
Ohr 51, 111, 113, 122, 127, 317
Ökosphäre 20, 27
Ökosystem 157, 299, 327
Öl 12–17, ***13***, ***329***
Olivenöl 278, 279, ***279***
Operation 84, 91, 127, 128, 129, 201, 261
Opfer 63, 109, 232, ***233***, 235, 255, ***255***
Optimisticeskaja 67
Oranje-Fluss 217
Orbit 16
Orbital 191, 193, 356
Orbiter 42
Organe 103, 118, ***119***, 259, 261
Orientierung 53, 331, 347
Orion 33
Orkan 57, 70, 72, 73, ***73***, 337
Osmium 337
Österreich 264
Ostsee 206, 249
Oszillation 167, 171
Otis, Elisha Graves 210
Otto II., Kaiser 251
Ozean 29, 35, 81, 246, 247, 332
Ozonschicht 337

P

P-38-Jäger 243, ***243***, 244
Pagode 286
Pakistan 184
Palmwein 260
Panik 151, 153, 154, 155
Panspermie-Hypothese 36
Panther 268
Pantomime 141
Papst 226, ***226***, 341
Papua 80, ***204–205***, 205, ***252–253***, 253, 254, 351
Paracelsus 90, 347
Parana 370
Parapsychologie 124, 142–145
Parasiten 93, 109, 112
Parasympathikus 122
Passiflora 93
Patrioten 241, 367
Pauli, Wolfgang 168, 169
Paulus (Apostel) 226
Paxton, Joseph 319, 320
Pazifik 53, 73, 80, 81, 169, 240, 306
Pearl Harbor 240
Pekarna 65
Peking 54, 132, 229
Penthesilea 257
Perpetua 281
Pest 92, 275, 332
Pestizide 363
Petersdom 66

Petra (Felsenstadt) 207
Petronas Twin Towers 211
Peyzac le Moustier 288
Pfeilgiftfrösche 307, ***307***
Pferd ***65***, 66, 219, 268, 269
Pferde, trojanische 365, 366, 367
Pflanzen 49, 238, 267, 290–333
Phaeton 18–21, ***18***
Pharaonen 209, 259, 371
Philippinen 240
Philister 275
Philon von Byzanz 207
Philosophie 133, 160, 289
Phobie 152, 154, 155, 263
Phobos 22, 24
Phönizien 226, 268
Photon 167, 169, 179, 180, 181, 187
Photosynthese 113
Pilze 74, 75, 105, 112, 113, 296, 309, 311, 321, 328, 361
Pinguin 74, ***74***, 75
Pirs 42
Pistrinum (Bäckerei) 270, 273
Placoidschuppen (Hautzähne) 299, 301
Planeten 18–21, 168, 182
Planetoiden 19
Plankton 299
Plasma 173, 340, 342, 343, ***343***
Plasmazellen 104
Platin 229
Platon 21
Plattentektonik 25
Plattfische 301
Plinius 220, 271
Pluto 19, ***19***, 21, ***21***
Polargebiet 71, 74, 75, 184, 185, 345
Pollen 105, 238, 294
Polo, Marco 261
Poltergeist 142, 143, ***143***, 144, 169
Pompeji 270–273
Popina 271, 272, ***272***, 273
Porphyrie 264
Portugiesen 351
Portugiesisch 350
Positron 127, 131, 186, 187 ***187***
Potala-Palast 207, 231, ***231***
Preston 240, ***240***
Priester 144, 259, 260, 275
Prionen 254
Protein 113, 220, 296, 328, 329
Proton 169, 190, 194, 195, ***195***, 345
Protozoen 112, 113
Psychologie 124–163, 269
Puffotter 76, ***76***
Puls 106, 117, 129
Pulsa 272
Pulsare 30, 31
Pupillen 300, 317
Pyramide 207, 209, 227, 230
Pythagoras 151

Q

Qi 130, 133, 134, 135
Quallen 306, 321
Quantenmechanik 186, 190, 191, 192, 193
Quantenphysik 149, 151, ***164–165***, 165, 179
Quantentheorie 181, 197
Quarks 187, 190, 194–195, ***195***
Quarzsand 196, 197
Quasare 30, 31
Quest 42
Qumran 277

R

Rabe 268, ***268***
Radar 50–51, 69, 318
Rädertierchen 75
Radioaktivität 328
Radiowellen 28, ***28***, ***30***, 31, 190
Rakete ***12***, 12–17, ***16***, ***17***, 22, 32, 39, 355, 356, 357, ***357***, 358, 359, 367
Ramjet 356, 359
Rangun 286
Rasterelektronenmikroskop 193, ***193***, 309
Rationalität 149, 150, 159
Ratte 87, 90, 111, ***330***, 330–333, ***332***
Raubwanze ***292***, 293, ***293***
Raucher, schwarze 35, ***35***, 327
Räucherschale, -stäbchen 134, ***134***
Raumsonde 20, 26, 31, 37, ***37***
Raumstation 33, ***40***
Raupen 219, 296
Reagan, Ronald 41, 355, 359
Reaktion, allergische 104, 117
Reaktor 114, 343
Reflexzonentherapie 130
Regen, saurer 339
Regenwald 47, 92, 93, ***93***, 94, 173
Regenwürmer 220
Reinkarnation 287
Reis 213, 215, 333
Reiz 90, 127, 129, 297
Relativitätstheorie 181, 186
Religion 133, 137, 149, 160, 230, 267, 276, 289
Rerik 250
Reusenhaare 294, ***295***
Reykjavík 243
Rheuma 105, 117
Rhodes, Cecil 217
Rhonetal 255
Rhythmus 107, 114, 130, 159
Richter-Skala 80, 83
Riesenseerose *(Victoria amazonica)* 319
Rimbert (Erzbischof) 251
Rind 219, 220, 253
Ringbeschleuniger Tevatron 194, 195
Rinnen 62
Ritual 151, 269, 287, 288
Robbe 74, 75, 299
Roboter 180, ***180***
Rom 66, 137, 211, 226, 237, 248, 249, 265, 270, 278
Romanows 109, ***109***
Rommel, Erwin, 55
Roper, Dr. Clyde 313, ***313***
Roter Franz 258, ***258***
Rüben 273
Rubens, Peter Paul 18, ***18***
Rudolph II. (Kaiser) ***20***
Rückenmark 127, 128, 129, 263
Rundtanz 323, 324
Russland 42, 184, 224, 248, 349, 350
Rutherford, Ernest 167

S

Sachsen 251
Sacramento 56
Sahara 47, 48, 76, 77, 79, 177, 280
Sahelzone 48, ***48***
Salizylsäure 297
Salomon (König) 276, 277
Salpetersäure 337
Salz 47, 111, 260, 318, 319, 320, ***321***
Salzgrabenhöhle 67
Samen 94, 294, 311
San Francisco 209, 207
Sand 47, 172, 183, 196–199, ***196***, ***197***, 197, 238, 286, 288
Sandechse 77, ***77***
Sänger, Dr. Eugen 357, ***357***, 359
Sappi-Karta-Blättertrank 93
Sarawak Chamber 67
Sardinien 233
Sarg 251, 259, 261, 262, 315
Sarkophag 259, ***259***
Satellit 12, 13–17, 32, 33, 52, 57, 71, 73, 173, 201, 244
Satellitennavigation 367

Saturn 19, ***19***, 20, 21, ***21***, 37, 182
Sauerstoff 25, 153, 161, 163, 167, 196, 246, 258, 310, 326, 327, 356
Saul (König) 129
Säulensaal ***236–237***, 237
Säuren 258, 327, 328, 329
Saurier 339
Schädel ***109***, 127, 254, ***254***, 260
Schafe 46, 345
Schakal 266
Schall 50, 51, 317, 354
Schamane 92, 267, 269
Schäßburg 265
Scheiterhaufen 148, 315, 316
Schelfeisgebiete 244
Schiaparelli, Giovanni 26, 27
Schiff 50, ***50,*** 68, ***68,*** 79, ***88***, 175, ***175***, 246, 249, 250, ***250,*** 312, 313, 320, 321
Schildkröte 269
Schimmel 269
Schimpansen 93
Schlaf 86, 115, 116, ***117***
Schlange 79, 147, ***147***, 220, 269, 307, ***307***
Schlei 249
Schleswiger 249
Schleusenmauer 369
Schleyer, Johann Martin, kath. Pfarrer 223, 224, ***224***
Schliemann, Heinrich 257
Schmelzwasser 244, ***245,*** 246
Schmerz 94, 117, 121, 123, 126–131, ***130,*** 163
Schmutz 308, 309, ***311***
Schnecken 220
Schnee 58–63, ***60,*** 63, 184, 185, 243
Schneider von Ulm 319
Schock, anaphylaktischer 104
Schockwellen, kosmische 340
Schottland 293
Schraube 200, 202, 203, 319
Schrein 274
Schriftrollen von Qumran 277, ***277***
Schrödinger-Atommodell 191
Schule ***155, 223***
Schwamm 37, 94, 183, ***183***
Schwan 268
Schwangerschaft 333
Schwänzeltanz 322, ***322***, 323, 324
Loch, schwarzes 338, 340, ***340***, 341
Schweden 206, 251
Schwefel 35, 69, 329, 339
Schwein 219, 220, 255, 268, 269, 272, 273, 279
Schweiz 59, 184
Schwerkraft 24, 41
Schwimmer ***98***, 321
Scott, Robert Falcon 74, 79
Scramjet (Supersonic Combustion Ramjet) 356, 357, 358, ***358***, 359
Sea Commander 13, 15, ***15***
Sea Launch 13, 15, ***15***, 16, 17
Sechmet 266
Sedimentproben 245, 247
Seeanemonen 327
Seeelefant 74, ***74***
Seefahrer 53, 248
Seegurken 183, ***183***
Seele 124, 142, 160, 161, 259, 269, 287
Seeleopard 75
Seerosengewächs 308
Seeschlange 307
Seewespe 306
Seidenspinnerraupen 219
Seipan 241
Seitenwinderschlangen 76
Seneca 280
Senegal 351
Septimus Severus (Kaiser) 281
Serbien 264
Serotonin 317
Sha 133, 134
Shakespeare, William 149
Shanghai 211
Shetlandinseln 329
Shuttle 33, 22, 41, 203, 355
Shuttleworth, Mark 39, ***39***, 40
Shwe-Dagon-Pagode 286, ***286***
Sibirien 47, 74, 78, 231, 338
Siddharta Gautama 288
Siding Spring 340
Siebbein 260
Sighisoara 265
Sikard, Harald von 277
Silbervogel 357, 358, 359
Silizium 172, 196, 197, 198, 199, ***199***
Simson 232, ***232***
Sinai (Berg) 275
Singapur 208
Sinkiang 261
Sinn 91, 151, 292–297
Sintflut 333, 336, 339
Sioux 269
Sizilien 52, 226, 233, 317
Skandinavien 249
Skarabäus 219
Sklaven 251, 271, 273, 335
Skorpion 147, 219, 306, ***306***, 307
Skorpionsfische 307
SkyLab 41
Skythen 257
Slawen 248, 251
SMS 158, 365
Software 353, 366
Solarenergie 362, 363, ***363***
Solarpanele 41
Solarzellen 42, 201
Soldaten 63, 213, 364, ***366***
Sonar 50–51
Sonde, ***25, 37***, 61, ***61***
Sonne 20, 30, 40, 42, 55, 87, 136, 151, 167, 168, 171, 179, 182, 322, 324, 341, 342, 346
Sonnenblume 93
Sonnengott 18, 19, 255
Sonnensystem 18, 19, 20, 21, 26, 336, 355
Sorbisch 351
Source de l'Acier 67
South Farallon Islands 298
Sowjetunion 32, 50, 51, 254
Spanien 64, 75, 248, 350, 351
Spannung 145, 174, ***174***
Speicherchips 198
Spin 192
Spinne 76, 154, ***154***, 269, 307
Spinnentierchen 75
Sporen 296
Sporentierchen 113
Sprache 138, 213, 222–225, 226, 238–241, 322, 323, 325, 349, 350, 351, ***351***
Sprengstoff 365, 367
Springhasen 79
Springschwänze 75
Spuk 144, 145, ***145***
St.-Maria-Zion-Kapelle 277
St. Peter-Ording 51
Stahl 123, 209, 210, 362
Stalin 254
Stammzellen 100, 118
Star Trek 178, ***178***, 179
Stator 346
Staub 36, 105, 182, 337
Staudämme 209, 368–371
Staustrahltriebwerk 356, 357, 358, 359
Stealth-Bomber 231
Steele, Dr. Duncan 340
Stein 49, 55, ***56,*** 56–57, 63, 183, 209
Steineichen 46
Steinfiguren der Osterinseln 207
Steinzeit 227, 233
Sterben ***160***, 161, 162
Sterne 10–43, 340, 137, 342

Stevens, Cat 286
Stevenson, Ian 163
Stickoxide 337
Stier 268
Stiftshütte 274, 276
Stinkwanze 297
Stoffe, radioaktive 343
Stoffwechsel 27, 110, 113, 122, 127, 153, 187, 310, 328, 329
Stoker, Bram 262, 263, ***263***, 265
Strahlentierchen 320
Strahlung 167, 178, 186, 189, 327, 328, 330
Strauße 79, 280
Stress 101, 105, 153, 156, 158, 161, 289
Streubilder, zeremonielle 238, ***238***
Strix 265
Strom 192, 198, 345, 362, 366, 368, 370, 371
Stromatolithe 35
Strontium 69
Stuck, Franz von 257
Sturm 70, 71, 72, 73, 268, 339
Subtropen 221, 306
Sudan 75
Südkorea 122
Südlicht 346
Südpol 79, 168, 170, 171, 244, 345
Südsee 53
Sukkulenten 76
Super-Kamiokande 169, 170, ***170***
Supernova 28, 31, 167, 171, 337
Sutowana 255
Swift Thuttle 336
Swjesda 42
Sydney 208
Symbionten 112, 113
Sympathikus 122
Synapse 90, ***90***
Syphilis 264
Syrien 371

T

Tablette 95, ***95***, 123, 129
Tafel der Zehn Gebote 275, ***275***
Tag 62, 88, 115, 116, 136
Tahiti 53
Taifun 70, 71, 73
Taiga 338
Taiwan 211
Taj Mahal 207, ***207***
Tal des Todes 56–57
Talmud 276
Tanit (Gottheit) 280
Tanningehalt 296
Tansania 363
Tanz 273, 323, 325
Taoismus 121
Tapetum lucidum 300
Tarantulas 219
Tarnkappenbomber ***359***
Tastsinn 301, 317
Tau Centauri 30
Taube 269, 345
Teide 33
Teilchen 167, 171, 188, 189, 191, 192, 195
Teleportation 179, ***179***, 180
Teleskope ***10–11***, 11, 26, ***26***, 29, ***29***, 31, 171, 188, ***188***, 339
Tempel 209, 227, 230, ***236–237***, 237, 289, 333, ***333***, 371
Tempelberg 274, 276
Temperatur 27, 36, 37, 62, 74, 174, 293, 310, 327
Teneriffa 33
Termiten 79, 320, ***320***
Terra australis incognita 53
Terraforming 24
Terroristen 366, 367
Testament, Altes 137, 223, 275, 276, 277
Testament, Neues 137
Teufel 161, ***161***, 316
Teufelskralle 294
Thalestris 256
Theben 259
Thermen 279
Thermopolium 270, 271, 273
Thor 268
Tibet 229, 287
Tiefsee 50, 93, 313, ***313***, 321
Tiefseekraken 312–313
Tiefseeschwamm 94
Tiere 51, 53, 105, 111, 183, 266–269, 280, 306–307, 312–313
Tierkreiszeichen 137, ***137***
Tiger 268
Tigris 370
Timbuktu 207
Tintenfische 298, 313
Tisiphone 235
Tisserand, Mark 298
Titan 359
Titanic 30
Titius-Bode'sche Reihe 20
Tito, Dennis 39, 40
Tod 97, 104, 108, 160–163, 233, 289, 299, 307
Todsünden, sieben 146
Tokio 211, 212
Toledo, Frank 240, ***240***
Toledo, Johannes von 341
Tollmann, Alexander und Edith 339, 340
Tollwut 262–265
Tomaten 296
Tontafel 21, 196
Tornado 68, 70, 71, 73, ***73***
Tote ***108***, 108–111, ***234***, 258, 259, 267, 268, 287
Totems 269, ***269***
Traditionelle Chinesische Medizin (TCM) 120, 122
Trance 126, 131, 143
Transistoren 197, 198
Transplantation 105, 162, ***119***
Transrapid 201, 345, 346, 347, ***347***
Transsilvanien 265
Trauer 140, ***233***, 315
Treibhauseffekt 185, 341
Treibhausgas 247, 328
Treibstoff 32, ***32***, 321, 356, 358
Triebwerk 356
Trinidad 350
Tripolis 281
Tritium 342, 343, ***343***
Troja 257
Tropen 93, 221, 247, 306
Tschad 49, ***49***, 94
Tschechien 65
Tschernobyl 114, 342
Tschikatilow, André 254
Tsunami 80–83, ***81***, ***83***
Tumor 95, 163, 261
Tunesien 75, 279
Tunguska-Einschlag 337, 338, 339
Tunnel 160, 163, ***163***
Turbo-Ramjet 358,
Türkei 209, 226, 233, 234, 370, 281
Turmbau zu Babel 223, ***350***, 351
Tutanchamun 260
Typhus-Epidemie 67

U

Überschall 320, 354, 355, 356, 358, ***358***
Überschwemmung 71, 82, 368, 369, 370
UdSSR 46, 54, 231
UFO 34, 231
Uhr 88, ***114–115***, 114–117, 293
Ukraine 67, 114
Umwelt 27, 33, 35, 47, 51, 159, 293, 320, 326, 329, 362, 370
UNESCO 33, 371
Universum 10, 19, 136, 171, 176, 187, 194
Unschärferelation 190, 193
Unterbewusstsein 88
Unterschalldüse 358, ***358***
Unterwelt 64–67

Uran 167, 347
Uranus 19, ***19***, 20, 21, ***21***
Urknall 30, 167, 342
Ursuppe 28, 34, 35
Uruguay 254
Urwald 92, ***94***
USA 33, 42, 43, 50, 75, 78, 114, 239, 247, 255, 264, 350, 366
Usbekistan 47
Utah 241
UV-Strahlen 36

V

Vakuum 36, 187, 329
Valetta 227, ***227***
Vallée de la Sionne 59
Vampir 262, ***262***, 263, 264
Vampirfledermaus 263
Veidivotn-Krater ***44–45***, 45
Venus 19, ***19***, 20, 21, ***21***, 26, 29, 31, 341
Venusfliegenfalle 295
Verbotene Orte 205, 228–231
Verbotene Stadt ***228***
Verdauung 99, 113, 295
Vererbung 27
Vergeltung 205, 232
Verkaufstheke 272, ***272***
Verkehr ***139***, 158, 226, 227, 273, 366
Verletzungen 109, 258
Verne, Jules 25, ***25***, 64, 313
Vernichtungsaktion 333
Versalzung 370, 371
Verteidigung 249, 306, 307, 367
Vetalas 265
Vigo 263
Vinaria 271, 273
Vinci, Leonardo da 319
Virus 105, 112, 113, 263, 365, 367
Vitamine 94, 101
Vogel 267, 269, 320
Vogelspinnen 219, ***219***
Volapük 222, 224
Voodoo-Zauber 150, ***150***
Voyager I 26
Vulkan 24, 25, 45, 69, 81, 82, 176, 317, 329, 337

W

Waben 325
Wachkoma 162, 163
Wachposten 349, ***349***
Wachs 272, 309, 324
Waffen 231, 257, 365
Wahl, E. v. 224
Wahrheiten, Die Vier Edlen 288
Walachei 264, 265
Wal 51, ***51***, 75, 299
Wanawar 338
Wanderalbatros 74, ***74***
Wanderheuschrecken 221, ***221***
Wandmalerei ***273***
Wärme 129, 361, 363
Washington 311
Wasser 27, 43, 49, 69, 74, 133, 134, 135, 194, 246, 247, 260, 272, 281, 328, 342, 346, 358, 359, 362, 366, 368
Weichkorallen 183, ***183***
Weichtiere 298
Weiden 296
Wein ***100***, 271, 272, 278, 279
Weissfluhjoch 60
Wellen 51, ***80***, 80–83, ***82***, 191, 192
Weltkarte ***52***, 54
Weltraum 32–33, ***33***, ***34***, 39, 40, 43, 45, 166, 167, 169, 354, 355, 356, 357, 367
Weltuntergang 336–341
Weltwunder 205, 206–211
Welwitschie 76, ***76***
Wespen 307
Wetter 61, 62, ***62***, 63, 70, 71
Wigner-Kristalle 192, ***192***
Wikinger 248–251, ***249***, ***250***
Wildesel 76
Wildschafe 76
Wind 62, 63, 70–73, 80, 82, 133, 360, ***360***, 361, 362
Wirbelsturm 71, 72, 73
Wirtschaft 157, 159, 367
Wisente 66
Wismarer Bucht 250
Wladiwostok 231
Wobbegong 301, ***301***
Wolf ***262***, 263, 268, ***268***, 269
Wordie-Eisschelf 244
Würmer 93, 113, 219, 365, 367
Wurzeln 79, 309
Wüste 29, 46–49, ***47***, 76, 77, 78, ***78***, 260, 261, 354
Wüstenfuchs 76

X

X-Flugzeuge 354, ***355***, ***356***, 359

Y

Yams-Frucht 93
Yashodhara 287
Yehuda, Ben 351
Yellowstone-Park 327
Yin und Yang 121, 122, ***122***, 130, 133
Yoga 129, 130, 287

Z

Zahl 12, magische 136–137
Zähne 99, 126, 129, ***129***, 201, 301, 306, 331
Zamenhof, Dr. Ludwig L. 223, ***223***, 224, 225
Zarenfamilie, russische 109
Zauberei 148, 150, ***150***
Zedernharz 260
Zeilinger, Prof. Anton 179, 180, 181
Zeit 97, 115, 116, 156–159, 293
Zelle 95, 97, 103, 105, 110, 113, 118, 328, 329
Zentauren 257
Zerstörer, lokaler und regionaler 337, 338
Zeugen Jehovas 341
Zeus 268
Ziege 46, 76, 79, 268
Zikaden 220
Zimbabwe 277
Zirbeldrüse 115
Zirkus 150, 280
Zisternen 279, 280
Zitrusbaum 280
Zucker 153, 187
Zugvögel 345, 347
Zuidersee 207
Zukunft 10, 137, 154, 242, 334–371
Zwischenhirn 153
Zypern 226

BILDNACHWEIS

Umschlag: (Mond) Astrofoto/Detlef van Ravenswaay, l. DRK/Photo/Stanley Breeden, M. Astrofoto/MPIfR Bonn, r. Bernd Müller, 1. Astrofoto/Detlef van Ravenswaay; 2 Mauritius/Phototake; 6 o. laif/On Location Astrofoto, Bernd Koch; 6 u. Bilderberg/Klaus D. Francke; 7 o. und M. laif/Stephan Elleringmann; 7 u. Visum/Thomas Pflaum; 8 o. Bilderberg/Peter Ginter; 8 u. laif/Clemens Emmler; 9 o. Picture Press/Weimann; 9 u. laif/Stephan Elleringmann;10/11 laif/On Location Astrofoto, Bernd Koch; 12–13 Sea Launch; 14 dpa; 15 kja-artists.com; 16–17 Sea-Launch; 17 o. kja-artists.com; 18 o. National Gallery of Art, Washington/Jose A. Naranjo; 18 u. Mathias Dietze; 19 Astrofoto/NASA; 20 akg-images; 21 Astrofoto/Shigemi Numazawa; 22 Astrofoto/NASA; 23 o. NASA; 23 u. Astrofoto/Mikel Carroll; 24 Marssociety.org; 25 l. NASA/JPL/University of Arizona/Los Alamos National Laboratory; 25 r. akg-images; 26 Astrofoto/Sven Kohle; 27 l. Astrofoto/Detlef van Ravenswaay; 27 M. Astrofoto/NASA; 27 r. Astrofoto/Shigemi Numazawa; 28 Astrofoto/NASA; 29 Astrofoto/MPIfR Bonn; 30 Christian Jegou; 31 Astrofoto/NASA; 32–33 ESA/ESCO; 34 Astrofoto/Detlef van Ravenswaay; 35 Astrofoto/Shigemi Numazawa; 36 o. akg-images; 36 u. Astrofoto/NASA; 37 Astrofoto/ESA; 38 NASA/International Space Station Imagery; 39 dpa; 40 Christian Jegou; 41 o. NASA/International Space Station Imagery; 42 Nasa/Shuttle Mission Imagery; 43 NASA/Marshall; 44/45 Bilderberg/Klaus D. Francke; 46/47 Mauritius/Gisela Böhnke; 47 o. kja-artists.com; 47 u. laif/Hartmut Krinitz; 48 o. laif/Clive Shirley; 48 u. bluebox/Bernd Siering; 49 IFA-Bilderteam/Franz Aberham; 50 Keystone Pressedienst/Topham; 51 dpa; 52 o. NASA/Stuart Snodgrass; 52 u. akg-images; 53 Focus/SPL/GFZ; 54 Schapowalow/Tom Nebbia; 55 akg-images; 56 o. Look/Christian Heeb; 56 u. Look/Michael Martin; 57 kja-artists.com; 58 Mauritius/Paul Freytag; 59 dpa; 60 kja-artists.com; 61 Mauritius/Markus Mitterer; 62–63 dpa; 64/65 o. Look/Florian Werner; 65 o. laif/Dietmar Reimer; 65 u. akg-images; 66 Look/Christian Heeb; 67 o. Sarawak Tourism Boarder; 67 u. dpa; 68 akg-images; 69 kja-artists.com; 70 IFA-Bilderteam/International Stock; 70/71 Mauritius/Roland Birke; 71–72 NOAA; 72/73 IFA-Bilderteam/International Stock; 73 dpa; 74 Mathias Dietze; 75 Mauritius/Norbert Rosing; 76 l. laif/Guenay Ulutuncok; 76/77 Mathias Dietze; 77 o. SV Bilderdienst; 78 HB Verlag; 79 l. bluebox/stocktrek; 79 r. dpa; 80/81 IFA-Bilderteam/Douglas Peebles; 81 u. NOAA/Bullock; 82 o. Mauritius/Nakamura; 82/83 kja-artists.com; 84/85 laif/Stephan Elleringmann; 86/87 Astrofoto/Detlef van Ravenswaay; 88 l. Mauritius/CVT; 88 r. Mauritius/Roland Birke; 89 Focus/SPL/Hank Morgan; 90 Focus/SPL/Alfred Pasieka; 91 Astrofoto/Andreas Walker; 92 Focus/SPL/Scubazoo/Matthew Oldfield; 93 zefa visual media/Shoot; 94 Visum/Linn Smith; 95 l. laif/Patrick Allard; 95 r. dpa; 96 laif/Anna Neumann; 97 akg-images; 98 l. laif/Zenit/Christian T. Joergensen; 98 r. Gerhard Junker; 99 laif/Holland. Hoogle/Ton Poortvliet; 100 laif/Luigi Caputo; 101 f1-online/Explorer/Schuster; 102 Mauritius/Phototake; 103 Mauritius/Photri; 104 u. Mauritius/Fritz Rauschenbach; 104/105 o. kja-artists.com; 105 r. Mauritius/Superstock; 106 l. Keystone Pressedienst; 106 M. laif/Andreas Herzau; 106 r. akg-images; 107 Focus/SPL/John Bavosi; 108 Photonica/Michael Northrup; 109 akg-images; 110 Focus/SPL/Dr. Jürgen Scriba; 111 Focus/SPL/Alfred Pasieka, Focus/SPL/AG-STOCK/Scott Sinklier; 112 (Silouhette) Okapia/John Daugherty, (Viren und Bakterien) Focus/SPL/A.B.Dowsett, Dr. Linda Stannard, Dr. Gary Gaugler, M. Wurtz, Roger Harris, Alfred Pasieka, NIBSC, Collage Susanne Richert; 113 l. Focus/SPL/Andrew Syred; 113 r. Focus/SPL; 114 /115 Mauritius/Hans Kronier, akg-images; 116/117 zefa visual media/G. Baden; 117 r. laif/Dieter Klein; 118 Focus/SPL/Professors P.M. Motta & S. Makabe; 118/119 Focus/SPL/Victor de Schwanberg; 119 u. Focus/SPL/Ed Young; 120 Focus/SPL/Tim Malyon & Paul Biddle; 121 akg-images; 122 l. Mauritius/Simone Fichtl; 122/123 laif/Martin Sasse; 124/125 laif/Stephan Elleringmann; 126/127 Mauritius/AGE, Mauritius/Auschromes; 127 r. akg-images; 128 o. Focus/Magnum/Chris Steele Perkins; 128 u. Bilderberg/Andrej Reiser; 129 Thomas Stephan; 130 Mauritius/André Pöhlmann; 131 Mauritius/Simone Fichtl; 132/133 laif/Aurora; 133 Kathrin Thiemayer; 134 Mauritius/Simone Fichtl; 135 Travelphoto/Rainer Caselmann; 136 dpa; 137 akg-images; 138/139 laif/Fulvio Zanettini; 139 zefa visual media Willhelm; 140 laif/Clemens Emmler; 140/141 IFA-Bilderteam/Lescourret; 141 Zeitenspiegel/Theodor Barth; 142 dpa; 142/143 Cinetext; 144 Bilderberg/Stephan Elleringmann; 145 zefa visual media/Leslie Kahl; 146 Artothek/Christie's; 147 akg-images; 148/149 zefa visual media/A. Inden; 149 akg-images; 150 o. zefa visual media/C. Sander; 150 u. Lazi & Lazi; 151 Mauritius/Rupert Leser; 152/153 Mauritius/ACE; 154 l. zefa visual media/Krahmer; 154/155 zefa visual media/BP/Hein van den Heuvel; 155 Photonica/Arthur Tress; 156 laif/Andreas Teichmann; 157 Mauritius/Jan Halaska; 158/159 l. laif/Dieter Klein;158/159 r. zefa visual media/Pinto; 159 Mauritius/Reiner Harscher; 160 Focus/SPL/Oscar Burriel, Focus/SPL/Mehau Kulyk; 161 akg-images; 162 laif/Raffaele Celentano; 163 Mauritius/AGE; 164/165 Visum/Thomas Pflaum; 166 kja-artists.com; 167 NASA/Chandra Observation; 168–169 dpa; 170/171 ICRR (Institute for Cosmic Ray Research), Universität Tokio; 172 FLPA; 173 bluebox/Bernd Siering; 174 dpa; 175 akg-images; 176 dpa; 176/177 Astrofoto/NASA; 177 argus Fotoarchiv/Schroeder; 178/179 Cinetext, digitale Bearbeitung Gerhard Junker; 179 Visum/Marc Steinmetz; 180 IBM Deutschland GmbH; 181 dpa; 182 u. dpa; 182/183 Look/Jürgen Richter; 183 Alfred-Wegener-Institut/Julian Gutt; 184 Look/Bernhard Edmaier; 185 Das Fotoarchiv/Bill Strode; 186/187 Astrofoto/Mikel Carroll; 187 dpa; 188/189 Astrofoto/Detlef van Ravenswaay; 189 dpa; 190 f1-online/Axel Brod; 191 Helga Lade/Bild-art; 192 Dr. Michael Bonitz; 192/193 Focus/SPL/Colin Cuthbert; 193 akg-images; 194, 195 o. Fermi National Accelerator Laboratory; 195 (Stuhl) kja-artists.com; 195 u. DESY; 196/197 Mauritius/AGE; 197 Artografika/Jo Teichmann; 198 akg-images; 199 o. dpa; 199 u. IBM Deutschland GmbH; 200/201 imageoffice/Bogdan Kramliczek; 201 3 M Deutschland GmbH; 202 u. Delo; 202/203 zefa visual media French; 203 Daimler-Chrysler AG; 204/205 Bilderberg/Peter Ginter; 206 Mauritius/Anders Eckholm; 207 Bilderberg/Dinodia; 208 zefa visual media/Wolfgang Meier; 208/209 akg-images; 210 zefa visual media/E. Böhnke; 211 Cervera & Pioz Architects/Andres Rovina Roquero; 212/213 Mauritius/Michael Jostmeier; 213 Mauritius/Doug Scott; 214 o. Mauritius/Jose Fuste Raga; 214 u. Focus/Magnum/Chris Steele Perkins; 215 Focus/Hans J. Sautter; 216/217 StudioX/Gamma/Sponner/Alistair Berg; 217 Schapowalow/Wulf Harder; 218–219 Focus/Peter Menzel; 220 Rüdiger Nehberg; 221 Wildlife/J&B; 222/223 Focus/Richard Kalvar; 223 dpa; 224 akg-images; 225 laif/Gerhard Westrich; 226 akg-images; 226/227 laif/Martin Kirchner; 227 u. laif/Raffaele Celentano; 228 Bilderberg/Frieder Blickle; 229 Visum/The Image Works/Tanner; 230 laif/James Hill; 230/231 laif/Dieter Glogowski; 231 r. dpa; 232 akg-images; 232/233 Focus/Alex Majoli; 234 Bilderberg/Hans Madej; 235 akg-images; 236/237 laif/Clemens Emmler; 238 Focus/Paul Chesley; 240 U.S. Marine Corps Photo/Ashman; 241 o. dpa; 241 u. Focus/Icon/Patricio Estay; 242/243 BAS Photo Library; 243 o. The Lost Squadron Museum Library; 244 dpa; 245 o. Alfred-Wegener-Institut/ Dr.-Ing. Hans Oerter; 245 u. Visum/Marc Steinmetz; 246/247 NGS Image Collection/Richard Olsenius; 248/249 Flemming Bau; 249 Stiftung Schleswig-Holsteinische Landesmuseen Schloß Gottorf; 250 o. Corbis/Ted Spiegel; 250 u. National Geographic/Laszlo Kubinyi; 251 akg-images; 252/253 Focus/Michael Nichols; 254 o. Corbis/Jean-Pierre Laffont; 254 u. Corbis/Charles O'Rear; 255 Corbis/Historical Picture Archive; 256/257 akg-images; 258 u. Niedersächsisches Landesmuseum, Hannover; 258/259 Mauritius/Manfred Thonig; 259 Interfoto/British Museum; 260/261 u. akg-images; 261 Corbis/Charles Lenars; 262/263 kja-artists.com; 263 Corbis/Hulton-Deutsch Collection; 264 akg-images; 265 (Schloß) Mauritius/Jeff O´Brien, (Mond) laif/Barbara Dombrowski (Fledermäuse) kja-artists.com; 266/267 Bilderberg/Till Lesser; 267 akg-images; 268 o. laif/Joerg Modrow; 268 u. Interfoto; 269 Mauritius/Ilse Lindtner; 270–271 akg-images; 272 Robert Harding; 273 o. akg-images; 273 u. Interfoto/Bridgeman; 274 Cinetext/Georg Graffe; 275 akg-images; 276/277 laif/Regina Bermes; 277 akg-images 278 o. Visum/Laurent Giraudou; 278 u. akg-images; 279 akg-images; 280 akg-images; 281 Das Fotoarchiv/Johann Scheibner; 282–285 akg-images; 286 laif/Martin Kirchner; 287 laif/Dermot Tatlow; 288 o. Studio X/Gamma; 288 u. laif/Dieter Glogowski; 289 laif/Andreas Teichmann; 290/291 Picture Press/Weimann; 292 Michael Knepper/Claus Fritzmann; 293 Bilderberg/Stephan Elleringmann; 294 Silvestris/Frank Lane; 295 l. (Pflanze) Silvestris/Winfried Wisniewski, (Fliegen) bluebox/Kunst/Scheidulin/Wegberg; 295 r. Look/Florian Werner; 296 Transglobe/Gert von Bassewitz; 297 Silvestris/Hecker; 298 laif/Dietmar Reimer; 299 Transglobe/Reichelt; 300 o. Silvestris/Aitken Kelvin; 300 u. Johann Brandstetter; 301 o. Mauritius/Julian Cotton; 301 u. Silvestris/Aitken Kelvin; 302 Picture Press/Wartenberg; 303 Zuckerfabrik Digital; 304 IFA-Bilderteam/Weststock; 305 Bilderberg/Peter Ginter; 306 Manfred Delpho; 307 o. Silvestris/V. Brockhaus; 307 u. Transglobe/Werner Rudhart; 308 o. Focus/Heiner Müller-Elsner; 308 u. Silvestris/Herbert Kehrer; 309 l. dpa; 309 r. ispo GmbH; 310 Mauritius/Torino; 311 ispo GmbH; 312 Silvestris/David Fleetham; 313 Smithonian Institution, Washington/Clyde Roper; 314 zefa visual media/Mähl; 315 zefa visual media/Pinto; 316 l. Silvestris/Gerard Lacz; 316 r. akg-images; 317 zefa visual media/Creasource; 318 Focus/Magnum/Peter Marlow; 318/319 Focus/SPL/Claude Nuridsany & Marie Perennou; 319 Interfoto; 320 Focus/SPL/Sally Bensusen; 321 l. Silvestris/Walter Rohdich; 321 M Focus/SPL/Claude Nuridsany & Marie Perennou; 321 r. Mauritius/Andreas Schätzle; 322 (Bienen) Focus/SPL/Bonnier Publications /Lena Untidt, (Blüte) Arttoday; 323 zefa visual media/Rauschenbach; 324 laif/Raffaele Celentano; 325 Look/Konrad Wothe; 326/327 NGS Image Collection/Stephen Alvarez; 327 Focus/Philippe Bourseiller; 328 laif/Zenit/Paul Langrock; 329 o. Focus/SPL/Alfred Pasieka; 329 u. dpa; 330/331 Mauritius/The Copyright Group; 331 Silvestris/New Photo; 332 akg-images; 333 Silvestris/Carlo Dani&Ingrid Jeske; 334/335 laif/Stephan Elleringmann; 336/337 Astrofoto/Detlef van Ravenswaay; 337 Astrofoto/ESO; 338 Astrofoto/Mikel Carroll; 338/339 u. Astrofoto/Atlas Photo Bank; 339 o. Corbis/Bettmann; 340/341 Astrofoto/CXC/Hobart; 341 o. akg-images; 341 u. Astrofoto/Franz Xaver Kohlhauf; 342/343 Max Planck Gesellschaft, München; 343 Wolfgang Karasek; 344 zefa visual media/masterfile/B. Frymire; 344 u. und 345 Jörg Plannerer; 346 o. dpa; 346 u. IFA-Bilderteam/AGE Fotostock; 347 IFA-Bilderteam/Tschanz; 348 Wolfgang Karasek; 349 dpa; 350 akg-images; 351 laif/Gernot Huber; 352/353 laif/Norbert Enker; 353 Focus/SPL/James King-Holmes; 354/355 kja-artists.com; 355 NASA/Spaceflight; 356 dpa; 357 l. Astrium GmbH; 357 r. dpa; 358 o. Astrium GmbH; 358 u. Wolfgang Karasek; 359 NASA; 360 IFA-Bilderteam/Direct Stock; 361 laif/Axel Krause; 362/363 Bilderberg/Peter Ginter; 363 Bilderberg/Thomas Ernsting; 364 Focus/Rapho/Francois Guenet; 365 (Haus) dpa, (Hand) Siemens; 366 dpa; 367 IFA-Bilderteam/Ernie S.; 368 Focus/SPL/David Parker; 369 l. Jörg Plannerer; 369 r. dpa; 370 laif/Clemens Emmler; 371 Focus/Randa Bishop